火箭发动机理论基础

（第3版）

主　编　宁　超　田　干

编　者　刘新国　徐志高　胡　宽　王　广

艾春安　王金金　岳春国　胡　宇

王哲君　刘凯旋　田　干　宁　超

西北工业大学出版社

西　安

【内容简介】 本书从化学火箭发动机的基础理论和计算方法出发，按照火箭发动机的部件组成及工作特点阐述了固体火箭发动机和液体火箭发动机的基本工作原理，并介绍了固体火箭发动机的设计理论与方法。全书共3篇20章，内容包括火箭发动机公共基础理论、固体火箭发动机原理与结构、液体火箭发动机原理与结构。

本书可作为高等军事工程院校火箭发动机专业本科生教材，也可供相关专业师生和工程技术人员参考。

图书在版编目(CIP)数据

火箭发动机理论基础 / 宁超，田干主编．— 3版．— 西安：西北工业大学出版社，2022.5
ISBN 978-7-5612-8187-1

Ⅰ．①火… Ⅱ．①宁… ②田… Ⅲ．①火箭发动机-理论 Ⅳ．①V430

中国版本图书馆CIP数据核字(2022)第068998号

HUOJIAN FADONGJI LILUN JICHU
火箭发动机理论基础
宁超 田干 主编

责任编辑：付高明 吴天瑶 **策划编辑：**付高明
责任校对：李阿盟 **装帧设计：**李 飞
出版发行：西北工业大学出版社
通信地址：西安市友谊西路127号 邮编：710072
电　　话：(029)88491757，88493844
网　　址：www.nwpup.com
印 刷 者：西安五星印刷有限公司
开　　本：787 mm×1 092 mm 1/16
印　　张：24
字　　数：630千字
版　　次：2022年5月第3版 2022年5月第1次印刷
书　　号：ISBN 978-7-5612-8187-1
定　　价：98.00元

第3版前言

本书是结合军事工程院校飞行器动力工程专业教育的特点编写的一本专业基础课程教材，可供该专业固体和液体火箭发动机方向的本科生选用。

本书从化学火箭发动机的基础理论和计算方法出发，按照火箭发动机的部件组成及工作特点阐述了固体火箭发动机和液体火箭发动机的基本工作原理，并介绍了固体火箭发动机的设计理论和方法。在内容的编排上，将火箭发动机的部分新技术融合到火箭发动机基本工作原理中进行介绍，同时，按照公共基础理论、固体火箭发动机原理与结构、液体火箭发动机原理与结构的顺序进行编排，力求体现夯实基础、开拓视野、贴近学科发展前沿的教学思想。

本书共3篇20章，内容主要包括火箭发动机的工作原理、主要性能参数、热力计算，固体火箭推进剂、固体火箭发动机中的燃烧、燃气在燃烧室中的流动、固体火箭发动机的内弹道计算、装药设计，液体推进剂的参数计算、推力室的工作过程及特性、推力室结构及其冷却与防热、喷嘴与喷注器、涡轮泵原理、自动器的特性和增压计算等。

本书是火箭军工程大学导弹总体与发动机教研室在总结多年教学和教材编写经验的基础上，参阅了国内外近年来出版的有关教材和专著编写而成的。其中，第1、10章由刘新国编写，第2、7章由胡宽编写，第3章由徐志高、艾春安编写，第4、5、6章由宁超编写，第8章由岳春国编写，第9、11章由王广编写，第12～20章由田干编写，每章后的人物励志事迹由王金金和刘凯旋编写，文字录入和图表绘制由胡宇和王哲君完成。全书由宁超和田干主编，并统一组织定稿。

本书在内容的编写中融入了思政元素，通过本书的学习，学生除学会专业知识外，还力求能够学会揭示专业知识中所蕴含的自然辩证法和哲学道理，学会透过现象看本质，学会在普通事物发展过程中揭示出哲学内涵规律的方法论，体会科学思维的价值。

本书在每章后附上了一些为航天及航天动力事业做出突出贡献的人物事迹，目的是想让学生体会航天工作者不畏条件艰苦，克服各种困难，奋发努力，使我国航天事业一步一步上台阶的意志品质，学习他们崇高的人生观、价值观，在理想、道德、情操方面给予学生启迪。

本书系陕西省高等教育教学改革研究重点攻关项目资助(编号:21BG056)。

在编写本书的过程中，笔者参阅了相关文献资料，在此，谨向其作者深表谢忱。

由于水平和经验所限，书中不妥之处在所难免，恳请读者批评指正。

编　者

2022年1月

第 2 版前言

本书是结合军事工程院校火箭发动机专业教育的特点编写的一本专业课教材，可供固体和液体火箭发动机专业的本科学生选用。

本书从化学火箭发动机的基础理论和计算方法出发，按照火箭发动机的部件组成及工作特点阐述了固体火箭发动机和液体火箭发动机的基本工作原理，并介绍了固体火箭发动机的设计理论和方法。在内容的编排上，将火箭发动机的部分新技术融合到火箭发动机基本工作原理中进行介绍，同时，按照公共基础理论、固体火箭发动机原理与结构、液体火箭发动机原理与结构的顺序进行编排，力求体现夯实基础、拓宽专业、更新知识的教学改革思想。

本书共 3 篇 20 章，内容主要包括火箭发动机的工作原理、主要性能参数、热力计算，固体火箭推进剂、固体火箭推进剂的稳态燃烧、燃气在燃烧室中的流动、固体火箭发动机的内弹道计算、装药设计，液体推进剂的参数计算、推力室的工作过程及特性、推力室结构及其冷却与防热、喷嘴与喷注器、涡轮泵原理、自动器的特性和增压计算等。

本书是火箭军工程大学火箭总体与发动机教研室在总结多年教学、科研实践和教材编写经验的基础上，参阅了国内外近年来出版的有关教材和专著编写而成的。其中，第 1,10 章由刘新国编写，第 2,7 章由胡宽编写，第 3 章由徐志高、艾春安编写，第 4,6 章由宁超编写，第 5 章由李红霞编写，第 8 章由岳春国编写，第 9,11 章由王广编写，第 12～20 章由田干编写，文字录入、图表绘制由胡宇和陈刚完成。全书由杨月诚、宁超任主编，并统一组织定稿。

编写本书曾参阅了相关文献资料，在此，谨向其作者深表谢忱。

由于水平和经验所限，书中不妥之处在所难免，恳请读者批评指正。

编　者

2016 年 1 月

目　　录

第1篇　基础理论和计算方法

第 2 篇 固体火箭发动机

第1篇 基础理论和计算方法

第1章 绪 论

1.1 喷气发动机和火箭发动机

推进，广义地讲，就是改变物体运动的作用。这种作用可以使原来静止的物体产生运动，也可以使运动着的物体改变速度或者克服物体在介质中运动时的阻力。

喷气推进(Jet Propulsion)是指利用高速喷射物质的动量产生反作用力来推动物体运动的方法。在航空航天领域中，绝大多数飞行器的有控运动就是利用喷气推进的原理。

火箭推进(Rocket Propulsion)是喷气推进的形式之一。这种推进形式喷射的物质全部来源于动力装置自身所携带的推进剂，不需要利用周围的大气，因此火箭推进广泛应用于运载火箭、弹道导弹和各类航天器上。

直接利用高速喷射气流产生的反作用力推动物体运动的动力装置称为喷气发动机(Jet Engine)(发动机也称推力器)。喷气发动机现已广泛应用于飞机、火箭、导弹和航天飞机等各种飞行器上。喷气发动机可分为空气喷气发动机和火箭发动机两大类。

凡是利用大气层中的氧气作为氧化剂而自身只携带燃烧剂的喷气发动机称为空气喷气发动机(Aero Engine)。空气喷气发动机也称为航空发动机，这类发动机只能在大气层中工作，如涡轮喷气发动机、涡轮风扇喷气发动机和冲压喷气发动机等。

凡是自身既携带燃烧剂又携带氧化剂的喷气发动机称为火箭发动机(Rocket Engine)。火箭发动机通常也称为火箭推进装置，它不需要周围大气作氧化剂就能工作，因此火箭发动机既可在大气层内工作，也可在大气层以外的太空中工作。

火箭发动机按照发动机工作时使用的初始能源类型不同，可分为化学能火箭发动机、核能火箭发动机、电能火箭发动机和太阳能火箭发动机等几类，如图1-1所示。

1.1.1 化学能火箭发动机(Chemical Rocket Engine)

依靠推进剂的化学能作为能源的火箭发动机称为化学能火箭发动机。它是目前技术最为成熟、应用最为广泛的火箭发动机。本书重点介绍化学能火箭发动机。化学能火箭发动机是依靠推进剂在燃烧室内进行化学反应释放的能量，将工质加热到很高的温度(2 500～4 000 K)，然后在喷管中膨胀加速到很高的速度(2 000～4 700 m/s)后喷出，从而产生反作用力推动飞行器的运动。化学能火箭发动机根据所携带的推进剂的物理状态不同，又可分为液体火箭发动机、固体火箭发动机和固液混合火箭发动机 3 种类型。

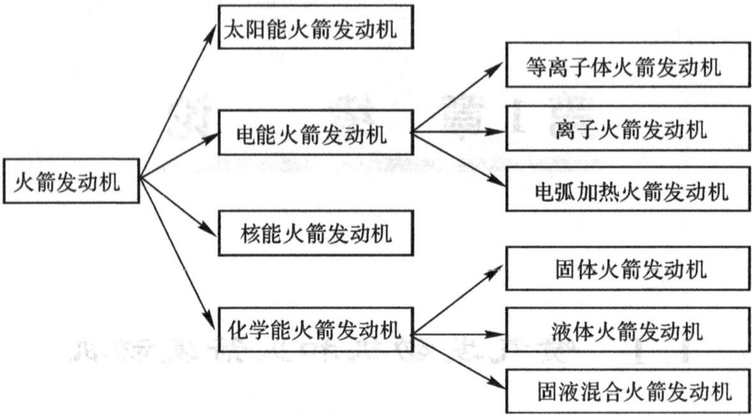

图 1-1　火箭发动机分类图

1. *液体火箭发动机*(Liquid Propellant Rocket Engine)

液体火箭发动机是液体推进剂火箭发动机的简称，是使用液态化学物质(液体推进剂)作为能源和工质的化学能火箭发动机。液体火箭发动机由推力室(由喷注器、燃烧室和喷管组成)、推进剂供应系统、推进剂贮箱和各种调节器等部分组成。

大多数液体火箭发动机使用的是双组元推进剂，即氧化剂组元和燃烧剂组元，它们分别贮存在各自的贮箱中。这种发动机工作时，供应系统将两组元分别经各自的输送管道输送到发动机头部，由喷注器喷入燃烧室中燃烧，生成高压和高温的燃烧气体。燃气经喷管膨胀加速后，高速排出产生推动导弹或飞行器的推力。

推进剂供应系统是在要求的压力下，以规定的混合比和流量，将贮箱中的推进剂组元输送到推力室中的系统总称。推进剂供应系统包括贮存或挤压气体的装置，将推进剂输送到推力室中的增压装置，输送管路，各种自动阀门、流量和压力调节装置。因此，根据输送系统的输送方式不同，液体火箭发动机又可分为挤压式液体火箭发动机和泵压式液体火箭发动机。图 1-2和图 1-3 分别给出了典型的挤压式液体火箭发动机和泵压式液体火箭发动机的系统简图。在挤压式供应系统中，高压气体经减压器后进入氧化剂贮箱和燃料贮箱中，将氧化剂和燃料挤压到推力室中。挤压式火箭发动机绝大多数为小推力发动机，主要应用于航天器和卫星的姿态控制、小规模空间机动、轨道修正和轨道保持等。大推力发动机一般采用泵压式火箭发动机，这类发动机依靠涡轮泵给推进剂增压来达到输送推进剂的目的，主要应用于运载火箭和大型导弹的主发动机，为飞行器提供较大的速度增量，产生飞行所必需的推力。

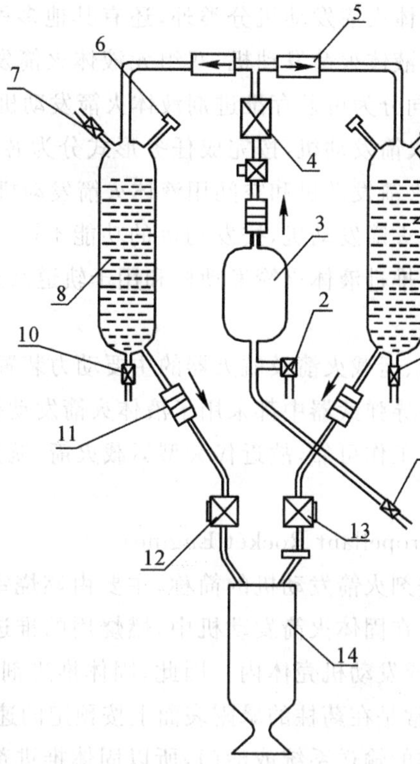

图 1-2 挤压式液体火箭发动机系统简图

1—充气阀； 2—排气阀； 3—高压气瓶； 4—减压器； 5—单向阀； 6—加注口； 7—贮箱排气阀门；
8—氧化剂贮箱； 9—燃烧剂贮箱； 10—泄液阀； 11—过滤器； 12—推进剂阀； 13—限流孔； 14—推力室

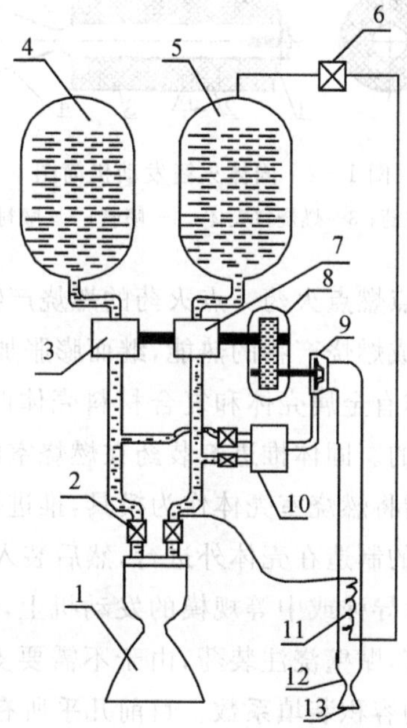

图 1-3 泵压式液体火箭发动机系统简图

1—推力室；2—阀门；3—燃料泵；4—燃料贮箱；5—氧化剂贮箱；6—贮箱加压阀门；7—氧化剂泵；
8—齿轮箱；9—涡轮；10—燃气发生器；11—热交换器；12—排气管道；13—涡轮排气喷管

除了按供应系统的类型对液体火箭发动机分类外，还有其他多种分类方式。如按使用的推进剂组元数目不同分为单组元液体火箭发动机、双组元液体火箭发动机和三组元液体火箭发动机，按使用的推进剂类型不同分为可贮存推进剂液体火箭发动机、自燃和非自燃推进剂液体火箭发动机、低温推进剂液体火箭发动机，按完成任务形式分为芯级液体火箭发动机、助推级液体火箭发动机、上面级液体火箭发动机和空间用液体火箭发动机，按推力大小可分为大推力液体火箭发动机和小推力液体火箭发动机，按发动机的功能不同分为用于发射有效载荷并使有效载荷的速度显著增加的主推进液体火箭发动机和用于轨道修正和姿态控制的辅助推进液体火箭发动机。

液体火箭发动机是弹道导弹、运载火箭及航天器的主要动力装置，是这些飞行器不可缺少的主要组成部分。在第一代战略导弹武器中都采用了液体火箭发动机。由于这种发动机性能高、推力大、适应性强、技术成熟、工作可靠，故近代大型运载火箭、航天飞机等都以液体火箭发动机作为主要的动力装置。

2. 固体火箭发动机(Solid Propellant Rocket Engine)

固体火箭发动机是固体推进剂火箭发动机的简称，主要由燃烧室壳体、固体推进剂装药、喷管和点火装置等几部分组成。在固体火箭发动机中，燃烧用的推进剂经压伸或浇注制成所需形状的装药，直接装于燃烧室或发动机壳体内。因此，固体推进剂又叫作药柱，它含有完全燃烧所需要的所有化学元素，通常是在药柱的暴露表面上按预定的速率缓慢、平稳地燃烧。由于不具有像液体火箭发动机那样的输送系统或活门，所以固体推进剂火箭发动机结构通常比较简单(见图 1-4)。

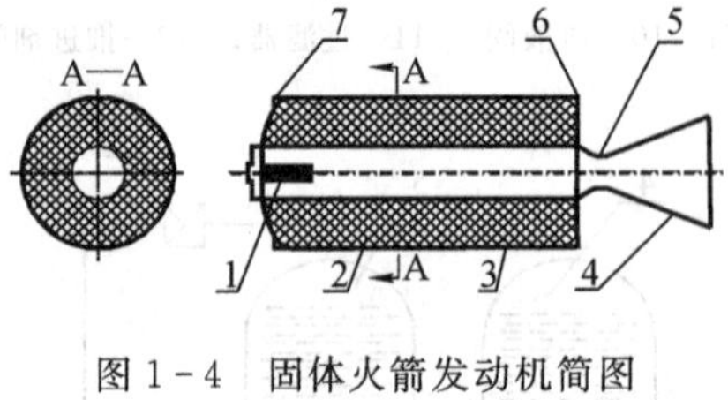

图 1-4　固体火箭发动机简图

1—点火装置；2—固体推进剂装药；3—燃烧室壳体；4—喷管；5—喉衬；6—后连接裙；7—前连接裙

发动机工作时，由点火装置点燃点火药。点火药的燃烧产物流经装药表面，将装药迅速加热点燃，使推进剂的化学能转变成燃烧产物的热能，继而膨胀加速后高速排出产生推力。

固体火箭发动机燃烧室壳体有金属壳体和复合材料壳体两种，对于大型的固体火箭发动机，其壳体和装药常采用分段式的。固体推进剂装药在燃烧室内的安装方式主要有两种：贴壁浇注式和自由装填式。前者是指将燃烧室壳体作为模具，推进剂直接浇注到壳体内，与壳体或壳体绝热层黏结；后者是指药柱的制造在壳体外进行，然后装入壳体中。自由装填药柱成本较低，易于检查，用在一些小型战术导弹或中等规模的发动机上，也常用在大型导弹的弹射动力装置和分离火箭中。相比较而言，贴壁浇注装药，由于不需要支撑装置和支撑垫片，且绝热层薄，所以消极质量略低，有较高的容积装填系数。目前几乎所有的大型固体发动机和许多战术导弹发动机都使用贴壁浇注装药。

固体火箭发动机推力变化的趋势取决于发动机工作时装药燃烧表面积的变化。为获得随时间增大的推力，需使用增面燃烧装药；为获得随时间减小的推力，需使用减面燃烧装药；为使燃烧时间内推力基本不变，需使用恒面燃烧装药。

与液体火箭发动机相比，固体火箭发动机的突出特点是结构形状简单，所需的零部件少，且一般没有活动部件。上述特点使得固体火箭发动机有可靠性高、维护和操作简便等优点。

固体火箭发动机广泛应用于各类导弹，它特别适用于各类导弹向小型、机动、隐蔽的方向发展，提高生存能力，因此在各类战术、战略导弹的动力装置中固体化的趋势已十分明显。固体火箭发动机还广泛应用于各种航天器和运载工具上，它可用作大型运载火箭的助推发动机，航天器的近地点、远地点加速发动机，变轨发动机和返回航天器的制动发动机。

3. 固液混合火箭发动机(Hybrid Propellant Rocket Engine)

固液混合火箭发动机是固液混合推进剂火箭发动机的简称，它使用的推进剂有固体和液体两种，一般把燃烧剂为固体、氧化剂为液体的称为正混合，反之称为逆混合。图 1-5 为一种典型的正混合固液混合火箭发动机简图。发动机启动时，高压气瓶中的高压气体通过减压器降低至所需的压强进入氧化剂贮箱；受挤压的液体氧化剂经阀门进入燃烧室，而后由燃烧室头部的喷注器喷入燃烧剂药柱的内孔通道中。药柱点燃后，药柱内孔表面生成的可燃气体与通道内的液体氧化剂射流互相混合并燃烧，产生的燃气从喷管排出，产生推力。

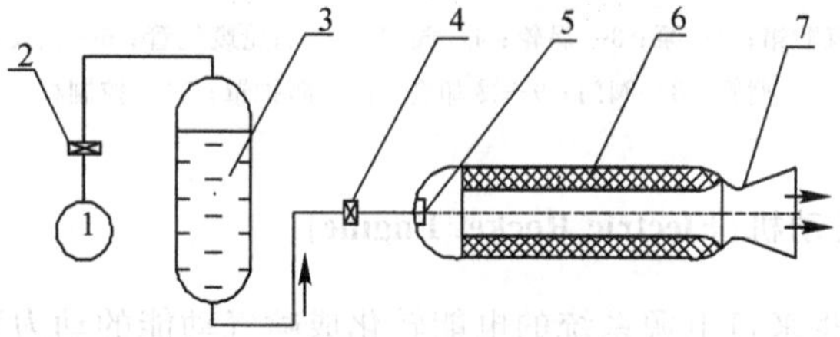

图 1-5 固液混合火箭发动机简图

1—高压气瓶；2—减压器；3—液体氧化剂；4—阀门；5—喷注器；6—固体燃烧剂；7—喷管

目前固液混合火箭发动机多数为正混合发动机，因为这种组合形式的推进剂可以提高整体推进剂的平均密度比冲。此外，燃料的体积通常都小于氧化剂的体积，所以正混合固液混合火箭发动机具有燃烧室尺寸小的优点。另一个重要原因是固体氧化剂都是粉末，要制成一定形状并具有一定机械强度的药柱比较困难。固体燃烧剂一般都选用贫氧推进剂而避免使用纯燃烧剂，这样有利于工艺成型以及点火和燃烧。

1.1.2 核能火箭发动机(Nuclear Rocket Engine)

核能火箭发动机是以核能为初始能源的火箭发动机。按照能量释放形式可分为核裂变能火箭发动机、放射性同位素衰变能火箭发动机和核聚变能火箭发动机 3 种基本类型。

图 1-6 为采用铀裂变反应堆的核能火箭发动机原理图。反应器中铀的裂变反应释放出的热量给液态氢加热，被加热汽化后的氢经过喷管膨胀加速后高速(可达 6 000～10 000 m/s)排出，产生推力。

放射性同位素衰变能火箭发动机和核聚变能火箭发动机的工作原理与核裂变能火箭发动机类似。其主要区别：在放射性同位素衰变能火箭发动机中，利用在一个单独的能源密封舱中的放射性同位素(如 Pu[226],Pu[210])衰变所释放的热能加热液体;核聚变能火箭发动机则是利用氢的同位素(氘或氚)聚变反应释放的能量加热液体。

可见,核能火箭发动机的加热能源不是来自化学反应,而是来自原子核内部变化释放出的核能。核能火箭发动机多采用液氢作为工质,因为氢的相对分子质量最小。发动机的比冲可达 7 500~12 000 N·s/kg。

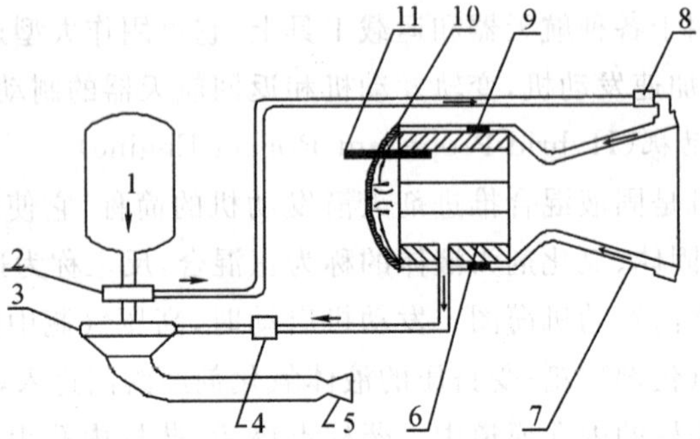

图 1-6　采用铀裂变反应堆的核火箭发动机原理图

1—液氢贮箱;2—泵;3—涡轮;4—阀门;5—涡轮废气管;6—核反应堆;7—喷管;8—阀门;9—冷却套;10—防护罩;11—控制杆

1.1.3　电能火箭发动机(Electric Rocket Engine)

电能火箭发动机是将来自电源系统的电能转化成喷气动能的动力装置。根据能源转换的方式,电能火箭发动机可基本分为三类:电热型、静电型和电磁型。属于电热型的有电阻加热喷气推力器和电弧喷射推力器,属于静电型的有离子发动机(ION),属于电磁型的有霍尔效应推力器(HALL)、脉冲等离子体推力器(PPT)和磁等离子体发动机(MPD)。

1. 电阻加热喷气推力器(Resistojet Thruster)

电阻加热喷气推力器使用电阻加热器将推力室中的液体加热,使之变为气体,再经过常规的喷管将气体喷出产生推力,采用的推进剂有肼、氨。电阻加热喷气推力器所能达到的比冲一般为 3 000~3 500 N·s/kg ,推力可达 500 MN。这种推力器最先用于 Intelsat-5 同步轨道卫星的南北位置保持。苏联的"流星 3""资源"和 GOMS 等系列卫星的轨道修正也使用电阻加热发动机,而在铱星系统中有 66 个肼电阻加热喷气推力器用于轨道提升,基本上达到规模化生产水平。

2. 电弧喷射推力器(Arcjet Thruster)

电弧喷射推力器如图 1-7 所示,通过两电极间的电弧放电将电能转变成热能。工作流体(如 NH_3,H_2 及肼)通过电弧被加热,温度上升到 6 000~20 000 K。随后,高温气体经喷管膨胀加速后以很高的速度(7 600~2×10^4 m/s)排出。电弧喷射推力器比冲可以达到 4 000~12 000 N·s/kg。这种推力器于 1993 年首次成功地在 Telestar-4 卫星上用作南北位置保持。Echostar、Asiasat-2 和铱星等卫星也使用这种推力器。

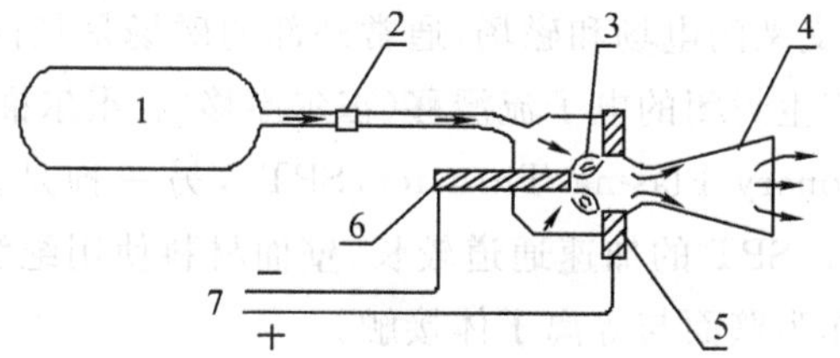

图 1-7　电弧喷射推力器示意图

1—工质；2—泵；3—两电极间的环形电弧；

4—喷管；5—环形正极；6—负极；7—由电源来的低电压大电流电能

3. 离子火箭发动机(Ion Engine)

离子火箭发动机是在宇航中应用最广的一种电推进装置，如图 1-8 所示。在离子火箭发动机中，由阴极发射的电子撞击氙原子使之电离，在电离室通过偏转的略微扩张的磁场，使电离效率得以提高。然后，氙离子在静电场作用下被加速到非常高的速度($3\times10^4\sim3\times10^5$ m/s)，随后经中和成中性粒子后排出。离子火箭发动机的比冲可达到 25 000～50 000 N·s/kg，为深空任务的最佳选择，在静止轨道卫星的南北位置保持、远地点到静止轨道转移方面也很有竞争力。目前，离子火箭发动机已在日本的 ETS-6 和 COMETS 卫星上进行了飞行试验，已在休斯公司的 PAS-5 和 Galaxy8-1 卫星上投入使用。特别是 1998 年末，离子火箭发动机首次作为主推进器在"深空 1 号"探测器上使用。该离子火箭发动机能够产生 0.09 N 的推力，比冲 33 000 N·s/kg，每天消耗 100 g 的氙推进剂，发动机总的工作时间超过了 14 000 h。可见离子发动机虽然推力小，但能通过长时间的积累达到很高的总冲量，并最终达到更高的速度。

目前，离子火箭发动机已经应用到一些太空飞船上，比如日本的"隼鸟"太空探测器、欧洲的"智能 1 号"太空船和美国"黎明号"小行星探测器等。我国自 2012 年起，经过 1 万小时运转后，成功在"实践 9 号"科学卫星上完成 XIPS-20 氙离子推进器的测试工作，为我国的航天技术开启了一扇新的大门。

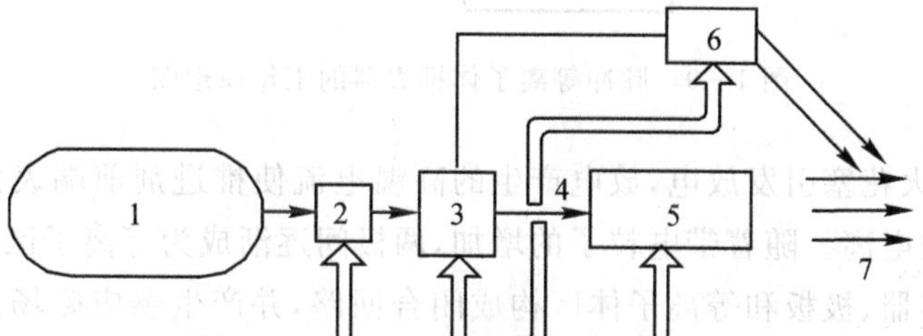

图 1-8　离子火箭发动机示意图

1—工质；2—输送系统；3—电离装置；4—离子；5—静电加速器；

6—电子发射器；7—中性离子；8—电能

4. 霍尔推力器(Hall Thruster)

霍尔推力器是目前最先进和有效的电推进装置之一。由于霍尔推力器中的加速发生在近似中性的等离子体中，加速不受空间电荷效应的限制，因此，霍尔推力器具有更高的推力密度。

在霍尔推力器中存在一个交叉的电场和磁场，通常外部的磁场是径向的或者与加速离子的电场垂直，电子流通过磁场产生封闭的电子流漂移（霍尔漂移）。霍尔推力器有两种类型，一种是稳态等离子推力器（Stationary Plasma Thruster，SPT），另一种是阳极层推力器（Thruster with Anode Layer，TAL）。SPT 的加速通道较长，壁面材料使用绝缘材料；TAL 的加速通道较短，并且导电磁极直接作为壁面与等离子体接触。

霍尔推力器一直是俄罗斯电推进发展的主要方向，俄罗斯研制的霍尔推力器的功率范围为50 W～50 kW，已在“流星”“宇宙”“射线”等卫星上进行过 70 多次空间试验和应用。

2014 年，中国研制成功的磁聚焦霍尔推力器，累计工作达 1 000 h，关键性能指标处于国际一流水平，适用于我国后续大型卫星平台对电推进性能的要求。

5. 脉冲等离子体推力器（Pulse Plasma Thruster，PPT）

脉冲等离子体推力器的工作原理如图 1-9 所示，其阳极与阴极组成放电通道，固体特氟隆推进剂安放在两极之间，还有一个推动特氟隆推进剂移动的弹簧。贮能电容的正、负端分别与相应的两极板相连，在阴极上装有火花塞。电源转换装置（PPU）将卫星平台提供的低压直流电转换为高压电流，输送给贮能电容器。

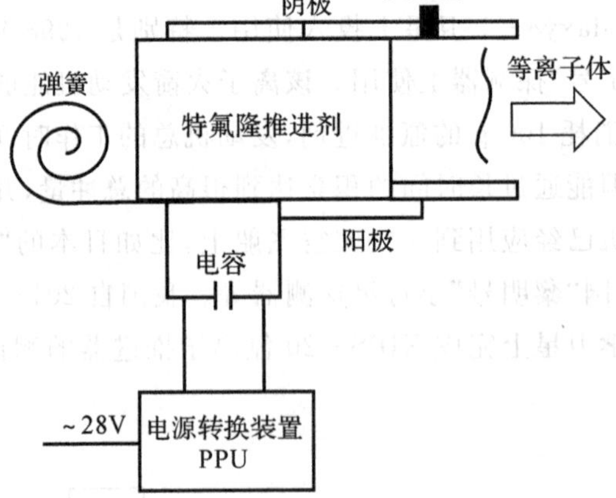

图 1-9　脉冲等离子体推力器的工作原理图

推进剂前端的火花塞引发放电，放电产生的高温电流使推进剂前端表面暴露的聚合物分解，分解后的气体被电离。随着带电粒子的增加，两极间逐渐成为等离子区。电容器积聚电荷到一定程度时，电容器、极板和等离子体区构成闭合回路，并产生感应磁场。等离子体在电磁场的作用下沿着电极板方向加速，喷出后产生推力。

1964 年，苏联在宇宙探测器-2 上首次使用了 6 台同轴式脉冲等离子体推力器。1968 年，第一个以固体特氟隆为推进剂的脉冲等离子体推力器作为同步卫星东西位置保持的辅助推进装置成功运行。此外，PPT 还用于美国航空航天局地球观察卫星 EO-1 的偏航姿态控制和 DS-3 号卫星的精确定位。PPT 的比冲在 8 500～22 000 N·s/kg 之间，产生的推力为毫牛(mN)数量级。

1.1.4 太阳能火箭发动机(Solar Rocket Engine)

利用太阳能作为能源的火箭发动机称为太阳能火箭发动机,如图1-10所示。常常利用太阳能电池产生的电能作为电能火箭发动机能源,也可直接利用太阳能加热工质(如液氢),然后高速喷出以产生推力。

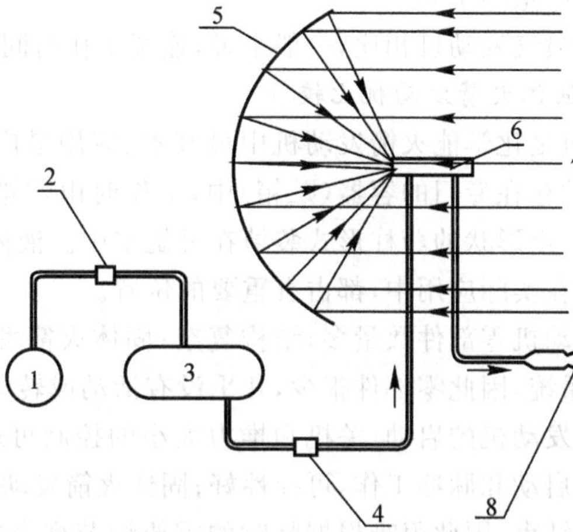

图1-10 太阳能加热型火箭发动机示意图

1—高压气瓶;2—减压器;3—液氢贮箱;4—阀门;5—抛物面反射镜;
6—热接收与转换器;7—太阳辐射线;8—排气喷管

1.2 化学能火箭发动机的特点及其应用

1.2.1 化学能火箭发动机的特点

1. 化学能火箭发动机与空气喷气发动机比较

(1)化学能火箭发动机与空气喷气发动机虽然都是喷气发动机的一种,但从使用推进剂的角度来看,两者存在明显的差别。采用空气喷气发动机的飞行器上仅带一种推进剂组元——燃烧剂,而对于燃烧来说必不可少的另一种组元——氧化剂(氧气)则需从周围空气中取得。因此,空气喷气发动机工作将受到飞行高度的影响,当飞行高度大于40 km时,由于空气稀薄,该发动机无法工作。

化学能火箭发动机燃烧剂和氧化剂都是飞行器自身携带的,无论是在稠密的大气层中或是在大气层外,它都能正常工作。

(2)空气喷气发动机的工作还受到飞行速度的影响。因为在较为稠密的大气层中工作时,由于受机翼空气动力负载能力和所承受的气动力热负荷的限制,飞行速度不能过高。这种发动机的推力变化不仅与飞行速度增加时所产生的气动力现象有关,还与喷射的气流速度和飞行速度的相对值有关,当飞行速度为零时,可获得推力最大值。随着飞行速度的增加,推力会逐渐减小。

火箭发动机的工作不受飞行速度的影响,其推进功率一般定义为发动机的推力与飞行速度之积，由于推力与飞行速度无关，所以火箭发动机可保证高速飞行。在地面上因飞行速度为零，推进功率值没有意义。推进功率一般按飞行中发动机关机时的最大速度来计算。

(3)和空气喷气发动机相比，火箭发动机可以在结构简单、质量和轮廓尺寸较小的情况下得到较大的推力。

(4)火箭发动机和空气喷气发动机相比，经济性较差，因为空气喷气发动机所消耗的飞行器携带的燃料，只占其总消耗量的1/50。

(5)火箭发动机和空气喷气发动机相比，一般来说，连续工作时间短，应力大，可靠性低。

2. *液体火箭发动机和固体火箭发动机比较*

液体和固体火箭发动机是化学能火箭发动机中最基本、应用最广泛的两种发动机。液体火箭发动机的推进剂需要贮存在专门的容器(贮箱)中，工作时由贮箱逐渐向发动机输送。固体火箭发动机的推进剂以一定形状的药柱形式装填在燃烧室中。液体火箭发动机和固体火箭发动机各有其相对的优点，在实际应用中，都占有重要的位置。

(1)结构。液体火箭发动机零部件数量多，结构复杂；固体火箭发动机不需要专用的推进剂贮箱和推进剂输运调节系统，因此零部件很少，几乎没有活动或转动的机件，结构简单。

(2)可控性。液体火箭发动机的启动、关机和推力大小的控制可通过活门的打开、关闭和调节开度来实现，可以多次启动和脉冲工作，可控性好；固体火箭发动机一经点燃，就按照预定的推力方案工作，直至燃烧结束，因此很难根据临时的需要调节推力的大小，或实现多次重复启动，可控性差。

(3)可靠性。系统的可靠性等于系统内部各串联零部件可靠性的乘积。若单个零部件的可靠性相仿，系统内零部件数量越少，则整个系统的可靠性越高。由于固体发动机零部件很少，且单个零部件的可靠性高，所以固体火箭发动机的可靠性很高。相反，由于液体火箭发动机零部件数量多，结构复杂，其可靠性相对偏低。

(4)使用性。液体推进剂一般消耗量大且不易在贮箱中长期贮存，采用液体火箭发动机的飞行器多数情况下需要在发射前临时加注推进剂，与采用固体火箭发动机的飞行器相比，发射准备工作时间较长，维护使用不便。由于固体火箭发动机结构简单，使用时无须像液体火箭发动机那样进行多项检查、维护、加注和泄放等勤务处理工作，而且固体推进剂装药在运输和使用时比液体推进剂安全得多，毒性也小，所以它可直接装填在发动机内长期存放，随时处于战备待发状态。因此，固体火箭发动机维护使用方便。

(5)工作时间。由于固体推进剂是以装药形式全部贮存在发动机燃烧室内的，因而其尺寸和燃速限制了发动机工作的时间不能太长；另外，发动机长期处于高温、高压气流的作用下，使得发动机的热防护变得相当困难。因此，固体火箭发动机的工作时间不宜过长，目前，最长的工作时间也不超过几分钟。相反，液体火箭发动机工作时间长，在推力冲量一样的情况下，小推力也可以达到一定的飞行速度，从而可以使因加速度而引起的“过载负荷”减小。

(6)质量比。由于固体推进剂的密度较大，故可使固体火箭发动机的体积缩小；又由于壳体黏结技术和高强度材料的应用，发动机的壳体质量大为减小，所以提高了发动机的质量比，从而提高了发动机的整体性能。

(7)成本。由于固体火箭发动机结构简单，质量、体积小，勤务处理方便，所以其制造成本较低，研制周期较短，特别适用于需大量生产的小型、近程等军用火箭。同时，这些火箭往往采用高速旋转稳定的方式飞行，只有固体火箭才易于实现这一目的。

(8)环境适应性。由于固体推进剂的燃速随着外界环境温度(装药初温)的变化而变化,发动机的性能(如燃烧室压强、推力方案、药柱力学性能等)也随之发生变化,所以,固体火箭发动机的性能受外界环境温度的影响较大。目前已成功研制出燃速对初温敏感系数很小的固体推进剂,使固体火箭发动机这一缺点在较大程度上得到克服。

(9)比冲。固体推进剂的单位能量一般都低于液体推进剂。推进剂的单位能量一般以比冲衡量。固体推进剂的比冲范围为 2 000～3 000 N·s/kg,而液体推进剂的比冲范围为 2 500～4 600 N·s/kg。努力寻求提高固体推进剂比冲的新途径,是固体火箭发动机的主要发展方向之一。

1.2.2 化学能火箭发动机的应用

目前采用化学能火箭发动机作为动力装置的现代飞行器种类很多,例如,各种等级不可回收的运载火箭、航天飞机、导弹武器、各种卫星、飞船以及重型核弹头等。对于它们来说,火箭发动机可以起到两方面的作用。

(1)产生飞行器运行所必需的推力。这项功能一般由保证飞行器正常起飞和在主动段(发动机工作期间)加速的主发动机和助推发动机来承担。主发动机通常采用液体火箭发动机或固体火箭发动机。助推发动机多数情况下采用固体火箭发动机。这类发动机可以是单管形式,也可以是多台并联形式,推力等级较高,少者几十吨,多者上百吨,甚至可达上千吨。

(2)产生操纵飞行器和使其定向与稳定所必需的力或力矩。这项功能由辅助发动机来完成,辅助发动机可分为以下几种:

操纵发动机——起舵机作用,它按着一定的程序来控制飞行器的轨道,或按着一定的指令保证飞行器稳定。

修正发动机——飞行器在宇宙空间飞行过程中,用它来任意改变飞行器的速度和方向,以便飞行器能随时改变姿态,作各种机动飞行。

制动发动机——当飞行器降落时,用它来制动。例如,当飞行器需要从轨道上转移出来或在专门的停靠点停靠时。它有时也用于多级火箭的某一级分离时制动。

辅助发动机的种类很多,在飞行器上应用得也很多,大多数采用液体火箭发动机,少数采用固体火箭发动机,有时也采用电能火箭发动机、冷气喷射发动机等。在飞行器上实际应用时,一般作为完成某项功能的完整发动机系统形式存在,有时也采用单个的火箭发动机(如宇航员在飞行器外作机动动作时)。它们的推力一般很小,最小的为几克,通常称它们为微型或小推力发动机。

此外,液体或固体火箭发动机还可以用作飞机的加速器,以提高飞机的加速性,或在飞机上装一个可改变推力方向的液体火箭发动机,用来改变飞机的启动性能,甚至可制作成垂直起落的飞机。

1.3 发展简史

我国是固体火箭发动机和固体火箭的发源地,这是中华民族在世界科技文化发展史上留下的光耀足迹。早在7世纪的唐代就有了黑火药的配方,这是最早的固体火箭推进剂。10世纪的宋代出现了用火药作动力的火箭。到了12世纪时,宋朝人在战争中开始使用原始火箭武器“霹雷炮”“震天雷”等。元军的西征将中国的火箭技术经阿拉伯人传入欧洲，随后又传入印度。到了明代，火箭又有了进一步的发展，出现了“火箭溜”“神火飞鸦”“火龙出水”等具有一定射向和射角的火箭武器。此后，我国的火箭技术发展缓慢，开始落后于欧洲。

火箭技术的发展总是伴随军事的进展。19世纪初期，印军在抗英战争中使用了火箭。19世纪中期，英军在进攻丹麦时开始大规模使用火箭，以后丹麦和俄国也相继将火箭用于军事。此后，由于火炮技术的发展，出现了硝化棉火药和线膛身管技术，大幅度提高了火炮的射程与精度，其性能远优于火药火箭弹，火箭武器的发展也因此显得停滞不前。

直至19世纪末期和20世纪初期，世界上一些探索宇宙奥秘的先驱者，提出火箭发动机不仅能用于战争，而且是实现宇宙航行的唯一运输工具。由于当时的固体火箭发动机的能量不能满足宇宙航行的要求，俄国的齐奥尔科夫斯基和美国的戈达德相继提出使用液体火箭发动机的设想。1926年，戈达德成功研制并发射了世界上第一枚用液氧/煤油作推进剂的液体火箭发动机。

真正将液体火箭发动机应用于实战的是第二次世界大战期间的德国，以液氧/酒精作推进剂的德国V2导弹是现代导弹的先驱。从此以后，液体火箭发动机被广泛应用于各种类型的火箭和导弹中。美国1957年用液体火箭发动机A-6作动力的“红石”(Redstone)战术导弹开始服役，1959年用液体火箭发动机LR-79作动力的“雷神”(Tho)中程导弹服役，1963年用可贮存推进剂的液体火箭发动机LR87-AJ-5和LR91-AJ-5推进的“大力神”Ⅱ(TitanⅡ)洲际导弹服役，1966年用液氧和液氢作推进剂的液体火箭发动机RL-10推进的“半人马座”(Centaur)运载火箭将“勘测者”号探测器送到月球，1966年研制成功用于“土星”5号(Sturn5)运载火箭的液体火箭发动机F-1，1981年又研制成功用作航天飞机主发动机的液氧和液氢液体火箭发动机。苏联在1957年10月用液体火箭发动机作动力发射世界上第一颗人造地球卫星，并于1961年4月用液体火箭发动机作动力发射了载人飞船。

长期以来，固体推进剂的发展比较缓慢，直至1932年才发明了无烟火药(双基推进剂)。双基推进剂的出现，对于各种近程、小型的战术火箭武器的发展起着巨大的作用。迄今为止，上述武器仍多采用双基推进剂的固体火箭发动机。虽然双基推进剂的能量比过去的黑火药或单基推进剂的能量有所提高，但仍然不能满足远射程和宇宙航行的要求。20世纪50年代以来，固体高能复合推进剂的研制成功与壳体相黏结的浇铸型内燃装药技术的应用，以及高性能壳体材料的采用，使固体火箭发动机向大尺寸、长时间工作的方向发展，加上它固有的结构简单、操作方便等特点，使得它在实现战略军事目标和完成宇航任务方面能与液体发动机相竞争，并越来越处于优势地位。美国1960年开始将固体火箭发动机用于“北极星”AI潜地中程导弹，1962年使用固体火箭发动机的“潘兴”I(Pershingl)战术导弹、“民兵”I(Minutemanl)洲际导弹开始服役，1979年服役的“三叉戟”I(Tridentl)潜地洲际导弹，以及1986年装备部队的“和平卫士”(Peacekeener)洲际导弹也都采用固体火箭发动机。苏联在1982年服役的SS-N-20潜地洲际弹道导弹和中国在1982年发射的潜地导弹用的也是固体火箭发动机。

新中国成立以来，火箭事业有了很大发展。火箭发动机已广泛用于各种常规的战术、近程、有控或无控武器，以及远程战略洲际导弹和航天运载火箭。当前，典型代表是“长征”(CZ)系列的运载火箭和“东风”(DF)系列的战术、战略导弹。

1956年10月8日，中国第一个火箭导弹研究机构——国防部第五研究院正式成立，这标志着中国航天事业从此拉开序幕。1970年4月24日，中国长征一号(CZ-1)运载火箭在甘肃酒泉卫星发射中心成功地发射了我国第一颗人造地球卫星“东方红 1 号”，迈出了中国发展航天技术的第一步，标志着中国已正式进入航天时代，并使中国成为世界上第五个独立研制和发射卫星的国家。1981 年 9 月 20 日，中国用风暴 1 号运载火箭同时将 3 颗卫星送入轨道，它使中国成为世界上第三个掌握一箭多星技术的国家。1984 年 4 月 8 日，中国用新研制的长征三号(CZ－3)运载火箭首次将“东方红 2 号”试验通信卫星送入赤道上空静止轨道运行，中国由此成为世界上第三个掌握氢氧发动机技术的国家和第五个独立发射地球静止轨道卫星的国家。1988 年 9 月 7 日，中国长征四号甲运载火箭成功发射中国第一颗“风云 1 号 A”气象卫星，它表明中国是世界上第四个掌握发射太阳同步轨道卫星技术的国家和第三个拥有极轨气象卫星的国家。1990 年 4 月 7 日，中国长征三号运载火箭成功地发射了美国制造的“亚洲 1 号”通信卫星，使中国成为世界上第三个进入国际卫星发射服务市场的国家。1999 年 5 月 10 日，中国长征四号乙运载火箭首次发射获得成功，并把“风云 1 号 C”气象卫星和“实践 5 号”科学实验卫星送入轨道。

运载火箭的蓬勃发展同时推动了我国载人航天事业和探月计划的顺利开展与实施。2003 年 10 月 16 日是中国人永远值得纪念和骄傲的日子。我们靠自己的力量完成了我国首次载人航天飞行，由长征二号 F 型运载火箭发射升空的“神舟五号”飞船绕地球飞行 14 圈，圆满地完成各项科学实验。2007 年 10 年 24 日，长征三号甲运载火箭顺利将“嫦娥 1 号”卫星送入月球轨道。

2008 年 9 月 25 日，长征二号 F 型运载火箭将第三艘载人飞船“神舟七号”成功发射至预定轨道。此次任务中中国航天员首次成功实现出舱活动，同时展开了卫星伴飞、卫星数据中继等空间科学和技术试验。

2011 年 9 月 29 日，我国使用长征二号 F/T1 运载火箭成功发射目标飞行器“天宫一号”。2021 年 6 月 17 日，长征二号 F 型运载火箭又成功地将“神舟十二号”飞船发射至预定轨道，使 3 名航天员成功进入“天和”核心舱，这标志着我国已经拥有了一个可以实际应用的天地往返运输系统，中国人向着熟悉太空、利用太空、享受太空的梦想又迈进了一大步。

2016 年 6 月 25 日，长征七号中型运载火箭首次发射成功。2016 年 11 月 3 日，长征五号大型运载火箭首次发射成功。2021 年 12 月 10 日，长征系列火箭累计发射次数达到 400 次。这标志着我国在世界航天科技领域占据了愈来愈重要的地位。新中国成立以来，我们国家在航天领域所取得的一系列成就，都是一代代航天人克服各种困难，自强不息、奋发努力的结果。

钱学森——中国航天之父

钱学森，世界著名科学家，空气动力学家，中国载人航天奠基人，中国科学院及工程院院士，中国两弹一星功勋奖章获得者，被誉为“中国航天之父”“中国导弹之父”“中国自动化之父”和“火箭之王”。

1934 年，钱学森毕业于国立交通大学机械工程系，1935 年赴美进修，进入麻省理工学院航空系学习，第二年获得硕士学位后，转入加州理工学院航空系学习，成为世界著名的科学家冯・卡门的学生，并很快成为冯・卡门最重视的学生之一。他与导师建立了著名的“冯・卡门-钱学森”公式，在 28 岁时就成为世界知名的空气动力学专家。

由于钱学森卓越的科研学术能力，他在美国取得了非常好的物质生活条件，但他虽身在异乡，却心系祖国的建设和发展。当新中国成立的消息传到美国，钱学森和夫人蒋英便商量着早日赶回祖国，为自己的国家效力，可是钱学森夫妇的回国之旅却充满艰辛。

1950年，钱学森登上港口准备回国时，被美国官员拦住，并将其关进监狱。美国海军次长丹尼·金布尔声称：钱学森无论走到哪里，都抵得上5个师的兵力。从此，钱学森受到美国政府的迫害，同时也失去了宝贵的自由，他一个月内瘦了30斤。美国移民局抄了他的家，在特米那岛上将他拘留14天，后被保释出来。后来，海关又没收了他的行李，包括800 kg的书籍和笔记本。美国检察官再次审查了他的所有材料后，才证明了他的无辜。消息传回国内，在中国共产党的努力下，周恩来总理指示王炳南在与美国会谈中表明诚意，中国先后释放了15名美国飞行员，最终争取了钱学森等留美科学家的回国。1955年10月1日清晨，历时5年，钱学森一家终于回到了自己魂牵梦绕的祖国，回到了自己的故乡。

钱学森回国后，与老一辈科学家们一起投身到祖国航天等领域建设，取得了一系列举世瞩目的成就，让中国科技实力和综合国力大幅提升，极大地提高了中国在国际上的地位，为我国做出了杰出贡献。

2007年感动中国组委会赞誉钱学森：“在他心里，国为重，家为轻，科学最重，名利最轻。五年归国路，十年两弹成。开创祖国航天，他是先行人，披荆斩棘，把智慧锻造成阶梯，留给后来的攀登者。他是知识的宝藏，是科学的旗帜，是中华民族知识分子的典范”。

第 2 章　火箭发动机的工作原理

2.1　火箭发动机的工作过程和基本组成

火箭发动机的特点是自身携带推进所需的全部能源和工质，靠高速排出的工质产生的反作用力进行工作。因此，火箭发动机也是一种热力机械，它必须在能源和工质二者均具备的条件下才能工作。火箭发动机的能源是推进剂所蕴含的化学能，火箭发动机的工质则是推进剂燃烧后产生的燃烧产物，它是热能和动能的载体。

2.1.1　火箭发动机的工作过程

火箭发动机的工作过程，实质上就是把推进剂的化学能转变为燃烧产物的动能，进而转变为火箭飞行动能的一种能量转换过程。

火箭发动机系统所携带的推进剂由氧化剂和燃烧剂组成，它们在燃烧室中被点燃而进入燃烧过程。燃烧是一种剧烈而复杂的化学反应，通过燃烧，推进剂中蕴藏的部分化学能就转变成为燃烧产物的热能，表现为火箭推进剂在燃烧室内变成了高温（2 000～3 500 K）、高压（4～20 MPa）的燃烧产物（主要是双原子和三原子的气相成分，有时也会有少量凝相成分）。燃烧产物的热能包含内能和势能两项，用状态参数焓来表征。

作为工质的燃烧产物从燃烧室流入喷管。喷管是具有先收缩后扩张的管道，燃烧产物在这种喷管内得以膨胀、加速，最后以比声速高数倍的速度从喷管出口喷出。此时，喷管入口处燃烧产物的热能又部分地转变为喷管出口处高速喷射的燃烧产物的动能。凭借这种动能对火箭发动机产生的反作用力（即发动机的推力）推动火箭运动，最后转化为火箭飞行的动能。图 2-1 为火箭发动机的能量转换过程示意图。

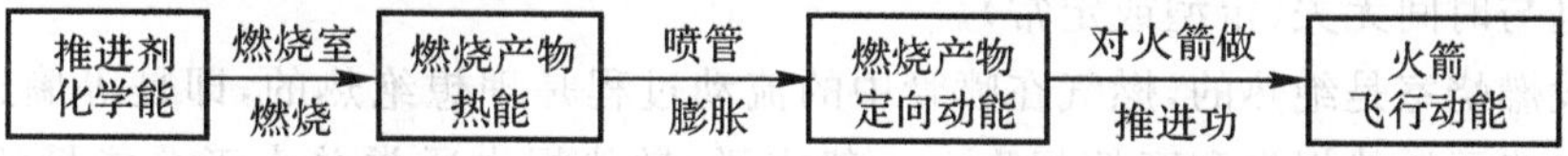

图 2-1　火箭发动机的能量转换过程示意图

2.1.2　火箭发动机的基本组成

由上述分析可知，火箭发动机的能量转换过程实际上包含了燃烧室内推进剂的燃烧过程和喷管内燃烧产物的流动过程两大部分。为了保证这一转换过程的实现，火箭发动机必须具有以下 4 个基本组成部件。

（1）推进剂，它为上述转换提供能源和工质；

(2)燃烧室，它为燃烧过程提供场所；

(3)喷管，它为流动和膨胀过程提供场所；

(4)点火装置，它为推进剂的正常点燃提供条件。

对于固体火箭发动机来说，推进剂是预先放置在燃烧室内的固体装药，装药可以是壳体黏结式的(见图 1-3)，也可以是自由装填式的。如果是后者，则还可能需要挡药板和药柱支撑装置等附件。有的固体火箭发动机还需要有推力向量控制装置，以及推力终止、推力反向等装置。为了与弹体连接，在燃烧室筒体的前、后端有时还设置有连接裙。

对于液体火箭发动机来说，推进剂则是分别贮存在燃烧室(常称为推力室)以外的氧化剂和燃烧剂的贮箱内。为了将它们送入推力室内燃烧，还必须有一套输送系统(挤压式或涡轮泵式，前者如图 1-2 所示)，包括各种活门、减压器和管道等。为了发动机能够固定和长时间工作，还需要有固定各零、部件的发动机架以及发动机的冷却系统等。对于采用自燃型推进剂的液体火箭发动机，有时可不需要专门的点火装置。

有关火箭发动机的具体结构将在后续章节详细介绍。

2.2 理想火箭发动机

2.2.1 基本假设

在火箭发动机的实际工作过程中，所出现的问题是非常复杂的。例如，燃气的成分是变化的，不均匀的，有的还夹杂着凝聚相微粒(固相微粒和液相微粒)；发动机的气流参数(速度、压力、温度、密度等)随着空间和时间是变化的；燃气与发动机壁面之间存在着热交换与摩擦；等等。对于这样一个复杂过程如何着手去研究呢？要抓住主要矛盾，突出主要因素，忽略一些次要因素，揭示出火箭发动机工作过程的本质和主流，把实际火箭发动机抽象为理想火箭发动机。为此，作以下简化假设：

(1)在整个火箭发动机的燃烧室和喷管中，认为燃气的成分是均匀的、不变的，且其比热容不随压力和温度而改变。

(2)假定燃气是理想气体，遵循理想气体定律。

(3)燃气在发动机内流动时，假设为一元定型流，即所有气体参数只考虑沿发动机轴向变化(一元)，且与时间无关(定型或定常)。

(4)假设燃烧室是绝热的，燃气在喷管中的流动过程是理想绝热的，即是等熵过程。由此可知，暂时忽略了散热损失和摩擦损失。一般来说，散热损失通常总小于总能量的 2%，是可以忽略的。

在液体火箭发动机中，理想化的理论假定喷射系统使燃烧剂与氧化剂完全混合，会产生均匀的工质，一个优良的发动机喷雾器可能很接近于这种状况。对于固体火箭发动机来说，假定它具有匀质的药柱，并具有均匀而稳定的燃烧速率。至于核能火箭发动机、太阳能火箭发动机或电弧加热能火箭发动机，则假定它们的热气流温度均匀，流量稳定。

因为燃烧室内的温度很高(2 500～3 600 K)，燃气组分均处于饱和状态条件之上，所以，它们都近乎遵循理想气体定律。若假定流动为无摩擦的并且无热量传给壁面的稳态流动，则在发动机喷管内就可以应用等熵膨胀方程，从而热能最大限度地转变为排气动能，这就意味着喷管流动为可逆热力学过程。

根据以上假设，就可以利用已学过的工程热力学、气体动力学知识对火箭发动机的性能进行理论计算。虽然理想火箭发动机在客观上是不存在的，但其理论计算结果与实际火箭发动机的实验结果十分近似，这证明上述假设抓住了实际火箭发动机工作过程的本质和主流。理想火箭发动机的计算结果在设计实践中有很大的实用价值，可以作为实际火箭发动机的定量估算结果。

2.2.2　理想火箭发动机的热力循环

从“工程热力学”可知，工质经历一系列状态变化又重新恢复到原来状态的全部过程称为热力循环。每一种热动力装置都对应有各自的热力循环，火箭发动机也有自己的热力循环。

火箭发动机中工质的重复膨胀做功是通过下述方式实现的，即工质膨胀后离开热机（发动机），依靠不断换入与初始状态相同的等量新工质，再重复地膨胀做功。这种循环是将热转换为功的正向循环，因而也称为动力循环。

现在根据热力学的基本原理，将理想火箭发动机的工作过程用热力循环的概念加以说明。

图 2－2 是借助热力学中的 $p-V$ 图（又称压容图、示功图）和 $T-s$ 图（又称温熵图、示热图）来描述火箭发动机工作过程的示意图。

在火箭发动机内，取单位质量的推进剂作为工质，将它所经历的一系列过程加以简化，可将整个工作循环分成 5 个过程。

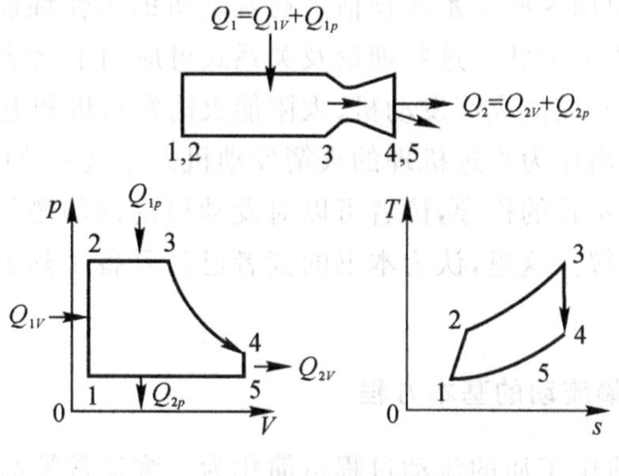

图 2－2　火箭发动机的理想热力循环示意图

1. 定容压缩过程

当常温、常压下的推进剂在燃烧室内瞬时点燃后，产生高温、高压的燃烧产物，压强迅速上升，直至达到燃烧室内的额定平衡压强。在这一过程（见图中的 1－2 过程）中，由于固态或液态推进剂的比容远小于燃烧产物的比容（两者的比值不大于 0.5%），而且它们实际上是不可压缩的，所以压缩功等于零。反映在 $p-V$ 图上 1－2 线垂直向上，并近似与 p 轴重合，在 $T-s$ 图上温度和熵值均增加（点火产生的热量相当于外界加给系统的热量 Q_{1v}）。

2. 定压加热过程

在这一过程（见图中的 2－3 过程）中，推进剂在定压环境下持续燃烧，相当于将推进剂的定压爆热 Q_{1p} 几乎全部施加给工质，固态或液态推进剂不断变为气态燃烧产物，因而比容增加，工质的温度继续有所增高。

3. 等熵膨胀过程

在这一过程(见图中的3-4过程)中,燃烧室内的高温、高压工质在喷管内作等熵膨胀,工质的压强、温度不断降低,比容增大,速度增大,最后从喷管出口排出。此工作过程反映在 T-s 图上是一条平行于 T 轴的直线。此时喷管出口处工质的温度仍远高于周围介质的温度,喷管出口处的压强通常也略高于周围介质的压强。因此,工质接着向"冷体"(周围介质)有一个放热过程,假设放热过程分为两个阶段:第一阶段即图中的4-5过程,第二阶段为图中的5-1过程。

4. 定容放热过程

在这一过程(见图中的4-5过程)中,喷管出口处的压强迅速降低至周围介质的压强,假设这一过程是一个定容放热过程,因而工质的比容不变,而压强、温度和熵均减小(相当于从系统中抽走热量 Q_{2v})。

5. 定压放热过程

在这一过程(见图中的5-1过程)中,工质在与周围介质相同的压强下放热、冷却并凝结,直至最后恢复到循环的初始状态(放走的热量为 Q_{2p})。

2.3 喷管理论及其基本关系式

在火箭发动机性能计算及设计函数确定时,需要知道火箭发动机燃烧室内部热力学理论关系式。这些关系式作为评价与比较各类火箭发动机性能的手段是十分有用的,并且,对于任何给定的性能要求,还可以用这些关系式预估火箭发动机的工作性能并确定出几个必要的设计参数,如喷管尺寸和喷管的形状。这些理论及关系式可应用于化学能火箭发动机(液体火箭发动机及固体火箭发动机)、核能火箭发动机、太阳能火箭发动机和电弧火箭发动机,以及任何以将气体膨胀从而高速喷出作为推进机理的火箭发动机。在这一节内,将推导出这些关系式,并加以解释。通过这些关系式的推导,读者可以对发动机内部的燃气特性和膨胀所涉及的热力学过程有一个基本的了解。这里,认为本书的读者已经具备了热力学及流体力学方面的基础知识。

2.3.1 一维定常等熵流动的基本方程

如前所述,火箭发动机中工质的流动过程可简化为一维定常等熵管流,表征这一流动过程特点的有以下4个基本方程(或称控制方程)。

1. 连续方程

$$d\dot{m} = d(\rho u A) = 0$$

或

$$\dot{m} = \rho u A = \text{const} \tag{2-1}$$

式中:$\dot{m}$ 为气体的质量流量,kg/s;A 为气体流经管道某处的截面积,m^2;ρ 为气体在截面积 A 处的密度,kg/m^3;u 为气体在截面积 A 处的流速,m/s。

由连续方程可看出,通过流道各截面处的质量流量均相等,它实际上是质量守恒定律的一种表达形式。

2. 动量方程

$$d(\dot{m}u) = -A\,dp \tag{2-2}$$

若 $\dot{m}$ 为常数时，则式(2-2) 可改为

$$\dot{m}\mathrm{d}u = -A\mathrm{d}p$$

或

$$\rho u\mathrm{d}u + \mathrm{d}p = 0 \tag{2-3}$$

式中：p 为气体在截面积 A 处的压强(Pa)。

可见，作用在所取控制体内气体上的力应等于单位时间内气体沿力的方向上动量的变化。式(2-2) 等号右侧的负号表示动量的增量与力的增量正好相反。动量方程实际上是牛顿第二定律的一种表达形式。

3. 能量方程

$$\mathrm{d}\left(\frac{u^2}{2} + h\right) = 0$$

或

$$\frac{u^2}{2} + h = \mathrm{const} \tag{2-4}$$

式中：h 为单位质量气体的焓，称为比焓(J/kg)；$u^2/2$ 为单位质量气体的动能($\mathrm{m^2/s^2}$)。

在不计气体质量力的条件下，单位质量气体的焓和动能之和在流道内处处相等。因此，能量方程实际上是能量守恒定律的一种表达形式。

4. 状态方程

$$p = \rho RT$$

或

$$p = \rho\frac{R_0}{\mu}T \tag{2-5}$$

式中：R 为气体常数[J/(kg·K)]；R_0 为通用气体常数，其数值为 $R_0 = 8\ 314$ J/(kmol·K)；μ 为气体的摩尔质量，其数值等于该气体的分子质量(kg/kmol)。

只有理想气体才能完全符合上述方程，因而称式(2-5) 为理想气体的状态方程。所谓理想气体，是一种假想的气体，它的分子是一种不占据体积、完全弹性的质点，分子之间只有碰撞而没有相互的作用力。

2.3.2　热力学与气体动力学的基本关系式

1. 比热比

气体的比定压热容 c_p 与比定容热容 c_V 之比，称为该气体的比热比，用符号 k 表示为

$$k = \frac{c_p}{c_V} \tag{2-6}$$

比热比 k 是个无量纲量，它是一个很重要的热力参数，以后要经常用到。理想气体比定容热容与比定压热容之间的关系可表示为

$$c_p - c_V = R \tag{2-7}$$

$$c_V = \frac{1}{k-1}R \tag{2-8}$$

$$c_p = \frac{k}{k-1}R \tag{2-9}$$

根据分子运动学说的比热理论，理想气体的比热容与温度无关。对于一定的气体，其比热容是一个定值，因此其比热比也是一个定值，称为定值比热比。

但是，实验表明，气体的比热容是随着气体分子结构的复杂程度（分子中原子的数目）和气体温度的升高而增大的，这是因为用理论推算出的 c_p 值并没有考虑分子内部振动所产生的影响。根据比热容的量子理论，可以获得理想气体的比热容与温度的复杂关系式。通常，在一定的温度范围内，这种关系可以近似地用一些经验公式来表达。例如

$$c_p = \alpha_0 + \alpha_1 T + \alpha_2 T^2 + \alpha_3 T^3 + \cdots \tag{2-10}$$

$$c_v = \alpha_0' + \alpha_1 T + \alpha_2 T^2 + \alpha_3 T^3 + \cdots \tag{2-11}$$

式中：α_0 和 α_0' 为常数，α_1，α_2，α_3 等为各阶温度系数；对于不同的气体，它们各自有不同的值。

由于比热容随温度和气体成分的变化而变化，所以其比热比也随温度和气体成分的变化而不再是一个定值，称为变值比热比。对于理想气体而言，其比热比就等于等熵指数。

对于火箭发动机喷管中的流动工质来说，其流动工质为多组分有化学反应的混合气体（若有凝相组分存在，情况则更为复杂），不同于上述单组分气体。如果讨论的是流动过程中组分不变而温度改变的等熵流动，在简化计算时其比热比的数值通常就采用喷管入口处的比定压热容与比定容热容之比的定值比热比；在精确计算时，则应按组分不变、温度改变时的变值比热比情况进行计算。如果讨论的是不仅温度改变，而且气体组分也同时改变的等熵流动，则在精确计算时，比热比的数值应按照组分和温度均改变时的变值比热比情况计算，其数值比只考虑温度改变的变值比热比略小。

2. 等熵过程方程式

对于理想气体的等熵过程，根据热力学第一定律可以导出：

$$\frac{p}{\rho^k} = \text{const} \tag{2-12}$$

或

$$\frac{p_2}{p_1} = \left(\frac{\rho_2}{\rho_1}\right)^k \tag{2-13}$$

式中：p 为工质的压强，下标 1 和 2 分别表示过程的初态和终态；k 为等熵指数。

在式(2-12)的导出过程中，将 k 值视为常数。在近似计算中，对于单原子气体可取 $k=1.66$；对于双原子气体，$k=1.4$；对于多原子气体，$k=1.29$。但在精确计算时，要考虑到 k 值随温度（和气体成分）的变化。此时式(2-12)中的 k 值应采用平均比热比 $\bar{k}$。$\bar{k}$ 可以有不同的算法，例如采用过程的积分平均值或采用过程初态和终态的算术平均值等。

根据上述等熵过程方程式和理想气体状态方程式，可以方便地导出其他两个状态参数方程为

$$\frac{T}{\rho^{k-1}} = \text{const} \tag{2-14}$$

或

$$\frac{T_2}{T_1} = \left(\frac{\rho_2}{\rho_1}\right)^{k-1} \tag{2-15}$$

和

$$\frac{T}{p^{\frac{k-1}{k}}} = \text{const} \tag{2-16}$$

或

$$\frac{T_2}{T_1}=\left(\frac{p_2}{p_1}\right)^{\frac{k-1}{k}} \tag{2-17}$$

3. 滞止参数

气体从任意状态经可逆、绝热过程将速度减小到零的状态，称为等熵滞止状态，简称滞止状态。处于滞止状态下的气流参数称为滞止参数(有时也称总参数)，用下标 s 表示。

单位质量滞止焓的表达式为

$$h_s=h+\frac{u^2}{2} \tag{2-18}$$

滞止温度的表达式为

$$T_s=T+\frac{u^2}{2c_p} \tag{2-19}$$

式中，c_p 取为常数，若用式(2-9) 代入式(2-19)，则得

$$T_s=T+\frac{k-1}{k}\frac{u^2}{2R} \tag{2-20}$$

滞止压强的表达式为

$$p_s=p\left(\frac{T_s}{T}\right)^{\frac{k}{k-1}} \tag{2-21}$$

4. 声速、马赫数和速度系数

(1) 声速。对于符合等熵过程方程的理想气体，声速 c 可表示为

$$c=\sqrt{\left(\frac{\mathrm{d}p}{\mathrm{d}\rho}\right)_s}=\sqrt{kRT} \tag{2-22}$$

由于气流中的各点的状态参数不同，所以各点处的声速也不同，常用“当地声速”来表征其不同。当 $T=T_s$ 时的声速，称之为滞止声速，并表示为

$$c_s=\sqrt{kRT_s} \tag{2-23}$$

(2) 马赫数。某点处气流的速度与当地声速之比称为该点气流的马赫数，用符号 Ma 表示为

$$Ma=\frac{u}{c} \tag{2-24}$$

用式(2-22) 代入，得

$$Ma=\frac{u}{\sqrt{kRT}} \tag{2-25}$$

可以看出，因为当地声速不是常数，所以 Ma 与 u 不成正比关系。

当 $Ma=1$ 时的声速称为临界声速，用符号 c_* 表示。显然 $c_*=c=u$，则

$$c_*=\sqrt{\frac{2}{k+1}}c_s \tag{2-26}$$

可见，c_* 不随气流速度而变。

(3) 速度系数。某点处的气流速度与临界声速之比称为该点气流的速度系数，用符号 λ 表示为

$$\lambda=\frac{u}{c_*} \tag{2-27}$$

因为对于给定的火箭发动机工质，可以认为c_*不变，所以λ与u成正比。因此用来计算火箭发动机内部流动问题比较方便。

5. 用马赫数表示的无量纲状态参数

$$\left.\begin{aligned}\frac{c_s}{c}&=\left(1+\frac{k-1}{2}Ma^2\right)^{\frac{1}{2}}\\\frac{T_s}{T}&=1+\frac{k-1}{2}Ma^2\\\frac{\rho_s}{\rho}&=\left(1+\frac{k-1}{2}Ma^2\right)^{\frac{1}{k-1}}\\\frac{p_s}{p}&=\left(1+\frac{k-1}{2}Ma^2\right)^{\frac{k}{k-1}}\end{aligned}\right\}\tag{2-28}$$

6. 用速度系数表达的无量纲状态参数

$$\left.\begin{aligned}\frac{c}{c_s}&=\left(1-\frac{k-1}{k+1}\lambda^2\right)^{\frac{1}{2}}=\alpha(\lambda)\\\frac{T}{T_s}&=1-\frac{k-1}{k+1}\lambda^2=\tau(\lambda)\\\frac{\rho}{\rho_s}&=\left(1-\frac{k-1}{k+1}\lambda^2\right)^{\frac{1}{k-1}}=\varepsilon(\lambda)\\\frac{p}{p_s}&=\left(1-\frac{k-1}{k+1}\lambda^2\right)^{\frac{k}{k-1}}=\pi(\lambda)\end{aligned}\right\}\tag{2-29}$$

在气体动力学中，除了上述诸参数可表达为Ma或λ的函数外，还有其他一些物理量(如流量、动量、动压等)也可表达成Ma或λ的函数，将它们合在一起统称为气体动力学函数。有关其他气体动力学函数的表达式可在一般的气体动力学书籍上查到。

2.3.3 通过喷管的等熵流动

1. 喷管形状对流动的影响

据式(2-1)，即$\rho uA=\text{const}$，对此式取对数，再微分，得

$$\frac{d\rho}{\rho}+\frac{du}{u}+\frac{dA}{A}=0\tag{2-30}$$

又据式(2-3)，即$\rho u\,du+dp=0$可改写为

$$\frac{dp}{d\rho}\frac{d\rho}{\rho}+u^2\frac{du}{u}=0\tag{2-31}$$

即

$$\frac{d\rho}{\rho}+Ma^2\frac{du}{u}=0\tag{2-32}$$

将式(2-32)代入式(2-30)得

$$(Ma^2-1)\frac{du}{u}=\frac{dA}{A}\tag{2-33}$$

由式(2-33)可看出：

(1) 当$Ma<1$时，即亚声速流动时，du与dA异号，说明欲使气流加速($du>0$)，须$dA<0$，即喷管流动截面积要逐渐减小(收缩型)。

(2) 当 $Ma > 1$ 时,即超声速流动时,du 与 dA 同号,说明欲使气流加速($du > 0$),须 $dA > 0$,即喷管流动截面积要逐渐增大(扩张型)。

(3) 当 $Ma = 1$ 时,即声速流动时,$dA = 0$。由上面分析可知,此时的喷管流动截面积必为喷管的最小截面积,称为临界截面,或喷管喉部截面。

综上所述,欲使气流在喷管中由亚声速流加速到超声速流,喷管的形状必须先收缩后扩张,常把具有这一形状的喷管称为"拉瓦尔喷管",如图 2-3 所示。

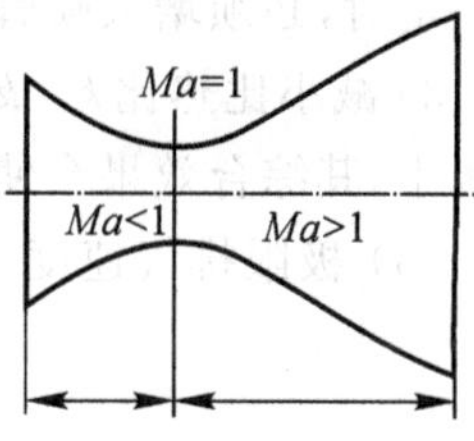

图 2-3 拉瓦尔喷管

2. 临界参数

当 $Ma = 1$ 时的流动状态称为临界流动状态,处于临界流动状态条件下的气流参数为临界参数,在喷管中则表示临界截面处的参数,用下标 * 来表示。显然,根据式(2-28)可得

$$\left.\begin{aligned} \frac{p_*}{p_s} &= \left(\frac{2}{k+1}\right)^{\frac{k}{k-1}} \\ \frac{T_*}{T_s} &= \frac{2}{k+1} \\ \frac{\rho_*}{\rho_s} &= \left(\frac{2}{k+1}\right)^{\frac{1}{k-1}} \end{aligned}\right\} \tag{2-34}$$

3. 喷管排气速度

(1) 排气速度的计算公式。根据能量守恒过程,燃烧室内具有的总能量应等于喷管出口处气体具有的总能量,则有

$$h_c + \frac{u_c^2}{2} = h_e + \frac{u_e^2}{2} \tag{2-35}$$

式中:符号的下标 c 和 e 分别表示燃烧室和喷管出口。

因为

$$h = c_p T$$

所以式(2-35)可写为

$$c_p T_c + \frac{u_c^2}{2} = c_p T_e + \frac{u_e^2}{2}$$

假设 $u_c = 0$,则有

$$u_e = \sqrt{2c_p(T_c - T_e)} = \sqrt{2c_p T_c\left(1 - \frac{T_e}{T_c}\right)} \tag{2-36}$$

将式(2-9)和式(2-17)代入式(2-36),得排气速度的计算式为

$$u_e = \sqrt{\frac{2k}{k-1} R T_c \left[1 - \left(\frac{p_e}{p_c}\right)^{\frac{k-1}{k}}\right]} \tag{2-37}$$

或

$$u_e = \sqrt{\frac{2k}{k-1} \frac{R_0}{\mu} T_c \left[1 - \left(\frac{p_e}{p_c}\right)^{\frac{k-1}{k}}\right]} \tag{2-38}$$

(2) 排气速度的影响因素。若要增大排气速度,应该注意以下几方面:

1) 采用燃气相对分子量小的高能推进剂。这可使 R 和 T_c 增加,从而使 u_e 增大;但 T_c 过高

会使发动机壳体受热严重。

2) 减小压强比 p_e/p_c。这可使气体膨胀得更充分，从而也能使 u_e 增大；但在喷管喉部截面积一定时，必须增大喷管的出口尺寸才能使 p_e/p_c 减小，这将受到发动机结构的限制。

3) 减小比热比 k。k 值的减小使得式(2-37)根号内的第一项增大而使根号内方括号中的值减小，其综合效果会使 u_c 略微增大。k 值的大小同样与推进剂的组分和燃烧温度有关。

(3) 极限排气速度。当气体条件不变而 $p_e=0$ 时，排气速度将达最大值，即

$$u_l=\sqrt{\frac{2k}{k-1}RT_c} \tag{2-39}$$

式中，u_l 为极限排气速度。

由此可见

$$u_e=u_l\sqrt{1-\left(\frac{p_e}{p_c}\right)^{\frac{k-1}{k}}}=u_l\eta^{0.5} \tag{2-40}$$

式中

$$\eta=1-\left(\frac{p_e}{p_c}\right)^{\frac{k-1}{k}} \tag{2-41}$$

η 是定压发动机工作循环的理想循环效率。η 与 p_c/p_e 及 k 的关系如图 2-4 所示。

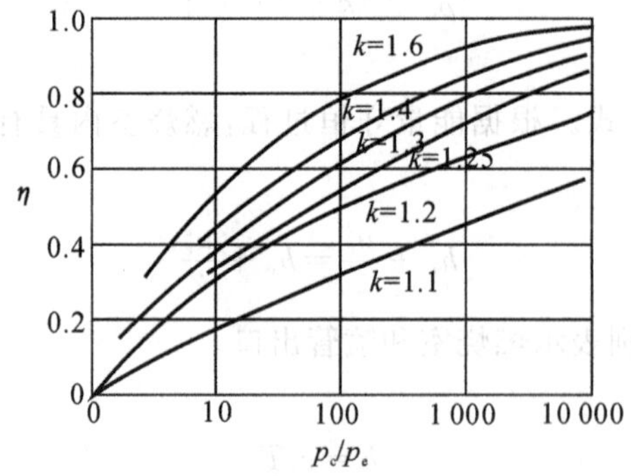

图 2-4 η 随 p_c/p_e 及 k 的变化关系

例 2-1 设有一台火箭发动机，其燃烧室工作压强 $p_c=2.026$ MPa，燃烧室温度 $T_c=2\,222$ K，燃气比热比 $k=1.3$，气体常数 $R=345.7$ J/(kg·K)，喷管出口压强 $p_e=0.101\,3$ MPa，求该发动机的排气速度、极限排气速度和理想循环效率。

解 先根据式(2-39)求出极限排气速度，有

$$u_l=\sqrt{\frac{2\times1.3}{1.3-1}}\times345.7\times2\,222=2\,580\text{ m/s}$$

由式(2-41)计算理想循环效率，有

$$\eta=1-\left(\frac{0.101\,3}{2.026\,0}\right)^{\frac{1.3-1}{1.3}}=1-\left(\frac{1}{20}\right)^{\frac{0.3}{1.3}}=0.50$$

最后由式(2-40)求出发动机的排气速度为

$$u_e=2\,580\times(0.50)^{0.5}\approx1\,824\text{ m/s}$$

4. 喷管的质量流量

(1) 质量流量的计算公式。由式(2-1)可知

$$\dot{m}=\rho uA=\rho_t u_t A_t \tag{2-42}$$

式中:下标 t 表示喷管喉部,ρ_t 和 u_t 的表达式可分别由式(2-34)和式(2-37)写为

$$\rho_t=\rho_c\left(\frac{2}{k+1}\right)^{\frac{1}{k-1}} \tag{2-43}$$

及

$$u_t=\sqrt{\frac{2k}{k-1}RT_c\left[1-\left(\frac{p_t}{p_c}\right)^{\frac{k-1}{k}}\right]} \tag{2-44}$$

又因为

$$\frac{p_t}{p_c}=\left(\frac{2}{k+1}\right)^{\frac{k}{k-1}} \tag{2-45}$$

所以

$$u_t=\sqrt{\frac{2k}{k+1}RT_c} \tag{2-46}$$

将式(2-43)和式(2-46)代入式(2-42),则有

$$\dot{m}=\rho_c\left(\frac{2}{k+1}\right)^{\frac{1}{k-1}}\sqrt{\frac{2k}{k+1}RT_c}\,A_t \tag{2-47}$$

式中的 ρ_c 可表示为

$$\rho_c=\frac{p_c}{RT_c}$$

这样,式(2-47)可改写成

$$\dot{m}=\frac{p_c}{RT_c}\left(\frac{2}{k+1}\right)^{\frac{1}{k-1}}\sqrt{k}\sqrt{RT_c}A_t\sqrt{\frac{2}{k+1}}=p_c\frac{1}{\sqrt{RT_c}}\sqrt{k}\left(\frac{2}{k+1}\right)^{\frac{k+1}{2(k-1)}}A_t$$

令

$$\Gamma=\sqrt{k}\left(\frac{2}{k+1}\right)^{\frac{k+1}{2(k-1)}} \tag{2-48}$$

它是一个只与比热比 k 有关的单值函数,它与 k 的数值关系见附录 1。由此可得

$$\dot{m}=\frac{\Gamma}{\sqrt{RT_c}}p_cA_t \tag{2-49}$$

定义

$$C_D=\frac{\Gamma}{\sqrt{RT_c}} \tag{2-50}$$

称 C_D 为流量系数,喷管的质量流量公式可写为

$$\dot{m}=C_Dp_cA_t \tag{2-51}$$

注意:只有在喷管喉部达到临界状态时,式(2-51)才成立。

(2) 影响质量流量的因素。由式(2-49)可看出,喷管的质量流量与 p_c 及 A_t 成正比,但与燃烧产物的 RT_c 的二次方根成反比。k 值对质量流量的影响较小,当其他条件不变时,随着 k 值的增加,流量有所增加。

例 2-2 设例 2-1 中的火箭发动机喷喉直径为 10 mm,求喷管的质量流量。

解 由附录 1 查得 $k=1.3$ 时,$\Gamma=0.667\,4$。将各已知参数代入式(2-49)得

$$\dot{m}=\frac{0.6674}{\sqrt{345.7\times 2222}}\times 2.060\times\frac{\pi}{4}\times 10^2\approx 0.123\ \mathrm{kg/s}$$

5. 喷管扩张比与膨胀比的关系

喷管扩张段内任一截面积与喉部截面积之比 A/A_t 称为喷管的当地扩张比(有时也称为当地面积比);喷管扩张段内任一截面积压强与燃烧室压强之比 p/p_c 称为喷管的当地膨胀比(有时也称为当地压强比);喷管的出口截面积与喉部截面积之比 A_e/A_t 常简称为喷管的扩张比或面积比,用符号 ε_A 表示;喷管的出口压强与燃烧室压强之比 p_e/p_c 则常简称为喷管的膨胀比或压强比,用符号 ε_p 表示。

(1) 计算公式。由式(2-1) 和式(2-49) 得

$$\frac{A}{A_t}=\frac{\Gamma}{\sqrt{RT_c}}\frac{p_c}{\rho u}$$

将式(2-37) 中的喷管出口条件换成喷管内任一截面积条件,并代入上式得

$$\frac{A}{A_t}=\frac{\Gamma}{\rho\frac{RT_c}{p_c}\sqrt{\frac{2k}{k-1}\left[1-\left(\frac{p}{p_c}\right)^{\frac{k-1}{k}}\right]}}$$

利用状态方程和等熵方程

$$\begin{cases}p_c=\rho_c RT_c\\ \rho=\rho_c\left(\frac{p}{p_c}\right)^{\frac{1}{k}}\end{cases}$$

最后可得

$$\frac{A}{A_t}=\frac{\Gamma}{\left(\frac{p}{p_c}\right)^{\frac{1}{k}}\sqrt{\frac{2k}{k-1}\left[1-\left(\frac{p}{p_c}\right)^{\frac{k-1}{k}}\right]}}=f\left(k,\frac{p}{p_c}\right)\tag{2-52}$$

对于出口条件,式(2-52) 也可表示为

$$\varepsilon_A=\frac{\Gamma}{\left(\frac{p_e}{p_c}\right)^{\frac{1}{k}}\sqrt{\frac{2k}{k-1}\left[1-\left(\frac{p_e}{p_c}\right)^{\frac{k-1}{k}}\right]}}=f\left(k,\frac{p_e}{p_c}\right)\tag{2-53}$$

若将式(2-53) 中的 ε_A 用出口的马赫数 Ma 表示,可得

$$\varepsilon_A=Ma^{-1}\left(\frac{k+1}{2}\right)^{-\frac{k+1}{2(k-1)}}\left(1+\frac{k-1}{2}Ma^2\right)^{\frac{k+1}{2(k-1)}}\tag{2-54}$$

若将 ε_A 用出口速度系数 λ_e 表示,可得

$$\varepsilon_A=\lambda_e^{-1}\left(\frac{k+1}{2}\right)^{-\frac{1}{k-1}}\left(1-\frac{k-1}{k+1}\lambda_e^2\right)^{-\frac{1}{k-1}}=\frac{1}{q(\lambda_e)}\tag{2-55}$$

从式(2-52)～式(2-55) 的推导过程可知,它们对亚声速流和超声速流均适用。A/A_t 与 p/p_c,k 值之间的数值关系列于附录 2。图 2-5 所示为某一 k 值下 A/A_t 与 p/p_c 之间的函数关系。

(2) 影响因素。由式(2-52) 和图 2-5 可以看出,A/A_t 是 p/p_c 和 k 的函数,其中 k 的影响较小,但应注意的是,A/A_t 是 p/p_c 的单值函数,而 p/p_c 则是 A/A_t 的双值函数。其中 p/p_c

的较大值对应的是亚声速情况，p/p_c 的较小值对应的是超声速情况。当 $A/A_t=(A/A_t)_{min}=1$ 时，p/p_c 只有一个值，即 p_t/p_c。从变化趋势看，当 p/p_c 减小时，在喷管亚声速段的 A/A_t 是减小的，而在超声速段的 A/A_t 则是增大的。

6. 气流参数沿喷管长度上的分布

由式(2-54)和式(2-55)可知，ε_A 是 Ma 或 λ_e 的函数，同样 ε 是 Ma 或 λ 函数。因此，在喷管形状确定后(即 ε 已知后)，可以求得沿喷管长度上 Ma 和 λ 的分布。这样，根据式(2-28)和式(2-29)，就可很方便地得到气流各参数沿喷管长度上的分布情况(见图 2-6)。

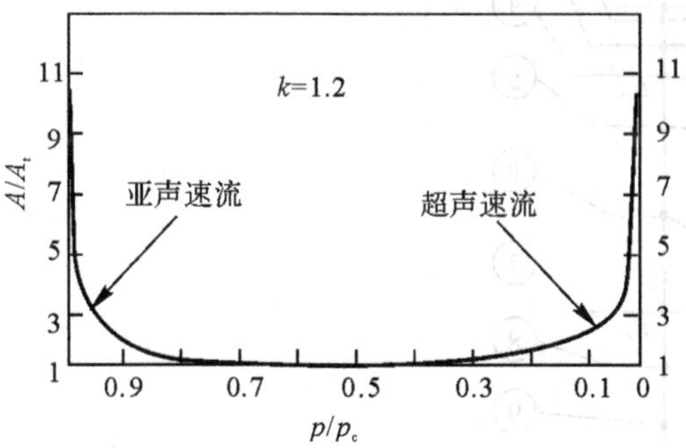

图 2-5　A/A_t 与 p/p_c 的关系曲线

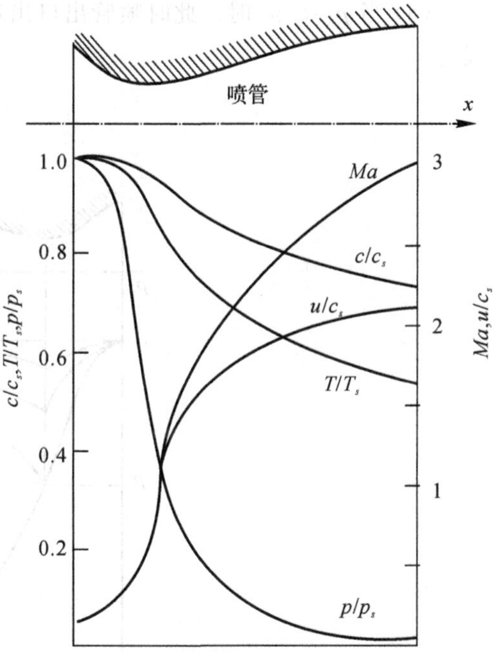

图 2-6　气流各参数沿喷管长度上的分布情况

7. 反压对喷管流动的影响

下面讨论反压(即外界环境压强 p_a)对喷管流动的影响。此时假设喷管入口处的压强 p_c 不变，对照图 2-7 依次分析当反压由大变小时喷管的流动情况。

(1) 当 $p_a=p_c$ 时。此时喷管内无流动(见图中直线 ①)。

(2) 当 $p_c>p_a>p_{a1}$ 时。此时喷管内全部为亚声速流动，喷管中的气流压强、流速和质量流量均受 p_a 控制(见图中曲线 ② 和 ③)。

(3) 当 $p_a=p_{a1}$(第一特征压强)时。此时喷管喉部流速达到临界声速 c_*，压强也达到临界压强 p_*，但气流从喉部往下游流动时，受到 p_a 的阻挡，使气流速度由声速降至亚声速，压强也随之回升(见图中曲线 ④)。

(4) 当 $p_{a1}>p_a>p_{a2}$ 时。此时气流在离喷管喉部下游的某一距离内加速至超声速状态，气流压强也低于 p_*，但该超声速气流面对下游的高反压将形成正激波(阶跃压缩)。该激波的位置将随着 p_a 的大小而改变，p_a 越小，激波的位置离喉部越远。激波后的气流将突然变回亚声速流，压强也突然回升，并呈亚声速流特性，其出口压强等于外界反压（见图中曲线 ⑤ 和 ⑥）。

(5) 当 $p_a = p_{a2}$（第二特征压强）时。此时整个喷管内均为超声速流。正激波的位置正好位于喷管出口，外界扰动将不能影响到喷管内的流动（见图中曲线 ⑦）。

(6) 当 $p_{a2} > p_a > p_e$ 时。此时正激波将移出管口而变成斜激波系，并随着 p_a 的减小，斜激波的激波角减小，激波强度减弱。此时的气流处于过膨胀状态（见图中曲线 ⑧ 和 ⑨）。

(7) 当 $p_a = p_e$（第三特征压强）时。此时喷管出口既无激波又无膨胀波，气流达到完全膨胀状态，即设计状态（见图中曲线 ⑩）。

(8) 当 $p_a < p_e$ 时。此时喷管出口出现膨胀波系，此时的气流处于欠膨胀状态（见图中曲线⑪）。

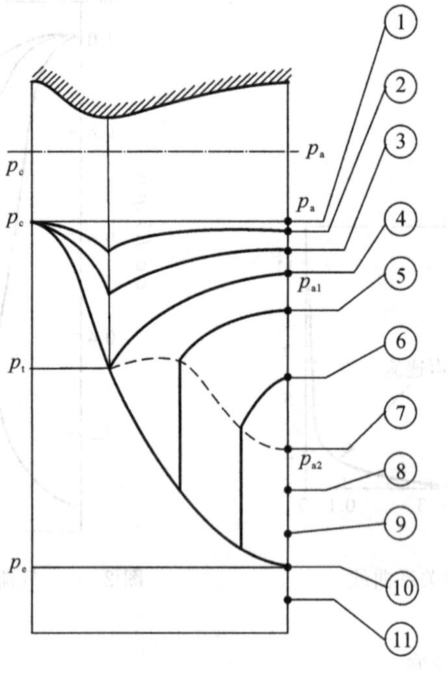

图 2-7 外界环境压强 p_a 的变化对喷管流动的影响

通过以上分析，可以总结出以下几点：

(1) 在喷管反压的变化范围内，有 3 个特征点（p_{a1}，p_{a2} 和 p_e），它们将整个变化范围（$p_c \sim 0$）分成了 4 个特征区间。

(2) 只有在 $p_a \leqslant p_{a1}$ 时，喷管喉部才能达到临界状态。通常把喉部达到临界状态的流动称为超临界流动；反之则称为亚临界流动。

(3) 只有在 $p_a \leqslant p_{a2}$ 时，亦即喷管入口和出口须保持一定的压差（$p_c \sim p_{a2}$）时，整个喷管扩张段才能达到超声速气流。

现在介绍在已知 p_c 的条件下，求该特征压强 p_{a2}。

由气体动力学可知，正激波前、后的压强比应满足关系式

$$\frac{p_{a2}}{p_c}=\frac{r\left(\frac{1}{\lambda_e}\right)}{r(\lambda_e)}\frac{\frac{k+1}{k-1}\lambda_e^2-1}{\frac{k+1}{k-1}-\lambda_e^2} \tag{2-56}$$

或

$$\frac{p_{a2}}{p_c}=\frac{p_{a2}}{p_e}\frac{p_e}{p_c}=\frac{\frac{k+1}{k-1}\lambda_e^2-1}{\frac{k+1}{k-1}-\lambda_e^2}\pi(\lambda_e) \tag{2-57}$$

式中：$r(1/\lambda_e)$，$r(\lambda_e)$ 和 $\pi(\lambda_e)$ 均为气体动力学函数，只要已知流动工质的比热比 k 和出口速度系数 λ_e，即可根据 p_c 由式(2-57) 求出 p_{a2}。

例 2-3　设有一火箭发动机在海平面上工作，其喷管扩张比 $A_e/A_t=6$，燃气比热比 $k=1.25$，试求能保证喷管扩张段内全部获得超声速气流所需的燃烧室最低压强。

解　先求 λ_e。因为

$$\frac{A_t}{A_e}=\frac{A_*}{A_e}=q(\lambda_e)=\frac{1}{6}\approx 0.1667$$

查气体动力学函数表(见附录 3) 得

$$\lambda_e=2.19$$

由此可查得 $\pi(\lambda_e)=0.022$。代入式(2-57) 有

$$\frac{p_{a2}}{p_c}=\frac{\left(\frac{2.25}{0.25}\times 2.19^2-1\right)}{\frac{2.25}{0.25}-2.19^2}\times 0.0222\approx 0.2227$$

已知在海平面上的外界压强为 0.101 2 MPa，故所需的燃烧室最低压强应为

$$p_c=\frac{0.1013}{0.2227}\approx 0.455\ \text{MPa}$$

通常，火箭发动机工作时的出口压强 p_e 和外界环境压强 p_a 的数值关系约位于图2-7所示曲线 ⑨、⑩ 和⑪ 附近。应该说明的是：在上述一维管流的理论分析中，p_a 位于 p_{a1} 和 p_{a2} 之间时应产生正激波。但实际情况是，当$p_e<(0.3\sim0.4)p_a$ 时，亦即 p_a 大过 p_e 较多时，激波后压强急升，产生很强的压强梯度，使边界层流动趋于不稳定，导致气流从喷管壁分离，同时伴随有斜激波产生，外界反压因此而进入此分离的边界层内，使激波下游处的压强近似等于反压 p_a，其结果使分离点下游的喷管不再起到喷管的作用(见图 2-8)。

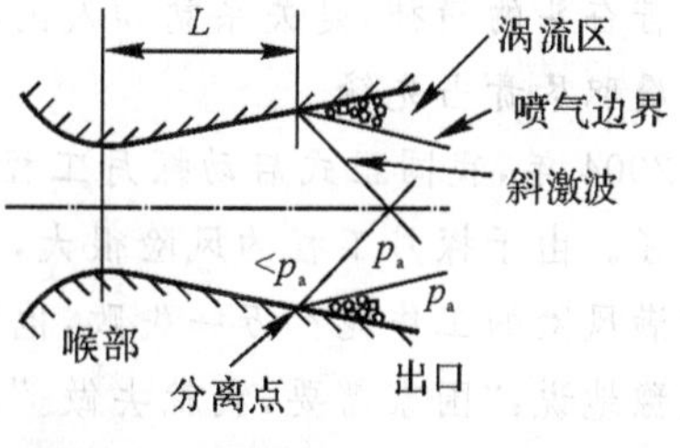

图 2-8　过膨胀气流分离示意图

随着 p_a 的继续增大，分离点向喷管上游移动，斜激波的激波强度加大并向正激波转化，喉部至分离点能保持超声速流动段的距离 L 缩短，直到分离点到达喉部，即到达第一特征点为止。

孙家栋——中国航天的“大总师”

2019年1月3日，中国“嫦娥四号”在月球背面着陆，并传回了世界上第一张近距离拍摄的月球背面影像图；1月11日下午，“嫦娥四号”着陆器与“玉兔二号”巡视器顺利实现互拍。人们在为中国航天欢呼、点赞的同时，也纷纷向为中国航天事业默默付出的科研英雄们致敬。孙家栋就是其中一位。

坚守初心砺风骨

伟大事业的背后是国之栋梁的不懈奋斗，年近九旬的“两弹一星”元勋孙家栋院士，六十年如一日为航天事业无私奉献。他曾经担任我国“东方红一号”技术总负责人，探月工程和北斗导航工程首任总设计师，亲历了中国航天事业从起步到目前为止的全过程。怀着一颗报国的初心和对航天事业的热爱，他将自己的一生奉献给了中国的航天事业。

干事创业敢担当

2007年10月24日，“嫦娥一号”飞向38万km外的月球，当捷报传回指挥中心时，所有人都欢呼起来，孙家栋院士却背过身子抹起了眼泪。记者问他当时是什么心情时，他说：“嫦娥一号成功了，我想，老人们讲的这个‘洋’、那个‘洋’的时代终于过去了。”怀着报效祖国的伟大理想，在苏联留学的七年时间里，孙家栋努力学习，毕业时获得了全苏斯大林金质奖章。在中苏关系变冷后，苏联的专家带着资料都撤走了，可孙家栋没有放弃，仍然坚持在一线搞“两弹一星”事业，硬是搞出了导弹、卫星，打破了我国航天领域一穷二白的局面。

艰苦奋斗铸辉煌

在20世纪60年代，国家经济十分困难，孙家栋作为中国第一颗人造卫星的总设计师，也没有多少收入。在最困难的时候，他就在碗里倒点酱油，拿白开水冲一冲，喝几口再继续加班工作。在改革开放初期，中国航天工作条件艰苦，就连报纸也鸣不平，“搞导弹的不如卖茶叶蛋的”。孙家栋就是在这样艰苦的条件下，一心一意搞航天事业。习近平总书记说过：“能不能坚守艰苦奋斗的精神，是关系党和人民事业成败的大事。”只有艰苦奋斗，才能创造辉煌。

履职尽责当先锋

2004年，我国正式启动探月工程，已是75岁高龄的孙家栋再次披挂上阵，担起总工程师的重任。由于探月工程的风险很大，很多人不理解，早已功成名就的孙家栋为什么还要接受这项充满风险的工作呢？万一失败，他辉煌的航天生涯可能会蒙上阴影。面对别人的不解，他毫不犹豫地说：“国家需要，我就去做。”为了协调工作，孙家栋经常从一个城市飞往另一个城市；为了保证卫星成功发射，每次发射前都要参加近百场会议。老伴魏素萍心疼他，怕他穿皮鞋太累，给他买的布鞋每年都穿坏好几双。磨平的是鞋底，抹不去的是热爱。对于孙家栋来说，爱岗敬业是他的职责所在；只有对事业充满热爱，干一行、爱一行、精一行，尽职尽责，才能为民族复兴铺路架桥，为祖国建设添砖加瓦，为强国兴军做出自己的贡献。

第3章 火箭发动机的主要性能参数

火箭发动机作为导弹的动力装置，其任务是使导弹达到一定的速度(通常指发动机停车时的速度)，进而使导弹飞越一定的距离(射程)或爬升一定的高度(射高)去攻击目标。为了完成这一任务，导弹总体通常对发动机提出一系列的要求，如性能参数、工作条件(使用温度、工作高度)及外形尺寸等，这些要求统称为战术技术要求，并作为发动机设计的原始依据。

火箭发动机的主要性能参数有推力、工作时间和总冲量(简称总冲)。推力是导弹飞行的基本动力，也是对发动机最基本的性能要求，通常导弹总体设计部门给出推力的变化范围。由物理学知道，冲量就是力和力作用时间的乘积。对于火箭发动机来说，在它全部工作时间内，推力一直存在，所以发动机的总冲就是推力与工作时间的乘积。一般情况下，推力随时间是变化的，总冲就是推力对时间的积分。通常导弹总体设计对发动机提出一个总冲下限值。

环境温度(装药初温)对固体推进剂的燃烧有很大的影响，因为发动机的性能(推力、燃烧室压力、工作时间、比冲等)都随装药初温发生变化，所以对于固体火箭发动机要规定一个使用温度范围。根据我国气温的变化，一般规定环境温度为－50～＋60℃，在这个温度范围内，发动机的性能应满足规定的战术技术要求。

为了评价发动机的设计质量(着重从效率方面)，经常使用比冲这个概念。比冲是单位质量的装药所产生的冲量。比冲越大，说明发动机的设计质量越高。可见，比冲也是固体火箭发动机的一个主要性能参数。推力、总冲和比冲是火箭发动机的主要性能参数，通常又叫做总体参数。除此之外，还有品质系数、效率等也是衡量发动机特性的性能参数。

3.1 推 力

当火箭发动机工作时，作用于发动机所有表面上的力的合力定义为火箭发动机的推力。推力是火箭发动机的一个主要性能参数。导弹(飞行器)依靠发动机的推力起飞加速，克服各种阻力，完成预定的飞行任务。

火箭发动机工作时会喷出燃气，其原因一是发动机内有燃气存在，燃气是推进剂的燃烧产物；二是由于火箭发动机采用了一个特殊的结构——半封闭的燃烧室连接拉瓦尔喷管，这样的结构只给燃气一条出路——向喷管方面流动，其他方向受到限制。因此，燃气在燃烧室内可达到一定的压力(4～20 MPa)，而喷管出口外面压力只有0.1 MPa(海平面)或小于0.1 MPa(发动机在一定高度上工作)，于是燃气在内、外压差的作用下，流向喷管，通过拉瓦尔喷管膨胀加速，燃气的热焓转化成燃气的动能，结果形成高速气流喷射出去。

既然燃气能够从发动机里喷射出来，那就说明燃气在喷管出口具有一定的速度，或者说一定质量的燃气获得了一定的动量。由动量定理可知，燃气获得了一定的动量，是由于受到外力的结果，这个外力正是发动机内壁施加给燃气的。根据牛顿第三定律，燃气脱离发动机时，必定给发动机一个反作用力。这个反作用力就是推力。

由以上分析可知,产生推力(喷气反作用力)有两个条件:①必须有一定的喷射物质(工质),对目前的发动机来说,就是燃气;②必须有一个特定结构的发动机。二者必不可少。

推力是喷气的反作用力,这一结论是有条件的。如果火箭发动机在真空中(大气层以外)飞行,这一结论是正确的。如果它在大气中飞行,这一结论就不全面了。因为作用在发动机壳体上的力除喷气反作用力以外,还有大气压强(大气压强作用在除喷口以外的所有发动机外壁上或整个导弹的外表面上)。一般地说,在大气中飞行的火箭发动机的推力应等于喷气反作用力和大气压强的合力的代数和。真空中飞行的火箭发动机的推力(即喷气反作用力)可认为是一种特殊情况,即大气压强的合力等于零时的推力。

3.1.1 推力的基本公式

上述已分析过,推力是喷气反作用力和大气压强的合力的代数和。本节就分别讨论这两个力。

1. 喷气的反作用力

喷气对发动机的反作用力和发动机内壁对气体的作用力是矛盾的两个方面。根据作用力和反作用力原理可知,二者大小相等,方向相反。因此,知道了发动机内壁对气体的作用力,也就知道了喷气的反作用力。

由上面分析可知,发动机每秒钟喷射出一定数量的高速气流,也就是说每秒钟喷出的气体获得了一定的动量。为了求出整个发动机内壁对气体的作用力,就取某瞬时充满整个发动机的气流(以下简称"所取气流")作为研究对象,如图 3-1所示。如前所设,发动机内的气流为一元定常流(只考虑气流参数沿发动机的轴向变化),并且由于发动机是轴对称的,发动机内壁对所取气流的作用力也只存在轴向力。因此,只研究所取气流在 x 轴上的动量变化和它在 x 轴上所受的外力就行了。规定坐标轴 x 方向与喷气方向相反(见图 3-1)。将动量方程 $p_x=m(u_{2x}-u_{1x})$ 应用到所取气流上。当不考虑摩擦时,作用于所取气流上的力为 $p_x=(-R)+p_eA_e$,式中 R 表示发动机内壁对所取气流的作用力,负号则表示与 x 方向相反(见图 3-1),而与喷气方向一致;p_eA_e 为喷管出口面上的气体对所取气流的作用力(此力阻碍气流流出),其中 A_e 为喷管出口截面积,p_e 为喷管出口气体压强。对于所取的气流来说 $u_{2x}=-u_e$,u_e 通常称为喷气速度,负号表示喷气方向与所选择的坐标轴 x 方向相反。$u_{1x}=0$(燃烧室头部的流速为零),因此,动量方程可写为

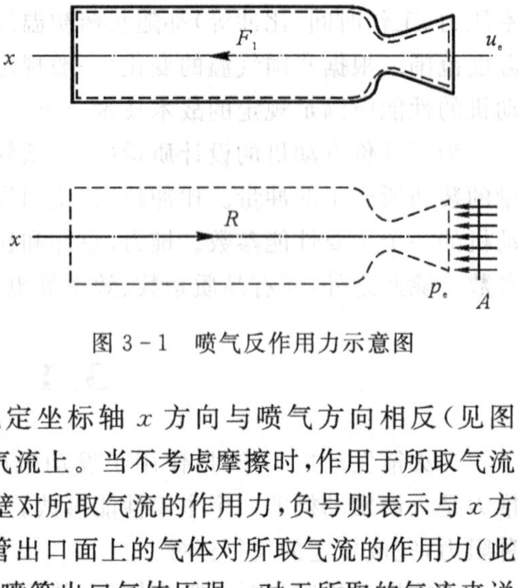

图 3-1 喷气反作用力示意图

$$-R+p_eA_e=\dot{m}(-u_e)$$

$$R=\dot{m}u_e+p_eA_e$$

气流对发动机壁的作用力 F_1 与发动机内壁对气流的作用力 R 大小相等,方向相反。由此得到

$$F_1=\dot{m}u_e+p_eA_e \tag{3-1}$$

它的方向与 R 方向(即喷气方向)相反,而与 x 方向一致。

由上面推导可知，$\dot{m}u_e$ 为所取气流在外力作用下（主要是发动机内壁的作用力）单位时间内的动量增量，它恰好又是每秒钟喷出的气体所获得的动量。因此，每秒钟喷出的气体所获得的动量是发动机给它作用力的结果。根据反作用原理，每秒钟喷出的气体也必定给发动机一个反作用力，即喷气反作用力。因此式(3-1)中的 F_1 通常称为喷气反作用力。

由式(3-1)看出，喷气反作用力是由两项组成的。其中第一项($\dot{m}u_e$)表示喷气动量的变化，喷气速度 u_e 越大，喷气反作用力 F_1 也就越大，这说明燃气的热焓转化成喷气动能越充分。第二项(p_eA_e)表明燃气膨胀到喷口压强 p_e 为零是不可能的，也就是说有一部分热能不可避免地损失掉了。这里先提出这个问题，等以后逐步分析，找出提高 u_e，减少喷口燃气热焓的办法。

2. 大气压强的合力

外界大气压强沿火箭(导弹)或发动机外壁的分布规律，实际上是很复杂的，它取决于导弹飞行速度、气动外形等因素。撇开这些实际情况，认为作用在火箭或发动机外壁上的大气压强是均匀分布的，且等于未受扰动的周围大气压强 p_a，如图 3-2 所示。

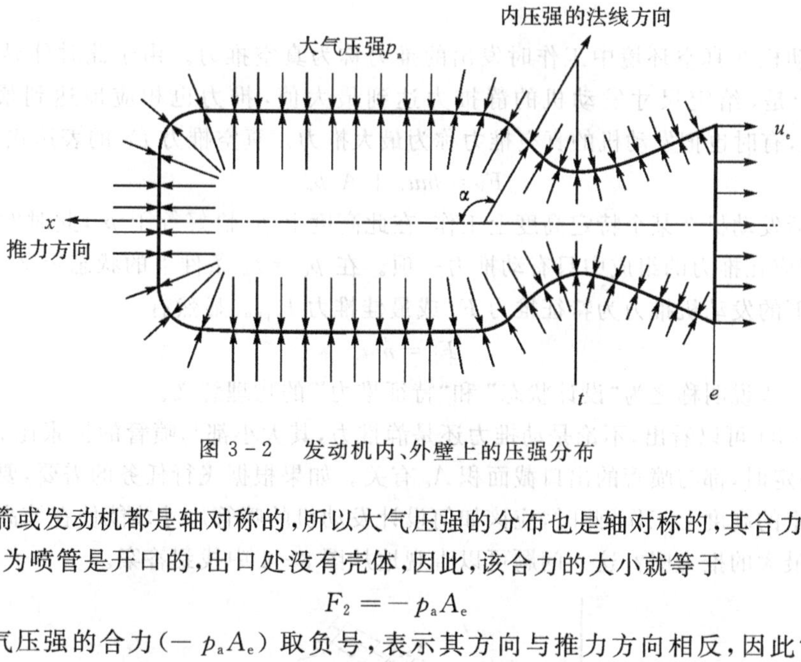

图 3-2　发动机内、外壁上的压强分布

因为火箭或发动机都是轴对称的，所以大气压强的分布也是轴对称的，其合力必然是轴向的。同时，因为喷管是开口的，出口处没有壳体，因此，该合力的大小就等于

$$F_2 = -p_aA_e \tag{3-2}$$

外界大气压强的合力($-p_aA_e$)取负号，表示其方向与推力方向相反，因此它是一个阻力。这个力作用在什么地方呢？虽然式(3-2)中有喷管出口面积 A_e 项，但它并不作用在 A_e 上，因为这里是空的，没有壳体，这个力实际作用在火箭或发动机头部的轴线上。

把以上两个力加起来，就得到推力

$$F = F_1 + F_2 = \dot{m}u_e + A_e(p_e - p_a) \tag{3-3}$$

式中：$\dot{m}$ 为喷管的质量流量(kg/s)；u_e 为喷气速度(m/s)；A_e 为喷管出口截面积(m^2)；p_e 为喷管出口气体压强(MPa)；p_a 为外界大气压强(MPa)。

式(3-3)就是推力的基本公式。

3.1.2　推力公式分析

推力的基本公式与推进剂的物理状态无关，无论对固体的或液体的火箭发动机来说，都是适用的。公式还表明，火箭发动机的推力与导弹的飞行速度无关，这是火箭发动机与航空喷气发动机的主要区别之一。

由推力的基本式(3-3)可见，推力由两项组成。第一项 $\dot{m}u_e$ 称为动推力，其大小取决于燃气的质量流量和喷气速度，它是推力的主要组成部分，通常占总推力的90%以上；第二项 $A_e(p_e-p_a)$ 称为静推力，它是由喷管出口处燃气压强与外界大气压强 p_a 不平衡而引起的，不平衡的程度与喷管工作状态有关，对于喷管尺寸已定的发动机，静推力的大小将随着飞行高度 H 的增加而增大，因而推力 F 也将随 H 的增加而增大，如图3-3所示。

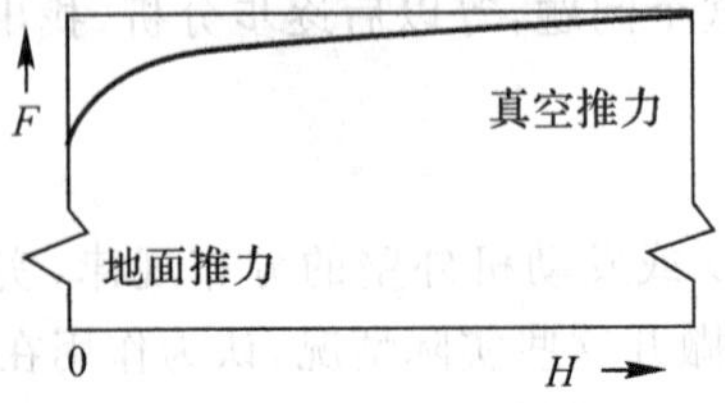

图3-3　推力随高度的变化关系

火箭发动机在真空环境中工作时发出的推力称为真空推力。由于此时外界大气净压强 p_a 等于零，于是，给定尺寸发动机的静推力达到最大值，推力也相应地达到最大值(见图3-3)。因此，有时也把发动机的真空推力称为最大推力。真空推力 F_V 的表达式为

$$F_V=\dot{m}u_e+A_e p_e \tag{3-4}$$

如果火箭发动机在某个特定高度上工作，在此高度上 p_a 恰好等于 p_e，此时发动机的静推力等于零，相应在推力的组成中只有动推力一项。在 $p_e=p_a$ 条件下的状态定义为设计状态，并称该状态下的发动机推力为特征推力 F^0 或最佳推力 F_{opt}。显然有

$$F^0=\dot{m}u_e \tag{3-5}$$

现在进一步说明称之为"设计状态"和"特征推力"的物理意义。

由式(3-3)可以看出，不论是动推力还是静推力，其大小都与喷管的扩张比 A_e/A_t 有关，亦即在 A_t 一定时，都与喷管的出口截面积 A_e 有关。如果根据飞行任务的需要，要求火箭发动机在某一特定的高度上工作，此时，应该如何设计发动机的喷管尺寸才能使在该高度上工作的发动机获得最大的推力呢？这一问题可以直观地从图3-4中找到答案。

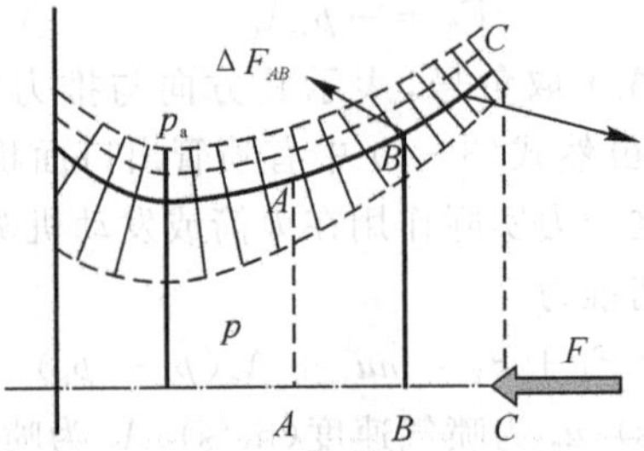

图3-4　喷管扩张段的压强分布示意图

图3-4所示为喷管扩张段的压强分布情况。环境压强 p_a 均匀地作用于喷管外壁，而燃气压强 p 则作用于喷管内壁，它随着扩张比的增大而逐渐减小。可以在喷管扩张段上找到某一个截面 B，在该截面上 $p=p_a$。如果喷管的出口截面在 A 处，那么只须将扩张段延长，使出口截

面位于 B 处，即可得到一个轴向推力增量 ΔF_{AB}，因为在 AB 段内 $p > p_a$，其轴向合力 ΔF_{AB} 与主推力 F 同向；同理，如果喷管的出口截面在 C 处，则在 BC 段内 $p < p_a$，其轴向合力 ΔF_{BC} 与主推力 F 异向，其结果是得到了一个轴向推力减量 ΔF_{BC}。由此可知，当 p_a 一定时，只有把喷管的扩张比设计成满足 $p_e = p_a$ 状态时才能使推力最大，故称这一状态为设计状态，称此时得到的推力为特征推力或最佳推力。

上述情况还可以通过分析热力循环示功图面积的方法来说明，也可通过数学上求极值的方法（$\mathrm{d}F = 0$，$\mathrm{d}^2F < 0$）得到证明。

应该指出的是，上述分析只是理论性的，在实际应用时，还应考虑其他各种具体因素。例如：① 多数飞行器在其主动段飞行期间，其飞行高度是在不断变化的，因此其设计高度上的 p_a 值只能是主动段飞行期间所有变化着的 p_a 的加权平均值。② 火箭发动机在真空或接近真空的环境中工作时，必须综合权衡推力、喷管质量、尺寸、成本和强度等诸因素，才能设计出合理的喷管尺寸。

3.1.3　推力系数

1. 推力系数的定义及其表达式

已知推力公式为

$$F = \dot{m}u_e + A_e(p_e - p_a)$$

式中的 $\dot{m}$ 和 u_e 分别用式(2-49) 和式(2-37) 代入，可得 F 的另一种表达式为

$$F = A_t p_c \left\{ \Gamma \sqrt{\frac{2k}{k-1}\left[1 - \left(\frac{p_e}{p_c}\right)^{\frac{k-1}{k}}\right]} + \frac{A_e}{A_t}\left(\frac{p_e}{p_c} - \frac{p_a}{p_c}\right) \right\}$$

把推力与 A_t 和 p_c 的乘积成正比的比例系数定义为推力系数 C_F，其表达式为

$$C_F = \Gamma \sqrt{\frac{2k}{k-1}\left[1 - \left(\frac{p_e}{p_c}\right)^{\frac{k-1}{k}}\right]} + \frac{A_e}{A_t}\left(\frac{p_e}{p_c} - \frac{p_a}{p_c}\right) \tag{3-6}$$

因此，推力的表达式最终简化为

$$F = C_F A_t p_c \tag{3-7}$$

据此，可把推力系数表示为

$$C_F = \frac{F}{A_t p_c} \tag{3-8}$$

显然，推力系数是一个无量纲数。可以这样来说明它的物理意义，即推力系数代表了单位喷喉面积单位燃烧室压强所能产生的推力。它主要表征了燃气在喷管中膨胀过程的完善程度，而推进剂性能对它影响不大。C_F 愈大表示燃气在喷管中膨胀得愈充分，即燃气的热能愈充分地转换为燃气的动能。因此，推力系数是表征喷管性能的一个重要参数。

2. 真空推力系数和特征推力系数

由真空推力所对应的推力系数称为真空推力系数，用符号 C_{F_V} 表示，此时 $p_a = 0$，故式(3-6) 改写为

$$C_{F_V} = \Gamma \sqrt{\frac{2k}{k-1}\left[1 - \left(\frac{p_e}{p_c}\right)^{\frac{k-1}{k}}\right]} + \frac{A_e}{A_t}\left(\frac{p_e}{p_c}\right) \tag{3-9}$$

同理，由特征（最佳）推力所对应的推力系数称为特征（最佳）推力系数，用符号 C_F^0 表示，此时，由于 $p_e = p_a$，故式(3-6) 改写为

$$C_F^0 = \Gamma\sqrt{\frac{2k}{k-1}\left[1-\left(\frac{p_e}{p_c}\right)^{\frac{k-1}{k}}\right]} \tag{3-10}$$

由此可知，C_F 与 C_{F_V} 的关系为

$$C_F = C_{F_V} - \frac{A_e}{A_t}\frac{p_a}{p_c} \tag{3-11}$$

C_F 与 C_F^0 的关系为

$$C_F = C_F^0 + \frac{A_e}{A_t}\left(\frac{p_e}{p_c} - \frac{p_a}{p_c}\right) \tag{3-12}$$

3. 影响推力系数的主要因素

由式(3-6)看出，C_F 与 k，A_e/A_t，p_e/p_c 以及 p_a/p_c 有关。在一般情况下，$p_a \ll p_c$，因而 p_a/p_c 对 C_F 的影响较小；而 p_e/p_c 又可用 A_e/A_t 及 k 的函数表示，如式(2-52)所示。因此，影响 C_F 的主要因素仅 A_e/A_t 和 k 两项。对于常用的推进剂来说，k 值的变化不大，当推进剂选定后，k 值不变，因而 C_F 的变化主要取决于喷管扩张比 A_e/A_t。图 3-5 和图 3-6 表示在不同的 k 和 p_c/p_a 值下，C_F 与 A_e/A_t 的关系曲线。

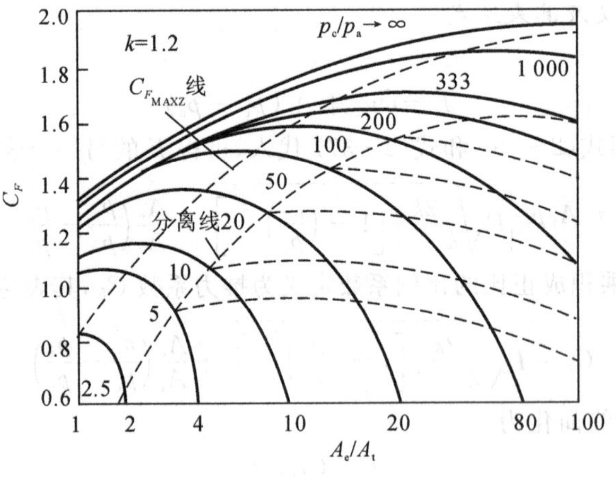

图 3-5 推力系数 C_F 与 A_e/A_t 的关系曲线($k=1.2$)

从图 3-5 和图 3-6 可以看出，在给定 k 值下对于每一个压强比 p_c/p_a 来说，C_F 与 A_e/A_t 的变化规律基本相同。C_F 随 A_e/A_t 的增大呈桥形曲线变化，即先增大后减少，中间经过一个最高点，这说明有一个最大推力系数存在。这反映了喷管膨胀状态从欠膨胀($p_e > p_a$)到完全膨胀($p_e = p_a$)再到过度膨胀($p_e < p_a$)的变化，该最大值即特征推力系数 C_F^0，此时所对应的发动机推力即特征推力 F^0。

当 k 和 A_e/A_t 一定时，C_F 随着 p_c/p_a 的增加(即 p_a/p_c 的减小)而增大，这说明了 C_F 随着工作高度的增加而增大。当 $p_c/p_a \to \infty$(即 $p_a/p_c = 0$)时，C_F 达到最大值，该最大值即真空推力系数 C_{F_V}，此时所对应的发动机推力即真空推力 F_V。

当过度膨胀严重到一定程度时(通常 $p_e \leqslant 0.4p_a$ 时)，此时喷管内会发生气流分离现象，实际的 A_e 将向喷管扩张段的上游移动而变小，因而使过度膨胀程度减小，实际的 C_F 增大。这就是图 3-5 和图 3-6 中对应于某一工作高度下的 C_F 随着 A_e/A_t 的增大而超过分离线时，为什么不再按理论上的实线继续下降而按图中的虚线缓慢下降的原因。

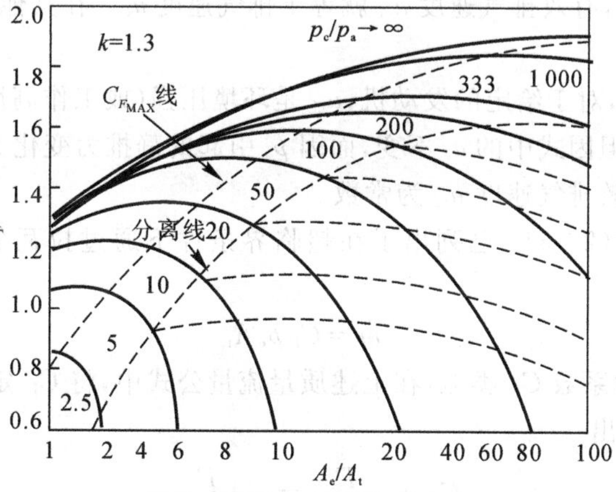

图 3－6　推力系数 C_F 与 A_e/A_t 的关系曲线($k=1.3$)

从式(3－10)可见，C_F^0 只是 k 和 p_e/p_c(或 A_e/A_t)的函数，它与 p_a 无关，因而也与发动机的工作高度无关。图 3－7 表示出它们之间的函数关系，它们之间的计算值列于附录 5。

只要已知 C_F^0 和 p_a，则对应工作高度下的推力系数 C_F 即可方便地按式(3－12)求出。通常，C_F 的数值在 1～2 的范围内变化。

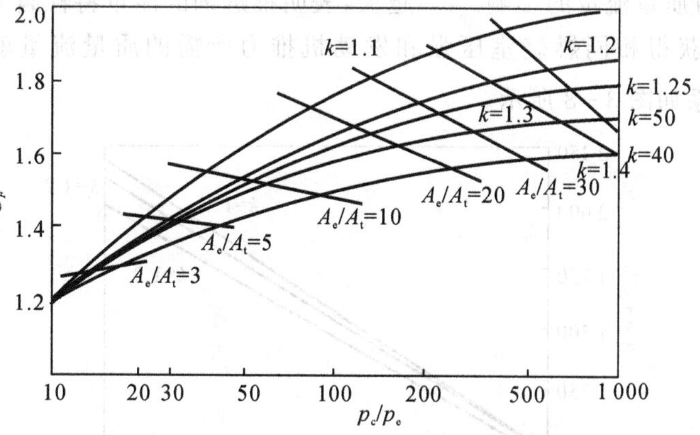

图 3－7　C_F^0 与 k，p_c/p_e 及 A_e/A_t 的函数关系

4. 有效排气速度和特征速度

(1) 有效排气速度。由式(3－3)知

$$F=\dot{m}u_e+A_e(p_e-p_a)=\dot{m}\left[u_e+\frac{A_e}{\dot{m}}(p_e-p_a)\right]=\dot{m}u_{ef} \qquad (3-13)$$

式中

$$u_{ef}=u_e+\frac{A_e}{\dot{m}}(p_e-p_a) \qquad (3-14)$$

通常称 u_{ef} 为有效排气速度。事实上，称它为“等效”排气速度更为确切。因为它并不是实际的排气速度 u_e，而是将推力中的静推力部分折算成动推力所对应的排气速度(欠膨胀时为正值，过膨胀时为负值)，加到实际的排气速度上所得到的折算排气速度，所以它是一个排气速度的等效值。

显然，当 $p_e=p_a$ 时，有效排气速度 u_{ef} 就等于排气速度 u_e。在其他情况下，u_e 与 u_{ef} 的差值一般不超过 10%。

从式(3-14)可见，对于给定的发动机，u_{ef} 是环境压强(或工作高度)的函数，它随环境飞行高度的变化而变化，但因式中的 u_e 不变，而因 p_a 引起的静推力变化又远小于总推力，故在近似分析时，可以假定有效排气速度 u_{ef} 为常数。

(2) 特征速度。式(2-51)已列出了在超临界条件下通过拉瓦尔喷管的质量流量的表达式为

$$\dot{m}=C_D p_c A_t$$

与推力公式中定义推力系数 C_F 类似，在上述质量流量公式中，将 C_D 定义为流量系数，它的表达式已由式(2-51)给出

$$C_D=\frac{\Gamma}{\sqrt{RT_c}}=\frac{\Gamma}{\sqrt{R_0 T_c/\mu}}$$

可以看出，C_D 反映了燃烧产物的热力学性质，它与推进剂的燃烧温度 T_c、燃烧产物的千摩质量 μ 以及燃气比热比 k 值有关，但与喷管喉部下游的流动过程无关，因此它是表征推进剂能量特性和燃烧室内燃烧完善程度的参数，其单位为$(m/s)^{-1}$。

通常把流量系数 C_D 的倒数称为特征速度，记为 c^*(注意不要和临界声速 c_* 相混淆)。c^* 的单位 m/s 是速度的量纲，但它并不具有真实速度的含义，而是一个假想的速度，用它来表示推进剂燃烧产物对质量流量的影响。c^* 越大，表明推进剂的能量特性越大，燃烧室内的燃烧过程越完善，因而获得相同燃烧室压强和发动机推力所需的质量流量就越小。c^* 与 k 和 $\sqrt{T_c/\mu}$ 的函数关系如图 3-8 所示。

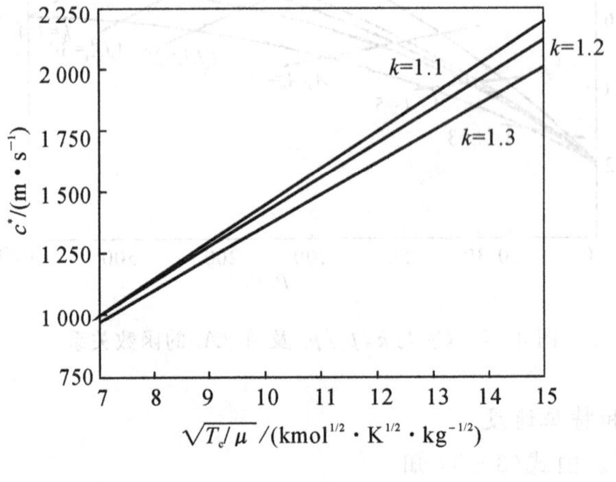

图 3-8　c^* 与 k 和 $\sqrt{T_c/\mu}$ 的函数关系

特征速度 c^* 的表达式为

$$c^*=\frac{1}{C_D}=\frac{\sqrt{R_0 T_c/\mu}}{\Gamma} \tag{3-15}$$

这样，质量流量的表达式又可写为

$$\dot{m}=\frac{A_t p_c}{c^*} \tag{3-16}$$

将式(3－16) 改写一下,可得 c^* 的另一种表达式为

$$c^* = \frac{A_t p_c}{\dot{m}} \tag{3-17}$$

与流量系数 C_D 一样,特征速度 c^* 也是一个表征推进剂能量特性和燃烧室内燃烧完善程度的系数,它与喷管的流动无关。

通常,固体双基推进剂的 c^* 值低于复合推进剂的 c^* 值,前者约为 1 400 m/s,后者约为 1 500～1 800 m/s。

3.2　总冲和比冲

3.2.1　总冲

根据冲量的定义,把发动机推力与推力作用时间的乘积称为发动机的推力冲量或总冲量。一般情况下,推力是随时间变化的。因此,把推力对工作时间的积分面积(见图 3－9 中的阴影面积) 定义为发动机的总冲,记为 I,则

$$I = \int_0^{t_a} F\mathrm{d}t \tag{3-18}$$

如果 t_a 时间内推力为常量,则式(3－18) 可简化为

$$I = Ft_a \tag{3-19}$$

总冲是火箭发动机的一个重要性能参数,它综合反映了发动机的工作能力。必须根据飞行器不同任务的需要,来确定发动机总冲的大小。如射程远或负荷大的飞行器,就要求有大的发动机总冲。相同的总冲,也可根据飞行器用途的不同选用不同的推力-时间方案来实现。

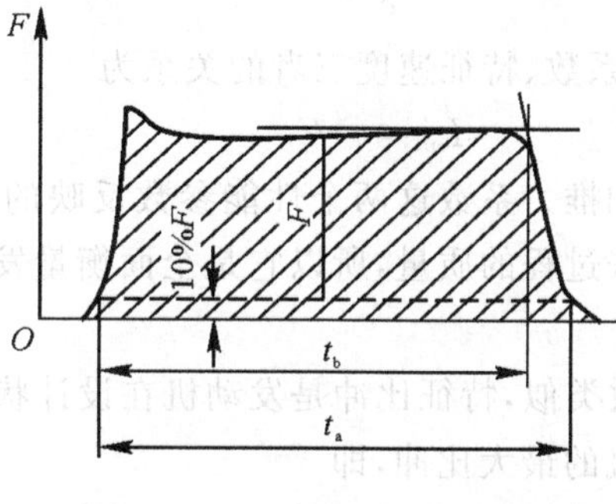

图 3－9　典型推力-时间曲线示意图

由式(3－13) 可知

$$F = \dot{m} u_{ef}$$

将其代入式(3－18) 得

$$I = \int_0^{t_a} \dot{m} u_{ef} \mathrm{d}t \tag{3-20}$$

对于给定的发动机,如果在其工作过程中工作高度的变化不大,则 u_{ef} 的变化不大,故可近似看做常数,这样式(3－20) 可改写为

$$I=u_{ef}\int_0^{t_a}\dot{m}\mathrm{d}t=u_{ef}m_p \tag{3-21}$$

式中，m_p 为推进剂装药的质量。

式(3-21)是总冲的另一种表达式。可以看出，总冲与 u_{ef} 及 m_p 直接有关，而 m_p 又直接决定了发动机的质量和大小。总冲的单位是牛·秒(N·s)。

3.2.2 比冲

1. 比冲的定义

把火箭发动机消耗单位质量推进剂产生的推力冲量定义为发动机的比冲，用符号 I_{sp} 表示，即

$$I_{sp}=\frac{I}{m_p}=\frac{\int_0^{t_a}F\mathrm{d}t}{\int_0^{t_a}\dot{m}\mathrm{d}t} \tag{3-22}$$

可见，式(3-22)表示的比冲是在发动机工作时间内的平均值。比冲的单位是牛·秒/千克(N·s/kg)。

从单位质量秒流量所产生的推力这一角度出发，可定义比冲的瞬时值，即

$$I_{sp}=\frac{F}{\dot{m}} \tag{3-23}$$

在国际单位制中，比冲在数值上等于有效排气速度：

$$I_{sp}=u_{ef}$$

将

$$F=C_F p_c A_t$$

和

$$\dot{m}=\frac{1}{c^*}p_c A_t$$

代入式(3-23)，可得比冲与推力系数、特征速度三者的关系为

$$I_{sp}=c^* C_F \tag{3-24}$$

可见，比冲包含了特征速度和推力系数这两个性能参数反映的特性。它既反映了推进剂的能量高低，又反映了燃烧和膨胀过程的质量，所以它是全面衡量发动机性能的重要指标。

2. 特征比冲和真空比冲

特征比冲 I_{sp}^0 与特征推力系数类似，特征比冲是发动机在设计状态下($p_e=p_a$)工作时对应的比冲，它是该工作高度上发动机的最大比冲，即

$$I_{sp}^0=\frac{\dot{m}u_e}{\dot{m}}=u_e \tag{3-25}$$

真空比冲 I_{sp_V} 是发动机在真空状态下工作时($p_a=0$)对应的比冲，即

$$I_{sp_V}=u_e+\frac{A_e p_e}{\dot{m}} \tag{3-26}$$

如发动机工作的设计状态为真空状态，则 $p_e=p_a=0$，真空比冲达到其最大值，即

$$I_{sp_V}=u_L \tag{3-27}$$

式中，u_L 为极限排气速度。

目前固体火箭发动机的比冲范围在 2 000 ～ 3 200 N·s/kg 之间，而现代液体火箭发动机的比冲在 2 500 ～ 4 600 N·s/kg 之间。

3. 影响比冲的因素

(1) 推进剂能量对比冲的影响。推进剂的能量越高，燃烧产物的 RT_c 值就越高，因而 u_e 增大，u_{ef} 增大，致使 I_{sp} 增大。同时若燃气比热比 k 减小，也会使 u_e 略有提高，因而使 I_{sp} 略有提高。

对于固体推进剂提高其能量特性的途径有：适当增加双基推进剂中硝化甘油的含量和硝化棉的含氧量；在双基推进剂中加入高含氧量和成气性强的氧化剂(如 NH_4ClO_4)或高放热量的硝胺炸药(如HMX和RDX)；在复合推进剂中选用生成焓高和氢-碳比高的黏结剂及高能氧化剂；在推进剂中加入高发热量、低密度的金属粉末添加剂(如 Al, Li, Be, B) 或金属氢化物等。采用所有这些措施的目的都是为了增大添加剂的热值，提高燃烧室的火焰温度，降低燃烧产物的平均分子量和比热比，从而使 u_{ef} 和 I_{sp} 增加。

(2) 喷管扩张比 A_e/A_t(或膨胀比 p_e/p_c)对比冲的影响。燃烧产物在喷管中膨胀过程进行完善的程度取决于喷管的扩张比 A_e/A_t。当推进剂一定时(k 值一定)，A_e/A_t(或 p_e/p_c)对 I_{sp} 的影响与它对 C_F 的影响是完全一致的。图3-10所示是我国两种制式双基推进剂的比冲 I_{sp} 与喷管扩张比 A_e/A_t 的关系曲线，可以看出，当 $p_a=0.1013$ MPa和 $p_c=10.13$ MPa时，在达到特征比冲 I_{sp}^0 以前，I_{sp} 随 A_e/A_t 的增加而增加，但在 $A_e/A_t>6$(或 $p_e/p_c<0.025$)以后，这种趋势就明显减弱了。因此，对于近程、低空工作的发动机，常采用略为欠膨胀的喷管，这样做，比冲损失不大，但可减小喷管的尺寸和质量，以及减少摩擦和散热损失。

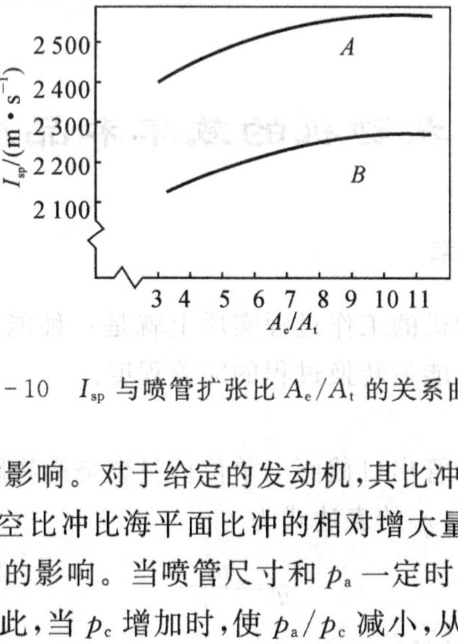

图3-10　I_{sp} 与喷管扩张比 A_e/A_t 的关系曲线

(3) 环境压强 p_a 对比冲的影响。对于给定的发动机，其比冲将随着环境压强的降低(即工作高度的增加)而增加。其真空比冲比海平面比冲的相对增大量为9.3%。

(4) 燃烧室压强 p_c 对比冲的影响。当喷管尺寸和 p_a 一定时，p_c 的变化只能影响 p_a/p_c，而不会影响 A_e/A_t 和 p_e/p_c。因此，当 p_c 增加时，使 p_a/p_c 减小，从而使 u_{ef} 增大，I_{sp} 有所增加。图3-11列出了我国3种制式双基推进剂的比冲随燃烧室压强的关系曲线。由图中可以看出，在喷管欠膨胀范围内，比冲 I_{sp} 是随着 p_c 的增加而增加的，当 $p_c<6$ MPa时，I_{sp} 对 p_c 较敏感；而当 $p_c>10$ MPa时，I_{sp} 受 p_c 的影响就比较小。低压下 I_{sp} 急剧下降的原因还在于推进剂在低于维持其正常燃烧的临界压强下会导致不完全的燃烧。

(5) 推进剂初温 T_i 对比冲的影响。对于固体火箭发动机，其推进剂的初温对比冲的影响，可从两个方面来分析：首先初温 T_i 增加，会引起推进剂热焓的增加。根据能量守恒定律，这一增加会引起燃烧室内燃烧产物温度 T_c 的增加，从而使 I_{sp} 增加。其次初温 T_i 增加，对固体推进剂来说，会引起推进剂燃速 r 的增加，从而在多数情况下会引起燃烧室压强 p_c 的增加，p_c 的增

加又会引起 I_{sp} 的增加。

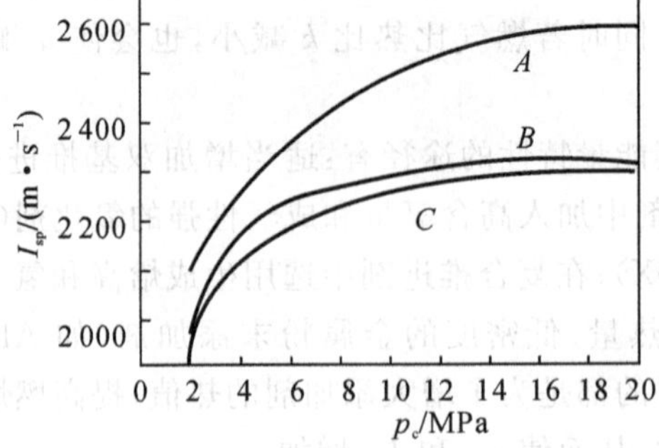

图 3-11 I_{sp} 与 p_c 的关系曲线

对于常用的固体推进剂而言，通过计算可以得到：

1）因 T_i 的变化引起 T_c 的变化量通常小于 T_i 本身的变化量；

2）因 T_c 的变化引起的 I_{sp} 变化程度大于因 T_i 的变化引起的 I_{sp} 变化的程度；

3）因 T_i 的变化引起 I_{sp} 的变化量并不大，但不能忽略；

4）不同推进剂其初温 T_i 变化引起的 I_{sp} 的变化量在程度上会有所不同，例如，CTPB 复合推进剂的 $\Delta I_{sp}/\Delta T_i$ 是 HTPB 和 NEPE 复合推进剂的 1.5 倍左右[前者为 0.373(m/s)/K，后者为 0.245(m/s)/K]。

3.3 发动机的效率和品质系数

3.3.1 火箭发动机的效率

前面已经讨论过火箭发动机的工作过程实质上就是一种能量转换过程。因此，火箭发动机的效率实质上就是反映这种能量转换过程的完善程度。

1. *发动机的内效率*

发动机的内效率定义为喷管出口截面上单位质量燃烧产物所具有的动能与相同质量推进剂所具有的总焓之比，记为 η_i。η_i 的表达式为

$$\eta_i = \frac{u_e^2/2}{i_p} \tag{3-28}$$

式中：i_p 为单位质量推进剂的总焓。

用 η_i 可以衡量推进剂的化学能转换为燃烧产物动能的完善程度。这一转换过程经历了燃烧和膨胀两个分过程。因此，η_i 可分解为这两个分过程效率之积，即

$$\eta_i = \eta_c \eta_e \tag{3-29}$$

其中

$$\eta_c = \frac{Q_c}{i_p} \tag{3-30}$$

$$\eta_e = \frac{u_e^2/2}{Q_c} \tag{3-31}$$

式中，η_c 为燃烧效率，它衡量单位质量推进剂的化学能转换成燃烧产物热能的完善程度；η_e 为膨胀效率，它衡量单位质量燃烧产物的热能转换成动能的完善程度。

（1）燃烧效率。由于推进剂在发动机燃烧室内燃烧过程中存在有燃烧不完全、燃烧产物发生离解以及向室壁散热损失，故燃烧效率不可能等于1。它通常在0.94～0.99的范围内。

（2）膨胀效率。由于喷管流动过程中存在有热力学损失和膨胀损失，膨胀效率也小于1。

1）热力学损失。由于膨胀过程中不可能将燃烧产物的全部热能都转化为在喷管出口截面的动能，所以存在热力学损失。其损失的大小用热效率 η_t 来衡量。按照热力学第二定律，热效率的定义为

$$\eta_t = 1 - \frac{T_e}{T_c} \tag{3-32}$$

式中：T_c 和 T_e 分别为燃烧产物在燃烧室和喷管出口处的温度。

对于一维定常等熵流动，式（3-32）可改写为

$$\eta_t = 1 - \left(\frac{p_e}{p_c}\right)^{\frac{k-1}{k}} \tag{3-33}$$

可见，式（3-33）与式（2-41）完全相同。这里讨论的热效率即第2章讨论的理想循环效率，只是前者讨论的是热能的利用效率，后者讨论的是动能的利用效率而已。

图 2-4 表示了 η_t 与 k 及 p_e/p_c 的关系。可以看出，p_e/p_c 越小和 k 越大（从提高效率的观点看，k 值不宜过小），热效率就越高。目前固体火箭发动机的热效率通常都低于0.6。

2）膨胀损失。燃烧产物在喷管流动过程中存在有散热、摩擦、扩张和二相流等损失，这些损失的大小用喷管效率 η_n 来衡量。而膨胀效率 η_e 可表示为 η_t 和 η_n 的乘积，即

$$\eta_e = \eta_t \eta_n \tag{3-34}$$

故发动机内效率可表达为

$$\eta_i = \eta_c \eta_t \eta_n \tag{3-35}$$

2. 发动机的外效率

发动机的外效率定义为单位时间内发动机对飞行器所做的推进功与该推进功加上发动机损失能量之和的比值，记为 η_p，即

$$\eta_p = \frac{Fv}{Fv + \dot{m}\,(u_e - v)^2/2} \tag{3-36}$$

式中：v 为飞行器的飞行速度。

用 η_p 可以衡量燃烧产物动能转换成火箭推进功的完善程度，因而 η_p 又称为推进效率。

在设计状态（$p_e = p_a$）下，$F = \dot{m}u_e$，则有

$$\eta_p = \frac{2v/u_e}{1 + (v/u_e)^2} \tag{3-37}$$

由式（3-37）可知，η_p 取决于 v/u_e 之值。图 3-12 表示出了 η_p 与 v/u_e 的关系曲线。由图 3-12 和式（3-37）可知，当 $v=0$ 时，$\eta_p=0$；当 $v=u_e$ 时，$\eta_p=1$，此时推进效率最高。

3.3.2　火箭发动机的品质系数

上述讨论的那些主要性能参数都是理论值，然而由于各种实际因素的影响，这些参数的实际值与理论值会存在一定的差别。为此，把参数的实际值与理论值之比称为该参数的品质系数或效率因子。

参数的实际值主要依靠试验来测得(必须排除因测量造成的误差)。现以 c^*,C_F 和 I_{sp} 3个重要参数为例,讨论实际测量它们的方法。

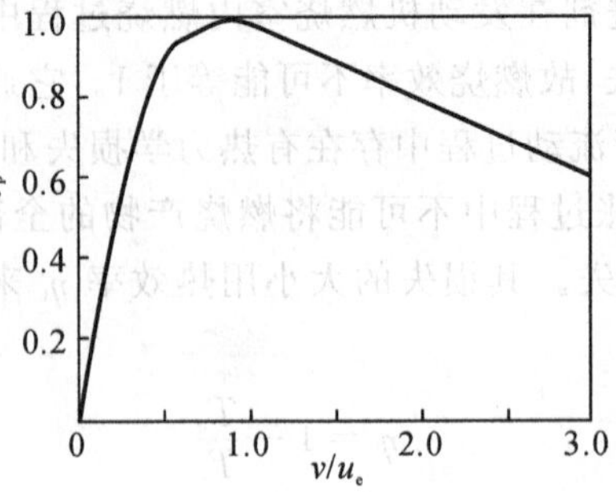

图 3-12 η_p 与 v/u_e 的关系曲线

1. 特征速度实际值 c^*_{exp} 的测量

$$c^*_{exp}=\frac{A_t}{m_p}\int_0^{t_a}p_c\,dt \tag{3-38}$$

式中:A_t 和 m_p 可分别由线度和称量测量工具测得;$\int_0^{t_a}p_c\,dt$ 可由静止试验时的压强-时间曲线获得,这样就测出了 c^*_{exp} 值。

2. 比冲实际值 $I_{sp_{exp}}$ 的测量

$$I_{sp_{exp}}=\frac{\int_0^{t_a}F\,dt}{m_p} \tag{3-39}$$

同理,m_p 由称量得到,$\int_0^{t_a}F\,dt$ 则由静止试验时的推力-时间曲线获得,这样就测出了 $I_{sp_{exp}}$ 值。

3. 推力系数 $C_{F_{exp}}$ 实际值的测量

$$C_{F_{exp}}=\frac{I_{sp_{exp}}}{C^*_{exp}}=\frac{\int_0^{t_a}F\,dt}{A_t\int_0^{t_a}p_c\,dt} \tag{3-40}$$

显然,有了上述两个参数的测量值,即可求出 $C_{F_{exp}}$ 来。或者只要有了发动机的 $F-t$ 和 p_c-t 曲线,并测出喷管喉径,即可方便地求出 $C_{F_{exp}}$ 值。

4. 发动机品质系数的计算

定义燃烧室的品质系数(即特征速度的效率因子)为

$$\xi_c=\eta_{c^*}=\frac{c^*_{exp}}{c^*_{th}} \tag{3-41}$$

式中:下标 th 表示理论值。

定义喷管扩张段的品质系数(即推力系数的效率因子)为

$$\xi_n=\eta_{C_F}=\frac{C_{F_{exp}}}{C_{F_{th}}} \tag{3-42}$$

定义发动机的品质系数(即比冲效率)为

$$\xi=\eta_{I_{sp}}=\frac{I_{sp_{exp}}}{I_{sp_{th}}} \tag{3-43}$$

根据上述参数的理论计算值和实际测量值，即可算出相应的品质系数。对于现代固体火箭发动机，ξ_c 为 0.94～0.99，ξ_n 为 0.88～0.97，ξ 为 0.82～0.96。

3.4　火箭发动机参数对火箭飞行性能的影响

火箭发动机产生推力，使火箭、导弹、飞行器加速，当其推进剂全部消耗尽，加速过程结束时，飞行器达到最大的飞行速度。依靠这个最大速度，弹道式导弹进入预定的弹道，实现预定的射程；飞航式导弹则以此来追击目标；人造地球卫星依靠这个速度进入预定的轨道。因此，最大速度是运载火箭的一个重要的性能参数。

火箭在加速过程中往往需要克服空气的阻力和自身的重力。阻力和重力的作用当然也会影响其最大速度，但它们决定于飞行条件，而与发动机的性能没有直接关系。为了分析发动机性能对火箭最大速度的影响，使问题简化，便将阻力和重力忽略不计，由此而得到的火箭最大速度是理想条件下的最大速度。这相当于火箭在大气层以外和重力场以外的条件下飞行加速所能得到的最大速度。

按照牛顿第二定律，火箭的加速运动可以写为

$$F=m\frac{dv}{dt}$$

式中：F 为发动机的推力；m 为整个火箭的质量，它随推进剂的消耗而减小；dv/dt 为火箭的加速度。

火箭发动机的推力等于推进剂消耗率 $\dot{m}$ 和比冲 I_{sp} 的乘积，有

$$F=\dot{m}I_{sp}$$

而推进剂的消耗率就是火箭质量减小的速率，有

$$\dot{m}=-\frac{dm}{dt}$$

联立以上各式，得

$$m\frac{dv}{dt}=-I_{sp}\frac{dm}{dt}$$

或

$$dv=-I_{sp}\frac{dm}{m}$$

从开始加速（$v=0$）时起到达到最大速度（$v=v_{max}$）时止，进行积分

$$\int_0^{v_{max}}dv=-\int_{m_0}^{m_0-m_p}I_{sp}\frac{dm}{m}$$

可得

$$v_{max}=I_{sp}\ln\frac{m_0}{m_0-m_p} \tag{3-44}$$

式中：m_0 为起飞时整个火箭的质量，且 $m_0=m_p+m_e+m_s$；m_p 为全部推进剂的质量；m_e 为有效载荷质量；m_s 为发动机结构质量；$m_0-m_p=m_e+m_s=m_f$ 为推进剂燃尽后的火箭质量，又叫消

极质量。定义 $N_m = m_0/m_f$ 为火箭的质量数，即火箭起飞质量与推进剂燃尽后火箭质量之比，$N_m \gg 1$，因此，可得

$$v_{max} = I_{sp} \ln N_m \tag{3-45}$$

式(3-45)称为齐奥尔科夫斯基公式，它表明火箭的最大速度与发动机比冲和火箭的质量数直接有关。图3-13表示了这一关系，由于比冲和质量数都与发动机的性能参数有关，可以据此来分析发动机性能参数对火箭性能的影响。

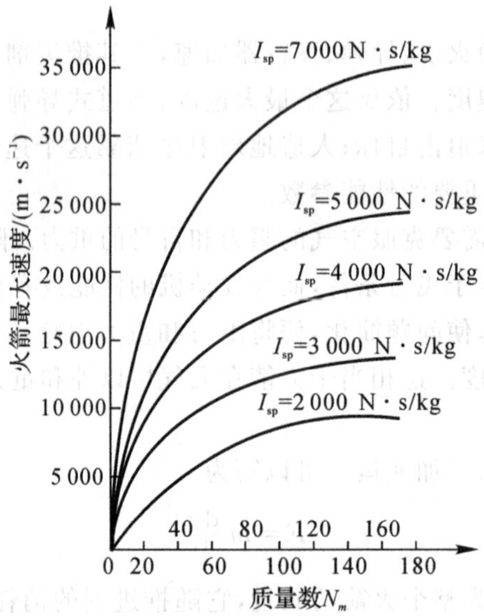

图 3-13 比冲和质量数对火箭最大速度的影响

(1) 发动机的比冲越大，火箭可以达到的最大速度也越大，射程就越远。因此要选用能量较高的推进剂，在发动机设计中应尽可能改进工作过程的完善程度，提高燃烧室和喷管的质量数，借以提高比冲，提高火箭最大速度。

(2) 火箭的质量数越大，其最大速度也越大。为了提高质量数，在发动机设计中应该采用合理的结构和比强度高的优质材料，尽量减轻发动机的结构质量，增加其可能装填的推进质量，使推进剂质量占发动机总质量的百分比尽量增大。

(3) 比冲的降低可以用质量数的增加来补偿。同样，质量数的减小也可以用比冲的增加来补偿。在 v_{max} 一定的条件下，对式(3-45)微分，得

$$\ln N_m \mathrm{d}I_{sp} + I_{sp}\frac{\mathrm{d}\mu}{N_m} = 0$$

改写成有限增量的形式，有

$$\frac{\Delta N_m}{N_m} = -\ln N_m \frac{\Delta I_{sp}}{I_{sp}}$$

可以看出，当 $N_m = \mathrm{e}$ 时，$\ln N_m = 1$，比冲降低 1%，可以用质量数增加 1% 来补偿。当 $N_m < \mathrm{e}$ 时，$\ln N_m < 1$，质量数的相对变化对火箭最大速度的影响比比冲的相对变化对它的影响要小。反之，当 $N_m > \mathrm{e}$ 时，$\ln N_m > 1$，质量数变化对火箭最大速度的影响比比冲变化对它的影响要大。

(4)如果发动机比冲提高了，为了达到同样的最大速度，可以降低火箭质量数；或者加大有效载荷，增加运载任务；或者减少推进剂质量，用更少的推进剂就能完成预定的运载任务。

(5)发动机工作时，除了向后喷射出推进剂的燃烧产物之外，有的发动机还消耗喷射出少量惰性物质，如发动机内部用的隔热层和药柱的阻燃包覆层等烧蚀后的产物。这类物质的消耗，虽然可以增加火箭的质量数，但是它们能产生的比冲却很低，使整个消耗物质的平均比冲减小，导致火箭的最大速度减小。为了达到较好的性能，应使这类物质的消耗减至最少，不致过多地影响比冲。

(6)推进剂密度增大时，同样的推进剂质量占据较小的空间，使发动机结构尺寸减小，减轻了结构质量。

(7)发动机结构设计及推进剂装药设计应尽可能地提高发动机推进剂装填密度，改进结构形式，以减轻发动机结构质量。采用现代新的药型如翼柱型药型，发动机结构采用球形或椭球形燃烧室，潜入式喷管等，都显著地提高了推进剂的装填量，减小了结构质量占发动机总质量的百分比，使质量比提高。

(8)要增大火箭射程或增加有效载荷质量，最主要的措施是提高发动机的总冲，也就是增加推进剂质量。在增加推进剂质量时，应当尽可能地使火箭结构质量增加得少些，才能使质量数明显提高。

邢球痕——固体发动机的奠基人

邢球痕是原航天科技集团四院院长，中国科学院院士，从事固体火箭发动机的研制工作。

初出茅庐显才华

邢球痕的人生是从踏上军校之路开始的。1949年，19岁的邢球痕从浙江省宁波高级工业职业学校毕业后参军，1953年，又以优异的成绩考入哈尔滨军事工程学院炮兵工程系固体火箭武器专业。毕业后他被分配到国防部五院一分院火箭发动机研究室工作，从此，他的一生与“固体事业”结下了不解之缘。屈指算来，至今已为祖国的“固体事业”奋力攀登了60多个年头。

果敢决断出绝招

一些同邢球痕共事几十年的研究员谈到他时都说：“他是固体火箭发动机的奠基人。‘固体事业’从无到有，从小到大，他都亲历了，还是主创人之一。”1982年某型号潜艇水下发射第一发时试验失利，发现某单位研制的尾罩上的脱落插头碰击了四院研制的发动机的喷管，这个打击喷管的事，在现场很难有效解决，因为牵一发而动全身。面对按时实施第二发发射与不带疑点上天产生的矛盾，邢球痕想到产品交付前做过的试验，想到第二发要在最佳时间内飞行，表示发动机可以试飞。总指挥说：“这种事不能靠大胆拍胸脯，必须有试验数据”。邢球痕坦白了他曾擅自做过非设计条件下的试验的事。这样，总设计师才决定第二发如期发射，第二发导弹似海底蛟龙飞出水面，潜艇水下发射和飞行试验获得圆满成功。时任中央军委副秘书长的张爱萍在大连接见邢球痕等同志时，赞扬了四院人敢想敢干，制造出我国新型的固体火箭发动机，为这次水下发射运载火箭的成功做出了贡献。

斩关夺隘敢拍板

“搞出新型的大型火箭发动机，这是我梦寐以求的。”邢球痕带领四院人在以前单项预研的基础上，加快了两个不同类型大发动机研制的步伐。他主持了该型号，组织、指挥确定技术状态，并参与技术攻关，并于1983年年底进行了地面热试车。这是我国首次研制有机纤维缠绕壳体，由于设计、工艺、技术难度大，邢球痕经常深入一线，鼓励职工们坚持科学态度，克服困难，大胆创新，43所职工为此改装了我国第一代机械式缠绕机，用于第二级玻璃钢壳体缠绕，并试车成功。由于大型发动机的试车成功为以后战略导弹的立项奠定了技术基础，故“重中之重”型号上马后，上述两台大型发动机分别被采用为导弹的一、二级发动机。作为院科技委主任的邢球痕，主持并参加各阶段的技术评审和综合技术评审，该型号交付后，连续三发飞行试验都圆满成功。当庆祝建国五十周年庆典上大型导弹方队通过天安门广场时，国人激动不已，电视机前的邢球痕更是热泪盈眶。

“烈士暮年，壮心不已！”

邢球痕带领着几位退休的老科技人员，围绕全固体运载和导弹技术，深入开展了空射弹道式运载方案的理论研究与实践。他虽然已经登上几个“固体事业”领域的高峰，尽显风光绮丽，彩霞满天。但放眼眺望，他总感到前方不知耸立着多少更高更美的山峰。他要用毕生的精力，去不断地向着新的目标攀登。

第4章 火箭发动机的热力计算

火箭发动机热力计算的任务，就是从理论上计算出推进剂燃烧终了时燃烧产物在燃烧室的温度、成分和其他热力参数以及燃烧产物在喷管出口处的温度、成分和其他热力参数，从而计算出发动机特性参数（比冲 I_{sp}、特征速度 c^* 等）的理论值。燃烧产物的成分是确定温度和其他热力参数的基础。热力计算的重点是燃烧室中推进剂燃烧过程的热力计算，它是从能量转化观点（推进剂的化学能通过燃烧转化成燃烧产物的热能）对推进剂的燃烧过程进行理论的定量分析。

火箭发动机的热力计算可分为四部分：一是推进剂组成与总焓的计算；二是燃烧室中燃烧过程的热力计算，其任务是在给定推进剂成分和燃烧室压强的条件下计算出推进剂燃烧终了时燃烧产物的温度、成分及其他热力参数；三是燃烧产物在喷管中流动过程的热力计算，其任务是在燃烧室热力计算的基础上，根据给定的喷管出口压强，计算喷管出口处燃烧产物的温度、成分及其他热力参数；四是发动机设计计算，其任务是在前述计算的基础上，计算发动机的特性参数（I_{sp}，c^* 等）。

燃烧产物成分的计算是很烦琐的，在热力计算中占很大比例。燃烧产物的成分首先取于推进剂的成分。不论燃烧过程怎样，也不论生成何种产物，燃烧前后各元素的摩尔数应相等。根据质量守恒定律可建立起一组质量守恒方程。此外，燃烧产物的成分还与温度和压强有关，在这里我们认为燃烧过程中化学反应的速度很高，在燃烧终了时燃烧产物可以完全达到化学平衡状态。因此，还可建立一组化学平衡方程。同时，推进剂燃烧将其化学能转换为燃烧产物的热能，根据能量守恒定律，推进剂所具有的能量与燃烧产物所具有的能量应该相等，从而可建立能量守恒方程。燃烧室的热力计算以上述 3 组方程为基础。因为喷管中的流动是等熵的，所以喷管中的热力计算是以质量守恒方程、化学平衡方程和等熵过程方程为基础的。

热力计算的假设：

(1) 燃烧室是绝热的；

(2) 燃烧产物在喷管中的流动是两相、一维、定常、等熵流动；

(3) 气相产物遵循理想气体状态方程；

(4) 燃烧产物处于化学平衡或化学冻结状态。

4.1 推进剂的假定化学式

热力计算中，通常是以单位质量推进剂作为计算单位，本章所讲的热力计算，都是对 1 kg 推进剂而言的。

推进剂由若干种化学物质（又称组元）组成，但从化学的角度来看，无论推进剂的成分多么复杂，无非都是由最基本的化学元素如 C，H，O，N 等所组成的。为便于计算，通常是将成分复杂的推进剂看成为一种假想的由最基本的化学元素组成的单一化学物质。这种假想的单一化学物质的化学式叫做“推进剂的假定化学式”。它可表示为

$$C_{N_C} H_{N_H} \cdots O_{N_O} Cl_{N_{Cl}} N_{N_N} \tag{4-1}$$

式中:C,H,…,O,Cl,N 表示推进剂中包含的化学元素;注脚表示 1 kg 推进剂中 C,H,…,O,Cl,N 各化学元素的摩尔数。

下面,以某种复合推进剂(80% 的氧化剂过氯酸铵 NH_4ClO_4 + 20% 燃烧剂聚酯 $C_{23}H_{28}O_4$)为例,说明推进剂假定化学式的计算方法。

4.1.1 组元的一般化学式

一般化学式不表示化合物的化学结构,只表示所含元素的量。一般化学式以 1 mol 为计算单位,其通式可表示为

$$C_C H_H \cdots O_O Cl_{Cl} N_N \tag{4-2}$$

式中:下标表示各元素在 1 mol 该组元中相应的化学元素的摩尔(原子)数。

例如,过氯酸铵的分子式 NH_4ClO_4,写成一般化学式时为 H_4O_4ClN;聚酯的一般化学式为 $C_{23}H_{28}O_4$;偏二甲肼$(CH_3)_2N_2H_2$ 的一般化学式为 $C_2H_8N_2$。组元的摩尔质量为

$$\mu = \sum_{i=1}^{n} A_i Z_i \tag{4-3}$$

式中:A_i,Z_i 分别表示第 i 种元素的摩尔质量和摩尔数(这里假设组元中含有 n 种不同的元素)。

4.1.2 组元的比分子式

推进剂各组元的比分子式与一般分子式的区别在于它的计量单位不是 1 mol,而是 1 kg 质量。其通式为

$$C_c H_h \cdots O_o Cl_{cl} N_n \tag{4-4}$$

式中:下标 c,h,o,cl 和 n 分别为相应化学元素在 1 kg 该组元中的摩尔(原子)数。它们与该组元的一般化学式(4-2)中各元素的原子数 C,H,O,Cl,N 之间的关系为

$$\left.\begin{aligned} c &= \frac{1\,000}{\mu}C \\ h &= \frac{1\,000}{\mu}H \\ o &= \frac{1\,000}{\mu}O \\ cl &= \frac{1\,000}{\mu}Cl \\ n &= \frac{1\,000}{\mu}N \end{aligned}\right\} \tag{4-5}$$

式中:μ 为该组元的摩尔质量。

例如,1 kg 过氯酸铵含有$\frac{1\,000}{\mu}=\frac{1\,000}{117}=8.547$ mol 的过氯酸铵。而 1 mol 过氯酸铵中含有4 mol 氢、4 mol 氧、1 mol 氯和 1 mol 氮。故 1 kg 过氯酸铵中含有 H,O,Cl 和 N 的摩尔数为

$$h=\frac{1\ 000}{117}\times 4=34.188\ 0,\quad o=\frac{1\ 000}{117}\times 4=34.188\ 0$$

$$cl=\frac{1\ 000}{117}\times 1=8.547\ 0,\quad n=\frac{1\ 000}{117}\times 1=8.547\ 0$$

因此，过氯酸铵的比分子式可表示为

$$H_h O_o Cl_d N_n = H_{34.1880}\ O_{34.1880}\ Cl_{8.5470}\ N_{8.5470}$$

同理，可求得聚酯的比分子式为

$$C_c H_h O_o = C_{62.500} H_{76.0869} O_{10.8695}$$

4.1.3　推进剂的假定化学式

推进剂的假定化学式为

$$C_{N_C} H_{N_H} \cdots O_{N_O} Cl_{N_{Cl}} N_{N_N}$$

要写出推进剂的假定化学式，就要计算出 1 kg 推进剂中所含各元素的摩尔数 N_C，N_H，N_O，N_{Cl} 和 N_N。

若推进剂中含有 γ 种组元，各组元在推进剂中的质量分数为 $x_1, x_2, \cdots, x_{\gamma-1}, x_\gamma$，则1 kg 推进剂中某种元素的摩尔数应为各组元中包含的该种元素的摩尔数的总和，即

$$\left.\begin{aligned} N_C &= \sum_{k=1}^{\gamma} x_k c_k \\ N_H &= \sum_{k=1}^{\gamma} x_k h_k \\ &\cdots\cdots \\ N_O &= \sum_{k=1}^{\gamma} x_k o_k \\ N_{Cl} &= \sum_{k=1}^{\gamma} x_k cl_k \\ N_N &= \sum_{k=1}^{\gamma} x_k n_k \end{aligned}\right\} \tag{4-6}$$

写成一般式为

$$N_j = \sum_{k=1}^{\gamma} x_k j_k \tag{4-7}$$

式中：N_j 为 1 kg 推进剂中第 j 种元素的摩尔数；j_k 为第 k 种组元中，所含第 j 种元素的摩尔数；x_k 为第 k 种组元所占的质量分数。

由于假定化学式是以 1 kg 推进剂为计量单位的，故假定化学式中各元素的摩尔质量之和应等于 1 000 g。设推进剂含有 l 种元素，则

$$\sum_{j=1}^{l} N_j A_j = 1\ 000 \tag{4-8}$$

式中：A_j 为第 j 种元素的摩尔质量。式(4－8) 可用以验算推进剂假定化学式的计算有无错误。

例如，某复合推进剂中过氯酸铵的质量分数为 80%，聚酯的质量分数为 20%，故按式(4－6)，1 kg 推进剂中各元素的摩尔数为

$$N_C = 0.2 \times 62.5 = 12.5$$
$$N_H = 0.8 \times 34.188\,0 + 0.2 \times 76.086\,9 = 42.567\,8$$
$$N_O = 0.8 \times 34.188\,0 + 0.2 \times 10.869\,5 = 29.510\,4$$
$$N_{Cl} = 0.8 \times 8.547\,0 = 6.837\,6$$

由此可得该推进剂的假定化学式

$$C_{12.5}H_{42.567\,8}O_{29.524\,3}Cl_{6.837\,6}N_{6.837\,6}$$

按式(4-8)验算，有

$$\sum_{j=1}^{l} N_j A_j = 12 \times 12.5 + 1 \times 42.567\,8 + 16 \times 29.510\,4 + 35 \times 6.837\,6 + 14 \times 6.837\,6 = 999.776\,6 (\approx 1\,000)$$

计算结果表明所得推进剂的假定化学式是正确的。

4.2 质量守恒方程

在化学反应中由于物质分子的原子发生重新组合而生成新的分子，但原子的数目既无增加也不减少，即反应前后各元素的原子总数保持不变。这就是化学反应中的“质量守恒定律”，或称为“质量守恒”。

现以 C 元素为例，说明 C 元素质量守恒方程的建立方法。

例如，1 kg 推进剂中有 N_C mol 的 C 元素，那么根据质量守恒定律，其燃烧产物中一定含有 N_C mol 的 C 元素。若 N_C mol C 元素燃烧后生成 n_{CO_2} mol CO_2 和 n_{CO} mol CO，而 1 mol CO_2 和 CO 中均只有 1 mol 的 C，则 C 元素的质量守恒方程为

$$N_C = 1 \times n_{CO_2} + 1 \times n_{CO}$$

同理，也可求得推进剂中其他各元素的质量守恒方程。

若某种推进剂由 C，H，O，N，Cl，Al 等元素组成，其燃烧产物有 Al_2O_3，Al_2O，AlCl，HCl 等。根据质量守恒定律，可写出各元素的质量守恒方程为

$$\left.\begin{aligned}
N_C &= n_{CO_2} + n_{CO} \\
N_H &= 2n_{H_2O} + 2n_{H_2} + n_H + n_{OH} + n_{HCl} \\
N_N &= 2n_{N_2} + n_N + n_{NO} \\
N_O &= 2n_{CO_2} + n_{CO} + n_{H_2O} + 2n_{O_2} + n_{OH} + n_O + n_{NO} + 3n_{Al_2O_3} + n_{Al_2O} \\
N_{Cl} &= n_{HCl} + n_{AlCl} + n_{Cl} \\
N_{Al} &= 2n_{Al_2O_3} + 2n_{Al_2O} + n_{AlCl} + n_{Al}
\end{aligned}\right\} \quad (4-9)$$

式中：N_C，N_H，… 代表 1 kg 推进剂中各相应元素的摩尔总数；n_{CO_2}，n_{CO}，n_{H_2O}，… 代表各相应燃烧产物的摩尔数。

4.3 化学平衡方程

4.3.1 化学平衡

对于可逆的化学反应来说，例如水煤气反应为

$$CO_2 + H_2 \Leftrightarrow CO + H_2O$$

正、逆向反应是同时进行的，而反应速度则与物质浓度的乘积成正比。也就是说，正向反应速度与反应物（CO_2+H_2）浓度的乘积成正比；逆向反应速度则与生成物（$CO+H_2O$）浓度的乘积成正比。反应开始时，由于反应物的浓度最大，故正向反应速度也最大。但随着正向反应的进行，反应物转化为生成物，因此反应物的浓度减小，其正向反应速度也随之变小；与此同时，生成物的浓度增大，因而逆向反应速度则逐渐由小变大。最后达到这样一种动态平衡，即正、逆两个方向的反应以相同的速度同时进行着，但物质的浓度不再随时间而改变，这种状态就叫做“化学平衡状态”，或简称“化学平衡”。对应于这种状态下的物质的成分称为“化学平衡成分”或简称“平衡成分”。

化学平衡是相对的、有条件的。当外界条件（主要是温度和压强）发生变化时，原来的平衡状态即被破坏，而各物质的浓度就会随之变化，直至体系达到与新条件相适应的新平衡状态。这种平衡被破坏而引起的物质浓度变化的过程，就叫做“化学平衡的移动”。外界条件（温度和压强）对平衡移动的影响可以用下述所谓“平衡移动原理”来确定：如果对平衡系统加以一定的作用，则平衡就向抵消这种作用的方向移动，直到体系达到新的平衡状态为止。因外界作用对正、逆向反应速度的影响是不一样的，故在新平衡状态下，正、逆两个相反方向的反应速度彼此虽仍相同，但与旧平衡状态相比，其数值是不同的，且两者的平衡成分也有差别。

实验表明，所谓化学平衡都是与一定的温度和压强相适应的。化学平衡的建立需要一定的时间，为了在压强和温度发生变化的情况下仍然能达到化学平衡，就必须使化学反应的速度随时都跟得上压强和温度的变化。否则，化学平衡就建立不起来。

4.3.2　燃烧产物的离解

固体推进剂的燃烧温度很高，促使燃烧产物中某些成分发生离解，多原子的分子分解为原子数较少的简单分子或单原子，比如

$$H_2O \rightarrow OH+\frac{1}{2}H_2$$

$$CO_2 \rightarrow CO+\frac{1}{2}O_2$$

$$H_2 \rightarrow 2H$$

这是因为，燃烧温度很高时，产物分子产生剧烈的热运动，由于分子间的多次碰撞，多原子的分子内的原子振动很激烈，以致其振动的能量足以克服原子间的联系，使分子破裂成较简单的分子和原子。

离解使燃烧产物中不仅含有完全燃烧的产物（如 CO_2，H_2O 等），而且含有不完全燃烧的产物（CO，OH），甚至使本来贫氧的推进剂还出现了自由氧（O_2），使推进剂燃烧不完全。通常，离解反应是吸热的，它使推进剂的化学能不能充分转换为热能，使发动机的比冲下降，这种因燃烧产物的离解造成的化学能损失称为离解损失。

离解反应是可逆反应，在离解的同时存在着离解产物复合为多原子分子的复合反应。它们遵循化学平衡原理。当离解反应的速度与复合反应的速度相等时，燃烧产物中各成分的浓度不再随时间变化，反应达到化学平衡状态。

在可逆的离解反应中，离解反应为吸热反应，复合反应为放热反应；离解反应使燃烧产物的摩尔数增多，复合反应使燃烧产物的摩尔数减少。实验表明，当温度升高时，吸热反应（离

解）将自动加强；温度降低时，放热反应（复合）将自动加强。当压强升高时，减少摩尔数的反应（复合反应）将自动加强；压强降低时，增加摩尔数的反应（离解反应）将自动加强。可见，温度升高和压强降低时，平衡向离解方向移动，使离解产物的浓度增加。在不同的温度和压强下，燃烧产物所处的化学平衡状态不同，各成分的浓度也不同。

4.3.3 化学平衡常数与化学平衡方程

设有可逆反应：

$$aA + bB + \cdots \Leftrightarrow gG + hH + \cdots$$

式中：$a,b,\cdots,g,h$ 分别代表化学计量因数；A，B，…，G，H 分别代表参加反应的各物质。

若以 C_A,C_B,C_G,C_H 分别表示物质 A，B，G，H 的摩尔浓度，则由质量作用定律：

正向反应速度为 $$u_f = K_f C_A^a C_B^b \cdots$$

逆向反应速度为 $$u_b = K_b C_G^g C_H^h \cdots$$

式中：K_f,K_b 为反应速度常数，对于一定的化学反应，它仅是温度的函数。达到化学平衡时，有

$$K_c = \frac{K_f}{K_b} = \frac{C_G^g C_H^h \cdots}{C_A^a C_B^b \cdots} \tag{4-10}$$

K_c 是用浓度表示的平衡常数。它表示化学反应进行的完全程度，K_c 值大，说明达到平衡时生成物的浓度大，正反应进行较完全；反之说明逆反应进行较完全。K_c 也只取决于温度和化学反应的类型，它可从化学手册中查得。

对理想气体，平衡常数可用气体分压表示。由状态方程：

$$p_i V = n_i R_0 T$$

得
$$C_i = \frac{n_i}{V} = \frac{p_i}{R_0 T} \tag{4-11}$$

式中：R_0 为通用气体常数；V 为 1 kg 混合气体所占的体积；T 为混合气体的温度；n_i 为 1 kg 混合气体中第 i 种气体的摩尔数；p_i 为第 i 种气体的分压；C_i 为第 i 种气体的摩尔浓度。

将式(4－11)代入式(4－10)，得

$$K_c = \frac{p_G^g p_H^h \cdots}{p_A^a p_B^b \cdots}(R_0 T)^{(a+b+\cdots)-(g+h+\cdots)}$$

令
$$\Delta v = (g+h+\cdots) - (a+b+\cdots)$$

$$K_p = K_c (R_0 T)^{\Delta v}$$

则
$$K_p = \frac{p_G^g p_H^h \cdots}{p_A^a p_B^b \cdots} \tag{4-12}$$

K_p 是用分压表示的平衡常数，它仅取决于温度和化学反应的类型，为了简便，省去下标“p”，并简称为平衡常数。Δv 表示正向反应时摩尔数的改变。

平衡常数还可用气体的摩尔数表示。由混合气体的道尔顿定律：

$$p_i = n_i \left(\frac{p}{n_g}\right)$$

式中：p 为混合气体的压强；n_g 为 1 kg 混合气体的总摩尔数。

将上式代入式(4－12)得

$$K=\frac{n_{G}^{g}n_{H}^{h}\cdots}{n_{A}^{a}n_{B}^{b}\cdots}\left(\frac{p}{n_{g}}\right)^{\Delta v} \tag{4-13}$$

这就是用气体摩尔数表示的平衡常数，通常称为化学平衡方程式。平衡常数中压力的单位规定为物理大气压（以下简称大气压）。

含 Al 推进剂燃烧生成 Al_2O_3 凝相，当化学反应中含有凝相物质时，达到平衡状态必须同时满足化学平衡和相平衡。所谓相平衡是指凝相与气相之间保持动平衡，这时凝相的分压就是该物质的饱和蒸气压。例如 Al_2O_3 的离解：

$$Al_2O_3(s)\Leftrightarrow 2Al+3O$$

其平衡常数为

$$K'=\frac{p_{Al}^{2}p_{O}^{3}}{p_{Al_2O_3(s)}}$$

式中：$p_{Al_2O_3(s)}$ 是 Al_2O_3 在反应温度下的饱和蒸气压，由于该压力和平衡常数 K' 均只是温度的函数，故可把二者合并为

$$K=K'p_{Al_2O_3(s)}=p_{Al}^{2}p_{O}^{3}$$

可见，含有凝相的化学反应的平衡常数，不写出凝相的分压，只用气相的分压表示，Al_2O_3 离解分压的平衡方程为

$$K=n_{Al}^{2}n_{O}^{3}\ (p/n_{g})^{5}$$

4.3.4　离解反应的平衡方程式

如果化学反应是燃烧产物的离解反应，那么式(4－13) 也叫做离解反应平衡方程式。

对由 C,H,O,N,Cl,Al 等 6 种元素组成的固体推进剂，其燃烧产物有 CO_2,CO,H_2O,H_2,N_2,HCl,Al_2O_3(s),OH,O_2,NO,Al_2O,AlCl,H,O,N,Cl,Al 等 17 种成分，可能发生的离解反应及化学反应平衡方程如下：

1. CO_2 的离解反应

$$CO_2\Leftrightarrow C+2O$$

其平衡方程为

$$K_{CO_2}=\frac{n_{C}n_{O}^{2}}{n_{CO_2}}\left(\frac{p}{n_{g}}\right)^{2} \tag{a}$$

式中：K_{CO_2} 为 CO_2 离解反应的平衡常数。

2. CO 的离解反应

$$CO\Leftrightarrow C+O$$

$$K_{CO}=\frac{n_{C}n_{O}}{n_{CO}}\left(\frac{p}{n_{g}}\right) \tag{b}$$

在燃烧产物中 C 原子气体很少，可略去不计，故可从方程中消去 n_C，将式(a) 除以式(b) 得

$$\frac{K_{CO_2}}{K_{CO}}=\frac{n_{CO}n_{O}}{n_{CO_2}}\left(\frac{p}{n_{g}}\right) \tag{c}$$

上式即离解反应 $CO_2\Leftrightarrow CO+O$ 的平衡方程。由上式得

$$n_{O}=\frac{K_{CO_2}}{K_{CO}}\frac{n_{CO_2}}{n_{CO}}\left(\frac{p}{n_{g}}\right)^{-1} \tag{4-14}$$

3. H_2 的离解反应

$$H_2\Leftrightarrow 2H$$

$$K_{H_2}=\frac{n_H^2}{n_{H_2}}\left(\frac{p}{n_g}\right) \tag{4-15}$$

$$n_H=\left[K_{H_2}n_{H_2}\left(\frac{p}{n_g}\right)^{-1}\right]^{\frac{1}{2}}$$

4. H_2O 的离解反应

$$H_2O\Leftrightarrow 2H+O$$

$$K_{H_2O}=\frac{n_H^2 n_O}{n_{H_2O}}\left(\frac{p}{n_g}\right)^2 \tag{4-16}$$

因为不仅 H_2O 离解的 H 原子和 O 原子可复合成水，而且 CO_2 离解的 O 原子和 H_2 离解的 H 原子也可复合成水，所以燃烧产物间存在着相互作用。将式(4-14)、式(4-15)代入式(4-16)得

$$K_{2a}=\frac{K_{CO_2}K_{H_2}}{K_{CO}K_{H_2O}}=\frac{n_{CO}n_{H_2O}}{n_{CO_2}n_{H_2}} \tag{4-17}$$

此式即水煤气反应：

$$CO_2+H_2\Leftrightarrow CO+H_2O$$

的平衡方程式。式(4-14)～式(4-17)中只有三个方程是独立的，为了计算方便，在热力计算中选用水煤气平衡方程式(4-17)，而不用 H_2O 的离解反应平衡方程式(4-16)。

5. OH 的离解反应

$$OH\Leftrightarrow H+O$$

$$K_{OH}=\frac{n_H n_O}{n_{OH}}\left(\frac{p}{n_g}\right) \tag{4-18}$$

$$n_{OH}=\frac{n_H n_O}{K_{OH}}\left(\frac{p}{n_g}\right)$$

6. N_2 的离解反应

$$N_2\Leftrightarrow 2N$$

$$K_{N_2}=\frac{n_N^2}{n_{N_2}}\left(\frac{p}{n_g}\right) \tag{4-19}$$

$$n_N=\left[K_{N_2}n_{N_2}\left(\frac{p}{n_g}\right)^{-1}\right]^{\frac{1}{2}}$$

7. HCl 的离解反应

$$HCl\Leftrightarrow H+Cl$$

$$K_{HCl}=\frac{n_H n_{Cl}}{n_{HCl}}\left(\frac{p}{n_g}\right) \tag{4-20}$$

$$n_{Cl}=K_{HCl}\frac{n_{HCl}}{n_H}\left(\frac{p}{n_g}\right)^{-1}$$

8. $Al_2O_3(s)$ 的离解反应

$$Al_2O_3(s)\Leftrightarrow 2Al+3O$$

$$K_{Al_2O_3(s)}=n_{Al}^2 n_O^3\left(\frac{p}{n_g}\right)^5 \tag{4-21}$$

$$n_{Al}=\left[K_{Al_2O_3(s)}\frac{1}{n_O^3}\left(\frac{p}{n_g}\right)^{-5}\right]^{\frac{1}{2}}$$

9. O_2 的离解反应

$$O_2 \Leftrightarrow 2O$$

$$K_{O_2}=\frac{n_O^2}{n_{O_2}}\left(\frac{p}{n_g}\right) \tag{4-22}$$

$$n_{O_2}=\frac{n_O^2}{K_{O_2}}\left(\frac{p}{n_g}\right)$$

10. NO 的离解反应

$$NO \Leftrightarrow N+O$$

$$K_{NO}=\frac{n_N n_O}{n_{NO}}\left(\frac{p}{n_g}\right) \tag{4-23}$$

$$n_{NO}=\frac{n_N n_O}{K_{NO}}\left(\frac{p}{n_g}\right)$$

11. Al_2O 的离解反应

$$Al_2O \Leftrightarrow 2Al+O$$

$$K_{Al_2O}=\frac{n_{Al}^2 n_O}{n_{Al_2O}}\left(\frac{p}{n_g}\right)^2 \tag{4-24}$$

$$n_{Al_2O}=\frac{n_{Al}^2 n_O}{K_{Al_2O}}\left(\frac{p}{n_g}\right)^2$$

12. AlCl 的离解反应

$$AlCl \Leftrightarrow Al+Cl$$

$$K_{AlCl}=\frac{n_{Al} n_{Cl}}{n_{AlCl}}\left(\frac{p}{n_g}\right) \tag{4-25}$$

$$n_{AlCl}=\frac{n_{Al} n_{Cl}}{K_{AlCl}}\left(\frac{p}{n_g}\right)$$

至此，在 17 种燃烧产物中，以 6 种气态原子为基础写出了 11 个化学平衡方程式。不同类型的推进剂所含基本元素不同，其燃烧产物的成分也不同，列平衡方程时应具体分析。

根据质量守恒和化学平衡方程即可求解燃烧产物在给定压力与温度下的平衡成分。

4.4　燃烧室中燃烧产物平衡成分的计算

计算燃烧室中燃烧产物平衡成分的方法，是在给定压强和温度下，求解质量守恒和化学平衡方程。对由 C，H，O，N，Cl，Al 6 种元素组成的固体推进剂来说，由化学平衡方程式(4-14)、式(4-15)及式(4-18)～式(4-25)可知 O，H，OH，N，Cl，Al，O_2，NO，Al_2O，AlCl 的摩尔数只与 CO_2，CO，H_2，N_2，HCl 的摩尔数有关。只要求出后 5 种产物的摩尔数，则前 10 种产物的摩尔数便可得到。经分析，后 5 种产物以及 H_2O 和 Al_2O_3 正是燃烧产物中的主要成分。因此可把平衡成分的计算分为两步，采用逐次计算近似法进行。第一步，只计算主要成分，忽略次要成分，由质量守恒方程和水煤气反应平衡方程求出 7 种主要成分；第二步，由上面求得的主要成分和化学反应平衡方程式计算次要成分。如此反复，逐次近似，直到满足一定的计算精度要求为止。

下面在燃烧室压力 $p_c = 70\ \mathrm{atm}$，燃烧温度 $T_P = 3\,300\ \mathrm{K}$ 下计算燃烧产物的平衡成分。

4.4.1 第一次近似

1. 计算主要成分

忽略次要成分，只考虑主要成分时的质量守恒方程和水煤气反应平衡方程，即

$$\left.\begin{aligned} N_C &= n_{CO_2}^{\mathrm{I}} + n_{CO}^{\mathrm{I}} \\ N_H &= 2n_{H_2O}^{\mathrm{I}} + 2n_{H_2}^{\mathrm{I}} + n_{HCl}^{\mathrm{I}} \\ N_O &= 2n_{CO_2}^{\mathrm{I}} + n_{CO}^{\mathrm{I}} + n_{H_2O}^{\mathrm{I}} + 3n_{Al_2O_3(s)}^{\mathrm{I}} \\ N_{Cl} &= n_{HCl}^{\mathrm{I}} \\ N_N &= 2n_{N_2}^{\mathrm{I}} \\ N_{Al} &= 2n_{Al_2O_3(s)}^{\mathrm{I}} \\ K_{2a} &= \frac{n_{CO}^{\mathrm{I}} n_{H_2O}^{\mathrm{I}}}{n_{CO_2}^{\mathrm{I}} n_{H_2}^{\mathrm{I}}} \end{aligned}\right\} \tag{4-26}$$

式中：上标 Ⅰ 表示第一次近似值。方程中未知数为 $n_{CO_2}^{\mathrm{I}}$，n_{CO}^{I}，$n_{H_2O}^{\mathrm{I}}$，$n_{H_2}^{\mathrm{I}}$，n_{HCl}^{I}，$n_{N_2}^{\mathrm{I}}$，$n_{Al_2O_3(s)}^{\mathrm{I}}$，其中 n_{HCl}^{I}，$n_{N_2}^{\mathrm{I}}$，$n_{Al_2O_3(s)}^{\mathrm{I}}$ 与水煤气反应无关，可直接解得

$$\left.\begin{aligned} n_{HCl}^{\mathrm{I}} &= N_{Cl} \\ n_{N_2}^{\mathrm{I}} &= \frac{1}{2}N_N \\ n_{Al_2O_3(s)}^{\mathrm{I}} &= \frac{1}{2}N_{Al} \end{aligned}\right\} \tag{4-27}$$

由式(4-26)有

$$n_{CO}^{\mathrm{I}} = N_C - n_{CO_2}^{\mathrm{I}} \tag{4-28}$$

$$n_{H_2O}^{\mathrm{I}} = N_O - 2n_{CO_2}^{\mathrm{I}} - n_{CO}^{\mathrm{I}} - 3n_{Al_2O_3(s)}^{\mathrm{I}} = A - n_{CO_2}^{\mathrm{I}} \tag{4-29}$$

$$n_{H_2}^{\mathrm{I}} = \frac{1}{2}N_H - n_{H_2O}^{\mathrm{I}} - \frac{1}{2}n_{HCl}^{\mathrm{I}} = B + n_{CO_2}^{\mathrm{I}} \tag{4-30}$$

式中

$$A = N_O - N_C - \frac{3}{2}N_{Al} \tag{4-31}$$

$$B = \frac{1}{2}N_H - \frac{1}{2}N_{Cl} - A \tag{4-32}$$

将式(4-28)～式(4-30)代入 K_{2a} 表达式，得到

$$(K_{2a} - 1)(n_{CO_2}^{\mathrm{I}})^2 + (K_{2a}B + A + N_C)n_{CO_2}^{\mathrm{I}} - AN_C = 0$$

故解得

$$n_{CO_2}^{\mathrm{I}} = \frac{1}{2(K_{2a}-1)}\left[-(K_{2a}B + A + N_C) + \sqrt{(K_{2a}B + A + N_C)^2 + 4(K_{2a}-1)AN_C}\right] \tag{4-33}$$

2. 计算次要成分

由化学平衡方程式(4-14)、式(4-15)及式(4-18)～式(4-25)计算次要成分的第一次近似值，故得

$$n_g = n_{CO_2}^{\mathrm{I}} + n_{CO}^{\mathrm{I}} + n_{H_2O}^{\mathrm{I}} + n_{H_2}^{\mathrm{I}} + n_{HCl}^{\mathrm{I}} + n_{N_2}^{\mathrm{I}}$$

4.4.2　第二次近似

因第一次近似时质量守恒方程中并没有考虑次要成分，故求得的主要成分的摩尔数偏大。因此，必须对第一次近似计算结果进行修正。修正要求是：推进剂中各元素的摩尔数一部分用来构成主要成分，另一部分用来构成次要成分。在 $N_C, N_H, N_O, N_{Cl}, N_N$ 和 N_{Al} 中扣除构成次要成分的部分，余下的便是构成主要成分的各元素的摩尔数 $N'_C, N'_H, N'_O, N'_{Cl}, N'_N$ 和 N'_{Al}，即

$$\left.\begin{aligned} N'_C &= N_C \\ N'_H &= N_H - n_{OH}^{I} - n_H^{I} \\ N'_O &= N_O - n_{OH}^{I} - 2n_{O_2}^{I} - n_{Al_2O}^{I} - n_O^{I} - n_{NO}^{I} \\ N'_{Cl} &= N_{Cl} - n_{AlCl}^{I} - n_{Cl}^{I} \\ N'_N &= N_N - n_{NO}^{I} - n_N^{I} \\ N'_{Al} &= N_{Al} - 2n_{Al_2O}^{I} - n_{AlCl}^{I} - n_{Al}^{I} \end{aligned}\right\} \tag{4-34}$$

这样又可按第一次近似的方法进行第二次近似计算。

第一步，由修正后的质量守恒方程和水煤气反应平衡方程求主要成分的第二次近似值。将式中的 $N_C, N_H, N_O, N_{Cl}, N_N$ 和 N_{Al} 分别换成 $N'_C, N'_H, N'_O, N'_{Cl}, N'_N$ 和 N'_{Al}，即

$$\left.\begin{aligned} N'_C &= n_{CO_2}^{II} + n_{CO}^{II} \\ N'_H &= 2n_{H_2O}^{II} + 2n_{H_2}^{II} + n_{HCl}^{II} \\ N'_O &= 2n_{CO_2}^{II} + n_{CO}^{II} + n_{H_2O}^{II} + 3n_{Al_2O_3(s)}^{II} \\ N'_{Cl} &= n_{HCl}^{II} \\ N'_N &= 2n_{N_2}^{II} \\ N'_{Al} &= 2n_{Al_2O_3(s)}^{II} \\ K_{2a} &= \frac{n_{CO}^{II} n_{H_2O}^{II}}{n_{CO_2}^{II} n_{H_2}^{II}} \end{aligned}\right\} \tag{4-35}$$

经过上述变换后，仍可用式(4-27) ～ 式(4-33) 来计算主要成分摩尔数的第二次近似值。

第二步的计算方法和第一次计算完全相同。故得

$$\begin{aligned} n_g = {} & n_{CO_2}^{II} + n_{CO}^{II} + n_{H_2O}^{II} + n_{H_2}^{II} + n_{HCl}^{II} + n_{N_2}^{II} + n_{OH}^{I} + n_O^{I} + \\ & n_H^{I} + n_N^{I} + n_{Cl}^{I} + n_{Al}^{I} + n_{O_2}^{I} + n_{NO}^{I} + n_{Al_2O}^{I} + n_{AlCl}^{I} \end{aligned}$$

若第二次近似所得结果与前次相等或相差甚微，它们即为方程的解。否则依次继续下次近似计算，直到相邻两次的计算结果达到计算精度要求为止。一般计算到小数点第四位数字没有差异即可。

4.5　能量守恒方程

根据质量守恒方程和化学平衡方程，可求得在给定温度下燃烧产物的平衡成分。因此，要得到发动机工作条件下燃烧产物的平衡成分，必须首先确定燃烧室压力和装药燃烧温度。燃烧室压力通常根据发动机总体要求选定，燃烧温度则要由能量方程确定。

4.5.1 推进剂和燃烧产物的总焓

1. 总焓

根据化学热力学的规定，物质的总焓 I 是它的化学能 E_{ch} 和物理焓（简称焓）H 之和，即

$$I = E_{ch} + H \tag{4-36}$$

对理想气体，焓只是温度的函数。当温度从 T_1 变化到 T_2 时焓的增量为

$$\Delta H = \int_{T_1}^{T_2} c_p \mathrm{d}T$$

式中：c_p 为气体的比定压热容。若温度变化时还发生相变，如蒸发、升华、凝聚等，则焓中还应包括相变热，而且由于物质在不同相时比热容不同，因此应以相变温度为界，分段计算焓值，有

$$\Delta H = \int_{T_1}^{T_m} c_{p1} \mathrm{d}T + \Delta H_p + \int_{T_m}^{T_2} c_{p2} \mathrm{d}T$$

式中：T_m 为物质的相变温度；ΔH_p 为相变热，放热为负，吸热为正；c_{p1}，c_{p2} 分别为不同相时物质的比定压热容。

化学能是蕴藏在物质内部并在化学反应中释放出来的能量。它仅取决于物质的分子结构，与物质所处环境的压强和温度无关。化学反应中化学能的变化是由于参加反应的物质外围电子能量变化的结果，这时反应物的原子、分子结构被破坏，组成新的分子，使化学能发生变化。

为了表示化学能，引入标准生成焓的概念。按照化学热力学的规定，标准生成焓是指在基准温度（298 K）和基准压强（1 atm）下，由单质生成 1 mol 化合物时释放或吸收的热量，记作 ΔH_f^{298}。由能量守恒定律可得

$$\Delta H_f^{298} = (E_{ch生成物} - E_{ch单质}) + (H_{生成物}^{298} - H_{单质}^{298})$$

式中：$E_{ch生成物}$，$E_{ch单质}$ 分别表示生成物和单质的化学能；$H_{生成物}^{298}$，$H_{单质}^{298}$ 分别表示生成物和单质基准状态下的焓。

在热量计算中，需要的不是焓和化学能的绝对值，而是它们的改变量。为了计算方便，取基准温度 298 K 作为计算焓的起始温度，认为在该温度下物质的焓为零，同时规定单质的化学能为零。于是

$$\Delta H_f^{298} = E_{ch生成物}$$

上式表明，化合物的化学能等于它的标准生成焓。在基准条件下由单质生成化合物时所放出的热量等于化合物化学能的减少。所以规定标准生成焓放热为负，吸热为正。

如果在温度变化时没有相变，则物质的总焓为

$$I = \Delta H_f^{298} + \int_{298}^{T} c_p \mathrm{d}T \tag{4-37}$$

2. 推进剂的总焓

推进剂的总焓等于各组元总焓之和。设 1 kg 推进剂由 m 种组元组成，则在初温 T_i 下推进剂的总焓为

$$I_p = \sum_{i=1}^{m} \left(\frac{1\,000}{\mu_i} g_i I_i \right)$$

式中：g_i 为 1 kg 推进剂中第 i 种组元的质量百分数；μ_i 为第 i 种组元的摩尔质量；I_i 为第 i 种组元在初温 T_i 时的总焓。

由式(4－37)得

$$I_i=\Delta H_{fi}^{298}+\int_{298}^{T_i}c_{pi}\,dT$$

式中：ΔH_{fi}^{298} 为第 i 种组元的标准生成焓；c_{pi} 为第 i 种组元的比定压热容。

当采用平均比定压热容时，

$$I_i=\Delta H_{fi}^{298}+c_{pi}(T_i-298)$$

若推进剂的初温为 $T_i=298$ K，则

$$I_i=\Delta H_{fi}^{298}$$

推进剂常用组元的标准生成焓已制表备查。

3. 燃烧产物的总焓

1 kg 由 N 种成分组成的燃烧产物的总焓

$$I_c=\sum_{i=1}^{N}n_iI_{ci} \tag{4-38}$$

式中：n_i 为1 kg燃烧产物中第 i 种成分的摩尔数；I_{ci} 为第 i 种成分的总焓。I_{ci} 按式(4－37)计算。

4.5.2　能量守恒方程

假设燃烧室是绝热的，根据能量守恒定律，1 kg 推进剂的总焓应等于 1 kg 燃烧产物的总焓，即

$$I_p=I_c$$

这就是推进剂燃烧过程中的能量守恒方程。

4.6　燃烧室中燃烧产物热力参数的计算

1. 理论定压燃烧温度

为了确定理论定压燃烧温度，通常在两个假定的温度 T_1 和 T_2 下分别计算燃烧产物的平衡成分及其总焓 I_{c1}，I_{c2}，利用能量守恒方程 $I_p=I_c$ 可作图求得理论定压燃烧温度 T_p（见图4－1）。

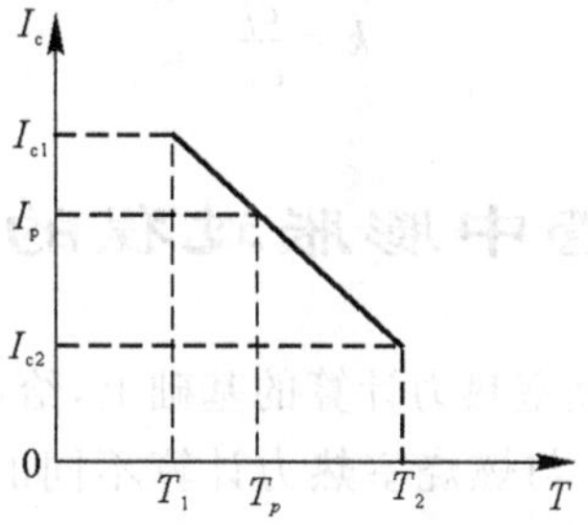

图 4－1　图解法确定 T_p

也可用内插公式求 T_p

$$T_p=T_1+\frac{I_{c1}-I_p}{I_{c1}-I_{c2}}(T_2-T_1)$$

2. 燃烧产物的平衡成分

求出燃烧温度 T_p 后，可由 T_1 和 T_2 下的平衡成分 n_{i1} 和 n_{i2} 用内插法计算第 i 种成分在 T_p 下的摩尔数

$$n_i = n_{i1} + \frac{T_p - T_1}{T_2 - T_1}(n_{i2} - n_{i1})$$

3. 凝相成分的质量分数

设燃烧产物中有 q 种凝相成分，则产物中凝相成分的质量分数为

$$\varepsilon = \frac{\sum_{i=1}^{q} n_{ci}\mu_{ci}}{1\ 000}$$

式中：n_{ci} 为 1 kg 燃烧产物中第 i 种凝相成分的摩尔数；μ_{ci} 为第 i 种凝相成分的摩尔质量。

4. 气相成分的平均摩尔质量

$$\mu_g = \frac{1\ 000(1-\varepsilon)}{n_g}$$

式中：n_g 为气相成分的摩尔总数。

5. 气相成分的平均气体常数

$$R_g = \frac{R_0}{\mu_g}$$

式中：R_0 为通用气体常数，$R_0 = 8.314\ 5\ \mathrm{J/(mol \cdot K)}$。

6. 燃烧产物的等价气体常数

$$R_c = (1-\varepsilon)R_g$$

7. 燃烧产物的比定压热容和比热比

设燃烧产物由 N 种成分（含凝相）组成，在燃烧温度 T_p 下燃烧产物的比定压热容

$$c_p = \sum n_i c_{pi}$$

式中：n_i 为 1 kg 燃烧产物中第 i 种成分的摩尔数；c_{pi} 为第 i 种成分的比定压热容。

常见的燃烧产物在不同温度下的比定压热容列表备查。

燃烧产物的比定容热容　　$c_V = c_p - R_c$

燃烧产物的比热比　　$k = \dfrac{c_p}{c_V}$

4.7　喷管中膨胀过程的热力计算

喷管热力计算的任务是在燃烧室热力计算的基础上，给定出口压强，计算出口燃烧产物的温度、平衡成分及其他热力参数。与燃烧室热力计算不同的是，在确定出口燃烧产物的温度时，要用等熵方程代替能量守恒方程。

4.7.1　燃烧产物的熵和等熵膨胀方程

1. 燃烧产物的熵

化学物质的熵取决于它的分子结构和它所处的状态（温度、压强），对一定的物质来说，熵是状态的函数。物质在一个物理大气压下，从参考零点的温度到该温度下的熵变称为标准状

态熵，记作 S^0。

燃烧产物由气相和凝相组成。气相成分的熵与温度和压强有关，则

$$S=S^0-R_0\ln P$$

凝相成分的熵只与温度有关，则

$$S=S^0$$

设燃烧产物由 N 种成分组成，其中有 q 种凝相成分，则燃烧产物的熵为

$$S=\sum_{i=1}^{N}n_iS_i=\sum_{i=1}^{N}n_iS_i^0-\sum_{i=q+1}^{N}n_iR_0\ln p_i$$

将混合气体的道尔顿定律 $p_i=\dfrac{n_i}{n_g}p_c$ 代入上式，得到

$$S=\sum_{i=1}^{N}n_iS_i^0-R_0\left(\sum_{i=q+1}^{N}n_i\ln\frac{n_i}{n_g}+n_g\ln p_c\right) \tag{4-39}$$

式中：p_c 为燃烧室压强。

2. 等熵膨胀方程

燃烧产物在喷管中的流动过程可看做是等熵的，燃烧室中燃烧产物的熵 S_c 与喷管出口燃烧产物的熵 S_e 相等，即

$$S_c=S_e$$

4.7.2　化学冻结流动和化学平衡流动

燃烧产物在燃烧室的温度和压强下已达到化学平衡。但当它们在喷管中膨胀加速时，由于温度和压强下降，外界条件不断变化，原来的化学平衡遭到破坏。温度降低促使离解产物复合，压强下降又促使产物离解，所以喷管中的流动同时伴有离解和复合反应。其中温度的影响是主要的，故喷管中主要是离解产物发生复合反应。由于燃烧产物在喷管中的停留时间极短，原来的化学平衡破坏后，能否处处达到新的平衡呢？实际的流动过程是非常复杂的。我们仅讨论两种极限情况。

1. 化学冻结流动

如果燃烧产物在喷管中流动，其复合反应的速度大大低于燃烧产物温度、压强变化的速度，则可认为在喷管流动过程中燃烧产物的成分保持燃烧室条件下的平衡成分不变，即认为燃烧产物的化学平衡状态是“冻结”的，这种流动称为化学冻结流动。

2. 化学平衡流动

如果燃烧产物在喷管中流动，其复合反应的速度大大超过燃烧产物温度、压强变化的速度，当温度降低时，复合反应能瞬时完成，则可认为燃烧产物成分在任一截面上均处于化学平衡状态，这种流动称为化学平衡流动。因为喷管各截面处压强、温度均不同，所以各截面处燃烧产物的平衡成分也不同。

燃烧产物的复合反应将释放出部分热量，故按化学平衡流动计算的比冲比按化学冻结流动计算的稍高。

由于复合反应的速度是一个有限值，因此喷管中的实际流动既不是化学冻结流动，也不是化学平衡流动，而是介于二者之间的所谓“松弛流动”。

4.7.3 喷管热力计算

1. 化学平衡流动的热力计算

复合推进剂的燃烧温度较高，而燃烧室压强较低，燃烧产物中的离解成分较多，喷管流动过程中复合反应进行较快，出口处燃烧产物成分接近化学平衡状态，通常按平衡流动计算。

(1) 计算喷管出口温度 T_e，由

$$T_e = T_s\left(\frac{p_e}{p_s}\right)^{\frac{\bar{k}-1}{\bar{k}}}$$

初步估算一个出口温度。式中 $\bar{k}$ 为燃烧产物在喷管流动过程中的平均比热比，即燃烧产物从喷管入口总压 p_s 膨胀到出口压强 p_e 所满足的等熵方程中的比热比。喷管出口压强 p_e 给定，喷管入口总温 T_s 及总压 p_s 可近似取燃烧室中的值，或根据经验选取。在 T_e 的左右分别选取温度 T_{e1} 和 T_{e2}，它们应是热力学数据表上可查得总焓和熵的温度，一般取 $T_{e1}-T_{e2}=100$ K。

(2) 计算 T_{e1}，T_{e2} 下燃烧产物的平衡成分，计算方法仍用逐次近似法。但由于喷管出口温度较低，离解产物大都已经复合。计算表明，许多次要成分（离解产物）含量甚微，可略去不计。

(3) 由式(4-39)计算 T_{e1} 和 T_{e2} 对应的燃烧产物的熵 S_{e1} 和 S_{e2}，并作出 $T-S$ 图（见图4-2）。

(4) 由等熵膨胀方程 $S_e=S_c$，用图解法或内插法确定喷管出口温度 T_e。内插公式为

$$T_e = T_{e1} + \frac{S_e - S_{e1}}{S_{e2} - S_{e1}}(T_{e2} - T_{e1})$$

再确定喷管出口燃烧产物的总焓 I_{ce}。

由式(4-38)计算 T_{e1} 和 T_{e2} 下产物的总焓 I_{ce1} 和 I_{ce2}，再用图解法或内插法确定温度 T_e 下的总焓，内插公式为

$$I_{ce} = I_{ce1} - \frac{T_e - T_{e1}}{T_{e2} - T_{e1}}(I_{ce1} - I_{ce2})$$

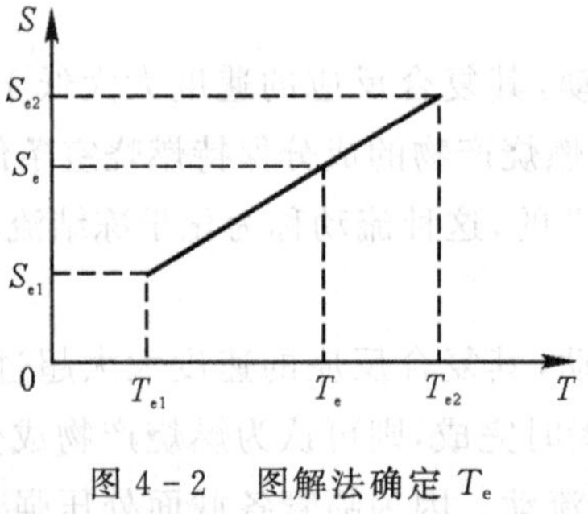

图 4-2　图解法确定 T_e

然后用与燃烧室中热力参数计算相似的方法，确定喷管出口的其他热力参数，如凝相成分的质量分数 ε_e，气相成分的摩尔总数 n_{ge} 和平均摩尔质量 μ_{ge}，气相成分的平均气体常数 R_{ge}，整个燃烧产物的等价气体常数 R_{ce} 等。

最后计算平均比热比 $\bar{k}$。

由
$$\frac{p}{\rho^{\bar{k}}}=\mathrm{const}$$

得
$$\frac{p_e}{p_s}=\left(\frac{\rho_e}{\rho_s}\right)^{\bar{k}}$$

其中 ρ 为燃烧产物的密度，故

$$\bar{k}=\frac{\lg\ (p_e/p_s)}{\lg\ (\rho_e/\rho_s)}$$

将气体状态方程 $p=\rho RT$ 代入上式得

$$\bar{k}=\frac{\lg\left(\frac{p_e}{p_s}\right)}{\lg\left(\frac{p_e}{p_s}\frac{R_c}{R_{ce}}\frac{T_s}{T_e}\right)}$$

式中：R_c，R_{ce} 分别为喷管入口及出口两相混合物的等价气体常数。

这里 $\bar{k}$ 若与初步估算选取的 $\bar{k}$ 相差较大，要用修正后的 $\bar{k}$ 重新估算喷管出口温度 T_e，再次进行计算，直到初步估算选取的 $\bar{k}$ 与计算得到的 $\bar{k}$ 比较接近为止。

2. 化学冻结流的热力计算

双基推进剂的燃烧温度较低，而燃烧室压力较高，燃烧产物中离解成分较少，喷管流动过程复合反应进行缓慢，产物成分变化很小，通常按冻结流计算。

这时，燃烧产物的成分保持燃烧室条件下的平衡成分不变，因此喷管出口产物的成分是已知的。

首先利用等熵膨胀方程确定喷管出口温度 T_e。

(1) 由 $T_e=T_s\left(\frac{p_e}{p_s}\right)^{\frac{k-1}{k}}$ 估算一个出口温度，在 T_e 的左右分别选取温度 T_{e1} 和 T_{e2}。

(2) 由式(4-39) 分别计算 T_{e1} 和 T_{e2} 对应的燃烧产物的熵 S_{e1} 和 S_{e2}，并作出 $T-S$ 图。

(3) 由等熵方程 $S_e=S_c$，用图解法或内插法确定出口温度 T_e。

然后计算喷管出口燃烧产物的其他热力参数。

由于流动中成分冻结不变，故由成分摩尔数决定的几个热力参数保持不变，即

$$\varepsilon_e=\varepsilon_c$$
$$n_{ge}=n_{gc}$$
$$\mu_{ge}=\mu_{gc}$$
$$R_{ge}=R_{gc}$$
$$R_{ce}=R_c$$

平均比热比 $\bar{k}$ 由下式确定：

$$\bar{k}=\frac{\lg\ (p_e/p_0)}{\lg\left(\frac{p_e}{p_s}\frac{T_s}{T_e}\right)}$$

这里 $\bar{k}$ 若与初步估算选取的 $\bar{k}$ 相差较大，要用修正后的 $\bar{k}$ 重新估算喷管出口温度 T_e，再次进行计算，直到初步估算选取的 $\bar{k}$ 与计算得到的 $\bar{k}$ 比较接近为止。

4.8 发动机理论性能参数的计算

火箭发动机的性能参数包括特征速度、排气速度、推力系数和比冲等，它们的理论值可根据燃烧产物在燃烧室和喷管中的热力参数求得。

1. 特征速度 c^*

$$c^* = \frac{\sqrt{R_c T_p}}{\Gamma}$$

式中：R_c 为燃烧室中燃烧产物的等价气体常数[J/(kg·K)]；T_p 为推进剂的定压燃烧温度；

$$\Gamma = \sqrt{k}\left(\frac{2}{k+1}\right)^{\frac{k+1}{2(k-1)}}$$

式中：k 通常取燃烧室的平均比热比。

2. 排气速度

根据喷管中流动的能量方程，可得

$$u_e = \sqrt{2(I_c - I_e)} \qquad (\mathrm{m/s})$$

式中：I_c，I_e 分别表示燃烧产物在燃烧室和喷管出口截面上的总焓(J/kg)。利用上式可以求平衡流和冻结流的排气速度。

对于组分和比热都冻结的完全冻结流来说，由于组分的化学能不变，于是排气速度可表示为

$$u_e = \sqrt{2(H_c - H_e)} = \sqrt{2c_p(T_c - T_e)}$$

式中：H_c，H_e 分别表示燃烧产物在燃烧室和喷管出口截面上的物理焓(J/kg)；c_p 为燃烧产物在燃烧温度下的比定压热容[J/(kg·K)]。

若将 $c_p = \frac{kR_c}{k-1}$ 代入上式可得

$$u_e = \sqrt{\frac{2kR_c}{k-1}(T_c - T_e)} = \sqrt{\frac{2kR_c T_c}{k-1}\left(1-\pi^{\frac{k-1}{k}}\right)}$$

3. 比冲 I_{sp}

由于

$$I_{sp} = \frac{F}{\dot{m}} = u_e + \frac{A_e}{\dot{m}_e}(p_e - p_a)$$

将 $\dot{m}_e = \rho_e u_e A_e$ 代入上式，得

$$I_{sp} = u_e + \frac{1}{\rho_e u_e}(p_e - p_a)$$

即

$$I_{sp} = u_e + \frac{R_e T_e}{u_e}\left(1 - \frac{p_a}{p_e}\right)$$

4. 推力系数 C_F

$$C_F = \frac{I_{sp}}{c^*}$$

需要指出，本章所讨论的热力计算的方法，主要是为了使读者掌握热力计算的基本概念、基本方程和计算思路。目前热力计算中广泛采用最小自由能法，应用计算机求解，有兴趣的读

者可参考有关文献。

梁思礼——中国第一代火箭“训火人”

梁思礼，火箭控制系统专家，中国工程院院士，导弹控制系统研制领域的创始人之一。在中、近程战略导弹的设计中，他曾领导和参加研制成功具有中国特色的捷联惯性制导技术，开辟了中国战略导弹“惯导化”道路，领导和参加了多种导弹、运载火箭的控制系统的研制、试验。

梁思礼院士是我国清末著名政治家和思想家梁启超最小的儿子，1949 年在美国辛辛那提大学获得博士学位，同年，在得知新中国即将成立的消息后，和钱学森、华罗庚、郭永怀、朱光亚等一同回国，1949 年 9 月 30 日在回国的船上，利用收音机了解到新中国即将诞生，兴奋之余利用红墨水染红白布，黄纸剪成五角星，组成了一面红旗，用最简单而独特的方式表达对伟大祖国的庆祝和祝愿。回国后，梁思礼成为了钱学森院长手下十个室的主任。

我国导弹事业的发展并不是一帆风顺的，1962 年的导弹发射就给梁思礼留下了一段惨痛的记忆。据梁先生回忆：“导弹冒着白烟，摇摆不定，爆炸于发射阵地前 300 m 的地方”。不过，对于一位“训火人”来说，失败的经验要比成功的经验宝贵得多。多次试验失败，让梁思礼深感质量和可靠性对研制工作的极端重要性，也正是对这些失败经验总结，使得梁思礼开创了“航天可靠性工程学”。

垂头自惜千金骨，伏枥仍存万里心，作为一代“训火人”，梁思礼说“爱国主义、奋发图强是他一生的精神支柱”，他用一生的实践在航天事业中兑现了自己的诺言，用自己的光亮守护着航天的火种。这束光，不仅照亮了无数后继者的心，更照耀着一个全新中国的火箭控制事业从初生到强大、步步走来的一路苦难与辉煌。

第 2 篇　固体火箭发动机

第 5 章　固体火箭推进剂

固体推进剂是一种以高分子为基具有特定性能并能够燃烧产生气体的致密含能复合材料。固体推进剂制成的主装药是固体火箭发动机的重要组成部分，本章将简述典型固体推进剂的组成和主要性能。

5.1　固体火箭推进剂概述

固体推进剂是发动机的能源，又是工质源。它在燃烧室中燃烧，将推进剂的化学能释放出来，转换为热能，以供进一步的能量转换。同时，燃烧生成的燃烧产物又是能量转换过程的工质。它作为能量载体，携带热能，在流经喷管的过程中膨胀加速，将热能转换为燃气流动的动能，使燃气以很高的速度喷出喷管，形成反作用推力。这就是固体火箭发动机的能量转换过程。作为能源和工质源的固体推进剂从根本上决定了发动机的能量特性，并在一定程度上影响能量转换过程的效率，因而成为发动机的重要组成部分。为了保证发动机的性能，对推进剂提出了一系列的基本要求。现分别作下述介绍。

1. 能量要求

保证发动机具有高的能量效率，是对推进剂的基本要求，应能在大密度的条件下保证获得高比冲。

固体火箭发动机燃烧室要承受很高的压强。在燃烧室中装入了全部所需的推进剂，因而推进剂的密度将对发动机和火箭的整体指标产生重要影响。在推进剂质量一定的情况下，提高推进剂的密度会减少燃烧室的容积和质量。固体推进剂本身的密度在 1.4～1.9g/cm^3 范围之内。

尽量提高比冲是研究新的固体推进剂的主攻方向。这时，重要的限制条件是固体推进剂必须同时获得足够好的内弹道性能、力学性能、工艺性能和其他一些性能。

2. 内弹道要求

燃速是确定内弹道过程的最重要的推进剂特性。在额定压强下，它应当足以达到发动机装置所要求的性能，例如，在某些情况下，固体火箭发动机可能要求短时间大推力并承受很大的过载，根据强度要求不允许采用增大燃烧面的多根药柱，可能接受的解决方式是采用贴壁装药，而在燃面受到限制的条件下，必须以高燃速去保证所需的燃气生成量。有时也需要比较小的燃速，以满足长时间工作的需要。为了完成复杂的飞行方案，在同一台发动机中，药柱可能由不同燃速的推进剂所构成，例如在多级推力的发动机中，短时间的起飞应具有大推力而采用高燃速推进剂，长时间的续航则要求有小推力而采用燃速偏低的推进剂。

在要求的燃烧室压强下，包括在比较低的压强下，推进剂应当保证稳定而有规律的燃烧。这就能够对于一级或二三级推力的固体火箭发动机进行工作压强的优化选择。为了提高工作的稳定性，要求压强和药柱初温在整个使用范围内对燃速影响最小。但是，为了进行推力调节又要求压强对燃速影响强烈一些，例如依靠改变喷管喉部面积去进行推力调节的发动机。

固体火箭推进剂一个非常重要的特点，就是同一个配方或者是同一个批次的推进剂，其燃速数值也是分散的。所以，应该要求推进剂的燃速特性具有良好的重现性。

3. 物理-力学性能要求

推进剂的物理-力学性能应当保证能够制造出药柱所需的外形，并且在贮存、点火和燃烧过程中能保证给定的药柱形状和密实性。为了使贴壁装药的推进剂在热应力或在压力与飞行过载的作用下，同壳体一起变形时不引起药柱的破坏，推进剂应当具有足够的强度。固体推进剂热导率的数值在0.2～0.3W/(m·k)范围之内，即大致比钢小100倍，所以它能够很好地防止高温燃烧产物对发动机燃烧室壁的作用。但是，当周围环境温度变化时，固体药柱中将发生热应力，可能会引起它们产生裂纹。

同燃烧室壁结合的药柱，除了热应力之外，还有由压力和因为固体推进剂与壳体线性膨胀系数不同而引起的机械应力。点火时由于热和机械的冲击，在固体药柱中将产生危险的热应力和机械应力，尤其当初温较低时更是危险。除此之外，在过载的作用下，药柱也会产生应力。

对固体推进剂物理-力学性能要求的水平，取决于壳体的材料。壳体的刚性越低，对推进剂允许变形的要求就越高。

作为固体推进剂的主要力学性能，通常要考虑推进剂的强度极限(固体推进剂的拉应力)、延伸率和弹性模量。这些性能在很大程度上取决于推进剂的配方、工艺特点和药柱的温度。

在研究推进剂配方时，既要考虑在低温下需要有足够的药柱弹性，又要求在最高温度条件下有很高的强度，这是在给定的温度范围内保证动力装置工作能力的条件之一。

4. 其他要求

(1)要求推进剂经济性好。经济性具有很大的意义，最好是：推进剂的组分既不稀缺又不贵；按需要的规模，使用起来方便易得。即药柱的制造工艺不太复杂，不昂贵，能够进行批生产。

(2)要求推进剂性能稳定。首先要求推进剂的物理化学性质随时间和环境的变化应该降至最低，具有好的物理安定性和化学安定性。推进剂的安定性决定有效贮存期。其次，推进剂药柱在生产出来或装填入发动机以后要准备进行长时间的贮存，并要经受各种气候变化条件的循环变化。在贮存和使用的条件下，固体推进剂的物理-力学性能指标、内弹道性能指标和能量指标的稳定性具有特殊的意义。一方面，推进剂的化学分解和推进剂中各组元之间的相互反应是主要受限制的因素；另一方面是物理过程，它们表现在塑性变形、在药柱中形成裂缝以及扩散过程。经常是化学变化和物理变形同时发生，引起推进剂的老化。必要时，需要加入少量的安定剂和防老剂等。

此外，还有一些其他方面的要求：勤务处理简单，运输贮存方便，对环境和人身健康无妨碍，消除爆轰和爆炸的危险，有时要求排气是无烟的以及燃烧产物毒性小等。

5.2 固体推进剂的发展过程

固体推进剂是以燃料和氧化剂为主，兼有多种添加成分的多组元物质。为了比较全面地满足上述要求，必须精心挑选和匹配各种组元。为此，固体推进剂的发展经历了一个从无到有、从劣到优、从糙到精不断深入推进的过程。

固体推进剂起源于我国。唐朝初期(682年)，炼丹家孙思邈制成了火药配方(即黑火药)，它是我国古代四大发明之一。现代复合推进剂就是在黑火药的基础上发展起来的。宋朝初期(969年)，我国人民利用火药发明了世界上第一支火箭——火药火箭。到13世纪，中国的火药及火箭先后被传入阿拉伯国家和欧洲。

1845年和1846年硝化纤维素和硝化甘油的相继发明，为均质固体推进剂的发展提供了条件。诺贝尔在1890年以硝化甘油增塑硝化纤维素首先制成了双基药(无烟火药)。从1890年直到第二次世界大战初期，这种双基火药主要是用作枪、炮发射药。

苏联和美国于1935年和1940年开始用双基推进剂来发展固体火箭。1942年美国研制成的高氯酸铵——沥青复合推进剂，为发展固体推进剂事业提供了新的思路。第二次世界大战后(1947年)美国加利福尼亚工学院喷气推进实验室研制成的聚硫橡胶复合推进剂，为发展能量高、性能好的浇注型复合推进剂开创了新的途径。

20世纪50年代中期，为满足战略导弹和大型助推器对高能固体推进剂的需要，发展了聚氨酯(PU)推进剂。随后，又出现了聚丁二烯(HTPB)推进剂，交联双基(XLDB)和复合双基(CDB)推进剂，XLDB和CDB推进剂是以橡胶态高聚物作粘合剂，硝化纤维素为交联剂。

20世纪70年代末80年代初，国外又使用了用奥克托金(HMX)取代部分高氯酸铵(AP)的HTPB推进剂和一种新型的复合改性双基推进剂——NEPE(NEPE是以聚醚聚氨酯和乙酸丁酸纤维素取代硝化纤维素作黏合剂，以液态硝酸酯作增塑剂，连同HMX，AP和铝(Al)粉等成分组成)。

20世纪80年代以来，继NEPE高能推进剂投入实用之后，含能新材料和高能推进剂的探索研究又开始活跃起来。在含能材料方面，制备了一些可供实用的叠氮黏合剂和叠氮增塑剂，并对以聚叠氮缩水甘油醚(GAP)推进剂为代表的高能推进剂性能作了较为广泛的探索研究。采用NEPE推进剂技术，添加硝酸酯和细微硼粉，可望用作整体级发动机概念的高能能源。叠氮类黏合剂还可能作为无烟推进剂和燃气发生剂的优良黏合剂。含铍(Be)推进剂也是20世纪80年代以来重新提出并列入研制计划的一种高能推进剂。

为了未来推进剂技术发展的需要，当今世界正致力于一类新型含能材料——高能量密度材料(HEDM)的探索研究。高能量密度材料是用于制造炸药、推进剂或火工品的高能组分。其特点是高能量高密度，对推进剂而言，其能量密度(密度比冲)显著高于HMX(国外有报道称其能量密度，至少高出5%)，同时，高能量密度材料在推进系统中使用，使推进剂具有较佳的综合性能(如低信号特征和安全性能等)。世界各国在进行了一段基本理论和基本概念探索之后，20世纪80年代末取得了合成途径上的技术突破。美国于1987年合成出代号为CL-20的目标化合物，CL-20的密度比HMX高4%，爆速高5%，爆压高10%，能量密度高9%。使用CL-20的固体推进可使火箭的助推力增加17%，冲压式巡航导弹射程可增加1.2km，弹丸速度增加50m/s。据称HEDM几乎可用于所有的战略、战术武器系统中，大幅度改善各种武器的性能。HEDM 的开发研究对未来数十年推进系统的发展必将产生深远的影响。

5.3　固体推进剂的分类

在固体推进剂的发展过程中，曾经尝试过难以计数的多种组元，产生了各种不同的配方，经过实用中的不断选择和淘汰，已经形成了几种基本的推进剂。为了使用、学习和研究上的方便，对现有的固体推进剂进行了分类。

分类方法很多，如：按能量高低分类，把固体推进剂分成三类：低能固体推进剂（比冲在 2 156 N・s/kg以下）、中能固体推进剂（比冲在 2 156～2 450 N・s/kg）、高能固体推进剂（比冲在 2 450 N・s/kg 以上）；按固体推进剂的力学性能特点分成软药和硬药两类；按照燃烧产物产烟的浓度可分为有烟固体推进剂、少烟固体推进剂和无烟固体推进剂。这些分类方法对于使用者较为方便，但对于学习和研究者来说，根据固体推进剂的结构和基本组分的特点进行分类更为合适。根据构成固体推进剂的各组分之间有无相的界面，固体推进剂可分成均质推进剂和异质推进剂两大类。复合推进剂中根据氧化剂的不同又可分为高氯酸铵复合推进剂和硝铵复合推进剂。复合推进剂的不同黏结剂组成了若干系列复合推进剂。按照推进剂的细微结构和复合推进剂的不同黏结剂，固体推进剂可作如表 5－1 所示的分类。

表 5－1　固体推进剂分类

- 固体推进剂
  - 均质推进剂
    - 单基推进剂
    - 双基推进剂
  - 异质推进剂
    - 黑火药
    - 复合推进剂
    - 改性双基推进剂

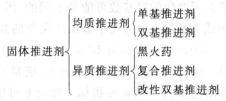

所谓均质推进剂，其氧化剂和燃烧剂都处于同一相中，结构如胶体，在同一相中既包括燃烧剂又包括氧化剂。在均质推进剂中燃料组元和氧化剂组元互相均匀结合，其组成成分和性能在整个基体上都是均匀的。其中单基推进剂是以硝化纤维素为基本组元的胶体结构，双基推进剂是以硝化纤维素和硝化甘油为基本组元的胶体结构。两者都是均质推进剂。在异质推进剂中情况就与此相反，其组织结构不均匀。燃料和氧化剂虽然也要求掺混均匀，但只能在微细颗粒的基础上尽量均匀。从细微结构来看，其组成和性质是不均匀一致的，是机械的混合物。黑火药是一种典型的异质推进剂，由硫磺、木炭和硝酸钾组成的机械混合物。改性双基推进剂是在双基推进剂的基础上加入某些异质成分来改善双基推进剂的性能，因而也属于异质推进剂，下面就广泛采用的几类推进剂分别进行介绍。

5.4　双基推进剂

5.4.1　双基推进剂的组成

双基推进剂（简称 DB）是以硝化纤维素和硝化甘油为基本组元的均质推进剂，主要成分及含量见表 5－2。其中硝化纤维素作为推进剂的基体，由硝化甘油作为溶剂将其溶解塑化，形成均匀的胶体结构。此外，为改善推进剂的各种性能，还加入少量的各种不同添加成分。其主要组分的性质和作用，分别作下述介绍。

表 5-2 双基推进剂配方范围表

组分名称	质量含量变化范围/(%)
硝化纤维素	50～60
主溶剂(硝化甘油、硝化二乙二醇)	25～40
助溶剂(二硝基甲苯、硝化二乙二醇胺)	0～11
化学安定剂(二苯胺等)	0～3
燃烧催化剂和稳定剂(铅、镁金属氧化物)	1～4
工艺附加物(碳黑和石墨粉等)	1～3

1. 硝化纤维素

硝化纤维素(简称 NC)，又称硝化棉，学名为纤维素硝酸酯，由棉纤维或木纤维的大分子$[C_6H_7O_2(OH)_3]_n$在硝酸、硫酸组成的混酸中与硝酸“硝化”而成。其反应式可写为

$$[C_6H_7O_2(OH)_3]_n + nxHNO_3 \xrightleftharpoons{H_2SO_4} [C_6H_7O_2(OH)_{3-x}(ONO_2)x]_n + nxH_2O$$

式中：n 为纤维素的聚合度，其数以百计，通常计算组成成分时 n 取 4。x 表示纤维素单个链节中羟基(OH)被硝酸酯基(ONO_2)所取代的数量，显然，x 最大为 3。由于高分子化合物的多分散性，在硝化过程中每个链节上所取代的羟基数可能是不同的，因而就整个硝化棉而言，只能取其平均值，这就使 x 不一定成为整数。x 的大小表示硝化度的高低，如取 4 个链节，则最高的硝化度为 12，其后依次为 11，10，…，分别称为 12 硝酸硝化棉，11 硝酸硝化棉，……。硝化度愈高，硝化棉的含氮量($N\%$)愈高，也就是硝酸酯基愈多，能量愈高。因而也以含氮量的多少来表示硝化度的高低，这是硝化棉的一项重要指标。理论上可能达到的最高含氮量为 14.14%。实际生产中总是低于此值，且随硝化条件的不同而不同，其含氮量的范围可在 6.5%～13.65%之间。用于制造推进剂的硝化棉按含氮量分为以下 3 级：

1 号硝化棉(强棉)：含氮量为 13.0%～13.5%。

2 号硝化棉(强棉)：含氮量为 12.05%～12.4%。

3 号硝化棉(弱棉)：含氮量为 11.8%～12.1%。

含氮量低于 11.7%的硝化棉一般不用于推进剂中，而广泛用于油漆和塑胶的制造。

硝化棉中既含有 C，H 燃料元素，又有相当数量的 O 元素，本身就是一种能单独燃烧甚至产生爆轰的高能物质，是双基推进剂的主要能源之一，其燃烧的放热量随含氮量的增加而增加。

硝化棉外观为白色短纤维粉末，柔性差，不溶于水，但能溶于醇、醚、酮类有机溶剂。干燥的硝化棉对摩擦、热、火花非常敏感，易燃，也易爆炸。因此，硝化棉应在湿润状态下保存，甚至浸泡水中。硝化棉在常温下缓慢分解，生成氧化氮，使硝化棉变质。严重时分解会加速，导致燃烧和爆炸。

硝化棉又是推进剂中使其具有机械强度的基体组分，在双基推进剂中的含量为 50%～60%。

2. 硝化甘油

硝化甘油(简称 NG)，学名为丙三醇三硝酸酯，是由丙三醇(甘油)在硝酸硫酸的混酸中由硝酸硝化而成，有

$$C_3H_5(OH)_3 + 3HNO_3 \xrightarrow{H_2SO_4} C_3H_5(ONO_2)_3 + 3H_2O$$

硝化甘油是低分子化合物，与硝化棉不同，它不存在多分散性。硝化甘油外观为无色或淡黄色油状液体，密度为1.6g/cm^3。它微溶于水，易溶于大多数有机溶剂中。它本身又是一种良好的溶剂，可溶解硝化棉，挥发性小，因而与硝化棉形成不挥发的均质推进剂。但若温度过低，则过量的硝化甘油会“汗析”出来，使推进剂变质。硝化甘油有一定的毒性，因而在加工双基推进剂时要注意通风和防毒。

硝化甘油是一种猛性炸药，对撞击、震动十分敏感而产生爆炸，但被固体物料吸收后形成的硝化甘油块的感度却低得多，这就可以使硝化甘油和硝化纤维素形成稳定的推进剂。

硝化甘油是双基推进剂中的主要溶剂和主要能源。前者是由于它与硝化棉形成均质的固态溶液，又增加硝化棉的柔性和可塑性，使推进剂易于加工成型，固化后具有一定的力学性能；后者是因为硝化甘油是一种富氧的氧化剂，在150～160℃即着火燃烧。燃烧的反应式为

$$4C_3H_5(ONO_2)_3 \longrightarrow 12CO_2 + 10H_2O + 6N_2 + O_2$$

它不仅生成大量气体（比容为750L/kg），且释放出自由氧，其爆热为6 322kJ/kg，爆温约为3 100℃，其多余的氧还可以使硝化棉进一步氧化。硝化甘油分解时放出的自由氧可用来氧化硝化棉等组分提供的可燃元素，生成大量气体并放出热量，因此也把硝化甘油叫做有机氧化剂。

在双基推进剂中，硝化甘油的含量一般在25%～40%之间，增加硝化甘油的含量可以提高推进剂的能量，但其含量过多时，不仅加工危险性增加，且会造成“汗析”。综合考虑加工安全、能量性能、贮存性能及使用温度范围等，硝化甘油的含量一般不大于45.3%。

硝化二乙二醇也可以作为双基推进剂的主要溶剂，它对硝化棉的溶解能力比硝化甘油大，但其能量比硝化甘油低。

3.助溶剂

助溶剂的主要作用是增大硝化棉在硝化甘油中的溶解度。这些助溶剂与硝化甘油互溶形成混合溶剂，增加对硝化棉的溶解能力，亦可防止硝化甘油汗析，提高生产过程的安全性。有的溶剂本身就是高能炸药，因而也是推进剂中的辅助能源。常用的助溶剂有二硝基甲苯和三硝基甲苯（TNT）等。双基推进剂常用助溶剂的主要性质详见表5-3。

4.增塑剂

双基推进剂常用的增塑剂为邻苯二甲酸二丁酯[$C_6H_4(COOC_4H_9)_2$]，它是一种透明油状液体，能与硝化甘油互溶，并能溶解和增塑硝化棉，也是硝化棉的助溶剂。用其可以降低双基推进剂玻璃化温度，改善低温力学性能。由于它对能量贡献很小，不宜多用，通常在3%以下。

5.化学安定剂

化学安定剂用来吸收由硝化棉和硝化甘油等分解出来的并具有催化分解作用的NO，NO_2，以提高双基推进剂的化学安定性，利于长期贮存。通常用量在4%以下。

6.燃烧稳定剂和燃速调节剂

为了改善推进剂的燃烧特性而采用的少量添加剂，称为燃烧稳定剂和燃速调节剂。燃烧稳定剂用来增加低压下的燃烧稳定性，常用的有氧化镁、碳酸钙、苯二甲酸铅[$C_6H_4(COOC)_2Pb$]等。燃速调节剂主要是在燃烧中起催化作用，有增速和降速两类。增速是使低压下燃速增加，

用铅、氧化铅、苯二甲酸铅等等。常用来降速的有多聚甲醛、石墨及樟脑($C_{10}H_{10}O$)等。

表 5-3　双基推进剂常用助溶剂的主要性质

名　称	代　号	分子式	密度 g/cm³	熔点 ℃	比容 L/kg	氧平衡 %	标准生成焓 kJ/kg	爆热 kJ·kg⁻¹
二硝基甲苯	DNT	$C_7H_6(NO_2)_2$	1.52	70.5	602	−114.4	−374.7	4 420
三硝基甲苯	TNT	$C_7H_6(NO_2)_3$	1.654	80.5	620	−73.9	261.5	5 066
黑索金	RDX	$C_3H_3\cdot N_3\cdot(NO_2)_3$	1.802	204	785	−21.6	318.0	6 025
奥克托金	HMX	$(CH_2\cdot N\cdot NO_2)_4$	1.85~1.96	282	782	−21.6	252.8	6 092
泰安	PETN	$C(CH_2O\cdot NO_2)_4$	1.76	141.3	780	−10.1	−1 683.4	5 895
吉纳	DINA	$NO_2\cdot N(CH_2CH_2ONO_2)_2$	1.488	51.3	865	−26.6	−1 316.0	5 249
硝化二乙二醇	DEGDN	$O(CH_2CH_2ONO_2)_2$	1.38	2	886.3	−40.8	−2 208.0	4 852

7. 工艺添加剂

为了加工容易,常用少量的凡士林$C_{15}H_{32}$或硬脂酸锌$[(C_{18}H_{38}O_2)Zn]$等以减小加工中的内摩擦。

5.5　复合推进剂

5.5.1　复合推进剂的组成

典型的现代复合推进剂是由氧化剂、金属燃料和高分子黏结剂为基本组元组成,再加上少量的添加剂来改善推进剂的各种性能。其中氧化剂和金属燃料都是细微颗粒,共同作为固体含量充填于黏结剂的基体之中,形成具有一定机械强度的多组元均匀混合体。复合推进剂主要包括黏合剂、氧化剂、金属燃料、固化剂、增塑剂、交联剂、催化剂、防老剂和工艺助剂等,现将其主要组元的性质和作用分述如下:

1. 氧化剂

氧化剂为金属燃料和黏结剂的燃烧提供所需的氧,是主要的能源。其含量达到60%~80%,成为构成推进剂的最基本组元,对推进剂的性能和工艺有重大影响。因而对氧化剂有一系列要求:

(1)含氧量高,或自由氧含量高。有利于燃料组元的完全燃烧,提高能量。

(2)生成焓高。氧化剂本身就具有较高的能量。

(3)密度大。由于氧化剂在推进剂中的含量最大,它对整体密度的贡献也最大。

(4)气体生成量大。也就是燃烧产物分子量低,有利于提高比冲。

(5)物理化学安定性好。

(6)与其他组元相容性好。

(7)经济性好。

表5-4给出了一些晶体氧化剂的主要性质，其中高氯酸铵是目前应用最为普遍的氧化剂。虽然它的含氧量并非最高，但气体生成量大；本身生成焓也高，与其他组元相容性好，成本低，能大量生产，其他性能都比较全面；其缺点是含有原子量较大的氯原子。它的燃烧产物中含有氯化氢，不仅分子量较大，而且有相当的腐蚀性和一定的毒性。高氯酸铵本身就可以单独燃烧甚至爆炸。其爆热为1 306 kJ/kg，爆温为1 080℃。

表5-4 复合推进剂氧化剂的物理-化学性质

氧化剂	化学式	密度 g/cm^3	强烈分解温度/℃	氧化剂中的氧含量/(%)	备注
高氯酸钾	$KClO_4$	2.50	550	46.2	燃速高，性能中等，压强指数高
高氯酸钠	$NaClO_4$	2.57	600	52.2	易吸湿
高氯酸铵	NH_4ClO_4	1.95	450	54.5	成本低，压强指数低，性能好，吸湿性较好
高氯酸锂	$LiClO_4$	2.43	415	60.1	吸湿，性能好，价格贵
硝酸钾	KNO_3	2.11	600	47.5	价格低，性能低
硝酸钠	$NaNO_3$	2.26	600	56.5	价格低，性能低
硝酸铵	NH_4NO_3	1.73	361	60.0	无烟，中等性能，价格低，低燃速
硝酸锂	$LiNO_3$	2.38	600	69.5	易吸湿

高氯酸钾的生成焓低，气体生成量少，只用于中等能量的推进剂。但它的密度大，燃速高，燃速的压强指数高，可以考虑用于调节推力的发动机。硝酸铵的气体生成量大，成本低，已经大量生产，但含氧量太少，本身生成焓也低，只能用于低能推进剂。目前正在研究应用的晶体氧化剂有高氯酸锂、高氯酸硝酰等等，着眼点都在于提高推进剂的能量。

2.黏结剂

黏结剂的主要作用是黏结氧化剂和金属燃料等固体粒子成为弹性基体，使推进剂成为具有必要力学性能的完整结构。虽然黏结剂的含量不到20%，它对推进剂的力学性能却有决定性的影响，同时它又提供燃烧所需的C，H等燃料元素，也是推进剂的主要能源和工质源。现代复合推进剂多采用各种高分子胶一类的化合物作为黏结剂。对黏结剂的主要要求如下：

(1)具有良好的黏结性能和力学性能，使制成的推进剂有足够的强度、弹性模量和延伸率。黏结剂的玻璃化温度应尽量低，黏流态温度应尽量高。

(2)工艺性好。为了便于浇注，应能制成液态的低分子量预聚物，并具有浇注所需的流动性。固化温度不宜太高，最好能在常温下固化。固化速度适当。固化中放热少，收缩少。

(3)燃烧放热量高，气体生成量大，本身生成焓高，以及密度高，物理化学安定性好，成本低，等等。

早期采用的黏结剂聚硫橡胶在较宽的温度范围内都有良好的力学性能，但由于含有相当多的硫，燃烧产物的分子量大，影响比冲的提高。聚氯乙烯(PVC)的主要优点是价格便宜，现有生产能力巨大，其能量和力学性能都没有突出的优点。聚氨酯黏结剂中常见的有三类：聚酯型、聚醚型和聚丁二烯型。聚酯型预聚物制成的推进剂能量低，低温力学性能不佳，而且黏度较高，已较少采用。聚醚胶的主要优点是：来源比较丰富，黏度低和固化速度适中，能量介于聚酯和聚丁二烯之间，而耐老化性能则比聚丁二烯为佳。聚丁二烯是当前使用的最重要的一类黏结剂，它的力学性能好，与金属和非金属的黏结力强。且可制成较低分子量的预聚物，便于浇注。最早应用的是聚丁二烯-丙烯酸(PBAA)，这类推进剂的力学性能重复性差，延伸率也不佳。聚丁二烯-丙烯酸-丙烯腈(PBAN)的力学性能和固化都有所改善，因而取代了 PBAA。端羧基聚丁二烯(CTPB)分子柔顺性较好，玻璃化温度较低，用它作黏结剂可以提高固体含量，因而不仅提高了能量，而且提高了推进剂的力学性能，特别是低温力学性能。端羟基聚丁二烯(HTPB)制成的推进剂具有良好的力学性能和稳定的燃烧特性，能量也较高。其本身合成工艺简单，易于工业生产，成本也较 CTPB 低，在分子量相近时，HTPB 黏度较小，有更高的容纳固体粒子的能力，因而使用的非常广泛。复合推进剂的发展过程见表 5-5。

表 5-5　复合推进剂的发展过程

类　型	研制时间	黏结剂	氧化剂	金属添加剂	理论比冲/s	成型方法	优缺点
沥青推进剂	1942—1950	沥青	AP 硝酸铵		～185	压伸浇注	比冲低，贮存变形
聚酯推进剂	1947—1954	聚酯	AP		190～200	浇注	强度高，脆化
聚硫推进剂	1947—1958	聚硫橡胶	AP		230～240	浇注	易于生产，不适于金属添加剂
聚氯乙烯推进剂	1950—	聚氯乙烯	AP	无 Al 粉	230～240 260～265	压伸浇注	高温强度差，固化温度高
聚氨酯推进剂	1954—	聚酯或聚醚	AP	Al，Mg 粉 Be 粉	260～265 275～280	浇注	
复合改性双基推进剂	1957—	NC+NG	AP	Al 粉 Be 粉	260～265 275～280	浇注	低温延伸率低
聚丁二烯推进剂	1957—	PBAA，PBAN， CTPB，HTPB	AP	Al 粉 Mg 粉	260～265 275～280	浇注	能量高低温性能好
叠氮推进剂	1990—	GAP	AP/AND /CL20	Al/Mg	250～280	浇注	能量高低特征信号

3. 金属燃料

为了提高能量，现代复合推进剂中都采用燃烧热值较高的金属燃料作为基本组元之一，它还可以提高推进剂的密度。其燃烧产物中的凝相粒子能抑制高频不稳定燃烧。但是，凝相粒子在喷管中形成二相流动，带来一定的性能损失，并加剧对喷管的烧蚀作用。所以，金属燃料在推进剂中的含量要受到限制。通常要求金属燃料具有燃烧热值高，密度大，与其他组元相容性好，耗氧量低等特性，见表 5－6。铍的燃烧热量最高，但它的燃烧产物毒性太大，限制了它的应用。硼的燃烧热也很高，但它的耗氧量大，而且不容易达到高效率燃烧，因而在 AP 推进剂系统中，硼对比冲的提高也不显著。铝的燃烧热虽然较低，但是其耗氧量也低，对比冲的提高作用明显，再加上来源丰富，价格低，因而被广泛采用。

表 5－6　一些金属及碳、氢元素的性质

名称	符号	相对份子质量 g/mol	密度 g/cm^3	燃烧热 kJ/kg	燃烧产物	耗氧量 g/g	金属燃料＋NH_4ClO_4 的燃烧热 kJ/kg	理论比冲 ($P/P_0=70/1$) s
氢	H	1.007 97		120 999	H_2O	7.94	5 273	
碳	C	12.011 15	2.25	33 076	CO_2	2.66	4 857	240(PU/AP)
锂	Li	6.939	0.534	42 988	Li_2O	1.16	10 802	
铍	Be	9.012 2	1.85	64 058	BeO	1.77	13 565	280(PU/AP/Be)
硼	B	10.811	2.34	58 280	B_2O_2	2.22	9 797	255(PU/AP/B)
镁	Mg	24.321	1.74	25 250	MgO	0.66	11 095	260(PU/AP/Mg)
铝	Al	26.982	2.70	30 480	Al_2O_2	0.88	9 509	265(PU/AP/AL)
锆	Zr	91.22	6.49	11 932	ZrO	0.18		

4. 固化剂

固化剂是热固性黏结剂系统中不可缺少的组成部分。其作用是使黏结剂组元的线型预聚物转变成适度的交联网状结构的高聚物，形成基体，实现固化，使推进剂具有必要的机械强度。

与固化剂同时使用的还有交联剂，它主要用来三维空间交联，使黏结剂成为三维网状结构，防止塑性流动。

此外还有固化促进剂，用来促进某一固化反应，它本身有时也参与固化反应，但主要是调节固化反应的速度与程度。

固化剂及其辅剂的应用是有强烈的选择性的。不同的黏结剂采用不同的固化剂和交联剂。例如：羟基预聚物（如 HTPB）的固化采用固化剂为二异氰酸酯[$R(NCO)_2$]，交联剂用三乙醇胺($C_6H_{15}O_3N$)。羧基聚丁二烯的固化剂可用多官能团环氧化物（如酚的三环氧化物）或多官能团氮丙啶化合物。

5. 增塑剂

增塑剂的作用有两个：一是降低未固化推进剂药浆的黏度，增加其流动性，以利于浇注；二是降低推进剂的玻璃化温度，改善其低温力学性能。苯二甲酸二丁酯就是一种常用的增塑剂。

除以上各组元以外，复合推进剂中还有少量的其他添加剂。如：调节燃速用的燃速催化剂或降速剂，防止黏结剂受空气氧化的防老剂，降低药浆黏度的稀释剂等等。

表 5－7 列出了各类推进剂组成的举例，从表中也可看到不同组元的不同作用。

表 5－7 各类推进剂的组成及性能 （单位：%）

成分	类型						
	聚硫橡胶推进剂①	PU推进剂	HTPB推进剂	CTPB推进剂	PVC推进剂②	硝铵推进剂③	组分作用
AP	67.0	65.0	68.0	74.0	80.10		氧化剂
HMX						75.0	
Al 粉	5.0	17.0	18.0	10.0			金属燃烧剂
乙基聚硫橡胶	19.0						
环氧树脂	1.3						
聚烷撑二醇		12.7					
PVC					8.6		高分子黏结剂
HTPB			7.8			25.0	
CTPB				9.2			
顺丁烯二酸酐	0.3						
PbO_2	0.6						
二异氰酸酯		2.24	0.46				固化剂
三(2-甲基氮丙啶)磷化氧				0.13			
乙酰丙酮锆		0.43		0.05			固化促进剂
三醇			0.038				
三乙醇胺	0.9						交联剂
苯二甲酸二丁酯		2.60	4.48	5.10			
壬二酸二辛酯					10.5		
癸二酸二辛酯	0.9						增塑剂
亚铬酸铜	4.0				0.5(钡-镉皂)		燃速调节剂
苯乙烯		0.20	0.20				稀释剂
二萘苯二胺				0.29(三甲胺)			防老剂
润湿剂	1.0				0.25		润滑剂
碳酸钙			1.0				
氧化铁				1.20	0.05(炭黑)		燃速调节剂

注：①聚硫橡胶推进剂性能：I_{sp}＝2 150 N·s/kg～2 200 N·s/kg，密度＝1.75 g/cm³，压力指数 n＝0.28，r＝4～18 mm/s(20℃，60 kgf/cm²)；②PVC 推进剂性能：I_{sp}＝2 260 N·s/kg，密度＝1.7g/cm³，压力指数 n＝0.3～0.5，燃速 r＝2.54～25.4mm/s；③硝铵推进剂性能：低压：n＝0.5；高压：n＝1。

5.6 改性双基推进剂

改性双基推进剂(简称 CMDB)是在双基推进剂的基础上增加氧化剂组元和金属燃料以提高其能量特性。在结构上它是以双基组元作为黏结剂，将氧化剂和金属燃料等其他组元黏结为一体，因而它属于异质推进剂。

改性双基推进剂有两种：一种是加高氯酸铵为氧化剂，简称 AP－CMDB，另一种是加高能硝胺炸药奥克托金(HMX)或黑索金(RDX)来提高能量，简称为 HMX－CMDB 或 RDX－CMDB。

改性双基推进剂具有很高的能量特性，在海平面条件下的理论比冲可达到 2 650 N·s/kg～2 700 N·s/kg，是目前实用的固体推进剂中能量最高的一种。它的密度也比双基推进剂高而相当于复合推进剂。因此，在那些对推进剂性能要求高的发动机中可以采用改性双基推进剂，但它在高低温下的力学性能相对较差，特别是在低温下的延伸率不足，因而限制了它的应用。

为了改善改性双基推进剂的力学性能，曾经进行了相当多的研究工作。一种是在双基中加入交联剂，增加硝化棉大分子的交联密度，提高力学性能，这就是交联改性双基推进剂(XLDB)。另一种是往双基中加入高分子聚合物来改善其力学性能，这种改性双基推进剂叫做复合双基推进剂(CDB)。硝酸酯增塑的聚醚型(NEPE)推进剂是在交联改性双基推进剂的基础上，以能量较高的硝酸酯类物质作为增塑剂，既提高了能量，又改善了力学性能，是一种已经得到实用的高能推进剂。

改进性双基推进剂的制造工艺大多采用浇注法成型。通常在浇注前先将固体组元(主要是硝化棉)加工成均匀的小尺寸的药粒(例如直径1mm左右的球形或圆柱形颗粒)，然后再与液体组元的溶液混匀浇注，在发动机或药模中固化。但这里的固化不同于低分子量预聚物的化学固化，而是物理过程；是硝化棉高聚物溶解于液相组元的溶剂中形成固态溶液的过程，是在一定温度下，经过相当的时间，液体溶剂往固体药粒中扩张，固体药粒膨润溶解，最后形成均匀的整体药柱。

5.7 高能固体推进剂研究进展

固体推进剂技术的发展始终以提高能量为主线，而所有提高推进剂能量技术途径的成功应用，都可以推动固体推进剂技术的进步。当前，固体推进剂技术处于一个发展的平台区，这一时期研究工作的重点集中于以下几个方面：

(1)新型高能量密度物质(HEDM)研究，包括高能氧化剂、新型含能增塑剂及燃料添加剂和新型含能黏结剂等合成探索研究；

(2)含能材料的改性研究。

在追求固体推进剂高能化的同时，钝感、低特征信号、低成本和安全销毁与再利用技术等也是重要的发展方向。

5.7.1 含能材料的改性研究

1.传统氧化剂的改性处理

传统氧化剂一般是指高氯酸铵(AP)、黑索金(RDX)和奥克托金(HMX)，其中以AP应用最为广泛。在改善AP的燃烧性能方面，目前的主要途径是：①将AP的粒度细化；②添加高效燃烧催化剂。调整复合固体推进剂中AP的粒度，可有效改善复合固体推进剂的燃烧速度和内弹道性能。

对RDX和HMX的改性也主要是在粒度细化和级配方面。传统氧化剂虽然能量较低，自身也有很多不足，但其生产工艺成熟、成本低，如能改善其相关性能，仍将拥有很大的应用领域。

2.黏合剂的改性研究

(1)硝化纤维素(NC)。NC由于受其自身分子的刚性结构特点所限，导致双基系推进剂存在高温变软、低温易脆变等问题，因此，对NC进行改性以改善其力学性能，对于双基系推进剂的未来发展具有重要作用。纳米技术是目前世界科技研究的热点，因而NC的纳米化也是近年来研究者关注的一个方向。

(2)端羟基聚丁二烯(HTPB)。HTPB是目前应用最为广泛的复合推进剂黏结剂品种，对HTPB改性是复合推进剂力学性能进一步提高的有效途径。

将HTPB与炭黑、SB_2O_3和123树脂等材料混合，可从不同方面改善其力学性能；此外，添加适当比例的环氧树脂也能够改善HTPB的力学性能。对HTPB自身的分子结构进行改性，是改善复合推进剂力学性能的另一个有效方法，针对HTPB的羟基进行结构改性，也是改善其力学性能的一种途径。

5.7.2 新型高能量密度物质(HEDM)研究

1.含能黏结剂

固体推进剂用的黏结剂多为一种含有活性官能团的高分子液态预聚物。它既是构成固体推进剂弹性的基体，又是具有一定能量的C、H燃料，虽然黏合剂只约占推进剂10%的份额，但其自身性质对推进剂的制造工艺、燃烧性能、贮存性能和力学性能等有重要影响。目前对含能黏合剂的研究主要集中在叠氮类和硝酸酯增塑聚醚类黏结剂。

(1)叠氮类黏合剂。叠氮黏合剂是近年来研究含能材料方面最为活跃的研究领域之一，叠氮基不仅能量高，而且其热分解先于主链且独立进行，在提高推进剂的能量的同时还可加速推进剂的分解。为了提高固体火箭发动机性能，固体推进剂的高能和无烟化已成为当前固体推进技术发展中急需解决的问题。由于支链含叠氮基的聚醚预聚体具有较高的生成热，密度大，成气性好，与硝胺类氧化剂搭配可提高燃速等优点，所以在新一代高能、无烟固体推进剂研究中，具有很大的潜力。

叠氮黏合剂的典型代表为GAP，它是一种侧链含有叠氮基团、主链为聚醚结构的含能聚合物，具有正的生成热、密度大、氮含量高、机械感度低、黏度低、玻璃化温度低和热稳定性好等优点，与其他含能材料和硝酸酯增塑剂的相溶性非常好，具有相对低的危险性。把GAP加入推进剂中可提高燃速、比冲、降低压强指数、减少火箭推进剂燃烧时产生的烟焰，且GAP制备工艺简单，原材料来源丰富，因此，以GAP为黏结剂的推进剂受到各国的普遍重视，GAP的钝感性能使其成为发展钝感推进剂的重要黏结剂之一。

(2)硝酸酯类黏结剂。硝酸酯类的含能黏结剂主要以PGN和PolyNIMMO[聚(3－硝基甲基－甲基氧丁烷)]为代表。PGN是一种高能钝感的含能黏合剂，它与硝酸酯有很好的相溶性，含氧量高，可大大改善推进剂燃烧过程的氧平衡，燃气也较为洁净。PolyNIMMO是一种美国科学家重点研究的含能黏合剂，主要是认为硝酸酯取代对能量和氧平衡都有贡献。

2.含能氧化剂

氧化剂在固体推进剂中占最大的分量，其性能直接关系着推进剂能量的大小。氧化剂对推进剂能量贡献主要取决于它与黏合剂及金属燃料氧化反应产生的热量和气体量的大小。

(1)CL－20氧化剂。六硝基六氮杂异伍兹烷，分子式为$C_6H_6N_{12}O_{12}$，简称为HNIW，俗称为CL－20，是具有笼形、多硝基多环硝铵结构聚合物，为白色或无色结晶，至今被认为是能量水平最高的一种高能量密度氧化剂，是硝铵类氧化剂的重大突破，受到各国研究人员的广泛重视。经基本理化性能的研究和测定证明了CL－20是一种能量密度高且有优良热稳定性、化学稳定性和安全性的新型材料。在应用研究方面，发现CL－20与大多数现用推进剂组分有良好的相容性，用于推进剂配方中可显著提高能量，且不会降低安全性和热稳定性。

(2)ADN氧化剂。ADN(二硝酰胺)是一种稳定的白色离子物质，是一种能量高、不含卤素和化学热稳定性好的新型含能氧化剂，它具有较高密度、氧含量高、能量高和燃烧产物洁净等优点，是目前常用的氧化剂高氯酸铵理想的替代品。ADN 替代目前常规推进剂配方中大量使用的高氯酸铵（AP），硝酸铵（AN），可大幅度提高推进剂的能量，降低特征信号，减少污染。

（3）HNF 氧化剂。硝仿肼（HNF）发现于 1951 年，它是三硝基甲烷（硝仿）与肼生成的盐，因此称为硝仿肼，为橙黄色结晶，是一种高能氧化剂，具有氧含量高、生成热高、密度大及燃烧产物平均分子量低等优点，不含卤素使其无烟、无污染。

3.新型燃烧剂

粉状燃烧剂作为燃料在含能体系中已得到广泛应用，是提高体系能量性能的重要途径之一，理论上可用于固体推进剂中的活性粉状燃烧剂主要有铍、锆、铝、硼、镁等。

（1）纳米铝粉。纳米铝粉作为一种新型的高活性金属燃料，由于具有较大的比表面积，所以具有很强的化学反应特性，成为当前的研究热点，国内外关于纳米铝粉在含能材料方面的应用已经取得了很大的进展。纳米铝粉作为高活性金属加入含能材料体系中可大幅提高含能材料体系能量及能量释放速率，高活性纳米铝粉的燃烧更完全、燃烧效率更高，有更好的抗凝聚性能和点火性能。纳米铝粉诸多的优异性能使其在固体推进剂中具有巨大的潜在应用价值。

（2）纳米硼粉。硼粉具有较高的燃烧热值和密度，容积热值几乎是碳氢燃料的 3 倍，其燃烧产物在喷管流动过程中呈气态，减小了两相流损失，是高能富燃料推进剂最合适的燃料之一。但硼粉在实际应用中主要存在两大问题：①硼粉的熔点、沸点高，且其氧化产物熔点也很高，导致其点火性能差、燃烧效率低等；②硼粉的表面易与外界的水、水蒸气等结合产生 B_2O_3、H_3BO_3 等杂质，使固体推进剂的工艺性能恶化。这些问题严重阻碍了硼的应用，要使含硼推进剂得到发展，就必须改善硼的点火、燃烧性能和表面特性。

（3）纳米锆粉。锆粉是一种类似于铝粉的高活性金属。锆的形态不同，同氧气反应的活性则表现出很大差异。细微的锆粉在空气中可自燃，粒度大小不同，着火点在 80～285℃之间；致密的锆块很稳定，在空气中要加热至 600℃才能与氧反应。

由于锆具有高密度、高体积热值、高活性的特点，所以比其他燃烧剂具有更多的应用优势。且随着锆粉粒度达到纳米级，其活性将大幅度提高，这一点在推进剂中已得到体现。

（4）纳米复合金属粉。由于单一的纳米粉体很难均匀分散，易团聚，往往存在一定的局限性，所以研究者提出了复合金属粉的概念。将纳米金属复合处理不仅能有效改善纳米粒子分散性，大大提高其实际使用效果，还能协同多种金属的性能，从而在某些方面表现出较单一金属粉更好的性能特点。

（5）碳纳米管和石墨烯。碳纳米管（CNTs）具有类石墨结构的管壁、纳米级孔道、较大的比表面积、良好的热学和电学性能及高的机械强度等优点，被认为是一种具有良好催化性能的催化剂载体。近年来，碳纳米管在含能材料领域的作用也逐渐引起人们的关注，取得了一些研究进展。因此，研究人员将纳米金属粉负载在 CNTs 上，不仅可使纳米粒子的分散问题得到改善，同时可促进反应进行时电子的转移，增加催化效果，改善推进剂的燃烧性能。

石墨烯是碳纳米材料家族的新成员，是继零维富勒烯、一维碳纳米管之后纳米材料领域的又一重大科学发现。石墨烯的优势在于其本身即为二维晶体结构，具有很高的比表面积，负载量较大，有望作为一个理想的模板担载催化剂应用于火炸药领域，与传统的催化剂相比较，基于石墨烯的催化剂有更高的催化性能。

将纳米金属粉负载在石墨烯上，使纳米粒子分散更为均匀，增强催化效果，获得更好的性能，纳米金属粉和石墨烯复合物将具有较好的应用前景。

(6)贮氢合金。在固体推进剂中，用金属氢化物代替金属粉是一个特别吸引人的选择，可使推进剂比冲显著提高。它不仅燃烧释放出大量热能，且燃气平均分子量较低，从而火焰温度也低。

贮氢合金是一种能在晶体的空隙中大量贮存氢原子的功能材料，这种合金具有可逆吸放氢的神奇性质，它可以贮存相当于合金自身体积上千倍的氢气，其吸氢密度超过液态氢和固态氢密度。将贮氢合金在氧化环境中加热到氢释放温度(一般期望控制在 20℃以上)时，贮氢合金中的氢释放并燃烧，产生热量和水蒸气，并进而引燃合金粉发生剧烈的金属燃烧反应，释放出更多的热量，起到类似金属氢化物的作用。因此，贮氢合金可以成为一种特殊的金属燃烧剂——贮氢合金燃烧剂作为固体推进剂的重要组分来加以使用。

徐立平——雕刻火药、为国铸剑的大国工匠

徐立平，中国航天科技集团有限公司第四研究院 7416 厂固体火箭发动机燃料药面整形组(徐立平班组)组长。他工作三十多年来，立足航天固体发动机整形岗位，不惧危险、执着坚守、勇于担当，练就了一身绝技绝招，多次承担急难险重任务，成为我国航天固体推进剂整形技术领域的领军人物。

徐立平是“航二代”，他走上了航天这条路，骨子里也自然而然地传承了父辈骨血里不灭的航天精神。他毕业后进入 7416 厂固体发动机整形车间，从事固体火箭发动机的药面整形工作。面对这份危险性极高的工作，徐立平说：“我没感觉到危险，我只觉得自豪。你看过导弹发射、火箭上天时的情景吗？多么壮观啊，看着就热血沸腾。至于危险，这个岗位我妈干了一辈子，不也很平安吗？只要严守操作规范，就不会有危险。”

功夫不负有心人，徐立平从最基本的拿刀、推刀学起，在试件上反复琢磨和练习。0.5 mm 是固体发动机药面精度允许的最大误差，而徐立平整形的精度，不超过 0.2 mm!

经过不断摸索和实践，徐立平根据不同类型发动机、整形的不同阶段和不同部位，设计、制作和改进了三十多种刀具，厂党委将这些刀具命名为“立平刀”，还举行了命名仪式。其中九种刀具申请了国家专利，一种获得陕西国防科技工业职工创新奖。

“再艰难的道路总要有人去走，再危险的岗位总得有人去干!”这是徐立平最爱说的一句话。32 年一直与危险“共舞”，支撑他的理由在青年时已经扎根在他心里：每当看到导弹发射、火箭上天的时候，心中的自豪是任何东西都换不来的，自己付出的一切都值得！他把事业放在崇高位置，以严慎细实的极致追求，以国为重的赤胆忠诚，为火箭上天、导弹发射、神舟遨游“精雕细刻”，让一件件“大国重器”华丽绽放，被誉为新时代“雕刻火药、为国铸剑的大国工匠”。

第6章 固体火箭发动机中的燃烧

本章首先介绍固体推进剂的燃烧过程。从装药的平行层燃烧规律到推进剂燃烧的物理化学过程，包括稳态燃烧、侵蚀燃烧和不稳定燃烧。其次分析影响推进剂燃速的诸因素，主要是燃烧室压强、装药初温、燃气流速等工作条件对燃速的影响，介绍其影响的基本规律和有关的机理，以及工程上的处理方法。对推进剂本身的因素也作了简要的分析。

6.1 概　　述

6.1.1 对燃烧过程的要求

在固体火箭发动机中，推进剂的燃烧是一个重要的工作过程。其中的氧化剂组元和燃料组元经过燃烧反应生成高温、高压的燃烧产物，将蕴藏的化学能转换为燃烧产物的热能，实现发动机中的第一次能量转换。同时，燃烧产物（主要是燃气）又是整个能量转换过程的工质，不仅是热能的载体，也是随后在喷管中膨胀加速，将热能转换为动能的膨胀过程的工质。而推力就是依靠一定质量的燃烧产物高速向后喷射而产生的。因此，燃烧过程既释放能量，影响燃烧产物的喷射速度，又生成工质，决定喷射质量。两个作用合在一起，直接影响发动机的推力，这对发动机的主要性能起决定性作用。

为了保持发动机工作稳定可靠，达到尽可能高的性能，对燃烧过程有以下主要要求。第一，要求燃烧稳定。这是使发动机工作正常的一个最基本的要求。推进剂一经点燃，随后就要求燃烧过程稳定地发展下去，直到燃烧结束，中间不允许有任何熄火间断或不正常的波动。第二，要求有尽可能高的燃烧效率，使推进剂的化学能得到尽可能充分的转换，燃烧产物得到更多的热能，以便进一步提高发动机的实际比冲。第三，要求燃烧过程按照设计的要求，以预定的速度生成燃烧产物。在稳态工作条件下，单位时间燃烧产物的生成量就是喷射出去的质量，在比冲一定的条件下，它决定了推力的大小。这是保证发动机性能的一项主要要求。

要实现这些要求，除了所用的推进剂必须具备必要的性能以外，还要在燃烧室中创造适当的条件。这就需要对燃烧过程进行研究。例如，对固体推进剂来说，主要条件之一就是要使燃烧室的压强保持在一定范围以内，才能实现上述要求。此外，燃烧所需要的空间、燃烧产物在燃烧室中的逗留时间、燃气的流动条件等，也都同实现上述要求有关系。因此，必须对发动机中的燃烧过程有一个基本的了解，才能进一步明确需要创造哪些条件来组织燃烧过程。

6.1.2 燃烧现象的分类

燃烧现象大致可分为动力燃烧、扩散燃烧和预混燃烧3种基本类型。

若燃烧剂、氧化剂和燃烧产物都是气相的，且在燃烧区内是均匀分布的，燃烧区的温度也是均匀的，则该混合物的反应速度（燃烧速度）就与在燃烧区内的位置无关。这种预先完全混合好的均相燃烧，是受化学动力学控制的，称为动力燃烧。显然动力燃烧的化学反应速度一定比热量传递和质量扩散的速度慢得多。这样就能使物质浓度和温度有足够的时间达到均匀化。动力燃烧是在整个燃烧区内进行的，燃烧速度取决于化学反应速度。

反之，若化学反应速度很快而扩散速度很慢，则在整个燃烧区的空间上存在着物质浓度和温度的梯度，造成热量传递和物质扩散。反应物（燃烧剂和氧化剂）向火焰区（气相反应区）扩散，燃烧产物和热量从火焰区向外扩散和传递。这种预先混合程度很差的燃烧由物质和热量的扩散速度所控制，称为扩散燃烧。扩散燃烧的火焰位于空间的某个特定的位置。气体燃料射流、液体燃料喷流、液滴的燃烧，以及碳粒和蜡烛的燃烧都属于扩散燃烧。

对于在燃烧前已经混合好的可燃气体中的燃烧，化学动力学和物理扩散过程起着差不多同等重要的作用。它是由这两种过程共同控制的，称为预混燃烧。可以设想，预混燃烧的火焰是由无数个紧靠在一起的无限小的某种扩散火焰所组成的。随着可燃气体供给到反应区的条件不同，预混火焰可以是静止的，也可以是在传播中的。家用煤气炉的燃烧就是这种类型的代表。

固体推进剂的燃烧也可用上述基本类型来概括。一般说来，双基推进剂的燃烧属于预混燃烧，而复合推进剂则需同时考虑扩散燃烧和预混燃烧及其相互的作用。

6.1.3 几何燃烧定律

在发动机装药的燃烧过程中，其燃烧表面如何变化，除装药几何形状的影响外，还要看装药燃烧时燃烧表面如何推移而定。通过实际观察和对剩药的分析，早在19世纪就提出了著名的“几何燃烧定律”，其中包括以下3个基本假定：

(1)整个装药的燃烧表面同时点燃；

(2)装药成分均匀，燃烧表面各点的条件相同；

(3)燃烧表面上各点都以相同的燃速向装药里面推移。

根据这些假定，在燃烧过程中，装药的燃烧表面始终与起始燃烧表面平行，形成以装药初始几何形状平行推移的规律，即所谓“平行层燃烧规律”。装药表面燃烧的规律如图6-1所示。

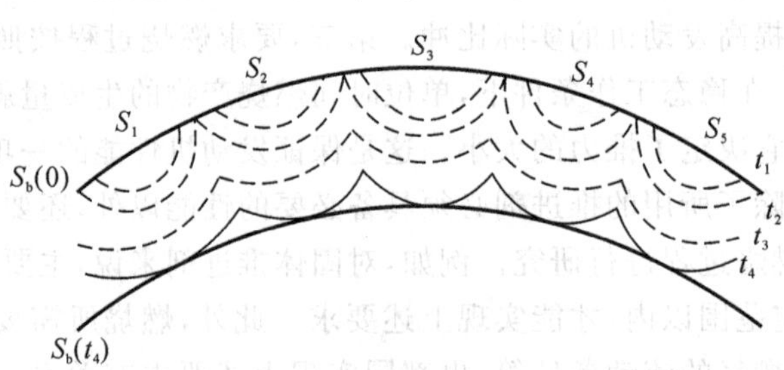

图6-1 装药燃烧表面的演变规律

“几何燃烧定律”把整个装药的复杂燃烧过程概括为两点：①装药的燃烧表面上各点的燃速相等。②燃烧面向装药内部推进的方向，处处都是沿着燃烧表面的法线方向。

图6-2表示不同形状的装药燃烧时，其燃烧表面随时间的增长而推移的情况。

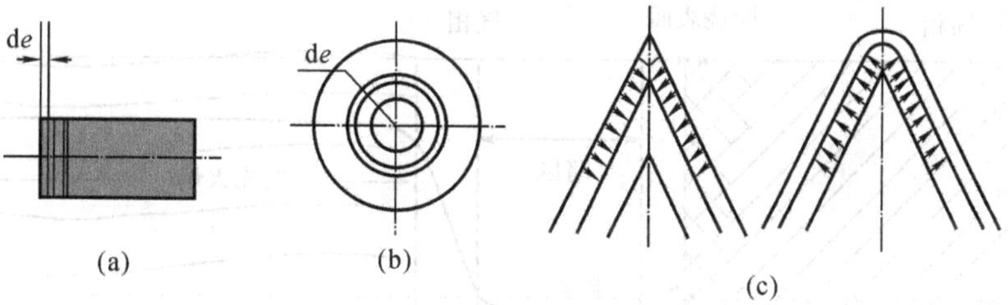

图 6-2　燃烧面推移情况示意图
(a) 端面燃烧；(b) 侧面燃烧；(c) 尖点燃烧

6.1.4　燃速

固体推进剂的燃烧速度(简称燃速)是一项重要的燃烧特性。在燃烧过程中，推进剂燃烧表面沿其法线方向向推进剂里面连续推移的速度称为燃速 r，其定义式为

$$r=\frac{e}{t}\quad 或\quad r=\frac{de}{dt}\qquad (cm/s 或 mm/s) \tag{6-1}$$

式中：t 为燃烧时间(s)；e 为沿燃面法线方向向里推移的直线距离，称为燃层厚(cm)，故 r 又称为线燃速。

如果用单位时间内在单位燃烧面上生成燃烧产物的质量来表征推进剂的燃速，则称为质量燃速 r_m，并有

$$r_m=r\rho_p\qquad [kg/(cm^2\cdot s)] \tag{6-2}$$

式中：ρ_p 为推进剂的密度。

推进剂燃速的大小，主要取决于推进剂本身的性质，另外与推进剂燃烧时的工作环境密切相关，如燃烧室的压强、装药的初温、平行于燃面的气流速度和加速度等对燃速都有很大的影响。

6.2　稳态燃烧过程

6.2.1　双基推进剂的燃烧过程

双基推进剂的燃烧是氧化剂和燃料预先混合均匀的预混燃烧，不再需要掺混过程。由于双基推进剂物理结构均匀，燃烧在整个燃面上均匀进行，符合平行层燃烧的条件。可以看作是一个一维(与燃面垂直的方向上)的燃烧过程。

双基推进剂的燃烧是一个多阶段的过程，燃烧过程从固相受热分解开始。固相分解汽化后，分解产物离开燃烧表面，在气相中继续进行反应，释放热量，使产物温度升高，直到形成火焰。高温燃烧产物通过热传导，反过来向固相传热，称之为“热反馈”。依靠热反馈，固相不断获得热量，得以继续分解汽化，燃烧表面向里推进，形成自持燃烧。如果燃烧条件不随时间变化，燃烧过程稳定进行，这就是稳态燃烧。

双基推进剂的燃烧依次可以分成固相中的表面层反应区，气相中的嘶嘶区，暗区和发光火焰区(见图 6-3)。

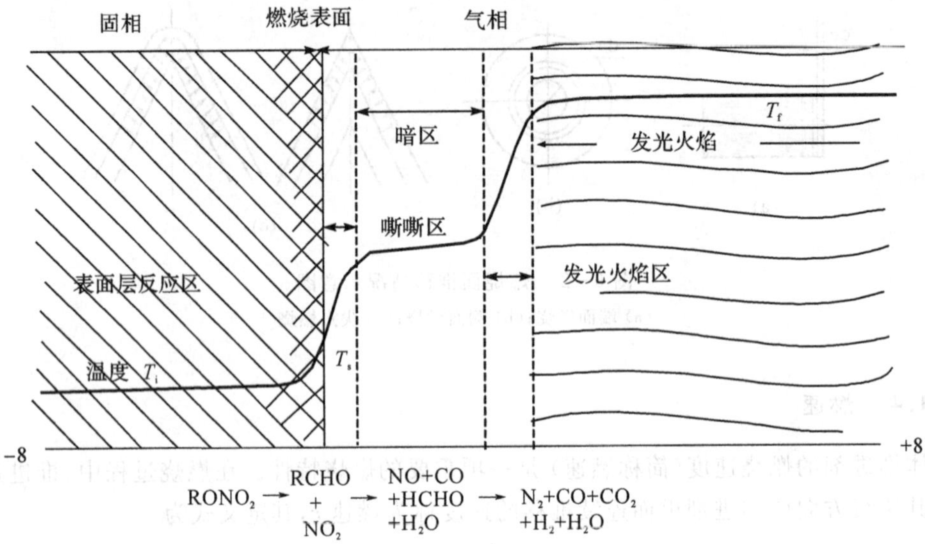

图 6-3 双基推进剂燃烧过程示意图

1. *表面层反应区*

从燃烧表面向里的一层是固相表面层。这一层受到来自气相的传热而使温度升高。但是,双基推进剂不是热的良导体,其导热性能较差,在离表面稍远一些的固相中便不会受气相传热的影响,而保持推进剂的初始温度 T_i。只有到临近表面的地方,温度才开始升高。在初期,由于温升还比较小,还不足以引起各个组元产生显著的化学变化,只是单纯加热,随后逐渐变软,这就是固相加热层。随着温度进一步升高,在更加靠近表面的地方,推进剂中最容易分解的组元便开始分解汽化(温度为 220℃ 左右)。越靠近表面,温度越高,分解反应越强烈,直到燃烧表面,可以看做完全汽化,这就是表面层反应区。

在表面层反应区中,由于推进剂各组元的物理化学性质不同,除了分解、汽化以外,还有融化、分馏、蒸发等过程。表面层中的化学反应主要是各组元的热分解。像硝化棉这类高分子聚合物则是从解聚开始,然后分解。硝酸脂类分子的分解有一个共同点,都是其中的$RO-NO_2$的键最容易断开,分解的最初步骤便是产生NO_2 和醛类物质。例如,硝化甘油的分解为

$$C_3H_5(ONO_2)_3 \rightarrow xRCHO + 3NO_2$$

这些初期的分解反应都是吸热的,分解产物中的NO_2 是气态的,其他如醛类化合物也有液态的。这些初期分解的产物并不是立即全部进入气相反应,而是要在固相反应层中滞留一定的时间,这就使表面层反应区中产生了另一类反应 —— 分解产物之间的反应。主要是NO_2使醛类物质氧化的反应。经过这类反应,NO_2 被还原为 NO,反应是放热的。虽然初期反应是吸热的,但依靠这类反应的放热,固相反应层总的热效应可以是放热的,使固相反应层中依靠固相本身的反应放热而得到一定的温升,促使固相的分解。因此,第二类反应从数量上讲虽不是固相反应层中的主要反应,但它对维持固相持续分解是相当重要的,特别是NO_2 的存在对硝酸脂类化合物的分解有催化作用,NO_2 在固相层的逗留可以促进固相分解。如果燃烧室压强过低[例如低于1.013×10^5 Pa(1 atm)],最初分解产物NO_2 等在固相中的逗留时间甚短,则

固相中的放热反应减小，固相获得的热量不足。极端情况下，甚至因此而不能维持固相的继续分解反应，导致燃烧停止。只有使气相压强升高，使NO_2一类初期产物在固相反应层中逗留时间增加，一方面利用NO_2的催化作用，另一方面增加固相中的放热反应，以便得到更多的热量，维持继续分解。这就是说，在低压范围内，提高压强可以稳定固相分解，起稳定燃烧的作用。

总之，在表面反应层中，温度逐渐升高，分解反应强度越来越大，分解形成的汽化产物也越来越多。到一定程度，总是要离开固相表面进入邻近的空间，继续进行气相反应的。这里的固相表面，从微观上看，不是一个很规则的稳定的边界，而是一个起伏不平、动荡不定的表面。只能说大体上存在这样一个边界，这个边界的平均温度就是燃烧表面的温度 T_s，它可以表征固相反应层中的温度。这个温度直接影响固相的分解速度，从而影响燃速的快慢。对一般的双基推进剂来说，燃烧表面温度在 300℃ 左右。

2. 嘶嘶区

固相分解产物进入气相，首先就形成了嘶嘶区。它紧靠燃烧表面，反应十分剧烈，甚至嘶嘶发声，故得此名。从固相分解而来的产物并非全是气体，还夹带着一些液体微粒，甚至还有小块的固体颗粒(没有来得及分解的推进剂)。所以这一区的结构并非单纯气相，而是以气相为主的有凝相微粒的弥散分布。这里的主要反应是分解产物之间的反应，特别是NO_2与各醛类物质的反应。在这类反应中NO_2还原为 NO，释放出氧，将燃料组元氧化，因而释放较多的热量。在通常的条件下，这里释放的热量大约占整个推进剂可释放热量的一半，从而使这一阶段结束时可以达到 1 200 ～ 1 400℃ 的温度。由于反应速度很快，这一区的厚度很薄，其量级为百分之几毫米，因此形成了很大的温度梯度，造成对固相的热反馈。

这阶段反应结束后，形成大量的NO，而NO的进一步还原，只有在较高的温度和压强下才能进行。如果压强太低，反应可能就此停止，成为所谓的嘶嘶燃烧，这是能量释放很不完全的燃烧。

3. 暗区

在压强较高的条件下，嘶嘶区生成的 NO 可以继续还原，释放其中的氧。由于 NO 的还原反应活化能比较大，只有在较高的温度和压强(压强表征气相反应物的浓度)下才有一定的反应速度。某些催化物质(如 H_2O) 的存在也可以加速 NO 的还原反应。因此，需要有一个积聚热量和催化物质的准备过程(感应期)，这就是暗区。通常暗区中反应速度较慢，温度升高只有 200 ～ 300℃ 左右，还达不到发光的程度。整个暗区中温度变化比较平缓。

暗区的厚度受压强的影响很强烈，当压强增加时，暗区将迅速减薄。当压强增加到 10 MPa(100 atm) 左右时，暗区就缩小到难以分辨的程度。暗区的厚度 δ_d 同压强的一定方次成反比，即

$$\delta_d = \frac{C}{p^m} \tag{6-3}$$

式中：C 为常数；m 的值可以达到 2 ～ 3，可见压强对暗区的影响是很大的。这是因为压强增加，反应物浓度增加，所以 NO 的还原速度增加，使压强成为影响暗区厚度的决定性因素。

4. 发光火焰区

经过暗区的准备过程，积累足够的能量(温度升高了) 和催化物质以后，NO 的进一步还原

反应就十分迅速，这就形成了发光火焰区，这里的反应是NO的还原和燃料组元的氧化。这都是放热反应，因而使燃气温度升高到可以发光的程度(大约1 800 K以上)。但是这类反应能进行到什么程度，对一定配方的推进剂来说，仍要取决于压强的大小。如果压强不够高，NO还原仍不完全，热量不能充分释放，燃烧反应就不完全。只有压强提高到一定程度后，NO的还原才能进行完全，热量释放才比较充分，燃烧反应才算是完成了。使固体推进剂燃烧过程中热量得到充分释放的最低压强叫做推进剂的临界压强，又叫正常燃烧的压强下限。临界压强的高低取决于推进剂的配方，是推进剂的一个重要的燃烧特性。为了使推进剂燃烧完全，热量释放充分，达到较高的燃烧效率，必须使燃烧室的压强经常高于推进剂的临界压强，这是发动机设计中必须满足的一个必要条件。双基推进剂的临界压强为3～6 MPa。

双基推进剂燃烧过程的各个阶段是根据其主要的反应进程来划分的。从固相分解，产生NO_2开始，进入气相以后，NO_2的逐步还原，燃料组元的逐步氧化，直到燃烧结束。但是，同时还要看到，所分燃烧阶段的次序及其在空间的分布不是永远不变的。根据具体的条件，其中某些燃烧阶段(或相应的燃烧区)能够相互重叠，相互融合在一起或者根本不存在。例如，在固相表面层反应中就有某些气相中的反应，而在气相以后，仍会夹杂着一些没有分解、汽化的固体或液体微粒，继续在气相中进行初期的分解反应；当压强增加到10 MPa左右时，暗区就缩小到难以分辨的程度。

6.2.2 复合推进剂的燃烧过程

复合推进剂的稳态燃烧过程也有与双基推进剂相似之处，例如受热后热分解、汽化等若干阶段，也服从阿累尼乌斯定律。但由于两种推进剂的组织结构不同，它们的燃烧机理并不一样。例如，复合推进剂微观结构不均匀，氧化剂和黏结剂的热分解是各自独立完成之后再扩散混合的，而且各自的表面温度和活化能也不相同。初步估算表明，对于高氯酸铵(AP)推进剂，当燃速为1 cm/s时，其固相表面层的厚度约为15 μm，气相反应层的厚度约为50 μm。而推进剂中的AP颗粒尺寸为5～400 μm，铝粉的尺寸为5～50 μm，且颗粒尺寸不是单一的，通常都是在一定的尺寸范围内分布的。由于颗粒尺寸所形成的不均匀度与燃烧区的厚度相比，其量级相当，故颗粒尺寸的影响不能忽略不计，如图6-4所示。因此，复合推进剂的火焰结构具有复杂的三维特性。燃烧区中的各种物理、化学过程，不仅沿垂直于燃烧表面的方向变化，而且在同一平面上也有多种燃烧过程在分散进行。其表面是一个不规则的、高低不平的不稳定界面。整个燃烧区的各种反应过程大致如下：

(1) 高氯酸铵(AP)在固相表面上的热分解：AP在常温下是稳定的，在423 K时开始热分解，473 K时开始明显地热分解(吸热反应)，即

$$NH_4ClO_4 \rightarrow NH_3 + HClO_4$$

分解以自催化方式进行。如果加入催化剂CuO等，热分解速度会大大加快。在513 K时AP晶体吸热进行相变，由斜方晶体变为立方晶体。

AP的热分解产物在气相中的继续反应为

$$HClO_4 \rightarrow OH + ClO + O_2$$

$$NH_3 + ClO \rightarrow HCl + H_2O + 1/2N_2$$

此时放出相当多的热量，形成气相燃烧火焰，称为AP分解焰。其燃烧温度可达1 470 K左右。依靠此高温分解焰向固相传热，维持固相继续分解，自持燃烧。自持燃烧的发生与压强及温度有关。例如，在常温540 K或常压2 MPa下即可发生自持燃烧，称为爆燃。爆燃速度对推进剂燃速的影响很大，爆燃速度随压强和初温的增加而增加，随AP颗粒尺寸的增加而减慢。

AP的爆燃有一个压强下限。低于此限气相反应速度较慢，分解焰离固相表面较远，热反馈减少，再加上散热损失等因素，固相热分解得不到足够的热量而停止。当然压强下限与初温及催化剂有关，常温下压强下限约为2 MPa。有的研究者还发现AP爆燃还存在一个压强上限，常温下压强上限为20～30 MPa。

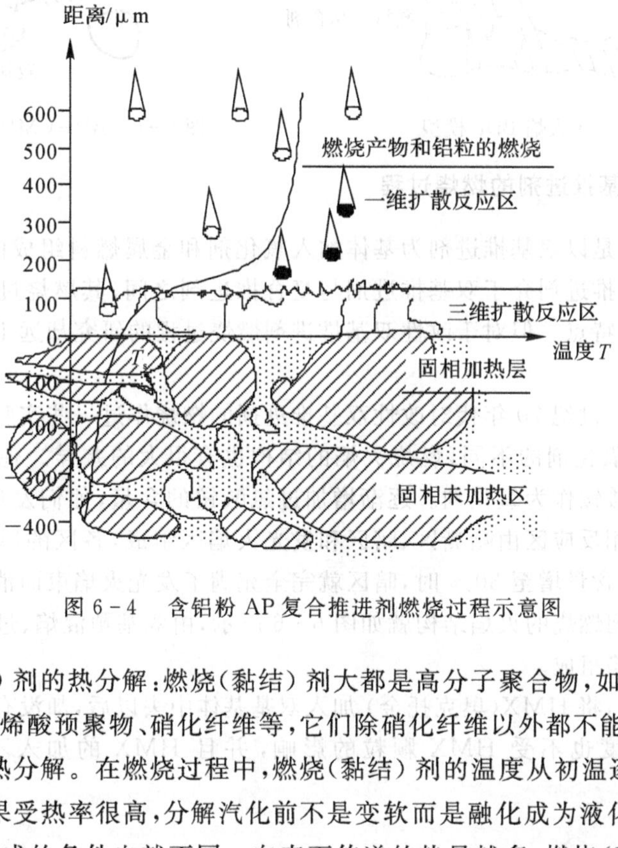

图6-4 含铝粉AP复合推进剂燃烧过程示意图

(2) 燃烧(黏结)剂的热分解：燃烧(黏结)剂大都是高分子聚合物，如聚硫橡胶、端羧基聚丁二烯、聚丁二烯丙烯酸预聚物、硝化纤维等，它们除硝化纤维以外都不能单独燃烧，只是在受热温度升高后进行热分解。在燃烧过程中，燃烧(黏结)剂的温度从初温逐渐升高，首先变软，然后分解汽化。如果受热率很高，分解汽化前不是变软而是融化成为液化层。若黏合剂的种类不同，则液化层形成的条件也就不同。向表面传递的热量越多，燃烧(黏结)剂的分解速度也就越快。汽化过程中，燃烧(黏结)剂还会形成一定数量的固态碳，聚积在燃烧表面。燃烧(黏结)剂的热解气体在气相中与氧化剂气体进行混合、燃烧、放热，提高气相温度场的温度，加强了对固相的热传导，使固相陆续热分解，维持稳定的持续燃烧。

(3) 燃烧剂气体和氧化剂气体在气相中的反应：燃烧剂气体与氧化剂气体在气相中的反应有初焰和终焰两种，如图6-5所示。燃烧剂气体与AP的热解气体$HClO_4$发生反应。这种反应在燃烧(黏合)剂与氧化剂颗粒接触的界面附近的燃烧表面上方(见图6-5)进行，称为初焰。它是燃烧剂气体与氧化剂气体一面扩散混合，一面反应的扩散火焰，是发生在离表面不远的气相中的反应。在离燃烧表面较远的地方，AP 爆燃以后的产物中还有氧，它与燃烧剂气体发生反应，由于它是在 AP 分解焰完成以后才发生的反应，因此称为终焰。经过终焰后燃烧产物的温度将达到推进剂的绝热燃烧温度。

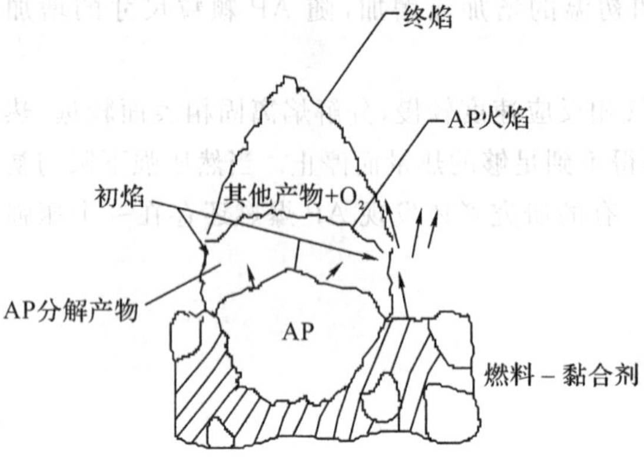

图 6－5　多火焰 BDP 模型

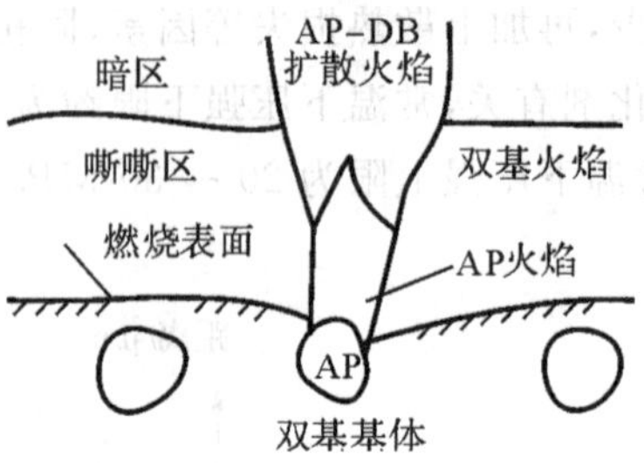

图 6－6　AP－CMDB 火焰结构示意图

6.2.3　改性双基推进剂的燃烧过程

改性双基推进剂是以双基推进剂为基体加入氧化剂和金属燃料组成的。其比冲较高，已日益受到重视。这类推进剂介于双基推进剂与复合推进剂之间，其燃烧过程也具有此两种推进剂燃烧过程的某些特点。但对于改性双基推进剂燃烧过程的研究却远不如对此两种推进剂燃烧研究之多。

久保田曾经在 20 世纪 70 年代对改性双基推进剂的燃烧作过一些实验研究和观察。他的研究表明，由于所加氧化剂的不同，燃烧火焰的结构也有很大的差异。他以双基推进剂为基体，往其中加入过氯酸铵作为氧化剂。逐渐增加过氯酸铵的含量，他们发现，双基基体的燃烧仍如前面所述，其气相反应区由嘶嘶区、暗区和发光火焰区组成，各区的厚度随压强的增加而减薄。当过氯酸铵的含量增至 30% 时，暗区就完全充满了发光火焰束而消失。可以认为过氯酸铵-改性双基推进剂燃烧的火焰结构就如图 6－6 所示，由双基预混焰、过氯酸铵分解焰和过氯酸铵-双基扩散火焰组成。

与过氯酸铵不同，将 HMX（奥克托金）加入双基基体中去以后，却没有改变双基基体的火焰结构。其暗区厚度也不受 HMX 颗粒的影响，并且 HMX 的加入不会引起燃速的太大变化。

6.3　固体火箭推进剂的燃速特性

6.3.1　燃速的计算和测定

1. 燃速的经验计算式

固体推进剂的燃速是推进剂燃烧的重要特性，目前，主要用实验方法测定，在大量实验的基础上，经数据处理总结出各种推进剂燃速与压强的经验公式，但这些公式仅在一定范围内适用。

(1) 摩拉奥(Moaraour)燃速关系式：

$$\left.\begin{aligned} r &= a + bp^n \\ r &= bp \end{aligned}\right\} \quad (\text{适用于压强大于 100 MPa 的范围}) \tag{6-4}$$

式中：a，b 是根据实验结果确定的经验常数；n 为压强指数；p 为燃烧室工作压强。

(2) 维也里(Vieille)燃速关系式：

$$r = bp^n \quad (\text{适用于 5 ～ 10 MPa 压强范围的双基推进剂}) \tag{6-5}$$

式中：b 是根据实验结果确定的经验常数，又称燃速系数，除受推进剂组元控制外，还受推进剂初温影响；n 为压强指数，其大小表示压强对燃速的影响程度。

(3) 低压强燃速关系式：

$$r = a + bp^n \quad (\text{适用于 5 ～ 6 MPa 压强范围}) \tag{6-6}$$

式中：a，b 是根据实验结果确定的经验常数；n 为压强指数。

(4) 萨墨菲尔得燃速关系式：

$$\frac{1}{r} = \frac{a}{p} + \frac{b}{p^{\frac{1}{3}}} \quad (\text{适用于 0.5 ～ 10 MPa 压强范围的复合推进剂}) \tag{6-7}$$

式中：a，b 为根据实验结果确定的常数。

表 6-1 中给出了我国某些推进剂的燃速特性。

表 6-1　推进剂燃速特性 $r(=bp^n)$ 示例(燃速仪数据)

推进剂	r			适用压强范围 $(\text{kg}\cdot\text{cm}^{-2})$	平均温度敏感系数 σ_p $(\%\cdot℃^{-1})$
	初温 －40℃	初温 ＋20℃	初温 ＋50℃		
双石-2	$0.618p^{0.513}$	$1.008p^{0.485}$	$1.180p^{0.42}$	40 ～ 100	0.25
双铅-2	$0.2664p^{0.77}$	$0.5125p^{0.66}$	$0.6887p^{0.62}$	30 ～ 100	0.313
浇铸平台	$5.105p^{0.10}$	$5.604p^{0.11}$	$4.582p^{0.17}$	50 ～ 100	0.15
AP-PS 复合推进剂	$2.487p^{0.2495}$	$3.334p^{0.2248}$	$2.678p^{0.3014}$	30 ～ 100	0.26
AP-CTPB 复合推进剂	$2.106p^{0.2424}$	$2.043p^{0.2666}$	$2.231p^{0.2646}$	30 ～ 100	0.21

注：表中的经验常数 b，n，均采用工程单位制的压强值进行实验数据处理而取得的。

2. 燃速的测定方法

(1) 燃速仪测定燃速。推进剂的燃速通常都在燃速仪中测定。首先将推进剂药条的外表面用适宜的耐燃剂包覆，然后放入充氮的承压燃烧器中，点燃后测量其燃速。燃速可以用靶线法、照相法、微波法、声发射法、激光控制伺服系统法等多种方法测定。但不论哪种方法，需要注意的是：燃速仪测定的燃速往往与实际发动机测定的燃速不同。不仅燃速不同，压强指数 n 也不同。

(2) 实际发动机测定燃速。用实际发动机测定燃速可以得到比较准确的燃速值，此时的燃速可用以下几种方法获得：

1) 压强-时间曲线分析法：测出 $p-t$ 曲线，计算燃速；

2) 中止燃烧法：测出中止燃烧时的装药肉厚与初始肉厚之差，除以中止时间即可求出燃速；

3) 压强信号提取法：从装药肉厚的已知不同深度引出压强信号，根据肉厚差与压强信号引出的时间差计算燃速；

4) X射线脉冲照相法：用脉冲X照相系统将不同时刻的装药通道的几何形状"冻结"下来，然后可计算出不同轴向部位处的燃速。

6.3.2 影响燃速的因素

燃速的大小决定于两方面的因素。首先是推进剂本身的性质，即由推进剂的组元所决定。组元不同的推进剂，其燃速特性的差别可以很大。在通常的发动机工作条件下，缓燃推进剂的燃速可以是每秒几毫米，甚至低于每秒 1 mm。速燃推进剂则可达每秒几十毫米。其次是推进剂燃烧时的环境，也就是发动机中的工作条件，如燃烧室的压强、推进剂的初温、燃气平行于燃烧表面的流动速度等。

1. 推进剂性质对燃速的影响

推进剂的性质主要取决于推进剂的组元、组元含量、氧化剂的颗粒度和推进剂的密度等。

双基推进剂中，用硝化甘油的含量来调节燃速，即硝化甘油增加时，燃烧热增加，使燃速也相应增加，加入燃速催化剂可以大大地提高燃速，特别是低压强时的燃速。但是，催化剂对燃烧热的影响却很小。常用的催化剂有氧化镁、氧化铝、二氧化二钴、二氧化钛、碳酸铅等。在推进剂中嵌入金属丝或金属纤维，依靠金属的良好导热作用，在燃烧过程中可加速固相分解而使燃速提高。

此外，氧化剂的颗粒尺寸在不同程度上也影响燃速。图 6-7 中表示不同的复合推进剂(A,B) 中细氧化剂颗粒与粗氧化剂颗粒质量百分数比值对燃速的影响(燃速单位是 cm/s)。在图中可以看出粗氧化物越多时其燃速越低。但减小氧化剂的颗粒会使推进剂黏度增加，从而使工艺性降低。

推进剂的密度也会影响燃速。一般情况下密度越大燃速越小。此外，推进剂的结构对燃速也有影响。如双基推进剂经过压伸后，造成各向异性的结构，燃烧试验表明，平行于压伸方向的燃速比垂直于压伸方向的燃速高一些。因此，成型工艺条件对燃速有一定影响，同一种推进剂不同的生产批号其燃速也会存在一定的差异。

2. 压强对燃速的影响

压强对推进剂燃烧特性的影响极为重要。一是因为压强对燃速的影响比较显著，二是因为燃速与压强的关系直接影响发动机的内弹道特性。

由图6-8中实际测定的压强与燃速的关系可见，压强增加，推进剂的燃速增大。在一定的环境温度下，提高燃烧室压强时，使得反应物的密度加大，促使气相反应过程加速；同时，压强增大可使燃烧火焰区更靠近固相表面，因而传向推进剂表面的热流亦相应增大，促使表面层的反应速度增大，燃速增大，反之亦然。但是，压强低于某一值时，推进剂的燃烧反应不完全。因此，只有压强大于某一定值时，燃烧才能充分和完全，获得更多的热能，该压强值称为燃烧临界压强 p_{cr}。

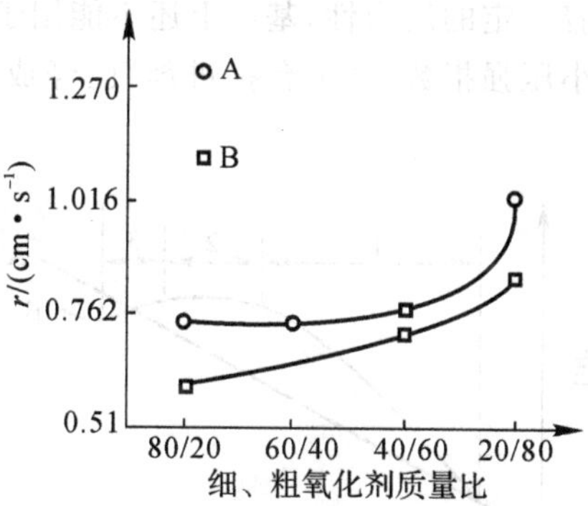

图 6-7　氧化剂颗粒尺寸与燃速的关系

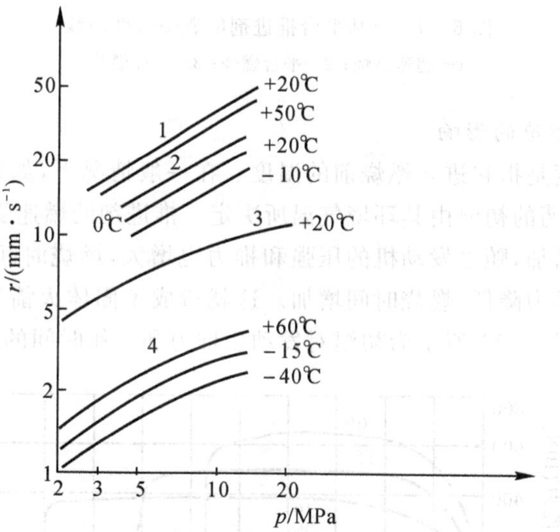

图 6-8　燃速与压强和初温的关系

1 — KP 推进剂；2 — JPN 双基推进剂；3 — AP 推进剂；4 — AN 推进剂

在研制固体火箭推进剂的实践中，发现在双基推进剂中加入少量的铅化物后，其燃速特性会发生很大变化。在低压下，燃速和燃速压强指数 n 较大，产生“超速燃烧”(super-rate burning)。在某一压强范围内，燃速基本上不随压强变化，燃速压强指数很小，甚至近似为零，这就是“平台燃烧”(plateau-burning)。在另一压强范围内，燃速随压强增高而降低，压强指数为负值，产生“麦撒燃烧”(mesa-burning)(见图 6-9)。这种具有超速、平台和麦撒燃烧特性的推进剂，或只明显表现出平台燃烧特性的推进剂，称为平台推进剂。

由于平台推进剂在平台压强范围内，具有燃速压强指数和温度敏感度很小的优点，因而它在不同初温下性能变化很小，能够有效地改善射击精度和提高发动机的可靠性。因此它一出现就受到人们的普遍重视，并得到广泛的应用。除了双基平台推进剂之外，现在各国正在积极探索复合平台推进剂和改性双基平台推进剂。

目前平台推进剂的应用还受到能量、燃速及平台压强范围的限制。为了改善平台推进剂的性能，研制新的平台推进剂，各国都广泛地开展了对平台推进剂的实验和理论研究。在大量实验研究的基础上，先后提出了若干解释平台推进剂燃烧的理论。这些理论能够不同程度地说明平台燃烧现象，但都存在着一定的局限性，基本上还不能用于定量计算。人们正在用各种办法来形成平台燃烧，尽量减小压强指数。“平台推进剂”已经成为双基推进剂中的一个专门品种。

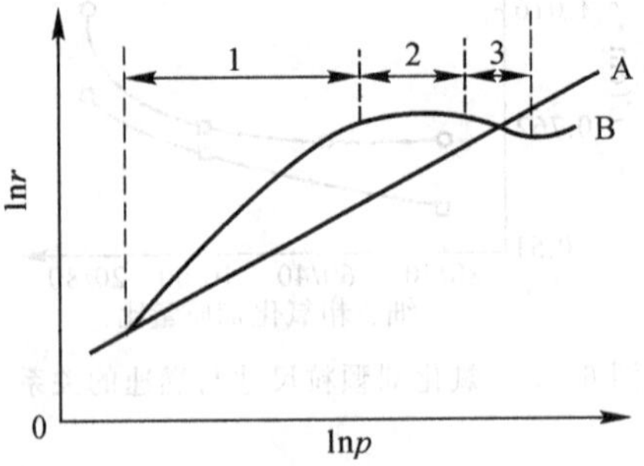

图 6-9　双基平台推进剂的燃烧特性曲线

1—超速燃烧；2—平台燃烧；3—麦撒燃烧

3. 推进剂初温对燃速的影响

推进剂的初始温度是指它进入燃烧前的温度。在一般情况下，如果没有经过恒温保温处理，发动机中推进剂装药的初温由其环境气温所决定。推进剂的燃速受初温的影响比较明显，随着初温升高而燃速增加，随之发动机的压强和推力也增大，燃烧时间缩短。反之，初温下降时，燃速减小，压强和推力降低，燃烧时间增加。这就造成了固体火箭发动机推力随初温而变的缺点。图 6-10 和图 6-11 所示为初温对发动机推力和工作时间的影响。

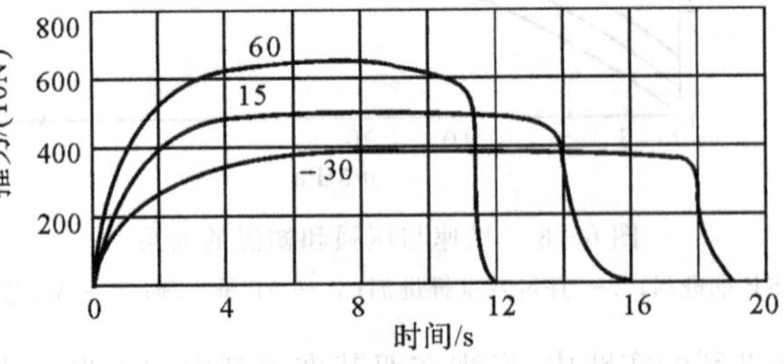

图 6-10　推力-时间曲线随初温的变化

初温的变化范围，应该包括发动机在使用中可能遇到的各种环境气候温度。从南方夏季的高温到北方冬季的低温，根据使用地区的要求不同，规定不同的温度范围。我国南北温差较大，一般取 $-50 \sim +50$℃ 作为发动机工作的高、低温极限，推进剂的燃速特性应该在这个温度范围内进行测定。一般取 $+20$℃ 作为常温。常温下的推进剂燃速是一个常用的标准初温特性。

从推进剂燃烧过程来看，初温升高后，固相中原有的热量增加，加速了固相的分解速度，燃速随之增加。初温对燃速的影响可通过燃烧模型进行预测和分析，但真正可靠的数据在工程上仍要经过试验获得。图 6-8 所示是几种推进剂燃速随初温和压强的变化关系，从图中可以看到，在对数坐标中，不同初温下燃速随压强的变化关系近似于互相平行的一组直线。从燃速公式 $r=bp^n$ 来看在不同初温下，压强指数 n 变化较小，而燃速系数 b 受初温的影响比较明显。

通常用燃速的温度敏感系数 σ_p 来表示初温变化对燃速的影响。其定义为：在压强不变的

条件下，初温变化 1℃ 所引起的燃速的相对变化量。用数学关系表示之，即

$$\sigma_P = \left[\frac{1}{r}\frac{\partial r}{\partial T_i}\right]_p \tag{6-8}$$

式中：σ_P 为推进剂温度敏感系数[(%)/℃]；T_i 为推进剂初温(℃)；r 为推进剂直线燃速；p 为压强。

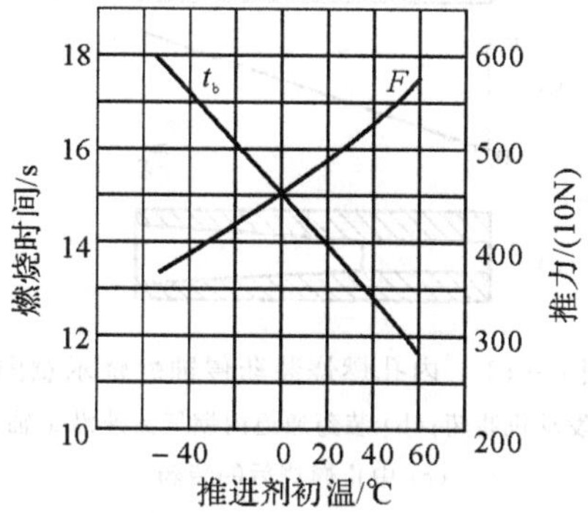

图 6-11　推力和燃烧时间随初温的变化

若将式(6-8)分离变量后，在初温 T_1 和 T_2 之间积分，可得

$$\int_{T_1}^{T_2} \sigma_P \mathrm{d}T_i = \int_{r_1}^{r_2} \frac{\mathrm{d}r}{r} \tag{6-9}$$

如果 σ_P 不随初温变化，则

$$\sigma_P(T_2 - T_1) = \ln\frac{r_2}{r_1} \tag{6-10}$$

最后有

$$r_2 = r_1 \mathrm{e}^{\sigma_P(T_2-T_1)} \tag{6-11}$$

由式(6-11)可见，若已知推进剂燃速温度敏感系数，则可由一个初温下的燃速推算另一个初温下的燃速。现有固体推进剂的燃速温度敏感系数约为千分之几，即 $\sigma_P = (0.1\% \sim 0.5\%)$/℃。

4. 燃气流动速度对燃速的影响——侵蚀燃烧

(1) 侵蚀燃烧的现象和特点。实验表明，固体推进剂的燃速受平行于燃烧表面横向气流的影响，横向气流速度愈大，燃速亦愈大。这种平行于燃面的燃烧产物的流动使推进剂燃速增加的现象称为侵蚀效应，伴随侵蚀效应的燃烧称为侵蚀燃烧。

产生侵蚀燃烧这种特殊现象的主要原因在于流经燃面的燃气流，加速了火焰区对推进剂燃面的传热作用。横向流速愈大，燃速亦愈大，从而影响发动机的性能。在侧面燃烧装药的发动机中，为了提高装填密度，尽量减小燃气通道的横截面积，或者延长装药的长度来增加推进剂的装填量，结果使通道中的燃气流速增加，增加了侵蚀燃烧的影响。燃气是沿通道依次加入燃气流中的，通道中的燃气流速也依次增大[见图 6-12(b)]，到出口处达到最大，这就使推进剂的燃速也沿通道增加，在出口处增加最显著。虽然，由于通道中的加质流动，燃气压强沿通道有所下降，使燃速有所减小，但总的效应仍然是侵蚀燃烧为主，燃速沿通道增加。这一情况可以在试验中得到证明。例如，将一圆柱形通道装药发动机，在开始燃烧后不久，就突然打开

燃烧室头部，使其中压强急剧降低，可以使燃烧终止。观察中止燃烧后的装药通道，会发现只有通道前段是平行层燃烧，大体上能保持圆柱形，通道后段却会形成渐扩的锥形出口[见图 6-12(c)]，这就是流速愈大，燃速亦愈大的侵蚀燃烧特征。

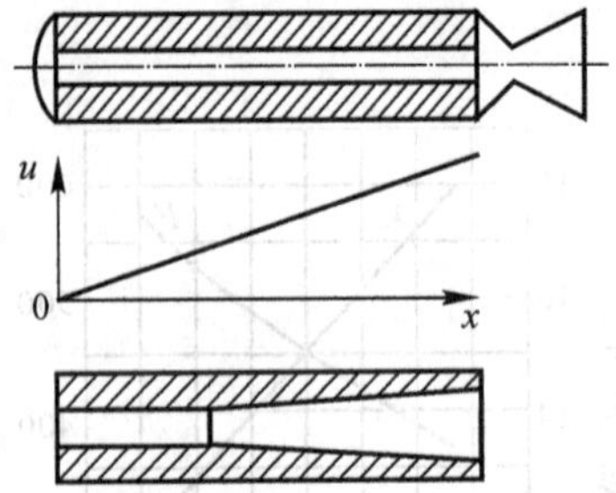

图 6-12　内孔燃烧装药侵蚀燃烧示意图

(a) 点火前发动机装药；(b) 装药通道内燃气流速沿 x 轴向的变化；

(c) 中止燃烧后的装药

由于燃速增加，整个发动机的燃气生成率也增大，此时燃烧室的压强要比不受侵蚀燃烧影响的情况增大。不过这种压强增大的情况只出现在发动机工作的初期，此时通道截面积最小，相应的流速也最大。随着装药燃烧，通道截面积愈烧愈大，通道中的流速却随时间减小，侵蚀燃烧的影响也随之减小而很快消失，推进剂燃速又恢复到无侵蚀燃速，燃烧室压强也下降到无侵蚀压强。这种发动机工作初期的压强急升而又下降，形成了初始压强峰，如图 6-13 所示。在侵蚀燃烧的影响比较显著的情况下，这个压强峰比无侵蚀的稳态平衡压强要高得多，这是对发动机性能的直接影响。它不仅使发动机工作参数改变，而且要求燃烧室结构有更大的承压能力，不得不增加结构质量。其次，由于侵蚀燃烧的影响沿通道是不均匀的，后段出口附近燃速最大，比前段提前烧尽，结果不仅使压强-时间曲线有较长的拖尾段，而且使后段燃烧室壳体提早暴露于高温燃气之下，又需采取热防护措施，增加结构质量。总之，侵蚀燃烧的影响是不利于发动机性能的提高的。因此，需要弄清楚侵蚀燃烧的规律，以便在发动机设计中消除或预计侵蚀燃烧的影响，尽可能提高发动机性能。同时也需要研究侵蚀燃烧机理，探索改善燃烧特性的途径。

为了精确地估计发动机的性能和结构强度，人们对侵蚀燃烧现象进行了大量的实验研究工作。从图 6-12(c) 中可以看出，装药前端仍有部分通道呈圆柱形，这说明并不是平行流过燃面的气流都能产生侵蚀燃烧效应，只有当气流速度大于某一值后才能侵蚀燃烧。引起侵蚀燃烧的最小气流速度叫界限速度，记作 u_{cr}。

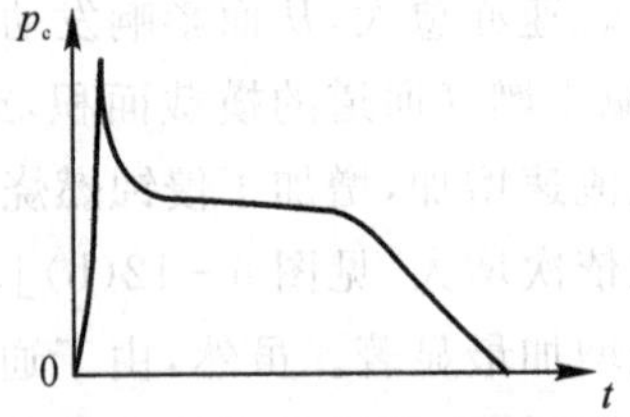

图 6-13　具有初始压强峰时的燃烧室压强-时间曲线

(2) 侵蚀比的经验计算式。

1) 侵蚀函数(侵蚀比)。通常用侵蚀比 ε 来考虑气流速度对推进剂燃速的影响，即

$$\varepsilon=\frac{r}{r_0} \tag{6-12}$$

式中：r 为有侵蚀影响时的燃速；r_0 为具有与 r 相同压强、初温条件下，无侵蚀影响时的燃速；ε 为侵蚀比。

2) 半经验侵蚀函数公式。人们对侵蚀燃烧进行了大量的实验研究，发表了不少有关的经验公式。美国温普雷斯(Wimpress)提出以气流速度 u 表示的侵蚀函数公式

$$\left.\begin{aligned}&\varepsilon=1, \quad u=u_{cr}\\&\varepsilon=1+k_u(u-u_{cr}), \quad u>u_{cr}\end{aligned}\right\} \tag{6-13}$$

式中：u_{cr} 为发生侵蚀的界限流速；k_u 为侵蚀系数。

u_{cr}，k_u 都是由实验所得的经验数据。对于美国 JPN 推进剂，$k_u=0.002\ 2$ s/m，$u_{cr}=180$ m/s。

朱克洛(Zucrow)提出将侵蚀函数表示为密流 $G(G=\rho_g u)$ 的函数，即

$$\left.\begin{aligned}&\varepsilon=1, \quad G<G_{cr}\\&\varepsilon=1+k_G(G-G_{cr}), \quad G>G_{cr}\end{aligned}\right\} \tag{6-14}$$

式中：G_{cr} 为发生侵蚀的界限密流；k_G 为侵蚀系数；G_{cr}，k_G 都是由实验所得的经验数据。

在苏联的火箭技术资料中，习惯于将侵蚀比 ε 表示为 æ 值的函数，而

$$\text{æ}=\frac{A_b}{A_p} \tag{6-15}$$

式中：A_b 为某横截面上游的燃烧表面积；A_p 为某横截面上燃气通道截面积；æ 为某横截面上的通气参量。

A_b 实际上代表流经该燃气通道横截面的质量流量，而 æ 表征该横截面气流速度的大小。对于苏制的“H”型双基推进剂，其经验公式为

$$\varepsilon=1+3.3\times10^{-3}(\text{æ}-100) \tag{6-16}$$

这里产生侵蚀的界限值为 $\text{æ}_{cr}=100$。

(3) 控制侵蚀燃烧的设计准则。在实际设计工作中，需要利用发动机和装药的某些几何尺寸之间的关系，很快地判断初始压强峰的大小，也就是判断药柱的侵蚀燃烧情况。为此，通过实验研究，对发动机某些典型的几何尺寸建立一个能表示侵蚀燃烧程度的准则值，作为设计发动机时控制侵蚀燃烧的依据。常用的准则：

1) J 准则(喉通比准则)，即

$$J=\frac{A_t}{A_p} \tag{6-17}$$

式中：A_t 为喷管的喉部面积；A_p 为燃烧室通气面积。

通过实验，对不同的 J 值，可测得相应的初始压强峰与平衡压强之比(简称为“压峰比”)为

$$\varphi=\frac{p_{max}}{p_{eq}}$$

式中：p_{max} 为初始压强峰值；p_{eq} 为燃烧室正常工作时的平衡压强。

对于双基推进剂，一般取临界值 $J_{cr}\leqslant0.5$，可使 $\varphi<1.5$ 左右。

2)“$\mathscr{X}$”准则(通气参量准则)。一般对于双基推进剂取$\mathscr{X}_{cr}$值不超过170,则$\varphi<1.5$。对具体型号的双基推进剂,其$\mathscr{X}_{cr}$值可查阅“火炸药手册”。

以上的准则值与压峰比的关系,是在一定实验条件下确定的,它有很大的局限性。所以,在发动机设计中仅作为参考,而不能作为精确计算的根据。

5. 其他工作条件对燃速的影响

影响推进剂燃速的因素,除上述介绍的几种外,还有其他一些因素。例如,导弹在起飞或变速飞行时,或者是依靠旋转作为控制导弹飞行稳定时,都存在着纵向加速度和离心加速度。实验证明,垂直于燃烧表面并指向推进剂的加速度作用使燃速增加。燃速增大的百分比随加速度的增大而增大。其大致趋势为,加速度在100 g以下时,燃速增加很快;在100 g以上,燃速便增加缓慢。同时,随着燃烧室压强的增加,加速度作用对燃速的影响也增加。另外,从实验还可看到,复合推进剂比双基推进剂有更显著的加速度效应,其中加铝粒的复合推进剂尤为显著。

推进剂燃速还受燃烧室中的压强变化率的影响。当燃烧室快速增压时,其燃速要比相应压强下的静态燃速有所增加。当快速降压时,其燃速则低于相应压强下的静态燃速。这种影响,目前只有通过实验才能确定。

除此之外,推进剂的应变也对燃速有影响。因为,在发动机贮存和工作过程中,由于压强分布、温度变化,以及飞行过载而引起药柱的复杂应力状态,致使燃速有所改变。

由上述内容可见,推进剂燃速在具体的装填条件和使用条件下存在着不同数值。因此,在设计发动机过程中,将燃速仪中或标准发动机中测得的燃速值作为原始数据,最后,还需要用小型全尺寸模拟发动机实验来修正。

6.4 固体推进剂的不稳定燃烧

6.4.1 不稳定燃烧现象与危害

在固体火箭发动机的研制过程中,无论是国内还是国外,都曾遇到过不稳定燃烧或燃烧不稳定性的问题。不稳定燃烧的基本特征如图6-14所示,即燃烧室压强随时间作周期性或近似周期性的振荡,并有可能进一步发展为不规则的变化,故又称为振荡燃烧或不规则燃烧(区别于由侵蚀燃烧而引起的初始压强峰,有时称由振荡燃烧而引起的不规则压强变化为二次压强峰)。“燃烧不稳定性”一词,有时指不稳定燃烧现象本身,但更侧重于发动机或推进剂发生不稳定燃烧现象的倾向或可能性。这种潜在的倾向或可能性一旦变为现实,必将给发动机研制带来灾难性的后果。因此,与其在发动机出现不稳定燃烧现象后采取各种补救措施,不如防患于未然,即在发动机研制的早期尽可能避免和减小这种不稳定性。所以,在分析、评价和表征发动机工作性能及推进剂燃烧特性时,使用“燃烧不稳定性”一词似乎更为恰当。

不稳定燃烧是一种非稳态燃烧或瞬态燃烧现象,但它与点火、熄火和爆燃转爆轰等瞬态燃烧现象不同,后面这些过程虽然同样伴随有压强随时间的变化,但并不具有周期性或近似的周期性。这是必须加以区别的。

当发动机出现不稳定燃烧时,由于燃烧室压强的振荡和不规则变化,必然伴随着推力的振荡和不规则变化。此外,还可能伴随有发动机的强烈振动、排气声音和气味异常、壳体温度异常升高、发动机意外旋转和装药燃烧终止后表面有凹坑或波纹等。

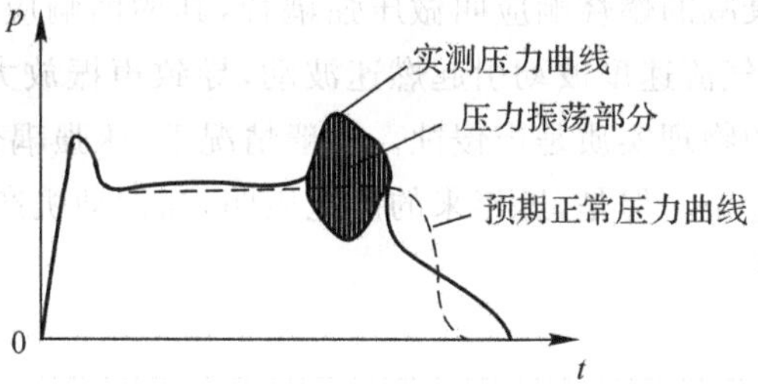

图 6-14　出现不稳定燃烧时的压强-时间曲线

如果发动机发生了不稳定燃烧,特别是燃烧室压强由小的振荡发展到大的不规则变化(即所谓的二次压强峰),则发动机壳体所受的机械负荷急剧增大,甚至发生爆炸。由于发动机的推力振荡和不规则变化,则不能实现预期的推力方案,因而火箭偏离预定的弹道,不能完成既定的任务。发动机的振动则可能妨碍导弹其他部件的正常工作,使制导失灵。不稳定燃烧还会降低燃烧效率,从而使比冲减小。凡此种种,均将导致发动机研制周期的延长和研制费用的增多,有时甚至导致研制的失败。因此,固体火箭发动机结构简单、工作可靠这样一些非常吸引人的优点往往由于出现不稳定燃烧而大为逊色。

6.4.2　分类

不稳定燃烧有各种不同的分类方法,这些分类方法各有其特点,相互之间有一定的联系和交叉。分类不仅是为了研究方便,同时也反映了从不同角度获得的研究成果,并且,还可以针对不同类型的特点,采取有效的措施,来消除或防止不稳定燃烧。分类的原则包括:按机理来分类、按数理模型来分类和按便于工程应用的观点来分类。

1. 按机理来分类

根据迄今对不稳定燃烧的认识,按照燃烧过程与声场的相互关系可分为声不稳定和非声不稳定两大类。声不稳定性是推进剂燃烧过程与发动机内腔的声学过程相互作用的结果,伴随有声频压强振荡,振荡频率与空腔声振固有频率相同。这类不稳定问题通常都作为一个声学的自激振荡系统来研究。非声不稳定与声场作用无关,它是由燃烧过程本身所引起的。例如,某些含金属的推进剂在恒压条件下出现的低频振荡是由于推进剂表面上金属熔聚团周期性脱落而引起的。再如,小发动机在低温、低压下发生的喘振(断续燃烧)是由于气相向固相反馈的热量过少,不足以保证固相的分解和汽化过程正常进行,以致发生燃烧的中断。此外,类似条件下发生的 L^* 不稳定则是由于燃烧过程和排气过程的相互作用而引起的。如图 6-15 所示,断续燃烧以其平均压强反复下降到零点(指表压)而区别于一般的 L^* 不稳定,此外,频率也稍低些。上述各种非声不稳定的共同特征就是压强振荡的频率远低于发动机内腔声振的固有频率,故振荡过程与声场的作用完全无关。

对于声不稳定,也可以根据推进剂燃烧过程与声场相互作用的本质进一步分为压强耦合和速度耦合两类。当燃烧室中燃烧产物发生振荡时,气体的压强、密度、温度和速度等均是瞬态的。如果推进剂燃烧表面处于声振荡的环境中,则压强振荡和气体微团的振速(如果平行于燃面）必然使燃速波动。于是，燃烧产物离开燃面的法向流速、燃气质量流量和能量释放率包含一定的振荡分量，这就是燃面对声压和振速的响应。其中，由于燃面上气体压强波动引起燃速波动，导致声振放大或衰减的燃烧响应叫做压强耦合，其燃面响应的物理实质是声导纳；而由于燃面上平行其表面的气流速度波动引起燃速波动，导致声振放大或衰减的燃烧响应则叫做速度耦合，其燃面响应的物理实质是声侵蚀。一般情况下，压强耦合往往是声振放大的主要机理，而速度耦合一般可忽略。但是，近年来的研究表明，当发动机产生 1 000 Hz 以下的纵向振荡时，速度耦合必须考虑。

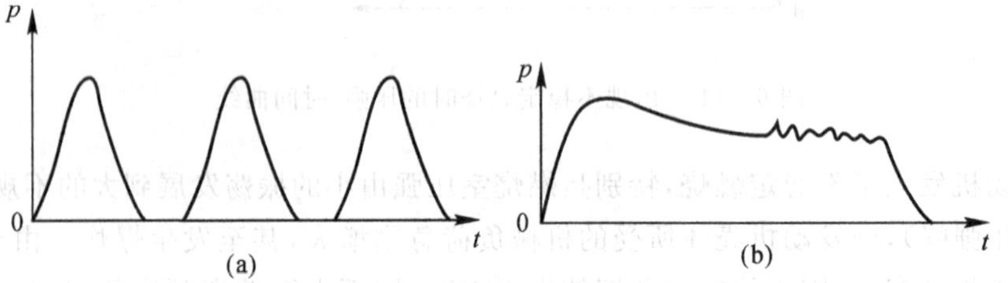

图 6-15 两种非声不稳定燃烧的压强-时间曲线

(a) 喘振（断续燃烧）；(b) L^* 不稳定

对于声不稳定，还可以根据声振荡的振型（波动在空腔中的传播方向及振幅的空间分布特征等）来分类。一般固体火箭发动机燃烧室多是圆柱形的，当其空腔内发生声振荡时，可从声学上划分为几个不同方向的振型（或振模）。如果振荡发生在燃烧室轴向，则称为纵向振型或轴向振型。如果振荡发生在燃烧室横截面内，则称为横向振型，其中又有径向振型和切向振型之分，如图 6-16 所示。对于一台具体的发动机，其声不稳定既可能是纯的轴向、径向或切向振型，更可能是一种复合振型。考虑到边界的限制，波动还有驻波和行波之分。看来，燃烧室内更易于激起切向行波。

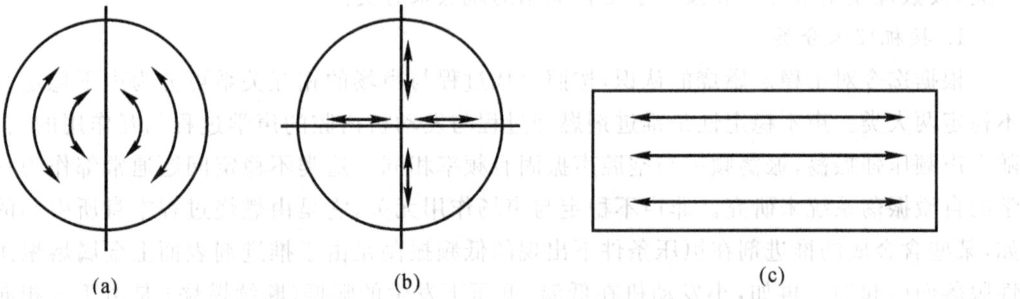

图 6-16 燃烧室内声振荡的振型

(a)切向振型；(b)径向振型；(c)轴向振型

最后，对于声不稳定，还可以根据声振荡的频率范围区分为高频（1 000 Hz 以上）、中频（100～1 000 Hz）和低频（100 Hz 以下）三类。对于一般发动机的燃烧室，由于横向尺寸较纵向小，故横向振型的频率较高，其中，径向振型的频率又高于切向振型的频率。因此，高频声振荡燃烧通常为横向振型，主要是压强耦合。对此，一般可在推进剂中加入金属组分（特别是铝粉）来成功地抑制不稳定性。国内、外固体火箭发动机在早期研制过程中遇到的严重问题就是高频不稳定性。中频声振荡燃烧通常发生在纵向振型，除压强耦合外，还可能包含有速度耦合。对此，不能采用在推进剂中加入金属组分的方法来抑制；相反，还可能由于金属组分的加入而加剧不稳定性。低频振荡燃烧多出现在低压或推进剂中含有金属组分的场合。此时，既可能是声不稳定，也可能是非声不稳定。

2. 按数理模型来分类

无论是声不稳定还是非声不稳定，原则上均可按振荡增长的数理模型而区分为线性和非线性两类。线性不稳定燃烧是由于在稳态燃烧过程中微小振幅的扰动得到放大而引起的，振荡是简谐的，振幅很小，振幅的相对增长率为常数。因此，在数学上可用线性微分方程来描述和分析。非线性不稳定燃烧是由于在稳态燃烧过程中有限振幅振荡的扰动而引起的，振幅为有限值，需要用非线性微分方程来描述，数学分析比较困难，目前还研究得很不充分。非线性不稳定往往是小振幅的线性不稳定发展的结果。故早期有人认为只需控制住线性不稳定，不使其发展到非线性不稳定，因而只需研究线性不稳定就够了。然而，问题却不尽如此。有的发动机可能是线性稳定的，但却是非线性不稳定的，也就是说，它在通常情况下是稳定的，但受到有限振幅的扰动时(比如某种碎片，如点火器碎片、包覆片等通过喷管喉部而引起的扰动)就变得不稳定。这就是下面要提到的脉冲触发不稳定，它常成为发动机的一种潜在危险。

3. 按便于工程应用的观点来分类

上述按机理和按数理模型的分类方法，对于深入的理论和实验研究是很有用的。但是，对于某一台具体发动机所出现的不稳定燃烧，往往很难用上述方法加以区分，因为它往往不是单一的某种类型的不稳定燃烧。比如，按机理来说，可能压强耦合和速度耦合同时在起作用；按振型来说，可能横向振型和纵向振型同时存在；而按频率来说，可能既有高频，又有中频；等等。因此，为便于工程应用，可按动态压强记录(即不稳定燃烧的发生和发展过程)的特点及可能采取的对策，将不稳定燃烧概略地区分为以下 3 种类型，即弱不稳定、强不稳定及脉冲触发不稳定，其压强-时间曲线如图 6－17 所示。

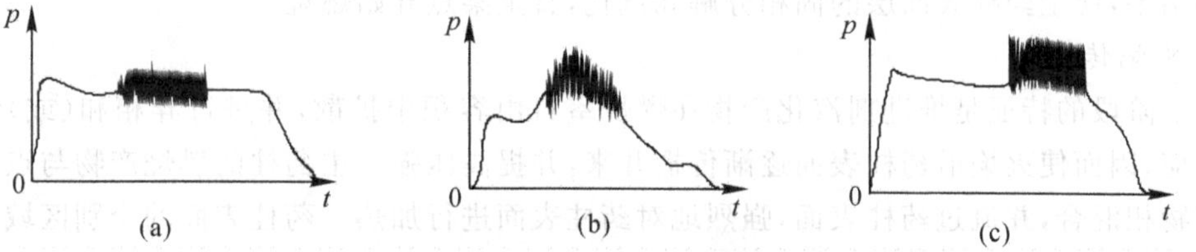

图 6－17　工程上常见的 3 种不稳定燃烧压强-时间曲线

(a)弱不稳定；(b)强不稳定；(c)脉冲触发不稳定

弱不稳定如图 6－17(a)所示，这类不稳定燃烧的压强振幅始终不大(例如不超过十分之几个 MPa)，或者振幅稍大，但持续时间很短，其振荡的平均压强-时间曲线与稳态燃烧的压强-时间曲线偏离不大。某些轻微的弱不稳定燃烧对发动机及飞行器并不产生有害的影响，因而经过全面而审慎的鉴定，在作出恰当的结论后仍然可以允许它存在。

强不稳定如图 6－17(b)所示，这类不稳定燃烧发生后，振幅由小发展到大，持续时间较长，并伴随有平均压强-时间曲线的二次压强峰或显著的不规则变化。强不稳定燃烧对任何发动机都是不允许存在的，必须采取措施予以消除或削弱。

脉冲触发不稳定如图 6－17(c)所示，这类不稳定燃烧的特征是在发动机工作过程中突然出现大振幅的压强振荡，平均压强陡峭上升。这种不稳定燃烧具有较大的偶然性，常构成潜在的危险。最好通过"脉冲试验"予以确认，然后按照实际情况或者修改发动机设计，或者消除其潜在的不稳定性根源，或者控制其产生触发的条件。总之，对这类不稳定燃烧也必须采取有效措施，予以消除或削弱。

上述区分在目前只是概略的，还不能明显地规定各类型在数量上的界限。

以上，我们对固体火箭发动机不稳定燃烧的现象作了简要的描述，可以看到，这一现象是非常复杂的，研究的难度也较大。目前，人们对线性声不稳定燃烧已作了较充分的实验和理论研究，已经能够利用线性声振机理在较广泛的条件下估计所发生的不稳定燃烧现象，但对非线性声不稳定燃烧的研究还很不成熟，需要进一步的探索。

6.5 点火与熄火

固体火箭发动机的点火与熄火是两个重要的过程。它们的特点是具有强烈的瞬变性，因而给研究工作带来很大困难。这里仅介绍一些有关的基本概念。

6.5.1 点火

固体火箭发动机的点火，是在燃烧室自由容积中和在主药柱表面层所进行的气体动力学过程与物理-化学过程的总称。它从外界施加作用的时刻开始，例如点燃点火药，直到发动机建立起稳定的工作状态为止。点火过程包括下述几个阶段。

1. 点火延迟期

首先，就是依靠外界作用向推进剂传递能量，外界作用的性质可能是热的、化学的或者是机械的。最常见的情况是用点火药的燃烧产物向主药柱表面传热来点火。点火药的燃烧产物可利用辐射、对流与落到主药柱表面上的炽热的颗粒进行传热，这就是基本的传热机理。进行加热的结果，使主药柱表面层的固相分解和汽化，直至某点开始燃烧。

2. 火焰传播期

第二阶段的特征是推进剂汽化产物在燃烧室自由容积中扩散，并进行异相和(或)气相的化学反应，因而使火焰沿药柱表面逐渐传播开来，并提高压强。主药柱的燃烧产物与点火药的燃烧产物相混合，并流过药柱表面，强烈地对药柱表面进行加热。药柱表面的个别区域达到某个点火的临界条件，就将形成燃烧点。使用含有大量凝相颗粒的烟火剂，对这种燃烧点的形成尤其有效。将各个局部的燃烧点连接起来，火焰就沿着药柱表面进行传播。

3. 燃烧室充填期

点火的完成阶段，这是一个压强上升，并使发动机建立起稳定工作状态的阶段。在这个时期内，剩余的点火药全部燃尽，由燃烧面得到的燃气生成量和流经喷管的流量达到平衡。

点火过程是一个复杂的非稳态的过程，它的阶段划分在一定程度上也是有条件的。但是大体上说，所研究的物理模型已经被试验结果所证实。

固体推进剂的点火性能与推进剂配方、氧化剂颗粒的分布、推进剂的初温和周围介质等有关，同时还与固体推进剂装药的尺寸、点火器的安放位置及其特性等结构的因素有关。双基推进剂由于自动着火温度低，具有较小的点火延迟时间，点火比较容易。但这时需要高的点火初始压强值(3 MPa 或更高)。复合推进剂的点火性能比双基推进剂差一些，但它们的特点是具有小的点火初始压强允许值。

6.5.2　熄火

固体火箭发动机根据应用场合的不同,有两种熄火情况。对大多数战术火箭来说如果不是在主动段集中目标,就是在推进装药燃尽后自行熄火。对于弹道式战略火箭来说,为了保证弹头命中目标,而对于航天用途的火箭来说,为了使有效载荷准确进入预定轨道,都要求火箭在主动段终点具有预定的速度向量。由于火箭发动机的工作参数存在随机偏差,作用在火箭上的外力情况存在随机扰动,因此有必要在一定范围内调整发动机的工作时间。通常在火箭头部装置加速度积分仪作为测定速度的传感器,当火箭达到规定的速度向量时发出信号,停止对弹头的推力作用,这一过程叫做推力终止。

推力终止首先要使燃烧的推进剂迅速熄火,不再产生推力,同时要使弹头与火箭发动机强行分离,即使有某些剩余推力,仍不至于作用在弹头上,以免干扰弹头的预定弹道。为此,可以采用反推力装置,在发动机头部设置若干个反向喷管,发动机正常工作时,它们都被密封堵住,一到需要终止推力时,就将它们突然打开,这时,产生反向推力使发动机与弹头脱离。

打开反向喷管时,燃烧室压强突然降低。突然降压使燃烧室内燃气的密度减小,火焰与推进剂表面距离增大,减小了温度梯度,因而减小了由火焰传递给推进剂表面的热流密度。另一方面,压强降低使气相反应速度减小,造成气相反应区增厚,也使温度梯度减小。上面两个因素结合在一起,当降压率达到一定值时,便造成熄火。

对于复合推进剂来说,由于氧化剂与燃料成分的分解速率对表面热流密度变化的敏感程度不同,当突然降压时,就引起气相混合比暂时变化,一般是变成更富燃的,因而火焰温度显著下降。这反过来又使表面所接受的热流密度减小,造成恶性循环,导致迅速熄火。

实验证明,当燃烧室内压强变化率 $\mathrm{d}p/\mathrm{d}t$ 超过某一临界值时,装药便能可靠熄火。每一种推进剂都有其特定的临界压强下降率,它也与熄火前的燃烧室压强值有关,熄火前燃烧室压强越高,临界压强下降率也越大。

这里举一个数据为例:某一种复合推进剂,当燃烧室压强为 3.75 MPa 时,临界压强下降率$(-\mathrm{d}p/\mathrm{d}t)_{\mathrm{cr}}=510\ \mathrm{MPa/s}$。

另一种强迫熄火的方法是喷射阻燃剂。阻燃剂可以采用液体(如水)、固体(如碳酸氢铵粉末)或气体(如氮气)。向推进剂表面喷射阻燃剂时,阻燃剂升温或汽化要吸收热量,从而降低了装药表面温度和燃气温度;阻燃剂本身以及它所产生的气体,阻挡了燃气向装药表面的热量传递,也使装药表面温度降低,因此使推进剂分解速率及火焰温度降低,进而造成燃烧室压强急剧下降,导致推进剂熄火。

选择阻燃剂时要求它的热容要大,以便减少阻燃剂消耗量。这种方法的缺点是需要在火箭上装置阻燃剂系统,其中包括贮箱和喷注器等,增加了结构复杂性和质量。

无论是自行熄火还是强迫熄火,在熄火后都有一段燃烧室内燃烧产物向外排出的过程,这时压强和推力持续下降,形成压强-时间曲线的脱尾段。在拖尾段中推力所产生的冲量,叫做后效冲量。后效冲量的大小及偏差影响弹道精度,也影响级的分离。级的分离(包括弹头与末级发动机的分离)通常是要求推力在大约 10 ～ 20 s 内终止,因此要求后效冲量应小。采用反推力喷管就是减小后效冲量的一个办法。

杨南生——中国火箭事业开创者

杨南生，火箭专家、塑性力学专家、中国科学院院士，主要从事火箭的研究与设计工作、弹塑性断裂力学的教学与研究工作，擅长于运用力学的基本原理解决火箭研制中的技术难题。

其父任仰光是中学校长，父亲的华侨生涯和留日学经济后报国艰难的人生体验，给予他两点可贵的影响，一是“爱国”，二是“实学”；加之受当时清华大学物理系知名教授萨本栋的熏陶，杨南生爱科学，尤爱航空，所以本科考入西南联合大学航空系，后赴英国曼彻斯特大学深造。出国前，钱伟长建议他将塑性力学作为研究方向。

杨南生博士毕业回国后，一心一意参加实际建设工作，1958 年中国科学院遵照毛泽东主席“我们也要人造卫星”的指示，以力学研究所为主组建了 1001 设计院，负责卫星和运载火箭的设计，杨南生被委派为技术负责人。他带领仓促集合的 30 多位同志真抓苦干，独立完成了一种可发射 100 kg 卫星的三级液体燃料运载火箭的设计图纸，与导弹研制部门并行地开创了我国的火箭事业，该火箭模型，在中国科学院 1958 年举办的“自然科学跃进成果展览会”上成功展出，并接受毛泽东主席和其他党和国家领导人的参观。

1964 年杨南生再次接受调动，到国防部第五研究院第四分院任副院长，担任固体火箭发动机研制的技术领导工作。此后 20 余年，他南征北战，埋头苦干，领导研制成功了 10 余种用于武器的固体火箭发动机，还开展了大量固体火箭推进技术预研课题，为我国固体火箭事业的创建和发展作出了突出贡献，也为我国研制第二代固体火箭打下了坚实的技术基础。

杨南生院士作为我国第一代火箭专家和火箭事业的开创者，他的成就、才学、强烈的事业心和艰苦奋斗的精神，是所有航天人的榜样和楷模。

第 7 章　燃烧产物在燃烧室中的流动

固体推进剂在燃烧室中燃烧，成为具有一定压力和温度的燃气。该燃气以一定的流速通过燃烧室内的燃气通道进入喷管。由于燃烧室和喷管各有不同的结构特点，故燃气在燃烧室和喷管中的流动也具有不同的特点。本章将讨论燃气在燃烧室中流动的基本规律。

7.1　燃烧产物流动的基本方程

7.1.1　燃烧产物流动的特点

燃烧产物在固体火箭发动机中的流动情况是十分复杂的，特别是在燃烧室中，产物的流动过程与装药的燃烧过程息息相关。当推进剂装药在燃烧室中燃烧时，其燃烧产物在装药通道中的流动具有以下显著特点。

(1)加质流动。由于装药不断燃烧，燃面上生成的新的燃烧产物不断加入到通道主流中，因而这种流动是一种有质量加入的流动。

(2)非定常流动。由于装药通道因燃烧而不断扩大，燃烧产物的各流动参数不单是位置的函数，而且是时间的函数，因而这种流动是非定常流动。

(3)非一维流动。由于加质流动的影响以及有的装药通道具有复杂或突变的形状，使气流产生湍流或涡流，不再符合一维流动的特性，且引起能量损失。

(4)耦合流动。燃烧产物的流动特性与推进剂燃烧特性耦合相关，如燃烧产物的压强和流速会影响推进剂的燃速特性，而推进剂的燃烧变化又会反过来影响燃烧产物的压强和流速。

(5)二相流动。流动的燃烧产物有时不仅是气体，而且是气、凝二相的混合物，此时的流动将具有二相流动的特点。

(6)化学反应流动。随着流动条件的变化，燃烧产物的某些组分会发生离解和复合等化学反应，燃烧产物中金属粒子的燃烧也会产生化学组分的变化。

为了理论研究和过程计算的方便，需要根据各守恒定律导出燃烧产物流动的一组基本方程。为此，必须对上述复杂流动现象加以简化，特作以下假设：

1)推进剂的燃烧和新生成的燃烧产物的加入均在瞬时完成；

2)新燃烧产物与主流燃烧产物均为理想气体，它们无摩擦、无黏性，它们的化学组分和热力性质完全一致，新燃烧产物沿燃面的外法线方向加入主流；

3)主流燃烧产物的流动为一维流动；

4)忽略或简化燃速与压强和流速的耦合作用。

现在根据上述假设，建立侧表面燃烧装药通道中燃烧产物为理想气体的一维非定常流动的基本方程。

7.1.2 一维加质非定常流动的基本方程

在装药通道内，截出长度为 Δx 的一段微元体，它由截面积为 $A(x,t)$ 和 $A+\dfrac{\partial A}{\partial x}\Delta x(x+\Delta x,t)$ 的左、右两截面以及装药微元燃烧表面 $\dfrac{\partial A_b}{\partial x}\Delta x$ 所组成，如图 7-1 所示。在 $A(x,t)$ 截面上燃烧产物的压强为 p，密度为 ρ，温度为 T，流速为 u；而在 $A+\dfrac{\partial A}{\partial x}\Delta x(x+\Delta x,t)$ 截面上燃烧产物的对应参数分别为 $p+\dfrac{\partial p}{\partial x}\Delta x$，$\rho+\dfrac{\partial \rho}{\partial x}\Delta x$，$T+\dfrac{\partial T}{\partial x}\Delta x$ 和 $u+\dfrac{\partial u}{\partial x}\Delta x$。取 p，u 的方向与轴方向一致时为正。

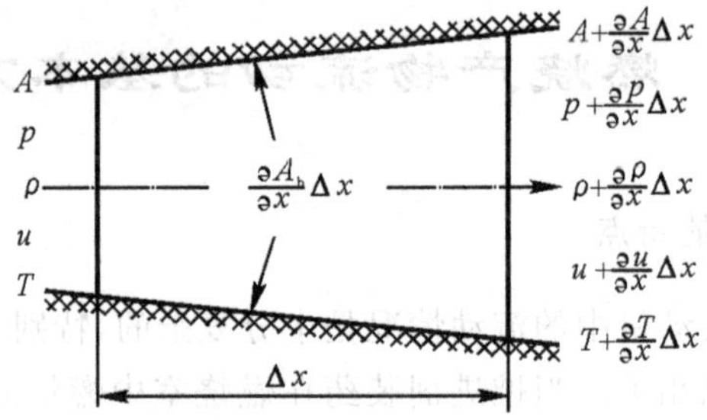

图 7-1 微元体示意图

1. 质量守恒方程

在 Δt 时间内，微元体中质量的变化量应等于在该时间内通过 A 和 $A+\dfrac{\partial A}{\partial x}\Delta x$ 截面的流动迁移在微元体内产生的质量增量与因装药燃烧进入该微元体的质量之和。

(1) 微元体中质量的变化量为

$$\frac{\partial}{\partial t}(\rho A\Delta x)\Delta t$$

(2) 通过 A 和 $A+\dfrac{\partial A}{\partial x}\Delta x$ 截面的流动迁移在微元体内产生的质量增量(取流入微元体的质量为正)为

$$\rho Au\Delta t-\left(\rho+\frac{\partial \rho}{\partial x}\Delta x\right)\left(A+\frac{\partial A}{\partial x}\Delta x\right)\left(u+\frac{\partial u}{\partial x}\Delta x\right)\Delta t$$

忽略高阶微量后，上述两项之差可近似合并为

$$-\frac{\partial}{\partial x}(\rho Au)\Delta x\Delta t$$

(3) 因装药燃烧加入微元体的燃烧产物的质量为

$$\rho_p r\frac{\partial A_b}{\partial x}\Delta x\Delta t$$

式中：ρ_p 为推进剂的密度；r 为推进剂燃速。

显然，根据质量守恒方程可得

$$\frac{\partial}{\partial t}(\rho A\Delta x)\Delta t=\rho_p r\frac{\partial A_b}{\partial x}\Delta x\Delta t-\frac{\partial}{\partial x}(\rho Au)\Delta x\Delta t \tag{7-1}$$

化简后可得

$$\frac{\partial}{\partial t}(\rho A)+\frac{\partial}{\partial x}(\rho A u)=\rho_{\mathrm{p}} r \frac{\partial A_{\mathrm{b}}}{\partial x} \tag{7-2}$$

2. 动量守恒方程

在 Δt 时间内，微元体中动量的变化量应等于在该时间内通过 A 和 $A+\frac{\partial A}{\partial x}\Delta x$ 截面的流动迁移在微元体内产生的动量增量与作用在微元体 x 轴向上的压力冲量的总和(忽略燃烧产物质量力的影响)。

(1) 微元体中动量的变化量为

$$\frac{\partial}{\partial t}(\rho A u)\Delta x \Delta t$$

(2) 通过 A 和 $A+\frac{\partial A}{\partial x}\Delta x$ 截面的流动迁移，在微元体内产生的动量增量为

$$\rho A u^{2}\Delta t-\left(\rho+\frac{\partial \rho}{\partial x}\Delta x\right)\left(A+\frac{\partial A}{\partial x}\Delta x\right)\left(u+\frac{\partial u}{\partial x}\Delta x\right)^{2}\Delta t$$

忽略高阶微量后，上述两项之差可近似合并为

$$-\frac{\partial}{\partial x}(\rho A u^{2})\Delta x \Delta t$$

(3) 作用在 A 的 $A+\frac{\partial A}{\partial x}\Delta x$ 截面上的总压力冲量为

$$-\frac{\partial}{\partial x}(p A)\Delta x \Delta t$$

(4) 作用在微元体侧表面上的压力冲量在 x 轴向上的分量为

$$\left(p \frac{\partial A_{\mathrm{b}}}{\partial x}\Delta x \Delta t\right)_{x}=p \frac{\partial A}{\partial x}\Delta x \Delta t$$

因此，根据动量守恒定律可得

$$\frac{\partial}{\partial t}(\rho A u)\Delta x \Delta t=-\frac{\partial}{\partial x}(\rho A u^{2})\Delta x \Delta t-\frac{\partial}{\partial x}(p A)\Delta x \Delta t+p \frac{\partial A}{\partial x}\Delta x \Delta t \tag{7-3}$$

化简后可得

$$\frac{\partial}{\partial t}(\rho A u)+\frac{\partial}{\partial x}(\rho A u^{2})=-A \frac{\partial p}{\partial x} \tag{7-4}$$

3. 能量守恒方程

在 Δt 时间内，微元体中能量的变化量应等于在该时间内通过 $A+\frac{\partial A}{\partial x}\Delta x$ 截面的流动迁移在微元体内产生的动量增量与因推进剂燃烧加给微元体的能量或功的总和(忽略燃烧产物质量力的影响)。

(1) 微元体中能量的变化量为

$$\frac{\partial}{\partial t}\left[\rho A\left(e+\frac{u^{2}}{2}\right)\right]\Delta x \Delta t$$

式中：e 为单位质量燃烧产物的内能；$u^2/2$ 为单位质量燃烧产物的动能。

(2) 通过 A 和 $A+\frac{\partial A}{\partial x}\Delta x$ 截面的流动迁移，在微元体内产生的能量增量为

$$\rho A u\left(e+\frac{u^2}{2}\right)\Delta t-\left(\rho+\frac{\partial\rho}{\partial x}\Delta x\right)\left(A+\frac{\partial A}{\partial x}\Delta x\right)\left(u+\frac{\partial u}{\partial x}\Delta x\right)\times$$
$$\left[\left(e+\frac{u^2}{2}\right)+\frac{\partial}{\partial x}\left(e+\frac{u^2}{2}\right)\Delta x\right]\Delta t$$

忽略高阶微量后，上述两项之差可近似合并为

$$-\frac{\partial}{\partial x}\left[\rho A u\left(e+\frac{u^2}{2}\right)\right]\Delta x\Delta t$$

(3) 作用在 A 和 $A+\frac{\partial A}{\partial x}\Delta x$ 截面上的总压力功为

$$-\frac{\partial}{\partial x}(pAu)\Delta x\Delta t$$

(4) 因推进剂燃烧加入微元体的能量为

$$\left(\rho_p r\frac{\partial A_b}{\partial x}\Delta x\Delta t\right)h_s$$

式中：h_s 为单位质量推进剂燃烧产生的燃烧产物的滞止焓。

因此，根据能量守恒方程可得

$$\frac{\partial}{\partial t}\left[\rho A\left(e+\frac{u^2}{2}\right)\right]+\frac{\partial}{\partial x}\left[\rho A u\left(e+\frac{u^2}{2}\right)\right]+\frac{\partial}{\partial x}(pAu)=\rho_p r h_s\frac{\partial A_b}{\partial x} \tag{7-5}$$

因为燃烧产物的焓等于其内能与流动功之和，即

$$h=e+pv=e+\frac{p}{\rho} \tag{7-6}$$

故式(7-5)可改写为

$$\frac{\partial}{\partial t}\left[\rho A\left(e+\frac{u^2}{2}\right)\right]+\frac{\partial}{\partial x}\left[\rho A u\left(h+\frac{u^2}{2}\right)\right]=\rho_p r h_s\frac{\partial A_b}{\partial x} \tag{7-7}$$

以上 3 个方程中有 5 个未知参数，即 p,ρ,T,u,A。因此，需要引入另外两个独立方程，才能联立求解。一个是已很熟悉的理想气体的状态方程，即

$$p=\rho RT \tag{7-8}$$

另一个是推进剂装药符合几何燃烧定律的燃烧方程。

4. 几何燃烧方程

在 Δt 时间内，微元体体积的变化量应等于该时间内燃烧掉的装药体积量。

(1) 微元体体积的变化量为$\frac{\partial A}{\partial t}\Delta t\Delta x$。

(2) 燃烧掉的装药体积量为 $r\Delta t\frac{\partial A_b}{\partial x}\Delta x$。

燃烧方程可表示为

$$\frac{\partial A}{\partial t}\Delta t\Delta x=r\Delta t\frac{\partial A_b}{\partial x}\Delta x \tag{7-9}$$

化简后得

$$\frac{\partial A}{\partial t}=r\frac{\partial A_b}{\partial x} \tag{7-10}$$

将式(7-2)、式(7-4)、式(7-7)、式(7-8) 和式(7-10) 组成联立方程为

$$\left.\begin{aligned}
&\frac{\partial}{\partial t}(\rho A)+\frac{\partial}{\partial x}(\rho A u)=\rho_{\mathrm{p}} r \frac{\partial A_{\mathrm{b}}}{\partial x} \\
&\frac{\partial}{\partial t}(\rho A u)+\frac{\partial}{\partial x}(\rho A u^{2})=-A \frac{\partial p}{\partial x} \\
&\frac{\partial}{\partial t}\left[\rho A\left(e+\frac{u^{2}}{2}\right)\right]+\frac{\partial}{\partial x}\left[\rho A u\left(h+\frac{u^{2}}{2}\right)\right]=\rho_{\mathrm{p}} r h_{\mathrm{s}} \frac{\partial A_{\mathrm{b}}}{\partial x} \\
&p=\rho R T \\
&\frac{\partial A}{\partial t}=r \frac{\partial A_{\mathrm{b}}}{\partial x}
\end{aligned}\right\} \tag{7-11}$$

可以看出，式(7-11)中方程数目与未知数相等。这样，就可在给定的初始条件和边界条件下用计算机进行数值求解，解出各流动参数随 x 和 t 的变化规律。

方程组(7-11)是燃烧产物在装药通道内作一维非定常加质流动的偏微分方程组，若将式(7-11)与一维定常等熵流动的基本方程组相比较，可明显看出由于非定常流和加质流这两个特点对方程组产生的影响。

7.1.3 一维加质准定常流动的基本方程

如果流动诸参数随时间的变化并不剧烈，那么可以把流动的整个时间区间分隔成一系列微小的时间间隔 Δt，在每一个 Δt 内可视流动是不随时间变化的定常流动，但在不同的 Δt 内的流动参数则不相等，称这样的流动为准定常流动。

在固体火箭发动机正常工作中，除了点火过程、推力终止或结束过程等短暂的瞬变过程外，其余大部分时间内气流参数随时间的变化率很小；而在气体通过装药通道长度的时间间隔内，装药通道截面积的变化量也远小于通道截面积本身。因此，可以把燃烧产物在燃烧室内的流动看成是准定常的一维加质流动。这样式(7-11)中前 3 个方程对 t 取偏导数的项均等于零，它们可简化成只对 x 求导的常微分的形式，即

$$\left.\begin{aligned}
&\frac{\mathrm{d}}{\mathrm{d} x}(\rho A u)=r \rho_{\mathrm{p}} \frac{\mathrm{d} A_{\mathrm{b}}}{\mathrm{d} x} \\
&\frac{\mathrm{d}}{\mathrm{d} x}(\rho A u^{2})=-A \frac{\mathrm{d} p}{\mathrm{d} x} \\
&\frac{\mathrm{d}}{\mathrm{d} x}\left[\rho A u\left(h+\frac{u^{2}}{2}\right)\right]=\rho_{\mathrm{p}} r h_{\mathrm{s}} \frac{\mathrm{d} A_{\mathrm{b}}}{\mathrm{d} x}
\end{aligned}\right\} \tag{7-12a}$$

将式(7-6)和式(7-12)中的第一个方程代入式(7-12)中的第三个方程，经简化后可得

$$\mathrm{d}\left(h+\frac{u^{2}}{2}\right)=0$$

式(7-11)中第五个方程可改写成如下形式，单独对 t 积分求解，有

$$\frac{\mathrm{d} A}{\mathrm{d} t}=r s \tag{7-12b}$$

式中：s 为通道截面形状的周边长。

这样，方程组(7-12a)和(7-12b)，再加上状态方程，构成了燃烧产物在燃烧室中实现一维加质准定常流动的基本方程组。

7.2 燃气在等截面装药通道中的流动

现在讨论燃气在燃烧室内不同形状通道中流动时燃气参量的变化规律。

7.2.1 等截面装药通道中燃烧产物流动基本方程

在许多情况下，装药通道是等截面的，如图 7-2 所示。在式(7-12) 中令 $A=\text{const}$，便得到有质量加入的等截面装药通道中燃烧产物的一维准定常流动方程。

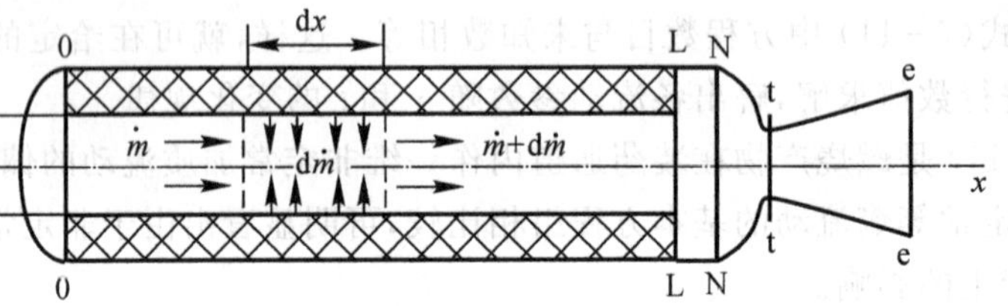

图 7-2　燃烧室等截面装药通道中的流动示意图

$$\left.\begin{aligned}&\frac{\mathrm{d}}{\mathrm{d}x}(\rho A u)=\rho_{\mathrm{p}} r \frac{\mathrm{d}A_{\mathrm{b}}}{\mathrm{d}x}\\&\frac{\mathrm{d}}{\mathrm{d}x}(\rho u^{2})=-\frac{\mathrm{d}p}{\mathrm{d}x}\\&\frac{\mathrm{d}}{\mathrm{d}x}\left[\rho A u\left(h+\frac{u^{2}}{2}-h_{\mathrm{s}}\right)\right]=0\end{aligned}\right\}\tag{7-13}$$

下面讨论式(7-13) 的积分形式，用符号 A_p 代替 A，A_p 专指装药通道的横截面积。为简便起见，假设在装药前端 $x=0$ 处，$u_0=0$。

1. 质量守恒方程

由式(7-13)，得

$$\mathrm{d}(\rho u A_{\mathrm{p}})=\rho_{\mathrm{p}} r s\,\mathrm{d}x$$

令 $\dot{m}=\rho u A_p$ 表示任一截面的质量秒流量(简称秒流量)，则

$$\mathrm{d}\dot{m}=\rho_{\mathrm{p}} r s\,\mathrm{d}x\tag{7-14}$$

式(7-14) 表明，装药通道任一微元段秒流量的增加，完全来源于该微元段装药燃烧产生的质量秒生成量(简称秒生成量)。

积分式(7-14)，得

$$\dot{m}=\rho_{\mathrm{p}} s\int_{0}^{x} r\,\mathrm{d}x$$

2. 动量守恒方程

由式(7-13)，得

$$\mathrm{d}(\rho u^{2})=-\mathrm{d}p$$

积分得

$$p_{0}-p=\rho u^{2}\tag{7-15}$$

式中：p，p_0 分别为任一截面燃气的压强和装药前端的压强(等于装药前总压)。

式(7-15)表明,从装药前端至任一截面,单位时间内单位面积上燃气动量的增加,等于该两截面间的压差。

3. 能量守恒方程

由式(7-13),得

$$\mathrm{d}\left[\dot{m}\left(h+\frac{u^2}{2}-h_s\right)\right]=0$$

积分上式,得

$$h+\frac{u^2}{2}=h_s$$

式中:h,h_s 分别为任一截面单位质量燃烧产物的焓和总焓。

将

$$h=c_pT$$

$$h_s=c_pT_s$$

$$T_s=T_0$$

代入上式得

$$c_pT+\frac{u^2}{2}=c_pT_s \tag{7-16}$$

式中:T_s 为推进剂的定压燃烧温度。

式(7-16)表明,任一截面单位质量燃烧产物的焓与动能之和为一常量,等于总焓。

7.2.2　燃气无量纲参量随 λ 的变化

速度系数 λ 本身是无量纲流速,即

$$\lambda=\frac{u}{c_*}$$

式中:u 为发动机任一截面燃气的流速;c_* 为临界声速。

1. 任一截面与装药前端的温度比 T/T_0

由式(7-16)及气动函数 $\tau(\lambda)$,得

$$\frac{T}{T_0}=1-\frac{k-1}{k+1}\lambda^2=\tau(\lambda) \tag{7-17}$$

2. 任一截面与装药前端的压强比 p/p_0

由式(7-15)及气动函数 $r(\lambda)$,得

$$\frac{p}{p_0}=\frac{p}{p+\rho u^2}=\frac{1-\dfrac{k-1}{k+1}\lambda^2}{1+\lambda^2}=r(\lambda) \tag{7-18}$$

3. 任一截面与装药前端的密度比 ρ/ρ_0

由状态方程及式(7-17)、式(7-18)得

$$\frac{\rho}{\rho_0}=\frac{p}{p_0}\,\frac{T_0}{T}=\frac{r(\lambda)}{\tau(\lambda)}=\frac{1}{1+\lambda^2} \tag{7-19}$$

4. 任一截面与装药前端的总压比 p_s/p_0

$$\frac{p_s}{p_0}=\frac{p}{p_0}\,\frac{p_s}{p}=\frac{p}{p_0}\,\frac{1}{\pi(\lambda)}$$

式中:p_s 为任一截面燃气的总压。

将式(7-18)代入上式,得

$$\frac{p_s}{p_0}=\frac{r(\lambda)}{\pi(\lambda)}=\frac{1}{f(\lambda)} \tag{7-20}$$

或

$$\sigma(\lambda)=\frac{p_s}{p_0}=\frac{1}{f(\lambda)} \tag{7-21}$$

式中:$\sigma(\lambda)$ 为总压恢复系数。

图 7-3 所示为等截面装药通道中燃气无量纲参量随 λ 值的变化。

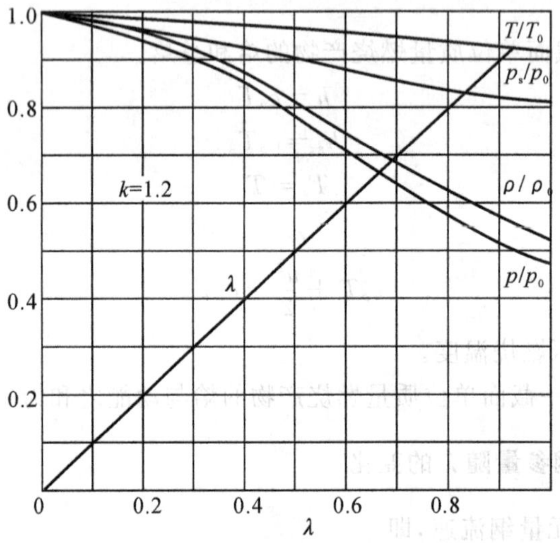

图 7-3 等截面装药通道中无量纲参量随 λ 值的变化

以上关系中,自变量 λ 的变化范围是从装药前端的 0 到装药末端的 λ_L,λ_L 值可由喉通比 J 确定。因为装药末端至喷管中,沿途不再有燃烧产物加入,所以由质量守恒得

$$\rho_L u_L A_p=\rho_t u_t A_t$$

$$J=\frac{A_t}{A_p}=\frac{\rho_L u_L}{\rho_t u_t}$$

当喷管中为超临界流动时,喉部为临界截面,即有

$$\rho_t=\rho_*$$

$$u_t=u_*$$

由气动函数 $q(\lambda)=\rho u/\rho_* u_*$,得

$$J=q(\lambda_L)=\left(\frac{k+1}{2}\right)^{\frac{1}{k-1}}\left(\frac{k-1}{k+1}\lambda_L^2\right)^{\frac{1}{k-1}}\lambda_L \tag{7-22}$$

式中:ρ_L,u_L 分别为装药末端燃气的密度、流速;ρ_t,u_t 分别为喷管喉部燃气的密度、流速;ρ_*,u_* 分别为临界密度和临界速度。

喉通比 J 是发动机的一个重要参数,它在工作过程中随时间变化。由式(7-22)可见,任一瞬间的 J 值决定了该瞬间装药末端的 λ_L 值,从而决定了装药末端诸无量纲参量值,以及整个等截面装药通道中诸无量纲参量的变化范围。随着装药燃烧的进行,J 值与 λ_L 值减小,各无量纲参量沿装药长度的变化趋于平缓。

7.2.3　燃气无量纲参量沿 x 轴的分布

为求无量纲参量沿 x 轴的分布，必须求得 λ 与坐标 x 的关系。

当采用指数燃速定律时，任一截面的燃速 r 可表示成

$$r = bp_c^n\varepsilon = r_0\left(\frac{p_c}{p_0}\right)^n\varepsilon \tag{7-23}$$

式中：b,n 为燃速系数和压力指数；r_0 为装药前端的燃速，$r_0 = bp_0^n$；ε 为侵蚀比。

在不同条件下，侵蚀比 ε 可有不同的表达形式，下面就表达式为 $\varepsilon=\varepsilon(\lambda)$ 时来推导 λ 与 x 的关系，然后可把参量随 ε 的变化转变成沿 x 轴的分布。

当侵蚀比归纳成函数 $\varepsilon=\varepsilon(\lambda)$ 时，式(7-23) 变为

$$r = bp^n\varepsilon(\lambda) = r_0\left(\frac{p}{p_0}\right)^n\varepsilon(\lambda)$$

将上式及式(7-18) 代入式(7-14)，得

$$d\dot{m} = \rho_p bp_0^n r^n(\lambda)\cdot\varepsilon(\lambda)s\,dx \tag{7-24}$$

将 $u=c_*\lambda$ 代入动量守恒方程，有

$$p_0A_p = \dot{m}u + pA_p = \dot{m}\left(u+\frac{p}{\rho u}\right)$$

得

$$\dot{m} = \frac{k}{k+1}\,\frac{p_0A_p}{c_*z(\lambda)} \tag{7-25}$$

式中：$z(\lambda)$ 为气动函数，且有

$$z(\lambda) = \frac{1}{2}\left(\lambda+\frac{1}{\lambda}\right)$$

将式(7-25) 微分，得

$$d\dot{m} = \frac{k}{2(k+1)}\,\frac{p_0A_p}{c_*}\,\frac{(1/\lambda^2)-1}{z^2(\lambda)}d\lambda \tag{7-26}$$

比较式(7-24) 和式(7-26)，得

$$dx = \frac{kp_0^{1-n}A_p}{2(k+1)c_*\rho_p bs}\psi(\lambda)\,d\lambda \tag{7-27}$$

式中

$$\psi(\lambda) = \frac{(1/\lambda^2)-1}{z^2(\lambda)r^n(\lambda)\varepsilon(\lambda)}$$

积分式(7-27)，并利用边界条件 $x=0$ 处，$\lambda=0$，得

$$x = \frac{kp_0^{1-n}A_p}{2(k+1)c_*\rho_p bs}\int_0^\lambda\psi(\lambda)\,d\lambda \tag{7-28}$$

作为特例，对于圆截面通道，$A_p/s=d/4$，故式(7-28) 变为

$$x = \frac{kp_0^{1-n}d}{8(k+1)c_*\rho_p b}\int_0^\lambda\psi(\lambda)\,d\lambda \tag{7-29}$$

式中：d 为装药通道直径。

令

$$B = \frac{kp_0^{1-n}d}{8(k+1)c_*\rho_p b}$$

$$f_1(\lambda)=\int_0^\lambda \psi(\lambda)\mathrm{d}\lambda$$

则可得

$$x=Bf_1(\lambda) \tag{7-30}$$

式(7-28)～式(7-30)表明了x与λ的一一对应关系。从而可把燃气参量随λ的变化转换成沿x轴的分布。

7.2.4 几个特征压力比的近似式

有时并不需要求压强沿整个装药通道的分布，而是特别需要估计装药末端相对于前端的压降，总压恢复系数以及通道中平均压强的近似值。对喉通比J值较小的情况，可以导得以上参量与J值的简单关系，便于工程上应用。

1. 装药末端的静压强与总压之比 p_L/p_{sL}

由

$$\frac{p_L}{p_{sL}}=\pi(\lambda_L)=\left(1-\frac{k-1}{k+1}\lambda_L^2\right)^{\frac{k}{k-1}}$$

得

$$\lambda_L^2=\frac{k+1}{k-1}\left[1-\left(\frac{p_L}{p_{sL}}\right)^{\frac{k-1}{k}}\right] \tag{7-31}$$

而

$$J=\frac{A_t}{A_p}=q(\lambda_L)=\left(\frac{k+1}{2}\right)^{\frac{1}{k-1}}\left(1-\frac{k-1}{k+1}\lambda_L^2\right)^{\frac{1}{k-1}}\lambda_L$$

将式(7-31)代入上式，得

$$J=\frac{\left[1-\left(\frac{p_L}{p_{sL}}\right)^{\frac{k-1}{k}}\right]^{\frac{1}{2}}\left(\frac{p_L}{p_{sL}}\right)^{\frac{1}{k}}}{\left(\frac{2}{k+1}\right)^{\frac{1}{k-1}}\left(\frac{k-1}{k+1}\right)^{\frac{1}{2}}} \tag{7-32}$$

当J值较小时，λ_L值较小，p_L/p_{sL}接近1，将$(p_L/p_{sL})^{\frac{k-1}{k}}$在$p_L/p_{sL}=1$附近按幂级数展开，并略去高于二阶的各项，可得

$$\left(\frac{p_L}{p_{sL}}\right)^{\frac{k-1}{k}}=1-\frac{k-1}{k}\left[1-\left(\frac{p_L}{p_{sL}}\right)\right] \tag{7-33}$$

则式(7-32)变成

$$J=\frac{\left[\frac{k-1}{k}\left(1-\frac{p_L}{p_{sL}}\right)\right]^{\frac{1}{2}}}{\left(\frac{2}{k+1}\right)^{\frac{1}{k-1}}\left(\frac{k-1}{k+1}\right)^{\frac{1}{2}}}$$

整理得

$$\frac{p_L}{p_{sL}}=1-\frac{\Gamma^2}{2}J^2 \tag{7-34}$$

式中：Γ为比热比k的函数

$$\Gamma=\sqrt{k}\left(\frac{2}{k+1}\right)^{\frac{k+1}{2(k-1)}} \tag{7-35}$$

2. 装药末端与前端的静压比 $\dfrac{p_L}{p_0}$

由式(7－18),对于装药末端

$$\frac{p_L}{p_0}=r(\lambda_L)=\frac{1-\dfrac{k-1}{k+1}\lambda_L^2}{1+\lambda_L^2}$$

当 J 值与 λ_L 值较小时,$\dfrac{k-1}{k+1}\lambda_L^2 \ll 1$,将上式展开并略去 λ_L^4 以上各项,得

$$\frac{p_L}{p_0}=1-\frac{2k}{k+1}\lambda_L^2$$

将式(7－31)、式(7－33)、式(7－34) 代入上式,得

$$\frac{p_L}{p_0}=1-\Gamma^2 J^2 \tag{7-36}$$

3. 总压恢复系数 p_{sL}/p_0

将式(7－34) 与式(7－36) 相比,得

$$f(\lambda_L)=\frac{p_0}{p_{sL}}=\frac{1-\dfrac{1}{2}\Gamma^2 J^2}{1-\Gamma^2 J^2}$$

当 ΓJ 值较小时,将上式展开,并略去 $\Gamma^4 J^4$ 以上各项,得

$$\frac{p_0}{p_{sL}}=1+\frac{1}{2}\Gamma^2 J^2 \tag{7-37}$$

其倒数即为总压恢复系数

$$\sigma(\lambda_L)=\frac{p_{sL}}{p_0}=\frac{1}{1+\dfrac{1}{2}\Gamma^2 J^2} \tag{7-38}$$

4. 燃烧室平均压强 $\bar{p}$

对于 J 值较小的情况,由于压强沿装药长度变化不大,可近似认为燃烧室平均压强等于装药两端压强的算术平均值,即

$$\bar{p}=\frac{p_0+p_L}{2}$$

由式(7－34)、式(7－37)、式(7－38) 得

$$\bar{p}=\frac{p_0+p_L}{2}=p_{sL}=\frac{p_0}{1+\dfrac{1}{2}\Gamma^2 J^2} \tag{7-39}$$

式(7－39) 表明,在近似计算时,燃烧室的平均压强在数值上等于装药末端的总压。

7.3　燃气在变截面装药通道中的流动

在火箭结构质量不变的前提下,提高推进剂的装填密度可以增加火箭的理想末速度。因此,可以设想,减少装药通道横截面积是可取的。

然而,当装药末端的 λ_L 值过大(喉通比 J 过大) 时,装药后半段长度上的流速增加很快。这将造成严重的侵蚀燃烧和总压损失。采用变截面装药通道的目的之一,就是解决这对矛

盾。锥形装药通道(见图 7-4)和阶梯形装药通道(见图 7-5)的方案,既可以提高推进剂的装填密度,又可以限制侵蚀燃烧。

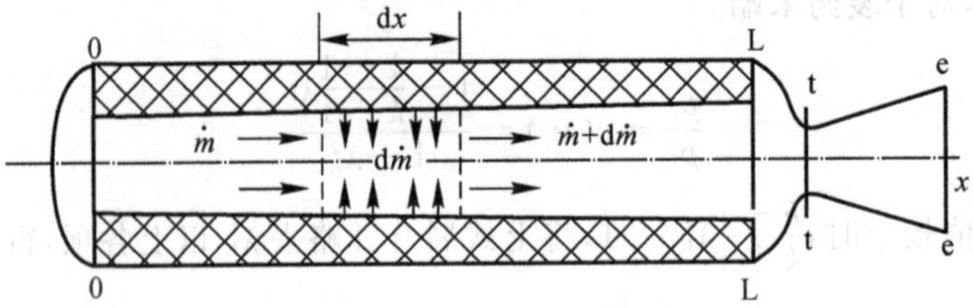

图 7-4　锥形装药通道示意图

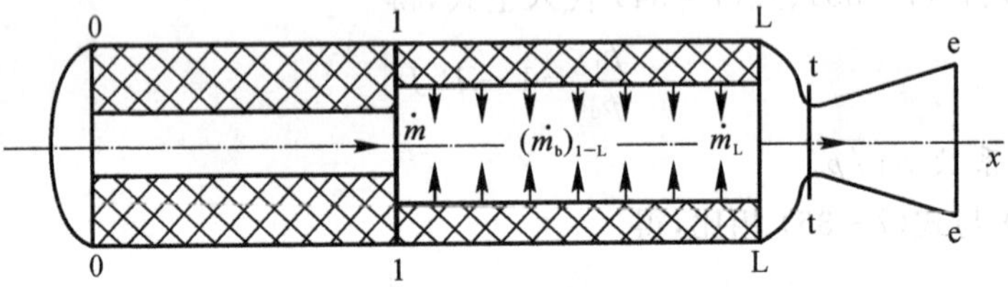

图 7-5　阶梯形装药通道示意图

现在讨论限于在这两种通道中燃速沿长度近似保持常量(即 $r \approx r_0$)的情况。因为,只有满足这一前提,式

$$\frac{\dot{m}}{\dot{m}_{\mathrm{L}}} = \frac{\dot{m}_{\mathrm{b}}}{\dot{m}_{\mathrm{bL}}} \approx \frac{A_{\mathrm{b}}}{A_{\mathrm{bL}}} \tag{7-40}$$

以及在该式基础上导得的结果才成立。

式中:$\dot{m}$,$\dot{m}_{\mathrm{L}}$ 分别为任一截面和装药末端截面的秒流量;$\dot{m}_{\mathrm{b}}$,$\dot{m}_{\mathrm{bL}}$ 分别为任一截面前和装药末端的秒生成量;A_{b},A_{bL} 分别为任一截面和装药末端前的燃面。

7.3.1　在 $r \approx r_0$ 复杂的锥形装药通道中的流动

在锥形通道中流动的基本方程为

$$\left.\begin{aligned} \mathrm{d}(\rho u A_{\mathrm{p}}) &= \mathrm{d}\dot{m} = \rho_{\mathrm{p}} r s \,\mathrm{d}x \\ \mathrm{d}[(\rho u^2 + p)A_{\mathrm{p}}] &= \mathrm{d}(\dot{m}u + pA_{\mathrm{p}}) = p\mathrm{d}A_{\mathrm{p}} \\ c_{\mathrm{p}}T + \frac{u^2}{2} &= c_{\mathrm{p}}T_0 \end{aligned}\right\} \tag{7-41}$$

因为

$$\dot{m}u + pA_{\mathrm{p}} = \dot{m}\left(u + \frac{p}{\rho u}\right)$$

将

$$\left\{\begin{aligned} u &= c_* \lambda = \lambda\sqrt{\frac{2k}{k+1}RT_s} \\ \frac{p}{\rho} &= RT_s\tau(\lambda) = RT_s\left(1 - \frac{k-1}{k+1}\lambda^2\right) \end{aligned}\right.$$

代入上式得

$$\dot{m}u + pA_p = \frac{k+1}{k}\dot{m}c_* z(\lambda) \tag{7-42}$$

对式(7-42)进行微分得

$$\mathrm{d}(\dot{m}u + pA_p) = \frac{k+1}{k}c_* \mathrm{d}[\dot{m}z(\lambda)] \tag{7-43}$$

又因为

$$\dot{m}u + pA_p = pA_p\left(\frac{p+\rho u^2}{p}\right) = \frac{pA_p}{r(\lambda)} \tag{7-44}$$

故由式(7-42)和式(7-44)得

$$\frac{k+1}{k}c_* = \frac{pA_p}{r(\lambda)\dot{m}z(\lambda)} \tag{7-45}$$

将式(7-45)代入式(7-43),得

$$\mathrm{d}(\dot{m}u + pA_p) = \frac{pA_p}{r(\lambda)}\frac{\mathrm{d}[\dot{m}z(\lambda)]}{\dot{m}z(\lambda)} \tag{7-46}$$

由式(7-41)和式(7-46),得

$$\frac{\mathrm{d}[\dot{m}z(\lambda)]}{\dot{m}z(\lambda)} = r(\lambda)\frac{\mathrm{d}A_p}{A_p}$$

将上式从装药末端($\lambda=\lambda_L$)到任一截面($\lambda=\lambda$)积分,积分区间内的 $r(\lambda)$ 取其平均值 $\bar{r}(\lambda)$,则

$$\frac{\dot{m}z(\lambda)}{\dot{m}_L z(\lambda_L)} = \left(\frac{A_p}{A_{pL}}\right)^{\bar{r}(\lambda)} \tag{7-47}$$

式中:A_{pL} 为装药末端的通道横截面积。

将式(7-40)代入式(7-47),得

$$\frac{A_b}{A_{bL}}\frac{z(\lambda)}{z(\lambda_L)} = \left(\frac{A_p}{A_{pL}}\right)^{\bar{r}(\lambda)} \tag{7-48}$$

对于确定的发动机,由 $J=\dfrac{A_t}{A_{pL}}=q(\lambda_L)$ 可求 λ_L,且 A_b,A_p 与 x 的关系已知,故式(7-48)建立了 x 与 λ 的对应关系。

将式(7-45)分别用于任一截面和装药末端 L—L 截面并相除,得

$$\frac{\dot{m}z(\lambda)}{\dot{m}_L z(\lambda_L)} = \frac{p}{p_L}\frac{A_p}{A_{pL}}\frac{r(\lambda_L)}{r(\lambda)}$$

将式(7-47)代入上式,得

$$\frac{p}{p_L} = \frac{r(\lambda)}{r(\lambda_L)}\left(\frac{A_{pL}}{A_p}\right)^{1-\bar{r}(\lambda)} \tag{7-49}$$

对于装药前端 $\lambda_0=0$,有

$$\frac{p_0}{p_L} = \frac{1}{r(\lambda_L)}\left(\frac{A_{pL}}{A_{p0}}\right)^{1-\bar{r}(\lambda)} \tag{7-50}$$

式中:A_{p0} 为装药前端的通道横截面积。

又因为

$$\frac{p_L}{p_{sL}} = \pi(\lambda_L) = r(\lambda_L)f(\lambda_L) \tag{7-51}$$

故由以上 3 式,可得装药全长总压恢复系数为

$$\sigma(\lambda_L)=\frac{p_{sL}}{p_0}=\frac{p_{sL}}{p_L}\frac{p_L}{p_0}=\frac{1}{f(\lambda_L)}\left(\frac{A_{p0}}{A_{pL}}\right)^{1-\bar{r}(\lambda)} \tag{7-52}$$

例 设有一圆锥形装药通道满足 $r\approx r_0$ 的条件，其半锥角 $\alpha=1°26'$，装药长度 $L=8d_0$，d_0 为装药前端内孔直径，$k=1.25$，$\lambda_L=0.25$。求 λ，p/p_L，p_L/p_{sL} 沿装药长度的变化。

解 通道截面积与轴向坐标 x 的关系为

$$\frac{A_p}{A_{p0}}=\left(\frac{d_0+2x\tan\alpha}{d_0}\right)^2=\left(1+0.4\frac{x}{L}\right)^2$$

$$\frac{A_{pL}}{A_{p0}}=(1+0.4)^2=1.96$$

于是

$$\frac{A_p}{A_{pL}}=\frac{\left(1+0.4\frac{x}{L}\right)^2}{1.96}$$

燃面与 x 的关系为

$$A_b=\pi\left(\frac{d_0}{2}+\frac{d_0+2x\tan\alpha}{2}\right)\frac{x}{\cos\alpha}=\pi d_0\left(1+0.2\frac{x}{L}\right)\frac{x}{\cos\alpha}$$

$$A_{bL}=1.2\pi d_0\frac{L}{\cos\alpha}$$

故

$$\frac{A_{bL}}{A_b}=\frac{1.2}{\left(1+0.2\frac{x}{L}\right)\frac{x}{L}}\approx\frac{\dot{m}_L}{\dot{m}}$$

当 $\lambda=0\sim0.25$ 时，根据气动函数知，$r(\lambda)=1.0\sim0.934\ 7$。因此，$\bar{r}(\lambda)$ 的平均值可近似取

$$\bar{r}(\lambda)=\frac{r(0)+r(0.25)}{2}=\frac{1.0+0.934\ 7}{2}=0.97$$

以无因次长度 x/L 作自变量，分别算得 λ，p/p_L，p_L/p_{sL} 值，计算结果见表 7-1。表中还用本计算解和数值积分法求得的精确解作了比较，说明近似解有足够准确性。

表 7-1 计算结果

x/L	0	0.25	0.50	0.75	1.00
A_p/A_{pL}	0.510 2	0.617 4	0.734 7	0.862 2	1.000 0
$\dot{m}_L/\dot{m}$	∞	4.571	2.182	1.391	1.000
$Z(\lambda)$	∞	6.804	3.438	2.560	2.215
λ	0	0.08	0.15	0.20	0.25
p_0/p_{sL}	1.504	1.044	1.030	1.016	1.000
p/p_L	1.092	1.077	1.053	1.029	1.000
数值积分 p/p_L	1.100	1.076	1.061	1.021	1.000
相对误差 /(%)	0.73	0.09	0.75	0.78	

7.3.2　在 $r=r_0$ 的阶梯形装药通道中的流动

如图 7-5 所示，在 1—1 与 L—L 截面之间，燃气的质量与动量守恒方分别为

$$\dot{m}_L=\dot{m}_1+(\dot{m}_b)_{1-L}$$

和

$$\dot{m}_L u_L+p_L A_{pL}=\dot{m}_1 u_1+p_1 A_{p1}+p_1(A_{pL}-A_{p1})$$

式中：$(\dot{m}_b)_{1-L}$ 为在1—1与L—L截面间燃面的燃烧产物的秒生成量；A_{p1}，A_{pL} 分别为窄通道与宽通道的横截面积。

将式(7-42)代入上式得

$$\frac{\dot{m}_L}{\dot{m}_1}z(\lambda_L)=z(\lambda_1)+\frac{k}{(k+1)}\frac{p_1A_{p1}\left(\dfrac{A_{pL}}{A_{p1}}-1\right)}{\dot{m}_1c_*}\tag{7-53}$$

因为

$$\dot{m}=\rho uA_p=\frac{p}{RT}c_*\lambda A_p\tag{7-54}$$

将

$$T=T_0\tau(\lambda),\quad c_*=\sqrt{\frac{2k}{k+1}RT_0}$$

代入式(7-54)，得

$$\frac{kpA_p}{(k+1)\dot{m}c_*}=\frac{\tau(\lambda)}{2\lambda}\tag{7-55}$$

将式(7-55)用于1—1截面，得

$$(k+1)\dot{m}_1c_*=\frac{2kp_1A_{p1}\lambda_1}{\tau(\lambda_1)}\tag{7-56}$$

代入式(7-53)，得

$$\frac{\dot{m}_L}{\dot{m}_1}z(\lambda_L)=z(\lambda_1)+\frac{\tau(\lambda_1)}{2\lambda_1}\left(\frac{A_{pL}}{A_{p1}}-1\right)\tag{7-57}$$

由式(7-40)，得

$$\frac{\dot{m}_L}{\dot{m}_1}\approx\frac{A_{bL}}{A_{b1}}$$

代入式(7-57)，得

$$\frac{A_{bL}}{A_{b1}}z(\lambda_L)=z(\lambda_1)+\frac{\tau(\lambda_1)}{2\lambda_1}\left(\frac{A_{pL}}{A_{p1}}-1\right)$$

由 J 值查得 λ_L 值，因而可由上式求 λ_1。

因为

$$q(\lambda)=\left(\frac{k+1}{2}\right)^{\frac{1}{k-1}}\lambda\left(1-\frac{k-1}{k+1}\lambda^2\right)^{\frac{1}{k-1}}=\left(\frac{k+1}{2}\right)^{\frac{1}{k-1}}\lambda\frac{\pi(\lambda)}{\tau(\lambda)}$$

及

$$p=p_s\pi(\lambda)$$

将上两式及式(7-54)代入式(7-55)，得

$$\dot{m}=\Gamma\frac{p_sA_pq(\lambda)}{\sqrt{RT_0}}$$

将上式分别用于 1—1 和 L—L 截面并相除，可得此两截面间的总压恢复系数，即

$$\frac{p_{sL}}{p_{s1}}=\frac{\dot{m}_L}{\dot{m}_1}\frac{A_{p1}}{A_{pL}}\frac{q(\lambda_1)}{q(\lambda_L)}\approx\frac{A_{bL}}{A_{b1}}\frac{A_{p1}}{A_{pL}}\frac{q(\lambda_1)}{q(\lambda_L)}$$

于是由此式和式(7-21)，可得整个通道的总压恢复系数，即

$$\sigma(\lambda_L)=\frac{p_{sL}}{p_0}=\frac{p_{sL}}{p_{s1}}\frac{p_{s1}}{p_0}=\frac{A_{bL}A_{p1}q(\lambda_1)}{A_{b1}A_{pL}q(\lambda_L)}\frac{1}{f(\lambda_1)}$$

7.4 燃气在截面急剧变化的通道中的流动

在发动机的某些部位，有截面急剧变化的通道，与 7.3 节所述内容不同，这些通道的壁面不产生燃烧产物，因而不是加质流动。

当燃烧产物通过截面急剧变化的通道时，由于惯性，不能立即沿着通道壁面流动，产生“死区”或“紊流区”(见图 7-6 中的 A 区)。主流与紊流之间的动量交换将损失一部分机械能。因此，这些截面变化的区域又称局部阻力区。

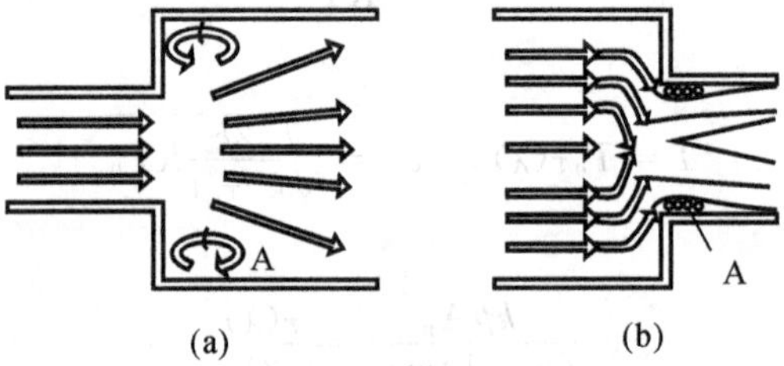

图 7-6 燃烧产物在截面急剧变化通道中的流动

(a) 截面急剧扩大；(b) 截面急剧缩小

1. 通道急剧扩大后的流动

亚声速气流通过截面急剧扩大的通道时，通常需要经过一段距离后(例如窄道直径的 6～10 倍) 才能充满整个宽通道[见图 7-7(a)]，紊流区两侧的压差很小，一般为 $0.006\rho u^2/2$。因此，可认为图 7-7(a) 中起始截面 1—1 的压强是均匀一致的。

如图 7-7(b) 所示，气流进入自由混合的紊流区时，不但有主流速度 u，而且还有速度 u_A，$u_A\approx 0.03\,u$，自由混合的紊流区内侧的摩擦应力 $\tau\approx 0.025\rho u^2/2$。

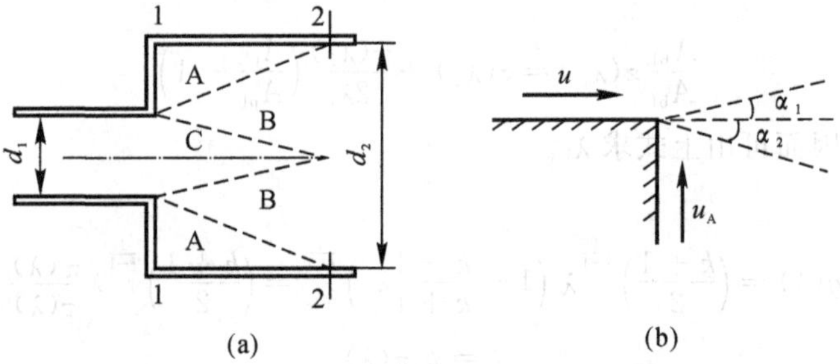

图 7-7 亚声速气流通过截面急剧扩大的通道

因气流速度较小，可不计紊流区内的摩擦，故在 1—1 和 2—2 截面间的动量守恒方程可简

化为

$$\dot{m}_1 u_2 + p_2 A_2 = \dot{m}_1 u_1 + p_1 A_1 + p_1 (A_2 - A_1)$$

质量守恒方程为

$$\dot{m}_1 = \dot{m}_2$$

式中：下标 1，2 分别表示窄通道和宽通道的参量。

经过推导，得

$$z(\lambda_2) = z(\lambda_1) + \frac{\tau(\lambda_1)}{2\lambda_1}\left(\frac{A_2}{A_1} - 1\right)$$

将 $z(\lambda)$ 和 $\tau(\lambda)$ 的表达式代入，得

$$\frac{1}{\lambda_2} = \left\{\frac{A_2}{A_1\lambda_1} + \lambda_1\left[1 - \frac{k-1}{k+1}\left(\frac{A_2}{A_1} - 1\right)\right]\right\} - \lambda_2$$

当 λ_1，A_2/A_1，k 一定时，上式大括号内的值为常量，故上式为一元二次方程，可解出 λ_2。

若 $\lambda_1 \ll 1$，可将气流视为不可压流，即 $\rho_1 \approx \rho_2$，则 $\lambda_2 A_2 = \lambda_1 A_1$。用 $\lambda_2 = \lambda_1 \cdot A_1/A_2$ 代替上式等号右边第二项的 λ_2，得

$$\frac{1}{\lambda_2} = \frac{A_2}{A_1\lambda_1} + \lambda_1\left[1 - \frac{k-1}{k+1}\left(\frac{A_2}{A_1} - 1\right)\right] - \frac{A_1}{A_2} - \lambda_1$$

或

$$\frac{1}{\lambda_2} = \frac{A_2}{A_1\lambda_1}\left[1 + \lambda_1^2\left(1 - \frac{A_1}{A_2}\right)\left(\frac{A_1}{A_2} - \frac{k-1}{k-2}\right)\right] \tag{7-58}$$

用式(7-58)可算出通道急剧扩大后的速度系数 λ_2 和流速 $u_2 = c_* \lambda_2$。

2. 通道急剧扩大后的总压损失

由 $\dot{m}_1 = \dot{m}_2$ 及秒流量表达式，得总压恢复系数

$$\sigma = \frac{p_{s2}}{p_{s1}} = \frac{A_1 q(\lambda_1)}{A_2 q(\lambda_2)}$$

该式指出，通过截面急剧扩大的通道存在总压损失，流动是非等熵的。

为简化计算，将 $q(\lambda)$ 按幂级数展开，并略去高于 λ^2 的各项，得

$$\frac{p_{s2}}{p_{s1}} \approx \frac{A_1\lambda_1}{A_2\lambda_2}\left[1 - \frac{\lambda_1^2}{k+1}\left(1 - \frac{\lambda_2^2}{\lambda_1^2}\right)\right]$$

将式(7-58)代入上式，得到 σ 的近似表达式为

$$\sigma = \frac{p_{s2}}{p_{s1}} \approx 1 - \frac{k}{k+1}\lambda_1^2\left(1 - \frac{A_1}{A_2}\right)^2 \tag{7-59}$$

应用该式，可直接通过 λ_1 和 A_1/A_2 来计算通道急剧扩大后的总压恢复系数。

3. 其他局部阻力区的总压损失

当燃烧产物通过各种形式的局部阻力区时，总压恢复系数可用下式近似计算：

$$\sigma = \frac{p_{s2}}{p_{s1}} = 1 - \frac{k}{k+1}\lambda_1^2\xi \tag{7-60}$$

式中：ξ 为局部阻力系数。

对于急剧扩大的通道，式(7-59)表明，$\xi = \left(1 - \frac{A_1}{A_2}\right)^2$。

对于图 7-8 所示的单喷管内孔燃烧装药发动机，在喷管前室的局部阻力系数

$$\xi = 0.15\,\frac{l}{d}$$

式中，l 为装药末端到喷管喉部的距离；d 为装药内孔直径。

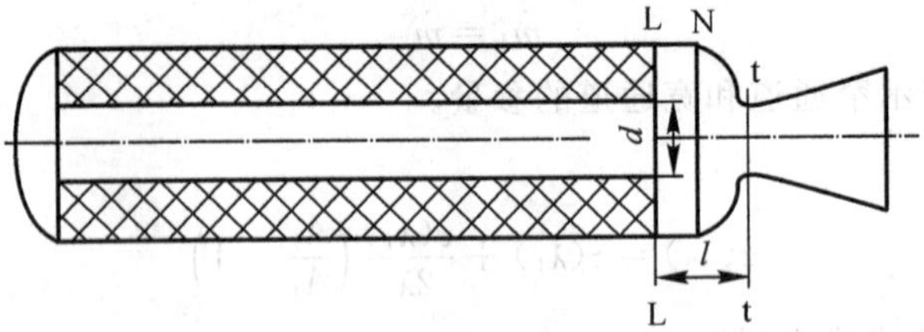

图 7－8　单喷管内孔燃烧装药发动机示意图

此时，p_{s1}，p_{s2} 分别是装药末端和喷管入口的总压 p_{sL} 和 p_{sN}，故

$$\sigma(\lambda_N) = \frac{p_{sN}}{p_{sL}} = 1 - 0.15\,\frac{l}{d}\,\frac{k}{k+1}\lambda_L^2 \qquad (7-61)$$

其他形状的通道，可应用水力学试验测得的局部阻力系数表达式，这里不再赘述。

刘兴州——中国冲压发动机技术引领者

刘兴州 1933 年 3 月 17 日出生于天津市，1951 年考入清华大学航空学院发动机系，1952 年随院系调整转入北京航空学院，1956 年从北京航空学院毕业，期间，在 1953 年 7 月加入了中国共产党。1957 年起四十余年，刘兴州院士在中国航天科工集团三院三十一所工作，先后担任工程组组长、研究室主任、副所长、科技委主任；1995 年，当选为中国工程院院士；2008 年，担任北京奥运会火炬燃烧系统总设计师，领导团队研制出了地面火炬、珠峰火炬、火种灯，使奥运火炬首次在世界屋脊成功点燃。

刘兴州院士作为国家“863”计划航天技术领域专家委员会委员，和专家组一起提出了以载人飞船起步，以空天飞机为发展方向，最终实现先进的、可重复使用的天地往返运输系统“三步走”的研制建议。刘兴州院士在冲压发动机的研制上带领团队在艰苦的条件下建成了当时亚洲最大的冲压发动机试车台，并取得了许多重大的突破，解决了低温起动、提高燃烧效率、火焰稳定器烧蚀、发动机快速起动等关键技术难题，自主研发了中国第一台冲压发动机，形成了中国冲压发动机的研发体系。他不仅仅是冲压发动机专家，同时在弹用涡轮发动机及火箭冲压、涡轮冲压组合循环发动机方面也都有着深入的研究，并做了大量开创性工作。

刘兴洲院士学问精深，品格高尚，平易近人，他就像一本打开的书，毫无保留地传授专业技术，他常用 18 个字来鞭策青年人：“发于志，勤于学，善于悟，勇于行，寓于群，成于恒”。国家航天局评价：“他始终秉承和践行‘国家利益高于一切’的核心价值观，胸怀强军报国的崇高信念，执着追求科学进步，兢兢业业、拼搏奋斗、无私奉献，用真情与执着在中国自力更生的航天史上刻下了自己深深的足迹。”

第8章　固体发动机的内弹道计算

内弹道学是从枪炮技术中引来的一个术语，原意是研究发射过程中弹丸在膛内的运动和膛内压强的变化。固体火箭发动机内弹道学的核心是研究发动机燃烧室内压强随时间变化的规律。

在发动机工作过程的每一瞬间，在燃烧室自由容积内都充满着一定质量的燃气，因而也就形成了一定的压强。燃烧室压强是固体火箭发动机的一个重要性能参数。首先，由推力公式

$$F = C_F P_c A_t$$

可见，燃烧室压强的变化规律直接决定火箭发动机的推力方案；其次，对一定的装药来说，燃烧层的厚度是一定的，推进剂燃速受压强控制，燃烧室压强越大，推进剂燃速越高，装药燃尽的时间越短，因此，燃烧室压强又是决定发动机工作时间的重要因素；此外，为保证发动机正常和稳定的工作，使推进剂的化学能充分地转化为热能，必须要求燃烧室压强高于推进剂完全燃烧的临界压强；从结构设计方面来看，燃烧室是一个主要承受内压的部件，在进行各组件和药柱的压强计算前，必须先确定燃烧室内可能出现的最大压强，其值的大小，直接影响燃烧室的强度要求和结构质量。

由此可见，在发动机设计过程中，首先确定推进剂的成分、装药几何尺寸和喷管喉部直径，计算出燃烧室压强随时间变化的曲线。然后求得发动机的推力随时间的变化规律和有关发动机的其他性能参数，并进行发动机壳体结构设计和强度计算。最后，确定发动机设计性能。有时，为达到总体设计的要求，要反复多次进行装药和喷管几何尺寸的设计以及内弹道计算，以求得发动机的最佳设计。

总之，内弹道计算的任务是在给定推进剂成分、装药几何尺寸、工作环境温度、喷管喉部直径等条件下，计算燃烧室压强随时间的变化规律。

8.1　燃烧室压强-时间曲线的特点

在发动机工作中，一方面推进剂装药燃烧，不断生成燃气，充填燃烧室自由容积；另一方面，燃气经过喷管不断流出。燃气生成的速率按每秒生成多少质量来计算，称之为燃气的质量生成量。燃气从喷管排出的速率以每秒流出多少质量来计算，称之为喷管的质量流量。如果燃气生成量超过喷管的质量流量，燃烧室自由容积内的燃气质量不断积累而使压强上升。反之，如果燃气生成量下降，低于喷管的质量流量，则燃烧室压强就会下降。只有在一定的条件下，燃气生成量与喷管质量流量达到相对平衡时，压强才达到相对稳定值。

根据发动机实验所测得的燃烧室压强-时间曲线可见，由发动机试验可得出燃烧室的压强变化有3个阶段，如图8-1所示。

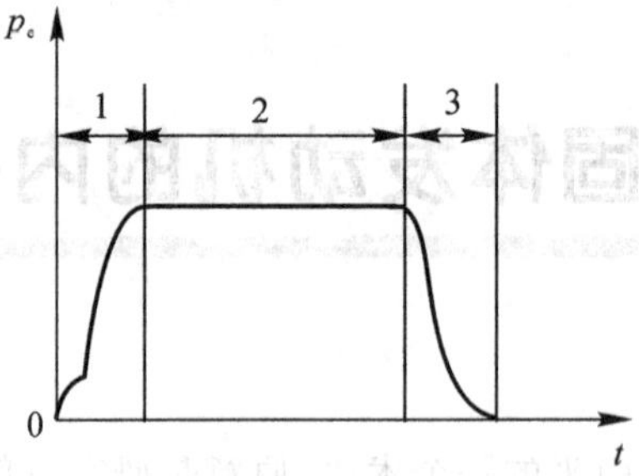

图 8-1　燃烧室压强变化的三个阶段

1—启动段；　2—工作段；　3—拖尾段

(1) 发动机启动段。它包括点火和压强建立过程。依靠点火装置中点火药点燃并燃烧生成的高温燃烧产物充满燃烧室，燃烧产物使燃烧室压强迅速上升到点火压强；另一方面加热推进剂表面，点燃主装药，此即点火过程。在主装药全面点燃后，燃气质量生成量迅速增大，并在瞬时超过喷管的质量流量，使燃烧室内压强迅速增加，同时又促使喷管流量增加，与燃气生成量趋于相对平衡。最后燃烧室压强达到其相对稳定值，这个相对稳定的压强称之为工作压强。这个压强建立过程，即称为发动机启动阶段。对一般发动机来说，这个过程约在几十毫秒内完成。

(2) 发动机工作阶段。在此阶段，燃烧室内已充满高压燃气，燃气的生成量和喷管流量达到相对平衡，因而压强的变化比较平缓。在这个阶段中，燃气生成量的变化主要决定于装药燃烧表面积的变化。对于增面燃烧的装药，燃气生成量随燃面的增大而逐渐增加，燃烧室的压强也逐渐增加。与此同时，喷管流量的增大使燃烧室压强不断地处于相对稳定值。对于减面燃烧装药，燃气生成量不断减小，燃烧室压强也逐渐减小。同样，喷管流量的不断下降使燃烧室压强时刻处于相对稳定值。对于恒面燃烧装药，从燃气生成量与排出量达到平衡以后，由于燃烧表面不变，燃气生成量与喷管流量可以一直维持平衡，压强也因而不变，直到整个装药燃烧结束。

(3) 拖尾阶段。此时装药燃烧已基本结束，燃气生成量近似为零，只有燃气的排出。在此阶段，燃烧室内的燃气质量迅速减少，因而压强也迅速下降，直到与外界环境压强相等，排气停止，拖尾阶段结束。这个压强下降过程又称为“后效”过程，是发动机工作的尾声。

在以上三个阶段中，发动机工作阶段是产生推进动力的主要阶段。在大多数情况下，要求发动机性能相对稳定，燃面变化尽可能小一些，尽量采用恒面燃烧，在发动机工作阶段，燃烧室压强随时间的变化比较小，可以作为定常或准定常问题来处理。也就是说，燃烧室被看作是一个充满高压燃烧气体的封闭容器，不考虑燃气的流动和燃烧室内的压强分布，认为室内各点的压强都相等。这样整个燃烧室压强都随时间变化，与某点的位置坐标 x 无关。即压强计算可以看作是一个零维问题来处理。

但是，对装填密度较大的侧面燃烧装药，燃气在通道中的流动沿轴向产生很大的速度，因此，压强沿轴向有显著的变化。这种情况下，必须考虑压强在燃烧室中的分布，应作为“一维”问题来进行压强计算。

8.2　零维内弹道计算的基本方程

8.2.1　简化假设

严格来说，内弹道计算与气流各参数（压强、温度、密度等）沿燃烧室长度的分布与随时间的变化规律有关，应使用一维非定常流的通用方程组来确定燃烧室内燃气的压强、温度和密度与坐标 x 和时间 t 的函数关系，但用这种方法在数学手段上会遇到一系列困难。因此，为了计算方便，在工程计算中常作如下假设：

（1）推进剂进行完全燃烧。在燃烧过程中，推进剂的燃烧温度不变，服从几何燃烧定律。

（2）燃烧产物为组分不变的理想气体。

（3）喷管中的流动是等熵和超临界的。

（4）燃烧室中的各种参量都为相应的平均值，即在燃烧室中空间各处同一参量具有相同的值，也称这一假设为“零维假设”。

在上述假设条件下，燃烧室压强-时间曲线的计算将大为简化，虽然计算结果具有一定的近似性，但在不要求很高的精确度时仍有相当的合理性，尤其适用于工程上对燃烧室压强-时间曲线作快速估算。

8.2.2　参量的平均值

按零维计算的基本假设条件，燃烧室内部过程的物理参量按整个燃烧室的自由容积进行平均。

按燃烧室自由容积平均的密度记 $\bar{\rho}_c$，则有

$$\bar{\rho}_c = \frac{\iiint\limits_{V_C} \rho \mathrm{d}v}{V_C} \tag{8-1}$$

式中：V_C 为总自由容积。

按整个燃面平均的燃速记为 $\bar{r}$，则有

$$\bar{r} = \frac{\iint\limits_{A_b} r \mathrm{d}A_b}{A_b} \tag{8-2}$$

式中：A_b 为装药总燃烧面积。

按燃烧室自由容积平均的压强记为 $\bar{p}$，则有

$$\bar{p} = \frac{\iint\limits_{V_C} p \mathrm{d}v}{V_C} \tag{8-3}$$

按燃烧室自由容积平均的温度，记为 $\overline{T}_C$。根据前面的假设，T_c 必须满足

$$\bar{p}_c = \bar{\rho}_c R \overline{T}_c \tag{8-4}$$

由于燃烧室内燃烧产物的定向运动动能要比热运动的内能小得多，故可把动能换算成热内能。这样，按自由容积平均的单位质量燃烧产物的热内能，记为 $\overline{E}_n$，则有

$$\bar{E}_n=\frac{1}{\rho_c V_c}\iiint_{V_C}\rho\left(c_v T+\frac{u^2}{2}\right)dv \tag{8-5}$$

式中：$C_v T$、$\frac{u_2}{2}$ 分别为装药通道中任一截面处单位质量燃烧产物的热运动内能和定向运动动能。

8.2.3 基本方程

为书写方便起见，去掉表示平均参量的上横杠，仍保留其平均参量的含义不变。

根据质量守恒原理，有

$$\frac{d}{dt}(\rho_c V_c)=\dot{m}_b-\dot{m}_t \tag{8-6}$$

式中：V_c 为燃烧室的自由容积；ρ_c 为燃气的密度；$\dot{m}_b$ 为任一瞬间整个燃烧产物的秒生成量，且有

$$\dot{m}_b=\rho_p A_b r$$

式中：ρ_p 为推进剂密度；A_b 为装药燃烧面积；r 为装药燃烧速度。

$\dot{m}_t$ 为任一瞬间燃烧产物通过喷管的秒流出量，且有

$$\dot{m}_t=\varphi_2\Gamma\frac{p_c A_t}{\sqrt{RT_c}}$$

式中：φ_2 为实际喷管的流量修正系数。

式(8-6)表明，任一瞬间燃烧室内燃烧产物质量对时间的变化率等于燃烧产物的秒生成量 $\dot{m}_b$ 与喷管秒流量 $\dot{m}_t$ 之差。

根据能量守恒原理，有

$$\frac{d}{dt}(\rho_c E_n V_c)=\dot{m}_b\chi c_p T_c-\dot{m}_t c_p T_c \tag{8-7}$$

式中：E_n 为单位质量燃烧产物的热内能（$E_n=c_v T_c$）；c_p 为燃烧产物的定压比热容；T_c 为整个燃面的平均定压燃烧温度；χ 为热损失修正系数。

式(8-7)表明，任一瞬间燃烧室中总内能对时间的变化率等于单位时间因燃烧加入的净能量和从喷管排出燃烧产物的总焓之差。

自由容积 V_c 随时间的变化率是由装药燃烧产生的，故

$$\frac{dV_c}{dt}=A_b r \tag{8-8}$$

按式(8-2)定义的平均燃烧速度 r 服从指数燃速定律的公式，有

$$r=bp_c^n \tag{8-9}$$

燃气的状态方程为

$$p_c=\rho_c RT_c$$

式(8-6)～式(8-9)和状态方程便构成了计算燃烧室压强-时间曲线的基本方程。

8.2.4 基本方程的简化

将式(8-8)代入式(8-6)中，整理得

$$V_c \frac{d\rho_c}{dt} = \rho_p A_b r(1-\delta) - \varphi_2 \Gamma \frac{p_c A_t}{\sqrt{RT_c}}$$

式中：$\delta = \frac{\rho_c}{\rho_p}$。

δ 表示秒填充量与秒生成量之比，在一般固体火箭发动机的燃烧室压强下，$\delta \ll 1$（通常约小于 0.01），可忽略不计。故上式可简化成

$$V_c \frac{d\rho_c}{dt} = \rho_p A_b r - \varphi_2 \Gamma \frac{p_c A_t}{\sqrt{RT_c}} \tag{8-10}$$

同理，将式(8-8)代入式(8-7)中，得到

$$V_c \frac{d}{dt}(\rho_c T_c) = \rho_p A_b r \chi k T_p - \rho_c A_b r T_c - \varphi_2 \Gamma \frac{p_c A_t}{\sqrt{RT_c}} k T_c$$

将状态方程式 $p_c = \rho_c R T_c$ 代入，得

$$V_c \frac{dp_c}{dt} = \rho_p A_b r \chi k T_p R - \rho_c A_b r T_c R - \varphi_2 \Gamma \frac{p_c A_t}{\sqrt{RT_c}} k R T_c$$

上式右边第二项远小于第一项，亦可忽略不计，于是

$$V_c \frac{dp_c}{dt} = \rho_p A_b r \chi k T_p R - \varphi_2 \Gamma \frac{p_c A_t}{\sqrt{RT_c}} k R T_c \tag{8-11}$$

最后，得到一组简化后的基本方程。给定初值以后，可以求得燃烧室平均参量随时间的变化，即 $p_c - t$ 曲线。

简化方程组为

$$\left.\begin{aligned} & V_c \frac{d\rho_c}{dt} = \rho_p A_b r - \varphi_2 \Gamma \frac{p_c A_t}{\sqrt{RT_c}} \\ & V_c \frac{dp_c}{dt} = \rho_p A_b r \chi k T_p R - \varphi_2 \Gamma \frac{p_c A_t}{\sqrt{RT_c}} k R T_c \\ & \frac{dV_c}{dt} = A_b r; \quad r = b p_c^n; \quad p_c = \rho_c R T_c \end{aligned}\right\} \tag{8-12}$$

8.3　燃烧室的平衡压强

8.3.1　瞬时平衡压强

当燃烧室处于平衡状态时，虽然有 $\frac{dp_c}{dt} = 0$，但并不表示压强绝对不会变化。实际上，一切真实过程都是原有平衡被破坏的结果，系统有了力、能量或质量的不平衡才促使系统向新的状态变化。如果系统平衡被破坏后能自动回复到平衡状态，且所需时间很短，而实际过程变化很慢，则在过程中系统有足够的时间来恢复到新的平衡，随时都不致偏离原来平衡状态，这样的过程就叫做准静态平衡或平衡过程。

由于实际燃气压强与同一瞬时间隔的平衡压强相差甚微，故可近似认为该状态下的平衡压强就是此瞬间的实际燃气压强。这种对应于各瞬时燃烧室工作条件下的平衡压强称为瞬时平衡压强，仍记为 p_{eq}，它在燃烧室压强-时间曲线的计算中将起重要作用。以后凡提及平衡压

强都是瞬时平衡压强。

8.3.2 平衡压强的计算式

当燃烧室中$\frac{\mathrm{d}p_c}{\mathrm{d}t}=0$时，燃烧室压强处于动态平衡状态，此时的压强称为平衡压强，记为p_{eq}。

下面由质量守恒方程和能量守恒方程导出平衡压强的表达式。

由式(8-10)、式(8-11)，取左边的导数为零，并用p_{eq}代替p_c，得

$$\left.\begin{aligned}\rho_p A_b b p_{eq}^n &= \varphi_2 \Gamma \frac{p_{eq}A_t}{\sqrt{RT_{eq}}} \\ \rho_p A_b \chi r_{eq} kRT_p &= \varphi_2 \Gamma \frac{p_{eq}A_t}{\sqrt{RT_{eq}}}\cdot KRT_{eq}\end{aligned}\right\} \tag{8-13}$$

或

$$\dot{m}_b \chi_{eq} c_p T_p = \dot{m}_t \cdot c_p T_{eq} \tag{8-14}$$

上两式表明，当燃烧室压强处于平衡状态时，燃烧室的质量秒生成量与秒流量相平衡，燃烧室的能量秒生成量与能量秒流量相平衡。将$r_{eq}=bp_{eq}^n$代入式(8-13)，整理得

$$p_{eq}=\left(\frac{\rho_p A_b b\sqrt{RT_{eq}}}{\varphi_2 \Gamma A_t}\right)^{\frac{1}{1-n}} \tag{8-15}$$

对照式(8-13)和式(8-14)得

$$T_{eq}=\chi T_p$$

将上式代入式(8-15)得

$$p_{eq}=\left(\frac{p_p A_b b\sqrt{\chi RT_p}}{\varphi_2 \Gamma A_t}\right)^{\frac{1}{1-n}}$$

因特征速度

$$C^*=\frac{\sqrt{RT_p}}{\Gamma}$$

故

$$p_{eq}=\left(\frac{\sqrt{\chi}}{\varphi_2}C^*\rho_p b\frac{A_b}{A_t}\right)^{\frac{1}{1-n}} \tag{8-16}$$

式(8-16)即是表示燃烧室平衡压强极为重要的表达式。

8.3.3 影响平衡压强的因素

1. 推进剂性质对平衡压强的影响

由式(8-16)可以看出，反映推进剂性能的参量有C^*，ρ_p，b，n。推进剂改变，C^*，ρ_p，b，n的值将会改变。

特征速度C^*主要反映推进剂能量特性。

推进剂密度ρ_p反映燃烧同样体积的装药产生燃烧产物的多少。

燃速系数b和压强指数n都反映燃烧的快慢因而亦反映燃烧产物的秒生成量。

因此，当这些量愈大时，平衡压强愈高。正因如此，在推进剂生产过程中要严格控制推进

剂的成分和质量，以免发动机的弹道性能偏离设计允许的范围。

2. 面喉比$\dfrac{A_b}{A_t}$对平衡压强的影响

燃面 A_b 和喉面 A_t 对平衡压强有相反的影响。这是因为前者影响秒生成量，后者影响秒流量。在不考虑其他因素的影响时，当 A_t 减小时，平衡压强 p_{eq} 将增大，当面喉比不变时，则平衡压强不变。因此，当采用相同的推进剂时，面喉比的数值可以反映平衡压强的大小。在设计中选定推进剂后，燃烧室压强的大小正是靠选择适当的面喉比来保证的。这里同样告述我们，在制造装药和喷管时要严格控制尺寸公差。

3. 装药初温对平衡压强的影响

初温影响燃速，因而影响压强。这是固体火箭发动机的弱点之一。因此，固体火箭发动机应用中一般都严格控制使用温度范围。

在发动机的设计中，实际应用的燃速的温度敏感系数 σ_p 是某个温度范围内燃速的相对变化值

$$\sigma_p = \frac{r_i - r_{st}}{r_{st}(T_i - T_{st})}$$

式中：T_{st} 为标准初温，通常规定为 20℃；T_i 为装药初温；r_{st} 为某给定压强下，标准初温时的燃速；r_i 为在相同压强下，初温为 T_i 时的燃速。

$$r_i = r_{st}[1 + \sigma_p(T_i - T_{st})]$$

将 $r = bp^n$ 代入上式，得

$$b_i = b_{st}[1 + \sigma_p(T_i - T_{st})]$$

代入式(8-16)中，得

$$p_{eq} = \left(\frac{\sqrt{x}}{\varphi_2} C^* \rho_p b_{st} \frac{A_b}{A_t}\right)^{\frac{1}{1-n}} [1 + \sigma_p(T_i - T_{st})]^{\frac{1}{1-n}}$$

可见，平衡压强将随初温的升高而增大。

初温对平衡压强的影响还可直接用压强的温度敏感系数 π_K 来衡量。π_K 的定义是：在推进剂和面喉比一定的条件下，初温改变 1℃ 时平衡压强相对变化的百分数(%/℃)。因而有

$$\pi_K = \frac{d\ln p_{eq}}{dT_i} = \frac{1}{p_{eq}} \frac{dp_{eq}}{dT_i}$$

由式(8-16)，并假定压强指数不随初温变化，得

$$\pi_K = \frac{1}{1-n} \frac{1}{b} \frac{db}{dT_i} = \frac{1}{1-n}\sigma_p \tag{8-17}$$

可见，压强的温度敏感系数 π_K 是燃速的温度敏感系数 σ_p 的$\dfrac{1}{1-n}$倍。当 $n < 1$ 时，$\pi_K > \sigma_p$，故装药初温的升高对平衡压强的影响大于对燃速的影响。

4. 压强指数对平衡压强的影响

由平衡压强表达式(8-16)可以看出。式中各参量对平衡压强的影响程度，与压强指数 n 关系极大。

为分析方便，假定任一参量 X_i 的变化不引起其他参量的变化，则有

$$\left|\frac{\Delta p_{eq}}{p_{eq}}\right| = \frac{1}{1-n}\left|\frac{\Delta X_i}{X_i}\right| \tag{8-18}$$

由此可见，n 越大，压强的变化越大。因此希望采用压强指数小的推进剂，或是使发动机在压强指数小的压强区间工作。这样可以提高发动机弹道性能的精度，或者可以放宽发动机生产过程中的公差以降低成本。

8.4 燃烧室压强的稳定性

燃烧室压强的稳定性问题是火箭发动机原理中的重要问题之一，压强稳定是火箭发动机正常工作的必要条件。

8.4.1 压强的稳定性

所谓压强的稳定性包含两个方面的含义，一是指在某一个平衡状态下，由于某些偶然因素的干扰，如推进剂物化性质的不均匀、装药中的气泡或微小裂纹、喷管的局部烧蚀和沉积等，使燃气压强偏离平衡压强时，能够自动地向平衡压强趋近而回到原来的平衡状态。二是指当平衡状态改变时，燃气压强总能自动地趋近新的平衡状态下的平衡压强。

因此，所谓燃气压强的稳定性，就是在火箭发动机的工作过程中，燃烧室的压强具有自动保持在平衡压强或趋于平衡压强的能力。

8.4.2 压强稳定的条件

设想火箭发动机在某一平衡状态下工作，此时 $\dot{m}_b=\dot{m}_t$。由于某些因素的干扰，产生了一个微小压强扰动 dp_c，则燃气的秒生成量 $\dot{m}_b$ 和秒流出量 $\dot{m}_t$ 都会产生相应的微量变化 $d\dot{m}_b$ 和 $d\dot{m}_t$。如果当压强增大时($dp_c>0$)，有 $d\dot{m}b<d\dot{m}_t$；当压强减小时($dp_c<0$) 有 $d\dot{m}_b>d\dot{m}_t$。则会导致如下结果：当燃烧室压强增大时，额外增大的燃气秒流量将会使压强下降；当燃烧室压强降低时，额外增大的燃气秒生成量又会立刻使压强升高到平衡压强。因此，压强是稳定的。

根据上面的分析，可以得到燃烧室内压强稳定的条件为

$$\frac{d\dot{m}_b}{dp_c}<\frac{d\dot{m}_t}{dp_c} \tag{8-19}$$

8.4.3 装填参量一定时压强的稳定性

由平衡压强的表达式(8-16)还可以写成

$$p_{eq}=M^{\frac{1}{1-n}} \tag{8-20}$$

式中：M 称为装填参量，它反映推进剂性能和发动机的结构特性。

所谓装填参量一定，是指在装药燃烧过程中的某个状态，而不是指装填参量始终不变。

下面用图解的方法来直观地说明压强的稳定性。当装填参量 M 一定时，燃气的秒流出量 $\dot{m}_t$ 随压强呈线性变化；燃气秒生成量 $\dot{m}_b$ 为压强 p_c 的幂函数，在 $n<1$，$n=1$ 和 $n>1$ 的情况下，$\dot{m}_b$，$\dot{m}_t-p$ 曲线分别如图 8-2(a)(b)(c) 所示。

当 $n<1$ 时，由图8-2(a)可知，$\dot{m}_t$ 与 $\dot{m}_b$ 有交点，即存在着新的平衡压强 p_{eq}。如果有某些偶然因素使燃烧室压强偏离 p_{eq} 而升高到 $p_1=p_{eq}+\Delta p_c$，则因为 $\dot{m}_t>\dot{m}_b$ 而使压强下降；如果压强偏离 p_{eq} 而下降到 $p_2=p_{eq}-\Delta p_c$，则因为 $\dot{m}_b>\dot{m}_t$，将使压强上升，因而都有回到 p_{eq} 的趋

势，说明这时的压强是稳定的。

当 $n>1$ 时，由图 8-2(c) 可知，此时 $\dot{m}_t$ 与 $\dot{m}_b$ 曲线虽然有交点，但是一旦由于偶然因素的干扰使燃气压强偏离 p_{eq} 后，压强将越来越远地偏离平衡压强，说明这时的压强是不稳定的。

当 $n=1$ 时，$\dot{m}_b$ 与 $\dot{m}_t$ 为过原点的两条直线，如图 8-2(b) 所示，此时不存在平衡压强，也就谈不上压强的稳定性，当 $\dot{m}_b$ 与 $\dot{m}_t$ 两线完全重合时，似乎点点都是平衡压强，实际上压强将随偶然扰动而随遇平衡，它始终不能稳定于一个确定的值。因此当 $n=1$ 时，燃烧室压强仍然是不稳定的。

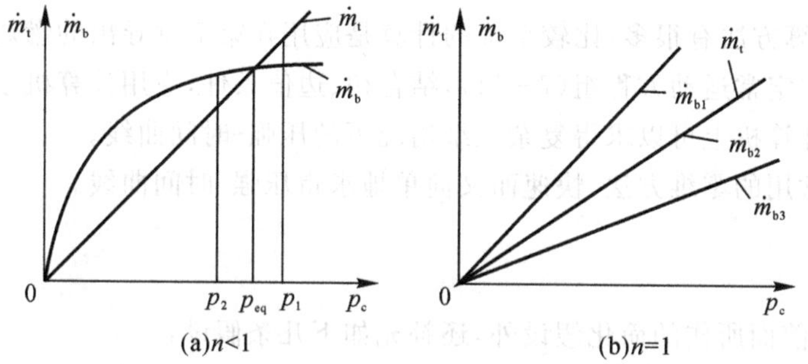

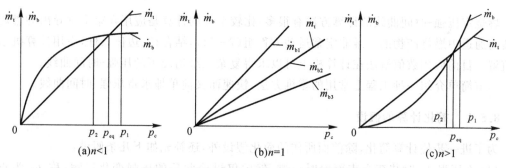

图 8-2　不同 n 时 $\dot{m}_t$，$\dot{m}_b$ 随 p 变化的特点

综上可见，燃烧室压强的稳定性是相对于平衡压强 p_{eq} 而言的，存在平衡压强是压强稳定的前提，$n<1$ 是压强稳定的必要条件。

8.4.4　装填参量变化时压强的稳定性

在推进剂的实际燃烧过程中，装药的几何尺寸和燃烧室内燃气的流动状态在不断变化着，即装填参量是变化的，此时燃气压强若能随着装填参量的变化，从一个平衡状态过渡到另一个平衡状态时，或者从不平衡状态趋近于平衡状态，则认为压强是稳定的。

当装填参量发生变化，$n<1$ 时，$\dot{m}_b$ 与 $\dot{m}_t$ 随压强 p 变化的曲线如图 8-3 所示。

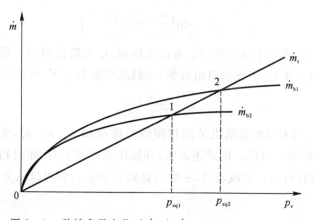

图 8-3　装填参量变化时 $\dot{m}_b$ 与 $\dot{m}_t$ 随压强 p 变化的曲线

燃气的秒流出量可近似认为不随时间变化，因此 $\dot{m}_t - p_c$ 曲线只是一条直线。当装填参量变化时，燃气秒生成量 $\dot{m}_b$ 将发生变化，比如从 $\dot{m}_{b1}$ 变到 $\dot{m}_{b2}$（或者从 $\dot{m}_{b2} \to \dot{m}_{b1}$）时，$\dot{m}_{b1}-p_c$，$\dot{m}_{b2}$

$-p_c$ 曲线与 $\dot{m}_t-p_c$ 曲线分别相交于1,2两点,相应的平衡压强为 p_{eq1}、p_{eq2}。由于实际过程 $\dot{m}_{b1}$ 到 $\dot{m}_{b2}$ 的变化进行得较慢,所以系统有足够的时间在点1、2下调节 $\dot{m}_b$ 和 $\dot{m}_t$,使系统迅速恢复平衡,而不致远离平衡状态,此时燃烧室的压强趋近于相应的平衡压强。这样,压强不断地从一个平衡状态向另一个平衡状态过渡,因而燃烧室压强是稳定的。

综上所述,只要满足条件 $n<1$,那么在整个燃烧过程中,燃烧室压强是能够稳定的。

8.5 燃烧室压强-时间曲线

燃烧室压强-时间曲线的计算方法有很多,比较精确的计算是应用在第7章导出的燃烧室内装药通道中燃烧产物的一维非定常运动方程组(7-11),结合初、边值条件,应用计算机求得数值解。目前应用数值解法在计算机上可以求得复杂三维情况下的压强-时间曲线。

本节简单介绍一种工程上常用的零维方法,快速而又简单地求得压强-时间曲线。

8.5.1 简化计算的假设

为了进一步使计算简化,除前面所作的简化假设外,还补充如下几条假设:

(1) 在压强 p_{ig} 时装药全表面瞬时点燃,然后仅讨论此后的压强变化过程,称 p_{ig} 为点火压强。

(2) 在达到平衡压强以前的上升段,不计自由容积和燃面的变化。其根据是,压强上升过程时间很短,以致装药表面好像只被“刷过一层”。

(3) 在装药全表面点燃时,点火剂已工作完毕,故不计点火药燃烧产物的秒生成量。

(4) 自由容积中只有推进剂燃烧产物,不计点火药燃烧产物的影响。

8.5.2 压强-时间曲线上升段

根据本章8.2节的简化假设,装药全表面点燃后经历的是等温过程。由简化后的基本方程式(8-12)可得 p_c 与 t 的关系

$$t=\frac{t_c}{1-n}\ln\left(\frac{p_{eqi}{}^{1-n}-p_{ig}{}^{1-n}}{p_{eqi}{}^{1-n}-p_c{}^{1-n}}\right) \tag{8-21}$$

式中:p_{eqi} 为对应初始燃面的平衡压强;p_{ig} 为点火压强;t_c 为特征时间。物理意义是以定常状态下的燃气秒生成量 $\rho_p A_b r_{eq}$ 去充填自由容积,达到总质量为 $\rho_{eq} V_c$ 所需的时间,即

$$t_c=\frac{V_{ci}}{\Gamma^2 C^* A_t} \tag{8-22}$$

式(8-22)表明,当不同的发动机采用相同的推进剂和 p_{ig},p_{eqi} 时,大发动机因为 V_{ci}/A_t 大,因而压强上升过程的时间长。该式还表明,开始压强迅速上升,而后趋近平衡压强 p_{eqi},但真正达到 p_{eqi} 需要很长时间。实践表明,一般只算到 $0.99p_{eqi}$,就可以认为上升段结束,转入工作段。

8.5.3 压强-时间曲线工作段

在压强-时间曲线工作段,固体火箭发动机处于准静态过程,实际压强与平衡压强相差甚微,故可近似以平衡压强 p_{eq} 代替燃烧室实际压强 p_c。

由平衡压强表达式(8－16)知，在推进剂选定后，p_{eq} 与 A_b 有关，即

$$p_{eq}=\left(C^{*}\rho_{p}b\frac{A_{b}}{A_{t}}\right)^{\frac{1}{1-n}}=p_{eq}(A_{b})$$

因而压强-时间曲线工作段与燃面 A_b 的变化密切相关，而燃面 A_b 随装药燃烧厚度 e 而变化，即

$$A_{b}=A_{b}(e)$$

所以 p_{eq}，A_b 都是 e 的函数。燃面 A_b 的变化规律将在固体火箭发动机设计的教材中讨论。

为使自变量转换成时间 t，需用下式

$$\frac{\Delta e}{\Delta t}=r_{eq}=bp_{eq}{}^{n} \tag{8-23}$$

$$t=\sum\Delta t=\sum\frac{\Delta e}{bp_{eq}{}^{n}} \tag{8-24}$$

某一时刻装药的燃去厚度 e_h 的计算公式为

$$e_{h}=\sum\Delta e=\sum r_{eq}\Delta t=\sum bp_{eq}{}^{n}\Delta t \tag{8-25}$$

设 e_f 为装药的肉厚，当 $e_h\approx e_f$ 时，装药燃尽。

8.5.4　装药燃尽后的压强-时间曲线

装药燃尽后，不再有燃烧产物加入燃烧室自由容积，但燃烧产物继续从喷管排出，燃烧室压强随时间下降，直至与外界压强平衡为止。

假设此时喷管中的流动过程仍是一维准定常、等熵、超临界的，则只要令方程式(8－10)中燃速 $r=0$，就是这一阶段的质量方程。将状态方程代入，得

$$V_{cf}\frac{\mathrm{d}\left(\dfrac{p_{c}}{T_{c}}\right)}{\mathrm{d}t}=\varphi_{2}\Gamma R\frac{p_{c}A_{t}}{\sqrt{RT_{c}}} \tag{8-26}$$

式中：V_{cf} 为装药燃尽后的燃烧室自由容积。

假定这一过程是等熵的，因而

$$\frac{T_{c}}{T_{f}}=\left(\frac{p_{c}}{p_{f}}\right)^{\frac{k-1}{k}}=Z^{\frac{k-1}{k}} \tag{8-27}$$

式中：p_f，T_f 为装药燃尽瞬间燃烧室的压强和温度。

将式(8－27)代入式(8－26)，并分离变量得

$$\mathrm{d}t=\frac{2V_{cf}}{\varphi_{2}(k-1)\Gamma A_{t}\sqrt{RT_{f}}}\mathrm{d}Z^{\frac{1-k}{2k}}$$

积分上式得

$$t=\frac{2V_{cf}}{\varphi_{2}(k-1)\Gamma A_{t}\sqrt{RT_{f}}}\left[\left(\frac{p_{f}}{p_{c}}\right)^{\frac{k-1}{2k}}-1\right] \tag{8-28}$$

需注意，因式(8－26)右边的秒流量表达式只适用于超临界流动，故压强-时间曲线按式(8－28)算得亚临界流动时误差较大，但此时已接近工作完毕。

崔国良——中国固体火箭发动机领域的开拓者

崔国良，固体火箭推进剂与发动机专家，国际宇航科学院院士，中国工程院院士，中国航天科技集团公司科技委常委。

1931年7月7日，崔国良出生于原察哈尔省阳原县，他于1956年从华北大学工学院毕业，同年加入中国共产党；1961年被遴选为留苏研究生，进入莫斯科门捷列夫化工学院，专攻固体火箭推进剂，这一专业实际上是国防部五院李乃暨主任在他出国之前为他选定的，也就是说从那时起他就被安排好将来要投身航天事业了。在莫斯科四年期间，他一面更加扎实地学习理化基础理论，另一面通过课题研究掌握了基本研究方法，并获得副博士学位。

1961年崔国良回国后，立即加入国防部五院投身固体复合推进剂研究，从此与这一事业结下了不解之缘。在以后漫长岁月里，随着事业组织机构变迁，他先后担任课题组长、研究室主任、研究所所长、研究院副院长和科技委主任，直到航空航天工业部科技委常委、秘书长、中国工程院院士。

崔国良负责研制成功多种推进剂，广泛用于战略、战术和宇航发动机；研制成功含铝推进剂，根除了发动机不稳定燃烧；提高推进剂力学性能，解决了大型药柱裂纹；提出人工脱黏方案，保证了药柱结构完整性；任某高性能推进剂联合攻关组组长，负责制定总体技术方案，解决了许多重大技术难题，经验证达到了高比冲、高密度、高力学性能、高装填分数的目标，使我国成为拥有先进推进剂的国家。

崔国良院士对我国固体火箭发动机的发展做出了重大贡献，他负责研制成功了多种推进剂，广泛用于战略、战术和宇航发动机，将我国固体推进剂带向国际领先水平。近十余年来，崔国良院士认真思考中国航天的未来发展，提出了许多宝贵的意见和建议，参与咨询了多个型号的固体发动机研制，推动了多项重大项目的论证和立项。他曾任国防科技大学、北京航空航天大学、哈尔滨工业大学兼职教授，培育出了一大批固体发动机领域的技术骨干。

崔国良院士原名崔国樑，许以成为国之栋梁的期望，后将“樑”自改为善良之“良”，自称“不敢称国之栋梁、只一生报国为善”。崔国良院士作为新中国成立后的第一代航天专家，用他的满腔热忱和拳拳报国之心，为我国固体发动机事业的发展建设奉献了全部心血和智慧。崔国良院士一生治学严谨、光明磊落、淡泊名利、勇于奉献，是所有航天人的楷模和榜样，他的科学精神，是值得我们所有人珍视的宝贵财富。

第9章 固体火箭发动机总体方案设计及参数选择

发动机总体方案设计是导弹方案论证和初步设计阶段的重要内容。其任务是根据导弹总体对发动机提出的战术技术指标和约束条件，确定发动机的结构方案和总体参数，这主要包括下述内容。

(1)发动机结构形式的选择；

(2)主要结构材料的选择；

(3)推进剂的选择；

(4)发动机直径和长径比的选择；

(5)燃烧室压强的选择；

(6)喷管膨胀比的选择；

(7)装药药型的考虑及设计参量的估算；

(8)发动机质量的估算及设计的评价指标。

发动机总体设计的性能对导弹总体性能有直接的影响，这不仅因为它是导弹的动力装置，还由于它在全弹中占有相当大的比例。以反坦克导弹为例，发动机的直径一般就是导弹弹体的外径，发动机的质量约占全弹质量的1/3～1/2，长度约占1/2～2/3。对于大型战略导弹则更是如此。所以，导弹总体方案设计应该与发动机的总体参数设计紧密配合，反复分析、修改，以达到总体参数最优化，从而提高导弹的性能。

9.1 固体火箭发动机的设计研制过程

火箭武器系统的研制工作是由许多设计、生产、试验部门共同完成的，其中包括导弹总体、制导系统、动力系统、战斗部、发射系统、地面试验和靶场试验等部门。这些部门之间是密切相关的，一个部门的设计参量发生了变化，必然会对别的部门产生影响。因此，各部门之间必须在总体设计部门的统一指挥下，不断磋商，互相配合，共同给出统一的原始数据和约束条件，在彼此协调合作的基础上完成各自的研制任务。图9-1表示出一种导弹武器系统设计和互相协调的框图。

由图9-1可知，总体部门获得系统指标要求和可用资源的信息，形成初步的设计方案存于中心数据库，同时给出各专业学科的技术要求和原始数据，各专业学科按自身的分系统进行初步设计，并将信息反馈给总系统。根据反馈信息和系统指标要求及可用资源，总系统得出更详尽、更协调和更满意的设计方案，并重新输入中心数据库和反馈给各分系统。如此反复，直到获得最后结果并输出设计文件。

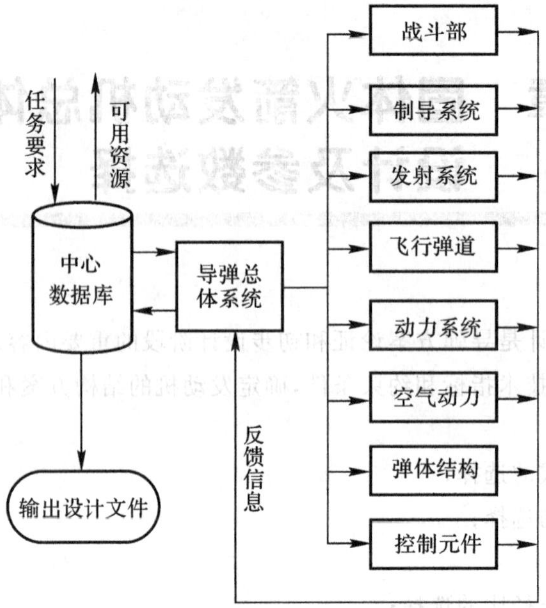

图 9-1　导弹系统设计数据流程框图

动力系统是总系统的一个分系统，从总体获得任务要求和设计原始数据进行设计与研制，其过程分述如下。

9.1.1　设计的原始数据

在设计的开始阶段，由导弹总体向动力分系统给出的原始数据如下：

(1) 发动机的用途。

(2) 发动机的总冲量。总冲量 I 用发动机推力 F 对时间变量 t 在整个发动机工作时间 t_a 区间内的积分来表示，即

$$I=\int_0^{t_a}F\mathrm{d}t \tag{9-1}$$

(3) 发动机的比冲量。比冲量 I_{sa} 表示单位质量推进剂所能产生的冲量，即

$$I_{sa}=\frac{I}{m_a} \tag{9-2}$$

式中，m_a 为推进剂质量。

(4) 发动机的使用温度范围和贮存期限。

(5) 发动机在常温下的平均推力 $\bar{F}$，有时还提出最大推力 F_{max} 和最小推力 F_{min} 的限制。

(6) 发动机的工作时间 t_a，以及发动机的推力方案，如等推力或变推力方案。

(7) 发动机的质量限制，如对发动机总质量 m_0 和结构质量 m_m 的限制。有时用质量比冲量 I_{sp0} (I/m_0) 或发动机的质量比 N_p ($N_p=m_a/m_0$) 间接表示。

(8) 发动机的尺寸限制。用体积比冲量 I_{spV} 间接表示，即

$$I_{spV}=\frac{I}{V} \tag{9-3}$$

式中，V 为发动机的体积。

(9) 发动机的性能偏差量。如允许的推力、工作时间和总冲的偏差量,允许的推力矢量偏角等。

(10) 点火延迟期。通常点火延迟期以推力达到额定值的 80% 所需的时间来表示。

(11) 对推力矢量控制和推力终止装置的要求。

(12) 其他要求。如运输条件、排气烟雾的限制以及安全保险要求等。

9.1.2　设计任务

固体火箭发动机的主要设计任务如下:

(1) 发动机的总体方案设计。它包括选择发动机的结构形式、推进剂和壳体材料,确定发动机的直径、工作压强、膨胀比等主要设计参量。

(2) 发动机的装药设计和内弹道性能预估。它包括选择药柱形状,确定药柱几何尺寸,计算热力参量和内弹道性能等。

(3) 发动机的燃烧室设计。它包括燃烧室壳体结构和强度设计,燃烧室的热防护设计等。

(4) 发动机的喷管设计。它包括喷管的型面设计、结构和强度设计及热防护设计等。

(5) 点火装置设计。它包括选择点火装置的类型和结构,设计点火系统和能量释放系统。

(6) 其他,如推力矢量控制和推力终止装置的设计,支撑装置、传力装置的设计等。

9.1.3　固体火箭发动机的设计研制过程

固体火箭发动机的设计研制过程一般分为下述 4 个阶段。

(1) 方案论证阶段。它是设计的初始阶段。其主要工作是:熟悉和分析发动机的设计任务,进行技术性调查研究;根据规定的战术技术要求,进行发动机性能参数估算;进行几种方案的装药设计和结构设计,并进行优选;提出设计方案的技术关键问题和预研课题;提出模样试验方案和图纸,试制并试验。

(2) 技术设计阶段。它是主要的设计阶段。在此阶段内,要对所选定的发动机方案进行详细设计计算和反复的实验验证工作,绘制产品图纸和制定技术条件;绘制出产品发动机并进行地面点火试验和环境试验等。

(3) 飞行试验阶段。它是实际检验阶段。飞行试验包括弹体和动力系统的单系统试验(无控飞行试验)及导弹全武器系统的联合试验(有控飞行试验)。

(4) 设计定型阶段。它是设计的鉴定和结束阶段。在此阶段内要整理出全套设计图纸,编写设计说明书和制造验收技术条件;提请鉴定,申报成果。

9.1.4　动力系统设计研制质量的评价指标

评定固体火箭发动机的优劣主要从可靠性、先进性、经济性等方面考虑。

(1) 可靠性。所设计的发动机应具有规定的战术技术性能,如推力、工作时间、总冲均应满足导弹总体的要求;制造过程中的各种偏差的累积值不得超过允许的偏差值;发动机能迅速可靠地点火启动,推进剂能正常稳定燃烧,点火装置和推进剂的安定性好,不允许发生自燃、自炸或自点火等失控情况;发动机各零部件有足够的强度和刚度,即在各种贮存使用环境和运输条件下，推进剂药柱不发生裂纹、脱黏和过大变形；壳体不生锈，不变形，不产生破坏性裂纹等。

（2）先进性。在满足相同的战术要求的条件下，发动机的质量小、体积小是标志设计先进性的重要指标。通常用比冲量、质量比冲量等性能参量来表征质量指标。

1）比冲量。比冲量主要与推进剂能量特性和喷管设计有关。由式（9－2）可知，比冲量愈高，发出规定总冲所需要推进剂的质量就愈小。为此，从发动机的先进性考虑，应选择高的推进剂比冲。

2）质量比冲量。质量比冲量表示发动机每单位质量所能产生的冲量值。质量比冲量愈高，发出规定总冲所需发动机的质量就愈轻，即

$$I_{sp0}=\frac{I}{m_0}=\frac{m_p I_{sp}}{m_0}=I_{sp}N_p \tag{9-4}$$

式中：m_0 为发动机总质量；m_p 为推进剂质量；μ 为质量比。

由式（9－4）可知，质量比冲量同时反映了比冲量和质量比的大小，它不仅反映了推进剂的能量特性的好坏，还反映了发动机结构的优劣，故质量比冲量是评定发动机先进性的重要指标。

为了分析影响质量比冲量的因素，应分析影响质量比的诸因素，并有

$$N_p=\frac{m_p}{m_0}=\frac{m_p}{m_p+m_m}=\frac{1}{1+\dfrac{m_m}{m_p}}=\frac{1}{1+\alpha} \tag{9-5}$$

式中：α 为发动机结构性能系数；m_m 为发动机的结构质量，可由下式近似求出为

$$m_m\approx K_m A_c\delta\rho_m \tag{9-6}$$

式中：A_c 为燃烧室壳体的表面积；ρ_m 为燃烧室壳体材料的密度；K_m 为考虑喷管、点火装置及其他零件质量的修正系数；δ 为燃烧室壳体的壁厚。

由材料力学可知，圆筒形燃烧室壳体的壁厚计算式为

$$\delta=\frac{\varphi p_{max}D_c}{2[\sigma]} \tag{9-7}$$

式中：p_{max} 为燃烧室最大工作压强；φ 为压强波动系数；D_c 为发动机外径；$[\sigma]$ 为燃烧室壳体材料的许用应力。

将式（9－7）代入式（9－6），得

$$m_m\approx K_m A_c\frac{\varphi p_{max}D_c}{2[\sigma]}\rho_m \tag{9-8}$$

又

$$m_p=V_p\rho_p \tag{9-9}$$

式中：V_p 为推进剂装药的体积；ρ_p 为推进剂的密度。

将式（9－8）和式（9－9）代入式（9－5），可得质量比的计算式为

$$N_p=\frac{1}{1+\dfrac{K_m A_c\rho_m\varphi p_{max}D_c}{2V_p\rho_p[\sigma]}}=\frac{1}{1+K_m\dfrac{A_cD_c}{2V_c}\dfrac{\varphi p_{max}}{\rho_p\dfrac{V_p}{V_c}\dfrac{[\sigma]}{\rho_m}}}=\frac{1}{1+K_mF_c\dfrac{\varphi p_{max}}{\rho_p\eta_V\dfrac{[\sigma]}{\rho_m}}} \tag{9-10}$$

式中：V_c 为燃烧室容积；η_V 为燃烧室的体积装填系数，$\eta_V=V_p/V_c$；F_c 为燃烧室壳体的结构特征

参数，$F_c = A_c D_c / 2V_c$。

将式(9－10)代入式(9－4)得质量比冲量的计算式为

$$I_{sp0} \approx \frac{I_{sp}}{1 + K_m F_c \dfrac{\varphi p_{max}}{\rho_p \eta_V \dfrac{[\sigma]}{\rho_m}}} \tag{9-11}$$

由此可知，要获得比较先进的发动机，应使质量比冲量尽可能高，为此必须做到：① 选用比冲量 I_{sp} 大和密度 ρ_p 高的推进剂；② 选用比强度$[\sigma]/\rho_m$ 高的壳体材料；③ 装药设计合理，使体积装填系数 η_V 尽量大；④ 合理选择发动机结构，尽量减小结构特征参数 F_c；⑤ 合理地选择燃烧室工作压强，合理地设计喷管，使发动机的效率最高，质量最小，质量比冲量最大。关于燃烧室工作压强及喷管对发动机性能的影响，将在以后的章节中进一步讲述。

3) 体积比冲量。体积比冲量 I_V 表示每单位发动机体积所能产生的冲量大小。体积比冲量愈高，发出规定总冲所需发动机的体积就愈小。它表明发动机空间的利用程度，这也是一个评定发动机先进性的重要指标，并有

$$I_{spV} = \frac{I}{V} = \frac{I_{sp} m_p}{K_V V_c} = I_{sp} \rho_p V_p \frac{1}{V_c K_V} = \frac{\eta_v}{K_V} I_{sp} \rho_p \tag{9-12}$$

式中：V 为发动机的总体积；K_V 为考虑喷管等其他零件的体积修正系数。

为了获得比较先进的发动机，还应使体积比冲量尽量高，因此必须做到：① 选用比冲量和密度乘积($I_{sp}\rho_p$)大的推进剂；② 合理设计装药，使体积装填系数增大；③ 采用紧凑的发动机结构，减小体积系数 K_V。

(3) 经济性。经济成本的高低应是发动机优劣的指标之一，其生产成本愈低，则竞争力愈强。为此必须做到：① 发动机的推进剂、壳体结构材料的来源要立足于国内，尽量采用我国现有的，或经过努力在预期时间内可以制成的材料，尽量少用稀缺材料；② 发动机应具有良好的工艺性，所采用的生产工艺应该是先进的，又是现实可行的；③ 发动机的装配与检修简单、方便，并且与武器系统的其他部件不相互牵制。

此外，还应考虑贮存性、运输性、安全性等。总之，武器系统的总体部门在选择和评定发动机时，要正确处理先进性与可行性的矛盾，做到在现实的基础上力求先进，既不能片面强调现实性而降低发动机的质量指标，又不能盲目追求先进性而影响全系统的研制进度。有时可以考虑两种方案，第一方案是现实可行的，短期内能见成效的，第二方案是先进的，是在第一方案基础上发展的，是经过一段时间解决关键性技术问题后可以实现的。这样就有可能把现实性与先进性的矛盾统一起来。

9.2　发动机的结构形式及其选择

发动机的结构形式直接影响火箭或导弹的性能，它与导弹总体布局有密切关系。导弹总体布局主要是指战斗部、动力装置及控制、稳定系统的部位安排、外形及空气动力布局等。这些都取决于导弹的用途和性能要求。用途不同，导弹就有单级和多级之分，多级就有几个发动机的排列组合顺序，发动机级间位置安排等问题。因此，发动机的结构形式常常是总体设计部

门与发动机设计部门共同协商确定的。

发动机的结构形式有多种分类方式，发动机结构形式的分类见表 9－1。

表 9－1　发动机结构形式分类

- 发动机结构形式种类
  - 按药柱种类分
    - 端燃药柱式
    - 内燃药柱式
    - 内外燃药柱式
  - 按药柱装填方式分
    - 自由装填式
    - 铸装式
  - 按喷管数目分
    - 单喷管式
    - 多喷管式
  - 按喷管形式分
    - 普通喷管式
    - 潜入喷管式
  - 按推力级数分
    - 单推力式
    - 双推力式
      - 双室推力式
        - 串联式
        - 并联式
      - 单室推力式

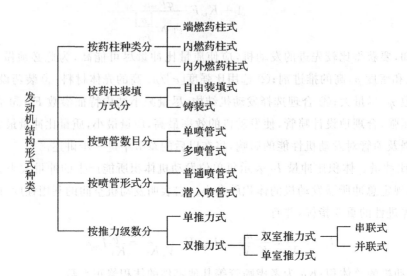

图 9－2～图 9－7 表示各种分类发动机的结构方案。

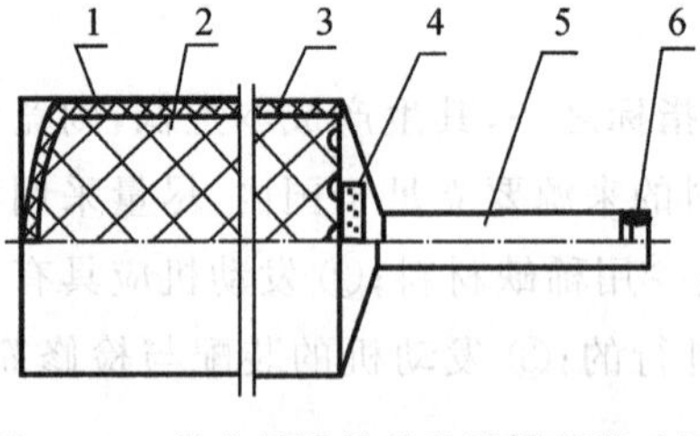

图 9－2　带有长尾导管的端燃药发动机

1— 燃烧室壳体；2— 装药；3— 包覆层和绝热层；4— 点火器；5— 长尾导管；6— 喷管

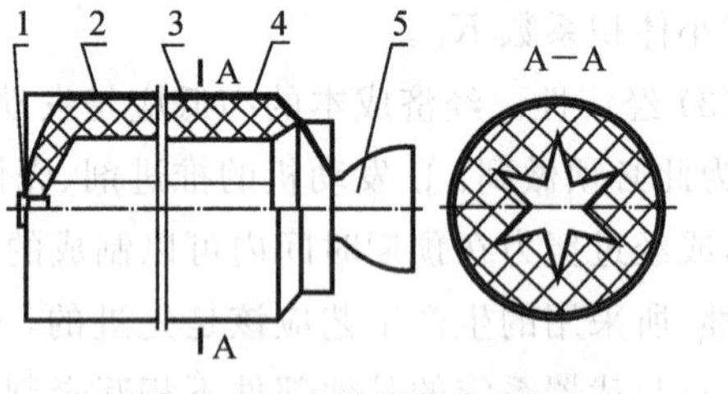

图 9－3　内燃药柱发动机

1— 点火器；2— 燃烧室壳体；3— 装药；4— 绝热层和包覆层；5— 喷管

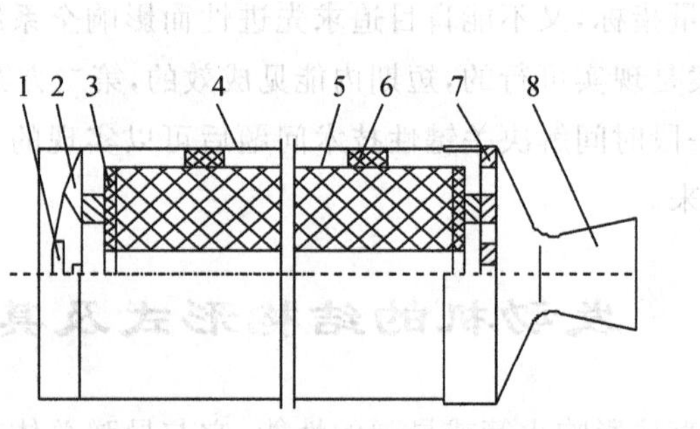

图 9－4　内外侧燃药柱发动机

1— 点火器；2— 前支承；3— 端面包覆层；4— 燃烧室壳体；5— 装药；6— 径向支承；7— 挡药板；8— 喷管

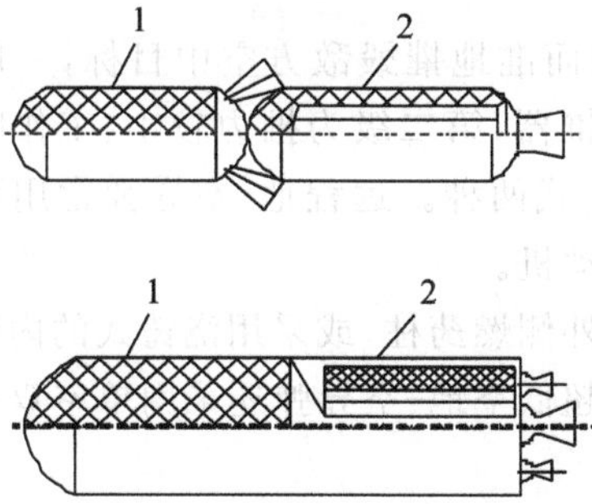

图 9-5　串联式发动机

1— 续航发动机；2— 起飞发动机

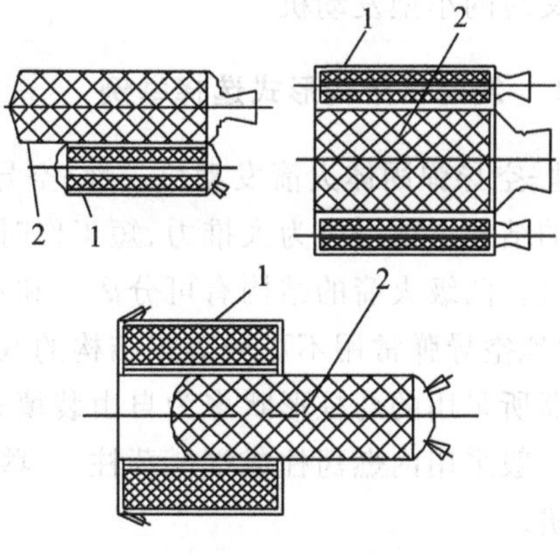

图 9-6　并联式发动机

1— 起飞发动机；2— 续航发动机

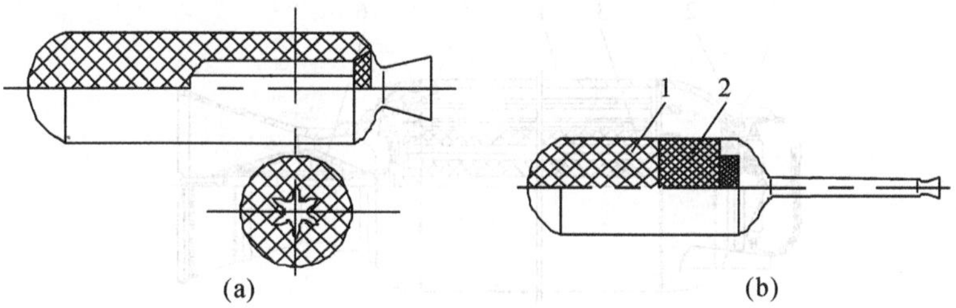

图 9-7　单室双推力发动机

(a) 一种推进剂；(b) 两种推进剂

1— 低燃速推进剂；2— 高燃速推进剂

9.2.1　发动机结构形式的选择原则

选择发动机的结构形式主要根据发动机的用途和战术技术性能要求及全弹的布局，一般应遵循下述原则。

(1) 适应发动机的用途和战术技术要求。例如推力大、工作时间短的助推器和小型及野战火箭发动机采用内外燃药柱和自由装填式结构，因为内外表面同时燃烧的药柱可以产生很大推力，工作时间可以很短。内燃药柱和浇铸式结构，其特点是药柱与壳体黏结成一体，燃烧沿药柱内孔表面进行，燃烧时间较长并可解决壳体受热问题和大直径药柱的支撑问题，适合用在推力较大，工作时间较长的中、大型发动机上。端燃药柱只有药柱端面燃烧，产生推力较小，只适用于小推力、长时间工作的发动机。

(2) 使发动机的结构紧凑、质量轻。当导弹对发动机的质量比 N_p 要求高时，可采用内燃药柱和浇铸式结构，还可采用碳纤维缠壳体、玻璃纤维缠绕壳体和轻合金壳体。采用潜入喷管或者延伸喷管也能使发动机总体结构紧凑、体积小。

双推力发动机的两级推力比不很大时，采用单室双推力发动机具有结构简单、质量轻的优点。但是，由于两级共用一个喷管，两级的工作特性必然相互影响，其推力比不能过大。

(3) 使发动机具有良好的工艺性。研制费用低、周期短。例如，内外燃药柱和自由装填式结构形式，具有工艺性好、能连续大量生产、研制费用低等特点，适用于质量比 N_p 要求不高、工作时间又短的小型发动机。

9.2.2 发动机结构形式选择举例

(1) 地-空导弹固体火箭发动机。地-空导弹应快而准地摧毁敌方空中目标，一般都采用两级火箭的结构。第一级为大推力、短工作时间的助推器，第二级为推力较小、工作时间较长的主发动机。两级火箭的结构有可分离式和不可分离式两种。远程地-空导弹常用可分离式结构，近程地空导弹常用不可分离式结构的双推力发动机。

助推器所采用的药柱形状多为自由装填式的内、外侧燃药柱，或采用浇铸式的内燃药柱。主发动机一般采用内燃药柱或端燃药柱，一些低空和超低空地-空导弹还采用单室双推力固体火箭发动机。

图9-8所示为一种自由装填式多根管形装药的助推器。图9-9所示为一种单室双推力发动机，其第一级为星孔内燃药柱，第二级为埋金属丝的端燃药柱。

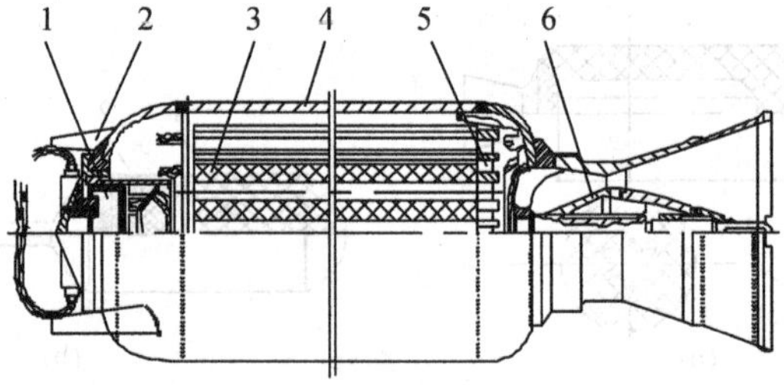

图9-8 地-空导弹助推器

1— 点火器；2— 连接器；3— 管形药柱；4— 燃烧室壳体；5— 挡药板；6— 可调喷管

(2) 弹道式导弹固体火箭发动机。弹道式导弹主要用来攻击敌人后方具有战略意义的固定目标，故要求射程远，准确度高，常采用推力大和工作时间长的多级可分离发动机的组合方式。每级发动机均有推力矢量控制装置，以控制导弹按预定弹道飞行和在主动段终点的飞行速度。

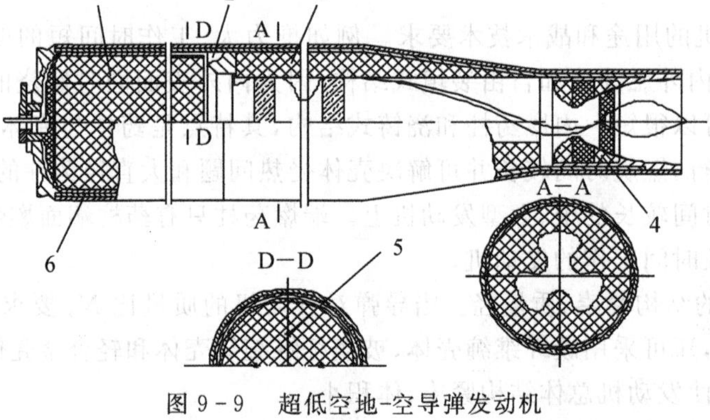

图9-9 超低空地-空导弹发动机

1— 端燃药柱；2— 点火器；3— 星形药柱；4— 喷管；5— 金属丝；6— 燃烧室壳体

图9-10～图9-12分别为美国“民兵”导弹的第一级、第二级和第三级固体火箭发动机结构简图。

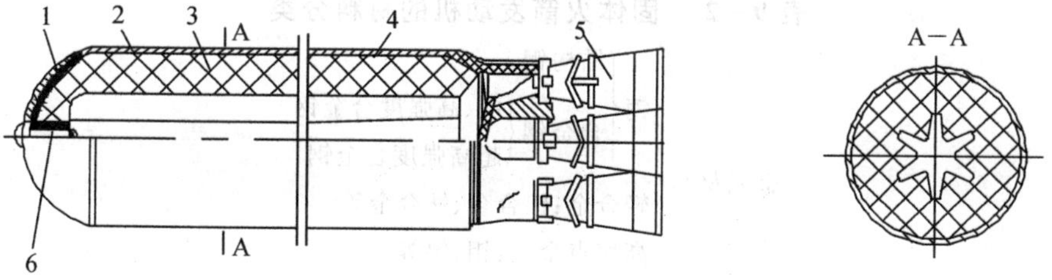

图 9 - 10　“民兵”导弹第一级发动机

1— 应力释放罩；2— 燃烧室壳体；3— 星形药柱；4— 内绝热层；5— 喷管；6— 点火发动机

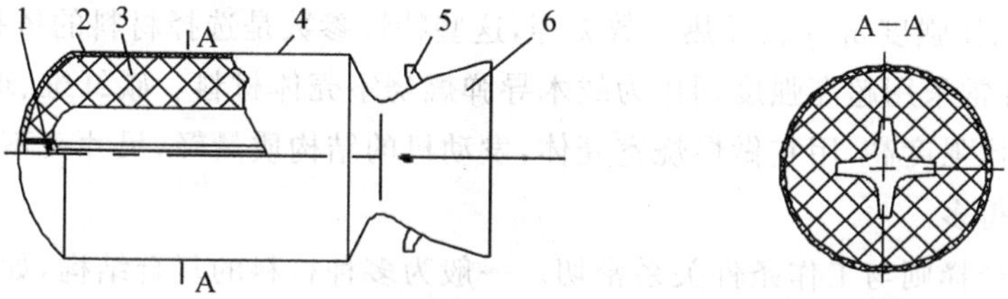

图 9 - 11　“民兵”导弹第二级发动机

1— 点火发动机；2— 内绝热层；3— 星形药柱；4— 燃烧室壳体；5— 二次注射装置；6— 喷管

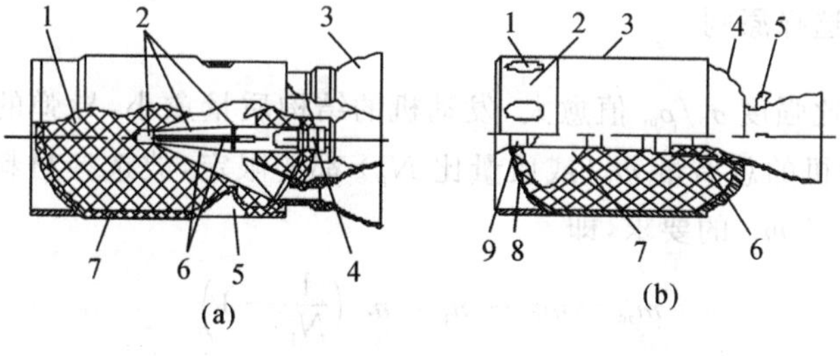

图 9 - 12　“民兵”导弹第三级发动机

(a) 民兵 Ⅱ

1— 翼柱形药柱；2— 中心通道；3— 喷管；4— 点火发动机；5— 反向喷管；6— 药柱的翼槽面；7— 壳体

(b) 民兵 Ⅲ

1— 反向喷管；2— 前推力裙；3— 燃烧室壳体；4— 后封头；5— 二次注射孔；6— 翼柱形药柱；7— 药柱的翼槽面；8— 前封头；9— 点火发动机

9.3　固体火箭发动机常用材料及其选择

发动机的主要构件包括燃烧室和喷管两大部分，其材料的选择直接影响导弹的结构形式、质量、成本和加工方法。

9.3.1　常用的材料

目前用做固体火箭发动机的材料，分为金属材料和非金属材料两大类，见表 9 - 2。

表 9-2　固体火箭发动机的材料分类

- 金属材料
  - 钢
    - 结构钢
    - 合金钢
      - 中、高强度合金钢
      - 超高强度合金钢
  - 轻合金：铝合金、钛合金等
  - 高熔点金属：钼、钨等
- 非金属材料
  - 碳基材料：石墨、碳/碳复合材料
  - 增强塑料：玻璃纤维，有机纤维增强塑料
  - 新型陶瓷

表征材料特性的主要参量有：强度极限 σ_b、屈服极限 σ_s、延伸率 $\delta_s(\%)$、冲击韧性 α_k、断裂韧性 K_c、密度 ρ_m、比强度 σ_b/ρ_m、导热系数 λ 等，这些特性参数是选择材料的依据。

目前国内、外常采用超高强度钢作为战术导弹燃烧室壳体材料。碳纤维、玻璃纤维和有机纤维增强塑料的比强度高，用它做燃烧室壳体，发动机的结构质量轻，尺寸又不受限制，故在大型发动机上采用得多。

喷管材料的选择则与工作条件关系密切。一般为多种材料的复合结构，如金属壳体，高熔点金属或石墨喉衬，碳/碳复合材料烧蚀层，玻璃纤维增强塑料，石棉橡胶绝热层或陶瓷绝热层等。对于工作时间短的小型发动机或助推器，也可采用低碳钢等散热材料作为喷管材料。

表 9-3 所示为常用的燃烧室结构材料，表 9-4 所示为常用的喷管材料。

9.3.2　材料的选择原则

(1) 比强度高。比强度 σ_b/ρ_m 值愈大，发动机的结构质量愈小，导弹的结构质量就愈小。一般导弹总体对发动机的总质量 m_0（或质量比 N_p）都要限定，故选择材料的比强度就应满足总体对发动机结构质量 m_m 的要求，即

$$m_m = m_0 - m_p = m_p\left(\frac{1}{N_p} - 1\right) \tag{9-13}$$

根据所选材料，按发动机结构草图计算出的发动机结构质量应满足：

$$m_{m计} \leqslant m_p\left(\frac{1}{N_p} - 1\right)$$

或

$$m_{m计} \leqslant m_0(1 - N_p) \tag{9-14}$$

(2) 足够的刚度和工艺可能性。当材料比强度高时，壳体的壁厚可能很小，其刚性较差，在外载荷作用下壳体可能失稳，为此，在选择材料时，必须保证壳体不失稳和工艺上能成形的最小壁厚。

(3) 冲击韧性和断裂韧性高。

(4) 在长时间高温工作条件下其工作可靠。对长时间工作的发动机壳体和喷管材料选择，应首先保证这条原则。

(5) 良好的工艺性。

(6) 成本低。

应当指出，选择材料时，不能单纯追求其某一项指标，也不能要求一种材料满足所有要求，而应根据发动机的用途等具体条件，满足主要要求，综合考虑其他要求，选取一种或多种合适的材料。

表 9－3　几种燃烧室结构材料的特性

材料型号	参量						
	$\frac{\sigma_b}{MPa}$	$\frac{\sigma_s}{MPa}$	$\frac{\delta_s}{\%}$	$\frac{\varphi}{\%}$	$\frac{\alpha_k}{MN \cdot m \cdot m^{-2}}$	$\frac{K_{1k}}{MN \cdot m \cdot m^{-\frac{3}{2}}}$	$\frac{\rho_m}{g \cdot cm^{-3}}$
45 号钢	≥589	≥294	≥15	≥38	≥0.29		7.81
50 号钢	≥648	≥363	≥15	≥40	≥0.69		7.81
55 号钢	≥687	≥383	≥13	≥35			7.81
40Mn2	≥834	≥687	≥12	≥45	≥0.69		7.81
40MnB	≥981	≥785	≥11	≥45	≥0.69		7.81
25CrMnSiA	≥1 079	≥932	≥10	≥40	≥0.49		7.76
30CrMnSiA	≥1 079	≥883	≥10	≥45	≥0.49	112	7.75
$28Cr_3SiNiMoWVA$	1 490～1 506	1 270	14.4～16	≥61	0.54		7.81
32SiMnMoV	1 805	1 470～1 550	12	46	≥0.57	66	7.81
40SiMnCrMoV	1 815	1 620	≥8	≥35	≥0.49	70.4	7.81
D6AC	1 344～1 521	1 240	≥8	≥25		≥97.7	7.81
$AISI_{4130}$	1 236	1 060	15	57			7.81
40SiMnMoV	1 815	1 619	≥9		0.49	66	7.81
18Ni 马氏体时效钢	1 962	1 670				99.2	8.01
铝合金(LC_4)	530	402	6				2.85
钛合金(BT－6)	1 177						4.7
钛合金(6Al－4V)	1 207	1 138	8	20			4.7
玻璃纤维增强塑料	515						1.8
凯夫拉纤维	1 000～2 000						1.36

表 9－4　几种喷管结构材料

特征(室温下)		喉衬材料						
		钼		钨		热解石墨	多晶石墨	碳/碳复合材料
		锻压	烧结	锻压	烧结			
密度/$(g \cdot cm^{-3})$		10.2		19.0	17.4	2.2		
熔化或升华温度/℃		2 625	2 625	3 410	3 410	3 649		
比热容/$(J \cdot kg^{-1} \cdot K^{-1})$				140	140	921		
导热系数 $W \cdot m^{-1} \cdot K^{-1}$	顺晶面 垂直晶面			166	94	346 2.1		
线膨胀系数 $℃^{-1}$	顺晶面 垂直晶面	4.9×10^{-6}		4.5×10^{-6}	4.1×10^{-6}	2.4×10^{-6} 36×10^{-6}	2.7×10^{-6} 4.0×10^{-6}	0.9×10^{-6} 2.5×10^{-6}
拉伸极限强度 MPa	顺晶面 垂直晶面	824～1373		1 130	379	69 2.8	31 21	93 4.8
拉伸模量 MPa	顺晶面 垂直晶面			407×10^{3}	276	27.6×10^{3} 11.7×10^{3}	5.2×10^{3} 6.2×10^{3}	15.9×10^{3} 11.0×10^{3}
抗压极限强度 MPa	顺晶面 垂直晶面					69 310	62.1 69	93.1 44.8
压缩模量 MPa	顺晶面 垂直晶面					33.1×10^{3} 13.1×10^{3}	6.2×10^{3} 5.5×10^{3}	17.2×10^{3} 10.3×10^{3}
烧蚀速度 $mm \cdot s^{-1}$						0.013～0.015	0.059～0.087	0.15

续表

特征(室温下)		耐烧蚀层材料				
		碳布	石墨布	高硅氧布	石棉毡	玻璃布
密度/($g \cdot cm^{-3}$)		1.43	1.45	1.75	1.73	1.94
比热容/($J \cdot kg^{-1} \cdot K^{-1}$)		840	1 005	1 005	1 796	921
导温系数/($m^2 \cdot s^{-1}$)		0.278×10^{-6}	0.325×10^{-6}	0.206×10^{-6}	0.108×10^{-6}	0.178×10^{-6}
导热系数 / $W \cdot m^{-1} \cdot K^{-1}$	顺层面	1.44	3.96	0.61	0.35	0.28
	垂直层面	0.83	1.19	0.52		
线膨胀系数 / $℃^{-1}$	顺层面	6.8×10^{-6}	9.5×10^{-6}	7.0×10^{-6}	13×10^{-6}	8.3×10^{-6}
	垂直层面	9.5×10^{-6}	32×10^{-6}	30×10^{-6}	45×10^{-6}	38×10^{-6}
拉伸极限强度 / MPa	顺层面	124	72.4	82.7	248	414
	垂直层面	6.2	5.1	5.0		
拉伸模量 / MPa	顺层面	18.2×10^3	10.8×10^3	18.1×10^3	20.7×10^3	31.7×10^3
	垂直层面	12.4×10^3	3.03×10^3	3.31×10^3		
抗压强度 / MPa	顺层面	249	89.6	111.7	137.9	348.9
	垂直层面	434	228	339		
压缩模量 / MPa	顺层面	16.1	10.3	24.1	15.9	25.5
	垂直层面	12.8	7.24	14.3		
烧蚀速度/($mm \cdot s^{-1}$)		0.325～0.472	0.199～0.270			

9.4 主要设计参量的选择

发动机的主要设计参量包括发动机直径、工作压强和扩张比等。

9.4.1 发动机直径的选择

对固体火箭或导弹，发动机的直径即是弹体直径，导弹总体根据全弹的综合性能，对发动机直径往往限制在某一范围内。从这个意义上说，发动机直径基本上是确定了的，但是，在所限定的范围内，发动机还可以根据最优设计的原则选择直径，即根据发动机结构质量最小原则来选择。

发动机的结构质量为

$$m_m = m_c + m_n + m_s + m_{ign} + m_\alpha \tag{9-15}$$

式中：m_c 为燃烧室壳体质量；m_n 为喷管质量；m_s 为绝热层质量；m_{ign} 为点火器质量；m_α 为其他零件质量。

以上各部分质量与发动机的直径 D，工作压强 p_c，喷管扩展比 ε_A 及工作时间 t_α 等有关。按优化设计原则，把结构质量最小定为目标函数，则直径 D 是设计变量之一，与其他设计变量一起，构成 n 维非线性有约束的极小化问题，求其解即为发动机的优化设计(具体计算可参看有关“固体发动机的优化设计”的书籍或资料)。

9.4.2 发动机工作压强的选择

发动机工作压强(或称燃烧室压强)的高低不仅影响到发动机工作是否正常与稳定，而且影响到发动机的比冲、工作时间、结构质量等。一般按下述原则选择工作压强。

(1) 保证装药正常燃烧。保证装药在燃烧室内正常燃烧是基本要求，为此发动机工作时可能出现的最小平衡压强应高于或等于推进剂在最低温度下的临界压强，即

$$p_{eq\,min} \geqslant p_{cr(-T)} \tag{9-16}$$

式中：$p_{eq\,min}$ 为发动机最小平衡压强；$p_{cr(-T)}$ 为最低使用温度下的临界压强。通常，双基推进剂的临界压强较高，约为 4 ~ 6 MPa；复合推进剂的临界压强较低，约为 2 ~ 3 MPa。

(2) 保证质量比冲最大。质量比冲(或称冲质比)是单位质量的发动机所能提供的冲量。提高燃烧室工作压强，一方面可以提高推进剂的比冲，这在满足总冲要求的条件下，会使推进剂质量减小，从而使发动机的质量比冲增加；另一方面，工作压强增大，使燃烧室壳体壁厚增加，又使发动机壳体质量增大，质量比冲下降。因此，必然存在一压强值，在该压强下发动机的质量最小，质量比冲最大。

按优化设计的方法选择工作压强时，可把目标函数定为发动机质量最小，工作压强也是设计变量之一，与直径等其他设计变量一起构成 n 维非线性有约束的极小化问题，即

$$m_0 = m_p + m_m$$

式中：m_p 为推进剂质量；m_m 为发动机结构质量。

目标函数 $$\min F(\boldsymbol{X}) = m_0, \quad \boldsymbol{X} = (x_1, x_2, \cdots, x_n)^T \tag{9-17}$$

约束条件 $$\text{sub} \left.\begin{matrix} g_j(\boldsymbol{X}) \geqslant 0, & j = 1,2,\cdots,J \\ a_i \leqslant x_i \leqslant b_i, & i = 1,2,\cdots,n \end{matrix}\right\} \tag{9-18}$$

式中：sub 为约束方程符号。

(3) 保证工作时间的要求。对一些野战火箭和反坦克火箭的发动机往往要求工作时间很短，这时，除了选用高燃速推进剂和薄肉厚药柱外，还采取提高工作压强来缩短工作时间。

除了上述原则外，还应在选取工作压强时避开易发生不稳定燃烧的压强区，平台火药还应在平台区选取工作压强。

9.4.3　发动机喷管扩张比的选择

扩张比的选择，实质就是在某一工作压强 p_c 下确定喷管的出口压强 p_e。扩张比是发动机的主要设计参量之一，它影响发动机的比冲和质量结构。选择扩张比应遵循下述原则：

(1) 保证发动机的推力或比冲最大

1) 飞行高度变化不大的发动机如反坦克火箭、导弹，地空导弹和助推器等，可以认为外界压强 p_a 一定，这时，获得最大比冲的条件是 $p_e = p_a$，若飞行高度接近地面，则取 p_e 等于一个物理大气压。

2) 对于飞行高度变化比较大的导弹，相应的外界压强 p_a 变化也较大。当燃烧室工作压强和喷管出口面积一定时，随着 p_a 的变化，推力也发生变化，在发动机工作时间内，平均推力 $\bar{F}$ 可表示为

$$\bar{F} = \frac{\int_0^{t_a} F \mathrm{d}t}{t_a} \tag{9-19}$$

显然，喷管扩张比的选择应使平均推力最大，即

$$\frac{\mathrm{d}\bar{F}}{\mathrm{d}p_e} = 0 \tag{9-20}$$

因为推力公式为 $F = \dot{m}u_e + A_e(p_e - p_a)$，在 p_c 和 A_t 确定之后，质量流量 $\dot{m}$ 是恒定的，且喷管出口截面上的参数 A_e, u_e, p_e 等均与时间无关。于是

$$\frac{\mathrm{d}\bar{F}}{\mathrm{d}p_e} = \frac{\mathrm{d}\left(\dot{m}u_e + A_e p_e - \frac{A_e}{t_a}\int_0^{t_a} p_a \mathrm{d}t\right)}{\mathrm{d}p_e} = 0 \tag{9-21}$$

即
$$\dot{m}\frac{\mathrm{d}u_e}{\mathrm{d}p_e} + A_e + p_e\frac{\mathrm{d}A_e}{\mathrm{d}p_e} - \frac{A_e}{t_a}\frac{\mathrm{d}}{\mathrm{d}p_e}\left(\int_0^{t_a} p_a \mathrm{d}t\right) - \frac{1}{t_a}\int_0^{t_a} p_a \mathrm{d}t\,\frac{\mathrm{d}A_e}{\mathrm{d}p_e} = 0$$

由一维稳定流动的伯努利方程式 $p + \frac{1}{2}\rho u^2 = \text{const}$，可得

$$u_e \mathrm{d}u_e = -\frac{\mathrm{d}p_e}{\rho_e}$$

故

$$\frac{\mathrm{d}u_e}{\mathrm{d}p_e} = -\frac{1}{\rho_e u_e}$$

又由连续方程得
$$\dot{m} = \rho_e u_e A_e = \text{const}$$

可得
$$\dot{m}\frac{\mathrm{d}u_e}{\mathrm{d}p_e} = -A_e$$

因 $\int_0^{t_a} p_a \mathrm{d}t$ 与出口压强 p_e 无关，故

$$\frac{\mathrm{d}}{\mathrm{d}p_e}\left(\int_0^{t_a} p_a \mathrm{d}t\right)=0$$

于是式(9-21)变成

$$\frac{\mathrm{d}A_e}{\mathrm{d}p_e}\left(p_e-\frac{1}{t_a}\int_0^{t_a} p_a \mathrm{d}t\right)=0$$

式中，$\frac{\mathrm{d}A_e}{\mathrm{d}p_e}\neq 0, p_e-\frac{1}{t_a}\int_0^{t_a} p_a \mathrm{d}t=0$，故得

$$p_e=\frac{1}{t_a}\int_0^{t_a} p_a \mathrm{d}t \tag{9-22}$$

由此可知，当 p_c 和 A_t 确定后，在发动机工作高度变化时所选的扩张比，应使喷管出口压强等于该火箭发动机工作时间内外界压强的平均值。

(2) 保证发动机质量比冲最大。上面讨论的获得最大推力的喷管出口压强，并没有考虑喷管质量的影响，实际上，按推力最大原则选取扩张比将会使喷管做得很长，很重。因此，在选择扩张比时，不能单纯追求比冲最大，还应考虑喷管质量要小，即应按质量比冲最大的原则去选取扩张比。因为欠膨胀时，扩张比增加，比冲增加，但是喷管质量也加大，故有一合适的扩张比，使其质量比冲最大，也就是说，存在一最佳扩张比，使发动机的质量最小，与前两节叙述的直径选择、压强选择一样，这构成了一个 n 维非线性有约束的极小化问题，扩张比也是该问题的实际变量之一。即目标函数式 $\min F(\boldsymbol{X})=m_0, \boldsymbol{X}=(x_1,x_2,\cdots,x_n)^{\mathrm{T}}$ 中 $x_1,x_2,\cdots,x_n$ 表示设计变量，如发动机直径 D_C，燃烧室工作压强 p_c，扩张比 ε_A（或 p_e）等。

(3) 保证在低空和低温工作条件下喷管内不出现激波和气流分离。在低温工作条件下，由于推进剂性能对温度敏感，发动机工作压强较低，而低空工作条件的外界压强较高，此时，当扩张比选得较大时，喷管内出现过膨胀，引起激波甚至气流分离，造成能量损失，为保证不出现气流分离现象，通常限制 $p_{e\min}/p_a \geqslant 0.3 \sim 0.4$，这可以作为设计变量的约束边界条件给出。

应该指出，在选择扩张比时，还要考虑发动机结构的限制，如单喷管的喷管出口直径不得大于发动机直径；对多喷管则应防止出口截面互相干扰等。

由于按质量比冲最大原则进行参数优化设计相当麻烦，在初步设计时，可参照同类产品凭经验选择，一般低空工作的发动机的扩张比 $\varepsilon_A=4\sim 9$，高空工作的发动机的扩张比要大一些，如地-地导弹末级发动机 $\varepsilon_A \approx 15\sim 80$。

戚发轫——中国载人航天之父

戚发轫，中国航天界元老，神舟飞船首任总设计师，中国工程院院士。第一发导弹、第一枚运载火箭、第一颗卫星、第一艘试验飞船、第一艘载人飞船，他见证了中国航天每一个重要的历史时刻。

三个志愿全填飞机系

戚发轫青年时就立志从事航空事业，高中的时候，侵朝的美国飞机时常在头顶上盘旋，并在丹东边境一线狂轰滥炸，大批伤员被运往大连。戚发轫加入到救护伤员的行列中。鲜血淋漓的场面，深深地刺痛了戚发轫的心。他愤愤地想：如果我们国家拥有制空权，还会这样遭人欺侮吗？这想法一直伴随着他到高中毕业。高考时，他一门心思要学航空专业，3个志愿全填

的是飞机系。

多年功力一朝显现

1957 年，走出北京航空学院校园的戚发轫来到了刚成立不久的国防部五院。这是新中国第一个为研制导弹、火箭而成立的研究院。为了揭开导弹头上神秘的面纱，钱学森院长亲自给他们主讲“导弹概论”课程。从此，戚发轫就身不由己地成了航天事业的一块“砖”，哪里需要就往哪里添了。意气风发的戚发轫参与了我国第一枚仿制导弹“东风一号”的研制工作。1966 年 10 月，他们终于盼来了中国首枚导弹发射的时刻，伴随着一声巨响，离弦之箭准确命中目标，发射试验取得圆满成功。

呕心沥血铸光彩“神舟”

59 岁那年戚发轫执掌飞船总设计师“帅印”，工程方案确定并正式上马后，问题接二连三地涌现。曾经多年担任卫星总师要职的戚发轫心里很清楚，与以往其他卫星最大的不同，就是飞船事关宇航员的生命安全，必须保证万无一失，每一个系统、每一个环节都不能出任何一点问题。戚发轫相信，不久的将来，他可以向宇航员们保证：载着他们去探索太空奥秘的将是一艘安全、舒适的太空船。1999 年 11 月，神舟一号试验飞船首飞获得成功，戚发轫也由此成为人们心目中的科技英雄。戚发轫一刻也没有停止对飞船研制工作的高标准、严要求，从神舟一号试验飞船到神舟四号飞船，凡是能被人预想出来的万一会出现的问题，戚发轫都要求设计人员千方百计去发现和寻找，有时就像大海捞针，但他却从不言放弃。

起名与事业巧合

戚发轫干航天的经历比较“复杂”，搞过导弹、火箭，后又去研制卫星，因此，在共和国航天史上留下了许多“第一”。第一枚导弹、第一枚火箭、第一颗卫星、第一艘试验飞船……有人开玩笑说，这些“第一”和荣耀融入戚发轫的生命中，与他的名字“发轫”有关。“发轫”，字典里这样解释：“拿掉支住车轮的木头，使车前进，比喻新事业开始。”这个有着如此寓意的名字，融进了我们航天事业的每一次辉煌。

第10章 装药设计

10.1 概　　述

1. 定义

装药设计是在满足发动机内弹道性能和约束条件下，对燃烧室壳体内部绝热层、衬层、人工脱黏层和药柱几何形状综合设计的总称。其重点是药柱几何形状的选择和设计计算。

人工脱黏是根据使用要求，在发动机燃烧室前后封头特定部位的绝热层之间预先设计的脱黏面。以便使发动机在贮存、运输、飞行和内压等使用环境中，保持药柱结构的完整性。

2. 装药设计的内容

(1)通过热力学计算，以及推进剂能量特性、力学性能、燃烧性能、物理性能和安全性能的比较，选择满意的推进剂配方；通过药柱几何形状的设计计算，给出满足内弹道性能要求的 $p-t$ 曲线，确定药柱设计方案；向推进剂研制单位提出相应的研制任务书；向喷管、反喷管设计部门提供喷管喉部直径和反喷管喉部直径。

(2)根据燃烧温度和燃烧室壳体在燃气中的暴露时间长短，选择绝热层材料，进行厚度分布设计，并提出相应的研制任务书。

(3)根据药柱配方选择相应的衬层材料和厚度，并提出相应的研制任务书。

(4)根据发动机的使用要求，确定是否采用人工脱黏措施，其中包括脱黏深度和脱黏层的厚度分布等。选择药柱、衬层、绝热层之间各界面的黏合剂，提出黏合剂指标和相应的研制任务书。

3. 装药设计工作的重点

装药设计工作的重点是药柱几何形状的选择和设计计算，当药柱配方选定之后，从以下公式可以看出，除喷管喉部面积 A_t 之外，影响燃烧室压强计算的中心问题，就是随着药柱的燃烧，药柱燃面 A_b 变化规律的计算。即

$$p_c=\left(b\rho_p c^* \frac{A_b}{A_t}\right)^{\frac{1}{1-n}}$$

10.2 药 柱 设 计

10.2.1 药柱几何形状的选择

药柱几何形状的选择首先根据该发动机的使用和内弹道性能要求进行，在满足发动机的使命、内弹道性能要求和保证药柱结构完整的前提下，力求简单，以缩短研制周期。药柱几何

形状是从火箭工程实践中不断完善发展起来的。例如内孔燃烧的管状药柱，具有增面燃烧的特点，而且结构简单。当它不能满足某项特定任务时，人们就在管型药柱末端开槽，或在管型药柱前端加锥楔，或在管型药柱的前端或后端加翼片等，这就构成了一些较新的药型——开槽管状药型，锥柱、翼柱药型。图10-1给出了目前使用较多的一些药柱几何形状，可供选择，同时读者还可根据具体任务，选择一种或者数种药型的组合，如开槽管状药型，锥柱、翼柱药型就是利用了开槽锥楔翼片的减面性和管型药柱的增面性相互补偿的特性而构成。

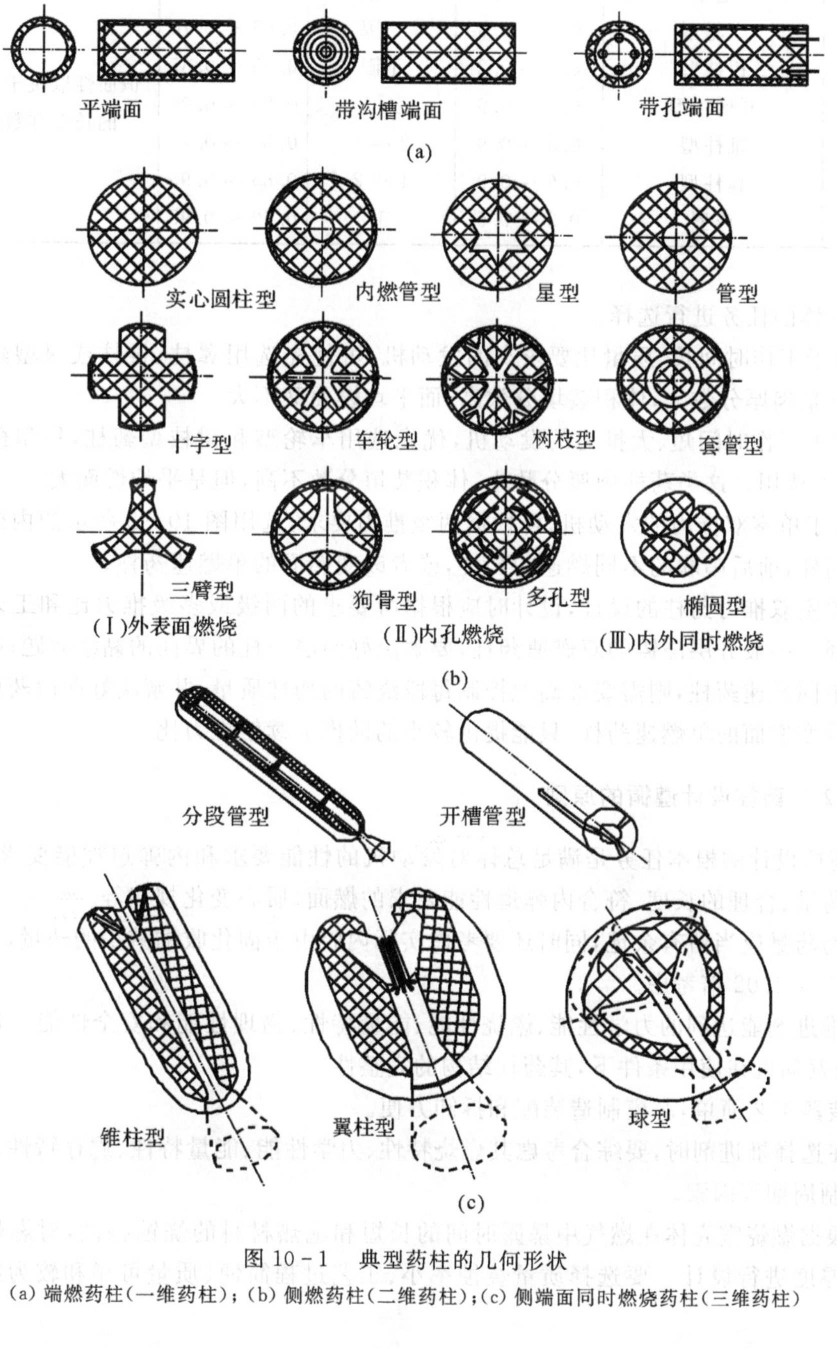

图10-1 典型药柱的几何形状

(a) 端燃药柱(一维药柱)；(b) 侧燃药柱(二维药柱)；(c) 侧端面同时燃烧药柱(三维药柱)

表10－1给出了恒面燃烧药型与药柱肉厚分数W_f、药柱长径比λ_{dlg}、体积装填分数η_{LV}的关系。

表10－1　恒面燃烧药型与W_f,λ_{dlg}和η_{LV}的关系

序号	药　型	W_f	λ_{dlg}	η_{LV}	备　注
1	内孔燃烧管型	0.5～0.9	＜2	0.85～0.95	
2	分段内燃管型	0.5～0.9	＞2	0.80～0.95	
3	星型	0.3～0.6	不限	0.75～0.85	
4	车轮型	0.2～0.3	不限	0.65～0.70	
5	树枝型	0.1～0.2	不限	0.55～0.65	
6	开槽管型	0.5～0.9	＞3	0.85～0.95	恒面性取决于开槽的长度和数目
7	锥柱型	0.5～0.9	2～4	0.85～0.95	
8	翼柱型	0.6～0.9	1～2	0.85～0.95	
9	球型	0.2～0.5	1	0.90～0.95	

根据具体的任务进行选择。

(1) 对于工作时间长、质量比要求高的发动机，可优先选用翼柱、锥柱或星型药柱。这类药型的特点是肉厚分数大，体积装填分数高，而平均燃面又不大。

(2) 对于工作时间短、大推力的发动机，优先选用车轮型和树枝型药柱，星型药柱能满足要求者，也可选用。这类药柱肉厚分数小，体积装填分数不高，但是平均燃面大。

(3) 对于单室双推力的发动机，可根据两级推力要求，选用图10－2所示的内外分层浇铸的双燃速药柱，前后串联的不同燃速的药柱，或者改变燃面的单燃速药柱。

对于单室双推力药柱的设计，设计时应根据所要求的两级或多级推力比和工艺实现的可能性来选择。一般分层浇铸的双燃速药柱，要解决好两层药柱的界面的黏结问题；前后串联分段浇铸的不同燃速药柱，则需要准确地控制每段浇铸的药柱质量，并解决好两段药柱界面的黏结问题。改变燃面的单燃速药柱，只能提供较小的助推/续航推力比。

10.2.2　药柱设计遵循的原则

(1) 药柱设计的根本任务是满足总体对发动机的性能要求和内弹道性能要求，其中包括有足够的药量、合理的长度、符合内弹道性能要求的燃面、质心变化规律等。

设计的药量应当留有余地，同时还要考虑实际内腔由于固化收缩减少的药量，可按药柱质量的1.005～1.02倍考虑。

要在推进剂能达到的力学性能、燃烧性能、能量特性、物理性能和安全性能下选择设计药柱，以保证发动机在使用条件下，其药柱结构的完整性。

(2) 装药工艺简单，芯模制造装配和拆卸方便。

(3) 在选择推进剂时，要综合考虑其燃烧特性、力学性能、能量特性、贮存特性、价格、安全性能和研制周期等因素。

(4) 根据燃烧室壳体在燃气中暴露时间的长短和绝热材料的烧蚀特性，对燃烧室各部位绝热层的厚度进行设计。要选择质量烧蚀率小、工艺过程简便、质量可靠和较为经济的绝热材料。

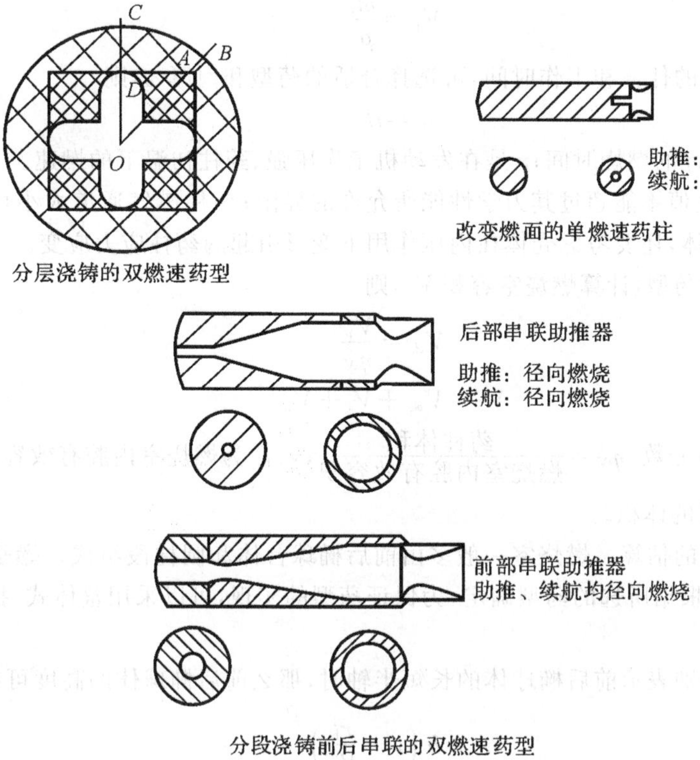

图 10-2　典型的单室双推力药柱

(5) 选用与推进剂绝热层相容性好、黏结性能满足要求和使用期长的衬层材料。

(6) 壳体—绝热层—衬层—药柱各界面要有足够的黏结强度，可根据计算或者已有的试验结果确定。还要考虑贮存期各界面之间的组分迁移，并采取相应的措施，如使各界面两侧的材料中的增塑剂浓度相近等。

(7) 根据发动机的使用要求，确定是否采用脱黏措施，其中包括脱黏深度，盖层和底层的厚度分布等。

(8) 在满足导弹或卫星总体指标的前提下，尽量选用现有的配方原材料和工装以节省经费，加快研制进度。

10.2.3　药柱参数的估算

药柱参数的估算是药型选择的基础，其目的是预先估算出所需的药量、燃烧室的长度和容积、药柱肉厚，并选择计算所需的燃速，估算药柱的平均燃面，为药型选择提供依据，具体内容包括下述几方面。

(1) 根据总冲 I 和发动机的设计比冲 I_{sp} 计算药量 m_p，则

$$m_p = \frac{\xi I}{I_{sp}} \tag{10-1}$$

式中：ξ 为固化收缩减少的药量，$\xi = 1.005 \sim 1.02$。

(2) 根据所选推进剂的密度 ρ_p 确定药柱体积 V_p，则

$$V_p = \frac{m_p}{\rho_p} \tag{10-2}$$

(3) 根据发动机的任务和工作时间,可选择合适的药型和肉厚 ω,则

$$\omega = rt_b \tag{10-3}$$

式中:t_b 为发动机设计的燃烧时间;r 是在发动机工作压强、药柱初温下的燃速。

药柱肉厚的最大值不能超过其力学性能所允许的界限;药柱燃气通道太小可能引起侵蚀燃烧;对复合材料壳体,还要考虑壳体在内压作用下变形引起的药柱应力应变。

(4) 根据所选的药型,计算燃烧室容积 V_c,则

$$V_{efc} = \frac{V_p}{\eta_{tV}} \tag{10-4}$$

$$V_c = V_{efc} + V_i + V_{li} \tag{10-5}$$

式中:η_{tV} 为体积装填分数,$\eta_{tV} = \dfrac{\text{药柱体积}}{\text{燃烧室内腔有效容积}}$;$V_{efc}$ 为燃烧室内腔有效容积;V_i 为绝热层的体积;V_{li} 为衬层的体积。

(5) 燃烧室长度的估算。燃烧室一般多由前后椭球台体和圆柱段组成。燃烧室前后封头的开口半径 r_b,r_a 要根据所选的药型确定,为保证药型的实现,可以采用整体式、拆卸式或烧蚀式芯模。

如果用 R_m,b 分别表示前后椭球体的长短半轴时,那么前后椭球体的高度可由

$$h_b = b\left(1 - \frac{r_b^2}{R_m^2}\right)^{\frac{1}{2}} \tag{10-6}$$

$$h_a = b\left(1 - \frac{r_a^2}{R_m^2}\right)^{\frac{1}{2}} \tag{10-7}$$

确定。于是得前后椭球体的体积分别为

$$V_b = \pi h_b R_m^2 \left[1 - \frac{1}{3}(h_b/b)^2\right] \tag{10-8}$$

$$V_a = \pi h_a R_m^2 \left[1 - \frac{1}{3}(h_a/b)^2\right] \tag{10-9}$$

圆柱段的体积 V_{cy} 和长度 L_{cy} 分别为

$$V_{cy} = V_c - V_b - V_a \tag{10-10}$$

$$L_{cy} = \frac{V_{cy}}{\pi R_m^2} \tag{10-11}$$

最后得燃烧室的总长 L_{tc} 为

$$L_{tc} = L_{cy} + h_b + h_a \tag{10-12}$$

有时燃烧室的长度还要根据具体的设计进行调整。

(6) 药柱平均燃面的估算。通常可用下式估算药柱的平均燃面:

$$\overline{A_b} = \frac{V_p}{\omega} \tag{10-13}$$

10.2.4 药柱设计计算方法

前文说过,药柱设计工作的重点就是要设计计算出随着药柱燃烧过程的进行,药柱燃面的变化规律。与此同时,还要算出药柱的体积、质心和转动惯量等参数。药柱设计的计算方法有

以下两种：

1. 燃面解析计算方法

这种方法是用数学表达式写出药柱燃烧过程某一肉厚下药柱周边长 S 的几何表达式，解出相应的周边长度，再乘以药柱长度，可算出相应的燃烧面积和药柱体积等参数。这一方法首先在自由装填式的内外表面同时燃烧的管型药柱设计中得到应用。随着贴壁浇铸内孔燃烧药柱的出现，这种方法又在星型和车轮型等药柱的圆柱段得到成功应用。时至今日，这种方法仍有一定的使用价值。

有关星型和车轮型药柱周边长度的解析表达式可参考有关资料。

2. 作图计算法

该方法按照平行层燃烧规律，给出药柱某一肉厚下的几何图形，根据具体情况采用算术或积分方法，算出相应肉厚所对应的燃烧面等参数。这种方法实际上是贴壁浇铸内孔燃烧药柱出现以后，根据需要所采用的一种辅助方法。

10.3 管型装药

对于管型装药，需要确定的几何尺寸有药柱外径 D，内径 d，长度 L_p 和药柱根数 n。

确定装药几何尺寸时，应保证发动机具有规定的推力 F、燃烧时间 t_b 和总冲量 I 即装药量 m_p，并具有适当的通气参量 J 和较大的装填系数 η_V，这些设计参数的计算关系已列于第9章。把总体参数优化后得出的燃烧室内径 D_i、燃厚层(肉厚)e_t、装药量 m_p 或燃面 A_b 作为原始的数据，可确定装药的几何尺寸 D,d,L_p,n。

10.3.1 设计参量与几何尺寸的关系

1. 药柱的装填方式与几何尺寸的关系

为使药柱装填到给定的燃烧室内，药柱的外径 D 与燃烧室内径 D_t，药柱的根数和药柱的排列方式之间必须满足一定的关系，即

对于单根药柱，有

$$\overline{D}=\frac{D}{D_i}<1 \tag{10-14}$$

对于多根药柱，有多种排列方式，其 $\overline{D}$ 与 n 的表达式亦不同，图 10-3 所示为一种外实排列法，药柱先从外层排起，再向内排，且有

$$\frac{D}{2}+\frac{\frac{D}{2}}{\sin\frac{\pi}{n_e}}=\frac{D_i}{2} \quad 即 \quad \overline{D}=\frac{D}{D_i}=\frac{\sin\frac{\pi}{n_e}}{1+\sin\frac{\pi}{n_e}} \tag{10-15}$$

式中，n_e 为最外层的药柱根数。

图 10-4 所示为内实排列法，药柱从中心排起，其中图 10-4(a) 为中心排一根的内实排列；图 10-4(b) 为中间排三根的内实排列。表 10-2 给出了 $\overline{D}$ 与 n 的关系，为保证药柱能装入燃烧室内，实际的值 $\overline{D}$ 应比理论值$\overline{D}_{th}$ 减小 2% 左右。

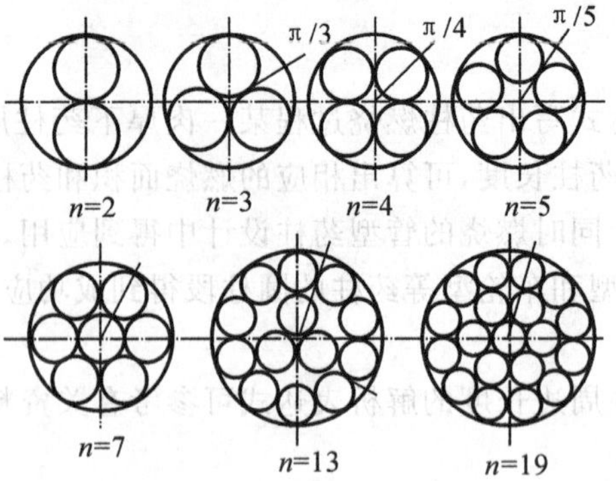

图 10－3　外实排列法

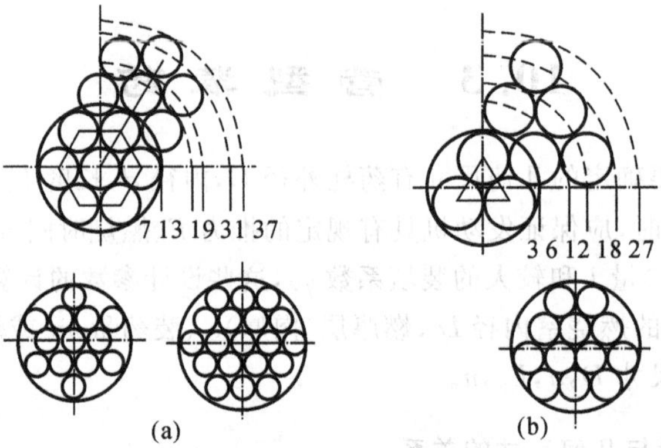

图 10－4　内实排列法

(a) 六方排列；(b) 三角排列

表 10－2　$\overline{D}$ 与 n 及排列方法的关系

药柱根数 n	1	2	3	4	5	7	12
排列方法	外实六方	外实	外实三角	外实	外实	外实六方	三角
$\overline{D_{th}}$	1.0	0.500	0.464	0.414	0.370	0.333	0.247
$\overline{D}$	＜1.0	0.490	0.455	0.406	0.363	0.327	0.242

药柱根数 n	13		14	15	17	19	
排列方法	外实	六方	四方	外实	外实	外实	六方
$\overline{D_{th}}$	0.236	0.224	0.228	0.220	0.206	0.206	0.2007
$\overline{D}$	0.231	0.220	0.223	0.215	0.202	0.202	0.1

续表

药柱根数 n	20	22	24	27		31		34	37
排列方法	外实	外实	外实	外实	三角	外实	六方	外实	六方
$\overline{D_{th}}$	0.193	0.182	0.172	0.163	0.166	0.155	0.159	0.148	0.143
$\overline{D}$	0.189	0.178	0.169	0.160	0.163	0.152	0.156	0.145	0.140

图 10-5 所示为一种内实圆周排列法，在中心为一根药柱，此时排数 $N=0$，其 D_i 与 D 和 n 及总排数 N 之间的关系比较简单，并容易实现计算机辅助设计。

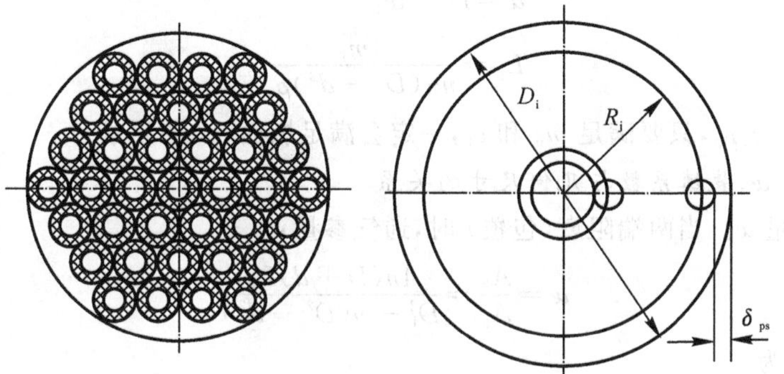

(a) (b)

图 10-5 内实圆周排列法

在 D_i 和 e_1 确定的条件下，多根药柱能够排列的最大排数 N_{lim} 为

$$N_{lim}=[(D_i-2\delta_{ps}/8e_1)]-0.5 \tag{10-16}$$

从 1 到 N_{lim} 会有不同的药柱尺寸和根数 n，当给定 N_j 时则有

$$D=\frac{D_i-2\delta_{ps}}{(2N_j+1)} \tag{10-17}$$

式中：δ_{ps} 为装药与燃烧室壳体之间的间隙；N_j 为共排 N_j 排药柱，N_j 可为 $1,2,\cdots,N_{lim}$ 的任何整数。

第 j 排药柱的圆心位置 R_j 有关系式

$$R_j=jD \quad (j\text{ 为 }1,2,\cdots,N_{lim}\text{ 的整数}) \tag{10-18}$$

第 j 排药柱的根数 n 为

$$n=\frac{2\pi}{2\arcsin\dfrac{D/2}{R_j}} \tag{10-19}$$

药柱的总根数 n 为

$$n=1+\sum_{j=1}^{N_j}n_j \tag{10-20}$$

药柱内径 d 为

$$d=D-4e_1 \tag{10-21}$$

再由装药量 m_p 即可确定 L_p

$$L_p = \frac{m_p}{n\,\frac{\pi}{4}(D^2 - d^2)\rho_p} \tag{10-22}$$

式中，ρ_p 为推进剂密度。

由以上关系可知，此种方法比较适合编制计算机程序，设计者按照一些约束条件（如通气参量，装填系数等），利用程序自动循环计算，可得到满足设计要求的装药几何尺寸。

应该指出，内实圆周排列的药柱根数有一定规则，若设计者要选择圆周排列规则的根数，也可利用表 10-2 的 $\overline{D}$ 得到任一种排列的数值，从而得到外径 D 和 n，再利用计算程序得到其他装药几何尺寸，即

$$d = D - 4e_1$$

$$L_p = \frac{4m_p}{n\pi(D^2 - d^2)\rho_p}$$

因为 $m_p = A_b e_1 \rho_p$，只要满足 m_p 和 e_1，一定会满足燃面 A_b 的要求。

2. 通气参量 æ，装填系数与几何尺寸的关系

（1）通气参量 æ。当两端阻燃（包覆）时，通气参量：

$$\text{æ} = \frac{A_b}{A_p} = \frac{4n(D+d)L_p}{D_i^2 - n(D^2 - d^2)} \tag{10-23}$$

内通气参量为

$$\text{æ}_i = \frac{A_{bi}}{A_{pi}} = \frac{n\pi d L_p}{n\,\frac{\pi}{4}d^2} = \frac{4L_p}{d} \tag{10-24}$$

外通气参量为

$$\text{æ}_e = \frac{A_{be}}{A_{pe}} = \frac{n\pi D L_p}{\frac{\pi}{4}D_i^2 - n\,\frac{\pi}{4}D^2} = \frac{4nDL_p}{D_i^2 - nD^2} \tag{10-25}$$

当两端不阻燃时，有

$$\text{æ} = \frac{4n(D+d)L_p + n(D^2 - d^2)}{D_i^2 - n(D^2 - d^2)} \tag{10-26}$$

$$\text{æ}_i = \frac{4dL_p + \frac{1}{2}(D^2 - d^2)}{d^2} \tag{10-27}$$

$$\text{æ}_e = \frac{4nDL_p + \frac{n}{2}(D^2 - d^2)}{D_i^2 - nD^2} \tag{10-28}$$

（2）内外通气参量比：

$$\lambda = \text{æ}_i / \text{æ}_e \tag{10-29}$$

（3）截面装填系数 η：

$$\eta = \frac{A_T}{A_e} = \frac{n\,\frac{\pi}{4}(D^2 - d^2)}{\frac{\pi}{4}D_i^2} = \frac{n(D^2 - d^2)}{D_i^2} \tag{10-30}$$

3. 燃烧面积与几何尺寸的关系

(1) 两端阻燃时，呈恒面燃烧，其燃面 A_b 为

$$A_b = n\pi(D+d)L_p \tag{10-31}$$

(2) 两端不阻燃时，燃烧呈减面性，其燃面 A_b 的关系为

初始燃面：
$$A_{b0} = n\pi(D+d)L_p + \frac{n\pi}{2}(D^2-d^2) \tag{10-32}$$

任一瞬间燃面：
$$A_b = A_{b0} - 4n\pi(D+d)e \tag{10-33}$$

最终燃面：
$$A_{b1} = A_{b0} - n\pi(D^2-d^2) \tag{10-34}$$

10.3.2 管型装药的设计步骤

内实圆周排列及任意排列的管型装药设计步骤作下述简要说明。

(1) 根据总冲、推力、工作时间要求，按总体参数设计的有关公式，计算出 D_i，e_1，A_b，m_p，并确定 δ_{ps}，ρ_p 作为原始数据。

(2) 判断用单根药柱还是用多根药柱。如为单根药柱，$N_j=0$，按式(10-17) 计算 D，再按式(10-21) 计算 d，按式(10-22) 计算 L_p，按式(10-23) ~ 式(10-30) 计算通气参量、装填系数等，再按式(10-31) 或式(10-33) 计算 S 的变化规律，然后输入内弹道性能计算程序，得出压强-时间和推力-时间曲线。

(3) 若为多根药柱，再判断是否为圆周排列，若不是，则 D、n 是给定的任意排列，按式(10-21) 和式(10-22) 计算 d、L_p，再按有关公式计算 $æ$，$æ_i$，$æ_e$，λ 和 η 及 A_b 的变化规律，再进行内弹道计算。

(4) 若为内实圆周排列，按式(10-16) 计算出最大的 N_{lim}，判断是否限定排数 N_j，若限定 N_j 则需判断 $N_j \leqslant N_{lim}$ 成立，按式(10-17) ~ 式(10-30) 计算出 D，d，L_p，n 及 R_j，$æ$，λ，η 等，并判别 $æ \leqslant æ^*$、$\lambda \leqslant \lambda^*$，然后计算 A_b 的变化规律，进行内弹道计算。

(5) 若不限定 N_j，则从 $N_j=1$ 直到 $N_j=N_{lim}$ 循环计算，得出多组 D，d，n_j，n，R_j，L_p，λ，η 等，从中寻找满足约束条件且 η 最大的一组参数，计算 A_b 的变化规律，再计算内弹道性能。

(6) 把所得结果输入到绘图程序，进行药柱几何尺寸绘图及曲线绘图。

10.4 星型药柱几何尺寸的确定

10.4.1 设计参量与几何尺寸的关系

如图 10-6 所示，星型药柱需要确定的几何尺寸有：药柱外径 D、药柱肉厚 e_1、药柱长度 L_p、星角数 n、星边夹角 θ、角度系数 ε、过渡圆弧半径 r 和星角圆弧半径 r_1 等，其中特征尺寸为

$$l = (D/2) - (e_1 + r)$$

1. 燃面变化规律

为简化起见，假定药柱两端阻燃，即药柱长度 L_p 为常数；药柱的星型内孔通道截面沿轴线处处相等。因此，燃面可写为

$$S = sL_p = 2ns_iL_p \tag{10-35}$$

式中：s 为药柱周边长；s_i 为半个星角的周边长；n 为星角数。

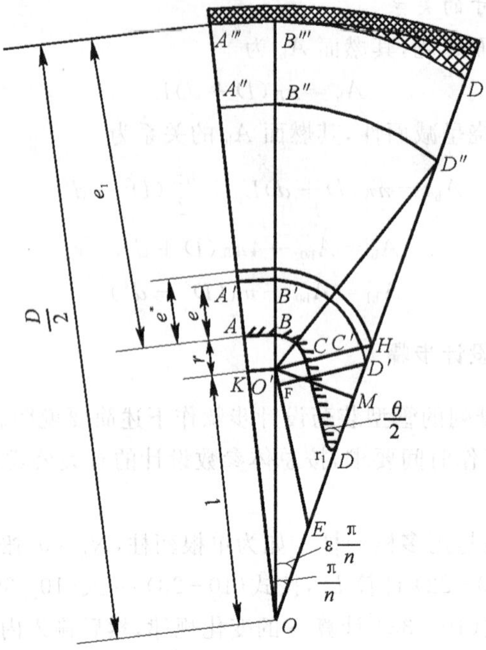

图 10-6　星型内孔燃烧面变化图

因为在燃烧过程中n和L_p不变，所以，燃烧面积的变化可用半个星角的周边长s_i的变化来代替。

由图 10-6 可以看出，燃面变化可以分为两个阶段，即星角直边消失前与消失后的两个阶段。第一阶段的燃烧周边长由两个不断增大的圆弧$\widehat{A'B'}$及$\widehat{B'C'}$和一个减小的直边$\overline{C'D'}$组成，改变星角参数可以使第一阶段的燃烧周边长呈增面、恒面或减面变化。第二阶段的燃烧周边由圆弧$\widehat{A''B''}$及$\widehat{B''D''}$组成，它们在燃烧后期不可避免地呈增面性。

由图 10-6 可知，直边消失点为H，肉厚CH是划分两个燃烧阶段的界面，记为e^*，且有

$$e^* + r = O'H = \frac{\overline{O'M}}{\cos\frac{\theta}{2}} = \frac{l\sin\varepsilon\frac{\pi}{n}}{\cos\frac{\theta}{2}}$$

即

$$\frac{e^* + r}{l} = \frac{\sin\varepsilon\frac{\pi}{n}}{\cos\frac{\theta}{2}} \tag{10-36}$$

现在分别研究这两个阶段的燃面变化规律：

(1) 星角直边消失前　　$0 \leqslant e \leqslant e^*$

即

$$e + r \leqslant l\frac{\sin\varepsilon\frac{\pi}{n}}{\cos\frac{\theta}{2}}$$

半个星角的燃烧周边长s_i为

$$s_i=\frac{l\sin\varepsilon\frac{\pi}{n}}{\sin\frac{\theta}{2}}+l(1-\varepsilon)\frac{\pi}{n}+(e+r)\left(\frac{\pi}{2}+\frac{\pi}{n}-\frac{\theta}{2}-\cot\frac{\theta}{2}\right)$$

总燃烧周边长 $s=2ns_i$，即

$$\frac{s}{l}=2n\left[\frac{\sin\varepsilon\frac{\pi}{n}}{\sin\frac{\theta}{2}}+(1-\varepsilon)\frac{\pi}{n}+\frac{e+r}{l}\left(\frac{\pi}{2}+\frac{\pi}{n}-\frac{\theta}{2}-\cot\frac{\theta}{2}\right)\right] \tag{10-37}$$

由式(10-37)可知：① 燃烧周边长在燃烧过程的第一阶段是按线性规律变化的；② $(e+r)$ 项的系数决定燃烧面积的变化趋势，当

$$\left.\begin{aligned}&\frac{\pi}{2}+\frac{\pi}{n}-\frac{\theta}{2}-\cot\frac{\theta}{2}>0\ \text{时，呈增面性}\\&\frac{\pi}{2}+\frac{\pi}{n}-\frac{\theta}{2}-\cot\frac{\theta}{2}=0\ \text{时，呈恒面性}\\&\frac{\pi}{2}+\frac{\pi}{n}-\frac{\theta}{2}-\cot\frac{\theta}{2}<0\ \text{时，呈减面性}\end{aligned}\right\} \tag{10-38}$$

将符合恒面燃烧的 θ 值用 $\bar{\theta}$ 表示，可以看出 $\bar{\theta}$ 仅与星角数 n 有关。表 10-3 给出了恒面性药柱星边半角 $\bar{\theta}/2$ 与星角数 n 的关系。

表 10-3　n 与 $\bar{\theta}/2$ 的关系

n	3	4	5	6	7	8	9	10	11	12
$\bar{\theta}/2$	22.55°	28.22°	31.13°	33.53°	35.56°	37.31°	38.84°	40.20°	41.41°	42.52°

(2) 星角直边消失后

$$e^*\leqslant e\leqslant e_1$$

总周边长 $s=2ns_i$，即

$$\frac{s}{l}=2n\left\{(1-\varepsilon)\frac{\pi}{n}+\frac{e+r}{l}\left[\frac{\pi}{n}+\arcsin\left(\frac{\sin\varepsilon\frac{\pi}{n}}{\frac{e+r}{l}}\right)\right]\right\} \tag{10-39}$$

当 $\frac{e+r}{l}$ 足够大时，有

$$\arcsin\left(\frac{\sin\varepsilon\frac{\pi}{n}}{\frac{e+r}{l}}\right)\approx\frac{\varepsilon\frac{\pi}{n}}{\frac{e+r}{l}}$$

代入式(10-39)，得

$$\frac{s}{l}\approx2\pi\left(1+\frac{e+r}{l}\right)$$

由上式可以看出，不管第一阶段为恒面性、减面性还是增面性燃烧，在第二阶段后期均为增面性，如图 10-7 所示。

由图 10-7 可知，当 $\theta/2=\bar{\theta}/2$ 时，第一阶段为恒面性，第二阶段是增面性的；当 $\theta/2>\bar{\theta}/2$ 时，第一阶段为增面性，第二阶段仍呈增面性；当 $\theta/2<\bar{\theta}/2$ 时，第一阶段为减面性，第二阶段先继续减面，而后呈增面性，其最小燃面在 $\theta/2=\bar{\theta}/2$ 处。

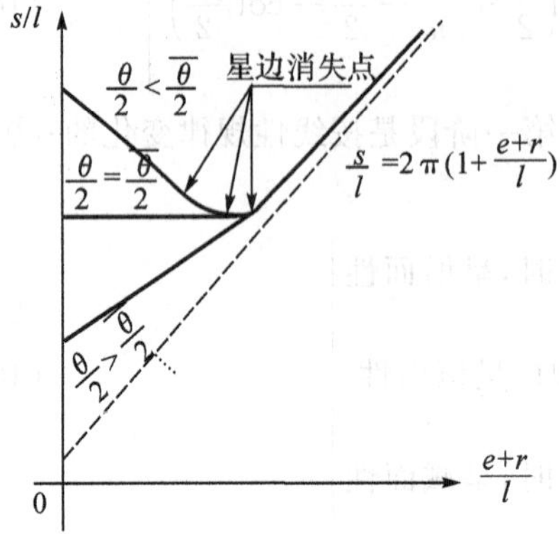

图 10－7　星型药柱燃烧周边变化规律

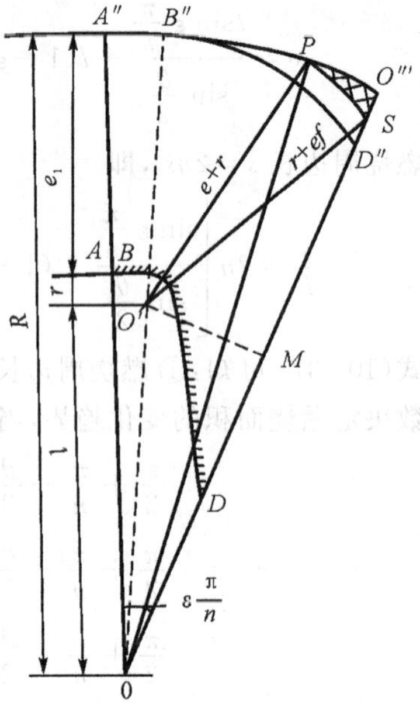

图 10－8　剩药燃烧周边的变化规律

(3) 剩药的燃面变化规律。当 $e=e_1$ 时，第二阶段结束，留下的药块称为剩药，在某些情况下，剩药部分会继续燃烧。为了估计发动机工作后期的内弹道性能曲线，须分析剩药的燃面变化规律。

如图 10－8 所示，当剩药烧完时的肉厚为 e_f，且 $e_f \geqslant e > e_1$，并有

$$e_f + r = \overline{O'D'''} = \sqrt{R^2 + l^2 - 2Rl\cos\varepsilon\frac{\pi}{n}}$$

半个星角燃烧周边长为

$$s_i = \widehat{PS} = (e+r)\angle PO'S$$

$$\angle PO'S = \angle PO'O + \angle SO'O$$

$$\angle PO'O = \arccos\frac{(e+r)^2 + l^2 - R^2}{2(e+r)l}$$

$$\angle SO'O = \frac{\pi}{2} - \varepsilon\frac{\pi}{n} + \angle MO'S$$

$$\angle MO'S = \arccos\left(\frac{l}{e+r}\sin\varepsilon\frac{\pi}{n}\right)$$

故　$$s_i = (e+r)\left[\arccos\frac{(e+r)^2 + l^2 - R^2}{2(e+r)l} - \frac{\pi}{2} + \varepsilon\frac{\pi}{n} - \arccos\left(\frac{l}{e+r}\sin\varepsilon\frac{\pi}{n}\right)\right]$$

整个燃烧周边长为　$s = 2ns_i$

$$\frac{s_i}{l} = 2n\frac{(e+r)}{l}\left[\arccos\frac{(e+r)^2 + l^2 - R^2}{2(e+r)l} - \frac{\pi}{2} + \varepsilon\frac{\pi}{n} - \arccos\left(\frac{l}{e+r}\sin\varepsilon\frac{\pi}{n}\right)\right] \tag{10-40}$$

2. 通气面积与几何尺寸的关系

通气面积随着肉厚 e 的增大而增大，设半个星角的通气面积为 A_{pi}，则通气面积为

$$A_p = 2nA_{pi}$$

由图 10-6 知 $$A_{pi}=\diamond KOO'+\Delta OO'E+\int_0^{e+r} s_i \mathrm{d}(e+r)$$

$$\diamond KOO'=\frac{1}{2}l^2(1-\varepsilon)\frac{\pi}{n}$$

$$\Delta OO'E=\frac{1}{2}\overline{OE}\,\overline{O'M}=\frac{1}{2}(\overline{OM}-\overline{EM})\,\overline{O'M}=$$

$$\frac{1}{2}\left(l\cos\varepsilon\frac{\pi}{n}-l\sin\varepsilon\frac{\pi}{n}\cot\frac{\theta}{2}\right)l\sin\varepsilon\frac{\pi}{n}$$

故

$$A_{pi}=\frac{l^2}{2}\left[(1-\varepsilon)\frac{\pi}{n}+\sin\varepsilon\frac{\pi}{n}\left(\cos\varepsilon\frac{\pi}{n}-\sin\varepsilon\frac{\pi}{n}\cdot\cot\frac{\theta}{2}\right)\right]+$$

$$\int_0^{e+r} s_i \mathrm{d}(e+r) \tag{10-41}$$

计算星角直边消失前的通气面积只须将式(10-37)代入式(10-41)积分;计算直边消失后的通气面积则须将式(10-37)和式(10-39)代入式(10-41)分段积分。常用的是初始通气面积,其积分结果为

$$\int_0^{\frac{e+r}{l}}\frac{s}{l}\mathrm{d}\left(\frac{e+r}{l}\right)=$$

$$\int_0^{\frac{e+r}{l}}2n\left[\frac{\sin\varepsilon\frac{\pi}{n}}{\sin\frac{\theta}{2}}+(1-\varepsilon)\frac{\pi}{n}+\frac{e+r}{l}\left(\frac{\pi}{2}+\frac{\pi}{n}-\frac{\theta}{2}-\cot\frac{\theta}{2}\right)\right]\mathrm{d}\left(\frac{e+r}{l}\right)=$$

$$2n\left\{\left[\frac{\sin\varepsilon\frac{\pi}{n}}{\sin\frac{\theta}{2}}+(1-\varepsilon)\frac{\pi}{n}\right]\frac{e+r}{l}+\frac{1}{2}\left(\frac{e+r}{l}\right)^2\times\left(\frac{\pi}{2}+\frac{\pi}{n}-\frac{\theta}{2}-\cot\frac{\theta}{2}\right)\right\}$$

代入式(10-41)中,可得

$$\frac{A_p}{l^2}=n\left[(1-\varepsilon)\frac{\pi}{n}+\sin\varepsilon\frac{\pi}{n}\left(\cos\varepsilon\frac{\pi}{n}-\sin\varepsilon\frac{\pi}{n}\cot\frac{\theta}{2}\right)\right]+$$

$$2n\left(\frac{e+r}{l}\right)\left[\frac{\sin\varepsilon\frac{\pi}{n}}{\sin\frac{\theta}{2}}+(1-\varepsilon)\frac{\pi}{n}\right]+$$

$$n\left(\frac{e+r}{l}\right)^2\left(\frac{\pi}{2}+\frac{\pi}{n}-\frac{\theta}{2}-\cot\frac{\theta}{2}\right) \tag{10-42}$$

在装药的制造过程中,为了工艺的需要,在星尖角处均有星角圆弧半径 r_1,考虑 r_1 后第一阶段的燃烧周边及通气面积均有变化。在 $0\leqslant e\leqslant r_1$ 时,它们应为

$$\frac{s}{l}=2n\left[\frac{\sin\varepsilon\frac{\pi}{n}}{\sin\frac{\theta}{2}}+(1-\varepsilon)\frac{\pi}{n}+\frac{r+r_1}{l}\left(\frac{\pi}{2}+\frac{\pi}{n}-\frac{\theta}{2}-\cot\frac{\theta}{2}\right)-\left(\frac{r-e}{l}\right)\frac{\pi}{n}\right] \tag{10-43}$$

$$\frac{A_p}{l^2}=n\left[(1-\varepsilon)\frac{\pi}{n}+\sin\varepsilon\frac{\pi}{n}\left(\cos\varepsilon\frac{\pi}{n}-\sin\varepsilon\frac{\pi}{n}\cot\frac{\theta}{2}\right)\right]+$$

$$2n\left(\frac{e+r}{l}\right)\left[\frac{\sin\varepsilon\frac{\pi}{n}}{\sin\frac{\theta}{2}}+(1-\varepsilon)\frac{\pi}{n}\right]+n\left(\frac{e+r}{l}\right)^2\times$$

$$\left(\frac{\pi}{2}+\frac{\pi}{n}-\frac{\theta}{2}-\cot\frac{\theta}{2}\right)+n\left(\frac{r_1-e}{l}\right)^2\times\left(\frac{\theta}{2}+\cot\frac{\theta}{2}-\frac{\pi}{2}\right) \tag{10-44}$$

在 $e>r_1$ 后，其关系式与无 r_1 时相同。

3. 剩药面积与几何尺寸的关系

剩药造成能量损失，增加推力曲线的拖尾现象，设计时应尽可能减小剩药量。

剩药面积为

$$A_f=A_c-A_{p,e=e_1}=\pi\,(l+e_1+r)^2-A_{p_1,e}=e_1$$

式中，$A_{p_1,e}=e_1$ 为终燃时通气面积。

$A_{p_1,e}=e_1$ 可由式(10-41)积分而得，此外 A_f 也可直接由几何图形关系求得，如图10-9所示，半个星角的剩药面积为

$$A_{fi}=\bigcirc B''OD''''-\bigcirc B''O'D'''-\triangle D'''O'O$$

$$\bigcirc B'''OD''''=\frac{1}{2}\,(l+e_1+r)^2\varepsilon\frac{\pi}{n}$$

$$\bigcirc B'''O'D''''=\frac{1}{2}\,(l+e_1+r)^2\left[\varepsilon\frac{\pi}{n}+\arcsin\left(\frac{l}{e_1+r}\sin\varepsilon\frac{\pi}{n}\right)\right]$$

$$\triangle D'''O'O=\frac{1}{2}\,\overline{OD'''}\,\overline{O'M}=\frac{1}{2}\left[l\cos\varepsilon\frac{\pi}{n}+\sqrt{(e_1+r)^2-l^2\sin^2\varepsilon\frac{\pi}{n}}\right]\left(l\sin\varepsilon\frac{\pi}{n}\right)$$

故

$$A_{fi}=\frac{1}{2}\,(l+e_1+r)^2\varepsilon\frac{\pi}{n}-\frac{1}{2}\,(e_1+r)^2\left[\varepsilon\frac{\pi}{n}+\arcsin\left(\frac{l}{e_1+r}\sin\varepsilon\frac{\pi}{n}\right)\right]-$$

$$\frac{1}{2}\left[l\cos\varepsilon\frac{\pi}{n}+\sqrt{(e_1+r)^2-l^2\sin^2\varepsilon\frac{\pi}{n}}\right]\left(l\sin\varepsilon\frac{\pi}{n}\right)$$

总剩药面积为

$$A_f=2nA_{fi}$$

即

$$\frac{A_f}{l^2}=\varepsilon\pi\left(1+\frac{e_1+r}{l}\right)^2-n\left(\frac{e_1+r}{l}\right)^2\left[\varepsilon\frac{\pi}{n}+\arcsin\left[\frac{\sin\varepsilon\frac{\pi}{n}}{\frac{e_1+r}{l}}\right]\right]-$$

$$n\left[\left(\cos\varepsilon\frac{\pi}{n}+\sqrt{\left(\frac{e_1+r}{l}\right)^2-\sin^2\varepsilon\frac{\pi}{n}}\right)\sin\varepsilon\frac{\pi}{n}\right] \tag{10-45}$$

10.4.2 星型装药的设计步骤

前已指出，装药设计时，首先要保证发动机的战术技术要求(如总冲 I，推力 F，装药燃烧时间 t_b 等)；其次要保证适当的通气参量和较高的装填系数及较小的剩药。

星孔药柱的几何参数较多，设计时，可以先确定一部分几何参数，变化另一些参数，从而构成多组不同方案，分别比较其性能，从中优选一组较理想的方案，图10-9所示为一种星孔药柱设计的计算机程序框图。

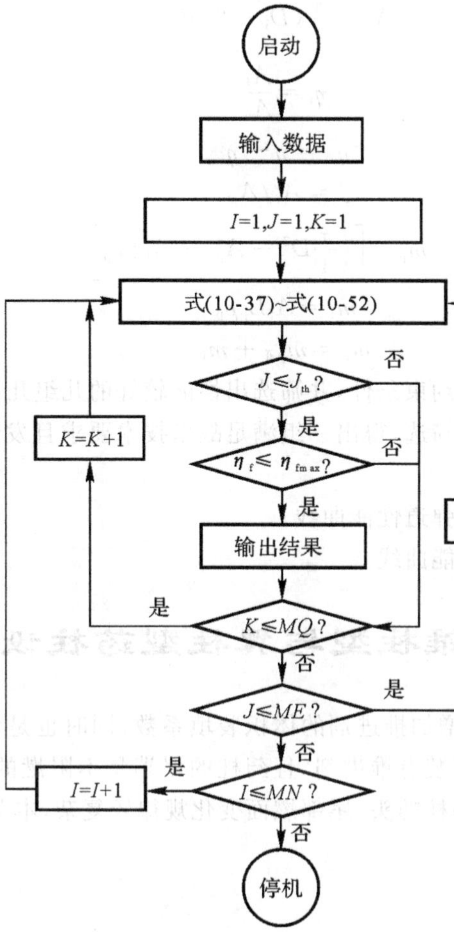

图 10-9 星孔装药设计框图

(1) 由总体参数设计的有关公式计算出的有效装药量 m_{peff},A_t,e_1,D 以及 ρ_p 作为原始数据;

(2) 确定推进剂的临界通气参量 J_{th} 或 æ_{th} 并初选 r 和 r_1 及允许的剩药系数上限($n_f=A_f/A_c$),以及其他限制条件;

(3) 把 ε,$\theta/2$,n 作为变量,并赋初值及步长;

(4) 按照式(10-43),式(10-37),式(10-39) 循环计算相应的 S_0,$S_{\min}$ 和 S_1,再按照式(10-44) 计算初始通气面积 A_{p0},按式(10-45) 计算 A_f,并得出

$$\left.\begin{aligned}&\text{减面比为}\quad \xi_1=\frac{S_{\min}}{S_0}\\&\text{增面比为}\quad \xi_2=\frac{S_1}{S_{\min}}\\&\xi=\frac{S_1}{S_0}=\xi_1\xi_2\end{aligned}\right\}\tag{10-46}$$

$$\text{截面装填系数为}\quad \eta=\frac{\frac{\pi}{4}D^2-A_{p0}}{A_c}=\frac{A_T}{A_c}\tag{10-47}$$

燃烧室横截面积为 $$A_c = \frac{\pi}{4}(D_i - 2\delta)^2$$

剩药系数为 $$\eta_f = \frac{A_f}{A_c} \qquad (10-48)$$

有效截面装填系数为 $$\eta_{eff} = \eta - \eta_f \qquad (10-49)$$

喉通比为 $$J = A_t / A_{p0}$$

药柱长度为 $$L_p = m_{peff} \Big/ \left[\left(\frac{\pi}{4}D^2 - A_{p0} - A_f\right)\rho_p\right] \qquad (10-50)$$

剩药量为 $$m_f = A_f L_p \rho_p \qquad (10-51)$$

总装药量为 $$m_p = m_{peff} + m_f \qquad (10-52)$$

(5) 比较所得结果是否满足约束条件，并筛选出性能较好的几组几何参数；

(6) 人工判断或计算机自动筛选，得出一组满足战术技术要求且发动机的装填系数较大、质量较轻的一组几何参数；

(7) 计算燃面变化规律及内弹道性能曲线；

(8) 绘制装药几何图形及性能曲线。

10.5 锥柱型与翼柱型药柱设计

为了提高发动机的质量比，增加推进剂的体积装填系数，同时也是为了调整药柱的燃面，通常在燃烧室的前后封头部分都装有推进剂，且药柱的尾端是不限燃的。这样的药柱就不再是二维的而是三维的了。这种药柱的头、尾部燃面变化规律较复杂，本节介绍锥柱型与翼柱型药柱的设计。

10.5.1 锥柱型药柱

锥柱型药柱是20世纪60年代后期研制出的一种新型三维药柱，其燃面可调范围大、结构完整性好、体积装填系数高，可以做到无残药，适用于长径比 $L/D = 2 \sim 4$ 的药柱。

1. *主要几何参数*

锥柱型药柱是在圆柱型药柱基础上发展起来的，在满浇铸的圆柱型药柱头部或/和尾部开有环向槽，环向槽由二锥面构成，故取名为锥柱型药柱。开于头部和尾部的环向槽通常分别向前和向后与药柱轴线成一倾角。对于长径比较大的药柱，为了调节燃面，也可于药柱中部开环向槽，这种环向槽的中性面往往垂直于药柱轴线(见图10-10)。

锥柱型药柱的几何参数视环向槽的位置和数量而定。这里以头部开有环向槽的锥柱型药柱为例，简单介绍其几何参数和燃面计算。

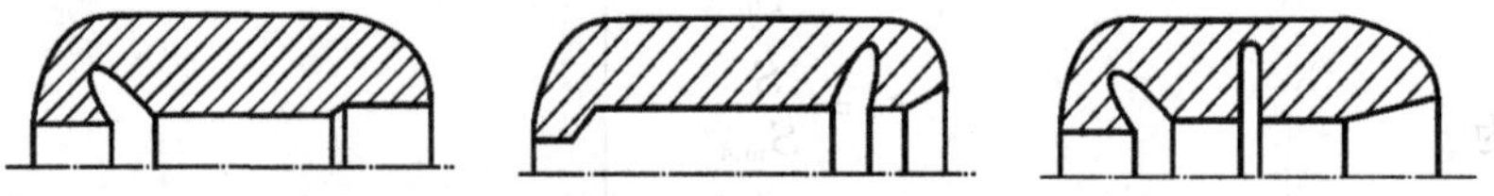

图10-10 锥柱型药柱

现代发动机大多数采用单个潜入式全轴摆动喷管，要求燃烧室尾部有一定空间供喷管潜入部分运动之用。因此药柱尾部内孔都做成锥状或台阶状(见图10-10)，且这样做也有助于减小喉通比。

如图 10-11 所示，锥柱型药柱的主要几何参数有：外径 D，长度 L，圆柱段长 L_c，圆柱段内孔半径 R_c，前圆柱段长 L_f，前圆柱段内孔半径 R_f，尾锥长 L_a，尾锥半锥角 γ，环向槽圆弧半径 f，环向槽圆弧圆心旋转半径 R_o，环向槽锥面倾角 α 和 β。

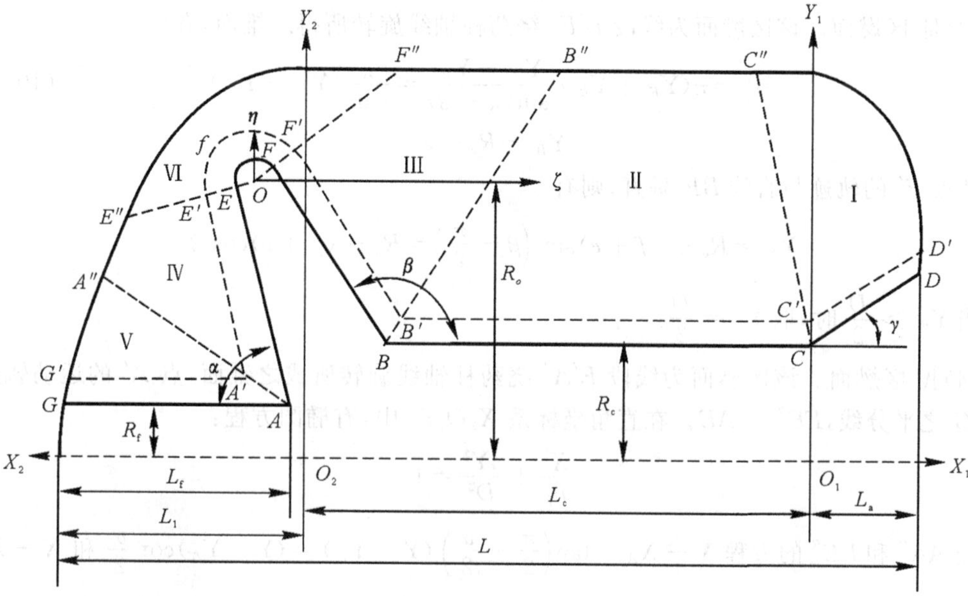

图 10-11 锥柱型药柱燃面计算

2. 燃面计算

图 10-11 所示锥柱型药柱系一轴对称旋转体，可将其分成 6 个区进行燃面计算。一般燃烧室封头都是椭球形的，由于贴有厚度不匀的内绝热层和衬层，其内型面只能近似地视做椭球形，椭球长半轴 $a=D/2$，前、后封头的椭球长半轴分别为 b_f 和 b_a。

(1) Ⅰ 区燃面。该区燃面为线段 $C'D'$ 绕药柱轴线旋转所得之锥面。在后封头取坐标系 $O_1X_1Y_1$，有

$$A_{b_1}=\pi(Y_{D'}+Y_{C'})\frac{Y_{D'}-Y_{C'}}{\sin\gamma}=\pi\frac{Y_{D'}^2-Y_{C'}^2}{\sin\gamma} \tag{10-53}$$

式中，动点 C' 的坐标 $Y_{C'}=R_C+e$，动点 D' 的坐标 $Y_{D'}$ 由下述方程求得（解得的 $Y_D>\dfrac{D}{2}$ 时取 $Y_D=\dfrac{D}{2}$）

$$\begin{cases}\dfrac{X_{D'}^2}{b_a^2}+\dfrac{4Y_{D'}^2}{D^2}=1\\ Y_{D'}-Y_{C'}-\dfrac{e}{\cos\dfrac{\gamma}{2}}=X_{D'}\tan\gamma\end{cases}$$

(2) Ⅱ 区燃面。该区燃面为线段 $B'C'$ 绕药柱轴线旋转所得之圆柱面。点 B' 和 C' 的运动轨迹分别为 $\angle FBC=\beta$ 和 $\angle BCD=\pi-\gamma$ 的平分角线，因此 $B'C'$ 随肉厚烧去距离 e 的变化为

$$B'C'=L_c-e\tan\frac{\gamma}{2}-e\cot\frac{\beta}{2}=L_c-e\left(\cot\frac{\gamma}{2}+\cot\frac{\beta}{2}\right)$$

燃面为

$$A_{b_2}=2\pi(R_c+e)\left[L_c-e\left(\tan\frac{\gamma}{2}+\cot\frac{\beta}{2}\right)\right] \tag{10-54}$$

(3)Ⅲ 区燃面。该区燃面为线段 $B'F'$ 绕药柱轴线旋转所得之锥面，有

$$A_{b_3}=\pi(Y_{F'}+Y_{B'})\frac{Y_{F'}-Y_{B'}}{\sin(\pi-\beta)}=\frac{\pi}{\sin\beta}(Y_{F'}^2-Y_{B'}^2) \tag{10-55}$$

式中

$$Y_{B'}=R_c+e$$

动点 F' 的轨迹与直线 BF 垂直，则有

$$Y_{F'}=R_o+(f+e)\sin\left(\beta-\frac{\pi}{2}\right)=R_o-(f+e)\cos\beta$$

当 $Y_{F'}>\dfrac{D}{2}$ 时，取 $Y_{F'}=\dfrac{D}{2}$。

(4)Ⅳ 区燃面。该区燃面为线段 $E'A'$ 绕药柱轴线旋转所成之锥面，点 A' 的运动轨迹为 $\angle EAG$ 之平分线，$EE''\perp AE$。在直角坐标系 $X_2O_fY_2$ 中，有椭圆方程：

$$\frac{X^2}{b_f^2}+\frac{4Y^2}{D^2}=1$$

与直线 AA'' 和 EE'' 的方程 $X-X_A=\tan\left(\dfrac{\pi}{2}-\dfrac{\alpha}{2}\right)(Y-Y_A)=(Y-Y_A)\cot\dfrac{\alpha}{2}$ 和 $X-X_E=\tan(\pi-\alpha)(Y-Y_E)=(Y_E-Y)\tan\alpha$，可求得交点 A'' 和 E''，而动点 A' 和 E' 的坐标为

$$Y_{A'}=R_f+e$$

$$Y_{E'}=R_o-(f+e)\sin\left(\frac{\pi}{2}-\alpha\right)=R_o-(f+e)\cos\alpha$$

当 $Y_{A'}>Y_{A''}$ 时取 $Y_{A'}=Y_{A''}$，当 $Y_{E'}>Y_{E''}$ 时取 $Y_{E'}=Y_{E''}$。

Ⅳ 区的燃面为

$$A_{b4}=\pi(Y_{E'}+Y_{A'})\frac{Y_{E'}-Y_{A'}}{\sin\alpha}=\frac{\pi}{\sin\alpha}(Y_{E'}^2-Y_{A'}^2) \tag{10-56}$$

(5)Ⅴ 区燃面。该区燃面为线段 $A'G'$ 绕轴线旋转所形成之圆柱面，有

$$A_{b5}=2\pi(R_f+e)\left[L_f-e\cot\frac{\alpha}{2}-L_1+\frac{b_f}{D}\sqrt{D^2-4(R_f+e)^2}\right] \tag{10-57}$$

(6)Ⅵ 区燃面。该区燃面是以图 10-11 中 O 为圆心的圆弧 $\widehat{E'F'}$ 绕药柱轴线旋转所得之环形面。求出圆弧 $\widehat{E'F'}$ 的弧长及其质心到药柱轴线之距离，即可求得该环形面积。取局部坐标系 $O\eta\zeta$，由圆方程：

$$\eta^2+\zeta^2=(f+e)^2$$

得

$$\frac{d\eta}{d\zeta}=\frac{-\zeta}{\sqrt{(f+e)^2-\zeta^2}}$$

从而得圆弧 $\widehat{E'F'}$ 的弧长为

$$d\zeta=\sqrt{1+\left(\frac{d\eta}{d\zeta}\right)^2}d\zeta=\frac{f+e}{\eta}d\zeta$$

$$\widehat{E'F'}\int \mathrm{d}s=(f+e)(2\pi-\alpha-\beta)$$

圆弧$\widehat{E'F'}$在局部坐标系 $O\eta\zeta$ 中的质心坐标

$$\eta_c=\frac{\int\eta \mathrm{d}s}{\int \mathrm{d}s}=\frac{\int(f+e)\mathrm{d}\zeta}{(f+e)(2\pi-\alpha-\beta)}=\frac{(f+e)(\sin\beta+\sin\alpha)}{2\pi-\alpha-\beta}$$

其燃面为

$$A_{b6}=2\pi\left[R_o+\frac{(f+e)(\sin\beta+\sin\alpha)}{2\pi-\alpha-\beta}\right](f+e)(2\pi-\alpha-\beta) \tag{10-58}$$

当$(f+e)$超出椭圆边界时，应减去椭圆外圆弧所形成之旋转面面积。圆弧与椭圆的交点方程为

$$\begin{cases}(X-X_o)^2+(Y-Y_o)^2=(f+e)^2\\ \dfrac{X^2}{b_f^2}+\dfrac{4Y^2}{D^2}=1\end{cases}$$

式中：X_o 和 Y_o 为圆心 O 在坐标系 $O_2X_2Y_2$ 中的坐标。除圆弧与椭圆相切外，其余均为两点相交。椭圆边界外的圆弧长及其质心坐标计算方法同前。

3. 锥柱型药柱设计的一般步骤

首先根据发动机总体对药柱提出的要求，如药量、药柱外径、燃烧室平均压强和最大压强、平均推力、工作时间及所选用的推进剂等来确定肉厚和估算燃面。

根据药量、肉厚和初始燃面，确定柱段的内孔半径 R_c、环向槽数 n 和药柱长 L。

根据发动机用途和长期贮存方式确定环向槽位置。如发动机有推力终止装置，则环向槽应靠近推力终止装置，其圆弧应对准推力终止装置的出口通道。对于长期处于竖直（喷管向下）状态的发动机，环向槽最好取在药柱头部。

按环向槽的位置，初步选择倾角 α、β 和半锥角 γ。环向槽位于头部，一般 $\alpha<\frac{\pi}{2}$，$\beta>\frac{\pi}{2}$，γ 由燃烧室后开口、喷管潜入深度、入口锥外形尺寸和摆角确定。当喷管潜入部分外形尺寸较大时，应考虑将药柱尾部内孔做成台阶形，以便使装药量不致减少太多。

按以上几何参数试算燃面变化规律和装药量，根据试算结果调整几何参数，直至满意为止。也可用变量输入进行优化设计。

10.5.2 翼柱型药柱

翼柱型药柱是与锥柱型药柱同时面世的一种三维药柱，它是在圆柱型和星型药柱基础上发展起来的，靠圆柱部分提高体积装填分数，靠“翼”来调节燃面变化。这种药柱结构完整性好，装填分数高，燃面可调范围大，适用于长径比 $L/D=1\sim2$ 的药柱。对于 $L/D>2$ 的药柱，也可采用前、后翼的方法来设计。

1. 主要几何参数

翼柱型药柱的翼一般位于药柱头部或尾部，形若弹翼，翼尺寸或同大，或大小相间，对称分布于圆柱一周（见图 10-12）。

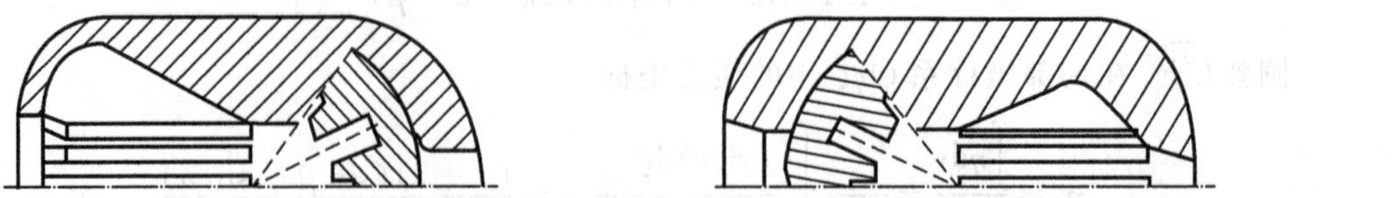

图 10－12　翼柱型药柱

现以图 10－13 所示前翼柱型药柱为例，介绍其主要几何参数，通常包括药柱外径 D、长 L、翼数 n、圆柱段（翼根圆）内孔半径 R_c。圆柱段长 L_c、尾锥长 L_a、尾锥半锥角 γ、前圆柱段内孔半径 R_f、前圆柱段长 L_f、翼前缘倾角 α、翼后缘倾角 β、翼外缘圆弧半径 r、翼面夹角 2φ、翼缘导圆半径 f。

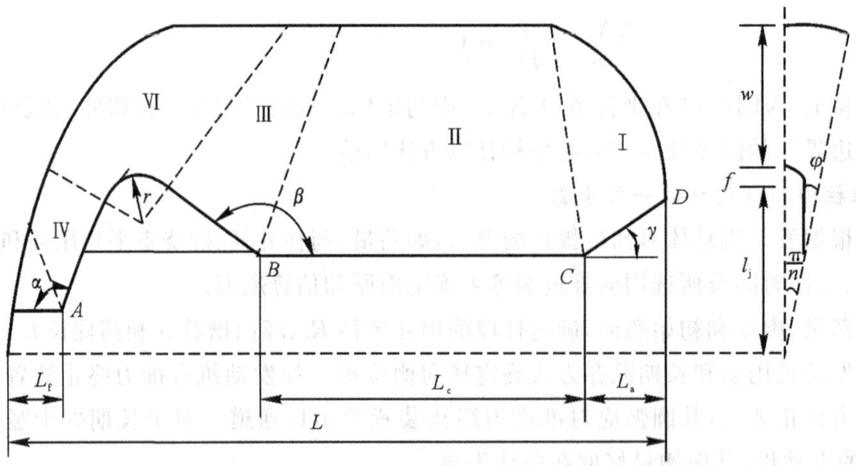

图 10－13　翼柱型药柱燃面近似计算

2. 燃面计算简介

参照锥柱型药柱燃面计算方法，将图 10－13 所示前翼柱型药柱分成 6 个区来计算。Ⅰ、Ⅱ区的燃面与锥柱型的完全一样。Ⅲ 区燃面可近似地看做锥面燃烧，因而也可采用锥柱型药柱的计算方法。Ⅳ，Ⅴ 区也可近似地按锥面燃烧处理。

余下的问题是计算 Ⅵ 区的燃面，可以参照三维星型药柱（参考相关文献）计算头部燃面的方法，沿药柱轴线以若干与其垂直的截面将该区等分成数份，计算每一截面上翼型形成的燃烧周边长 S_j，由公式

$$A_{b6}=\frac{1}{2}\sum_{j=1}^{n}(S_{j-1}+S_j)h$$

求得燃面，式中 h 为二相邻截面间距。

3. 翼柱型药柱设计一般步骤

与锥柱型药柱一样，首先根据发动机总体对药柱提出的要求和所选用的推进剂性能，确定药柱肉厚和初估燃面。

由药量、肉厚和初估的燃面确定圆柱段内孔半径 R_c、药柱长 L、翼的尺寸和数量 n。根据翼数确定是一头还是两头有翼；$n \leqslant 12$ 时通常一头有翼，并视发动机长期存放状态、有无推力终止装置及其所在位置来确定翼的位置和倾角；若推力终止装置位于前封头，翼应位于药柱头部，翼外缘圆弧的圆心最好落在推力终止装置通气道轴线上，圆弧 r 及其圆心位置按推力终止装置最早打开的时间确定；翼前缘倾角 α 应与所对应封头内型面倾角相近似，依照翼面尺寸选择翼后缘倾角 $\beta\left(\frac{\pi}{2} < \beta < \pi\right)$，并调整 α 和 β 的大小和位置。药柱尾部形状和尺寸的确定同锥柱型药柱。

10.6 装药的支撑及包覆

10.6.1 装药的支撑

在燃烧室内自由装填的装药，都有支撑和固定问题，经常采用的办法是在装药两端加支撑装置，通常称为挡药板。贴壁浇铸在燃烧室内的装药，一般没有支撑装置。

(1) 前挡药板。前挡药板除支撑药柱外，其主要作用是缓冲发动机在运输过程中的轴向过载，不使引起装药受力，以避免装药与燃烧室头部撞击。前挡药板的另一作用是补偿由于温度变化而引起装药和燃烧室在长度变化上的差异，消除药柱内部的温度应力。故前挡药板应采用弹性结构，如弹簧或有机弹性材料(海绵橡胶，泡沫塑料等)。图 10 - 14 所示为前挡药板结构。

(2) 后挡药板。后挡药板的主要作用是支撑装药，限定装药的位置，保证药柱末端与喷管入口处有足够的流通面积。它的另一作用是防止装药燃烧后期破碎药块流出燃烧室和喷管之外，造成喷管堵塞和内弹道性能波动。

后挡药板要经受高温高速气流的冲刷、烧蚀以及药柱两端压强差和惯性力的作用，工作条件恶劣。设计时应保证有足够的强度和刚度；耐烧蚀；有足够大的通气面积；每个通气孔的分布应均匀，对称，减少气流偏心；每个通气孔的尺寸应尽量小，以免碎药块喷出；在保证工作性能的前提下，应考虑工艺性好，质量小。

后挡药板常用低碳钢或玻璃纤维增强塑料制成。图10-15所示为几种后挡药板的结构。

10.6.2 药柱的包覆

药柱部分表面进行包覆是为了控制装药燃面的变化规律，得到所需要的内弹道性能。如管状装药两端包覆得到恒面燃烧等。对于贴壁浇铸的发动机，在药柱与燃烧室壳体绝热层之间也需要一层包覆层，以使药柱与室壁黏结表面不进入燃烧；同时还可使药柱与壳体有效地黏结在一起，并对药柱固化降温，对震动和冲击作用下产生的应力、应变起缓冲作用。

对包覆层的要求是不易燃烧或烧蚀率很低，黏结性能好，长期贮存不变质，绝热性能好，有较高的延伸率和强度等。

包覆材料常用的有硝基纤维素、乙基纤维素、不饱和聚酯、有机玻璃等，这些包覆材料常用做双基推进剂的包覆层。用于复合推进剂的包覆材料有丁腈软片、环氧树脂聚硫包覆剂等。

包覆层的厚度一般应根据烧蚀率和燃烧时间来确定，对于燃烧时间短或只起界面黏结和缓冲作用的包覆层厚度一般约为 1～2 mm。

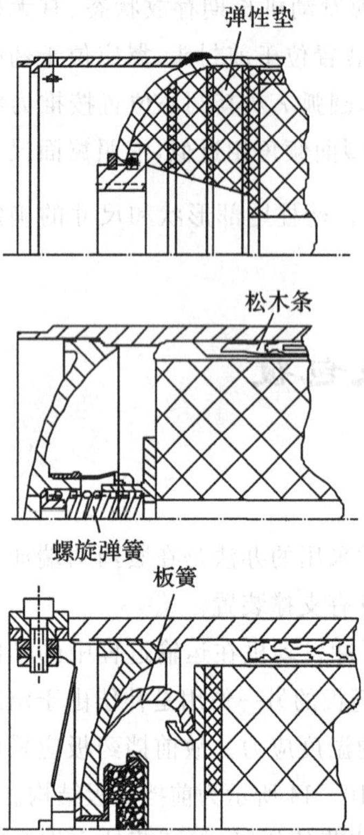

图 10-14　装药前支承装置图

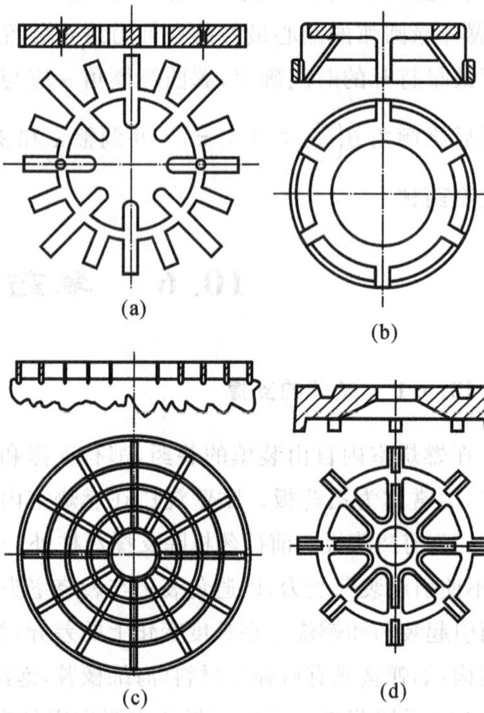

图 10-15　后挡药板结构

赵殿礼——固体发动机的“金手指”

赵殿礼，固体发动机专家，享受政府特殊津贴并被评为部级有突出贡献的专家，历任研究所研究室副主任、主任，副总工程师、总工程师，科技委副主任、主任和六院顾问等职。

异邦归来，奋发图强

1962 年，赵殿礼怀着一颗拳拳报国之心，从国外学成归来。那时世界上的固体火箭发动机技术被几个大国垄断，这些大国对我国严密封锁技术，妄图阻挠我国在这一领域壮大力量。留学时，赵殿礼一次要求去导弹工厂参观学习被拒绝，胸怀爱国心的赵殿礼心里感到深深的刺痛，强烈的反差极大地震动着赵殿礼的心，他决心一定要让中国的火箭飞上九天，同时他深知肩上责任之重。回国后，赵殿礼一头扎进发动机重要部件——喷管的试制和研究工作中。计算，用的是手摇计算机；试验，没有专用的试验室，且充满着危险，但赵殿礼还是无怨无惧地进行着研究工作。赵殿礼潜心钻研，设计出了适用大型发动机的喷管结构，这种结构后来成为我国固体发动机喷管的基本型。他先后负责几种不同直径的试验发动机的喷管设计，这些试验发动机全部试车成功。从此，我国固体发动机事业走出技术探索阶段，已具备了研制型号发动机的实力。

技术权威,攻关解难

1994年,年逾花甲的赵殿礼又担任了某战术型号固体发动机主任设计师。这种固体发动机是一块难啃的“硬骨头”,赵殿礼站了出来。设计组一成立,赵殿礼就给该发动机原来出现的“病症”开了两个“处方”,这战果让设计者们看到了解开这道难题的曙光。在15发热试车中,成功8发,失败7发,随后的极限状态试验却连连失败,老专家的精神似一股无形的动力,设计组终于在工艺加工上找到了产生致命缺陷的原因,从根本上解决了故障现象。技术人员送给了赵殿礼一个绰号“金手指”,叹服经他点拨,问题定能迎刃而解。赵殿礼和同事们日夜苦战,边试验边改进,精心做了几十发试验,攻克了全部技术难关。1996年,运用新工艺的六台发动机试验全部成功,交付的产品经过各项考核试验,全部达到要求。

人生天平,事业为重

赵殿礼先后主持和参加了十几个发动机型号的研制,别人羡慕他的成就,他却说:“一辈子只做了这么一点事,实在惭愧。”赵殿礼最看重的身份是四个字:共产党员。他从不忘记自己是共产党员,是新中国成立后党和国家培养的第一代大学生,他认为报效祖国是永远没有止境的。他数十年如一日,执着敬业,忘我工作,全心全意为人民服务,真正做到了毛泽东同志所说的:“对工作极端的负责任,对同志对人民极端的热忱。”

第 11 章 固体火箭发动机的结构设计

固体火箭发动机结构设计的目的是从结构上保证发动机的工作性能，实现导弹总体提出的战术技术指标。结构设计的内容包括燃烧室、喷管、点火装置以及推力矢量控制装置等部件的结构方案选择、材料选择、强度计算等。各部件结构设计的共性要求是工作可靠，使用安全，有足够的强度和刚度，结构质量小，工艺性好，成本低等。各部件的特殊要求将在各节中叙述。

11.1 固体火箭发动机燃烧室设计

燃烧室主要由燃烧室壳体和内绝热层组成。工作时间短的发动机，有时没有绝热层，其燃烧室就是燃烧室壳体。

燃烧室是发动机结构的重要部件，它既是装填固体推进剂的贮箱，又是推进剂的燃烧场所，同时，弹体上的许多零、部件都要和它进行连接，故燃烧室除了承受内压外，还要承受其他一些机械载荷的作用。为保证燃烧室在各种条件下可靠工作，燃烧室设计应保证有足够的强度和刚度，结构质量要尽可能小，要有良好的连接可靠性、气密性和同轴性，同时还应具有良好的工艺性和经济性。

燃烧室结构设计的内容应包括：确定壳体的形状和结构，选择材料，进行强度校核，计算壳体质量，绘制零、部件图，制定制造、试验、检验的技术条件等。有些设计内容，是与总体参数选择、装药设计交错进行的，故在本章中不再重复。

11.1.1 燃烧室壳体结构

燃烧室壳体通常由圆筒和前、后封头组成，圆筒体是主要部分，封头通常是以不可拆的连接形式与圆筒体制成一体。一些小型发动机的前封头常用可拆连接与圆筒连接，通常把这种封头称为燃烧室盖或连接底。其后封头则常用喷管的收敛段来代替。

1. 圆筒体

圆筒体的结构与材料和制造方法有关。它可分为金属筒体结构、复合材料缠绕结构和双层材料结构。

(1)金属筒体可采用热轧型材或热冲压毛坯经机械加工制成，筒体两端有连接螺纹，小型发动机多为此种结构，如图 11-1 所示。

金属筒体还可采用旋压成型，如图 11-2 所示，封头与圆筒体可制成一体，但必须有一端开口。

直径较大或形状较复杂的金属筒体，常采用焊接结构，如图 11-3 所示。采用焊接结构时，圆筒体与前、后封头一般也用焊接连接。

(2)复合材料缠绕结构，通常采用周向缠绕和螺旋缠绕两种方法，如图 11-4 所示。

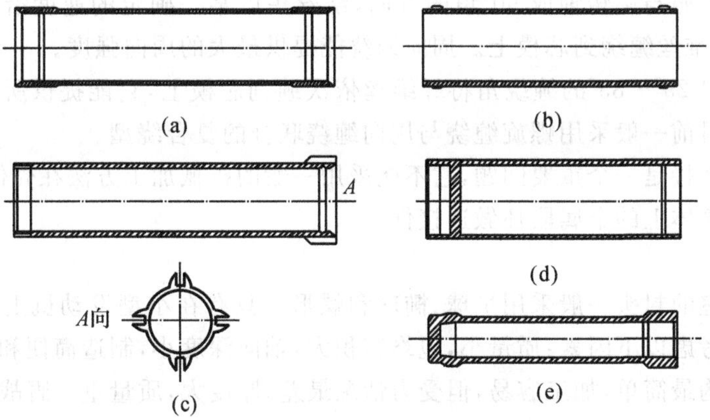

图 11-1　金属筒体图

(a)无缝钢管机械加工；(b)无缝钢管；(c)热轧型材；

(d)热冲压毛坯；(e)热冲压毛坯

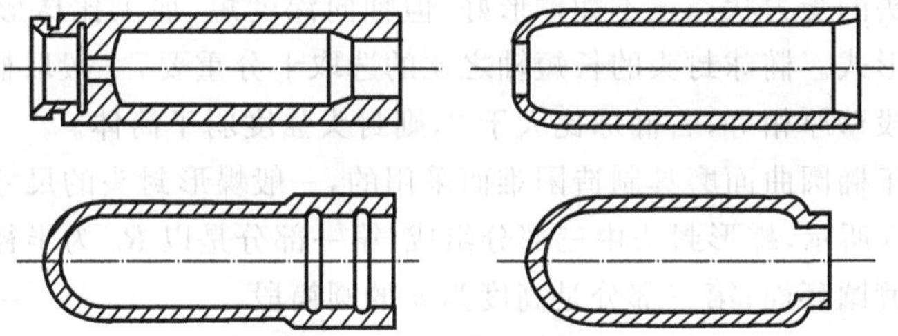

图 11-2　旋压成型壳体

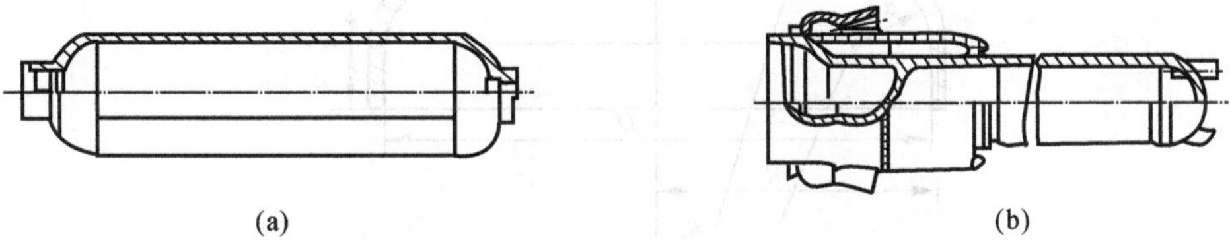

图 11-3　焊接成型壳体

(a)有纵向焊缝和周向焊缝；(b)无纵向焊缝，只有周向焊逢

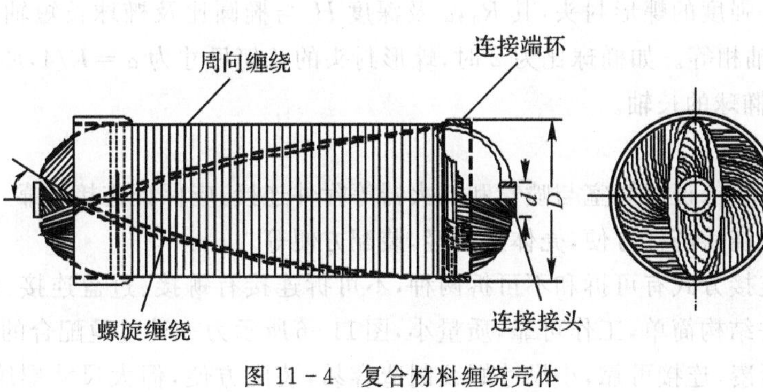

图 11-4　复合材料缠绕壳体

周向缠绕是按照与旋转轴成 90°角的方向，绕丝头以某一确定的速度沿旋转芯模的周向作相对运动，将纤维丝缠绕到芯模上。周向缠绕能提供最大的周向强度。

螺旋缠绕是以 25°～85°的缠绕角将纤维丝依次缠到芯模上，它能提供所需的轴向强度和部分周向强度。目前一般采用螺旋缠绕与周向缠绕联合的复合绕型。

缠绕结构的连接是一个重要问题，它不能采用一般的机械加工方法在壳体上直接车螺纹，一般采用嵌接在壳体上的金属段环做连接件。

2. 封头

圆筒形燃烧室的封头一般采用半球、椭球和蝶形。只有在小型发动机上仍有采用平底封头。封头选择应考虑以下因素：质量小，包络容积大，轴向深度小，制造简便和成本低。

平底封头结构最简单，加工容易，但受力情况最差，厚度大，质量重。野战火箭的封头常采用此种结构。

球形封头的强度高，壁厚薄，质量小，但封头的轴向深度大，制造困难，很少采用。

椭球形封头是由椭圆曲线绕其短轴旋转而成的。与球形封头不同，椭球封头上的应力在不同经线位置上都是变化的，但应力变化是连续的，只在封头与圆筒段连接处会出现高的局部弯曲应力。椭球封头的受力状态虽不如球形好，但轴向深度短，加工比球形容易，从而成为目前广泛采用的封头形式。椭球封头的长短轴之比的选取十分重要，一般取椭球比为 2，可以使封头的壁厚与圆筒段壁厚相等，若椭球比大于 2，则封头强度弱于筒体。

蝶形封头是由于椭圆曲面磨具制造困难而采用的，一般蝶形封头的尺寸应与椭球等深度、等强度。如图 11-5 所示，蝶形封头由三部分组成：第一部分是以 R_0 为半径的球面；第二部分为以 α 为半径的过渡圆环面；第三部分是高度为 h 的圆筒段。

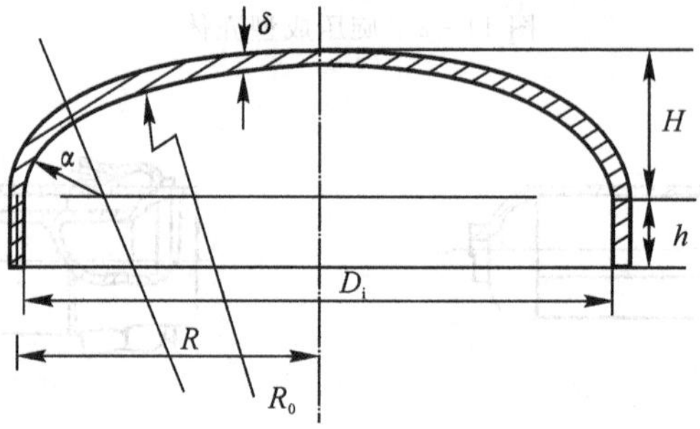

图 11-5　蝶形封头

与椭球封头等强度的蝶形封头，其 R_0，α 及深度 H 与椭圆比及椭球长短轴有一定关系。例如深度 H 与短轴相等。如椭球比为 2 时，蝶形封头的几何尺寸为 $\alpha=R/4$，$R_0=1.5R$，$\varphi_0=36.87°$，其中 R 为椭球的长轴。

3. 连接结构

连接接头是为了保证燃烧室与喷管和点火器等附件连接，应保证连接可靠，有良好的密封性、同轴性，装填或浇铸药柱方便，壳体质量轻，装配方便等。

金属壳体的连接方式有可拆和不可拆两种，不可拆连接有铆接、过盈连接、胶结、滚压等，这些连接的特点是结构简单，工作可靠，质量小，图 11-6 所示为一种过盈配合的连接。螺纹连接的优点是结构紧凑，连接可靠，小尺寸螺纹制造容易，装配方便，但大尺寸螺纹加工较困难，因此，这种连接方式常用于中、小型发动机上。螺柱连接的优点是连接可靠，同轴性和密封性好，大尺寸连接结构的制造和装配方便；缺点是连接部位的结构质量大，故适用于大型发动机。销钉连接的结构简单，质量较小，但制造精度要求较高，装配麻烦。

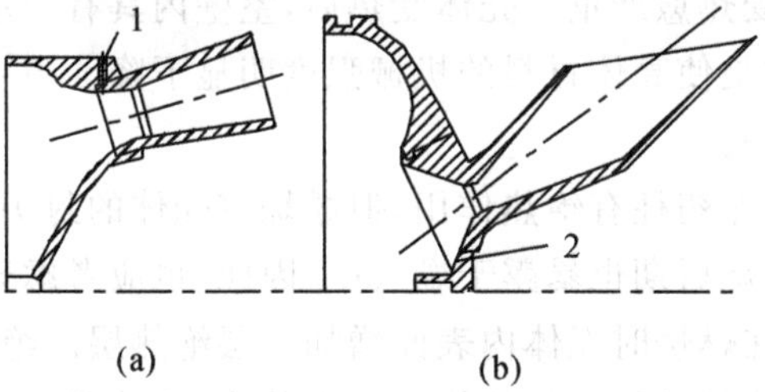

图 11-6　过盈连接

1— 制动螺钉；　2— 滚边

4. 密封

燃烧室密封的作用是防止发动机工作时高温高压燃气外泄以及在贮存、勤务处理时防潮、防腐蚀等。若连接处漏气，会破坏发动机的内弹道性能，烧穿接头甚至引起爆炸。若贮存时密封不可靠，低温下装药表面可能结霜，点火不可靠。在多雨潮湿地区，水蒸气进入燃烧室可能引起装药变质等。

固体火箭发动机常采用的密封结构有预紧式端面密封和自紧式“O”形环密封两种。

预紧式端面密封采用平垫圈，其密封性与垫圈材料的弹性、接触面的形状以及预紧力的大小有关。垫圈材料常用退火紫铜、橡胶石棉板等。

“O”形环密封不需要大的预紧力，而是由于装在密封沟槽中，依靠它在安装时的首压缩产生的弹力和燃气压强作用下压紧来达到密封。密封环的材料有硅橡胶、氟橡胶、丁腈橡胶、聚四氟乙烯塑料等。图 11-7 所示为两种密封结构。

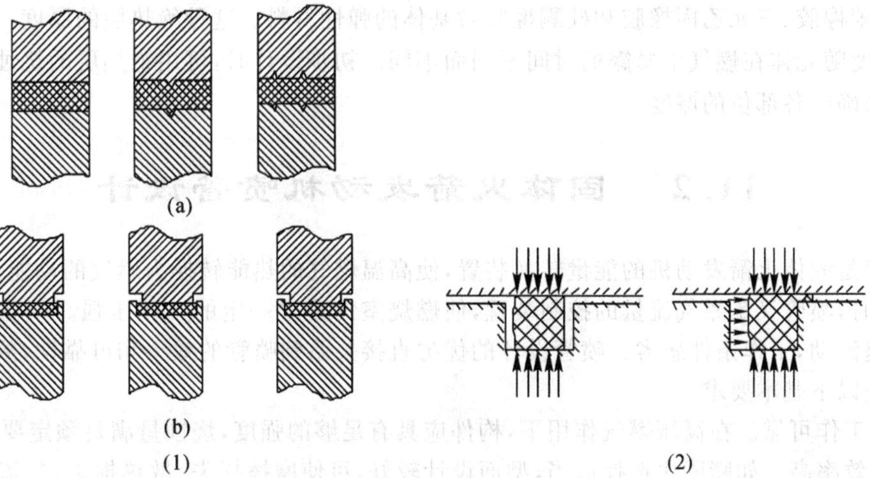

图 11-7　密封结构

(1) 平垫片密封；　(2)“O”形密封环密封

11.1.2 燃烧室壳体的热防护

在自由装填式发动机中,高温燃气与燃烧室壳体内壁直接接触,燃气对壳体的热交换十分强烈,工作时间愈长,壳体受热愈严重。壳体受热后,室壁内具有一定的温度梯度,这不仅在壳体内产生热应力,更严重的是使壳体材料的机械强度明显下降。当室壁温度太高时,必须采用绝热措施对壳体进行热防护。

对于浇铸式发动机,虽然药柱有绝热作用,但燃烧室壳体的封头内表面不断地暴露在燃气中,而且圆筒体的内壁在燃烧后期也暴露于燃气中,因此,也应考虑壳体的热防护。

一般的热防护措施是在燃烧时壳体内表面增加一层绝热层。绝热层可用耐热材料或消融材料制成。前者的绝热功能是基于材料的热传导系数小,自身熔点高来抵御高温燃气对室壁的作用。后者的绝热功能是基于温度升高时,改变了材料的化学或物理状态而吸收热量,从而保护壳体不过热。

1. 对绝热材料的基本要求

(1) 绝热性能好,导热系数小;耐热材料自身熔点要高;消融材料应溶化热、蒸发热大,要有吸热的热解反应。

(2) 力学性能好,即材料的弹性模量低,延伸率高,抗张强度大。

(3) 与壳体黏结性能好,浇铸式发动机绝热层还应与推进剂的相容性好。

(4) 材料的工艺性好,成本低。

(5) 耐热涂料应耐震动和冲击。

2. 绝热材料的选择

自由装填式发动机,采用喷涂一层耐热涂层。耐热材料常用金属的氧化物、碳化物、硼化物和氮化物,如三氧化二铝、碳化硼、氧化锆、氧化镁、氮化硼、碳化钛、碳化钨等。黏合剂常用有机硅树脂、酚醛树脂等。

浇铸式发动机常采用粘贴绝热层片的方法,所用材料常以石棉、二氧化硅做填料,以丁腈橡胶、丁苯橡胶、三元乙丙橡胶和硅酮橡胶做基体的弹性材料。这种绝热层的厚度一般是不等厚的,厚度随壳体在燃气中暴露的时间不同而不同。初步设计时,可用绝热层的烧蚀速度与暴露时间来确定各部位的厚度。

11.2 固体火箭发动机喷管设计

喷管是固体火箭发动机的能量转换装置,使高温燃气的热能转换为燃气的动能,从而产生推力;同时,喷管又是燃气流量的控制装置,使燃烧室内建立一定的工作压强。喷管内有高温燃气加速流动,工作条件恶劣。喷管设计的优劣直接关系到喷管的效率和可靠性,故喷管设计时应保证以下基本要求。

(1) 工作可靠。在高压燃气作用下,构件应具有足够的强度,烧蚀量满足预定要求等。

(2) 效率高。如膨胀比选择适当,型面设计较好,可使摩擦损失、散热损失、气流扩张损失和两相流损失减小。

(3) 结构质量小。

(4) 喷管各部分的几何同心度高,减小发动机的推力偏心。

(5) 结构工艺性好，成本低。

11.2.1　喷管的型面

喷管的型面会影响喷管效率、结构质量、耐烧蚀等。型面设计就是要确定收敛段、临界段和扩张段的几何形状。在总体方案设计和参数选择时，第 2 章第 3 节中已确定了基本结构形式、膨胀比和喷喉面积，因此，本节是在喉部直径和出口直径为确定参数条件下进行讨论的。

1. 收敛段

对于非潜入喷管，其收敛段一般位于燃烧室后面，而潜入喷管则伸入燃烧室内。图 11-8 所示为两种喷管收敛段的型面及各段的尺寸。

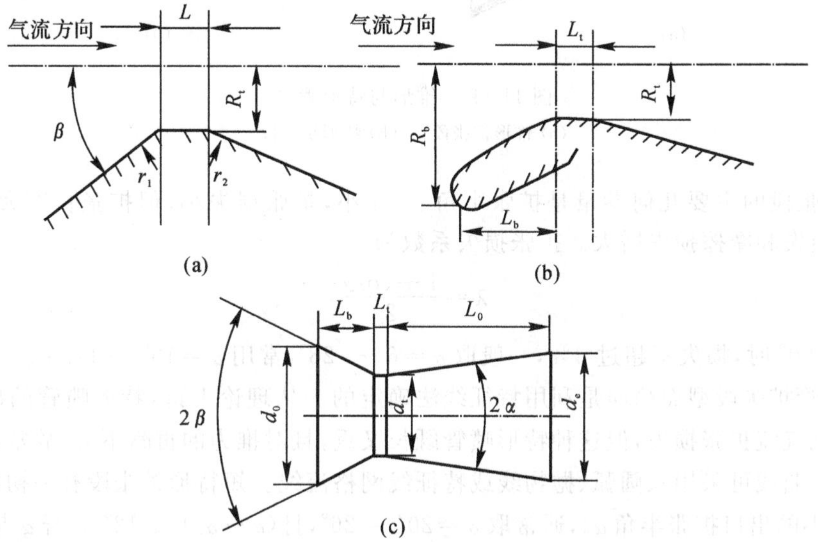

图 11-8　喷管收敛段型面及各段尺寸

(a) 非潜入喷管收敛段；(b) 潜入喷管收敛段；(c) 喷管尺寸

非潜入喷管收敛段的主要几何参量为收敛半角 β。β 小，喷管烧蚀和凝相沉积小，但收敛段长度大，结构质量大；β 大，长度短，质量小，但喉部附近附面层厚度增加，产生颈缩现象，造成较大的流动损失，此外，喷管的烧蚀和凝相沉积也较严重。一般取 $\beta = 30° \sim 60°$，经常采用 45°。为了改善燃气流动情况，收敛段与喉部衔接处常有过渡圆弧 r_1。

2. 收缩比

潜入式喷管的收敛段的主要几何参量是收缩比 ε_b（前缘入口面积与喉部面积之比）和收敛段长度 L_b 及形状。常用的潜入喷管其收缩比为 $\varepsilon_b = 1.5 \sim 8.8$，收敛段长度 $L_b = (0.42 \sim 5.4)R_t$，收敛段轴向截面形状可以是椭圆，也可以是一系列相切弧线和双曲线。

3. 临界段（喉部）

喉部通常是在喉径处由上游过渡圆弧 r_1 和下游过渡圆弧 r_2 相切而成的，如图 11-8 所示。常取 $r_1 = (1 \sim 2)R_t$，$r_2 = (1 \sim 2)R_t$，近年来倾向于采用比较小的过渡圆弧半径，以减小喷管总长和质量，且不影响喷管的性能。

大多数喷管的喉部有一段圆柱段 L_t，其优点是可改善喉部的加工性，临界尺寸精度容易保证；装配时有助于喷管的对准；能显著降低喷管喉部烧蚀等。常取 $L_t = (0.5 \sim 1.0)R_t$。

4. 扩张段

拉瓦尔喷管的扩张段有锥形和特形两种，通常应通过对性能、结构质量和成本的综合分析来选定。两种喷管扩张段的结构如图 11 - 9 所示。

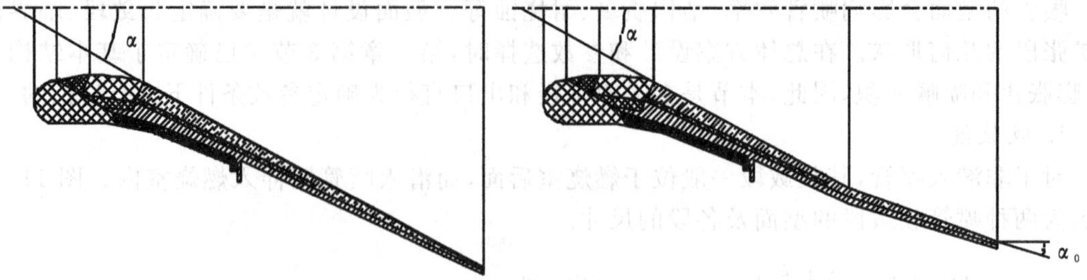

图 11 - 9　锥形与特形喷管

(a) 锥形扩张段；(b) 特形扩张段

锥形扩张段的主要几何参量是扩张半角 α。α 小，扩张损失小，但扩张长度大，结构质量大，且散热损失和摩擦损失增大。扩张损失系数为

$$\lambda = \frac{1 + \cos\alpha}{2} \tag{11-1}$$

当 $\alpha \leqslant 20°$ 时，损失不超过 3%，一般取 $\alpha = 6° \sim 28°$，常用 $\alpha = 15° \sim 17.5°$。

特形喷管扩张段型面趋向是利用特征线法确定的。从理论上讲，特形喷管的出口气流平行于轴线，无气流扩张损失，但这种特形喷管既长又重，且对推力的贡献不大，故常采用短特形扩张段，型面曲线可采用双圆弧、抛物线或特征线网格流线。短特形扩张段有一初始扩张半角 α 和一个较小的出口扩张半角 α_e，通常取 $\alpha = 20° \sim 26°$，且 $(\alpha - \alpha_e) < 12°$。若 α 与 α_e 之差过大，实际比冲的损失增大。特形扩张段的气流扩张损失减小，损失系数为

$$\lambda = \frac{1}{2}\left[1 + \cos\left(\frac{\alpha + \alpha_e}{2}\right)\right] \tag{11-2}$$

11.2.2　喷管结构及热防护

喷管热防护的作用是使所设计的喷管结构在工作过程中尽可能保持型面设计所确定的型面，特别是保持喷管喉部的尺寸；同时把构件温度限制在允许的范围内，保持足够的强度和刚度，故热防护层必须耐烧蚀和绝热。

一些工作时间短且推进剂能量较低的小型发动机或助推器，可以采用单一的金属材料制成的喷管，如图 11 - 10 所示。这种喷管结构简单，制造较容易，成本也低。

当发动机工作时间稍长，又采用能量较高的复合推进剂时，喷管都要采取热防护措施。小尺寸喷管比大尺寸喷管的热防护更重要。

最简单的喷管热防护措施是采取喉部镶嵌耐烧蚀层，如热解石墨喉衬、钼喉衬、局部喷钨等。对于工作时间很长和大型发动机的喷管，这种复合结构是根据喷管不同部位的要求，并考虑所用材料的价格而选择不同的烧蚀层和绝热层，如图 11 - 11 所示。

喷管喉部受热最严重，温度最高，为保持喉部尺寸，要用既耐高温又耐烧蚀的材料制造。在靠近喉部的上游和下游，受热较严重，为保持型面，也需用耐烧蚀材料制造。扩张段下游受

热较轻，可用一般烧蚀材料。在烧蚀层的背面应有绝热层起隔热作用，防止外壳过热，最外层为结构件，起承载、支撑和连接作用。

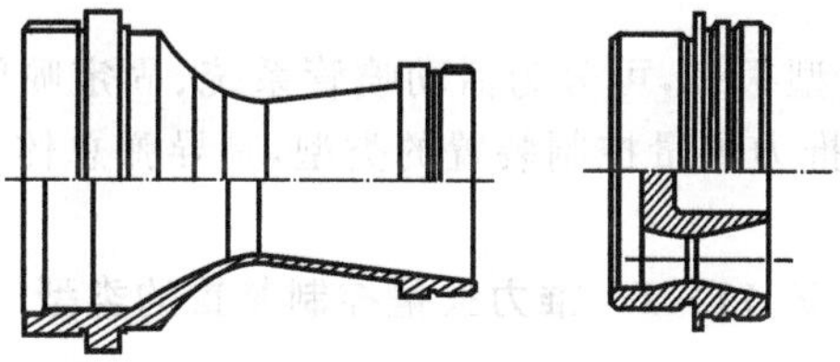

(a)　　(b)

图 11-10　金属喷管结构

(a) 单喷管；(b) 多喷管

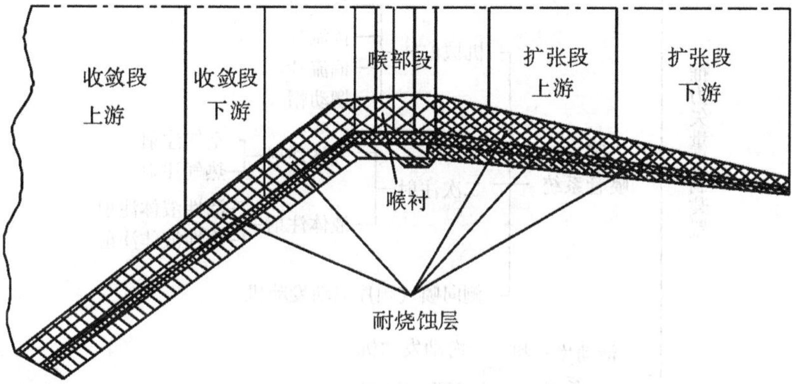

图 11-11　复合喷管结构

适合做喉衬及烧蚀层的材料列于第 9 章表 9-3 中，典型的复合喷管是具有热解石墨的喉衬和碳/碳复合材料的烧蚀层，这种结构减轻了喉衬烧蚀的不连续性和表面粗糙度，提高了喷管效率。但这些新型材料的成本较高，仅用于喷喉附近的上下游段，在收敛段上游和扩张段下游则可采用成本较低的高硅氧布/酚醛或玻璃布/酚醛做烧蚀层。绝热层可用石棉/酚醛，玻璃纤维/酚醛或石棉橡胶等。除此之外，喷管的结构件一般采用金属或复合材料。

11.3　推力矢量控制装置

固体火箭发动机推力矢量控制装置的作用是根据控制指令的要求用机械或非机械的方法改变喷气的排出方向，从而改变推力的方向，使之产生一个与导弹轴线垂直的控制力矩，用以控制导弹的飞行姿态。为了得到较好的飞行性能，推力矢量控制装置应满足以下基本要求：

(1) 提供足够大的侧向控制力；

(2) 具有良好的频率响应特性；

(3) 工作可靠；

(4) 推力损失小；

(5) 驱动功率小；

(6) 结构简单，质量轻；

(7) 便于制造，成本低。

11.3.1 推力矢量控制装置的类型

推力矢量控制装置的类型很多，可分为活动喷管系统、固定喷管系统和活动发动机系统，见表 11-1。如何正确选用推力矢量控制装置的类型，是导弹总体、控制系统和发动机设计部门共同配合来完成的。

表 11-1 推力矢量控制装置的类型

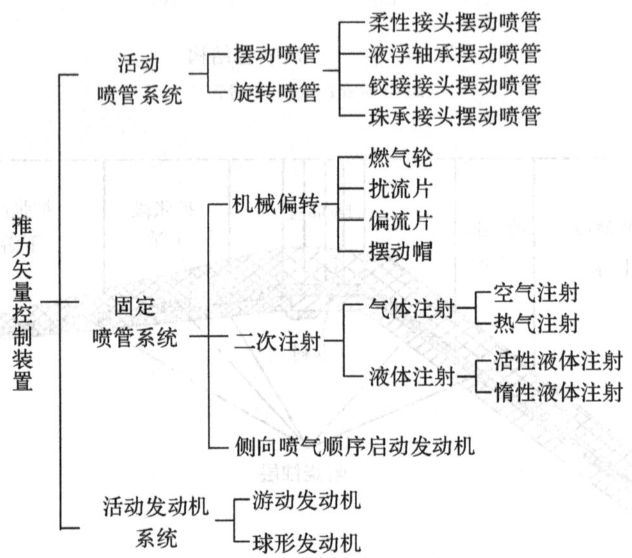

11.3.2 几种典型的推力矢量控制装置的结构

1. 铰接接头摆动喷管

如图 11-12 所示，喷管的活动件与固定座之间有一球形连接座，喷管可在球形座内绕轴摆动；固定座与活动件球面之间有一定间隙，以补偿二者之间热膨胀之差，防止高温下活动件被卡住。球形座用“O”形密封圈进行密封，固定座与活动件之间用铰接接头连接，该接头由转轴和轴承组成。

铰接接头摆动喷管的优点是：摆角较大，能提供较大的侧向控制力；结构简单，不需特殊材料和工艺，成本较低。其缺点是：摩擦力矩大，所需伺服系统功率较大，结构质量大；喷管为单轴摆动，必须采用多喷管才能实现全轴控制；活动件与固定座之间的分离面密封比较困难。

2. 柔性喷管

如图 11-13 所示，柔性喷管由固定座 1，活动件 4，柔性接头 3，热防护套 2 和伺服系统组成，柔性接头活动件与固定座连接起来，同时起密封和连接作用。柔性接头是由同球心的多层弹性环和刚性增强环交替组合而成。弹性环常用天然橡胶制成，在操纵力矩作用下，发生剪切变形，使喷管活动件能够绕回转中心转动。刚性增强环常用钢或玻璃钢制成，它能约束弹性环的径向变形，提高柔性接头的轴向刚度。

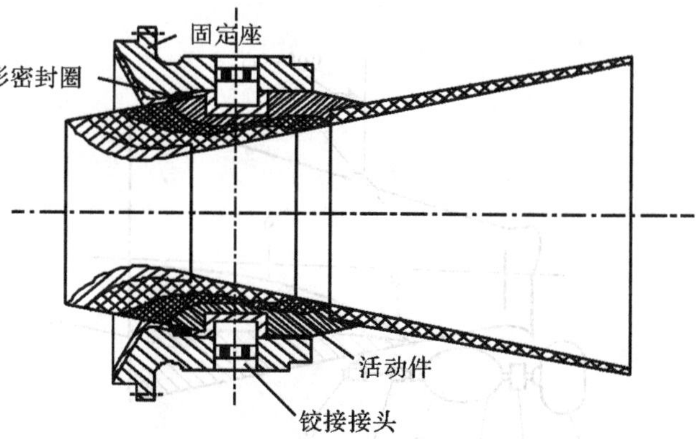

图 11-12　铰接接头摆动喷管

1—固定座；2—"O"形密封圈；3—活动件；4—铰接接头

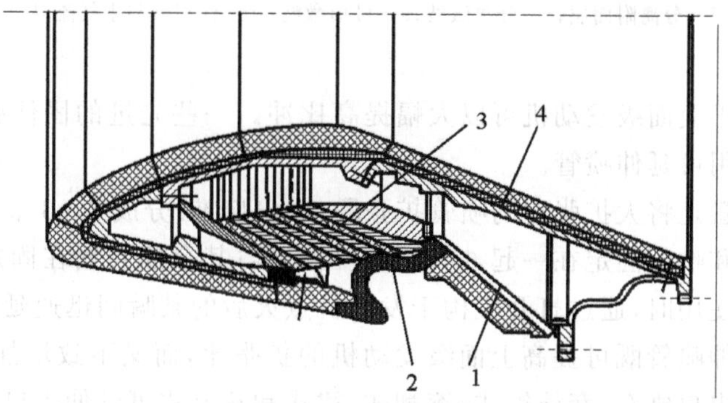

图 11-13　柔性喷管

1—固定座；2—热防护套；3—柔性接头；4—活动件

为了解决柔性接头的受热问题，一般采用潜入喷管，使柔性接头在喷管外侧，只受静止燃气的作用，同时在接头外侧用波纹管式的热防护套将柔性接头与高温燃气隔开，热防护套常用石棉橡胶制成。

柔性喷管的最大优点是解决了铰接接头摆动喷管由于存在分离面所带来的密封问题。此外，柔性喷管可以用单个喷管实现全轴控制，故能得到广泛的应用。

3. 液体二次注射

液体二次注射是通过向喷管扩张段的超声速气流中横向注入液体，使超声速气流中产生激波，引起不对称压强分布，从而产生控制力。其主要组成及工作原理如图 11-14 所示。液体二次注射系统是由注射系统、贮液瓶、注射剂和增压系统组成的。系统工作过程是：气瓶（或燃气发生器）中的高压气体，经调压器减压后进入贮液瓶中的气囊内，挤压液体注射剂经导管进入注射器；伺服系统操作注射器的针栓打开注射孔，注射剂进入喷管扩张段内；注射剂与喷管扩张段内超声速气流混合，并发生相变，在喷管扩张段内形成激波，造成注射口附近局部高压区；喷管内部对称的压强分布和注射反作用力形成了侧向控制力。

液体二次注射的优点是：无活动的执行元件，反应灵敏，响应频率高；可以增加轴向推力；伺服系统功率小，结构质量小。其缺点是致偏能力较小，注射系统较复杂。此种装置在导弹上已广泛应用。

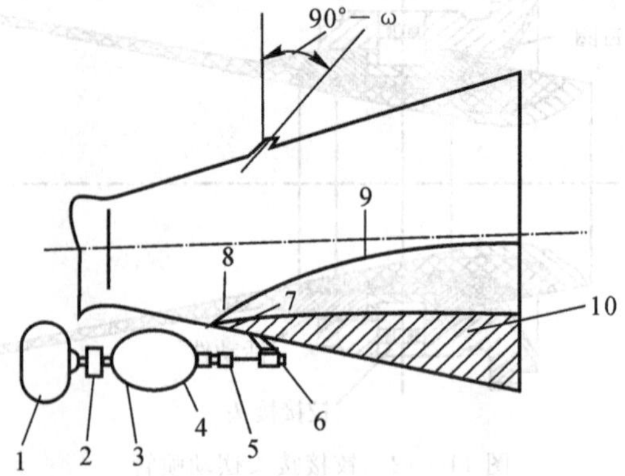

图 11-14　液体的二次注射系统

1—气瓶；2—调压器；3—气囊；4—贮液瓶；5—流量计；6—注射器；
7—分离附面层；8—分离激波；9—弓形激波；10—注射液与主气流混合

4. 可延伸喷管

可延伸喷管用于上面级发动机可以大幅提高比冲。一些先进的固体弹道导弹的第二、第三级发动机大都采用可延伸喷管。

所谓可延伸喷管是将大扩张比的喷管扩张段(或出口锥)分成 2～3 节，最小的一节与普通喷管一样同收敛段和喉部固定在一起，叫做固定出口锥；其余的收缩在固定出口锥的周围，叫做可延伸出口锥。使用时，通过打开机构于发动机点火后的某瞬间迅速延伸出去，使喷管扩张比迅速加大。可延伸喷管既可提高上面级发动机的扩张比，而又不致增加发动机的长度。有实用价值的可延伸出口锥有：套筒锥式、滚翻式、裙式和花瓣式可延伸出口锥。

图 11-15 所示为典型的套筒锥式可延伸出口锥，平时收藏在喷管固定出口锥的外面，延伸时靠作动筒将其同时压缩延伸出去，构成一个完整的扩张段，以提高扩张比。这种可延伸出口锥多用碳/碳复合材料制成。美国的 MX 导弹第二、三级发动机用的就是这种可延伸出口锥。

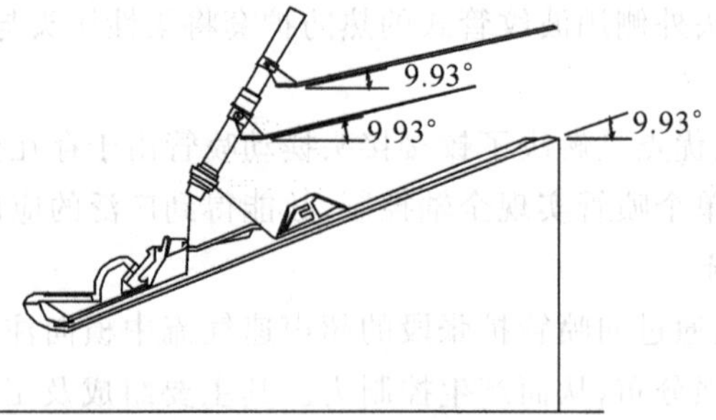

图 11-15　套筒锥式可延伸出口锥

11.4　固体火箭发动机的点火装置

点火装置能在极短的时间内可靠地点燃主装药，使发动机开始稳定地工作，它是固体火箭发动机的启动装置。

点火装置由发火管、点火药和连接件组成。点火药能在极短时间内产生大量炙热燃气，包围并加热主装药表面，点燃主装药。发火管则是产生初始热冲量来引燃点火药，连接件是用于保证发火管和点火药工作的。

设计点火装置，应满足以下一些基本要求：

（1）具有良好的点火性能；

（2）工作可靠性高；

（3）使用安全；

（4）点火装置的结构尺寸和质量应与发动机相匹配；

（5）检修方便；

（6）成本低。

11.4.1　点火装置的种类及机构

目前固体火箭发动机常用的点火装置为热能点火装置，有烟火剂点火器和点火发动机两大类。

烟火剂点火器多用于小型的、装药为自由装填式的发动机点火，不赘述。这里重点介绍点火发动机类的点火装置。大型固体火箭发动机的直径可达数米，长度达十多米，装药量数十吨甚至几百吨，它所需的点火药量在几十千克左右，在这种条件下，若采用烟火剂点火器，必然会在点火时产生很大的震动与冲击，燃烧室会出现局部高压，甚至引起爆震，使发动机遭到破坏。为了有效和安全地点燃大型固体火箭发动机的装药，常采用点火发动机作为点火装置。

如图 11－16 所示的点火发动机实际是一个小型固体火箭发动机，由点火药柱、壳体、喷嘴和点火器组成。因为主装药要求在几十毫秒内点燃，故点火发动机的工作时间甚短，点火药柱常采用大燃面、薄肉厚、高燃速的装药（如车轮型）。壳体材料采用轻合金或玻璃钢，喷嘴可采用多孔亚声速喷嘴或单孔亚声速和超声速喷嘴。点火发动机的点火器一般为高能烟火剂点火器。

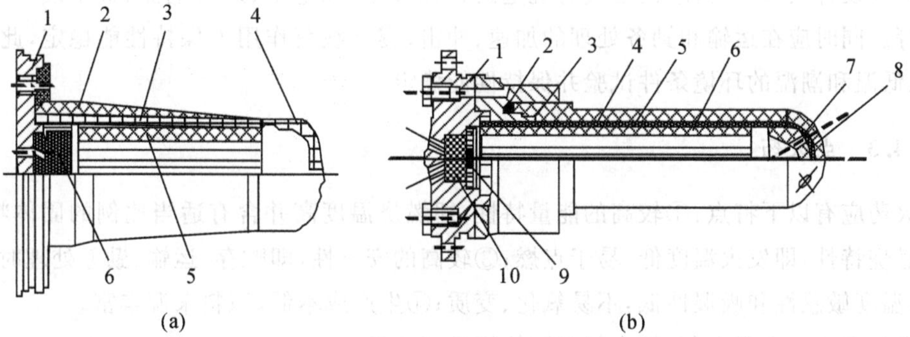

图 11－16　点火发动机

(a) 1—铝合金连接座；2—垫片；3—橡胶绝热层；4—喷孔；5—点火药柱；6—KNO_3 点火颗粒

(b) 1—铝合金连接座；2—垫片；3—橡胶绝热层；4—钛合金壳体；5—酚醛纸药筒；6—点火药柱；7—喷嘴；8—排气孔；9—点火药粒挡板；10—点火颗粒

11.4.2　电发火管

固体火箭发动机点火器采用的发火管是电发火管，如图 11－17 所示。它由电桥丝、热敏火药、防潮保护漆和引线组成。当电源接通后，电桥丝加热，使涂在电桥丝上的热敏火药发火，从而引燃点火药。

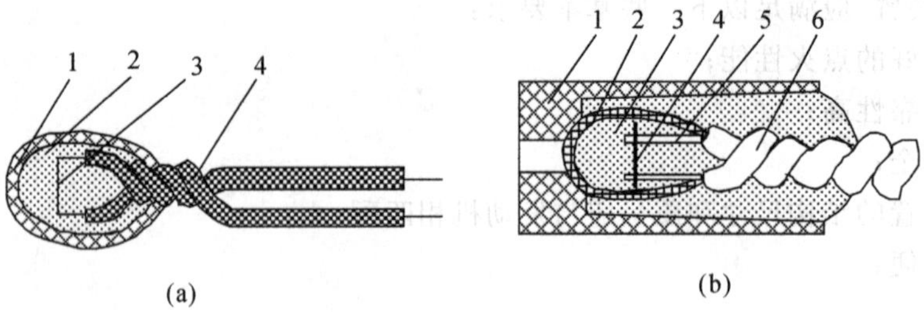

图 11-17　电发火管

(a)1—防潮保护漆；2—热敏火药；3—电桥丝；4—导线

(b)1—保护外套；2—防潮保护漆；3—热敏火药；4—电桥丝；5—脚线；6—导线

电桥丝常采用镍镉合金丝、康铜丝或铂铱合金丝制成。热敏火药可采用：

(1)氯酸钾 50%＋硫氰化铅 47%＋铬酸铅 3%；

(2)氯酸钾 50%＋硫氰化铅 50%；

(3)三硝基间苯二酚铅。

对于分装式和组合式的点火器的发火管，由于发火管与点火药相距较远，热敏火药的热量还不足以引燃点火药，需要强化火焰，所以在发火管内经常装有火焰加强药块。如图 11-17 所示的发火管，亦可用做分装式点火器的发火管。加强药块能产生较强的火焰，烧穿点火药盒并引燃点火药，加强药块常用黑火药压制而成。药块愈大，压得愈紧，火焰愈长，燃烧时间也愈长。组合式点火器的发火管加强药块常用高能烟火剂(如 $B-KNO_3$)制成。

选择或设计发火管时，应使之具有规定的特性参量，如电阻、发火电流、最小发火电流、安全电流等。同时应在运输和勤务处理的加速、冲击、震动载荷作用下保持性能稳定，此外还应经受高、低温和潮湿的环境条件试验并保持性能稳定。

11.4.3　点火药

点火药应有以下特点：①较高的能量特性，即燃烧温度高并含有适当比例的固体粒子；②良好的燃烧特性，即发火温度低，易于点燃；③较高的安全性，即贮存、运输、勤务处理时不易破坏发火，温度敏感性和吸湿性低，不易氧化、变质；④生产成本低，原料来源丰富。

常用的点火药有黑火药、烟火剂和固体推进剂三类。

黑火药由硝酸钾(75%)、木炭(15%)、硫磺(10%)组成。黑火药的优点是：点燃温度较低，约为 300℃；燃烧产物有大量固体粒子，气体含量亦适量；安全性好；价格低。其缺点是能量特性较低，容易吸潮等。我国生产的黑火药按粒度分为大粒 1 号和 2 号，小粒 1 号、2 号、3 号、4 号和药粉共七种。大粒黑火药燃烧时间长，能量释放速度慢，常用来点燃大尺寸的双基推进剂装药。小粒黑火药燃烧时间短，能量释放速度快，其中 2 号小粒黑火药常用来点燃小尺寸的双基推进剂药柱。

烟火剂与黑火药一样，是由氧化剂、燃烧剂和黏合剂组成的机械混合物，用做点火药的烟火剂有 B-KNO_3,Al-KNO_3,Mg-聚四氟乙烯等。这些烟火剂的优点是能量特性高;燃烧产物中含有大量的固体粒子,有利于增大燃气对装药表面的热交换。其缺点是点燃温度高,发火管需要有火焰加强药块,并需要用黑火药做引燃药;吸湿性强;价格高。通常烟火剂压制成一定形状的药粒或药片,药粒尺寸取决于所需的点火持续时间和烟火剂的燃速,一般药粒直径小于 10 mm。

固体推进剂作为点火发动机的点火药,其成分可与主装药相同,也可用特制的点火推进剂。如以 $KClO_4$ 为氧化剂的点火推进剂,其燃速高,有一定量的固相微粒,可改善点火性能。

11.4.4　点火药盒

点火药盒的作用是存放点火药,并保护点火药不受损坏,还起密封防潮作用;点火药盒使点火药燃烧时能保持一定的压强,并控制点火药燃气的流向。

对点火药盒的要求是密封性应好;有足够的强度;有适当的装填密度;药盒破裂后,不产生过大的碎片,以免冲坏主装药和堵塞喷管。

点火药盒的材料可用铝板、赛璐珞片、镀锡铁皮和塑料制成。药盒的形状是根据装药的形状和点火器在发动机上的安装位置来确定的,多根管形药柱常用圆形环点火药盒,内孔燃烧药柱则常用长管形点火药盒。

11.4.5　防备点火装置意外发火的安全措施

目前广泛采用的点火系统是武器最敏感的部分。人体静电、雷电、塑料制品的静电、雷达、电台、高压线路的电磁辐射,以及战场上和武器系统内的杂散电流等,都可能引起电发火管意外发火而造成严重后果。因此提高点火装置的安全性,解决它的安全防护问题具有十分重要的意义。现代武器一方面注意不断改进电发火管的安全特性,另一方面也采取相应的安全保险措施,如采用屏蔽措施来防备静电感应和射频电磁感应;采用在点火线路上安装低通滤波器的措施来防备射频强磁场;采用机械保险机构把发火管与点火药隔开,即使发火管意外发火也不致引起整个点火装置点火,以及可以采用非电发火管式的激发式发火装置等。

黄纬禄——"两弹一星"功勋奖章获得者

黄纬禄,中国著名火箭与导弹控制技术专家和航天事业的奠基人之一,"两弹一星"功勋奖章获得者,中国首枚潜地导弹总设计师,水下核潜艇固体潜地战略导弹总设计师,是我国知名导弹专家,被誉为"巨浪之父""东风-21之父""航天老总"。

1916年12月18日,黄纬禄出生于安徽省芜湖市,从小就认真读书、积极上进,做事严谨细致,这对黄纬禄后来从事导弹武器研究产生了深远影响。

黄纬禄在主持型号研制工作中,非常注重深入科研生产第一线,在研制、试验的第一线处理、解决和决策技术问题。他提出并实践的利用南京长江大桥进行弹体入水的机构强度试验及入水深度试验,取得了令人满意的结果。在试验现场的导弹测试中,发现弹上计算机内多输出了脉冲，由于他对控制系统纯熟的了解，立即意识到多输出的脉冲将影响落点精度，他根据多的脉冲数与时间成正比的测试结果，准确地判定是由于弹上计算机原因所致，他决定采取有针对性的措施，使问题得到了圆满解决。

黄纬禄在研制、试验、生产的第一线，从不放过任何一个质量与可靠性问题，总喜欢查个水落石出，使问题得以彻底解决，这充分体现了老一辈航天科学家脚踏实地、严谨务实、精益求精的科研和治学态度。

第3篇 液体火箭发动机

第12章 液体火箭发动机概论

液体火箭发动机是使用液体推进剂的化学火箭发动机。液体推进剂一般由燃烧剂和氧化剂组成，由导弹（火箭）自身携带。液体推进剂在燃烧室内进行燃烧或分解反应，将推进剂的化学能转化为热能，产生高温、高压燃气，通过喷管膨胀加速，将热能转变为动能，以高速从喷管向后喷出，产生推力，为导弹（火箭）或航天器提供动力。

12.1 液体火箭发动机的类型和组成

随着导弹和航天事业的迅猛发展，液体火箭发动机的应用范围和种类也越来越多，按照不同的方法对液体火箭发动机进行分类，其类型如图12-1所示。

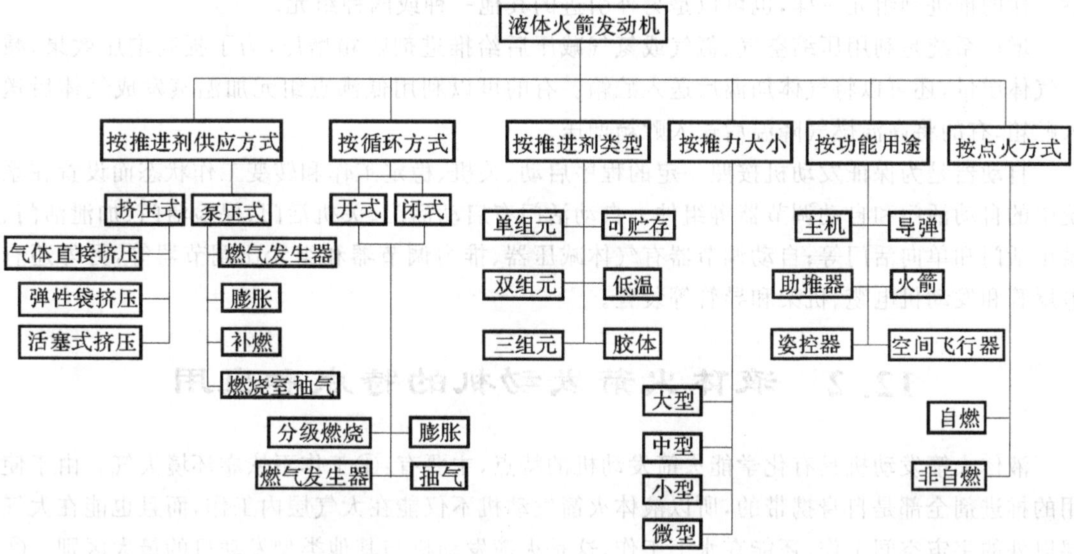

图12-1 液体火箭发动机分类

各种不同类型的液体火箭发动机其结构有一定的差别，但基本组成都有推力室、推进剂贮箱、推进剂供应系统、涡轮工质供应系统、增压系统和自动器等几部分。

推力室是将推进剂的化学能转化为喷气动能并产生推力的组件，它由喷注器、燃烧室和喷管组成。如果采用非自燃推进剂，在推力室内还装有点火装置；为了提高燃烧稳定性，防止破坏性不稳定燃烧，还装有防震隔板或声腔等稳定装置。液体推进剂通过喷注器喷入燃烧室，经雾化、蒸发、混合和燃烧过程生成高温高压燃气，经喷管膨胀加速以形成超声速气流排出而产生推力。

推进剂贮箱的功用是贮存发动机工作期间所消耗的大量推进剂。对于大型液体发动机，贮箱体积占整个发动机或导弹体积的绝大部分，约 60%～90%。

推进剂供应系统的功用是在发动机启动和正常工作过程中，不间断地将贮箱中的推进剂按照设计的压力和流量输送到推力室中去。因为推力室中为高压高温气体，所以进入推力室的推进剂本身的压力必须超过燃烧室中的压力。按提高推进剂压力的方法不同，一般可以分为两种主要输送形式：挤压式和泵压式。

(1)挤压式系统。利用贮存在专门气瓶中的高压气体，将贮箱中的推进剂挤出，顺管道进入推力室。由于挤压压力较高，工作时间长，使得贮箱和气瓶的壁厚很厚，体积很大，导致整个发动机的结构质量增加。目前，这种系统多在推力较小，工作时间较短的小型双组元或单组元液体火箭发动机上使用。

(2)泵压式系统。推进剂组元在很低的压力下进入高速旋转的泵(燃烧剂泵或氧化剂泵)增压。压力升高后，进入推力室。带动泵旋转的动力通常采用体积较小，但能产生大功率的冲击式燃气涡轮。在结构上常把涡轮和泵做成一个整体，称为“涡轮泵联动装置”。

涡轮工质供应系统的功用是提供泵压式输送系统中涡轮所需要的工质(高温高压燃气或其他气体)。发动机启动时，常用固体火药启动器为涡轮提供初始工质，发动机在持续稳定工作期间，则用和燃烧室相类似的燃气发生器作为提供涡轮工质的组件，工作介质可以和主推力室工作的推进剂组元一样，也可以是另外引进的其他一种或两种组元。

增压系统是利用压缩空气、氮气或氦气减压后给推进剂贮箱增压，为了提高增压效果，减少气体质量，还可以将气体加温后送入贮箱。有的可以利用低沸点组元加温蒸发成气体后送入贮箱，有的将高温燃气降温后送入贮箱增压。

自动器是为保证发动机按照一定的程序启动、关机、稳定工作和转变工作状态而设置在系统中的自动活门和自动调节器等组件。自动活门有启动活门、关机活门、保险活门、加泄活门、溢出活门和单向活门等；自动调节器有气体减压器、推力调节器和组元比调节器等，另外还有电爆管和发动机电缆、机架和导管等装置。

12.2 液体火箭发动机的特点和应用

液体火箭发动机具有化学能火箭发动机的特点，主要有：①工作不依靠环境大气。由于使用的推进剂全部是自身携带的，所以液体火箭发动机不仅能在大气层内工作，而且也能在大气层以外的宇宙空间工作，还能在水下工作，这是火箭发动机与其他类型发动机的最大区别。②推力随飞行高度增加而增加，在真空中推力达到最大值；另外，火箭发动机的推力与飞行器的飞行速度无关。因此，液体火箭发动机特别适于在高速、高真空条件下工作。③质推比低。质推比就是发动机结构质量与发动机推力之比，现代泵压式液体火箭发动机的质推比已经达到

0.77～1.0 kg/kN，大约是一般涡喷和冲压发动机的5%。正是由于质推比小，才有可能将较大质量的有效载荷送往高空。④工作条件苛刻。它在高压(20 MPa)、高温(3 000～4 500 K)、高转速(泵转速高达40 000 r/min或更高)、高速喷气(4 km/s)、超低温(－200℃)和强腐蚀性条件下工作，还要尽量减小结构尺寸和质量，是所有热机中工作条件最苛刻的一种发动机。此外，与固体火箭发动机比较，推力调节范围大，工作时间长，可多次启动和关机，结构复杂。

液体火箭发动机应用广泛，主要应用领域有：①导弹武器的动力装置。②运载火箭动力装置，如用做主发动机、助推级、上面级、游动和姿控发动机，以及轨道器的辅助动力装置等。③航天飞机的主发动机、轨道机动和姿控发动机，以及轨道器的辅助动力装置等。④航天器，如各种卫星、载人飞船、行星探测器，以完成轨道修正和变换、姿态控制、星球着陆和起飞、机动飞行、远地点和近地点推进等。此外，还用于火箭飞机、轨道转移飞行器、载人空间站等领域。

12.3　液体火箭发动机简史和发展方向

1903年，俄国科学家齐奥尔科夫斯基首先提出了使用液体火箭发动机的设想。1926年，美国火箭专家戈达德首先研制成功世界上第一枚液体火箭。第二次世界大战后期，德国在布劳恩主持下，于1942年底研制成功世界上第一枚使用液体火箭发动机的弹道导弹V-2，V-1导弹的液体火箭发动机使用液氧/酒精做推进剂，为现代火箭发动机的发展奠定了基础。之后液体火箭发动机技术和理论，制造和试验得到突飞猛进的发展，取得了巨大的成就，现已研制成功了多种类型的发动机，为液体导弹武器和航天事业作出了巨大贡献。

展望液体火箭发动机的发展区势主要有：采用高能和高密度推进剂组合；发展闭式动力循环系统；增大喷管面积比；提高可靠性和寿命；提高燃烧效率和燃烧稳定性；研制高转速的涡轮泵；采用新材料和新工艺；简化结构使用和改善工作适应性等。

另外，为了满足航天技术发展的需要，液体火箭发动机的品种还在不断增加，如发展各种新型组合式发动机、吸气式—火箭组合发动机方案，就是为了充分利用大气层中的空气而设计的一种新型组合式发动机。

任新民——中国航天四老之一

任新民，我国著名导弹和火箭技术专家，是中国导弹与航天技术的重要开拓者，身为导弹总体和液体发动机技术专家，是我国著名的“中国航天四老”之一，

任新民在航天事业建立之初从零起步，带领团队成功完成了中近程、中程、中远程和远程液体弹道导弹的研制与飞行试验。1960年，中苏关系恶化，苏联撤走了专家，国内经济建设出现暂时性的困难，任新民和同事们没有在困难面前低头，终于在1962年1月获得第一台自行研制的液体火箭发动机试车的成功。

在高尖技术进军的道路上并不总是一帆风顺，1962年3月21日，我国第一枚中近程导弹飞行试验失败，任新民等老一辈航天科研人员并没有气馁，很快开始了紧张的故障分析。他亲自主持多种发动机系统方案的分析论证工作，并进行了不同方案的地面试验，有针对性地进行了对比分析，提高了火箭发动机结构的抗振强度和比推力，接着进行了火箭发动机的性能、可

靠性和全弹试车，终于解决了发动机系统的综合设计，并于1964年6月29日再次进行的飞行试验中取得圆满成功，这标志着中国已掌握了自行研制导弹的技术，迈开了独立研制导弹的步伐。

此后，任新民院士又同科技人员和工人一起，解决了发动机燃烧不稳定、高转速高性能涡轮泵的设计、四机并联技术、推力室的真空钎焊、波纹板成型、等离子喷涂、材料相容性的关键技术等难题。特别是在突破燃烧室高频不稳定燃烧这一技术难关时，他亲自进行分析计算、参加试车、参加讨论，经过多个技术方案的对比和百余次的试车，最后采用隔板、实现液相分区，圆满地解决了这一关键技术，为这一中程导弹的研制成功提供了必要的条件。

任新民院士非常注重在科研生产第一线处理和解决技术问题，他深有感触地说："搞工程性技术工作的，即使是再有造诣的专家，不深入实际就会退化，会'耳聋眼花'，三年不深入实际，就基本没有发言权了。"老一代航天人的披荆斩棘、勇挑重担、无私奉献，是家国情怀，是民族使命。

第 13 章 液体推进剂的参数计算

13.1 液体推进剂的作用和分类

液体火箭发动机是化学能火箭发动机的一种主要形式，液体推进剂既是火箭发动机工作时的能源，同时又是物质源（工质）。能源就是蕴藏在推进剂中的化学能，工质就是它在推力室中燃烧（化学反应）后生成的燃气（燃烧产物）。它开始是化学能的载体（作为液体存在时），然后是动能的载体（作为气体存在时）。

飞行器的性能在某种程度上往往取决于火箭发动机的性能，液体火箭发动机最主要的一个性能指标是比冲，而影响比冲最大的是推进剂的性能。对任何一个液体火箭发动机来说，首要的工作是选择合适的推进剂。

液体推进剂按组元数可分为单组元和多组元两种，按使用可分为可贮存推进剂和低温推进剂两种。单组元推进剂可以是氧化剂与可燃物质的混合物，也可以是单一的化合物；多组元推进剂采用两种或两种以上的组元，常用的是双组元推进剂；双组元推进剂又分为自燃和非自燃两种。双组元液体推进剂通常由氧化剂和燃烧剂两个组元组成。目前用做氧化元素的主要有 O，Cl，F，它们能提供大量化学能，并保证化学反应所需要的强度；用做燃烧元素的主要有 C，H。我们平常所说的氧化剂，是指这种推进剂组元主要由氧化元素组成；而所谓燃烧剂，则是指该推进剂组元主要由燃烧元素组成。

不像空气喷气发动机，仅以燃烧剂为基础研究发动机的经济性能，对液体火箭发动机来说，液体氧化剂起着十分重要的作用，液体氧化剂中起氧化作用的元素在百分比上要比空气中的氧化元素多很多倍，所以和 1 kg 燃烧剂进行燃烧时，需要的氧化剂量也少很多倍。

随着航天事业的不断发展，液体推进剂的性能和品种也在增加，如采用冻胶冰凌状态下的氢，可利用在宇宙条件下长期贮存；将气态烃（甲烷 CH_4，乙烷 C_2H_6 等）通过液化而得到低温烃类燃料，对应用于运载火箭的大推力主发动机和长期停留在宇宙中的航天器的发动机具有重要的价值；含金属（铍 Be、锂 Li、铝 Al 及其氧化物等）推进剂，可以显著提高推进剂的能量；伪液体推进剂是由粉末状颗粒物质组成的，然后利用造成沸腾层的气体，使粉末流态化，从而进入推力室中，这些气体可以用惰性气体，也可以对氧化剂粉末用氧气，对燃烧剂粉末用氢气；正在研究中的推进剂除上述以外，除此之外还有凝胶状推进剂等。液体推进剂热力特性的详细介绍请参阅相关书目，这里只作简要介绍。

13.2 组元比和余氧系数

双组元的液体推进剂在燃烧室中燃烧(进行化学反应)时,燃烧剂和氧化剂之间应具有一定的比例。消耗在燃烧室中或发动机中的氧化剂量和燃烧剂量之间的比值就叫做组元比,又称混合比。组元比分理论组元比和实际组元比。

13.2.1 理论组元比

在燃烧过程中,1 kg 燃烧剂完全燃烧所需要的最低限度的氧化剂量称为氧化剂的理论需要量,也叫化学当量,用 K_0 表示。在使用中,习惯上称为理论组元比。

$C+O_2=CO_2$,　　　　质量数为 12+32=44

$H_2+0.5O_2=H_2O$,　　　　质量数为 2+16=18

目前应用最广泛的是含有 C,H,O,N 4 种元素的液体推进剂,这 4 种元素中只有 C,H 是燃烧元素。化学反应必须是在原子状态下进行,分子必须先打开,成为原子。当 C,H 和 O 起化学反应(燃烧)时,有上边所说的化学反应,是指释放化学能的放热反应,而且是不可逆的。一般可以在较低的温度下(需要提供的活化能少)进行,4 种元素中的 N 是惰性元素,一般呈分子(N_2)状态存在。在较低温度(2 000℃)下,给少量的活化能打不开其分子键,成不了原子状态。就是和氧化合,也是吸热的化学反应,必须是放热的化学反应进行之后,已经有了高温条件,它才能进行,而且是可逆的。

从以上两个简单的反应可以看出:氧化 1 kg 的碳,需要 $\frac{32}{12}=\frac{8}{3}$ kg 的氧,氧化 1 kg 的氢,需要 $\frac{16}{2}=8$ kg 的氧。

如果1 kg的燃烧剂中有:C_r(kg) 的碳,H_r(kg) 的氢,O_r(kg) 的氧,燃烧时相应的需要氧的量为($\frac{8}{3}C_r+8H_r$)。而 O_r(kg) 的氧也可以提供出来参加燃烧,由于氧的存在,会使氧化剂减少一部分它所提供的氧,这样 1 kg 燃烧剂燃烧时,需要由氧化剂提供氧的净量为

$$\left(\frac{8}{3}C_r+8H_r-O_r\right)$$

同样 1 kg 氧化剂中,也还有燃烧元素 C,H,在化学反应中,需要消耗一部分氧去氧化它们,这样 1 kg 氧化剂所能提供给燃烧剂燃烧的氧的量为

$$\left(O_y-\frac{8}{3}C_y-8H_y\right)$$

1 kg 燃烧剂完全燃烧时,所需要由氧化剂提供的氧的数量与 1 kg 氧化剂所能提供出的氧的数量之比,就是 1 kg 燃烧剂完全燃烧时所需要的氧化剂的质量,也就是氧化剂的理论需要量(化学当量)。精确计算时可以写成

$$K_0=\frac{\frac{8}{3.0025}C_r+\frac{8}{1.008}H_r-O_r}{O_y-\frac{8}{3.0025}C_y-\frac{8}{1.008}H_y} \tag{13-1}$$

式中:C_r,H_r,O_r 和 C_y,H_y,O_y 分别表示这些元素在燃烧剂中和氧化剂中的质量组成。

常见推进剂的理论混合比值，见表 13－1。

表 13－1　常见推进剂的理论混合比值

序号	液体推进剂	理论组元比 K_0
1	液氧-液氢	8
2	液氧-偏二甲肼	2.124 2
3	液氧-煤油	3.406 9
4	液氧-酒精	1.920 1
5	四氧化二氮-混肼	2.238 5
6	四氧化二氮-甲基肼	2.501 2
7	四氧化二氮-偏二甲肼	3.059 0
8	硝酸 40－偏二甲肼	3.284 0
9	硝酸 27－偏二甲肼	3.351 0
10	硝酸 20－混胺	4.774 8
11	硝酸 20－煤油	5.508 7

例如：1 kg 燃烧剂完全燃烧时，需要提供的氧为 2 kg；而 1 kg 氧化剂只能提供0.5 kg 氧，则$\frac{2}{0.5}=4$，即需要 4 kg 氧化剂，才能满足 2 kg 氧的要求。

13.2.2　实际组元比

在液体火箭发动机实际工作中，燃烧剂和氧化剂两个组元并不按照理论组元比进行燃烧。因为按理论组元比进行燃烧时，燃烧很完全，放热量大，温度高，将导致燃烧产物的离解，造成部分热量损失，所得到的燃气温度并不是最高的，计算和试验都证明，燃气温度的最高值所对应的组元比(称为最优组元比)，往往偏离于理论值。推进剂实际工作时选择的组元比 K，通常和最优值接近，即

$$K=\dot{m}_y/\dot{m}_r=\dot{G}_y/\dot{G}_r \tag{13-2}$$

式中：$\dot{m}_y$，$\dot{m}_r$(或 $\dot{G}_y$，$\dot{G}_r$) 为实际工作时氧化剂和燃烧剂的质量秒流量。

当 $K<K_0$ 时，说明氧化剂实际供应量小于理论需要量，称富油燃烧。大多数液体火箭发动机都在这种情况下工作。

当 $K>K_0$ 时，说明氧化剂实际供应量大于理论需要量，称富氧燃烧。

13.2.3　余氧系数

实际组元比和理论组元比的比值，也是表示氧化剂供应量多少的一个参数，称为氧化剂剩余系数，简称余氧系数，用 α 表示，则

$$\alpha=K/K_0 \quad 或 \quad K=\alpha K_0 \tag{13-3}$$

13.3 对液体推进剂性能的一般要求

13.3.1 具有较高的比冲

由第一篇的学习内容可知最大比冲 I_{spmax} 为

$$I_{\text{spmax}}=u_{\text{L}}=\sqrt{\frac{2k}{k-1}RT_{\text{c}}}=\sqrt{2h_{\text{T}}} \tag{13-4}$$

又知

$$R=\frac{R_{\text{m}}}{\mu}=\frac{8.314}{\mu}$$

式中：R_{m} 为通用气体常数；μ 为燃气的相对分子质量。

由式(13-4)可以看出，要想得到较高的比推力，要求推进剂具有高的焓值 h_{T}，因燃气温度一般限定在一定的范围内，所以希望燃气分子量应尽可能的小(如 H_2)，以使气体常数 R 增加，有利于改善膨胀加速性能。

13.3.2 具有较大的密度

推进剂组元的密度大，就意味着单位容积内所贮存的推进剂质量增大，可以减小贮箱的几何尺寸，减轻火箭结构质量。在一定条件下，采用性能较低，但密度较大的推进剂，也可使火箭达到相同的飞行性能。

推进剂的平均密度可按下式计算，有

$$\rho_{\text{T,P}}=\frac{1+K}{\dfrac{1}{\rho_{\text{r}}}+\dfrac{K}{\rho_{\text{y}}}}=\frac{(1+K)\rho_{\text{r}}\rho_{\text{y}}}{\rho_{\text{y}}+K\rho_{\text{r}}} \tag{13-5}$$

式中：$1/\rho_{\text{r}}$ 为 1 kg 燃烧剂所具有的体积；K/ρ_{y} 为 K (kg) 氧化剂所具有的体积。

13.3.3 维护使用性能良好

(1)液态范围大。推进剂在尽可能宽的范围内是液态，理想的范围是－50℃～70℃。

(2)传热性能好。大部分液体火箭发动机推力室采用再生冷却方式，即一种或两种推进剂组元在进入燃烧室之前，先通过推力室冷却套夹层，带走燃气传给推力室壁的热量。这就要求推进剂有高的沸点，液态热容量大(即比热要大)。

(3)黏度小。推进剂组元的黏度尽可能的小，以减少推进剂输送过程中的流阻损失。

(4)毒性小。推进剂和燃烧产物最好是无毒的。

(5)腐蚀性小。推进剂和燃烧产物最好都是无腐蚀性的。

(6)自燃性。燃烧剂和氧化剂在室温条件下相遇能够迅速自燃。这样可不需要另外的点火源。尤其在高空条件下，压力很低，靠另外的点火源点燃推进剂很困难，采用能够自燃的推进剂较为适宜；非自燃推进剂的着火温度尽可能的低，以便减少点火能量。

(7)着火延迟期要短。着火延迟期短可以避免大量混合物在燃烧室内的积存而引起大的爆燃。

屠守锷——潜心为国铸长剑

屠守锷，中国科学院院士、著名导弹与火箭技术专家，长期从事导弹与火箭总体技术理论研究与工程实践工作，在解决导弹研制过程中的重大关键技术问题、制定大型航天工程方案等方面做出了卓越贡献，是中国导弹与航天技术的开拓者之一。

屠守锷院士曾说："当初我最早学的并不是导弹，而是飞机制造。"1957 年，聂荣臻元帅主持国防科技工作，屠守锷应邀成为了第五院负责研究导弹结构强度和环境条件的研究室主任。导弹研究对于屠守锷来说是一个全新的课题。他和当时的很多专家一样，一切从零开始，在摸索中进行中国的导弹研究。面对着那种艰苦困难的局面，屠守锷非常平静，他坚定地说："人家能做到的，我不信中国人就做不到。"正是抱定这样一种想法，屠守锷和他的同事们精心地制定了"地地导弹发展规划"。

1965 年周恩来总理明确提出中国要尽快把首枚远程导弹研发出来，并且直接任命屠守锷为中国远程导弹的总设计师。中国的远程导弹 1971 年试飞，1973 年正式定型生产，整个过程中屠守锷始终坚守在第一线，甚至在一百天的总装测试的过程中，他一刻也没有离开过。

这颗导弹出厂运往发射场前，周恩来总理听完屠守锷的详细汇报，只问了一句话："屠总，你认为这颗导弹是不是可以发射？"屠守锷毫不犹豫地回答："该做的工作我们都做了，它的性能和状态是良好的。"周恩来明确说："我们支持你。"两天以后，大西北的发射场传来了一个巨大的喜讯：中国自行研制的首枚远程导弹飞行试验获得成功。

在无数科研人员和部队官兵的共同努力下，我国导弹事业实现了从无到有的历史性跨越。1980 年 5 月 18 日，我国首次成功地向 9 000 多千米外的南太平洋海域发射了东风-5 型运载火箭。这标志着我国第一代洲际导弹研制任务胜利完成，我国战略导弹核武器拥有了洲际打击能力。为了确保这次发射成功，在短短的一个月的时间里，屠守锷掉了十几斤的肉，反复检查导弹上面十万多件零部件。当导弹已经在发射架上竖立起来的时候，屠守锷已经两天两夜没合眼了，他说他还要上去做一次检查。众所周知，那次向太平洋发射的这颗洲际导弹准确地命中了万里之外的目标，震动了世界。

从屠守锷的经历中，我们可以看到他作为中国导弹的总设计师，为中国的"两弹一星"事业奋斗的工作态度和工作精神。像屠守锷这样的"两弹一星"的元勋们，用自己的实际行动为中国的大国重器做出了非凡的贡献，他们对中华民族立于世界民族之林起到了重要的作用。因此，当屠守锷接过国家领导人授予他的"两弹一星"功勋奖章的时候，无数人在那里拼命地鼓掌，这正是对他身上这种民族精神的褒奖！

第 14 章　推力室的工作过程及特性

14.1　推力室的稳态工作过程

从推进剂由喷嘴喷入燃烧室开始到完全变成燃烧产物，中间要经历一个十分复杂的物理-化学转变过程。根据液体火箭发动机的总要求，在研究实际燃烧室工作过程时，应使它达到以下 3 个目的：尽量提高燃烧室的冲量效率 φ_k，尽可能缩小燃烧室的几何尺寸和确保燃烧室工作可靠，这就要求燃烧室中的工作过程足够稳定，并在规定时间内室壁等不被烧蚀。大量试验研究表明，对一般常规的液体火箭发动机来说，推进剂的两个组元进入燃烧室后所经历的物理过程（雾化、蒸发、混合）和化学过程（燃烧）。大致可在燃烧室内的 3 个区域内进行。区域 Ⅰ 基本上为雾化区，介于 0 ～ 50 mm 之间，大约在 25 mm 之前两个组元开始接触，射流在此区域内雾化成液滴，由于液滴不断受到加热，开始有少量的蒸发，尽管有一定的液相化学反应现象存在，但总的来看温度较低，化学反应速度也较低。区域 Ⅱ 为混合和剧烈燃烧区域，由于喷注点不是连续的，在喷嘴间距范围内，无论是在纵向或横向都存在着很大的燃烧剂和氧化剂之间的浓度梯度，所以混合（主要是横向）很剧烈，并且液滴大量蒸发，形成大量可燃混合气体。如果是自燃推进剂，则由于两个组元的相互混合，产生液相反应，而使这个区域的可燃混合气体温度更高，因此化学反应速度和 $e^{-\frac{E}{R_t}}$ 成正比（E 为活化能），所以此区域内的化学反应速度迅速增加，并达到最大值。因可燃混合气体一旦形成，就可在大约几百万分之一秒内燃烧完，所以又称此区域为剧烈燃烧区。对于一般液体火箭发动机，绝大部分推进剂都可在此区域燃烧完。此区域的长度在 50 ～ 100 mm 之间。在此区域内，由于横向的浓度、流强梯度较大，燃烧时体积成百倍增加，故形成较大的横向流动。随着燃烧的进行，横向浓度、流强梯度减小，推进剂逐步转化成燃烧产物，横向流动不再是显著的特征。区域 Ⅲ 为管流燃烧区，这一区域基本上可以延伸到临界截面，此区域中的混合主要是紊流混合，燃烧主要是补充燃烧。由于燃气的轴向流速很大（大约只能停留 3 ～ 5 μs），不大可能显著改变燃气流的横向浓度和成分的分布，流动基本上属一元管流状态。

应当指出，上述把燃烧过程分成三个区域的提法，还只是从宏观角度研究燃烧过程一个大致的描述。一般情况下，推力室中的稳定工作过程是一个按一定顺序进行的物理-化学过程的总和。图 14-1 示意性地标出了此工作过程的构成情况。由于构成这一总和的许多小过程都比较复杂，而且彼此有关，所以很难在燃烧室中建立一个稳态工作过程的通用模型，用它来定量计算出每个单独过程的参数以及它们准确的综合指标。当前，国、内外有关液体火箭发动机设计原理的研究，还远远不能把丰富的研制经验提高到应有的理论高度。许多过程无法定量计算。但下面将要从实践角度阐述有关燃烧过程的一些基本概念，有助于弄清影响该过程的主要因素和参数之间的相互关系，对于深入掌握现象本质，加深对结构设计的理解具有一定的意义。

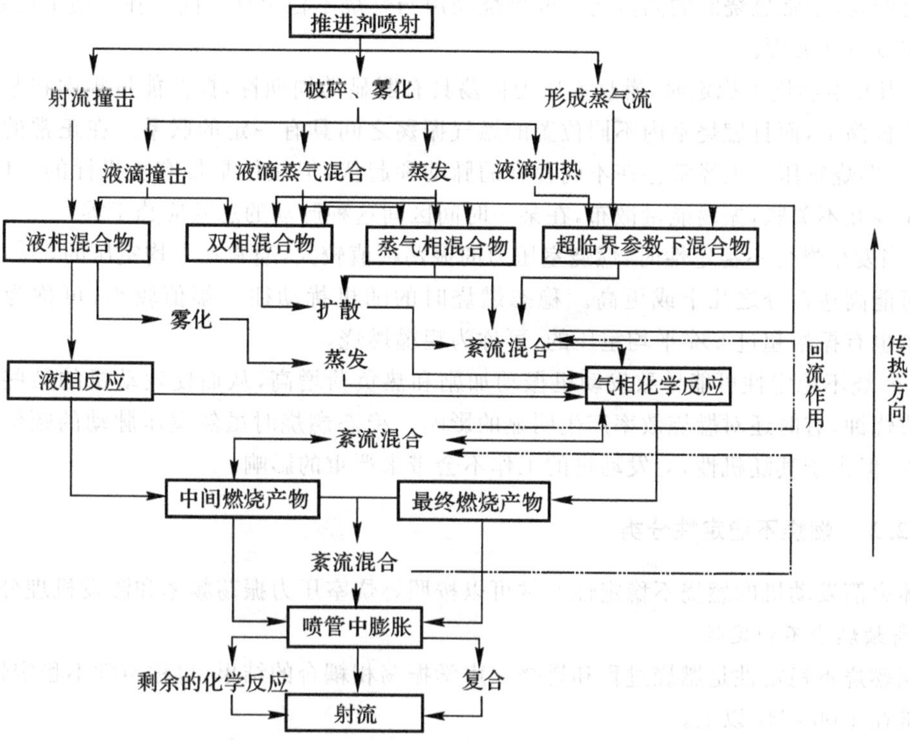

图 14－1　液体火箭发动机推力室稳态工作过程示意图

14.2　燃烧不稳定性概述

燃烧不稳定性是液体火箭发动机研制过程中经常遇到的重大技术问题。多年来世界各国对燃烧不稳定性进行了大量的理论和试验研究，在激发机理、分析模型、阻尼装置和评定技术等方面都取得了巨大进展。因此，现在已有可能判别发动机的工作参数和结构参数对燃烧不稳定性的影响，并采取有效措施抑制燃烧不稳定性的发生。对于发动机研制工作来说，在发动机设计方案和状态正式确定之前，应当对该发动机的燃烧稳定性作出评定结论。只有在评定发动机燃烧稳定性有充分裕度的前提下，才能大规模地开展研制工作。当前，燃烧稳定性仍然是液体火箭发动机研制中至关重要的问题，进一步深入系统研究并完善分析模型和抑制措施显然十分必要。

14.2.1　燃烧不稳定性的特征

液体火箭发动机的燃烧不稳定性，是液体推进剂在推力室内的燃烧过程与发动机系统中流体动态过程相耦合而引起的振荡燃烧现象，伴随有燃气压力、温度和速度的周期性振荡，通常是以燃烧室压力振荡来表征的。

但是应当指出：即使在正常燃烧的情况下，液体推进剂的燃烧也不是完全均匀和平稳的。燃烧室内气体和推进剂供应系统中液体的可压缩性都允许波动现象的发生，并通过各种机理而引起燃烧的脉动。因此，燃烧室压力的脉动(或起伏)或多或少总是存在的。

重要的是，正常燃烧时的湍流扰动或燃烧噪声与燃烧不稳定性之间存在本质上的差别，主要表现在以下几方面。

(1) 当发生燃烧不稳定时，燃烧室压力振荡具有明显的周期性，振荡能量集中在某几个固有频率的振荡上，而且燃烧室内不同位置的燃气振荡之间具有一定的联系。在正常的稳态燃烧时，尽管燃烧室压力也经常存在不同程度的脉动和起伏，但往往是带有随机性的，且各位置的燃气振荡互不关联，振荡能量散布，在某一时间区间这种脉动的总效应趋于零。

(2) 当发生燃烧不稳定性时，燃烧室压力的振荡幅值较大，通常在平均室压的5%以上，有时甚至可能高达百分之几十或更高。稳态燃烧时的随机扰动往往幅值较小，可称为平稳燃烧。偶尔也有振幅超过5%平均室压的，可称为粗糙燃烧。

(3) 燃烧不稳定性可能导致发动机振动加剧和热负荷增高，从而使发动机的某些部件遭受破坏或烧蚀，有时还对燃烧效率产生明显的影响。稳态燃烧时虽然室压脉动的幅值有时也可能较大，但由于其随机性，对发动机的工作不会带来严重的影响。

14.2.2 燃烧不稳定性分类

液体火箭发动机的燃烧不稳定性通常可以按照燃烧室压力振荡频率和激发机理分类。

1. 高频燃烧不稳定性

高频燃烧不稳定性是燃烧过程和燃烧室声学振荡相耦合的结果，也称声学不稳定性，振荡频率通常在1 000 Hz以上。

当发生高频燃烧不稳定性时，在燃烧室不同位置上测得的动态压力，其振荡频率和各点相位之间的关系往往与燃烧室声学振荡的固有振型相符。因此，根据燃烧室的声学特性，可以将高频燃烧不稳定性再分为纵向振型、切向振型、径向振型以及组合振型。

在切向振型中可能存在两种不同型式：一种称为行波型或旋转波型，即波围绕燃烧室轴线旋转；另一种称为驻波型，这可以看做是振幅相同而旋转方向相反的两个行波叠加的结果，它在燃烧室内各点的压力振幅按一定规律分布且固定不变。纵向振型和径向振型只可能是驻波型，这是由喷注器面、推力室壁和喷管声速面等的边界条件所决定的。

上述各种振型的高频燃烧不稳定性又可按照其谐振的阶数而分成一阶振型、二阶振型等等。例如一阶径向振型、二阶纵向振型和三阶切向振型等。

当发生高频燃烧不稳定时，常伴随有强烈的机械振动，并可能使发动机组件或导管遭受损坏。与此同时，燃烧室内局部传热率急剧增高，导致燃烧室的严重烧蚀。尤其在发生旋转型的切向燃烧不稳定时，波的运行可能导致喷注器面附近区域用做保护室壁的边界层的破坏，因而能在不到1 s的时间内将燃烧室头部烧毁。

2. 低频燃烧不稳定性

低频燃烧不稳定性是由燃烧室内的燃烧过程和推进剂供应系统内的流动过程相耦合而产生的，振荡频率较低，通常在200 Hz以下。

当发生低频燃烧不稳定性时，燃气振荡的波长通常要比燃烧室或供应系统的特征长度大得多，因此，可以认为在任何瞬时燃烧室压力振荡是均布的，即可看做燃烧室内整团燃气的振荡。同时，推进剂供应系统的管路或集液腔内往往也发生振荡现象。

低频燃烧不稳定性使发动机振动加剧，可能导致推进剂管路或接头的断裂。燃烧室和供应系统内的压力振荡可能引起推进剂流量和混合比的振荡,从而导致发动机的性能下降。

另外,还有一种频率更低的振荡,它是发动机系统和运载火箭/导弹结构相耦合而产生的,通常称为纵向耦合振动。但由于其脉动过程十分缓慢,通常不纳入低频燃烧不稳定性范畴。

3. 中频燃烧不稳定性

中频燃烧不稳定性是燃烧室内燃烧过程与推进剂供应系统中某一部分流动过程相耦合而引起的振荡,是介于高频和低频之间的燃烧不稳定性,频率范围是200～1 000 Hz。

当发生中频燃烧不稳定性时,除燃气发生振荡外,通常在推进剂供应系统中也出现波动。燃气振荡的频率和相位往往与燃烧室的固有声学振型不相符合,这是与高频燃烧不稳定性的不同之处。另一方面,它也不同于低频燃烧不稳定性。由于其频率稍高,燃气振荡的波长接近或稍大于燃烧室特征长度,因此燃烧室和供应系统管路内的波动是不能忽视的;燃烧室内的压力振荡将随位置而变化,不能像低频燃烧不稳定性那样看做是整团气体的振荡。中频燃烧不稳定性也可能导致推进剂混合比的振荡和发动机性能的降低。

应当指出,随着发动机推力的增加,燃烧室的尺寸也相应增大,其声学振荡频率将随之降低。在这种情况下,中频燃烧下稳定性的振荡频率和相位可能接近于燃烧室的固有声学振荡,也即与高频燃烧不稳定性相似。但是,它仍保留有与供应系统耦合的特性,所以仍可列入中频范畴。

在变推力发动机中,发生中频燃烧不稳定性的可能性要稍大些,因为这种发动机要求在较宽的范围内调节推力,发动机的工作参数发生连续变化,在这变化的区间有可能存在与推进剂供应系统内的波动相耦合的条件。

14.2.3　燃烧不稳定性的抑制措施

为了防止燃烧不稳定性的发生,可以从以下两方面采取措施:一是可根据其耦合机理,采取针对性的措施削弱其耦合作用,以减少维持振荡的能量;二是可通过增加阻尼促使振荡衰减。

防止低频燃烧下稳定性的措施包括:提高喷注器压降,增加流体惯性,即提高推进剂供应系统管路或喷注器孔的长度与直径的比值以及增大燃气滞留时间等。

对于中频燃烧不稳定性,可以通过改变推进剂供应系统或推力室的喷注器结构以减小两者之间的耦合作用。也可在推进剂供应系统中设置振荡阻尼装置,例如四分之一波长管型阶振器或者由弹性薄膜和充气容腔组成的蓄压器等。

由于高频燃烧不稳定性对发动机的危害十分严重,必须采取有效的抑制措施才能保证发动机可靠工作。常用的抑制措施有以下几种。

(1) 喷注器面隔板。在推力室的喷注器面上安装各种形式的隔板,将燃烧室头部区域分隔成若干部分,改变燃烧室的声学特性,使切向和径向等横向振型的固有频率显著提高,从而增大激励振荡所需的能量。同时,隔板的存在限制了隔板腔内燃气的声位移,使切向旋转振型不可能发生。此外,由于隔板引起的燃气涡流、分离和摩擦,可增大能量耗散效应。实践证明,喷注器面隔板用来抑制破坏性很大的横向高频燃烧不稳定性是很有效的,因而获得了广泛应用。

(2) 声学阻尼器。这是一种声学谐振装置。通常将声学阻尼器设计成使其固有频率与所需抑制振型的频率趋于一致，并安装在此振型的波腹附近。当燃气发生振荡时，声学阻尼器内的气体也随之谐振，使在阻尼器开口处形成射流而导致能量耗散。声学阻尼器按结构形式可分为声衬和声腔两类。声衬是由燃烧室内壁的多孔衬套和衬套后的空腔组成的声学谐振器，结构比较复杂。声腔是由喷注器面周围的径向或轴向环形槽组成的四分之一波长管型的声学阻尼器，结构简单，应用日益广泛。

(3) 改善喷注器的燃烧稳定性。通过改变喷注器的形式、孔径和压降以及喷孔排列等方法，调节轴向和横向的能量释放分布规律，使能量释放位置尽量远离所需抑制振型的波腹位置。这样，可以减小用于维持振荡的能量并减弱燃烧过程和燃气振荡之间的耦合作用。

上述这些抑制措施可以单独使用，也可组合使用。例如，在大型的液体火箭发动机中同时采用喷注器面隔板和声腔，用隔板抑制低阶振型，而用声腔抑制高阶振型。这样组合使用是很适当的。因为用声腔抑制高阶振型的效果更佳，其结构尺寸也相应减小；而隔板用于抑制低阶振型可使隔板片数不致过多，防止结构过于复杂。

14.2.4 燃烧稳定性的评定

燃烧稳定性是指发动机抑制燃烧不稳定性的能力。燃烧稳定性越好，发生燃烧不稳定性的可能性越小。液体火箭发动机燃烧稳定性的评定方法可分为两类。

1. 热试统计方法

以发动机的大量地面热试和飞行试验的结果为依据，统计各种发动机在热试过程中自发产生燃烧不稳定的概率，由此来评定各种发动机的燃烧稳定性的优劣。这种评定方法要求发动机在固定的设计状态下进行大量试验，而且难以确定发动机的抗干扰能力。也就是说，由这种热试统计方法求得的统计概率还不足以表明发动机燃烧稳定性的裕度。

2. 脉冲激发方法

用专门设计的燃烧稳定性评定装置，从燃烧室的某些规定位置引入脉冲型干扰，测定是否能激发起燃烧不稳定性。根据脉冲试验的结果，来评定发动机的燃烧稳定性。常用的燃烧稳定性评定装置有脉冲枪、爆炸弹和气体脉冲器等。引入脉冲的位置最好是在可能激发的振型的波腹附近。脉冲的量级和引入时间按具体要求确定。用脉冲激发方法可以评定发动机的动态稳定性。动态稳定性是指发动机在经受某种干扰之后能在极短的时间内(通常在 40 ms 以内)恢复到正常工作的能力。实践证明，如果发动机在地面试车过程中能在各种工况下达到动态稳定，通常就能在飞行任务中也保持稳定的工作。因此，用燃烧稳定性评定发动机动态稳定工作已逐渐成为发动机方案选择的必要前提。

14.3 高度特性

14.3.1 推力室的静态特性

所谓特性一般是指某些参数随另外一些参数变化的规律。推力室的工作特性是推力室静态特性的一种。推力室的静态特性就是当推力室所采用的推进剂和几何尺寸一定，并在稳定状况下工作时，其主要性能参数(如：推力、比冲、流量及其混合比)随着推力室内部条件(如：燃烧室压力)和外部因素(如：周围介质的压力 p_a 及其温度，两个推进剂组元的泵入口压力及其转速等）的改变而变化的关系。推力室静态特性包含的内容较多，而且对于不同的发动机结构来说也都不一样。这里介绍两个具有普遍性和实用价值的静态特性，或叫工作特性，即推力室的主要参数（推力、比冲）随燃烧室内压力 p_0（内部因素）和周围大气压力 p_a（外部因素）的改变而改变的关系。

工作特性的讨论对于确定推力室的使用范围和推力的调节，选择推力室合理的设计高度（或喷管出口截面的压力）以及进行弹道计算都有着十分重要的意义。

（1）推力室的高度特性。当推进剂选定，推力室的几何尺寸和工作状况（燃烧室内压力 p_0，混合比 K）不变时，推力（F）和比冲（I_{sp}）随周围介质的压力 p_a 的改变而变化的关系，叫做高度特性。在火箭飞行中，发动机是在不同高度下工作的，不同的高度，对应着不同的大气压力。

（2）推力室的节流特性。当推力室的几何尺寸、组元混合比和周围介质的压力一定时，推力和比冲随燃烧室中压力（p_0）的改变而变化的关系，叫做节流特性。

推力和比冲的公式可以写成

$$F = F_v - A_e p_a = (A_t p_0 C_f) - A_e p_a \tag{14-1}$$

$$I_{sp} = I_{spv} - \frac{A_e p_a}{\dot{m}} = C_F C^* - \frac{\varepsilon_A C^*}{p_0} p_a \tag{14-2}$$

$$\dot{m} = \frac{A_t}{C^*} p_0 \quad 或 \quad p_0 = \frac{\dot{m} C^*}{A_t} \tag{14-3}$$

在上面的公式中，当推进剂及组元比选定，对于几何尺寸固定的推力室来说，A_t，A_e，C^* 和 C_F 都可以认为是常数，这样的假定给计算带来的误差一般在 3% 以下。当计算高度特性时，认为唯一的变量是 p_a；在计算节流特性时，认为唯一的变量是 p_0，如果同时改变 p_0 和 p_a，则会得到一组特性。

14.3.2　高度特性

根据国际标准大气压表，可以知道大气压力 p_a 随高度 H 变化的关系。

（1）由式（14-1）、式（14-2）可以看出推力和比冲随周围介质压力 p_a 的变化关系有着同样的形式。两个公式的第一项分别为真空推力和真空比冲，它们不受 p_a 的影响，只有公式的第二项（静推力项或静比冲项）随着 p_a 的增加（或高度的降低）而加大，导致推力和比冲的减小，如图 14－2 和图 14－3 所示。

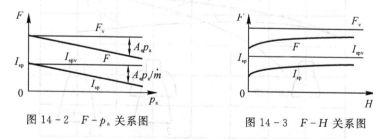

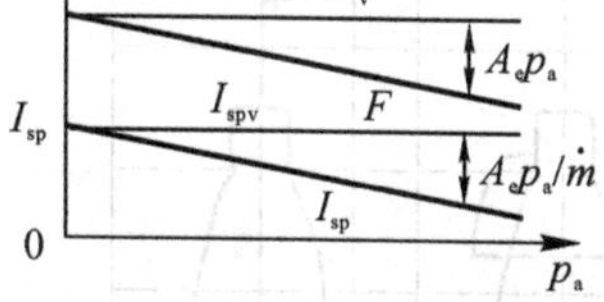

图 14－2　$F-p_a$ 关系图

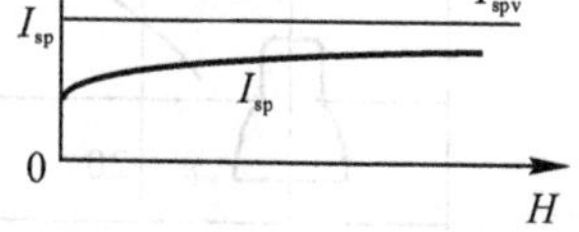

图 14－3　$F-H$ 关系图

由图 14－4 可以看出，对于工作条件一样，喷管面积比不一样的推力室，高度特性也不一样，图中 A 点表示气流开始脱壁，因脱壁后，推力室在小的 A_e 下工作，p_e，p_a 减小，则 F 和 I_{sp} 增大。A 点下面的虚线为假设没有脱壁流动现象发生时的特性曲线。

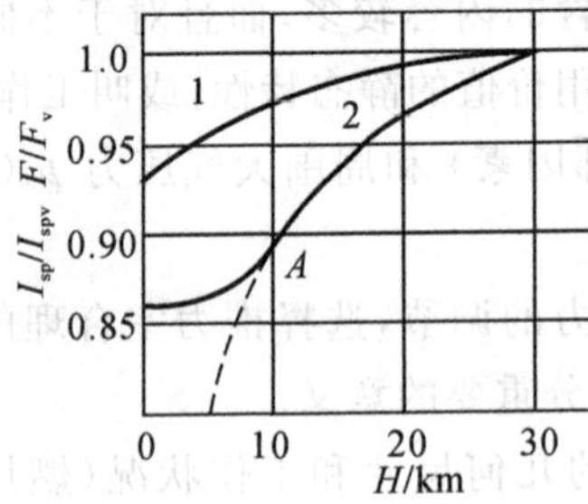

图 14-4　推力室高度特性

液氧＋煤油，$p_0 = 100\ \text{kg/cm}^2$ 1；$\varepsilon_A = 10$；2；$\varepsilon_A = 50$

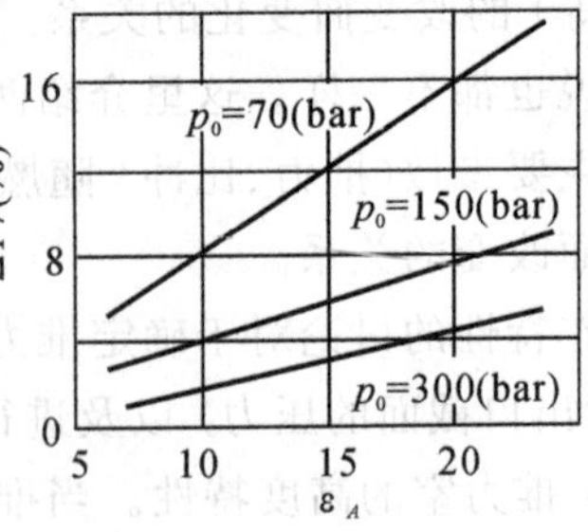

图 14-5　ΔF 和 ε_A 的关系

图 14-5 所示为推力由地面到真空这一区间的相对增长情况：

$$\Delta F = \frac{F_v - F_a}{F_v} = \frac{A_e p_a}{F_v} = \frac{C^* p_a}{I_{sp}} \cdot \frac{\varepsilon_A}{p_0} \tag{14-4}$$

由式(14-4)和图 14-5 可以看出，推力的增量随 ε_A 的增加而增加。当 $\varepsilon_A = \text{const}$ 时，则随工况(p_0 或流量 $\dot{m}$)的降低而增加。

(2) 对每一个几何尺寸固定的喷管，只有一个计算工作状况($p_e = p_a$)，在另外的工况下工作，其性能将变坏。如果想在飞行高度不断增加时，要求喷管始终保持在计算工况下工作，就需要喷管出口截面的面积不断地加大。近些年来，国外试验的双位置喷管、折叠式喷管等都是为了解决喷管面积的调节问题而研制的，图 14-6 示意性地给出了可调节喷管的理想高度特性。喷管"1" 对应的设计高度为 H_{j1}，高度特性为曲线"1"；喷管"3" 对应的设计高度为 H_{j3}，高度特性为曲线"3"，显而易见，喷管"1" 在高空工作时和喷管"3" 在低空工作时性能都降低。喷管"2" 是个双位置喷管，在高空 H_2 突然转换喷管位置，当 $H < H_2$ 时喷管能够像喷管"1" 那样工作，当 $H > H_2$ 时，又能像喷管"3" 那样工作，这样基本上可以达到比推力随高度增加而增加的目的。

以上所述，都是针对具有缩放形的拉瓦尔喷管而言，对于环形塞式喷管来说，因它适应的工作高度比较宽，具有一定的自动可调性，其高度特性则大有改善。

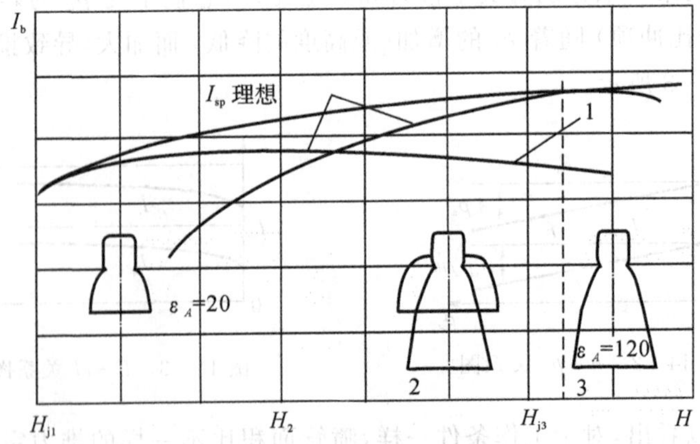

图 14-6　带有双位置喷管推力室的高度特性

(3) 还应指出，上面所分析的高度特性为推力室的理论高度特性，它只考虑飞行高度改变时由于相应高度上未被扰动大气压力 p_a 的变化而引起的推力和比冲的变化，没有考虑到发动机装置在火箭飞行中的实际工作环境和整个发动机的工作特点。

1) 火箭飞行时，由于速度的影响，往往在发动机后面形成一个空气稀薄区，如图 14-7 所示，那里的大气压力 p'_a 比外界大气压力 p_a 小，推力室外壁面所承受的也是被扰动后的大气压力 p'_a 区别于未被扰动的压力 p_a。这些都对推力的分量(A_e，p'_a) 和气流产生脱壁的时刻产生影响。

2) 由于火箭飞行速度、高度和姿态的变化，以及过载的影响，往往使推进剂流量和组元混合比偏离额定值，从而对比冲和推力也产生一定的影响。

3) 发动机除了推力室之外的其他组合件的工作，也会对发动机的性能参数发生影响。例如：输送系统的涡轮废气可以增加一部分辅助推力，燃气舵又可能消耗一部分推力等。

总的看来，在计算高空特性时，理论值和实际值基本相符合，如图 14-8 所示。但因其他复杂的因素在理论计算时没有考虑进去，则当 $H > H_j$ 时，随高度变化，实际推力和理论推力相比有逐步增加的趋势。$H < H_j$ 随高度降低，实际推力和理论推力相比有减少的趋势。在地面状态又基本符合。但偏离理论高空特性一般都不大，对较复杂的 A-4 发动机来说，虽说采用了燃气舵，使推力消耗较大，偏离理论特性，尚不大于 3%。所以，计算中直接使用理论高空特性是可以的。

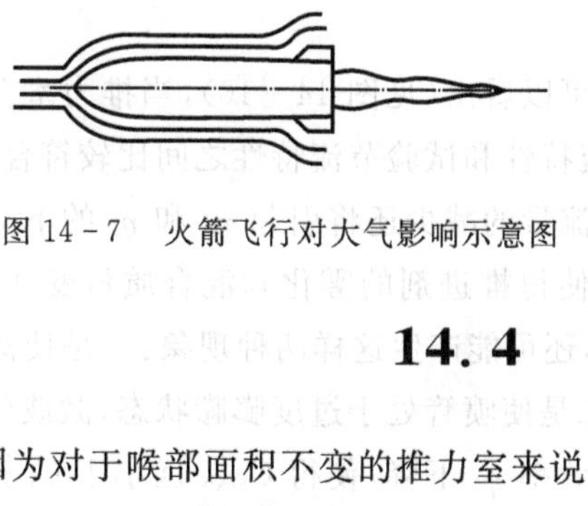

图 14-7　火箭飞行对大气影响示意图

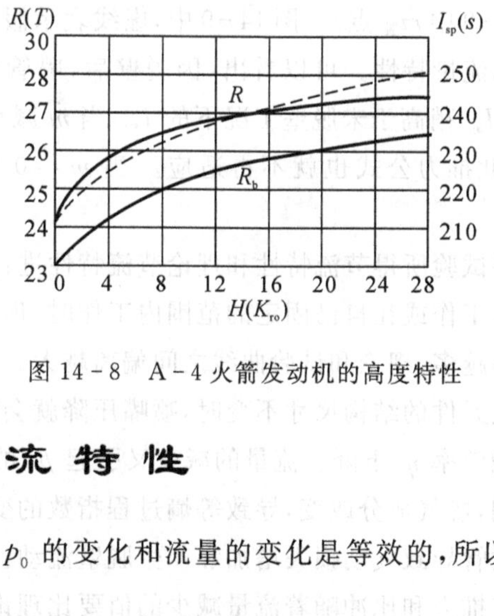

图 14-8　A-4 火箭发动机的高度特性

14.4　节流特性

因为对于喉部面积不变的推力室来说，压力 p_0 的变化和流量的变化是等效的，所以节流特性又叫流量特性或调节特性。

由公式(14-1)、式(14-2) 可以看出，当 $p_H = \text{const}$ 时，理论节流特性为：

对于真空推力和一定高空下的推力都是直线：$F_v = f(p_0)$ 通过原点。而另一条 $F = f(p_0)$ 和上一条平行，但比上一条低一个数量为($p_a A_e$) 的距离。对于真空比冲 I_{spv} 是和横坐标平行的一条直线，而对于任意高度下的比推力 I_{sp} 则是一个双曲线。当 $p_0 \to \infty$ 时，$I_{sp} = I_{spv}$，当 $p_0 \to 0$ 时，$I_{sp} \to -\infty$(见图 14-9)。

由式(14-3) 可以看出，p_0 和 $\dot{m}$ 为直线关系，所以作节流特性曲线时，可用 $\dot{m}$ 作为横坐标，所得曲线形式一样。

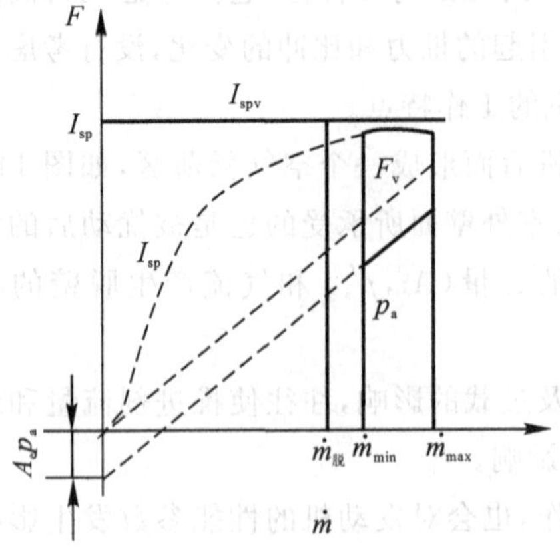

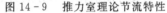

图 14-9　推力室理论节流特性

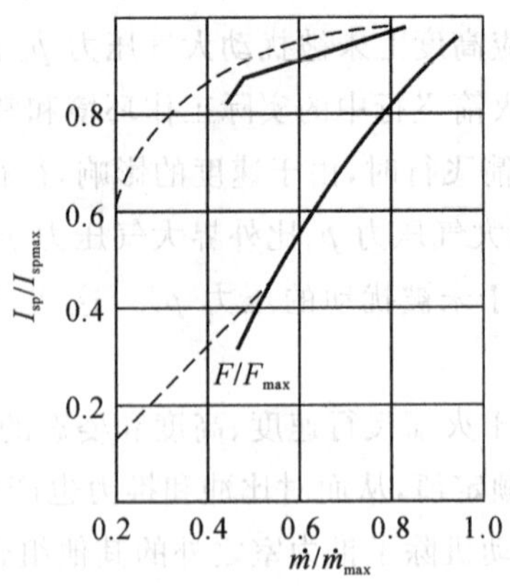

图 14-10　实验与计算节流特性的比较
---计算值　—— 试验值

实际上,对每一个具体的推力室来说,都有自己的工作范围,从 $p_{0\,max}$ 到 $p_{0\,min}$ 所对应的流量范围为 $\dot{m}_{min}$ 到 $\dot{m}_{max}$。$\dot{m}_{max}$ 为推力室结构强度和热负荷极限;$\dot{m}_{min}$ 为推力室尚能够正常稳定工作的下限,当流量很小时,由于保证不了再生冷却所需要的流量,推力室将烧坏。而且 $\dot{m}$ 的减少,喷管出口压力 p_e 的下降,喷管便在过度膨胀下工作。在超声速段有可能发生脱壁流动(图 14-9 中 $\dot{m}_{脱}$ 点)。图 14-9 中,虚线表示假想没有脱壁流动时的特性曲线,实线表示推力室的实际流量特性。可以看出,因脱壁后,喷管实际在减小了的 ε_A 下工作,F 实际上也有所升高,故 I_{sp} 稍高于未脱壁工况下的 I_{sp},当 $\dot{m}$ 减小到了一定程度,就不能保证喷管中为临界流动了,因此推力公式也就不再适应。当 $\dot{m}=0$ 时,p_0 和外界压力相等,实际上推力和比冲均为零。

将试验所得节流特性和理论节流特性进行比较可以看出(见图 14-10),当推力室在计算工况下工作或在自己固定的范围内工作时,理论节流特性和试验节流特性之间比较符合,流量减少得越多,理论和试验曲线之间偏离越大。因为,流量的减少还将引起 η_n 和 η_c 的下降。因为喷注元件的结构尺寸不变时,喷嘴压降就会降低,使得推进剂的雾化和混合质量变坏,从而使燃烧效率 η_c 下降。流量的减少又引起 p_0 的下降,还可能产生这样两种现象:一是使离解现象加剧,燃气成分改变,导致等熵过程指数的变化;二是使喷管处于过度膨膨状态,激波(冲波)进入喷管导致气动损失增加和产生脱壁流动。喷管效率 η_n 下降,使得 C_{Fexp} 远小于 C_F。这些都将使推力和比冲随着流量减少的值要比理论计算值更低一些,而且脱壁流动发生时。实际值比理论值小得幅度更大。不过应该指出的是,推力随压力的变化,实际值和理论值基本上是一致的。因为燃烧的变坏,对压力和推力的影响是一样的,只有 C_{Fexp} 远小于 C_F 时,其差别才较明显。

由此可以看出,利用节流特性可以确定推力室在使用条件下的最有利的工作状况和恰当的调节范围。

梁守槃——海防导弹之父

在"航天四老"中，有一个人因为在我国海防导弹研制中的突出贡献和传奇事迹，被誉为我国"海防导弹之父"。他就是海防导弹武器系统的总设计师梁守槃。

梁守槃 1937 年 6 月毕业于清华大学航空专业，1938 年赴美国麻省理工学院深造，一年后取得航空工程硕士学位，1940 年回国。国防部五院创建初期，在钱学森的倡导下，梁守槃担任班主任，把大学毕业生们领进航天的大门，并自己动手设计建造了第一座火箭发动机试车台。

梁守槃不迷信、不盲从外国人，对技术问题从实际出发，有自己独到的见解。1957 年年底，苏联援助的两枚弹道导弹运至我国。梁守槃被任命为我国第一枚仿制导弹"东风一号"的总设计师。他总是相信中国自己的科技人员的能力，相信自己的智慧和力量，在同苏联专家的合作中坚持自己符合实际的技术见解。

梁守槃认为，这种导弹不仅技术先进，而且非常适合我国国防战略需要，他认为一个有责任感的科学家就应该有为了国家利益知难而上的精神。1960 年，苏联专家全部撤走时，曾扔下话说，中国液氧杂质太多，如果用中国的液氧来发射，不成功他们概不负责。正在大家不知所措时，梁守槃站了出来，他坚定地说，经过精确计算，可确认国产液氧完全合格能用。为打消大家的顾虑，梁守槃甚至为此立下军令状，来保证国产液氧的可用性。他的意见很快被采纳。一个月后，以国产液氧为推进剂的仿制导弹成功发射。

梁守槃认为搞科学研究就得有突破、创新精神，不能随波逐流，知难而退。在"飞鱼"的研制方面，面对各种困难，梁守槃始终没有泄气，经过 27 年的呕心沥血，终于化茧成蝶。中国"飞鱼"为中华民族增添了一道美丽的光彩，也让世界各国惊讶羡慕。值得一提的是，梁守槃不但接受了挑战，还将原本 70 kg 的预定射程改成了 100 kg。他巧妙设计，使导弹在重量增加不到二分之一的情况下，有效射程增加了 2 倍，这就是后来的海鹰二号导弹，也是后来被西方人称为"蚕式导弹"的我国第一代岸舰导弹。

20 世纪 80 年代初，被命名为"鹰击八号"的导弹定型试验成功，它被外国人惊讶地称为"中国飞鱼"的反舰导弹。之后，该型号导弹成为我国海军装备的重要力量。1984 年新中国成立 35 周年阅兵式上，"鹰击八号"导弹亮相，"中国飞鱼"震惊世界。

梁守槃说，武器研制如逆水行舟，不进则退。不畏困难、不怕艰险，勇于挑战、敢于创新是他留给航天人的一笔无价的精神财富。

第15章　喷嘴与喷注器

15.1　概　　述

15.1.1　喷嘴的种类

喷嘴是将推进剂组元喷入燃烧室的专门零件，它们是构成喷注器最基本的元件。喷嘴的种类很多，当前液体火箭发动机上所采用的基本上是两种：离心式和直流式，或者是二者的结合。

1. 直流式喷嘴

直流式喷嘴结构最简单，它就是直接在喷注器面板上，或者在镶嵌于喷注器的零件上开有圆柱形直流孔，液体在挤压下进入喷孔，通过喷孔喷入燃烧室，其结构如图15-1所示。一般说来，L/D 对喷孔中流体的流动状态影响最大。实际应用时它分为三种：当 $L/D \leqslant 0.5$ 时，称为薄壁孔；当 $L/D=1\sim5$ 时，称为短孔；当 $L/D>5$ 时，称为长孔或孔管。液体火箭发动机常用的是短孔。在微型或小型发动机上有时也用长孔作为喷注元件。为改善直流孔的某些性能，现代大推力的液体火箭发动机多采用直流撞击式喷嘴。它使两股或多股射流相互碰撞而碎裂成液滴。撞击式喷嘴又分同组元自击式和异组元互击式两种。按参与撞击的射流数目（或喷孔数目）来分，又有两股相击式、三股相击式和多股射流相击式等，如图15-2所示。

除此之外，还有一种现代发动机很少采用的所谓溅板式直流喷嘴，如图15-3所示。它也是撞击式喷嘴的一种形式，靠射流与某一固体表面撞击使射流碎裂。

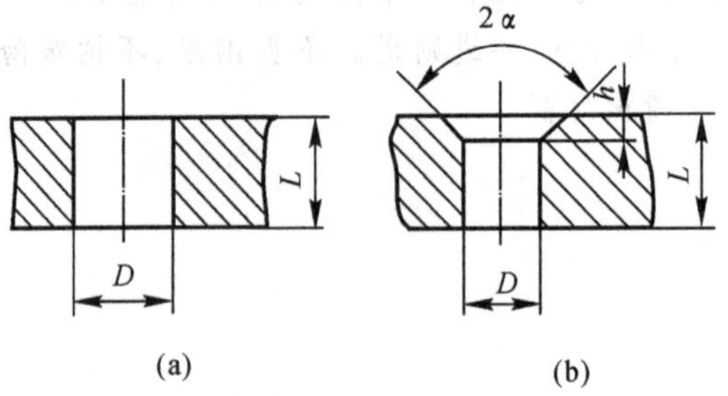

图15-1　直流式喷嘴结构示意图

(a) 进口无倒角；(b) 带倒角

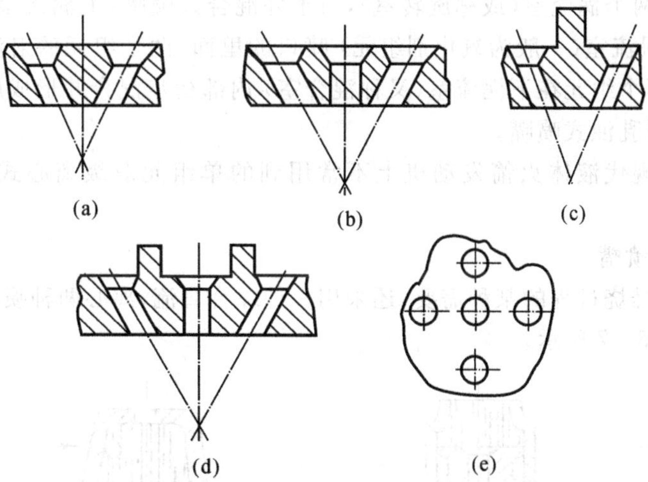

图 15－2　互击式直流喷嘴示意图

(a) 两股相击；(b) 同组元三股相击；(c) 异组元二股相击；(d) 异组元三股相击；(e) 五股相击

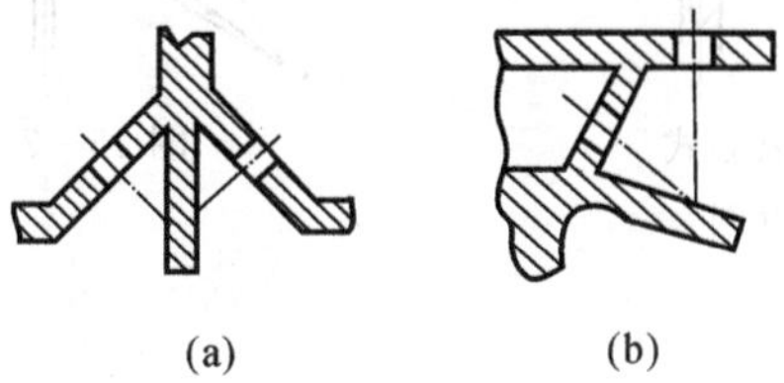

图 15－3　溅板式直流喷嘴示意图

2. 离心式喷嘴

离心式喷嘴的结构较为复杂，通常由带切向孔（或涡流器）的涡流室和喷口两部分构成。液体从涡流室壳体上的切向进口孔或从涡流器上端孔进入涡流室，沿壁面旋转后，由喷口喷出。离心式喷嘴一般分为单组元（带切向孔与涡流器）喷嘴和双组元（外混合和内混合）喷嘴两种类型，如图 15－4 和图 15－5 所示。

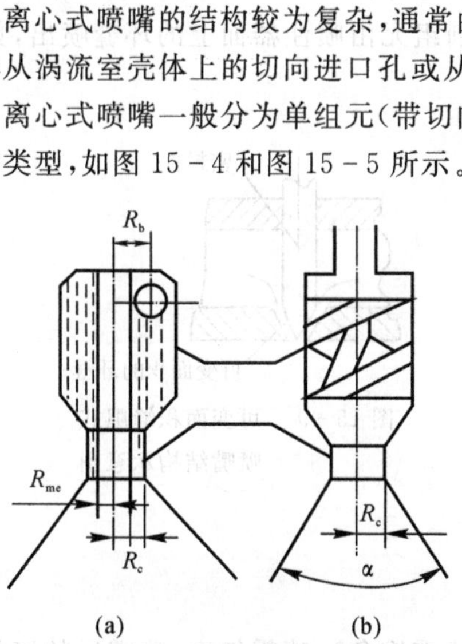

图 15－4　离心式喷嘴结构示意图

(a) 带切向进口孔；(b) 带涡流器

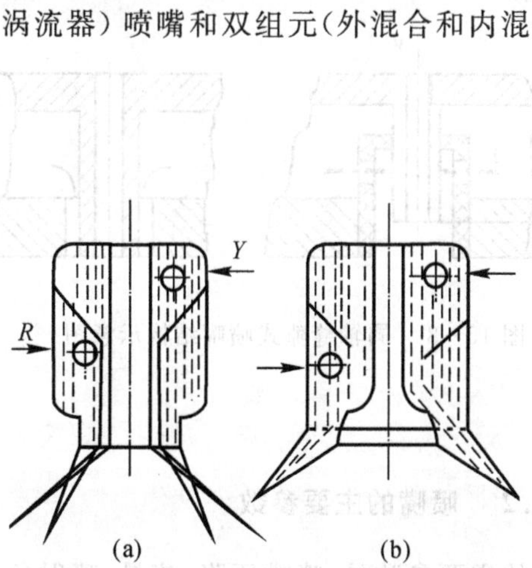

图 15－5　离心式喷嘴结构示意图

(a) 双组元外混合离心喷嘴；(b) 双组元内混合离心喷嘴

双组元喷嘴有两个涡流室(或称旋转室),对于外混合式喷嘴,上涡流室(一般为燃烧剂组元)的喷口伸进下涡流室(一般为氧化剂组元)喷口的里面,两个组元的射流在喷口处相交。内混合式喷嘴,是两个组元在下涡流室(又称混合室)内部初步混合并形成所谓的乳浊液后由喷嘴喷出,所以又叫乳浊式喷嘴。

另外还有一种现代液体火箭发动机上不常用到的单组元双级离心式喷嘴,如图 15-6 所示。

3. 直流离心式喷嘴

有时为了适应燃烧过程的某种需要,还采用一种综合直流、离心两种喷嘴优点的直流离心式组合喷嘴,如图 15-7 所示。

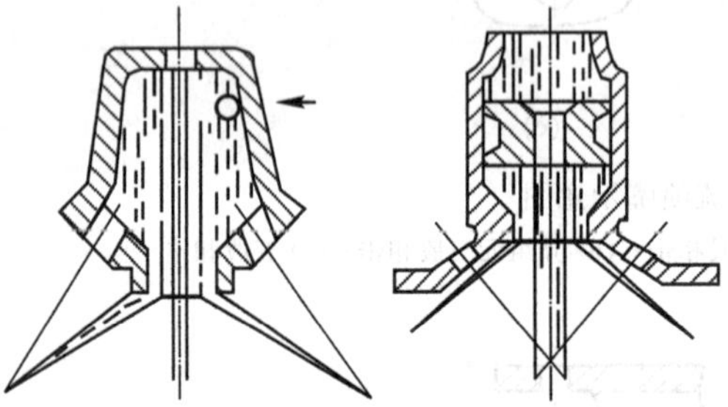

图 15-6 单组元双级离心式喷嘴结构示意图

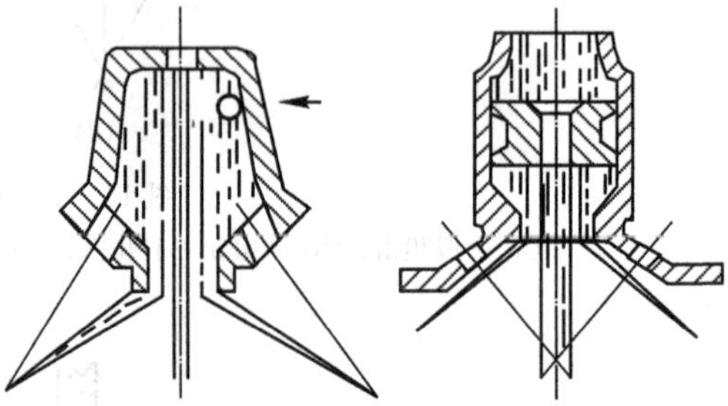

图 15-7 直流离心式喷嘴结构示意图

4. 同轴式和缝隙式喷嘴

这种喷嘴也可看成是直流式喷嘴的一种特殊形式。同轴式喷嘴常被低温推进剂(如 H_2+O_2)的液体火箭发动机所采用。一种推进剂组元由中心圆管中喷出,另一种组元由包围圆管下部的环形缝隙中喷出。有时也可做成两个同轴的管子,如图15-8所示。在一些变推力发动机上,有时也采用一种可变面积的缝隙式喷嘴。推进剂组元由喷注器面上的环缝喷出,如图 15-9 所示。

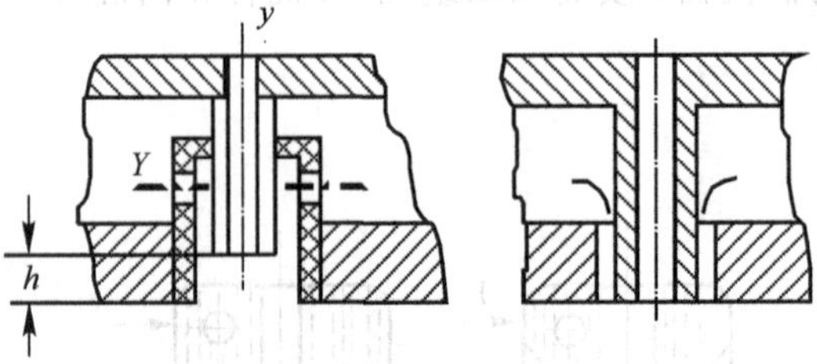

图 15-8 同轴缝隙式喷嘴结构示意图

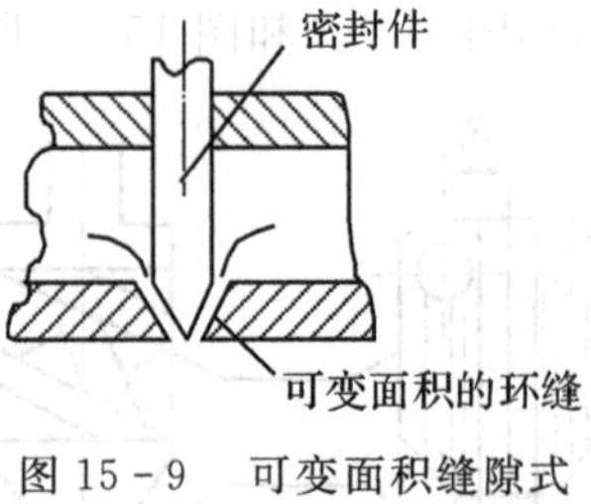

图 15-9 可变面积缝隙式喷嘴结构示意图

15.1.2 喷嘴的主要参数

喷嘴的主要参数是:喷嘴压降、流量、喷射角(又称喷雾锥角)、喷雾细度、喷雾后的流强分布(或称喷雾均匀度)。有时为了弄清密实液体的保留情况,射流(直流式)和液膜(离心式)碎裂之前的连续段长度也很重要。

1. 压降

一般喷嘴压降都是给定的，它为喷嘴入口总压力 p_{b0} 和喷嘴出口压力 p_0（一般和燃烧室内压力相等）之差：$\Delta p = p_{b0} - p_0$，喷嘴压降的下限选取一般是以保证燃烧室能够正常有效地工作和不产生高低频工作不稳定性，以及保障喷嘴流量系数稳定为条件。喷嘴压降上限的选取一般是以输送系统的能力和不产生高频燃烧不稳定性为条件。压降选取的范围为 $\Delta p = 0.3 \sim 3$ MPa。

2. 流量

喷嘴的流量是一个十分重要的参数。流量的大小和喷嘴的种类有关。一般的喷嘴流量少者为 20 ～ 50 g/s，多者为 200 ～ 700 g/s。

喷嘴流量为

$$\dot{m}_p = \rho u A_c \tag{15-1}$$

由伯努利方程知，流体在喷嘴出口处的轴向速度 u 为

$$u = \sqrt{\frac{2(p_{b0} - p_0)}{\rho}} = \sqrt{\frac{2\Delta p}{\rho}} \tag{15-2}$$

式中：ρ 为液体推进剂组元的密度；p_{b0} 为喷嘴入口处的压力（一般指总压）；p_0 为喷嘴出口处的压力（一般和燃烧室"0"截面上的压力相等）；A_c 为喷嘴出口处的截面积。

将式(15-2)代入式(15-1)得

$$\dot{m}_p = \mu A_c \sqrt{2\rho \Delta p} \tag{15-3a}$$

对工程制单位，有

$$G_p = \mu A_c \sqrt{2gr\Delta p} \tag{15-3b}$$

式中：μ 为流量系数，引入这一系数是对流体在喷嘴中的理想流动情况进行的修正，基本上考虑到两个因素：一是流体在实际流动中存在着一定的流阻损失；二是流体实际上并不能将喷孔充满，流体的实际流通面积要比喷嘴出口截面积 A_c 小。

3. 喷雾细度

喷雾细度一般用喷射流碎裂后的液滴平均直径来表示。同样流量的液体喷射后形成的液滴越多，液滴总的表面积就越大。表面积越大越有利于推进剂的加热、蒸发。喷雾细度和推进剂组元的物理性质、喷射速度、喷嘴的具体结构形式以及包围射流的燃气参数等因素有关。喷雾中形成的液滴直径大小不等，相差很大，一般为 10 ～ 500 μm。

4. 喷射角

喷射角是指液体离开喷嘴时形成的散射角，或者是射流撞击后形成的雾状锥角，通常用 α 表示。喷射角的大小随喷嘴的种类和结构形式的不同，可以在很大范围内变化。喷射角的大小对推进剂组元之间的混合，液滴的加热、蒸发以及喷注器面的保护都有一定的影响。对非撞击的直流式喷嘴：$\alpha = 10° \sim 50°$；对离心式喷嘴：$\alpha = 60° \sim 100°$。

5. 喷雾后的流强分布

流强是在离开喷嘴出口截面一定距离的局部面积上收集到的喷雾后的流量除以相应的局部面积，它表示了喷雾后流量分布的均匀程度。流强的不同，将造成碎裂后液滴的加热、蒸发条件的差异。

15.1.3 喷注器的作用和类型

1. 喷注器的作用

喷注器的作用一是将推进剂组元导入燃烧室并限定它们的流量，二是对燃烧室的工作过程进行有效地控制。所以推力室工作的好坏，很大程度上取决于喷注器的设计。喷注器设计的主要工作是：将喷嘴组合成喷注单元，然后由喷注单元在喷注器面上按一定的顺序，排列成不同的喷注器方案（或者叫喷注器形式）。在进行喷注器方案设计时，除了考虑燃烧性能和工作稳定性等主要因素外，还必须同时考虑结构因素和工艺因素。

2. 喷注器面的结构形式

喷注器面的结构形式有曲面、蝶形和平面 3 种（见图 15 - 10）。一般认为曲面和蝶形喷注面的刚性和强度较好，并具有较强的抗高频不稳定燃烧的能力。因为在这种喷注器面上即便采用等流强的分布形式，压力敏感介质的分布也基本上是空间曲面的，从而削弱了产生高频不稳定燃烧的能量条件。但这两种类型喷注器相对来说结构较复杂，制造困难，只有少数小推力的喷注器才采用这种形式。近代的液体火箭发动机均采用平面喷注器，它便于混合单元的排列，工艺性好。下面所谈到的有关喷注器设计问题，均指平面喷注器。

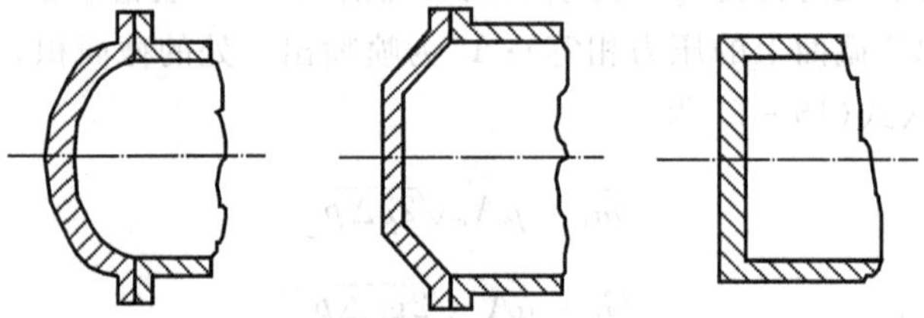

图 15 - 10 喷注器面的结构形式图

3. 对喷注器设计的一般要求

(1) 稳定性好。在给定的燃烧室形状和推进剂组合情况下，喷注器在发动机启动、关机等过渡过程中和正常工作时都能稳定地工作，不产生低频、中频振动和高频燃烧不稳定。

(2) 性能高。保证有尽可能高的燃烧效率 η_c。

(3) 结构安全。在发动机工作期间，喷注器能承受加给它的最大负荷，并具有热防护措施，避免喷注器面、身部内壁和隔板表面被高温燃气烧蚀。

(4) 流阻损失小。喷嘴压降和喷注器内部损失在保证正常工作条件下尽可能小。

(5) 结构简单，工艺上容易实现。

15.2 直流式喷嘴

15.2.1 液体在喷嘴内的流动

液体在压力差作用下进入燃烧室，若用 1—1 和 2—2 表示喷嘴进口和出口两个截面（见图 15 - 11），且不计两个截面间的位能差，则伯努利方程可写成

$$\frac{p_1}{\rho}+\frac{u_1^2}{2}=\frac{p_2}{\rho}+\frac{u_2^2}{2}+\zeta\frac{u_2^2}{2} \tag{15-4}$$

式中：ζ 为由于局部阻力和沿程摩擦损失存在而引进的损失系数。

又知连续方程为 $\rho u_1 A_1 = \rho u_2 A_2$，故有 $u_1 = u_2(A_2/A_1)$，则有

$$u_2 = \sqrt{\frac{2\Delta p/\rho}{\zeta + 1 - (A_2/A_1)^2}} = \frac{1}{\sqrt{\zeta + 1 - (A_2/A_1)^2}}\sqrt{\frac{2\Delta p}{\rho}}$$

令 $\mu = 1/\sqrt{\zeta + 1 - (A_2/A_1)^2}$，$\Delta p = p_1 - p_2$，即有

$$\dot{m}_p = \mu A_2 \sqrt{2\rho\Delta p} \tag{15-5}$$

此时流量系数 μ 表示损失的存在和截面的变化而引起的实际流量减少的程度。它和 Δp、喷嘴的几何尺寸和形状、反压、液体的物理性质以及喷嘴的加工质量等多种因素有关。

由式(15-5)可以看出：直流式喷嘴的计算比较简单。当 Δp 给定后，已知流量，便可求得喷嘴孔的尺寸，知道喷嘴孔尺寸亦可算出流量。关键是准确选取流量系数 μ，否则将使流量有较大的偏离，造成混合比和比冲也会有较大的偏离。影响 μ 值的因素很多，难以从理论上加以解决。一般为了进行直流式喷嘴的设计，必须首先对 μ 进行大量实验研究。

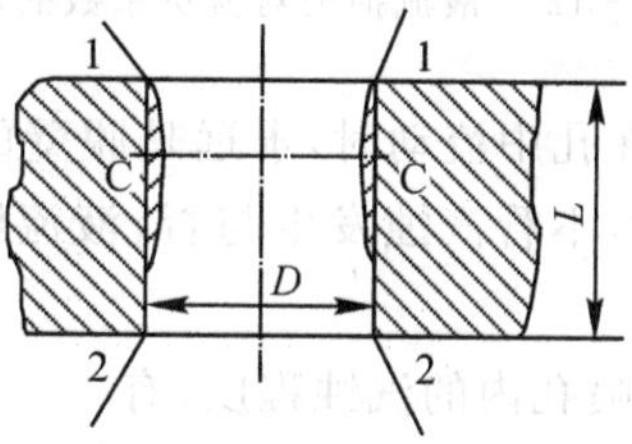

图 15-11　液体在喷嘴内部流动示意图

15.2.2　影响流量系数 μ 值的因素

1. 压降与汽蚀对 μ 值的影响

对于一定的介质来说，喷嘴压降对流体在喷孔中流动的速度有较大影响。试验证明，随着流动速度的变化，流体在喷孔中的流动状态也迅速改变，并在较大程度上影响着 μ 值的大小。

当流体从大容积进入喷孔时，由于流体的离心作用，流体脱离喷孔内壁而形成一个小空穴，在压降不大的情况下，流体最小截面处(C—C 截面)距喷嘴入口截面的距离约为(0.2～0.5)D，空穴结束截面的距离约为 1.0D，不超过 1.5D。在相对压降较低，喷孔中流速较小的情况下，C—C 截面(压力最小，速度最大的截面)处的压力 p_c 大于当地、当时液温下的饱和蒸气压 p_v，液流处于非汽蚀流动状态，随着压降不断增加，p_c 逐渐降低，当 $p_c = p_v$ 时，液体表面开始蒸发，溶解在液流中的气体也开始逸出，汽蚀现象发生，空穴区便被蒸气充满。用水在透明的喷嘴中作试验时，可以看出，原来透明的空穴区就逐渐变成不透明的白雾状，随着喷嘴压降的继续增加，白雾状的空穴区就向下扩张，当 Δp 增加到某一值时，白雾状的汽蚀区便扩张到喷嘴出口，流体瞬间全部脱壁面，p_c 也就和 p_2 相等。

当压降较低，流速较小，液流在非汽蚀状态下工作时，影响 μ 值大小的主要是液流损失，此时雷诺数较低，随着流速和雷诺数的增加，流阻系数 ζ 是逐步下降的。自此 μ 值有上升的趋势(见图中 15-12 中部分 Ⅰ)；随着喷嘴压降增加和汽蚀发生，由于气体的不断产生和被排出，使得喷孔中变成了两相流动，实际的液体流通面积减小，μ 值逐渐下降(见图 15-12 中部分 Ⅱ)，

而一旦空穴区扩张到了喷嘴出口,形成脱壁流动时,μ 值不再受汽蚀和压降提高的影响,跳跃式下降,稳定在一个较低的值上(见图 15-12 中部分 Ⅲ)。μ 值较低的原因,一是入口局部损失较大,更重要的是液流脱壁后,出口处实际的液体流通面积达到最小。

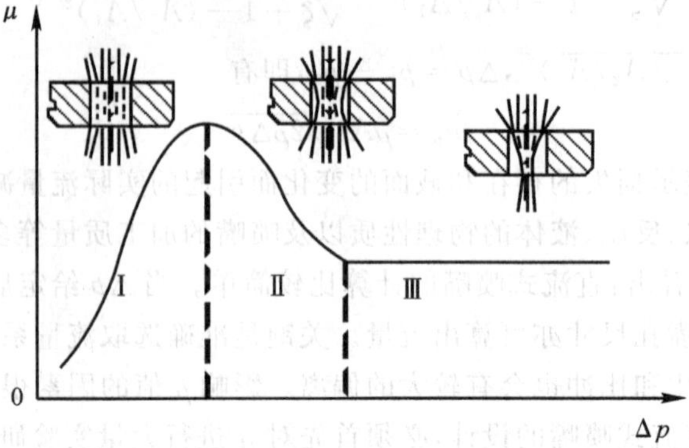

图 15-12　液流损失对流量系数的影响

由此可见,对于薄壁孔,液体在孔中流动时,永远是脱壁的,一般不会有汽蚀现象发生,而对于孔管来说,液体在其中流动时,不管汽蚀发生与否,液流则永远不会脱壁,因此,它们的 μ 值变化也和短孔不一样。

人们常用汽蚀系数 K 来衡量喷孔内的汽蚀程度,有

$$K=\frac{p_2-p_v}{\Delta p}$$

K 值越小,产生汽蚀的趋势越大。压力 p_v 是一个随温度的变化而变化的参数。

2. 反压对 μ 值的影响

反压对图 15-12 中部分 Ⅱ,Ⅲ 流动状态下 μ 值的影响较大,对非汽蚀流动影响较小。反压的存在可以使原来的脱壁流动变成不脱壁流动,或者说可以减轻流体在喷孔中的脱壁程度。因此,反压情况下的流量系数要比没有反压情况下的流量系数高,但对于非汽蚀流动,有无反压 μ 值变化都不大(见图 15-13)。

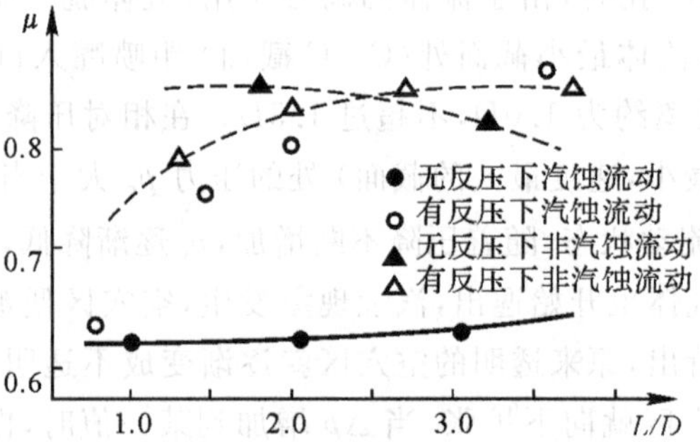

图 15-13　反压对流量系数的影响

由此可见,如果没有反压,汽蚀脱壁现象很容易发生。如果有反压,即使 L/D 较小,汽蚀脱壁现象也不太容易发生。

试验结果还证明(见图 15-14 和图 15-15),对于 L/D 不大的短孔,当喷嘴压降 Δp 保持不

变，反压 p_2 增加到某一值时，则液流脱壁转为不脱壁，μ 值产生跳跃式增加。而对于 L/D 较大的孔，因本身就是不脱壁的，当 p_2 增加时，只能使汽蚀区向上移，液移、液流和喷孔壁接触的沿程增加，使水力损失加大，因而 μ 值是下降的(见图 15-16)。

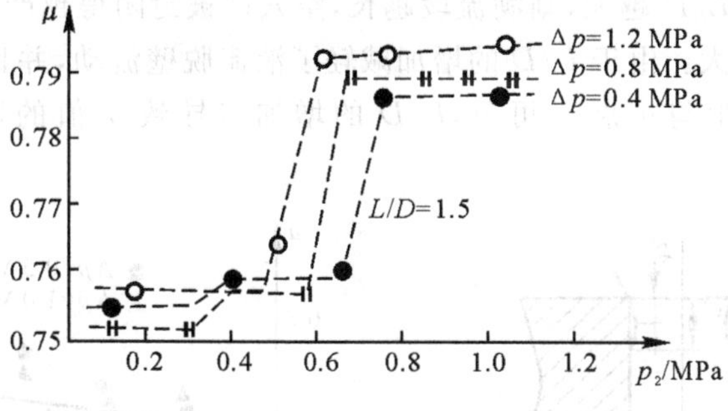

图 15-14 反压对短孔流量系数的影响示意图

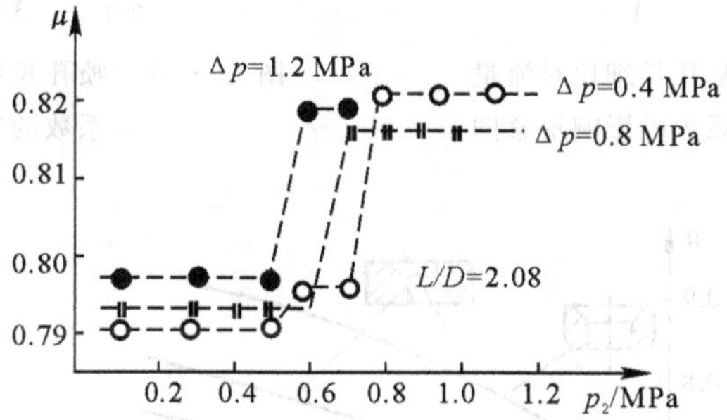

图 15-15 反压对短孔流量系数的影响示意图

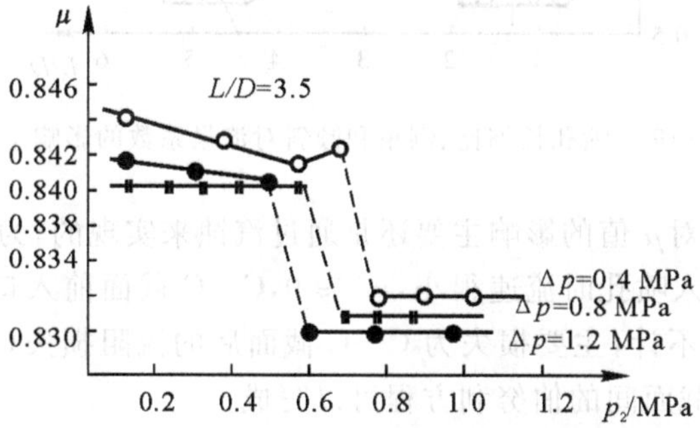

图 15-16 反压对短孔流量系数的影响示意图

而且，从汽蚀公式 $K=\dfrac{p_2-p_v}{\Delta p}$ 可以看出，汽蚀发展趋势是随 p_2 增加而减小的。实验证明，当入口压力 p_1 保持不变时，用减小 p_2 的方法来改变 Δp，比起用同时改变 p_1，p_2 的方法来改变 Δp 时具有较小的 K 值，即更容易产生汽蚀。

产生跳跃后的流量系数，并不随着反压 p_2 的增加而有更大变化，这一事实提供了用较低反压来模拟高反压研究 μ 值的可能性。

3. 喷孔长细比对流量系数的影响

L/D 是影响 μ 值较大的参数。因流体出现最小截面，而后又重新充满孔径的截面大约在 $X_2=D$ 处，所以，L/D 较大时，流体将在扩张后充满整个喷孔截面，这时空穴区就被流体包围在中间，成为封闭状态，L/D 越大，则满流段越长，空穴区被封闭得越严，空穴区延伸到喷嘴出口处所需要的压降就越大。由于 L/D 的增加减轻了液流脱壁流动，并且 Δp 的加大在某种程度上抑制了汽蚀的发生与扩展。可见，L/D 的增加将导致 μ 值的增加（见图 15－17～图15－19）。

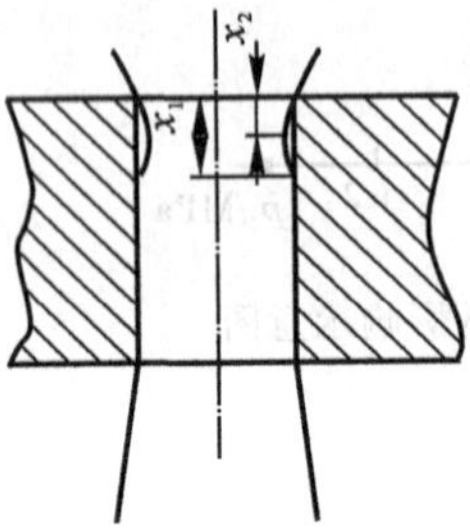

图 15－17　喷孔长细比对流量系数的影响示意图

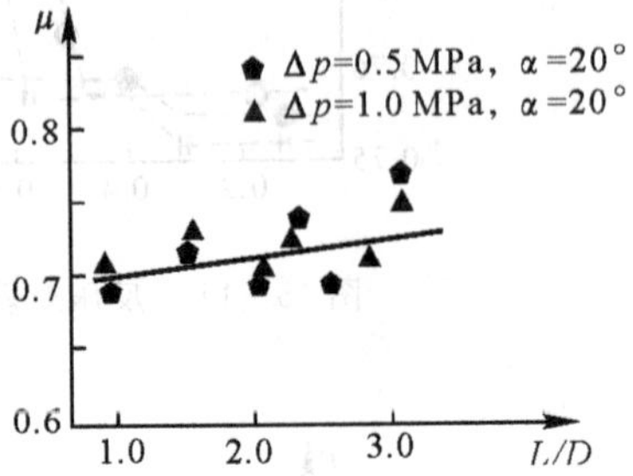

图 15－18　喷孔长细比对流量系数的影响示意图

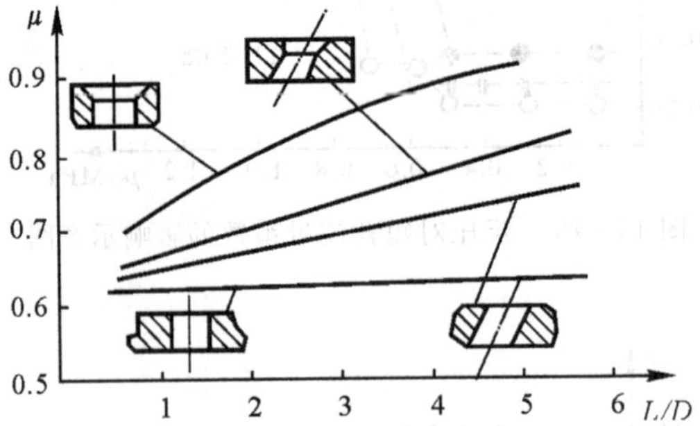

图 15－19　喷孔长细比、倒角和倾斜对流量系数的影响示意图

由此可以看出，L/D 对 μ 值的影响主要还是通过汽蚀来实现的，为更清楚地看出流量系数和汽蚀的关系。假设：进入喷孔时流速很小，$u_1\approx 0$，C—C 截面前入口损失变化不大，摩阻损失因距离很短，可以忽略不计，主要损失为 C—C 截面后的流阻损失（扩张损失和沿程损失），此时 C—C 截面到 2—2 截面间的伯努利方程可以写成

$$\frac{1}{\rho}(p_2-p_c)=\frac{u_c^2}{2}-(\zeta+1)\frac{u_2^2}{2}$$

已知

$$u_c=u_2(A_2/A_c),\quad \frac{u_2^2}{2}=\frac{p_1-p_2}{(\zeta+1)\rho}$$

代入则有

$$\frac{1}{\rho}(p_2-p_c)=\frac{u_2^2}{2}\left(\frac{A_2}{A_c}\right)^2-\frac{u_2^2}{2}(\zeta+1)=\frac{1}{\rho}(p_1-p_2)\left[(A_2/A_c)^2\frac{1}{\zeta+1}-1\right]$$

设

$$\varepsilon=A_c/A_2$$

当 $A_1 \to \infty$，即 $u_1 \to 0$ 时，$\mu = \dfrac{1}{\sqrt{\zeta + 1}}$

则有

$$p_2 - p_c = (p_1 - p_2)\left(\frac{\mu^2}{\varepsilon^2} - 1\right)$$

在未产生脱壁流动的汽蚀情况下：$p_c = p_v$，代入上式可得

$$\mu = \varepsilon\sqrt{1 + \frac{p_2 - p_v}{p_1 - p_2}} = \varepsilon\sqrt{1 + K}$$

产生汽蚀的趋势越大，μ 值下降得越快。

令 $\bar{\mu} = \mu/\mu_0$；μ 为实际流量系数，μ_0 为没有发生汽蚀时的流量系数。μ 和 K 及 L/D 的关系如图 15-20 所示。由图可以看出，L/D 越大，进入汽蚀状态时的 K 值越小，当 $L/D = 5$ 时，$\sqrt{1+K} \leqslant 1.31$ 可进入汽蚀状态，当 $L/D = 2$ 时，$\sqrt{1+K} \leqslant 1.35$ 才进入汽蚀状态。这是因为由于 L/D 的增加，喷孔中流阻加大，流体必须消耗更大一些的压降才能使 C—C 截面处的压力降低到和 p_v 相等，而使汽蚀发生(见图 15-20)。

对于全脱壁状态的流动情况，L/D 不一样，流体在出口处的收缩程度也不一样，随着 L/D 增加 μ 值仍有上升的趋势。

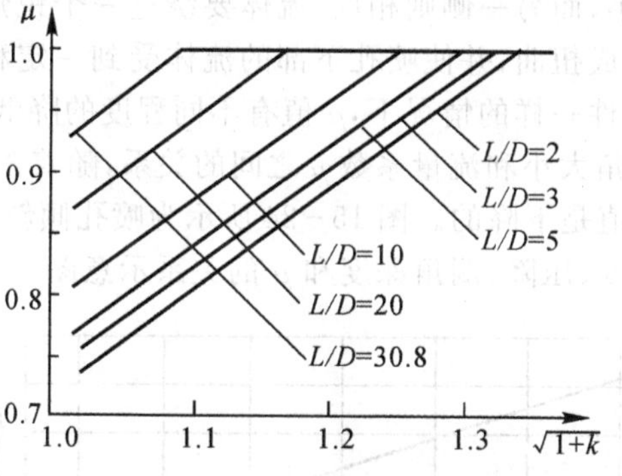

图 15-20　喷孔长细比、汽蚀系数和流量系数的关系示意图

4. 喷孔几何尺寸和几何形状对流量系数的影响

(1) 喷孔进口倒角影响。喷孔进口处有适当的倒角角度和倒角深度，对流体进入喷孔起着导向作用，使流线平滑，断面充满系数 ε 增加，使 μ 值有增加的趋势(见图 15-21)。

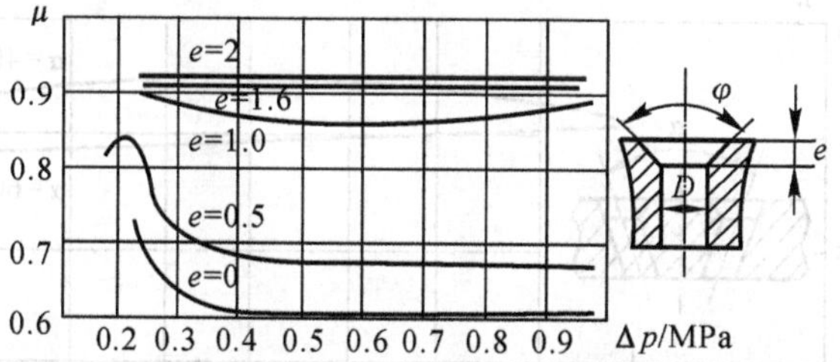

图 15-21 喷孔倒角深度、压降和流量系数的关系示意图

当倒角的角度一定，倒角深度 e 的值较小时，随着 e 的加大，入口损失系数逐渐减小，μ 值相应地增加，但 e 值增加到一定程度时($e/D > 1.5$)，μ 值的变化幅度很小，基本上趋近于一个常数。和不倒角的情况相比，倒角 φ 加大，入口损失系数降低，μ 值随之加大，当 φ 继续增加，则

使入口锥面和圆柱段交界处锐边越来越大，流体因离心力绕锐边流动时产生的空穴也渐渐加大，汽蚀发展趋势增加，入口处损失系数反而又上升，μ 值也逐渐下降，对于不同的 e/D 存在一个最低 ε 值和一个最高 μ 值的最佳值（见图 15－22）。

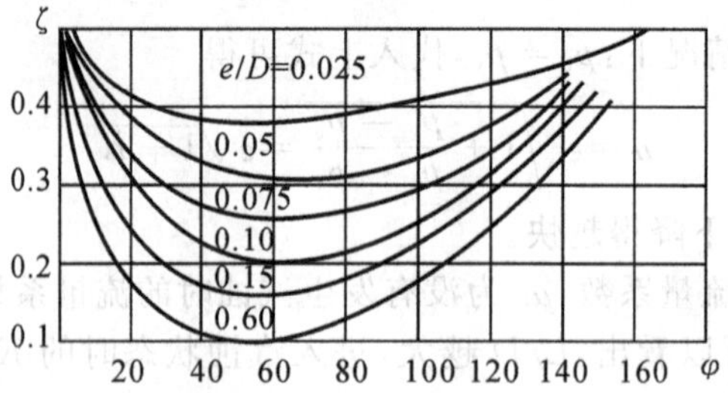

图 15－22　喷孔倒角角度 φ,e/D 和 ζ 的关系示意图

（2）喷孔倾斜角对 μ 值的影响。当喷孔的中心线和喷注器面不是垂直的，而是倾斜一定的角度时，液体无论是从垂直方向或是具有一定的横向速度进入斜孔入口时，在孔中的流动状态都是不对称的，往往是斜孔的一侧和入口处流体的方向较为一致，具有一定导向作用，液流和壁间产生的空穴区就比较小，而另一侧则相反，流体要绕过一个锐角进入喷孔入口，形成空穴区就比较大，流线在孔中形成扭曲，并使喷孔下部的流体受到一定程度的挤压，所以斜直流孔和正直流孔比较，在其他条件一样的情况下，μ 值有不同程度的降低。

图 15－23 示出了倾斜角大小和流量系数 μ 之间的关系，随着 δ 值的减小（即 α 角的加大），α 值是增加的，也就是说 μ 值是下降的。图 15－24 所示为喷孔倾斜角度和 μ 的关系示意图，图 15－25 所示为喷孔倾斜角度、压降、倒角深度和 μ 的关系示意图。

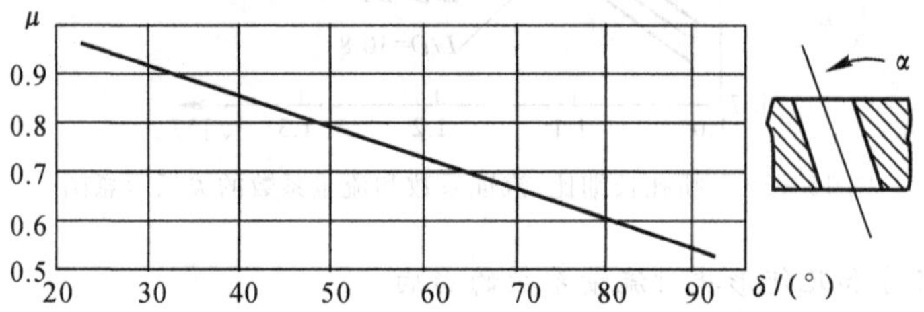

图 15－23 喷孔倾斜大小和 μ 的关系示意图

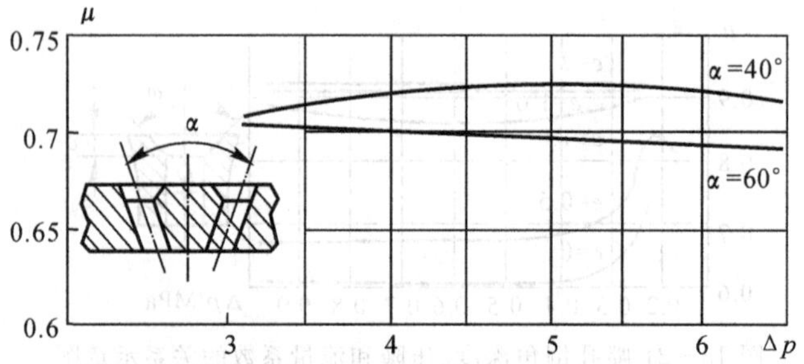

图 15－24　喷孔倾斜角度和 μ 的关系示意图

5. 影响 μ 值的其他因素

除以上谈到的关于影响 μ 值的几个主要因素外，还有一些因素也可在特定的条件下对 μ

值产生不同程度的影响。

(1) 表面张力的影响。当流体喷入异性/相介质中(如液体喷入气体)时,便存有两种介质的分界面,流体在喷嘴出口处由于表面张力的影响,可使流量系数有很少的降低,因为表面张力 σ 可以使流体产生一个附加阻力$\left(\Delta p_0=\dfrac{2\sigma}{D}\right)$,消耗一部分能量。但另一方面,表面张力增加,又可使断面充满系数增加,而引起 μ 值提高,两方面影响的结果,使得 σ 对 μ 的影响有一个最佳值。当喷孔直径较小(<1 mm)时,影响较为显著,而对于喷嘴压降较高,孔径较大的喷嘴来说,这种影响一般可以忽略不计。

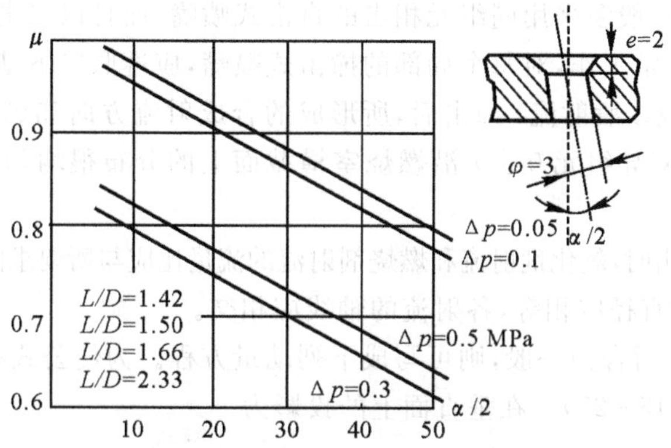

图 15-25　喷孔倾斜角度、压降、倒角深度和 μ 的关系示意图

(2) 喷嘴出口环境介质状态的影响。液流喷入同相介质液体中和异相介质气体中,其 μ 值差异是由于表面张力的作用和喷孔出口处液流脱壁程度不一样所引起的,液流喷入液体介质中,一般说来不会产生脱壁现象,仅仅是 K 的函数,而且产生汽蚀趋势也比喷入气体中小,所以在同样条件下喷入液体中的流量系数都比喷入气体中的高,由图 15-26 还可以看出,在非汽蚀流动情况下,两者的流动规律是一样的,只有在汽蚀流动状态下,它们之间的差别才较明显。最后还应指出:在进行 μ 值实验研究时,发现在压降不很大的情况下,对于 L/D 的短孔,μ 值常常不稳定,散布度很大,流体常常在喷孔内处在分离和未分离的临界状态下工作。有时会由于某一偶然因素引起流体的分离和值的波动。估计这种 μ 值波动是由于在 L/D 较小的情况下,汽蚀流动时,空穴区的位置不稳定所造成的。在反压较低时,流体喷入大气时,短孔中还经常观察到两种流态:一是高压降下的纯脱壁流动;再就是汽蚀和脱壁交织在一起的流动,这对 μ 值稳定也有影响。

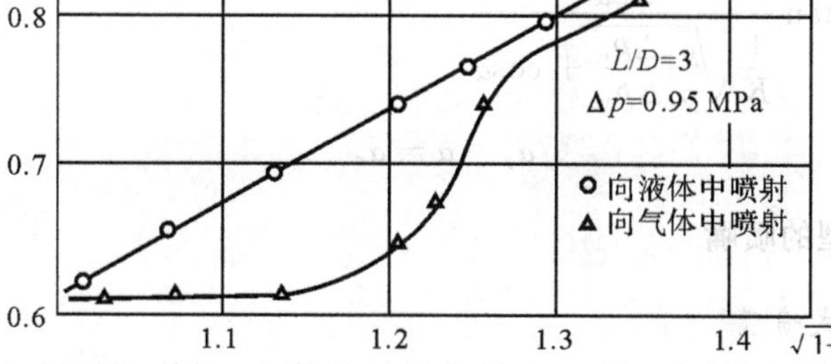

图 15-26　喷嘴出口环境对 μ 的影响示意图

15.2.3　直流撞击式喷嘴

单纯直流式喷嘴的缺点是：雾化质量差，仅靠表面张力和气动力的联合作用下碎裂成的液滴直径较大，且射流连续段长，在距离喷注面很远的地方才能雾化，喷射锥角小($\alpha < 15°$)，碎裂(雾化)后液滴的浓度很集中，流量主要分布在靠近喷嘴轴线很窄的范围内，工艺上又不允许用无限制地减小孔径的办法来提高雾化质量。所以常采用撞击式喷嘴来改进雾化质量和流量分布的均匀性。

当前，除了一些便于在头部直接打孔，对高频燃烧不稳定不甚敏感的小燃烧室有可能采用异组元互击式喷嘴外，一般多采用同组元相击的自击式喷嘴，而且以二击式为主。

为保证喷注器的正常工作，对每个局部的撞击式喷嘴，应遵照以下基本原则：

(1) 在两股射流(或多股射流)撞击后，所形成的合成射流方向和燃烧室的轴线方向平行以保障流强和混合比(对异组元互击)沿燃烧室横截面上的分布很均匀。这就要求各股射流的动量应相等或接近。

(2) 采用异组元互击时，氧化剂射流和燃烧剂射流的流量比应与所要求的混合比相等或接近。

(3) 各相击射流的直径应相等，各射流的轴线应相交。

如果两股射流互击后合为一股，则可写成下列动量方程。为使公式有普遍性，假设两股射流为异组元互击(见图 15-27)。在垂直面上的投影为

$$\dot{m}_r u_r \cos\alpha_r + \dot{m}_y u_y \cos\alpha_y = (\dot{m}_r + \dot{m}_y) u_\Sigma \cos\alpha_\Sigma$$

在水平面上的投影为

$$-\dot{m}_r u_r \sin\alpha_r + \dot{m}_y u_y \sin\alpha_y = (\dot{m}_r + \dot{m}_y) u_\Sigma \sin\alpha_\Sigma$$

$$\tan\alpha_\Sigma = \frac{-\dot{m}_r u_r \sin\alpha_r + \dot{m}_y u_y \sin\alpha_y}{\dot{m}_r u_r \cos\alpha_r + \dot{m}_y u_y \cos\alpha_y} \tag{15-6}$$

$$\alpha = \alpha_y + \alpha_r$$

要求互击后，合成射流和燃烧室轴向平行，则有

$$\tan\alpha_\Sigma = 0$$

即

$$\dot{m}_y u_y \sin\alpha_y = \dot{m}_r u_r \sin\alpha_r \tag{15-7}$$

根据式(15-3)知

$$A_y = \frac{\dot{m}_\Sigma \dfrac{K}{K+1}}{\mu_y \sqrt{2\rho_y \Delta p_y}},\quad A_r = \frac{\dot{m}_\Sigma \dfrac{1}{K+1}}{\mu_r \sqrt{2\rho_r \Delta p_r}}$$

则由式(15-2)、式(15-7)可得

$$\alpha_r = \arctan \frac{\sin\alpha}{\dfrac{1}{K}\sqrt{\dfrac{\rho_y \Delta p_r}{\rho_r \Delta p_y}} + \cos\alpha}$$

$$\alpha_y = \alpha - \alpha_r$$

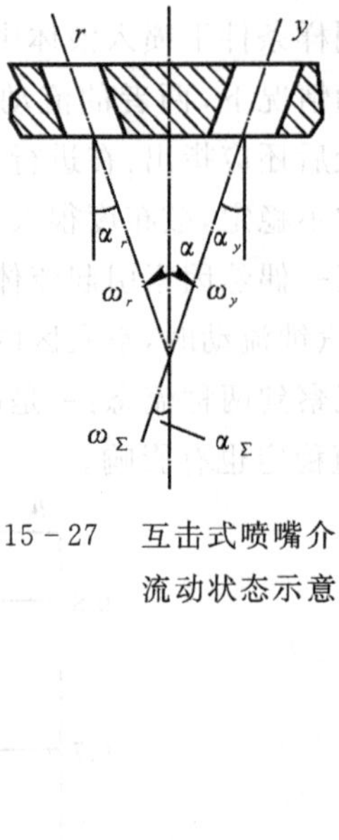

图 15-27　互击式喷嘴介质流动状态示意图

15.2.4　其他类型的喷嘴

1. 同轴(同心环)式喷嘴

一般情况是氧化剂组元(液氧)从中心轴孔进入燃烧室，燃烧剂组元(液氢)由周围绕中心

轴孔的一周缝隙进入燃烧室。这种喷嘴工作情况及几何尺寸计算方法和直流式喷嘴相似。不过应考虑到,两个组元的喷射速度需要有较大的差别。一般燃烧剂的喷射速度要比氧化剂的喷射速度大五倍以上。

2. 直流离心式喷嘴

这种喷嘴可以是单组元的,也可以是双组元的。设计时,一般把它们看成是两种不相关的喷嘴组合,分别进行计算。如果外部是离心式喷嘴,内部是直流式喷嘴,则需先计算外喷嘴的参数,然后根据内部直流式喷嘴的射流能够容纳在离心式喷嘴的气涡中间的原则,来计算直流式喷嘴。

15.3　离心式喷嘴

15.3.1　理想流体在喷嘴内的流动

理想流体所满足的假设条件是:流体没有黏性;进口流量系数为 $\mu_b=1.0$,流体在入口处不存在脱壁现象;流体的所有质点都有相同的动量矩,$M=R_b u_b$;流体在室内流动时只有轴向速度 u_x 和切向速度 u_u,没有径向速度,$u_r=0$;忽略入口和出口的位能差。

1. 原始方程组

设 u_q 为喷嘴入口处的速度,p,$w(w_x,w_u)$ 为喷嘴室内任一截面流体的压力和速度(见图 15-28)。对想理流体可写成以下方程:

伯努利方程为
$$p_{b0}=p_b+\rho\frac{u_b^2}{2}=p+\rho\frac{u_x^2}{2}+\rho\frac{u_u^2}{2}=\text{const} \tag{15-8}$$

动量矩方程为
$$u_b R_b=u_u R=\text{const} \tag{15-9}$$

由式(15-9)可以看出,如果喷嘴室内都充满液体,则在轴线上($R=0$)的切向速度 $u_u\to\infty$,根据伯努利方程,此时液体的压力将趋近于负无穷大。这种情况实际上是不可能的,随着 R 的减少,液体的压力将下降到和喷射环境的介质压力相等。当液体压力低于介质压力时,液体就将被介质压力所排开。因而中心区就形成一个充满气体介质的旋涡,液体仅分布在喷嘴内壁表面上,液体所通过的只是位于喷口内壁半径 R_c 和气涡外界半径 R_m 之间的这部分环形面积。

通常用字母 φ 来表示喷嘴出口处液流的有效截面系数,有
$$\varphi=1-\frac{R_m^2}{R_c^2} \tag{15-10}$$

压力平衡方程:在截面 a—a 上取一环形单元,半径为 R,宽为 $\mathrm{d}R$,高度为 1(见图 15-28),在此环形单元内的液体质量为
$$\mathrm{d}m=2\pi\rho R\,\mathrm{d}R$$

作用在环形单元上的离心力应和该单元两侧的压力差相等,即
$$2\pi R\mathrm{d}p=\mathrm{d}m\frac{u_u^2}{R}=2\pi\rho R u_u^2\frac{\mathrm{d}R}{R}$$

将 $\mathrm{d}m$ 代入后得
$$\mathrm{d}p=\rho u_u^2\frac{\mathrm{d}R}{R} \tag{15-11a}$$

对式(15－9)微分,得

$$\frac{\mathrm{d}R}{R}=\frac{\mathrm{d}u_u}{u_u}$$

代入式(15－11a),得

$$\mathrm{d}p=-\rho u_u\mathrm{d}u_u \tag{15-11b}$$

对式(15－11b)积分,利用式(15－9),可得

$$\int_{p_m}^{p}\mathrm{d}p=p-p_m=-\rho\int_{u_{um}}^{u_u}u_u\mathrm{d}u_u=\frac{\rho}{2}(u_{um}^2-u_u^2)$$

即

$$p-p_m=\frac{\rho}{2}(u_{um}^2-u_u^2)=\frac{1}{2}\rho u_{um}^2\left(1-\frac{R_m^2}{R^2}\right) \tag{15-12}$$

式(15－12)表示了液体层内压力随涡流室半径变化的规律。压力的差值从气涡边缘处的零值($R=R_m$)增加到壁面处的最大值。

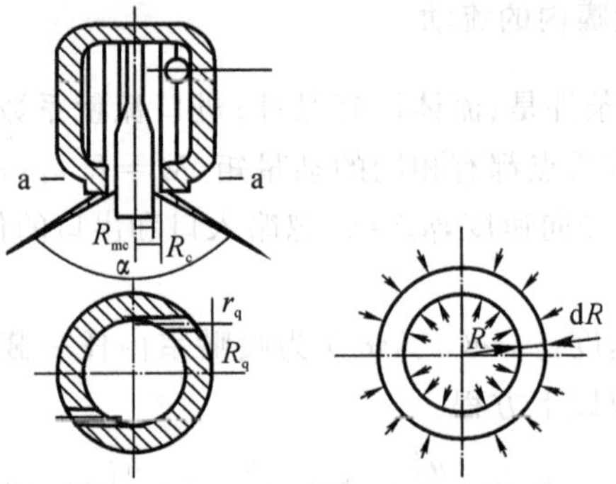

图 15－28　喷嘴出口环形单元液体受力示意图

2. 流量系数公式

将式(15－12)代入式(15－8)可得

$$u_x=\sqrt{\frac{2\Delta p}{\rho}-u_{um}^2} \tag{15-13}$$

由此式可以看出,轴向速度 u_x 在整个有效截面上是个定值。

喷嘴出口处的液体秒流量可写成

$$\dot{m}=\rho\varphi\pi R_c^2u_x \tag{15-14}$$

考虑到 $u_{um}=\frac{u_bR_b}{R_m}$ 和喷嘴进口处的流速为 $u_b=\frac{\dot{m}_b}{\rho\pi r_b^2n}$($n$ 为进口切向孔数目),轴向速度 u_x 可进一步写成

$$u_x=\sqrt{\frac{2\Delta p}{\rho}-\frac{R_b^2\dot{m}_b^2}{\rho^2\pi^2r_b^4R_m^2n^2}} \tag{15-15}$$

将式(15－15)与式(15－14)联解,并将式(15－10)代入,可得

$$\dot{m}=\frac{\pi R_c^2}{\sqrt{\frac{A^2}{1-\varphi}+\frac{1}{\varphi^2}}}\sqrt{2\rho\Delta p}=\mu A_c\sqrt{2\rho\Delta p} \tag{15-16}$$

式中:$A=\frac{R_bR_c}{nr_b^2}$ 称为离心式喷嘴的几何特性,是一个和喷嘴几何尺寸有关的无因次量。

流量系数 μ 表达式为

$$\mu=\frac{1}{\sqrt{\frac{A^2}{1-\varphi}+\frac{1}{\varphi^2}}} \tag{15-17}$$

由式(15-17)可以看出，μ 为 A 和 φ 的函数，当 A 为定值时，μ 随 φ 变化而变化，在 φ 为某一数值时有最大值，即同样条件下可得到最大的流量。当 $\varphi\to 0$ 时，意味着气涡的半径 R_m 很大，液体通过的有效环形面积很小，$\varphi=0$ 时，$\mu=0$，$\dot{m}_p=0$。当气涡半径很小时($\varphi\to 1$)，此时大部分压力消耗在靠近喷嘴轴线处液体的旋转速度上了，液体的轴向速度很小。当 $\varphi=1$ 时，$u_u\to\infty$，$u_x=0$，则 $\dot{m}_p=0$，$\mu=0$。

实验证明，在一定的 A 值条件下，气涡的半径是一定的，其 φ 值对应着流量系数为最大值时的稳定工作状况，根据这一点可用求极限的方法得到 A 和 μ 与 φ 之间的关系式。

将式(15-17)对 φ 偏微分，并令其一阶导数为零，得

$$\frac{\partial\mu}{\partial\varphi}=\frac{1}{2}\left(\frac{A^2}{1-\varphi}+\frac{1}{\varphi^2}\right)^{\frac{-3}{2}}\left[\frac{A^2}{(1-\varphi)^2}-\frac{2}{\varphi^3}\right]=0$$

式中：$\left(\frac{A^2}{1-\varphi}+\frac{1}{\varphi^2}\right)^{\frac{-3}{2}}$ 不可能为零，故只有 $\frac{A^2}{(1-\varphi)^2}-\frac{2}{\varphi^3}=0$，即

$$A=\sqrt{2}(1-\varphi)/\varphi\sqrt{\varphi} \tag{15-18}$$

将式(15-18)代入式(15-17)得

$$\mu=\varphi\sqrt{\varphi}\,/\sqrt{2-\varphi} \tag{15-19}$$

μ 和 φ 随 A 的变化如图 15-29 所示。

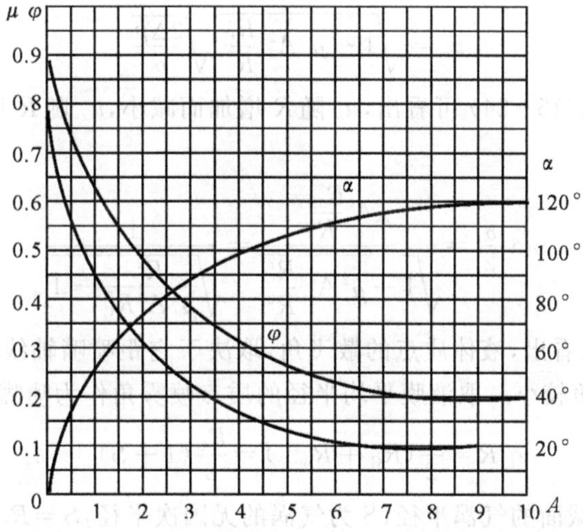

图 15-29　流量系数、喷雾角和有效截面系数与喷嘴几何特性的关系曲线

对于带涡流器的离心式喷嘴，其液体流动过程亦可用带切向孔喷嘴的一些公式来描述。此时喷嘴的几何特性为

$$A=\frac{\pi R_C R\cos\beta}{n f_b} \tag{15-20}$$

式中：R 为喷嘴轴线到螺旋通道中间点的距离(旋转臂)；β 为进口通道方向与喷嘴轴线垂直面

之间的夹角(螺旋升角);n 为螺旋形通道数(涡流器螺纹头数);f_b 为螺纹形通道法向横截面积。

3. 喷射角公式

液体在喷嘴出口处将依靠惯性按直线轨迹散飞开,其方向即液体合成速度的方向,因此其喷射角就是切向速度和轴向速度之比,即

$$\tan\frac{\alpha}{2}=\frac{u_u}{u_x} \tag{15-21}$$

由式(15-12)和式(15-13)可知,液体在喷嘴内横截面积上的轴向速度是个常数,且截面上的压力分布由于离心力的作用是变化的。因为在喷嘴出口截面压力是一样的,都是等于燃烧室内的压力 p_0,所以,该截面上的压力差此时都将转变成相应的轴向速度,轴向速度值在截面上的分布也将起变化,越靠近外缘,压差越大,轴向速度也就越大。轴向分速的增加,将导致有效截面的减小,则出口截面的气涡半径 $R_{m\cdot C}$ 将大于喷嘴内部的气涡半径 R_m。

由方程(15-8),对喷嘴出口截面可写成

$$u_x^2+u_u^2=\frac{2\Delta p}{\rho} \tag{15-22}$$

又知

$$u_b=\frac{\dot{m}p}{\rho\pi r_b^2 n}=\frac{\mu\pi R_C^2}{\pi r_b^2 n}\sqrt{\frac{2\Delta p}{\rho}}=\frac{\mu R_C^2}{n r_b^2}\sqrt{\frac{2\Delta p}{\rho}}$$

$$u_u=\frac{R_b w_b}{R}=\frac{\mu R_b R_C^2}{R n r_b^2}\sqrt{\frac{2\Delta p}{\rho}}=\mu A\,\frac{R_C}{R}\sqrt{\frac{2\Delta p}{\rho}} \tag{15-23}$$

将式(15-23)代入式(15-22),便可得到喷嘴出口截面上轴向速度的分布规律:

$$u_x=\sqrt{1-\mu^2A^2\frac{R_C^2}{R^2}}\sqrt{\frac{2\Delta p}{\rho}} \tag{15-24}$$

由式(15-23)和式(15-24)可看出,u_u 随 R 增加而减小,u_x 随 R 增加而增大。将以上二式代入式(15-21)得

$$\tan\frac{\alpha}{2}=\frac{\mu A\,\dfrac{R_C}{R}}{\sqrt{1-\mu^2A^2\dfrac{R_C^2}{R^2}}}=\frac{1}{\sqrt{\dfrac{R^2}{\mu^2A^2R_C^2}-1}} \tag{15-25}$$

由式(15-25)可以看出,液体质点的散飞角,取决于它距喷嘴轴线的距离,靠近轴线处倾角较大,靠近壁面处倾角较小。取液膜平均半径的质点喷雾角作为喷嘴的喷雾角,有

$$R=\frac{1}{2}(R_C+R_{m\cdot C})=\frac{R_C}{2}(1+S) \tag{15-26}$$

式中:$R_{m\cdot C}$ 为喷嘴出口截面的气涡半径;S 为气涡的无因次半径,$S=R_{m\cdot C}/R_C$。

将式(15-26)代入式(15-25)得

$$\tan\frac{\alpha}{2}=\frac{2\mu A}{\sqrt{(1+S)^2-4\mu^2A^2}}=\frac{1}{\sqrt{\left(\dfrac{1+S}{2\mu A}\right)-1}} \tag{15-27}$$

为进一步确定 S 值,写出下式:

$$\dot{m}_p=\int_{R_{m\cdot C}}^{R_C}\rho w_x\cdot 2\pi R\,\mathrm{d}R=\mu R_C^2\pi\sqrt{2\rho\Delta p} \tag{15-28}$$

式(15－28)是一个超越公式，只能用图解法求解。利用式(15－18)、式(15－19)和式(15－29)，便可得到 $S=f(A)$ 的关系图(见图 15－30)，从而进一步由式(15－27)求得喷雾角 α 随 A 的变化关系(见图 15－29)。

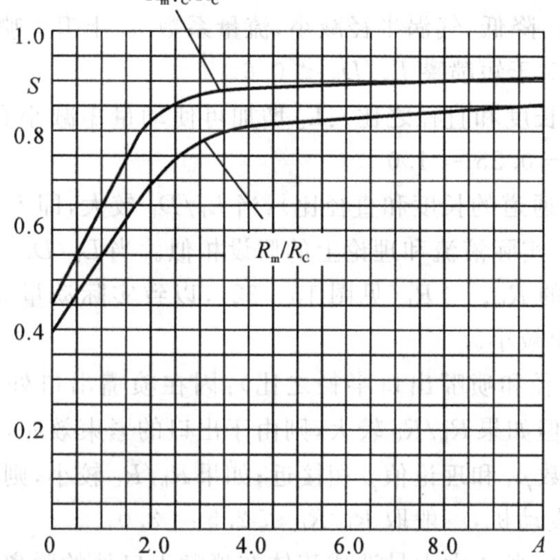

图 15－30　无因次涡流半径与喷嘴几何特性的关系曲线

在以上所推导的公式当中可以看出，μ、φ 和 α 均与几何特性 A 有关。可见几何特性 A 是一个很重要的参数。如将 A 的表达式上下同乘以 $\dfrac{\dot{m}}{n\pi r_b^2 R_b^2}$，则得

$$A=\frac{R_b R_C}{n r_b^2}=\frac{\dfrac{\dot{m}}{n\pi r_b^2}\dfrac{R_b}{R_C^2}}{\dfrac{m_p}{\pi R_C^2}}=\frac{\text{切向速度}\times\text{力臂因子}}{\text{轴向速度}} \tag{15-29}$$

由此可将 A 看做是液体动量矩和轴向速度之比，A 值越大，液体的旋转能力越强，因而喷射角就越大，φ 和 μ 就越小。

15.3.2　影响离心式喷嘴工作参数的因素

试验表明，按上述理想情况设计出来的喷嘴，一般说来均能较好地和试验值相符合。但由于理论推导中许多因素被忽略，在不少情况下，试验结果和理论计算之间还存在着明显的差异。

1. 液体的黏性

理论计算中，认为液体是没有黏性的，而实际的液体总是有黏性的。黏性液体流动中和壁面的摩擦，将导致有效压降的减少，从而一方面使液体流出速度降低，μ 值减小，另一方面又使动量矩不守恒。u_u 降低，R_m 和 α 值减小，使 μ 值上升。无论是对于带切向孔的离心式喷嘴，还是带涡流器的离心式喷嘴，因摩擦损失较为显著，实际的流量系数 μ_s 总是略小于理论值 μ_0。对一般液体火箭发动机所用的喷嘴，因黏性影响较小，计算时通常忽略不计。这一因素只有当涡流室直径很大、r_b 较小而且液体的流量很小、黏性很大时，才加以考虑。

2. 结构因素

结构因素对喷嘴参数的影响较大，但由于影响过程的复杂性，很难从理论上加以计算，只能靠试验解决。如图 15－31 所示，大量的试验结果证明：

(1)L_k/D_k(旋转室的高度和直径之比)：L_k 越大，则由于摩擦所造成的动量矩损失越大，使喷嘴出口处的切向速度 u_u 降低，气涡半径减小，流量系数 μ_s 上升，喷射角变小。对于长喷嘴一般选取 $L_k/D_k \ngtr 2.5$，对于短喷嘴 $L_k/D_k \nless 0.6$。

(2)L_c/D_c(喷嘴出口长度和直径之比)：L_c 增加可使动量矩减小和喷射角减小，但对 μ 值影响很小，一般选 $L_c/D_c = 0.25 \sim 1.0$。

(3)L_b/D_b(喷嘴入口通道的长度和直径比)：当 L_b/D_b 较大，即入口细长时，入口液流是平行的，具有动量矩(u_bR_b)，实际液流和理论上的假设相似。当 $L_b/D_b < 2.0$ 时，即入口短粗时，液流便可斜向进入，实际的 $R_{b.s} < R_b$(见图 15－32)，以致实际动量矩小于理论值(u_bR_{bs}) $<$ (u_bR_b)，则 μ 增大，喷射角减小。

(4)R_b/R_C(旋转室半径和喷嘴出口半径之比)：因在喷嘴出口处离心压力转化为轴向速度，气涡半径有所增加。但如果 R_b/R_C 较大，则由于出口的紧束效应，流体截面 $\pi(R_C^2 - R_m^2)$ 不致减少太多，实际流量系数 μ_s 和理论值 μ 相接近；如果 R_b/R_C 较小，则流体截面 $\pi(R_C^2 - R_m^2)$ 缩小，$\mu_s < \mu$。对液体火箭发动机，一般取 $R_b/R_C \leqslant 2.5 \sim 3.0$。

(5)ψ(喷嘴出口张角)：当 ψ 太大易造成流体在喷嘴入口处的脱离现象，ψ 过小又使喷嘴长度增加。一般取 $\psi = 60° \sim 120°$。

对于带涡流器的离心式喷嘴，影响其工作过程的主要结构因素是涡流器的长度和螺纹头数。涡流器的长度增加时，μ 上升，α 变小。通常取涡流器的长度 l_w 等于一圈螺旋线(一头螺纹)间距的 1/3 ～ 1/4。而且螺纹头数越多，长度越短，喷射后的液膜厚度越均匀，一般取螺纹头数 $n = 2 \sim 4$。

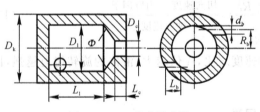

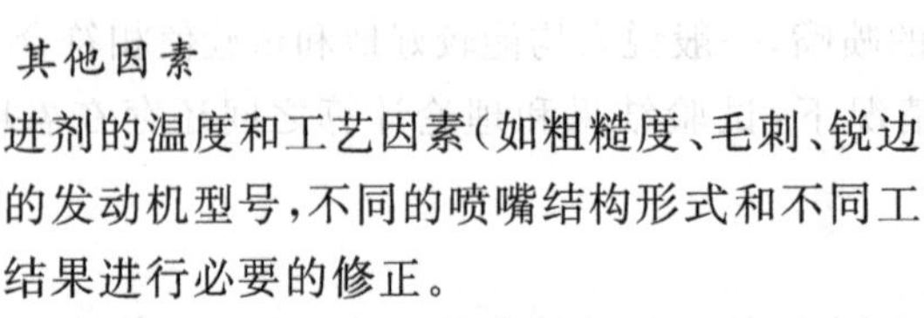

图 15－31　喷嘴尺寸图

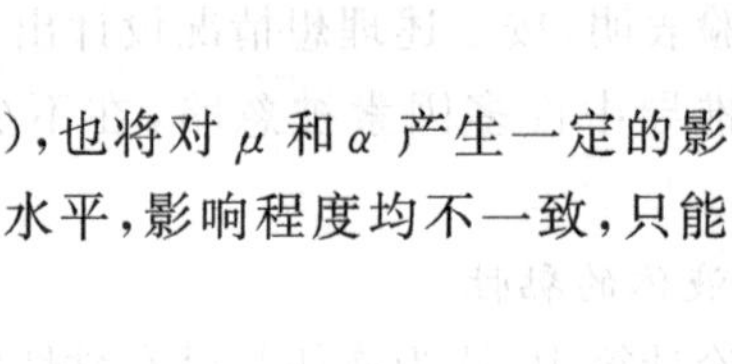

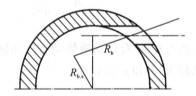

图 15－32　$R_{b.s}$ 与 R_b 比较图

3. 其他因素

推进剂的温度和工艺因素(如粗糙度、毛刺、锐边等)，也将对 μ 和 α 产生一定的影响。但对不同的发动机型号，不同的喷嘴结构形式和不同工艺水平，影响程度均不一致，只能靠实际的试验结果进行必要的修正。

15.3.3　单组元离心式喷嘴的计算步骤

已知或选定的原始数据：

(1) 给定单个喷嘴的流量：$\dot{m}$ 或 $\dot{G}_p$；

(2) 选择适当的喷嘴压降：Δp；

(3) 选择喷射角：一般可选 $\alpha = 90° \sim 120°$；

(4) 推进剂组元的物理性能：密度(重度)、黏度等。

喷嘴设计计算的目的：根据原始数据，求出喷嘴的各个几何尺寸。实际计算时，一般先不考虑诸影响因素，按理想情况进行设计计算，然后制造出若干个喷嘴投入试验，将试验结果和要求值相比较，找出差异的原因，再对尺寸进行修正，直至满意为止。如图 15－33 所示。如所设计喷嘴的结构形式和工艺水平与试验用喷嘴一样，也可直接用试验值进行计算。

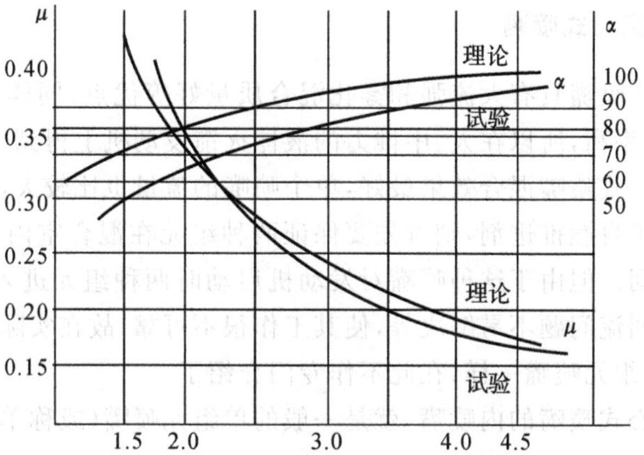

图 15－33　喷嘴试验参数与理论参数比较图

计算步骤：

(1) 根据选定的喷射角，在图 15－29 上查出对应的 α 值的流量系数 μ 和几何特性 A。

(2) 计算喷嘴喷口直径：$D_C = \sqrt{\dfrac{4m_p}{\mu\pi\sqrt{2\rho\cdot\Delta p}}}$　(mm)；

(3) 根据外部尺寸要求，选取 $R_b \leqslant (2.5 \sim 3.0)R_C$；

(4) 选取切向孔数目 n；

(5) 计算切向进口半径：$r_b = \sqrt{\dfrac{R_b R_C}{nA}}$　(mm)；

(6) 旋转室内半径：$R_k = R_b + r_b$　(mm)；

(7) 喷嘴其他结构尺寸：

旋转室外径：$R'_k = D_k + (3 \sim 5)r_b$

切向孔长度：$l_b \geqslant 2d_b$

喷口圆柱段长度：$l_C = (0.25 \sim 1.0)D_C$

喷口进口锥角张度：$\varphi = 60° \sim 150°$

旋转室长度 l_k：根据具体结构形式适当选取。

带涡流器离心式喷嘴的计算方法与上述基本相同，具体结构参数稍有差别。

选取涡流器螺纹头数：n；

选取涡流器螺纹升角：$\beta = 25° \sim 35°$；

涡流器螺纹槽法向截面面积，由公式(15－20) 得

$$f_b = \frac{\pi R_C R \cos\beta}{nA}$$

考虑到螺纹槽的流量系数 $\mu=0.9$，则需要通道面积增大到 $f'_{\mathrm{b}}=f_{\mathrm{b}}/0.9$，若螺旋槽为矩形，则螺纹槽法向截面上的宽 S 和高 h，应为 $f'_{\mathrm{b}}=Sh$；

涡流器外径：$D'_{\mathrm{k}}=3R+h$；

涡流器内径：$D_{\mathrm{k}}=2R-h$；

选取涡流长度：l_{w}。

15.3.4　双组元离心式喷嘴

由于双组元离心式喷嘴具有大流强和雾化混合质量好等优点，同样流量下可使喷注器的面积缩小，并且燃烧效率高，所以在大、中推力的液体火箭发动机上得到了广泛的应用。

双组元内混合离心式喷嘴混合效果最好，单个喷嘴的流量也比较大，一般适用于非自燃的液体推进剂。如果用于自燃推进剂，则首先要保证两种组元在混合室内停留的时间小于该种推进剂的燃烧延迟时间。但由于这种喷嘴对发动机启动时两种组元进入的同时性要求高，对发动机停车后燃气的回流问题不易解决等，使其工作很不可靠，故在实际型号上极少应用。而且，其计算方法也和单组元喷嘴一样，在此不作专门介绍了。

双组元外混合离心式喷嘴的内喷嘴，就是一般的单组元喷嘴（或称单室喷嘴），对于外喷嘴有以下两种情况：

(1)$R_{\mathrm{m}_2}>R'_{\mathrm{C}}$，则外喷嘴的工作不受内喷嘴的干扰，称为不相干。其计算方法同单室喷嘴。

(2)$R_{\mathrm{m}_2}<R'_{\mathrm{C}}$，则外喷嘴的工作受到内喷嘴的干扰，称为相干。$R_{\mathrm{m}_2}$ 被限制在与内喷嘴的喷口外径 R'_{C_1} 相等，气涡已不再存在。对液体火箭发动机，一般氧化剂流量比燃烧剂流量多，氧化剂由外喷嘴进入。为保证两个组元喷射液膜相交，内喷嘴的喷射角要大于外喷嘴的喷射角约 $10°\sim15°$，又可写成 $R'_{\mathrm{C}_1}=R_{\mathrm{Cr外}}R_{\mathrm{m}_2}=R_{\mathrm{m}_y}$，$R_{\mathrm{C}_2}=R_{\mathrm{C}_y}$，此时液体的有效流通面积是 $\pi(R^2_{\mathrm{C}y}-R^2_{\mathrm{Cr外}})$。

外喷嘴（氧化剂喷嘴）的流量可仿照式(15-28)写成

$$\dot{m}_{\mathrm{py}}=\mu_y\pi R^2_{\mathrm{C}y}\sqrt{2\Delta p_y\rho_y}=\int_{R_{\mathrm{Cr}y}}^{R_{\mathrm{C}y}}\rho_y w_{xy}\times 2\pi R\mathrm{d}R \tag{15-30}$$

同样可利用式(15-24)，并将式(15-30)积分，可得和式(15-29)相似的公式，即为

$$\mu_y=\sqrt{1-\mu_y A_y}-S\sqrt{S'^2-\mu_y^2A_y^2}-\mu_y^2A_y^2\ln\frac{1+\sqrt{1-\mu_y^2A_y^2}}{S'+\sqrt{S'^2+\mu_y^2A_y^2}} \tag{15-31}$$

式(15-31)和式(15-29)的区别是流量系数和几何特性的关系已和过去不一样了，S' 和 S 不一样，$S'=R_{\mathrm{Cr外}}/R_{\mathrm{C}y}=R'_{\mathrm{C}_1}/R_{\mathrm{C}_2}$，则有

$$\tan\frac{\alpha}{2}=\frac{1}{\sqrt{\dfrac{1+S'}{2\mu_y A_y^2}-1}} \tag{15-32}$$

根据式(15-31)、式(15-32)作出的曲线，如图 15-34 所示，虚线为 $S'=S$ 的情况。

双组元喷嘴计算时仍按两个独立的喷嘴计算，对计算结果进行比较，若证明为相干情况，则按图 15-35 上的 $\alpha=f(A,S')$ 和 $\mu=f'(A,S')$ 找出 A 和 μ，进而求出其他几何尺寸。

实践证明，在双组元喷嘴的研制中较困难的工作是不易做到内喷嘴的喷射角大于外喷嘴的喷射角，往往要对结构尺寸作多次调整方能达到目的。

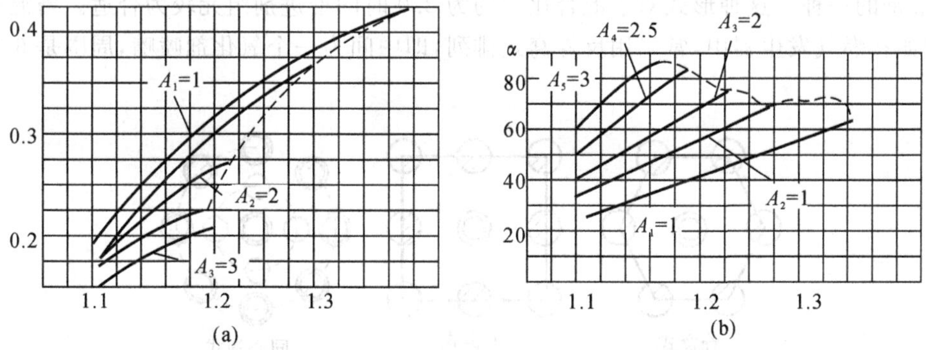

图 15-34　流量系数 μ 和外喷嘴锥角 α 与比值 $1/S' = R_{Cy}/R_{Cr外}$ 的关系曲线

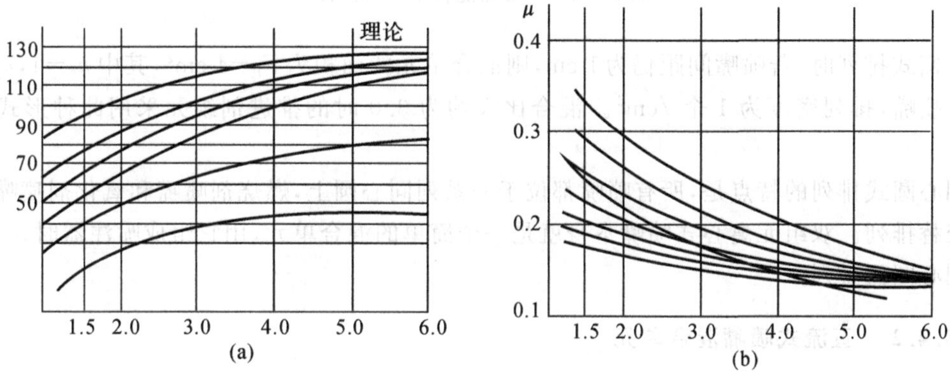

图 15-35　流量系数 μ 和外喷嘴锥角 α 与 A 的关系曲线

图 15-35 所示为相干情况下某种类型的喷嘴，当 S' 为不同值时，μ，α 与 A 之间的试验关系。

15.4　喷注器混合单元的选择

混合单元就是负责将两个推进剂组元按一定比例进行混合的喷嘴组(或喷孔组)，它在很大程度上决定了喷注器的性能优劣。混合单元在喷注器上的安放顺序也就决定了整个喷注器的混合规律，并对蒸发、燃烧过程产生重大影响。混合单元随所采用的喷嘴形式不同，基本上可分为两种：离心式喷嘴混合单元和直流式喷嘴混合单元。

15.4.1　离心式喷嘴混合单元

离心式喷嘴的混合单元有蜂窝式、方窝式和同心圆式 3 种(见图 15-36)。前两种一般只限于单组元离心式喷嘴。后一种形式，单、双组元离心式喷嘴均可采用。

喷嘴按蜂窝式排列成混合单元时，每个燃烧剂喷嘴周围有 6 个氧化剂喷嘴。如果喷嘴间距为 1 cm，则此混合单元的面积为 $F_i = 2.6\ \text{cm}^2$，在这个单元中参与的喷嘴数为 $n_r = 1$，$n_y = 6 \times \frac{1}{3} = 2$，共 3 个。排列密度(即单位面积上的喷孔数)为 1.15 个 /cm^2，为 3 种混合单元形式中排列最密的一种。这种形式对于混合比大约为 2.0 时的推进剂组元较为合适。当混合比很小时，例如在燃气发生器中，常采用反蜂窝式排列，即中间为一个氧化剂喷嘴，周围是 6 个燃烧剂喷嘴。

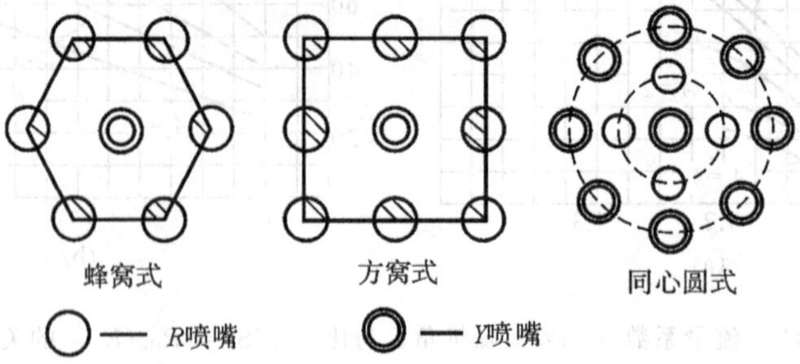

图 15-36　喷嘴混合单元示意图

方窝式排列时，若喷嘴间距仍为 1 cm，则混合单元的面积为 $F_i=4\ cm^2$，其中 $n_r=1, n_y=3$，共 4 个喷嘴，排列密度为 1 个 /cm²。混合比大约为 3.0 时的推进剂组元采用此种形式较为合适。

同心圆式排列的特点是，所有喷嘴都位于一系列同心圆上，燃烧剂喷嘴和氧化剂喷嘴沿同心圆交替排列。双组元离心式喷嘴本身就是一个简单的混合单元，用它组成喷注器时，一般都采用同心圆式排列。

15.4.2　直流式喷嘴混合单元

常用的直流式喷嘴混合单元基本上分为两类：异组元互击式喷嘴混合单元和自击式喷嘴混合单元。

互击式喷嘴混合单元随组成混合单元的喷孔数目的不同，有二击式、三击式和四击式、五击式等（见图 15-37）。

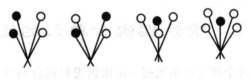

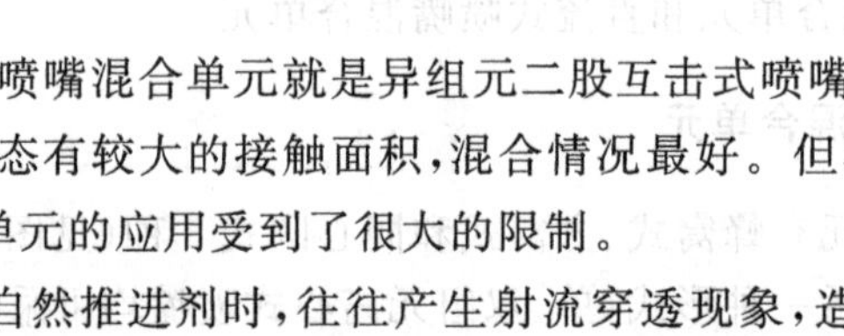

图 15-37　互击式喷嘴示意图

最简单的一种直流式喷嘴混合单元就是异组元二股互击式喷嘴。这种混合单元可以保证两个推进剂组元在初始状态有较大的接触面积，混合情况最好。但在实际应用中往往存在不少具体问题，使这种混合单元的应用受到了很大的限制。

（1）当两股射流为非自燃推进剂时，往往产生射流穿透现象，造成氧化剂喷孔一侧富油，燃烧剂喷嘴一侧富氧。对自燃推进剂，在两股射流撞击区，由于液相反应十分剧烈，可能瞬时形成大量气体，使两股液流无法接触而产生分离，因而使混合很差。如果参数调整得适当，产生的液相反应的量很小，其热量只足以使射流接触面上的液体蒸发，形成一薄层混合气，则对紊流混合有利。实验证明，对硝基和肼类自燃推进剂，当喷孔直径和喷射速度之比为 $d/w=(0.3\sim1.0)\times10^{-4}$ 时，一般不出现分离现象；当 $d/w\geqslant3.3\times10^{-4}$ 时，则产生分离现象。

(2) 很难保证两股射流撞击后的合成射流和推力室轴线平行。因为射流的动量和喷嘴压降有关。喷嘴压降一般是根据设计要求(见公式(15－7))，按冷试结果调整好的，但在实际工作时，由于其他种种原因，喷嘴压降往往总是与设计值偏离。

(3) 对这种混合单元，两股射流相交度要求很高，工艺上很难实现。

(4) 由于混合好，易在撞击点附近形成剧烈的燃烧区，燃烧面距喷注器面近，高温燃气回流强，且喷注面附近压力敏感介质较为均匀，因而有利于喷注器面的烧蚀和高频振荡燃烧产生。

综上所述，在小推力或微型推力发动机上，因为喷注器可以整体加工，参数易控制，则可以采用这种混合单元。在大推力液体火箭发动机喷注器上很少采用。

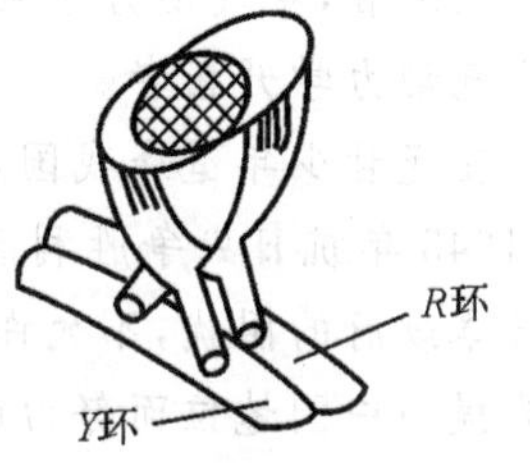

图 15－38　介质混合示意图

同组元自击式喷嘴混合单元一般由两个相邻的不同组元的撞击对(即四个喷孔)组成。一般不要求四股射流相交于一点，只要求两个撞击对对应排列，或两个自击对的撞击尽可能靠近，以保障一个组元撞击后的椭圆形液膜与相邻的另一组元的液膜相互交叉，均匀混合(见图 15－38)。这种混合单元虽说混合质量还不能令人满意，但这种混合单元形式适应性强，工艺上易实现，能够较好地兼顾性能高和稳定性好两方面的要求。绝大多数大推力液体火箭发动机都是采用这种类型的自击式混合单元。因为大型发动机喷注器多采用单组元喷嘴环结构，在每个喷嘴环上打若干对自击孔，然后将燃烧剂喷嘴环和氧化剂喷嘴环镶嵌到喷注器盘上，因为不是异组元互击，装置精度稍差也不影响其液膜间的混合。如果某对孔或某个环出现工艺质量不合格，也不致影响整个喷注器。通常用的自击对有二击式和三击式。就雾化质量而言，二击式和三击式没有什么区别。三击式的优点在于其中间一股射流能够将另外两股射流撞击后产生的向上的一部分飞溅量压下来，不在喷注器面附近燃烧。对喷注器面的冷却有较高要求时，可采用这种形式，但工艺上复杂一些。

溅板式混合单元，在其他条件相同的情况下，混合较好，燃烧效率高，但结构复杂，工艺上不易实现，且工作稳定性差，喷注器面烧蚀严重，因此很少采用。

同轴管式喷嘴本身就是一个很好的混合单元，广泛用于液氢／液氧发动机上。它最适于非自燃的气态推进剂组元(H_2)和液态推进剂组元(液氧)之间的混合，混合质量好，燃烧效率高，而且稳定性也较好。

15.4.3　直流式喷注器与离心式喷注器

总的来看，两种类型的喷注器各有优缺点。苏联多采用离心式喷注器，欧美各国均采用直流式喷注器。

(1) 因离心式喷嘴结构尺寸大，流量系数低，同样流量下所组成的喷注器直径要比直流式喷注器约大 20％～25％，因此和直流式喷注器相比，离心式喷注器的流强较低，高频稳定性差。

(2) 采用双组元喷嘴的离心式喷注器，一般混合较好，同样条件下，η_c 比直流式喷注器稍高些。

(3)直流式喷注器多采用整体结构，质量比离心式喷注器大，但强度、刚性及两个组元间的密封性要比离心式喷注器好，工作可靠性高。

(4)直流式喷注器，结构适应性较强，身部冷却剂无论采用燃烧剂还是氧化剂，结构上都较容易实现。对双组元离心式喷注器来说，采用氧化剂组元作为冷却剂较为合适，因此时氧化剂由下腔进入外喷嘴。若采用燃烧剂作为冷却剂，则结构改变起来很困难，并使喷注器和头部结构变得较为复杂。

庄逢甘——中国航天空气动力学开拓者

庄逢甘，空气动力学家，长期从事空气动力研究工作，我国航天事业的奠基者之一，中国航天空气动力学开拓者。

庄逢甘少年适逢我国艰难抗日时期，日本侵略军占领上海，于是奔赴重庆进入交通大学读书，1945 年抗日战争胜利后，随学校迁回上海，并留校任教。1947 年，赴美留学途径日本时，竟遭日本政府的阻扰，不允许登岸。他身为战胜国人对此无理之举甚感愤懑。这一经历加深了他为提高中国地位而努力的责任感。

庄逢甘在美留学期间，就读于加州理工大学，毕业后受聘为加州理工学院的研究学者。当时，我国著名的空气动力学家钱学森正在该校担任古根海姆喷气推进中心主任，他与其他中国留学生不仅有机会经常接受钱学森在学业上的指导，而且有机会共同探讨发展中国航天航空事业的理想。为了实现这个理想，庄逢甘于 1950 年秋，在克服重重障碍之后返回上海，而后进入哈尔滨军事工程学院从事教学与科研工作。

在庄逢甘的组织领导下，我国开始建设属于我们国家的空气动力学实验基地，建成了从低速到高超声速的成套设备，并组建了一支空气动力研究的骨干队伍，成为了中国航天空气动力学的开拓者。庄逢甘他们依托当时简陋的设备环境，在流体力学的湍流基本特征研究中得出了湍流耗散定理；在激波绕射、高超声速再入体热防护理论、烧蚀机理及其数学模型、有机化学反应及质量引射的边界层理论等研究和旋涡形成机理与控制方面取得了突出成果，为我国航空航天事业做出了重要贡献。

庄逢甘亲历日本侵华战争，深刻认识到国家落后就要挨打，励志报效祖国，将个人前途与国家发展紧密联系在一起，在新中国“一穷二白”的环境下，秉持着一颗爱国之心，投身航天航空事业，带领科技人员自己动手，从设计、加工、安装到投入型号试验，克服重重困难，为我国航天航空事业做出突出贡献。

第 16 章　推力室的冷却与防热

在推力室中，沿内壁表面流动的是高温(3 000～4 000 K)、高压(3～20 MPa 或更高)的燃气，它们的流动速度在喷管部分可达 2 000～4 000 m/s。燃气流动过程中，当燃烧室单位容积内所具有的巨大热量[$1\times10^6\sim1\times10^9$ kCal/($m^3\cdot h$)]向内壁面传递时，最大热流可达(2～6)$\times10^7$ kCal/($m^2\cdot h$)，然而室内壁允许通过的热流却是十分有限的。如不采取有效的热防护措施，室内壁的强度将因温度的迅速升高而急骤下降。为保障发动机能在规定时间内可靠地工作，推力室的冷却问题，是液体火箭发动机设计中必须认真加以考虑的一个十分重要的问题。

16.1　推力室冷却与防热的几种方法

16.1.1　再生冷却

再生冷却又叫外冷却。它是在较大推力液体火箭发动机上所采用的最基本的冷却方法。利用推进剂的一个组元或两个组元作为冷却剂，在它们喷入燃烧室之前，以一定的流速经过推力室内、外壁之间的通道，将燃气传给内室壁的热量带走，以达到冷却的目的。然而这些热量又几乎全部回收到燃烧室内，所以称为“再生冷却”。

一般冷却剂都是采用推进剂的一个组元，从喷管末端将冷却剂引入，沿冷却通道朝头部方向流动。当两个推进剂组元都用做冷却剂时，则将两个组元分别冷却不同的部位。例如，用燃烧剂冷却喷管，用氧化剂冷却燃烧室，如图 16-1 所示。

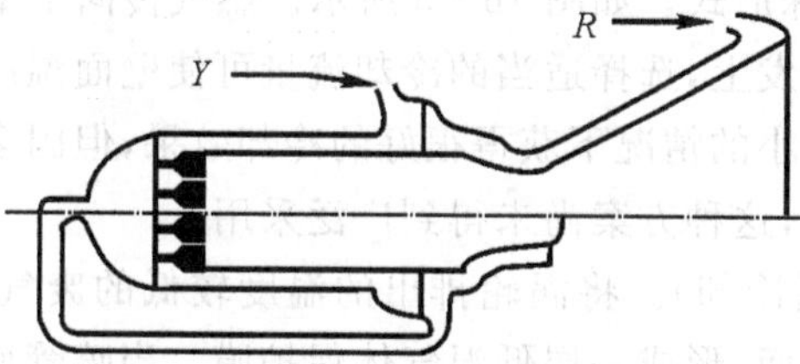

图 16-1　再生冷却原理示意图

对液氧 / 液氢发动机，一般采用液氢作为冷却剂，它只是在冷却通道的初始段处于液体状态，而推力室的大部分壁面是由气态氢来冷却的。

16.1.2　内冷却

用少量的燃烧剂在推力室内壁面建立一薄层液膜或在内壁附近形成一层低温的蒸气膜，

来降低燃气传向室壁的热流，以达到对室壁的保护。这种方法称为内冷却。它常被用做外冷却的辅助措施。常用的方案有以下几种。

(1) 通过喷注器边缘的喷嘴排列，在壁面形成液膜，并使近壁的边区形成低温区，使近壁层的介质为具有还原性的低温燃气。

实践证明，边区按同心圆排列大量的离心式或直流式喷嘴，组成冷却环带，冷却效果最佳。这种方案设计上最易实现，应用最广。但所形成的边区保护层尚不够均匀、密实。

(2) 通过专门的小孔或缝隙，将冷却剂引入燃烧室或尾喷管的内表面，以形成冷却液膜。如图 16-2 所示。为了使液膜均匀、稳定，一般都将液体切向地(离心地)引至壁的表面。这种液膜在推力室长度的任何段都可以采用，但通常安装在喷管入口处。这种方案尽管结构复杂，但内冷却效果最佳，在液膜冷却段上可使热流降低 50%。

试验证明，随着用于冷却液膜流量的增加，液膜长度开始成比例地增加，但到一定值时，液膜长度的增加变得缓慢。液膜冷却的保护效果在其很薄时就已表现出来，因而冷却液流量需要合理选择。液膜过厚，将使其表面产生波动，部分液滴会脱离壁面而散失，造成无益的消耗。

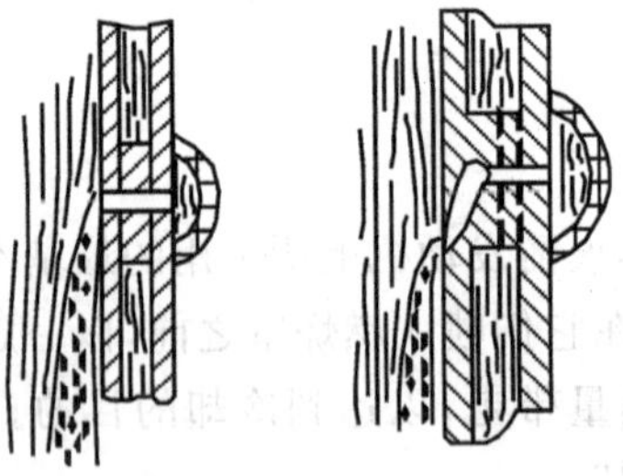

图 16-2　液膜冷却

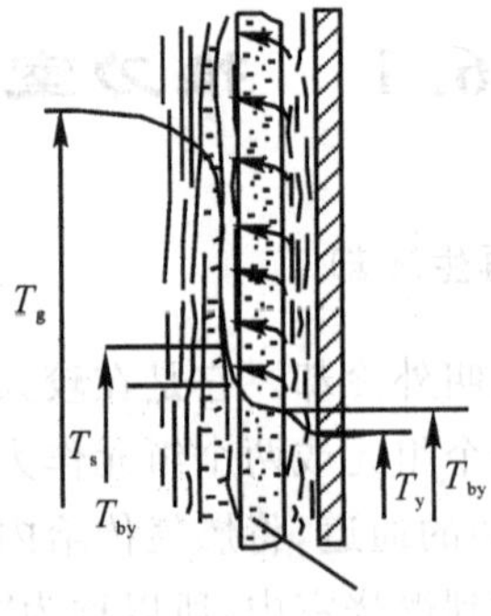

图 16-3　发汗冷却

(3) 内壁用多孔材料制成，冷却剂通过多孔材料渗入到推力室内表面，又称此为发汗冷却，它是液膜冷却的一个特殊形式。如图 16-3 所示。燃气传向室壁的热量，一部分消耗在通过孔壁的冷却液体的加热蒸发上，选择适当的冷却流量可使壁面温度保持在所允许的范围内，这种方案可以在比冲损失很小的情况下获得很好的冷却效果，但因多孔材料强度较差，小孔易被堵塞等技术问题不易解决，这种方案尚未得到广泛采用。

(4) 废气冷却(二次喷射冷却)。将涡轮排出的温度较低的废气，通过喷管壁上的小孔或槽沟引入喷管延伸段内壁表面，形成一层低温气体保护膜。当喷管面积比较大，而且喷管延伸段又未采取外冷却措施时，常用此冷却方案。如图 16-4 所示。

16.1.3　室壁内表面覆盖绝热材料

在接触燃气的推力室内表面覆盖上一层足够厚的绝热材料或涂料，形成绝热层。由于这些材料的导热系数 λ 很低，热阻 δ/λ 很大，可使温差大部分落在此绝热层上，从而大大降低了金属壁面的温度，如图 16-5 所示。常采用的方案有：

(1) 高温涂层。用等离子喷涂或其他方法在室壁内表面涂上一层 0.4 mm ～ 0.5 mm 厚的氧化锆或氧化铝耐高温涂层。由于涂层很薄,如果过渡材料选择得当,喷涂工艺掌握得好,可以使涂层本身很结实,金属与涂层连接很牢固,不会因温度应力和发动机结构变形而破裂、脱落。如果没有外冷却,发动机工作时间又很长,绝热涂层是不能使金属壁得到可靠保护的,它只能作为外冷却的有益的补充。

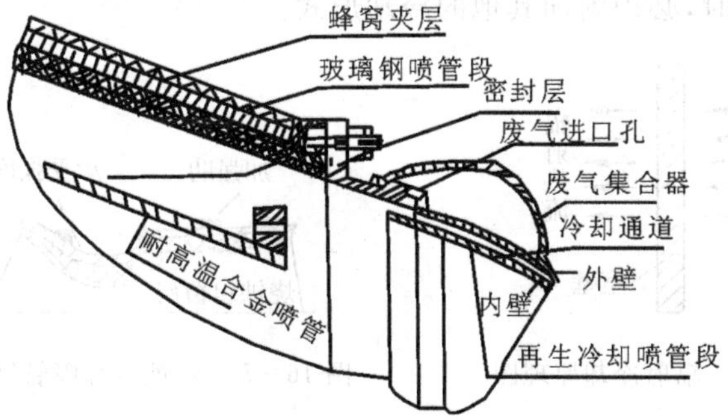

图 16-4　涡轮废气冷却

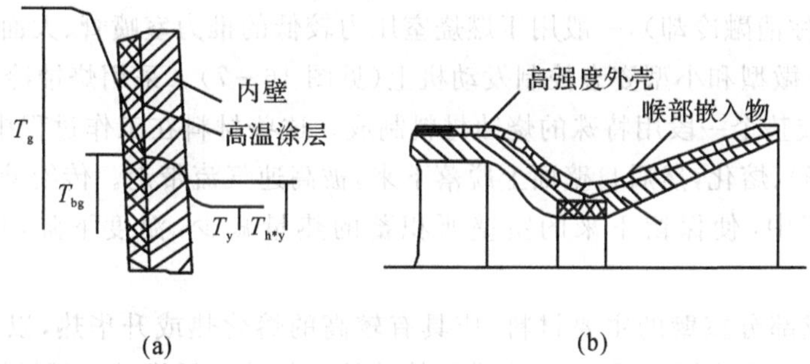

图 16-5　绝热冷却

(2) 覆盖较厚的耐火绝热衬套。衬套通常用耐高温的难熔材料(如石墨、陶瓷等)制成。这种方法多用于不冷却的发动机上(如固体发动机),尤其是热流最大的临界截面附近。其效果取决于材料本身的物理性能(熔点、热膨胀性、导热性、抗腐蚀性、机械强度等)。存在的主要问题是绝热材料对燃气的化学作用和热"冲击"较敏感。当温度剧烈变化时常会引起裂纹和剥落。

16.1.4　辐射冷却

辐射冷却,实际上就是室壁没有外冷却,其原理图如图 16-6 所示。燃气将热传给一定厚度的室壁后,因其质量较大而具有一定的热容,当壁温升到一定值时,便靠辐射交换将热量传到周围介质或真空中去。这种方法通常用于膨胀比较大的发动机喷管扩散段。因此处由于喷管中燃烧产物压力、密度和温度的迅速降低,燃气传给壁面的热流显著减少。这种冷却方法也用于热流不高的微型发动机。其主要优点是结构简单,质量轻。

辐射冷却过程是个不稳定传热过程。随着工作时间的增加,燃气对壁不断加热,使壁温逐步升高。壁向外辐射的热量和壁温的高低成正比。为了使辐射出的热流达到需要值,往往需要壁温达到很高的值。壁温的升高将持续到稳定状态。这时燃气传给壁的热量与由壁向外辐射走的热量相等，壁温也就达到了稳定值 T_{bq}。如果发动机的工作时间很短，稳定状态便来不及建立。稳定值 T_{bq} 一般都是较高的，约 1 400℃，当 T_{bq} 值不超过室壁材料的允许值时，喷管扩散段（或小推力室）便只靠辐射冷却工作。所以只有在 1 200～1 700℃ 的高温下仍能在一定时间内保持必要强度的耐热合金（铌、钨、钼、钛合金等），才有可能成功地应用辐射冷却。当 T_{bq} 大于材料的允许值时，必须附加其他的冷却形式。

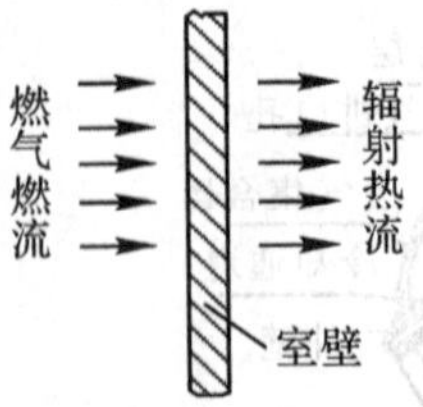

图 16－6　辐射冷却原理图

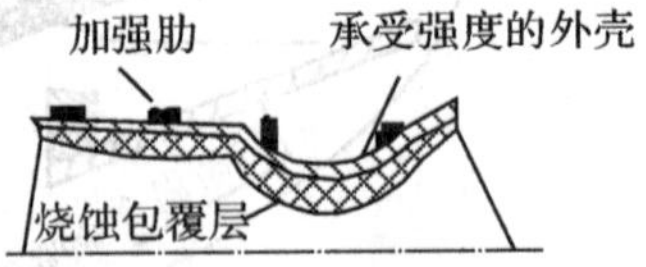

图 16－7　烧蚀冷却喷管结构示意图

16.1.5　烧蚀冷却

烧蚀冷却（又称消融冷却），一般用于燃烧室压力较低的推力室喷管、大面积比的推力室喷管扩散段以及高空微型和小型姿态控制发动机上（见图 16－7）。采用烧蚀冷却的室壁的一部分（内侧包覆层）或整个一段用特殊的烧蚀材料制成。这些材料在工作过程中，被加热后可以分解、蒸发（或升华）、熔化，然后自壁面上脱落下来，被高速气流带走。传给壁的相当一部分热量消耗在上述过程中，使保留下来的室壁所积蓄的热量减少，温度下降，保证室壁的必要强度。

烧蚀包覆层或部分室壁的主要材料，应具有较高的熔化热或升华热，以及低的热传导系数。常用的材料有经酚醛树脂浸泡后，再进行特殊处理的玻璃纤维带、石墨纤维带和石棉纤维带，在特制模具上卷制而成。包覆层或烧蚀壁的厚度取决于所要求的强度和工作时间的长短。一般烧蚀壁的厚度由烧蚀层、碳化层和保持强度与刚性的外层三部分组成。包覆层与烧蚀壁的承受强度的外壳可以用铝或不锈钢制成，也可以用玻璃丝或玻璃带用环氧树脂黏合固化在一起制成。

这种冷却方式相对来说结构简单、经济性好。对于工作时间较短，推力和压力较小的推力室，能较好地满足需要。对于工作时间较长，推力和面积比较大的推力室来说，这种方案就显得比较笨重。

16.1.6　其他冷却方式

1. *在推进剂中加添加剂*

在推进剂中加入少量的添加剂，使推进剂燃烧时生成的化合物固体微粒黏附在室内壁表面，形成一连续的绝热保护层，使传给室壁的热流减少。例如：用高密度硝酸和偏二甲肼做推进剂的小发动机，在偏二甲肼中加了 1% 的硅油，燃烧后就在室内壁形成了一薄层硅膜，使传给室壁的热流减少了 33%。

2. *利用易熔金属的蒸发进行冷却*

在多孔耐热材料中（如钨合金）预先充以易蒸发的金属（如银），发动机工作时，易蒸发金属吸热蒸发而使内壁降温。

在实际应用中，往往单一冷却方式满足不了要求，而采用两种或多种冷却方法的组合。

16.2　推力室热交换的基本特点

现代液体火箭发动机的推力室绝大多数都同时采用再生冷却和液膜内冷却两种方法对室壁进行保护。内冷却液膜由喷注器边缘按同心圆排列的专门喷嘴(多数为直流式)形成。液膜只是在离喷注器面很短的距离内存在，在它顺室壁向下流动的过程中不断受热蒸发并和中心气流混合燃烧，先是形成气液两相流，然后形成低混合比的燃气膜。绝大部分室壁是在低 α 燃气膜保护下工作。并且认为近壁区的燃气膜和中心流混合不显著，近似认为在整个燃烧室和喷管长度近壁区燃气的混合比 α_b 大致为一个常数。

图 16-8 所示为这一冷却系统和其中温度分布的情况。

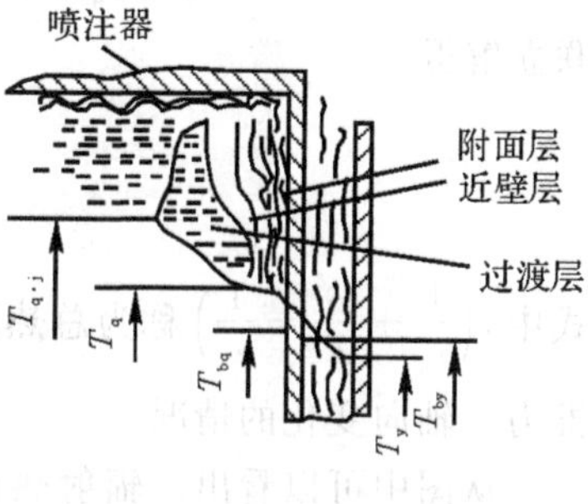

图 16-8　冷却系统中温度分布

推力室的热交换是一个复杂的物理过程。它首先由燃气通过壁面的对流和辐射两种传热方式将热量传给室壁，通过传导由热壁面传到冷壁面，再以对流的方式由冷壁面向再生冷却液传热。所传递的热量通常用热流 q 表示。

根据传热原理，燃气和室壁之间有

$$q=\alpha'_{q}(T_{q}-T_{bq}) \tag{16-1}$$

式中：q 为由燃气传向壁面的热流，它由对流热流 q_C 和辐射热流 q_r 两部分组成，单位为 $[\mathrm{W/m^2}]$ 或 $\left[\dfrac{\mathrm{kCal}}{\mathrm{m^2\cdot h}}\right]\left(\dfrac{\mathrm{kCal}}{\mathrm{m^2\cdot h}}=1.163\ \mathrm{W/m^2}\right)$；$\alpha'_q$ 为燃气和壁之间的总换热系数，它既考虑了对流换热，又考虑了辐射换热，是一个假定量：$\alpha'_q=\alpha_q+\dfrac{q_r}{T_q-T_{bq}}$，单位为 $\left[\dfrac{\mathrm{W}}{\mathrm{m^2\cdot K}}\right]$ 或 $\left[\dfrac{\mathrm{kCal}}{\mathrm{m^2\cdot hK}}\right]$；$T_q$ 为与壁面接触的燃气温度。因速度的存在，在壁面附近总存在有附面层。可认为 T_q 为附面层外边界上的滞止温度。在气体层流附面层中，温度由 T_q 变到 T_{bq}。在燃烧室中，因燃气流速较小，可近似认为 T_q 和近壁层中燃气的绝热滞止温度 $T_{q\cdot 0}$ 相等，即 $T_q\sim T_{q\cdot 0}$。在喷管部分则近似取 $T_q=T_{q\cdot 0}-(1-r)\dfrac{u^2}{2C_p}(r=0.89\sim 0.91)$，$r$ 为由实验确定的温度恢复系数；T_{bq} 为燃气壁面(或称为热壁面)温度。

根据热传导原理，通过壁所传递的热流应为

$$q=\frac{\lambda}{\delta}(T_{bq}-T_{by}) \tag{16-2}$$

式中：λ 为室壁材料的导热系数，单位为 $\left[\dfrac{\mathrm{W}}{\mathrm{m\cdot K}}\right]$ 或 $\left[\dfrac{\mathrm{kCal}}{\mathrm{m^2\cdot hK}}\right]$，取值温度为 $\dfrac{1}{2}(T_{bq}+T_{by})$；$\delta$ 为室壁厚度，单位为 m；T_{by} 为液壁面温度(或称冷壁温)。

应当指出，虽说液体火箭发动机推力室的内壁很薄，但壁的两个表面的温差却可能达到很大值。例如，当热流 $q=16\times 10^6\left[\dfrac{\mathrm{kCal}}{\mathrm{m^2\cdot h}}\right]$，$\lambda=20\left[\dfrac{\mathrm{kCal}}{\mathrm{m^2\cdot hK}}\right]$，$\delta=1\times 10^{-3}\,\mathrm{m}$ 时，则

$$\Delta T=\frac{16\times10^{6}\times1\times10^{-3}}{20}=800\ \text{K}$$

最后,以对流形式由液壁面传给液体的热流为

$$q=\alpha_y(T_{bq}-T_y) \tag{16-3}$$

式中:α_y 为液壁面与液体之间的换热系数;T_y 为液体的温度。

发动机刚开始工作时,推力室的壁还是冷的,这时燃气传给壁的热流并未完全通过壁传给冷却液,有一部分被用来加热室壁了,在此过程中,壁温及传给冷却液的热流随着时间的增加而变化,称之为不稳定传热过程。经过一定时间后,传给室壁的热流全部通过壁面被冷却液吸收并带走,当发动机工作状态一定时,壁温和通过室壁的热流都将固定不变,称之为稳定传热过程。

在稳定情况下可以认为

$$q=\alpha_q(T_q-T_{bq})=\lambda/\delta(T_{bq}-T_{by})=\alpha_y(T_{by}-T_y)$$

联立解得

$$q=\frac{1}{\dfrac{1}{\alpha_q}+\dfrac{\delta}{\lambda}+\dfrac{1}{\alpha_y}}(T_q-T_y) \tag{16-4}$$

式中,$\left(\dfrac{1}{\alpha_q}+\dfrac{\delta}{\lambda}+\dfrac{1}{\alpha_y}\right)$ 称为总热阻。可以看出,它是由3种热阻组成的。图16-9示出了热流沿推力室轴向变化的情况。

从图中可以看出。辐射热流 q_r 一开始很少,然后直线上升达到稳定值,在整个燃烧室长度上为定值,在喷管部分逐步下降。这是因为 q_r 值大小取决于燃气压力、气体成分、温差和推力室截面的几何尺寸。推进剂从喷注器面开始燃烧到完全变成燃烧产物,燃气温度也逐步增加到稳定值,进入喷管后燃气的压力和温度因膨胀逐步下降,q_r 也随之迅速下降。q_r 的量在燃烧室部分约占总热流的 20% ~ 40%,在临界界面处,只有对流热流的 10%,在喷管扩散段下降为对流热流的 2% ~ 4%。对流热流 q_C 的大小取决于燃气的参数和几何尺寸。实验证明,当温差一定时,它大约和单位截面上的质量流量 $(\rho u)^{0.8}$、压力 $(p)^{0.8}$ 成正比,和当地直径 D 的1.8次方成反比。因而可得到如图16-9所示的 q_C 的分布。它在燃烧室部分变化很小,约为 $(2\sim4)\times10^{6}\left[\dfrac{\text{kCal}}{\text{m}^2\cdot\text{h}}\right]$,在临界截面附近达到最大值,约为 $(2\sim6)\times10^{7}\left[\dfrac{\text{kCal}}{\text{m}^2\cdot\text{h}}\right]$。所以说冷却最困难的部位是临界截面前后。

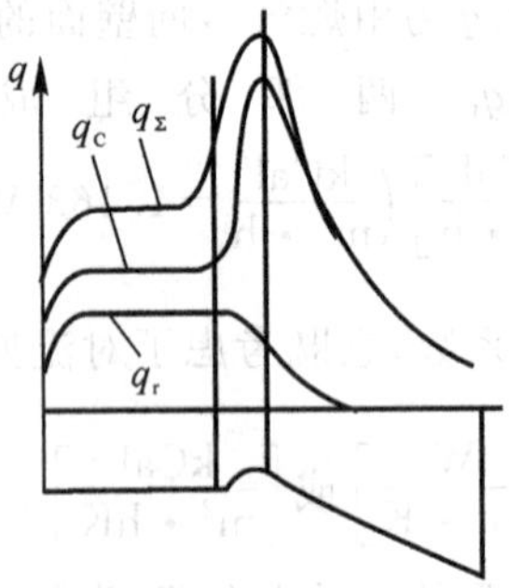

图16-9　热流变化情况

对液体火箭发动机来说,解决冷却问题的关键首先是确定热流值。以此作为计算其他参数和考虑结构设计的依据,而求 q 的最大困难是确定系数 α_q 和 α_y。它们是多种因素的函数,仅靠理论分析很难确定。一般都是在理论分析和大量试验的基础上,通过相似定律整理出准则方程,再进一步得到 α_q 和 α_y 的经验公式或半经验公式。知道了 α_q 和 α_y 及相应的温差,便可确定热流值。

16.3　燃气向室内壁的传热

16.3.1　对流换热

燃气高速流经推力室内表面，总要形成附面层。在附面层内速度沿横向方面剧烈地变化着，由附面层与中心气流边界上的最大值很快下降到壁面上的速度等于零。由于速度梯度的存在，便在附面层内形成很大的涡流，称之为紊流附面层，热量的传递将因物质微团在横向方向上激烈地相对运动而加剧。理论和试验都证明，紊流运动时对流形式的换热量要比热传导形式的换热量大很多倍。但是靠近壁面燃气流动的紊流性并不扩展到全部附面层，在紧贴壁面处还存在一个不大的厚度，在该厚度内流动带有明显的层流性，称之为紊流附面层的层流底层。在热阻较大的层流底层，热量传递只能靠热传导。很显然，燃气与室壁的对流换热实际上由两个过程组成，即：在附面层紊流部分，热流靠物质粒子对流传递；在层流底层靠热传导传递（见图 16－10）。

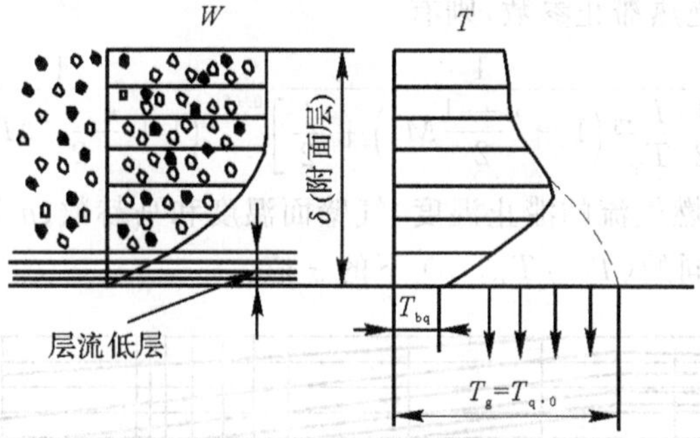

图 16－10　燃气向室内壁传热

还应指出的是，燃烧室中燃气的离解、复合对这一传热过程影响很大。在附面层内或者进一步说，在人为形成的低温近壁层内，存在着有利于进行复合过程的条件，从高温中心气流来的具有一定离解度的燃气，落入近壁层内时，将它带来的附加化学能，在复合时以热的形式放出。同时，近壁层的气体以微团的形式落入高温中心气流时，在离解过程中还将从周围分子中吸收一部分热量。对于液体火箭发动机，这种离解、复合过程十分强烈，它加剧了燃气向室壁的对流换热。在研究换热过程时，必须作为一个重要的因素加以考虑。

1. 对流换热系数 α_q 的半经验公式

在工程技术中，常借助于相似准则来模拟不同条件下的换热现象。可以建立一个和工作条件相似的实验条件，使其相应的相似准则相等。这样工作条件和实验条件下的换热现象是相似的，可以把试验数据运用到实际工作条件上来。常用到的相似准则是包含有换热系数的努谢尔特数 Nu，一般来说，它反映了壁和液体边界上的换热条件。在不可压缩流体、定常流动的情况下，基于对流动和传热微分方程的分析，可知 Nu 为另外两个相似准则雷诺数 Re 和普朗特数 Pr 的函数，即

$$Nu=\alpha_q d/\lambda_q=\alpha Re^m Pr^n \tag{16-5}$$

式中：d 为特性几何尺寸(m)；λ_q 为燃气的导热系数；α, m, n 为有待实验确定的系数；$Re=\dfrac{\rho_q u_q d}{\mu_q}$；$Pr=\dfrac{\mu_q C_p}{\lambda_q}$；$u_q$ 为气流速度(m/s)；μ_q 为燃气的动力黏度$\left(\text{Pa}\cdot\text{s} 或 \dfrac{\text{kg}\cdot\text{s}}{\text{m}^2}\right)$。

式(16-5)基本上描述了对流换热强度与流体的物理性质和流动特性的关系。以它为基础，考虑到上面所谈到的诸因素，可以导出计算 α_q 的半经验公式(Bartz 公式)为

$$\alpha_q=\left[\frac{0.026}{D_*^{0.2}}\left(\frac{\mu^{0.2}C_p}{Pr^{0.6}}\right)_{q\cdot 0}\left(\frac{P_{k0}g}{\beta_{k\cdot s}}\right)^{0.8}\left(\frac{D_*}{R'}\right)0.1\right]\left(\frac{A_*}{A}\right)^{0.9}\cdot\sigma\left[\frac{\text{kCal}}{\text{m}^2\cdot\text{K}\cdot\text{s}}\right] \tag{16-6}$$

式中：(A_*/A) 为临界截面面积与任意截面面积之比；$\beta_{k\cdot s}$ 为实际的燃烧室综合参数(m/s)；D_* 为临界截面直径(m)；R' 为喷管喉部外形的曲率半径(见图 16-11)，则有

$$R'=\frac{R_1+R_2}{2}$$

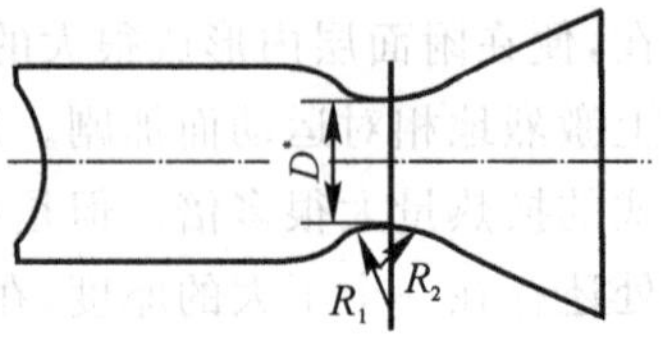

图 16-11　喷管外形图

C_p 为定压比热$\left[\dfrac{\text{kCal}}{\text{kg}\cdot\text{K}}\right]$；$g$ 为重力加速度(m/s²)；P_{k0} 为燃烧室出口处(喷管进口处)总压(kg/m²)；σ 为考虑了附面层内燃气性能变化的修正系数；注脚"q·0"表示燃气的绝热滞止参数，则有

$$\sigma=\frac{1}{\left[\dfrac{1}{2}\dfrac{T_{b\cdot q}}{T_{q\cdot 0}}\left(1+\dfrac{n-1}{2}M^2\right)+\dfrac{1}{2}\right]^{0.68}}\frac{1}{\left(1+\dfrac{n-1}{2}M^2\right)^{0.12}} \tag{16-7}$$

式中：$T_{q\cdot 0}$，$T_{b\cdot q}$ 表示当地燃气流的滞止温度，气壁面温度和马赫数；n 为过程指数。

图 16-12 示出了不同的$(T_{b\cdot q}/T_{q\cdot 0}, n)$下的 σ 值。

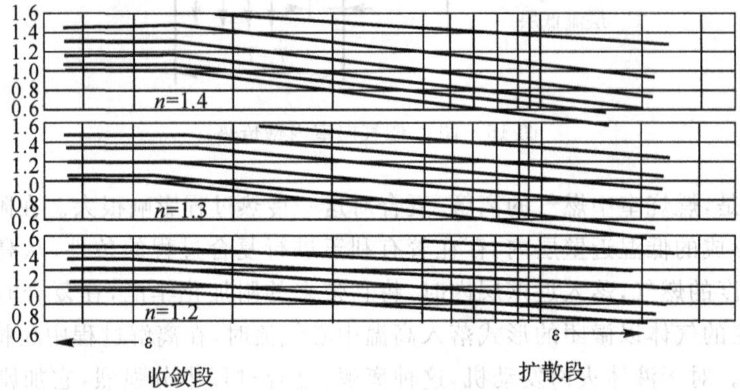

图 16-12　$(T_{b\cdot q}/T_{q\cdot 0}, n)$下的 σ 值

对某些燃气混合物，如没有现成的 Pr，$\mu_{q\cdot 0}$ 值，可利用下面的近似公式估算：

$$Pr=4n/(9n-5) \tag{16-8}$$

$$\mu_{q\cdot 0}=1.208\times 10^{-8}\mu_\Sigma^{0.5}T_{q\cdot 0}^{0.6}\left[\frac{\text{kg}\cdot\text{s}}{\text{m}^2}\right] \tag{16-9}$$

式中，μ 为燃气假想分子量(kg/mol)。

对于几何尺寸一定的推力室，当根据 P_{k0} 和燃烧室边区混合比 K 计算得到 $T_{q\cdot 0}$，β_k，μ_Σ，C_p 和 n 等参数后，便可根据给定的 $T_{b\cdot q}$ 值，按公式 $q_C=\alpha_q(T_{q\cdot 0}-T_{b\cdot q})$ 求得对流热 q_C 的值。

一般情况，按式(16-6)计算得到的 α_q 值和实际值是较符合的。如果燃气的主要成分是

强辐射体，近壁处有强烈的离解、复合反应，或出现了强烈的高频振荡，则计算值会低于实际值；如果燃烧室中燃烧得很不完全，或者在室内壁上有较厚的积炭层增加了热阻抗，则此时计算值又可能高于实际值。存在积炭层时的换热系数可用 α_{qC} 表示，则有

$$\alpha_{qC}=\frac{1}{\dfrac{1}{\alpha_q}+R_C} \tag{16-10}$$

式中：R_C 为固体积炭层造成的热阻 $\left[\dfrac{m^2\cdot s\cdot K}{kCal}\right]$。

2. 直接计算对流热流的分析式

苏联学者 B·M·伊耶夫列夫在气动原理的基础上，经过一系列简化假设，对附面层进行了复杂的理论计算，推导出了较为实用的可直接计算喷管部分对流热 q_C 的公式。这一公式中着重考虑了附面层内物理参数的变化，尤其是离解、复合对换热的影响。这一公式的最终形式为

$$q_C=\frac{450\beta(1-\beta^2)^6P_{k0}C_p(T_{q\cdot 0}-T_{b\cdot q})\times 10^6}{\sqrt{RT_{q\cdot 0}}\,b_T^2\psi_T^2}\left[\frac{kCal}{m^2\cdot h}\right] \tag{16-11}$$

式中：$T_{q\cdot 0}$，R 为近壁层中燃气的滞止温度(K) 和气体常数 $\left[\dfrac{kgf\cdot m}{kg\cdot K}\right]$，并认为沿整个推力室为定值；$C_p$ 为定压比热 $\left[\dfrac{kCal}{kg\cdot K}\right]$，取值温度为 $\dfrac{T_{q\cdot 0}+T_{b\cdot q}}{2}$；$\beta^2=\dfrac{u^2}{2C_pT_{q\cdot 0}}$ 为无量纲综合参数，为燃气速度 u 的函数。在进行换算时，常假定燃气流动为一元的，因此 β 值只是相对直径 $\overline{D}=\left(\dfrac{D}{D_*}\right)$ 的函数；$b_T=1+1.5\dfrac{T_{b\cdot q}}{T_{q\cdot 0}}$ 为燃气面壁温 $T_{b\cdot q}$ 的函数(见图 16-13)。

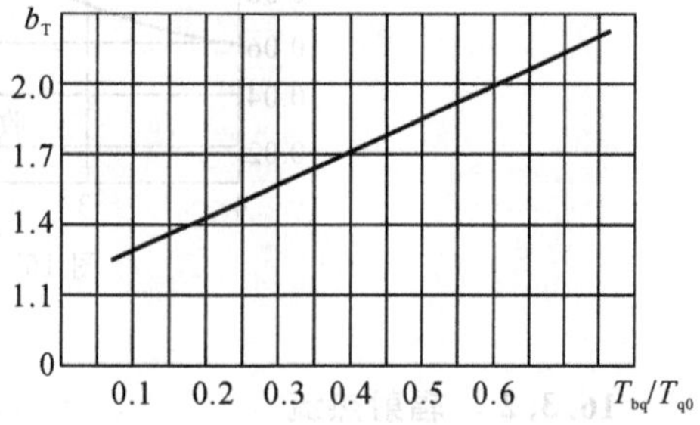

图 16-13　b_T - $T_{b\cdot q}/T_{q0}$ 关系图

$$\psi_T^2=15.8z_T^{0.13}$$

$$z_T=\frac{Re_0}{a_Tb_T^2}B=\frac{Re_0}{a_Tb_T^2\overline{D}^{1.2}}\left(\int_0^{\bar{x}}\frac{f(\overline{D})}{\cos\alpha}d\bar{x}+\frac{0.142\overline{L}_k}{\overline{D}_k^{0.8}}\right)$$

$$B=\frac{1}{D^{1.2}}\left(\int_0^{\bar{x}}\frac{f(\overline{D})}{\cos\alpha}d\bar{x}+\frac{0.142\overline{L}_k}{\overline{D}_k^{0.8}}\right)$$

式中，$\overline{L}_k=L_k/D_*$，$\overline{D}_k=D_k/D_*$ 为燃烧室相对长度和相对直径；$Re_0=\dfrac{1.107D_*P_{k0}\times 10_0^1}{\sqrt{RT_{q\times 0}}(\mu_{q\cdot 0}\cdot 10^6)}$ 为燃气的雷诺数，$\mu_{q\cdot 0}$ 为温度 $T_{q\cdot 0}$ 下燃气的黏度；$a_T=\left(1+\dfrac{\beta^2}{b_T}\right)^{4.14}\times\dfrac{(T_{b\cdot q}+0.04)^{2.616}}{4.14}$ 为综合参数；$f(\overline{D})=\beta(1-\beta^2)^6\overline{D}^{1.2}$(见图 16-14)；$\alpha$ 为喷管型面切线与推力室轴向的夹角；$\bar{x}=x/D_*$ 为沿喷管轴向的相对坐标。

将 ψ_T，Re_0 的表达式代入式(16-11)，并考虑到在 $\overline{T}_{b\cdot q}=\dfrac{T_{b\cdot q}}{T_{q\cdot 0}}=0.2\sim 0.8$ 范围内和任意 B 值时，$\dfrac{a_T^{0.13}}{b^{1.74}}$ 的值近似地等于 $\overline{T}_{b\cdot q}^{0.26}$，则式(16-11) 又可写成

$$q_C=\frac{450\beta(1-\beta^2)^6P_{k0}^{0.87}C_p(T_{q0}-T_{b\cdot q})a_T^{0.13}[(\mu_{q\cdot 0}\times 10^6)^{0.13}\cdot 10^6]}{B^{0.13}D_*^{0.13}(\sqrt{RT_{q\cdot 0}})^{0.87}\overline{T}_{b\times q}^{0.26}}\left[\frac{\text{kCal}}{\text{m}^2\cdot\text{h}}\right] \tag{16-12}$$

因 B 只是相对直径 $\overline{D}$ 的函数，所以对几何形状相似的发动机来说，对相应的相似截面，B 值是相等的。如果有一原始发动机，其参数已知(用注角"0"表示)，另一新发动机和其几何相似，则对相似截面，有关系式：

$$\frac{q_C}{q_{C\cdot 0}}=\left(\frac{P_{k0}}{P_{k00}}\right)^{0.87}\left(\frac{D_{*0}}{D_*}\right)^{0.13}\frac{S}{S_0} \tag{16-13}$$

式中
$$S=\frac{C_p(T_{q\cdot 0}-T_{b\cdot q})\mu_{q\cdot 0}^{0.12}}{T_{q\cdot 0}^{0.175}T_{b\cdot q}^{0.26}R^{0.435}} \tag{16-14}$$

S 是与推进剂性质、组元混合比及壁温有关的一个函数。

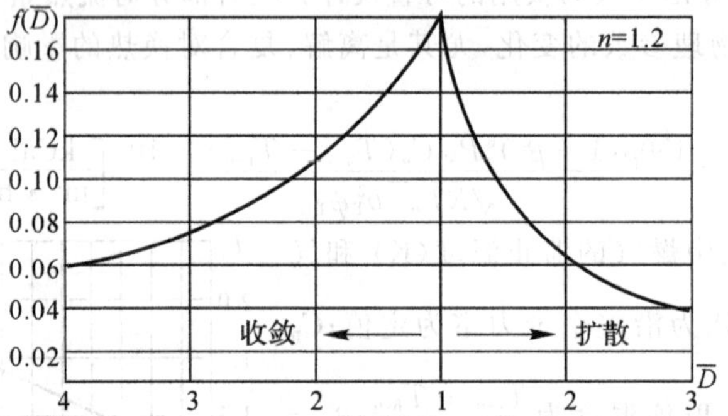

图 16-14　$f(\overline{D})-\overline{D}$ 关系图

16.3.2　辐射热流

高温高压燃气是辐射热的能源，这些能源以辐射的形式将热流传给较冷的推力室内壁。在液体火箭发动机中，主要辐射气体是水蒸气(H_2O)和二氧化碳(CO_2)，其他的燃气成分的辐射与这两种比较起来小到可以忽略不计。

气体的辐射与吸收能力主要取决于气体的分压 p_i 和辐射线平均行程的乘积，并认为与气体温度的 4 次方成正比。

一般认为燃烧室内的燃气成分是均匀的，燃烧室部分的辐射热流是一个定值。在喷注器面，认为 $q_r=0.25q_{r\cdot k}$，距喷注器面 50～100 mm 达到稳定值 $q_{r\cdot k}$。在喷管部分辐射热流可按以下规则计算：

在收敛段：在截面直径 $D=1.2D_*$ 之前，认为辐射热流不变，与 $q_{r\cdot k}$ 相等，即 $q_r=q_{r\cdot k}$；

在临界截面处：$q_r=0.5q_{r\cdot k}$；

在扩散段：当截面直径 $D=2D_*$ 时，$q_r=0.12q_{r\cdot k}$；

当截面直径 $D=3D_*$ 时，$q_r=0.05q_{r\cdot k}$；

当截面直径 $D=4D_*$ 时，$q_r=0.03q_{r\cdot k}$。

求得 $q_{r\cdot k}$ 后，按上述规则求得各截面的 q_r 值，连成一条光滑曲线，即为辐射热流沿推力室轴向的分布(见图 16-9)。

燃气传给燃烧室壁面的辐射热流由下式确定：

$$q_{r\cdot k}=\varepsilon_b C_0\left[\varepsilon_q\left(\frac{T_q}{100}\right)^4-A_q\left(\frac{T_{b\cdot q}}{100}\right)^4\right]\left[\frac{\text{kCal}}{\text{m}^2\cdot\text{h}}\right] \tag{16-15}$$

式中：ε_b 为室壁面的有效黑度，一般取 $\varepsilon_b = 0.8$；C_0 为绝对黑体的辐射系数，$C_0 = 4.96\left[\dfrac{\text{kCal}}{\text{m}^2 \cdot \text{k} \cdot \text{K}^4}\right]$；$T_q$ 为燃气温度（可用按平均混合比计算出的温度）；ε_q 为温度为 T_q 时燃气的黑度：

$$\varepsilon_q = \varepsilon_{H_2O} + \varepsilon_{CO_2} - \varepsilon_{H_2O}\varepsilon_{CO_2} \tag{16-16}$$

A_q 为 $T_{b\cdot q}$ 温度下燃气的相对吸收系数。

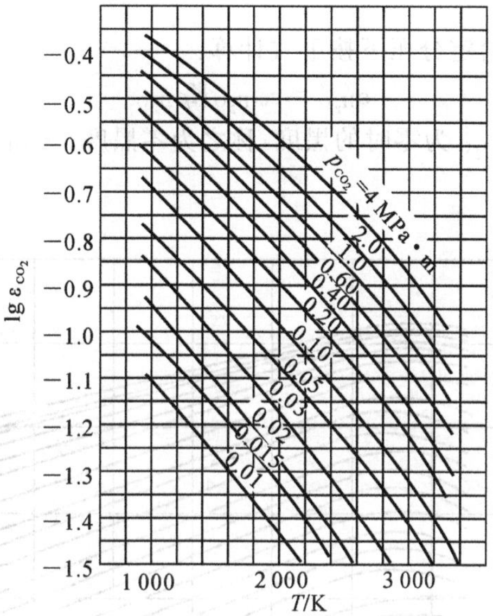

图 16-15　推力室相对长度示意图

因 T_q 和 $T_{b\cdot q}$ 的温差较大，所以式(16-15) 中与壁面辐射有关的第二项的数值很小，仅为第一项的 1.5% ～ 2%，可以忽略不计，则式(16-15) 可写成

$$q_{r\cdot k} = 4.96\varepsilon_b\varepsilon_q\left(\frac{T_q}{100}\right)^4 \tag{16-17}$$

由式(16-17) 可以看出，计算 $q_{r\cdot k}$ 的主要工作在于确定 ε_q 值。

研究表明，ε_q 不仅和燃气成分及辐射气体的形状（即分压 P_i 和气体辐射线的平均行程 L 的乘积）有关，而且与燃气压力的绝对值及其温度也有关系。

在实际应用时，认为不同气体“辐射容积”的几何形状和某个当量半球体相当，球体平底中心的辐射热流等于真实容积在该点所产生的实际辐射热流。这样当量球体的半径就决定了辐射线的平均行程，根据列・弗・弗罗洛夫的建议，对直径为 D_k 的圆柱形燃烧室，l 可采用下列值：

当 $l_k = D_k$ 时，$l = 0.6D_k$；

当 $l_k = 1.5D_k$ 时，$l = 0.75D_k$；

当 $l_k = (2 \sim 3)D_k$ 时，$l = 0.85D_k$；

当 $l_k \geqslant 4D_k$ 时，$l = 0.9D_k$。

图 16-16 给出了 $\varepsilon_{CO_2} = f(p_{CO_2}l, T_q)$ 的曲线。这些数据是在压力为 1 bar 下得到的，没有考虑压力对 ε_{CO_2} 的影响。

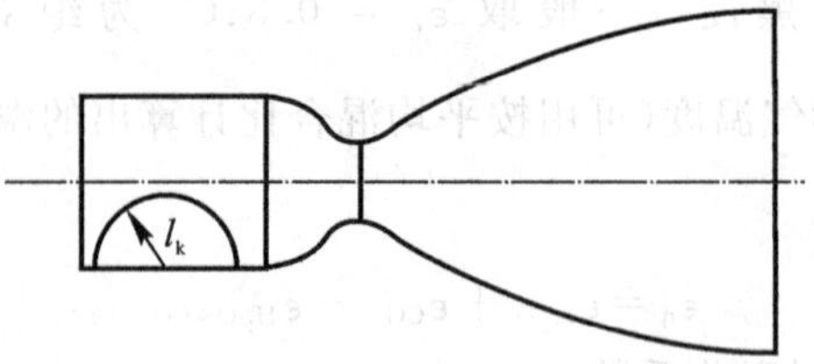

图 16-16　$\varepsilon_{CO_2} = f(p_{CO_2} \cdot l, T_q)$ 的关系曲线

水蒸气的黑度 ε_{CO_2}，在给定分压下按下式计算：

$$\varepsilon_{H_2O} = \varepsilon_{0 \cdot H_2O} K \rho_{H_2O} \tag{16-18}$$

式中：$\varepsilon_{0 \cdot H_2O}$ 为相应于分压 p_{H_2O} 为零时的黑度，称之为零黑度。$\varepsilon_{0 \cdot H_2O}$ 与 T_q 及乘积（$\rho_{H_2O} l$）的关系示于图 16-17。

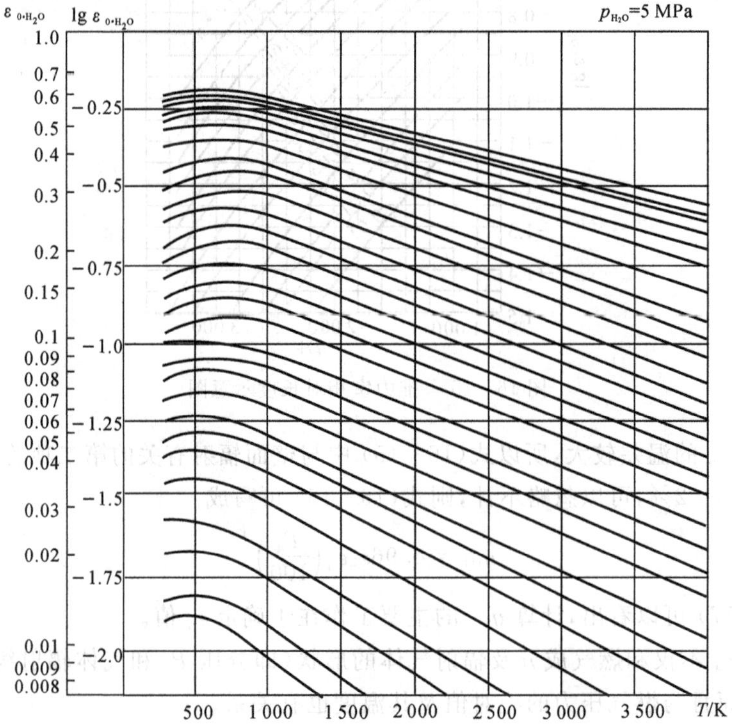

图 16-17　$\varepsilon_{0 \cdot H_2O}$ 与 T_q 的关系图

$K_{\rho H_2O}$ 为修正系数，它与 ρ_{H_2O} 及 $\rho_{H_2O} l$ 的关系如图 16-18 所示。

最后应该指出的是：

(1) 在高温下 CO_2 的辐射率远比水蒸气的辐射率小，且在液体火箭发动机中，燃气中的水蒸气的量要比 CO_2 大得多，所以 CO_2 辐射的热量据计算不超过全部辐射热量的 10%，因此在作近似计算时，可以忽略 CO_2 的辐射，只计水蒸气的辐射。

(2) 公式(16-15) 适用于燃气成分均匀的情况，而实际的燃烧室中，燃气成分沿横截面是不均匀的，在作精确计算时，应将中心区和近壁层分别计算，即

$$q_{r \cdot k} = \sum_{i=1}^{n} q_{r \cdot i}$$

式中：$q_{r\cdot i}$ 为由燃烧室中心到室壁间，不同燃气层的辐射热流值。

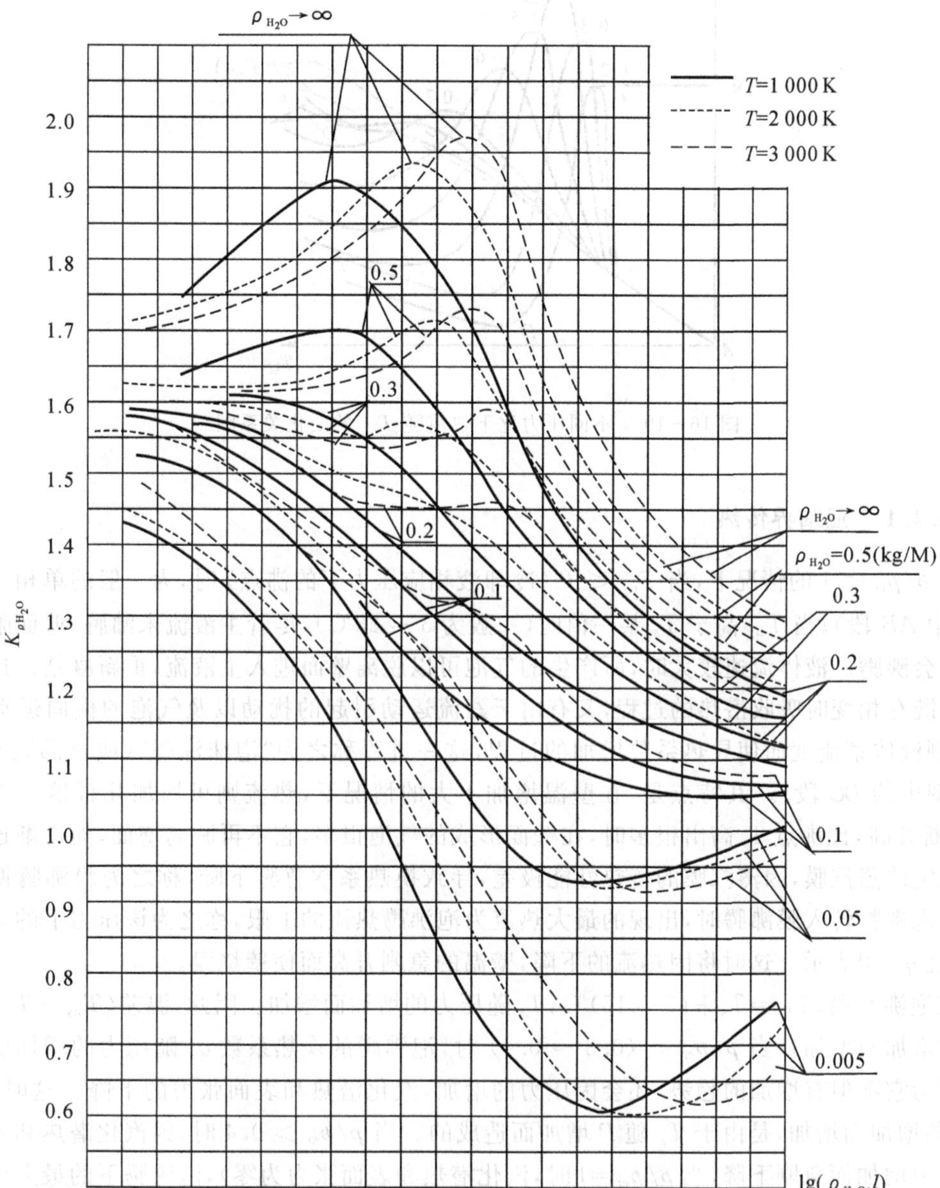

图 16-18　$K_{\rho H_2O}$，ρ_{H_2O} 和 $\rho_{H_2O}\cdot l$ 的关系图

16.4　液壁面向冷却液的传热

室壁和冷却液之间的换算形式取决于冷却液本身压力的大小和室冷壁温度 T_{by} 的高低。图 16-19示出了当冷却液的温度和流速一定时，不同压力比下（冷却液当地压力 p 与其临界压力 p_{cr} 之比），热流随 T_{by} 变化的关系。

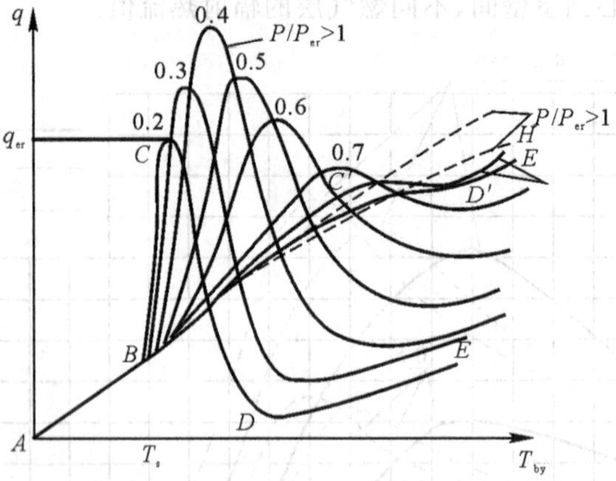

图 16-19　不同压力比下热流随 T_{by} 的变化关系图

16.4.1　亚临界传热

在 $p/p_{cr}<1$ 的情况下，当 $T_{by}<T_s$(冷却液相应压力下的沸点）时，为一般的单相对流换热(图中 AB 段)；当 T_{by} 高于 T_s 某一值时(一般为 5～25℃)，尽管主液流未沸腾，壁面附近的液体却会沸腾。液体流速较大时，所产生的气泡可以脱离壁面进入主液流，重新凝结。这时加热面上既有相变时吸收潜热的过程，又有由于紊流运动引起的扰动以及气泡的横向运动和凝结，加剧液体紊流度而使导热系数增加的过程，这一过程称之为"泡沫沸腾"(或核沸腾）换热过程(图中的 BC 段)。其特点是，在壁温增加不大的情况下，热流则可增加几百倍。当壁面 T_{by} 不断升高，比沸点 T_s 高出很多时，在壁面形成的气泡很多，它不再脱离壁面，而逐渐连成一个不稳定的蒸汽膜，因蒸汽膜的传热性能极差，导致换热系数急骤下降，称之为膜沸腾换热过程。由泡沸腾转入膜沸腾时，出现的最大热流为泡沸腾热流的上限，称之为该压力下的临界热流，暂且 q_{cr} 用表示。这时将因热流的下降，壁温的急剧升高而使壁烧毁。

在泡沸腾段，$T_{by}=T_s+(5\sim15)$℃，T_s 随压力的增加而增加。因此，温差($T_{by}-T_y$)也随压力的增加而增加。当 $p/p_{cr}<(0.3\sim0.4)$ 时，泡沸腾的换热系数 α_y 随压力的增加变化很小。因为它不但有增加的趋势，还会因压力的增加，汽化潜热和表面张力的下降。这时 q_{cr} 随 p/p_{cr} 的增加而增加，是由于 T_s 随 P 增加而造成的。当 $p/p_{cr}>0.4$ 时，因汽化潜热和表面张力随压力增加而急剧下降(当 $p/p_{cr}=1$ 时，汽化潜热和表面张力为零)，泡沸腾下的最大换热系数 α_y 也将随压力增加而下降，α_y 下降的速度比 T_{by} 增加的速度还要快，所以此时 q_{cr} 随压力增加而减小。

试验还证明，在压力较高的近临界区(即压力和临界压力较接近时)，在试件液壁上形成膜沸腾后，并不马上烧毁。由于气泡密度的增加，它使泡沸腾转入不稳定的膜沸腾，这时换热系数下降得不显著，膜沸腾下也还具有足够高的 α_y，因此在材料性能允许的情况下，热流达到较高的值，壁才烧毁(图 16-19 中，C' 跳过 D' 达到 E')，此时的热流称之为烧毁热流，用 q'_{cr} 表示，它与冷却液工作状态及材料性能有关。在压力较低时($p/p_{cr}<(0.3\sim0.4)$)，C 点的临界热流和烧毁热流比较一致，认为 $q_{cr}=q'_{cr}$。在高压下($p/p_{cr}>0.4$)，则 $q_{cr}<q'_{cr}$。对一般冷却液，q_{cr} 对应的 T_{by} 是较低的，因此可以适当提高 T_{by} 来得到较大的 q'_{cr}，只要产品的热流低于 q'_{cr}，产

品又可在相应壁温下可靠工作，膜沸腾状态下的传热是有可能采用的。

16.4.2　超临界换热

当 $p/p_{cr}>1$ 时，冷却液处于超临界压力下，如果壁面温度低于冷却液的临界温度，则没有沸腾发生，其传热情况和一般的单相对流换热情况十分相似，换热系数基本上为定值。当壁面温度接近于冷却液的临界温度时，有可能出现类似沸腾的所谓“伪沸腾”现象。此时壁温变化很小，换热系数和热流却能剧烈增加。因不少推力室的冷却液都是在超临界状态下工作的，这一特点便具有十分重要的意义。

16.4.3　换热系数和热流的计算公式

(1) 当 $p/p_{cr}<1, T_{by}<T_s$ 时，此时热流较低，温差较小，冷却液在附面层中的物理性质（C_{py},λ_y,μ_y 等）和主流一样，α_y 可通过下列准则方程计算，有

$$Nu=0.023Re^{0.8}Pr^{0.4}$$

上式展开整理后可得

$$\alpha_y=0.023\left(\frac{3600gC_{p\cdot y}\mu_y}{\lambda_y}\right)^{0.4}\left(\frac{\dot{m}d}{A\mu_y}\right)^{0.8}\frac{\lambda_y}{d}=$$

$$0.023\left(\frac{3600}{9.81}\right)^{0.4}\frac{\lambda_y^{0.6}C_{py}^{0.4}}{\mu_y^{0.4}}\frac{(\dot{m}g)^{0.8}}{A^{0.8}d^{0.2}}$$

$$-0.244\frac{\lambda_y^{0.6}C_{p\cdot y}^{0.4}}{\mu_y^{0.4}}\frac{(r_yu_y)^{0.8}}{d^{0.2}}\left[\frac{\text{kCal}}{\text{m}^2\cdot\text{h}\cdot\text{K}}\right] \tag{16-19}$$

式中，$\dot{m}=\rho_yu_gA=r_yu_yA$ 为冷却液质量流量(kgf/s)；ρ_y 为冷却液的密度(kg/m^3)；u_y 为冷却液在通道中的流速(m/s)；A 为冷却通道横截面积(m^2)；λ_y 为冷却液的导热系数$\left(\frac{\text{kCal}}{\text{m}\cdot\text{h}\cdot\text{K}}\right)$；$\mu_y$ 为冷却液的黏度$\left(\frac{\text{kg}\cdot\text{s}}{\text{m}^2}\right)$；$C_{p\cdot y}$ 为冷却液的定压比热$\left(\frac{\text{kCal}}{\text{kg}\cdot\text{K}}\right)$；$d=\frac{A}{\Pi}$ 为冷却通道当量直径，Π 为冷却通道横截面的周长（浸润周界）(m)。

(2) 当 $p/p_{cr}<1, T_{by}>T_s$ 时，一般只要计算 q_{cr} 或 q'_{cr} 就可以了。检验一下，实际推力室的最大热流如不超过 q_{cr}（或 q'_{cr}），则发动机便能在泡沸腾冷却状态下可靠工作。这时常常近似地认为 T_{by} 大致为一定值，即 $T_{by}\approx T_s$。

对于硝酸-27 和 N_2O_4，计算 q_{cr} 的经验公式可写成

$$q_{cr}=0.69\times10^6u_y^{0.88}(T_s-T_y)^{0.45}p^{-0.5}\left[\frac{\text{kCal}}{\text{m}^2\cdot\text{h}}\right] \tag{16-20}$$

(3) 在超临界情况下，尚没有较好的计算公式可以利用。通常利用真实的试验数据进行换算，换算公式可根据描述强迫对流换热各参数间关系的相似准则导出，参照式(16-3)和式(16-5)，可得

$$\frac{qd}{(T_{by}-T_y)\lambda_y}=a\left(\frac{\rho_yu_yd}{\mu_y}\right)^m\left(\frac{\mu_yC_{py}g}{\lambda_y}\right)^n$$

或者写成

$$E=\frac{qd^{(1-m)}}{(r_yW_y)^m}=a(T_{by}-T_y)\left(\frac{\lambda_y^{(1-n)}C_{py}^n}{\mu_y^{(m-n)}}\right)g^{(n-m)}$$

可以看出，E 为冷却液物理性质和温度的函数，在一定的压力下，流体的物理性质与温度有关，所以可认为 E 基本上是温度的函数，即

$$E=f(T_{by},T_y)$$

对于同一流体，当液体的压力和温度（T_{by}，T_y）不变时，E 为一常数，即

$$\frac{qd^{(1-m)}}{(r_y u_y)^m}=\frac{q_0 d_0^{(1-m)}}{(r_{y\cdot0} u_{y\cdot0})^m}$$

通过理论分析和实验验证，一般取 $m=0.8$，则上式可写成

$$q_1=q_0\left(\frac{r_{y1}u_{y1}}{r_{y0}u_{y0}}\right)^{0.8}\left(\frac{d_0}{d_1}\right)^{0.2} \tag{16-21}$$

式中：注脚“0”表示实验时所取参数，注脚“1”表示计算条件所具有的参数，当 T_y 变化不大，且使 T_{y0} 和 T_{y1} 大致相等（$r_{y0}=r_{y1}$）时，实验曲线常作成图 16-20 所示的形式。

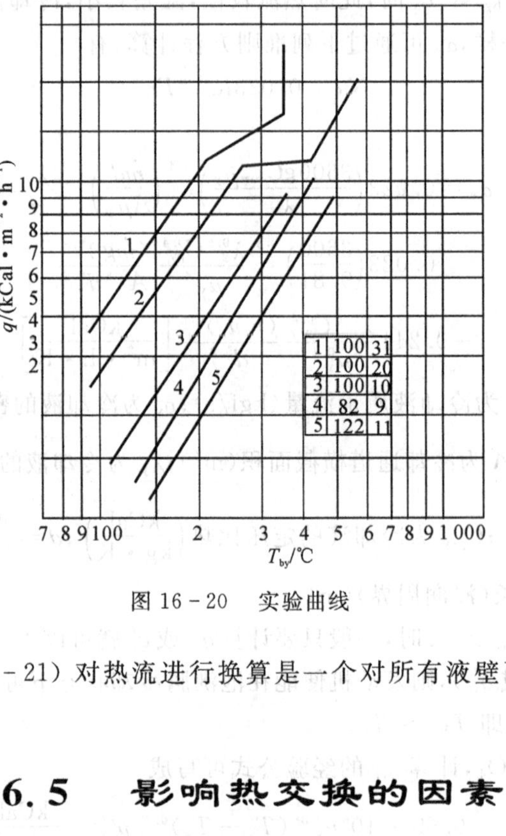

图 16-20　实验曲线

一般说来，采用式(16-21) 对热流进行换算是一个对所有液壁面传热状态都适用的好方法。

16.5　影响热交换的因素

由上述的分析可以看出，推力室内换热的物理过程很复杂，影响热交换的因素也很多。归纳起来主要有以下几方面。

(1) 冷却液的物理性能。冷却通道内的压力为定值时，冷却液的导热性越好，比热、密度越大，沸点越高，黏性越小，冷却效果越好。

(2) 冷却液在通道中的流速。u_y 增加可使液壁面附近的层流底层由厚变薄，冷壁向冷却液的传热强度增大（即 α_y 增大）。因 $T_{by}=T_y+\dfrac{q}{\alpha_y}$，所以在同样的 T_y 和 q 下，α_y 的增加导致 T_{by} 的减小 。又因 $T_{bq}=T_{by}+\dfrac{q\delta}{\lambda}$，则当壁的热传导系数 λ、壁的厚度 δ 和热流 q 不变时，T_{by} 的减小

使 T_{bq} 随之减小。增大 u_y 可使冷却效果提高。

(3) 液壁温度。推力室液壁温度 T_{by} 的高低决定了液壁向冷却液的传热状态。当 T_{by} 高于通道中当地压力下冷却液的沸点 T_s 时，可产生冷却效果好的“泡沸腾”和冷却效果差的“膜沸腾”两种传热状态。

(4) 室壁的厚度和材料的导热性能。由式(16-2)可以看出，室壁材料的导热性好(λ 大)，且把室壁做得很薄，可以提高冷却效果。导热性好的薄壁结构，可以使传热状态在较低的 T_{bq} 下达到稳定。T_{bq} 降低有利于减少壁的热应力。如温差不变，则允许有较大的热流通过。也就是说，选择导热性好的材料和减薄壁厚可以提高近壁层的混合比值，使喷注器混合效率提高，从而减少了因组织低温近壁层所引起的比推力损失。

室壁采用高温下强度较好的材料对冷却有利，因为室壁所允许的温度愈高，温差($T_{q\cdot 0}-T_{bq}$)就越小，q 也就愈小。

(5) 燃烧室内压力。p_{k0} 对换热强度有很大的影响。因 p_{k0} 增大时，燃烧室中流动气体的密度增大，(ρu)增大，由气体传给室壁的热量增加，p_{k0} 改变两倍，可使 q_C 改变1.8倍多。p_{k0} 增大，p_{H_2O} 和 p_{CO_2} 也相应增大，传给室壁的辐射热流 q_r 也增加，q_C 和 q_r 的增加，将导致壁温升高。

(6) 燃气温度。T_q 的升高，可使 q_C 和 q_r 变大，也会产生与 p_k 提高同样的效果，使壁温升高。

(7)推力室的几何尺寸。推力室的绝对尺寸对传热有一定影响，但不甚显著。例如，临界截面直径改变3倍，导致热流改变大约1.09倍，直径增大，热流减少。

谭永华——中国航天液体动力“掌门人”

谭永华，中国液体火箭发动机专家、研究员。二十多年来，他先后参与并组织领导了我国多种重点型号液体火箭发动机的研制工作，为我国航天事业的发展和国防技术现代化建设做出了重要贡献，业界称其为“中国航天液体动力掌门人”。

涡轮泵是液体火箭发动机的心脏，其发展也经历了一系列磨难。1997年，在试车的过程中，用于载人航天工程的二级火箭发动机发生猛烈爆炸，能否找出爆炸的原因，直接关系到整个载人工程的总体发展，任务就像横在谭永华和他同事面前的天堑，压力撕扯着研制人员的内心，整整36个小时，谭永华他们没有合过眼，山沟里夜晚寒冷的天气映衬着他们的焦灼、分析、争论、研究的画面。终于，功夫不负有心人，谭永华他们经过努力，发现爆炸是由于发动机涡轮盘出现裂纹所致。对于这个隐患，谭永华他们没有让其轻易地通过，本着举一反三的精神，他们果断地进行了追查，结果发现在以往的发动机涡轮盘上居然也存在着不同程度的裂纹，就这样一起重大质量隐患被严谨的工作逼出水面，经过改进，发动机的可靠性、安全性得到了很大提高，完全满足载人飞行要求。

但在液体火箭发动机的研制过程中，依然经历了许多波折，2001年曾连续出现四次重大失利，给整个研制工作造成了极大的压力，他带领研制人员潜心研究，吃透技术，克服了一个又一个困难，自己也从一名普通的设计员逐步成长为我国唯一的液体火箭发动机研究院院长。如果说人生是一条路，谭永华一路走来，那么他在这条路上留下的是一串笔直而又坚实的足迹。

第 17 章　涡轮泵原理

17.1　涡轮泵基本组成和总体方案

在泵压式液体火箭发动机中，涡轮泵装置用来将推进剂组元按一定的流量和压力，持续不断地输送到推力室中燃烧。涡轮泵一般由氧化剂泵、燃烧剂泵和涡轮三个部件组成。两个泵是由涡轮带动高速旋转给液体增压。涡轮是由气体发生器产生的高温高压气体来吹动的。

液体火箭发动机对涡轮泵装置的要求：①涡轮泵能稳定工作，保证发动机工作时需要的推进剂组元的流量和压力；②结构紧凑，尺寸小、质量小；③密封可靠，能满足高温和超低温，易燃、易爆和强腐蚀介质的严格的密封要求；④工艺性能好，维护使用方便。

涡轮与泵之间的配置方式，取决于所输送的推进剂，也取决于发动机总体系统的设计，本节介绍几种国、内外已经采用的总体方案。

图 17－1 所示为涡轮在中间，氧化剂泵和燃烧剂泵在两侧，在泵和涡轮之间采用两个滚动轴承支撑的同轴方案。这种方案支点距离近，刚性好，推进剂组元分别从轴的两端进入泵内，流动条件好，液压产生的轴向力可以部分抵消。

图 17－2 所示为涡轮放在一边的单轴双支点方案，这种方案是燃烧剂泵在中间，把涡轮和氧化剂泵隔开，两泵进口相对，所有转动件同轴，这样可以减小高温部件——涡轮——对低沸点组元的影响；另外，涡轮工质是富油燃气，可防止氧化剂渗漏，串腔与富油燃气补燃而造成烧坏涡轮或爆炸事故发生；两泵进口相对，可以部分地抵消液压产生的轴向力；单轴传动使得结构简单，尺寸小，质量轻。

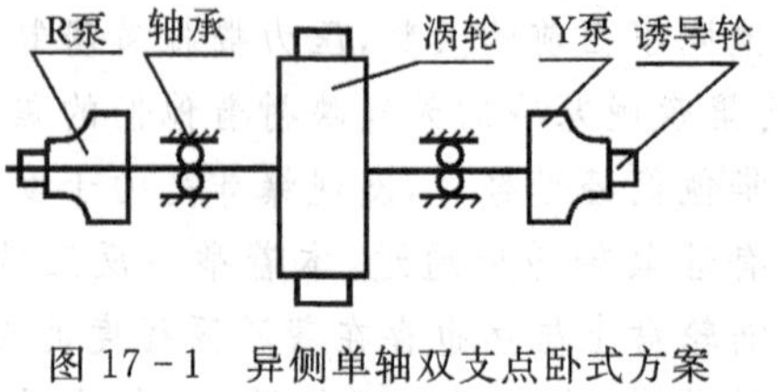

图 17－1　异侧单轴双支点卧式方案

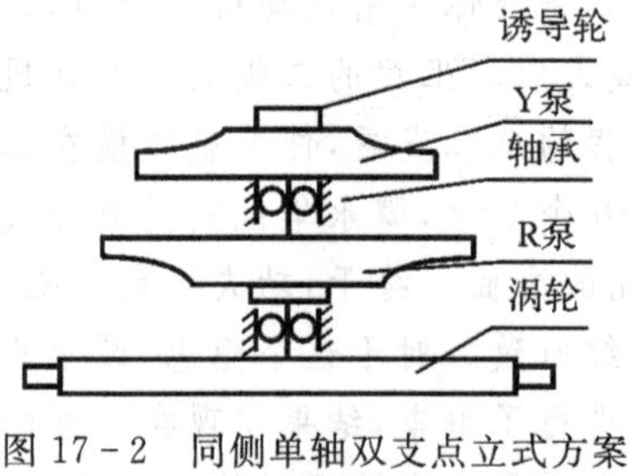

图 17－2　同侧单轴双支点立式方案

图 17－3 与图 17－2 基本相同，不同之处是在两泵之间安装一套齿轮传动装置，用来带动外载荷，如带动伺服机构的油泵。图 17－4 和图 17－5 所示是两轴同心四支点方案。这种方案是燃烧剂泵与涡轮同轴，氧化剂泵在单独一根轴上，该轴用联轴器与涡轮泵相连接。联轴器用来传递转矩，而且有隔热作用，这样使低温组元泵的抗汽蚀性能得到改善，使常温组元泵不会冻结；但这种泵结构复杂，尺寸和质量大。图 17－4 与图 17－5 所示方案不同之处是在燃烧剂泵端有一套齿轮传动装置，用来带动外载荷。

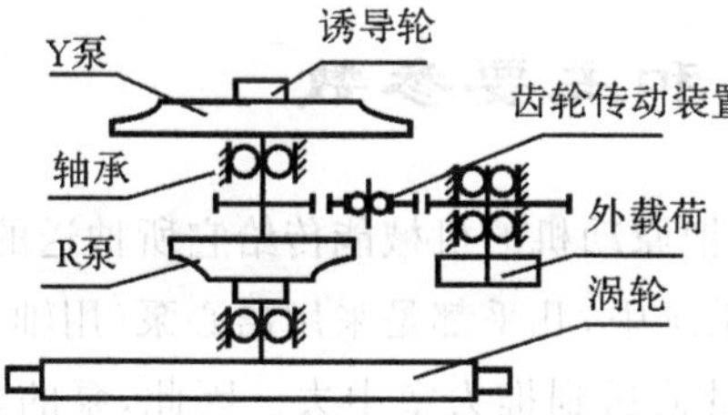

图 17-3　单轴双支点带外载荷方案

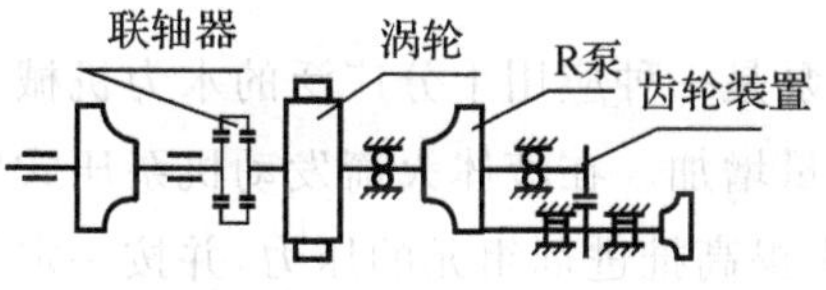

图 17-4　两轴四支点方案

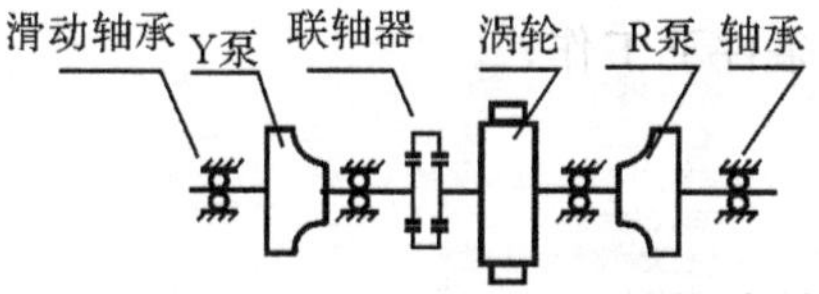

图 17-5　两轴四支点方案

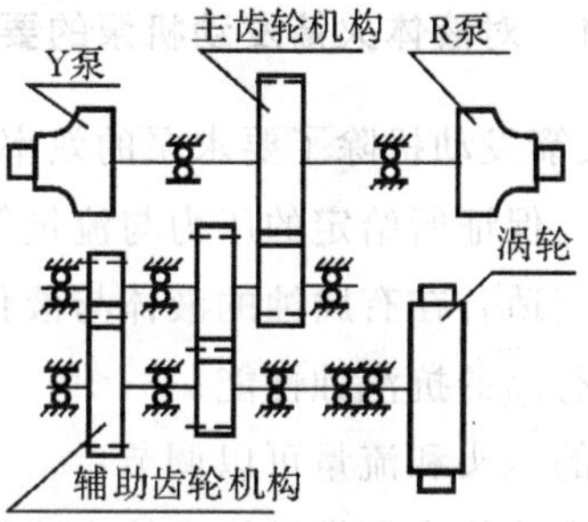

图 17-6　三轴多支点方案

图 17-6 所示是三轴多支点齿轮传动方案，这种方案是涡轮在两泵一侧，用齿轮装置带动两个泵转动。氧化剂泵和燃烧剂泵各位于齿轮箱的一侧，背靠背地装在一个共同的轴上，这样可以抵消液压引起的轴向力。

另外，还有双轴涡轮顺次排列的传动方案[见图 17-7(a)]、双轴涡轮平行排列的传动方案[见图 17-7(b)]、涡轮在中间的齿轮传动方案[见图 17-7(c)]、一个泵由齿轮传动的传动方案[见图 17-7(d)]等。

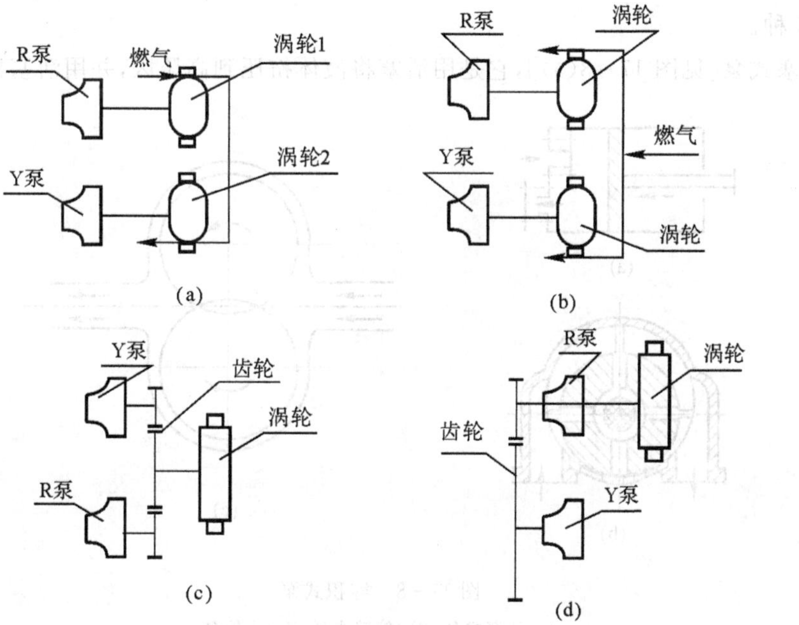

图 17-7　其他方案

17.2 泵的类型和主要参数

离心泵是一种应用十分广泛的水力机械，它能把原动机的机械能传给它所抽送的液体，使液体的能量增加。在液体火箭发动机泵压式供应系统中，几乎都是采用离心泵（用轴流泵作为预压泵）来提高推进剂组元的压力，并按一定的流量输送到推力室中去。因此，泵的性能好坏对发动机推力的稳定、燃烧过程的质量等都有很大的影响。

17.2.1 对液体火箭发动机泵的要求

液体火箭发动机除了要求泵的效率高，外廓尺寸和质量小，工作可靠，在制造和使用最经济的条件下，保证所给定的压力与流量等一般要求外，还要满足以下特殊要求。

(1)泵能适合在有腐蚀的液体与液化气体的条件下工作；

(2)具有高的抗汽蚀性能；

(3)泵的压头和流量可以调节；

(4)泵在液体火箭发动机系统中工作时应该性能稳定；

(5)启动加速性好；

(6)泵的出口压力和流量波动小。

17.2.2 泵的分类及优缺点

泵可分为容积式泵、射流泵和叶片式泵三大类。

1. 容积式泵

容积式泵是按挤压作用进行工作的，它是用某种运动的机构来排挤液体。常用的容积式泵有以下3种。

(1)活塞式泵[见图17-8(a)]，它是用活塞将液体挤压到高压区，并用活塞抽吸液体。

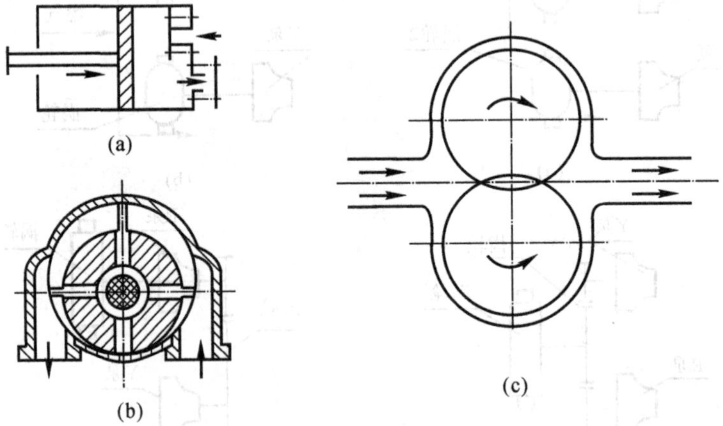

图17-8 容积式泵

(a)活塞式泵；(b)旋转式泵；(c)齿轮泵

(2)齿轮泵、螺杆泵等[见图 17-8(b)]，它们是由齿轮或螺杆等做成的转子以不大的间隙在壳体中旋转，把从吸入腔中取得的液体放在齿与壳体之间的空腔中，然后排到高压腔内。

(3)旋板泵(又称滑片泵)，它的结构[见图 17-8(c)]是几个叶片在偏心旋转的转子的径向槽中移动，叶片把从吸入腔中取得的液体输送到高压腔中。

容积式泵的优点是：能够得到高的压头，流量不随供应的压力而变化，效率高。但其缺点是：质量和外廓尺寸较大；磨损大，转速低，流量受到了限制；不适于在腐蚀性液体中长期工作；由于表面的摩擦会产生局部过热，不适于压送易于汽化的液体。

容积式泵的应用范围一般是小流量和高压头。

2. 射流泵

射流泵(见图 17-9)，又称引射泵。它是由中心喷管排出的中心射流使外套中的液体加速。其优点是：结构简单，质量轻。其缺点是：效率低，压头小，有时易发生汽蚀。

3. 叶片式泵

叶片式泵如图 17-10 所示，主要分离心泵和轴流泵两种。在液体火箭发动机中，离心泵作为主泵，轴流泵作为前置泵。叶片式泵的优点是：转速高，压头高，流量大，运动部件少，结构质量轻，外廓尺寸小；由于叶轮和壳体之间间隙大，不易造成摩擦生热；能够在高、低温以及腐蚀介质中工作；可以用电机和涡轮来传动。其缺点是：当进口压力小时，会发生汽蚀，从而影响正常工作，当流量变化时其压头会改变。

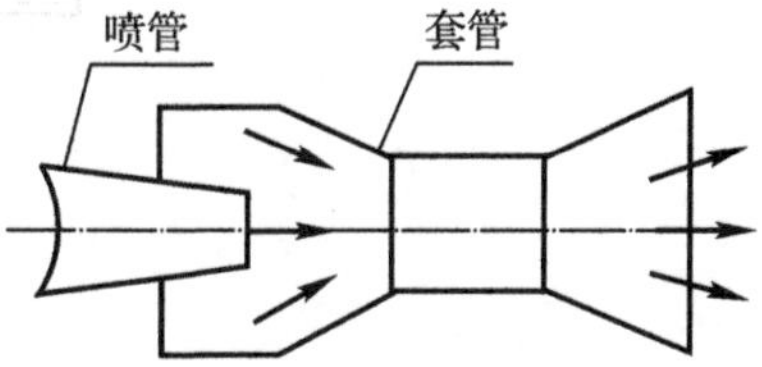

图 17-9　射流泵

由于离心泵最能满足对液体火箭发动机输送系统提出的要求，因此，目前在液体火箭发动机输送系统中广泛地采用离心泵。

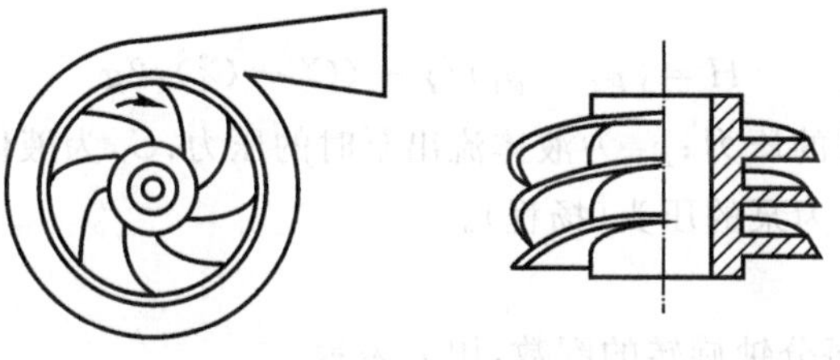

图 17-10　叶片式泵

(a)离心泵；(b)轴流泵

17.2.3　离心泵的基本参数

1. 流量

泵在单位时间内所抽送的液体体积或质量(也就是单位时间内流过的液体体积或质量)叫做泵的流量，有

$$Q=G/\gamma=\dot{m}/\rho \tag{17-1}$$

式中：Q 为容积流量；G 为质量流量；γ 为液体的重度；$\dot{m}$ 为质量流量；ρ 为密度。

2. 压头

压头又称扬程，每一单位质量的液体通过泵后其能量的增加值称为泵的压头。用 H 表示泵的压头，其单位是 m。它表示泵所压送液体的液柱高度。

根据能量方程，液体流入泵时和液体离开泵时所具有的能量为（见图 17－11）

$$E_1 = Z_1 + p_1/\gamma + C_1^2/2g$$

$$E_2 = Z_2 + p_2/\gamma + C_2^2/2g$$

式中：p_1/γ 为单位质量液体进入泵时（1—1 截面处）的压力势能；Z_1 为液体进入泵时具有的位能，即液位高度；$C_1^2/2g$ 为单位质量液体进入泵时所具有的动能；p_2/γ 为单位质量液体流出泵时（2—2 截面）所具有的压力势能；Z_2 为液体流出泵时所具有的位能，即液位高度；$C_2^2/2g$ 为单位质量液体流出泵时所具有的动能。

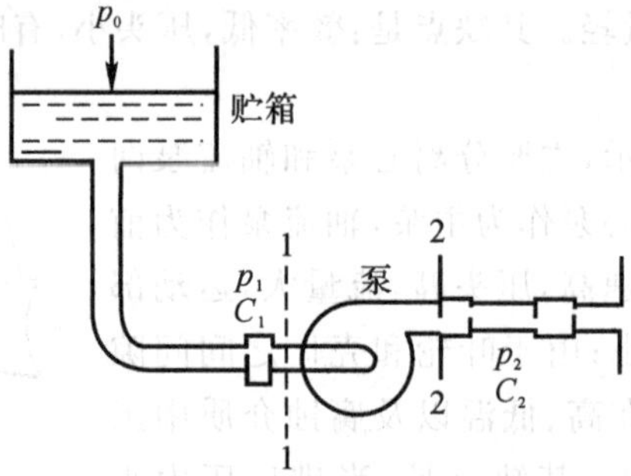

图 17－11　泵的压头计算示意图

泵传给单位质量液体的能量为

$$H = E_2 - E_1 = (Z_2 + p_2/\gamma + C_2^2/2g) - (Z_1 + p_1/\gamma + C_1^2/2g)$$

设 $Z_1 = Z_2$，则

$$H = (p_2 - p_1)/\gamma + (C_2^2 - C_1^2)/2g \tag{17-2}$$

式中：p_1 为液体进入泵时的压力；p_2 为液体流出泵时的压力；C_1 为液体进入泵时的流速；C_2 为液体流出泵时的速度；H 为泵的压头（扬程）。

3. 转速

泵的转速就是指泵每分钟旋转的圈数，用 n 表示。

4. 功率

泵的轴功率就是原动机（如涡轮）输送给泵的功率，以 N_s 表示。

泵的有效功率是指单位时间内流过泵的液体从泵那里所获得的能量，即将流量为 $\dot{m}$ 的液体输送到 H(m) 高时所做的功，用 N_u 表示。

$$N_u = \dot{m}gH = \rho gQH \tag{17-3}$$

由于泵内存在各种损失，所以泵不可能把原动机输入的功率完全传递给液体，损失的大小一般用总效率 η 表示。

泵的效率为有效功率与轴功率之比，即

$$\eta = N_u/N_s$$

故

$$N_s = N_u/\eta = Q\gamma H/\eta \tag{17-4}$$

5. 泵的损失和效率

(1) 机械损失和机械效率。泵中有轴与轴承、轴与密封装置的摩擦，叶轮转动时，叶轮的前后盖板在液体中转动与液体产生的摩擦，这就消耗了一部分泵的轴功率，这部分损失的机械功率以 N_m 表示。

通常用机械效率来表示这种损失的大小，即

$$\eta_m = (N_s - N_m)/N_s = N_n/N_s \tag{17-5}$$

式中：N_s 为水力功率；$N_n = N_s - N_m$；η_m 为机械功率，一般 η_m 在 0.85 ～ 0.98 之间。

要提高机械效率，就必须减少机械损失，如降低叶轮两侧的表面粗糙度，另外就是使轴承有良好的润滑。

(2) 容积损失和容积效率。液体流过叶轮，由于叶轮对流体做功，使液体的能量增加，增压后的液体少部分经过对叶轮和泵壳之间的间隙(或通过轴上的密封装置) 流向低压区，这样所造成的能量损失称为容积损失，其大小用容积效率 η_v 来衡量，有

$$\eta_v = N_u/N'_u = QH\gamma/Q'H\gamma = Q/Q' = (Q' - \Delta Q_v)/Q' = 1 - \Delta Q_v/Q' \tag{17-6}$$

式中：η_v 为泵的容积效率；N_u 为泵的有效功率；N'_u 为通过叶轮的容积流量所计算得到的有效功率；ΔQ_v 为液体的渗漏量；Q' 为经过叶轮的液体流量；Q 为泵的容积流量(即泵出口真正得到的流量)。

(3) 水力损失和水力效率。液体在泵内流动过程中，液体和通道壁面的摩擦损失，液体内部微团之间的摩擦，由于流动液体的速度和方向改变时产生涡流，从而消耗了一部分能量，这就引起了泵中的水力损失，这种损失的大小用水力效率来衡量。

假设没有损失时泵的压头为理论压头，用 H_T 表示。H 表示实际压头，Δh 表示能量损失，于是水力效率可表示为

$$\eta_n = H/H_T = (H_T - \Delta h)/H_T = 1 - \Delta h/H_T \tag{17-7}$$

液体火箭发动机离心泵的水力效率 η_n 一般在 0.7 ～ 0.9 的范围内。

(4) 泵的总效率 η 为

$$\eta = \eta_n \eta_v \eta_m \approx 0.5 \sim 0.85$$

17.3 离心泵的基本方程

17.3.1 液体在离心泵叶轮内的流动

液体在泵的叶轮内流动是一个复杂的运动。液体相对于叶轮的运动是相对运动，其速度称为相对速度 $\boldsymbol{W}$；液体随叶轮相对于泵壳的运动，叫牵连运动，其速度为牵连速度 $\boldsymbol{U}$，而液体相对于不动泵壳的运动则为绝对运动，其速度为绝对速度 $\boldsymbol{C}$。则

$$\boldsymbol{C} = \boldsymbol{W} + \boldsymbol{U}$$

由此可以作出泵叶轮中的任一液体质点的 3 个向量 $\boldsymbol{C}, \boldsymbol{W}, \boldsymbol{U}$，而这 3 个速度向量组成一个三角形，称为速度三角形。只要知道 3 个速度中两个速度的大小和方向，速度三角形就可以画出。为了计算方便，把绝对速度分成两个分量，一个是与牵连速度 $\boldsymbol{U}$ 垂直的，以 C_m 表示，称为液体绝对速度的径向分速；另一个是与牵连速度平行的，以 C_u 表示，称为液体绝对速度的圆周分速(见图 17－12 和图 17－13)。

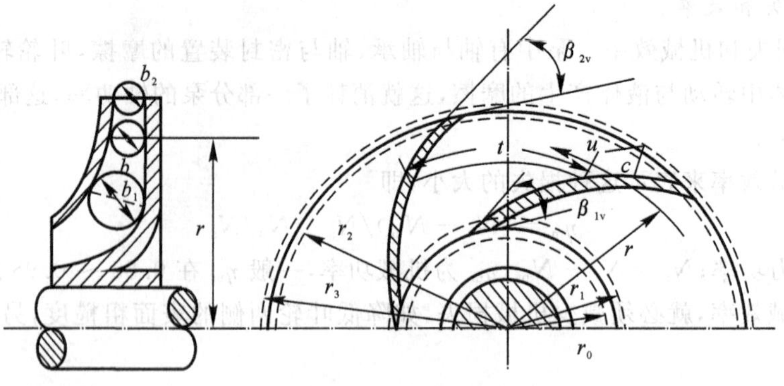

图 17-12　离心泵工作叶轮轴向视图

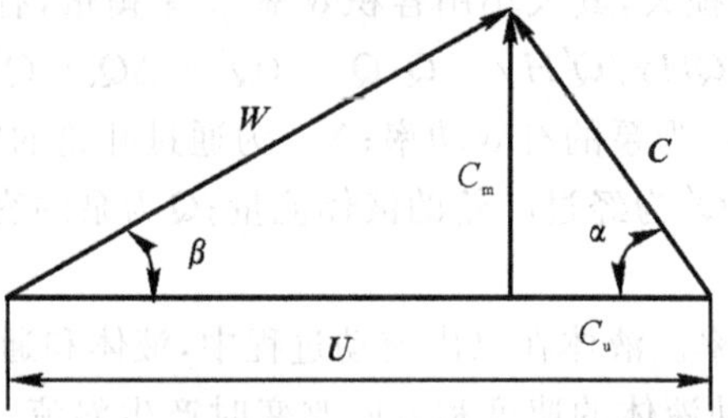

图 17-13　速度 **C** 的分解

图 17-12 是泵的轴向视图和径向断面图，为了研究方便规定 4 个截面：

(1) 半径为 r_0 的圆处，是液体即将进入叶轮叶片的截面；

(2) 半径为 r_1 的圆处，是液体刚进入叶片通道的截面；

(3) 半径为 r_2 的圆处，是液体刚流出叶片通道前的截面；

(4) 半径为 r_3 的圆处，是液体瞬时流出叶轮后的截面。

另外圆中的 α，β，β_v 和 t 分别表示：

α—— 绝对速度与圆周速度之间的夹角；

β—— 相对速度与圆周速度相反方向的夹角；

β_v—— 叶轮叶片切线与圆周速度相反方向之间的夹角，即叶片安装角；

t—— 节距。

速度三角形是分析泵的叶轮内液体流动规律的重要工具，所以着重分析一下叶轮进口和出口的速度三角形。

1．叶轮进口速度三角形

截面"1"处的圆周速度为

$$u_1 = \pi D_1 n/60 = \pi D_0 n/60 = u_0$$

对于进口无旋的泵，液体在叶轮进口处的绝对速度的圆周分速度等于零($C_u = 0$)。

"1"截面和"0"截面所不同之处，在于在"1"截面处叶片占据了一部分面积，使液流的流通面积减小了。由于通过叶轮的流量 Q' 不变，则流通面积减小，因此径向分速 C_{m1} 增加。

设
$$\varepsilon_1 = A_0/A_1 > 1 \tag{17-8}$$

式中：ε_1 为叶片入口面积收缩系数；A_0 为进入叶轮叶片之前液体流通通道的面积；A_1 为进入叶轮叶片之后液体流通通道的面积。

由于叶片占据了一部分面积，使 $A_1 > A_0$，所以 ε_1 是一个大于1的数值，通常 ε_1 在1.05～1.2之间。

进入叶片后的径向分速度为

$$C_{m1} = Q'/A_1 = \varepsilon_1 Q'/A_0$$

又因为

$$C_{m0} = Q'/A_0$$

所以

$$C_{m1} = Q'/A_1 = \varepsilon_1 Q'/A_0 = \varepsilon_1 C_{m0} \tag{17-9}$$

因为 $\varepsilon_1 > 1$，所以 $C_{m1} > C_{m0}$。根据 $u_1 C_{m1}$ 就得到了进入叶片之后，即“1”截面处的速度三角形，为了便于比较，将“1”截面和“0”截面的速度三角形画在一起（见图17-14）。

前面研究了进口无旋的特殊情况，即进口是轴向式和弯头式，即绝对速度的圆周分速 $C_u = 0$ 的特殊情况。如果进口有旋，即 $C_{u1} > 0$，则可根据进口的形式，画出一般情况下叶轮进口速度三角形（见图17-15）。

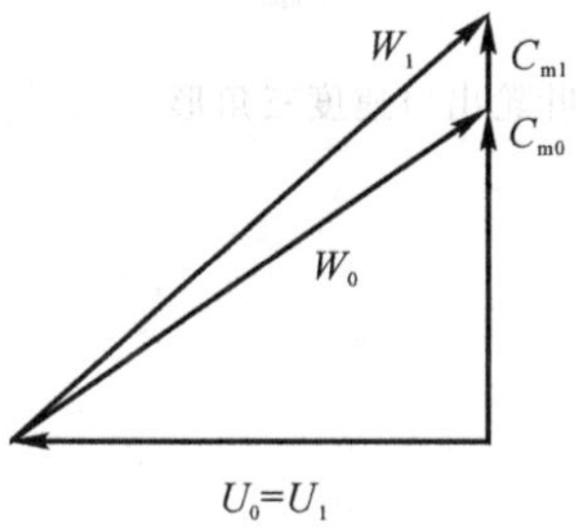

图17-14　进口无旋速度三角形

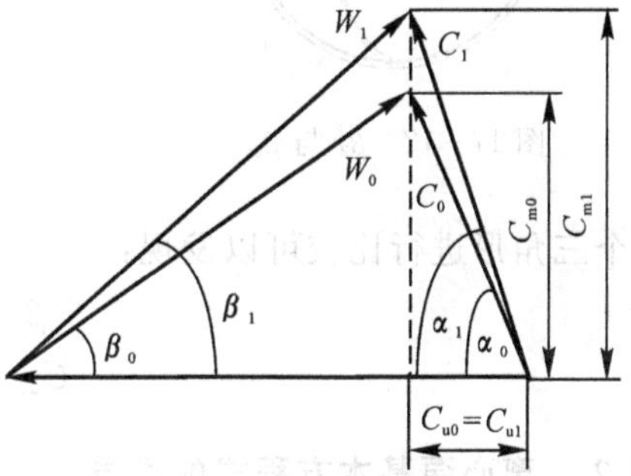

图17-15　进口有旋速度三角形

2. 叶轮出口速度三角形

要作叶轮出口处的三角形，需要求出叶轮出口处的圆周速度 u_2、出口处的径向分速度 C_{m2} 以及出口处的相对速度 W_2 的方向。

(1) 叶轮出口处的圆周速度为

$$u_2 = \pi D_2 n/60$$

式中：D_2 为叶轮出口处直径；n 为叶轮的转速。

(2) 叶轮出口处的径向分速度 C_{m2} 为

$$C_{m2} = Q'/A_2 = Q'/(\pi D_2 b_2)$$

式中：A_2 为叶轮出口处垂直于 C_{m2} 的叶轮流通通道面积；b_2 为叶片出口处宽度。

(3) 相对速度 W_2 的方向可近似地认为它是顺着叶片出口处叶片安装角 β_{2v} 的方向。这时引用了叶片数为无限多时的假设，因为只有叶片数目为无限多时，叶片厚度为无限薄时，这种理想情况下，液体在叶轮通道中的流动轨迹才与叶片的外形相重合，相对速度才顺着叶片的方向。在这种理想情况下，叶轮出口参数加注脚“∞”。这样由 $u_2 C_{m2} \beta_{2v}$ 就可以作出叶轮出口处的速度三角形（见图17-16）。

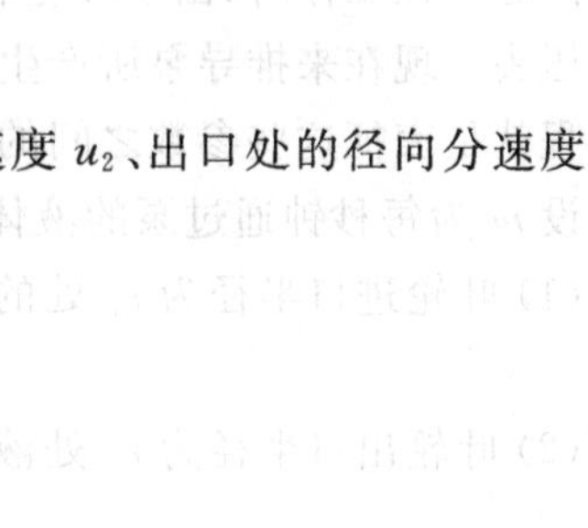

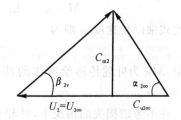

图17-16　叶轮出口速度三角形

实际上泵叶轮的叶片数目是有限的，只有与叶片直接接触的质点的相对轨迹才与叶片的外形相重合。在两叶片之间的液体，其运动轨迹并不和叶片形状一样。由于惯性的作用，液体的旋转运动的速度要小于叶轮旋转的速度。如图 17－17 所示，液体从叶轮流出的方向以箭头表示，它与圆周切线方向的夹角为 β_2。叶片出口处的安装角 β_{2v}，液体从叶轮叶片通道流出的方向比叶片的出口方向要相差一个角度 θ，即 $\beta_2 < \beta_{2v}$，叶片有限时，叶片出口处的速度三角形表示在图 17－18 上。同时也画出了叶片数目为无限多时叶轮出口速度三角形。

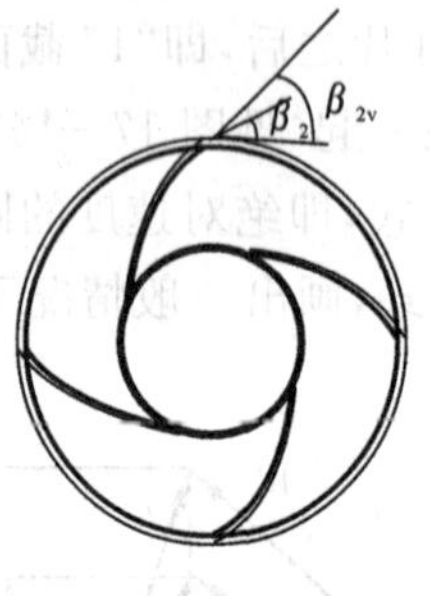

图 17－17　β_2 与 β_{2v}

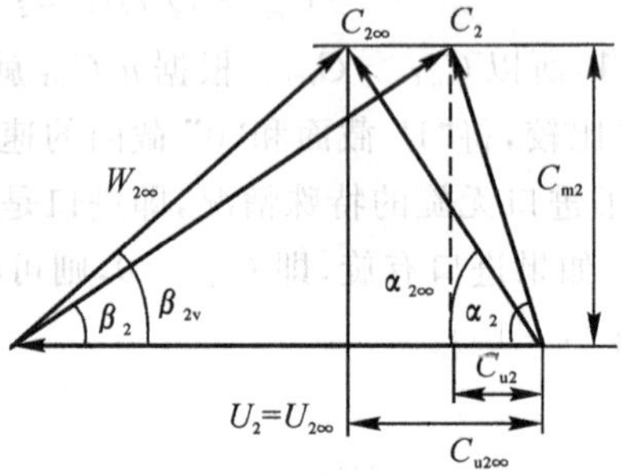

图 17－18　叶轮出口速度三角形

对两个三角形进行比较可以发现：

因为 $$\beta_2 < \beta_{2v}$$

所以 $$C_{u2} < C_{u2\infty}$$

17.3.2　离心泵基本方程式的推导

离心泵在工作时，由于叶轮转动，对液体做功，使液体的速度和压力增加，从而产生了所需要的压头。现在来推导泵所产生的压头的大小。此压头与液体的速度、压力有关系。泵的基本方程就是表征这些参数之间的数学表达式。

设 $\dot{m}$ 为每秒钟通过泵的液体的质量流量。

(1) 叶轮进口半径为 r_1 处的液流的动量矩为

$$L_1 = \dot{m}C_1\cos\alpha_1 r_1 = \dot{m}C_{u1}r_1 \tag{17-10}$$

(2) 叶轮出口半径为 r_2 处液流的动量矩为

$$L_2 = \dot{m}C_2\cos\alpha_2 r_2 = \dot{m}C_{u2}r_2 \tag{17-11}$$

(3) 根据动量矩原理知，单位时间流经叶轮液体的动量矩的变化等于叶轮在这个单位时间内对这部分液体作用的外力矩为

$$M = L_2 - L_1 = \dot{m}C_{u2}r_2 - \dot{m}C_{u1}r_1 = \dot{m}(C_{u2}r_2 - C_{u1}r_1) \tag{17-12}$$

将此式乘以角速度 ω 则为

$$M\omega = \dot{m}(C_{u2}u_2 - C_{u1}u_1) \tag{17-13}$$

式中：$M\omega$ 为叶轮传递给液体的功率；u_2 为 r_2 处的圆周速度，$u_2 = r_2\omega$；u_1 为 r_1 处的圆周速度，$u_1 = r_1\omega$。

在不考虑损失的情况下，叶轮传递给液体的功率 $M\omega$ 使得质量流量 $\dot{m}$ 的液体的压头提高了 H_T(m)。因为不考虑损失，这个压头为理论压头，有

$$M\omega = H_T \cdot \dot{m}g \tag{17-14}$$

由式(17－13)和式(17－14)得

$$M\omega = \dot{m}gH_T = \dot{m}(C_{u2}u_2 - C_{u1}u_1)$$

$$H_T = \frac{1}{g}(C_{u2}u_2 - C_{u1}u_1) \tag{17-15}$$

式(17－15)就是泵的基本方程式，它将泵的压头与液流的运动参数联系起来。

17.3.3　对泵的基本方程式的讨论

(1) 在叶片数目无限多，叶片厚度无限薄的理论情况下，泵的基本方程为

$$H_{T\infty} = \frac{1}{g}(C_{u2\infty}u_2 - C_{u1\infty}u_1)$$

由速度三角形(见图 17－18)可以看出 $C_{u2\infty} > C_{u2}$，所以 $H_{T\infty} > H_T$。

(2) 对于泵进口无预旋的特殊情况($C_{u1}=0$)，泵的基本方程式为

$$H_H = \frac{1}{g}u_2C_{u2}$$

(3) 叶片的数目为无限多，进口无预旋的情况下，有

$$H_{T\infty} = \frac{1}{g}u_2C_{u2\infty}$$

泵的基本方程直接表示了泵的压头和液流速度间的关系。但是液流速度的大小和方向与泵的叶轮的几何形状和尺寸有关系。所以泵的基本方程式间接地表示了叶轮的几何形状和尺寸对泵压头的影响。这就是泵的基本方程的物理意义。

17.3.4　叶片出口角对泵性能(压头)的影响

由于泵叶轮叶片出口角不同，可分为 3 种类型的叶片：

(1) 叶片的出口角 $\beta_{2v} < 90°$，称为后弯式叶片；

(2) 叶片的出口角 $\beta_{2v} = 90°$，称为径向式叶片；

(3) 叶片的出口角 $\beta_{2v} > 90°$，称为前弯式叶片。

图 17－19 表示了 β_{1v} 相同，而 β_{2v} 不同的叶轮简图。

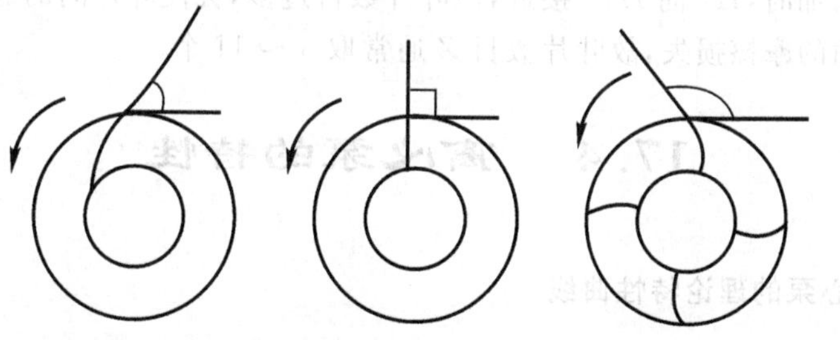

图 17－19　β_{1v} 相同，而 β_{2v} 不同的叶轮

由速度三角形(见图 17－20)可以看出，当 β_{2v} 增加时，速度 $C_{u2\infty}$ 增加，根据泵的基本方程式，可知泵的压头 $H_{T\infty}$ 增加，所以 β_{2v} 增大对泵压头的增加是有利的；但是，当 β_{2v} 增大时，绝对速度 C_2 也随着增加。由于不需要泵后的液体的速度太大，如果 C_2 过大，液流要在泵壳的锥形

扩散段中滞止下来，转化为静压力，这样会造成较大的能量损失(较严重的有液体的分离和涡流现象)。因此，为了增加泵的压头，必须合理选择 β_{2v}。对于液体火箭发动机常使用 $\beta_{2v}<90^\circ$ 的后弯式叶片的叶轮，叶片弯曲的方向与叶轮旋转的方向相反，一般取 $\beta_{2v}=20^\circ\sim40^\circ$。

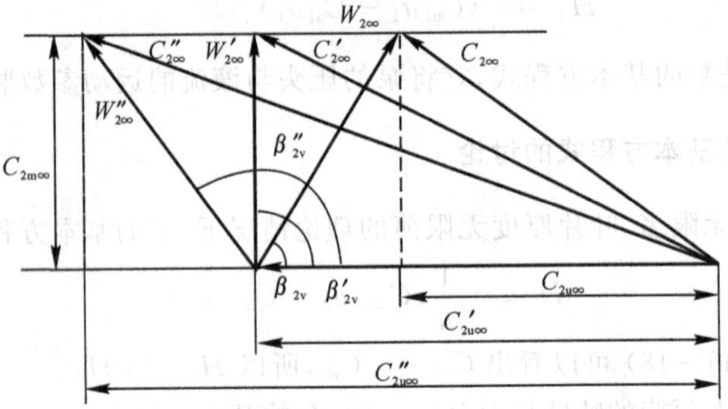

图 17-20　速度三角形

17.3.5　有限叶片对泵压头的影响

推导泵的基本方程时得到了当叶片数目有限时，泵的理论压头为

$$H_T=\frac{1}{g}(C_{u2}u_2-C_{u1}u_1)$$

在理想情况下叶片数目为无限多，叶片厚度为无限薄的情况下，泵的理论压头为

$$H_{T\infty}=\frac{1}{g}(C_{u2\infty}u_2-C_{u1\infty}u_1)$$

在理想情况下，液体通过叶轮，每一条流线都与叶片方向一致，即液流从叶轮流出来的方向与叶片安装角 β_{2v} 的方向一致。

实际上由于叶片数目有限，所以液体在叶轮通道的流动过程中，流动速度是不均匀的，有分离。由于惯性作用，液流从叶轮流出的液流角 β_2 偏离叶片的安装角 β_{2v}，$\beta_2<\beta_{2v}$，从而使得 $C_{u2}<C_{u2\infty}$(见出口速度三角形)。故有限叶片的理论压头小于 H_T 叶片无限多时的理论压头 $H_{T\infty}$。通常 $H_T/H_{T\infty}=0.65\sim0.75$。

当叶片数目增加时，H_T 向 $H_{T\infty}$ 接近，但叶片数目过多，会使叶片间的通道变得狭窄，从而增大了与叶片表面的摩擦损失，故叶片数目 Z 通常取 $5\sim11$ 个。

17.4　离心泵的特性

17.4.1　离心泵的理论特性曲线

在离心泵转速 n 不变的情况下，用曲线图表示出来泵的流量 Q 与泵所产生的压头 H 之间的关系，称为离心泵的 $H-Q$ 特性线，即泵的增压特性。

由离心泵的基本方程知道，当泵的入口无旋 $C_{u1}=0$ 时，无限多叶片的理论压头为

$$H_{T\infty}=\frac{u_2C_{u2\infty}}{g}$$

由叶轮出口的速度三角形知(见图 17-21),因为

$$C_{u2\infty}=u_2-\frac{C_{m2}}{\tan\beta_{2v}}$$

所以
$$H_{T\infty}=\frac{u_2}{g}(u_2-\frac{C_{m2}}{\tan\beta_{2v}})$$

而
$$C_{m2}=\frac{Q'\varepsilon_2}{\pi D_2 b_2}$$

则
$$H_{T\infty}=\frac{u_2^2}{g}(1-\frac{Q'\varepsilon_2}{u_2\pi D_2 b_2\tan\beta_{2v}}) \quad (17-16)$$

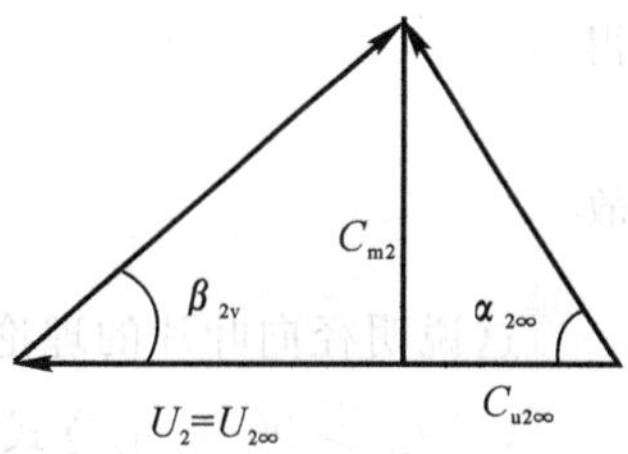

图 17-21 出口速度三角形

式中:ε_2 为叶片出口处截面收缩系数,$\varepsilon_2=1.05\sim1.2$。

对于同一泵,当转速 n 一定时,u_2 也一定,则式(17-16)可以确定出 $H_{T\infty}=f(Q')$ 的线性关系。

当泵的流量 $Q'=0$(即泵的出口活门关闭时,泵中仍有液体),泵工作时,仍产生很高的压头,即

$$H_{T\infty}=\frac{u_2^2}{g}$$

当叶片出口安装角 β_{2v} 不同时,其特性也不同(见图 17-22)。

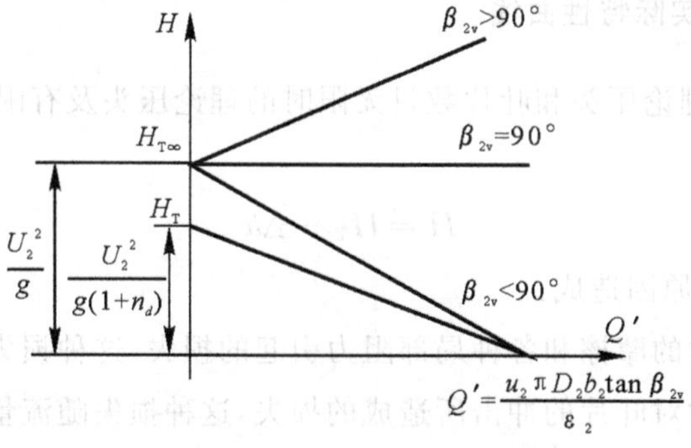

图 17-22 β_{2v} 不同时泵的增压特性

(1)$\beta_{2v}<90°$ 的后弯式叶片。因为

$$\beta_{2v}<90°$$

所以
$$\tan\beta_{2v}>0$$

则 $H_{T\infty}=f(Q)$ 为直线关系。

当 $H_{T\infty}=0$ 时,有
$$Q'=\frac{u_2\pi D_2 b_2\tan\beta_{2v}}{\varepsilon_3}$$

当 $Q'=0$ 时,有
$$H_{T\infty}=\frac{u_2^2}{g}$$

这说明后弯式叶片的理论压头 $H_{T\infty}$ 随流量 Q' 的增加而减小。

(2)$\beta_{2v}=90°$ 的径向式叶轮。因为

$$\beta_{2v}=90°$$

所以
$$\tan\beta_{2v}=\infty$$

得
$$\frac{Q'\varepsilon_2}{u_2\pi D_2 b_2 \tan\beta_{2v}}=0$$

故
$$H_{T\infty}=\frac{u_2^2}{g}\left(1-\frac{Q'\varepsilon_2}{u_2\pi D_2 b_2 \tan\beta_{2v}}\right)=\frac{u_2^2}{g}$$

这说明径向叶片的理论压头 $H_{T\infty}$ 不随流量而变化，是一条平行于横坐标轴的直线。

(3)$\beta_{2v}>90°$ 的前弯式叶片。因为

$$\beta_{2v}>90°$$

所以
$$\tan\beta_{2v}<0$$

则
$$H_{T\infty}=\frac{u_2^2}{g}\left(1-\frac{Q'\varepsilon_2}{u_2\pi D_2 b_2 \tan\beta_{2v}}\right)$$

这说明前弯式叶片的理论压头随流量的增加而增大。

(4) 后弯式无限多叶片的理论压头和有限多的理论压头的关系

$$H_T=\frac{H_{T\infty}}{1+n_d}=\frac{u_2^2}{g(1+n_d)}\left(1-\frac{Q'\varepsilon_2}{u_2\pi D_2 b_2 \tan\beta_{2v}}\right) \tag{17-17}$$

式中：n_d 为有限多叶片修正系数。

17.4.2 离心泵的实际特性曲线

叶片数目有限时的理论压头和叶片数目无限时的理论压头及有限叶片的实际压头和流量的关系(见图 17-23)为

$$H=H_T-\Delta h$$

Δh 损失是由于以下原因造成：

(1) 液体在流过泵时的摩擦和各种局部阻力引起的损失，这种损失随流量的变化而变化；

(2) 液体进入叶轮时对叶片的冲击所造成的损失，这种损失随流量的变化而变化。

增压特性曲线 $H=f(Q)$，功率特性曲线 $N=f(Q)$，效率特性曲线 $\eta=f(Q)$ 通常都是通过试验得到，如图 17-23 所示。

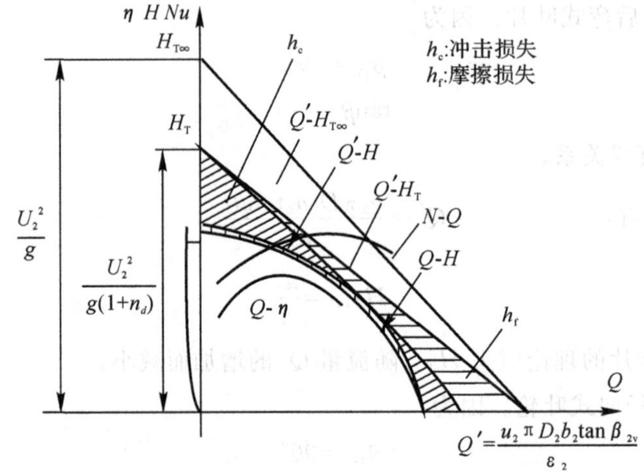

图 17-23　后弯式离心泵特性曲线

17.5　离心泵的比例定律

17.5.1　泵的比例定律

对于同一个泵，当转速变化时，泵的压头 H、流量 Q 及功率 N 随转速变化的规律就称为离心泵的比例定律。

设一个泵在转速为 n 时的压头为 H、流量为 Q、功率为 N，而同一个泵当转速为 n_1 时的压头为 H_1、流量为 Q_1、功率为 N_1。

作出离心泵叶轮与出口处速度平行四边形（见图 17-24）。当泵的转速为 n 时，具有的速度为 u_2, C_2, C_{m2}, W_2。当泵的转速为 n_1 时，具有的速度为 $u'_2, C'_2, C'_{m2}, W'_2$，且 α_2, β_2 保持不变，两种工作状态下的速度三角形是相似的。则有

$$\frac{u_2}{u'_2} = \frac{C_2}{C'_2} = \frac{C_{m2}}{C'_{m2}} \tag{17-18}$$

因为
$$u_2 = \frac{\pi D_2}{60} n, \qquad u'_2 = \frac{\pi D_2}{60} n_1$$

所以

$$\frac{u_2}{u'_2} = \frac{\frac{\pi D_2}{60} n}{\frac{\pi D_2}{60} n_1} = \frac{n}{n_1} \tag{17-19}$$

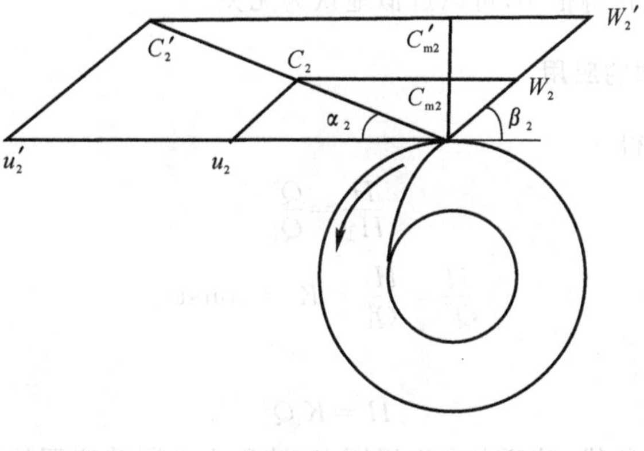

图 17-24　叶轮出口处速度平行四边形

在 n 转速下的流量，有

$$Q = \pi D_2 b_2 C_{m2}$$

在 n_1 转速下的流量，有

$$Q_1 = \pi D_2 b_2 C'_{m2}$$

$$\frac{Q}{Q_1} = \frac{\pi D_2 b_2 C_{m2}}{\pi D_2 b_2 C'_{m2}} = \frac{C_{m2}}{C'_{m2}} \tag{17-20}$$

由式(17-18) ～ 式(17-20) 可知

$$\frac{u_2}{u'_2}=\frac{C_{m2}}{C'_{m2}}=\frac{n}{n_1}=\frac{Q}{Q_1}$$

于是可得

$$\frac{Q}{Q_1}=\frac{n}{n_1} \tag{17-21}$$

由离心泵产生的压头的基本方程($C_{u1}=0$),有

$$H=\eta_n H_T=\eta_n\frac{u_2C_2\cos\alpha_2}{g(1+n_d)} \qquad (n_d=\text{const})$$

可以推导出

$$\frac{H}{H_1}=\frac{n^2}{n_1^2} \tag{17-22}$$

由泵的功率

$$N_s=\gamma QH$$

可以推导出

$$\frac{N_u}{N_{u1}}=\frac{n^3}{n_1^3} \tag{17-23}$$

这样就得到了离心泵的比例定律表达式

$$\frac{Q}{Q_1}=\frac{n}{n_1},\quad \frac{H}{H_1}=\frac{n^2}{n_1^2},\quad \frac{N_u}{N_{u1}}=\frac{n^3}{n_1^3}$$

这3个关系式表达了同一个泵(泵的叶轮尺寸不变),当转速 n 变化时,泵的流量 Q、压头 H、功率 N_u 与转速 n 的变化关系。这些关系是在假设泵的效率与转速无关的情况下得到的。因为泵的效率随转速变化得很小,可以近似地认为无关。

17.5.2 比例定律的应用

(1) 从比例定律可得

$$\frac{H}{H_1}=\frac{Q^2}{Q_1^2}$$

$$\frac{H}{Q^2}=\frac{H_1}{Q_1^2}=K_i=\text{const} \tag{17-24}$$

即

$$H=K_iQ^2 \tag{17-25}$$

这条曲线为二次抛物线,其顶点在坐标原点,被称为不同转速下的比例曲线,也是等效率情况下的比例曲线(见图17-25)。

(2) 已知转速 n 的增压特性曲线 $H=f(Q)$,绘制转速 n_1 时的 $H_1=f(Q)$,转速 n 和 n_1 已知(见图17-25)。

在转速为 n 的 $H=f(Q)$ 曲线上,任取一点 $A(Q_AH_A)$,应用比例定律可求出转速为 n_1 时的流量 Q_B 和压头 H_B 为

$$Q_B=Q_A\frac{n_1}{n}$$

$$H_B=H_A\left(\frac{n_1}{n}\right)^2$$

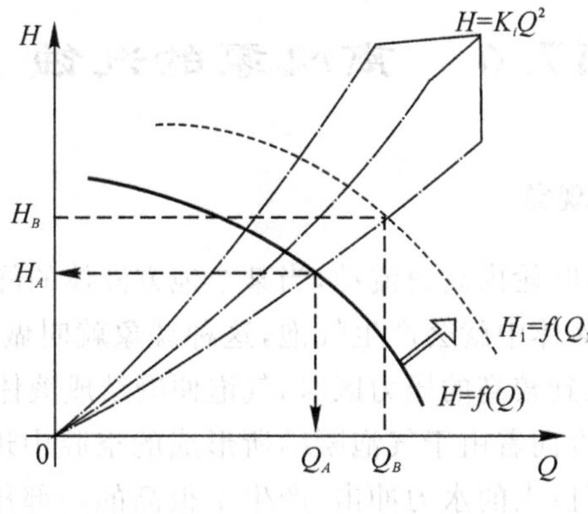

图 17-25　比例定律的应用

这样就可以找到一个与 A 点工况相似的工况点 $B(Q_B, H_B)$。

在 $H=f(Q)$ 线上另取一个点 $A_1(Q_{A_1}, H_{A_1})$，则可求得 n_1 转速下的 Q_{B_1} 和 H_{B_1} 为

$$Q_{B_1}=Q_{A_1}\frac{n_1}{n}$$

$$H_{B_1}=H_{A_1}\left(\frac{n_1}{n}\right)^2$$

这样又找到了转速 n_1 下与 A_1 点相似的工况点 $B_1(Q_{B_1}, H_{B_1})$。

用上述方法可以得到 n_1 转速下 $H_1=f(Q_1)$ 线上的许多点，把这些点光滑地连接起来，就得到了 n_1 下的增压特性曲线 $H_1=f(Q_1)$。

17.5.3　离心泵的比转数

比转数是一个同实际泵的几何相似的模型泵的转数。比转数可用下式表示为

$$n_s=3.65\frac{\sqrt{Q}}{H^{\frac{3}{4}}}n \tag{17-26}$$

式中：Q 为流量(m^3/s)；H 为压头(m)；n 为转速(r/min)。

比转数的物理意义是，只要比转数相等的泵，它们的几何尺寸相似。比转数不同的泵，它们的形状不同。不同比转数的叶轮形状如图 17-26 所示。

在设计新泵时，可以根据需要，由泵的参数算出比转数 n_s，然后根据 n_s 范围选择模型泵，在进行泵的叶轮设计计算时可按所选的模型泵为依据。

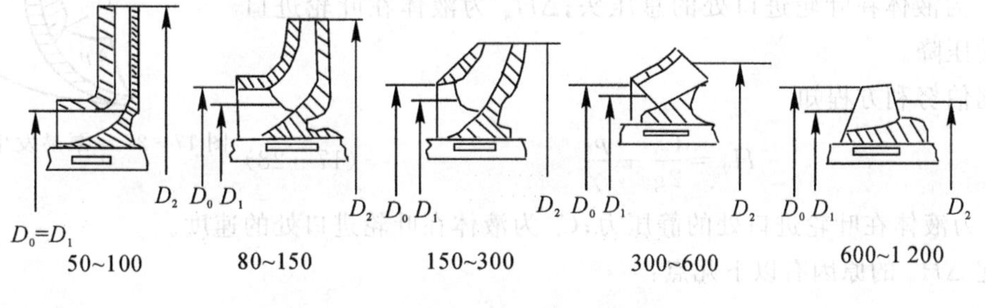

图 17-26　不同比转数的叶轮形状

17.6 离心泵的汽蚀

17.6.1 离心泵的汽蚀现象

离心泵在工作中，液体在叶轮内高速流动，当某个地方液体的静压力低于当时温度下的该液体的饱和蒸汽压力 p_s 时，液体中就会产生气泡，这种现象就叫做泵的汽蚀。由于泵中的液体是连续流动的，当气泡进入到较高的压力区时，气泡便凝结成液体，体积发生突然收缩，此刻大量的液体就以极大的加速度向着由于气泡凝结所形成的空腔中迅速冲来，四周的液体都向着这一空腔汇集，结果形成了巨大的水力冲击，产生了很高的局部压力，其值可达到几千个大气压力。水力冲击时高速流动又造成压力下降，而产生气泡，气泡又凝结时造成再一次冲击，这种过程每秒钟内将发生数万次之多。泵在发生汽蚀时有下述现象。

(1) 泵的流量 Q、压头 H 和效率 η 急剧降低。这是因为泵发生汽蚀后，在叶轮通道中被汽蚀所阻塞，流通面积减小，所以使流量降低；另外动力源传给泵的叶轮能量消耗在水力冲击上了，所以使压头降低，因而效率也大大下降。

(2) 泵的叶轮会发生机械损坏。这是由于发生汽蚀时，伴随着巨大的水力冲击，很高的压力冲击到叶轮表面，使金属剥落，另外由于从液体中分离出来的氧原子的作用，使金属发生腐蚀，从而造成叶轮的机械损坏。

(3) 由于汽蚀泵会发生振动和噪声。由于汽蚀具有上述危害，在液体火箭发动机上，泵是不允许发生汽蚀的。汽蚀严重时会影响到火箭发动机的正常工作，甚至会引起发动机的爆炸。

17.6.2 泵不产生汽蚀的工作条件

大量的试验证明，离心泵最容易发生汽蚀的区域是在泵的叶轮的进口处(见图 17-27)。因为泵的叶轮进口处压力较低，液体绕流叶片和由于进口流速的不均匀，使局部地方压力过低，汽蚀就会发生在压力最低处。为了使泵不发生汽蚀，必须使泵进口处液体的最小压力 p_{min} 大于液体的饱和蒸汽压 p_s，即

$$P_{min} > P_s$$

液体在叶轮进口的最小压力由下式决定：

$$\frac{p_{min}}{\gamma} = H_0 - \Delta H_g \qquad (17-27)$$

式中：H_0 为液体在叶轮进口处的总压头；ΔH_g 为液体在叶轮进口处的总动压降。

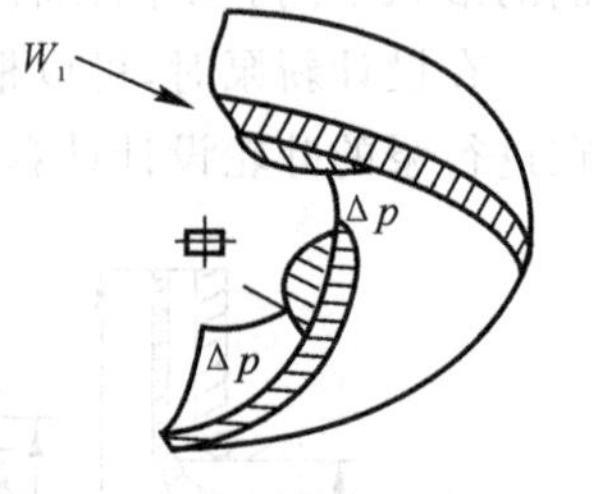

图 17-27 泵易发生汽蚀区

根据伯努利方程知

$$H_0 = \frac{C_0^2}{2g} + \frac{p_0}{\gamma} \qquad (17-28)$$

式中：p_0 为液体在叶轮进口处的静压力；C_0 为液体在叶轮进口处的速度。

引起 ΔH_g 的原因有以下几点：

(1) 液体进入叶轮时有一定速度 C_0，根据伯努利方程 $H=\frac{C^2}{2g}+\frac{p}{\gamma}+Z=\mathrm{const}$，在总能量不变的情况下，流速的增加会引起静压力的降低，这一项可用$\frac{C_0^2}{2g}$表示。

(2) 由于液体进入叶轮时要转弯，使其绝对速度不均匀，在流速高的地方会引起压力降低，这一部分压降可用$m'\frac{C_0^2}{2g}$来表示，m'称为速度不均匀系数，其值一般为 $m'=0.05\sim0.15$。

(3) 液体进入叶轮时要绕流过叶片，绕流叶片时所引起的压力降用 $\lambda_K\frac{W_1^2}{2g}$ 来表示。λ_K 称为叶片的汽蚀系数，一般 λ_K 在 $0.1\sim0.3$ 之间。

根据以上分析，总的动压降为

$$\Delta H_g=\frac{C_0^2}{2g}+m'\frac{C_0^2}{2g}+\lambda_K\frac{W_1^2}{2g}=(1+m')\frac{C_0^2}{2g}+\lambda_K\frac{W_1^2}{2g}$$

令

$$m=1+m'$$

则

$$\Delta H_g=m\frac{C_0^2}{2g}+\lambda_K\frac{W_1^2}{2g} \tag{17-29}$$

泵不产生汽蚀的工作条件是

$$H_0-\Delta H_g=\frac{p_{\min}}{\gamma}>\frac{p_s}{\gamma} \tag{17-30}$$

由式(17-30)可知，要使泵不发生汽蚀，一方面要提高泵的进口压力，即使泵的进口处的总压头 H_0 增加，另一方面减少泵进口压力的总动压降。泵进口压力的提高，受到了贮箱压力的限制。因此，从泵的方面来看，应尽量使总的动压降 ΔH_g 减少，提高泵的抗汽蚀性。

17.6.3　汽蚀系数和最大允许转速

为了衡量离心泵的抗汽蚀能力的高低，引入了一个汽蚀系数的概念，离心泵的汽蚀系数 C 可表示如下：

$$C=5.62\frac{n\sqrt{Q}}{\Delta H_g^{\frac{3}{4}}} \tag{17-31}$$

式中：n 为泵的转速；Q 为泵的流量；ΔH_g 为液体在泵进口处的总动压降。

离心泵的汽蚀系数的值一般在 800～2 200 之间，对装有预压诱导轮的离心泵，C 可高达 4 400。ΔH_g 愈小，则汽蚀系数 C 愈高，即泵的抗汽蚀性能也就愈好，这样允许的工作转速 n 也就愈高。于是由式(17-31)可得在不发生汽蚀时的最大允许转速公式为

$$n_{\max}=\frac{C'}{\sqrt{Q}}\frac{\Delta H_g^{\frac{3}{4}}}{5.62} \tag{17-32}$$

式(17-32)可用来确定和检验泵不发生汽蚀现象的最大允许转速，在已知流量 Q 的情况下，关键是选择汽蚀系数 C，C 值与泵的结构有关，C 值越大，转速越高。但必须要采取一定的措施来保证泵不发生汽蚀。

17.6.4　提高离心泵抗汽蚀性能的措施

液体火箭发动机输送系统抗汽蚀性能的提高主要取决于泵。解决具有高抗汽蚀性能的泵

的方向有两个：第一是设计合理的离心泵结构和选择最有利的工作状态；第二是安装各种不同类型的小压头的前置泵，以获得给定的压头，这种前置泵的抗汽蚀性能比主泵要高。

1. 选择合适的几何参数

(1) 增大叶轮进口有效面积。叶轮进口有效直径可用 $D_0=K_0\sqrt[3]{\frac{Q}{n}}$ 进行计算，合理地选取大的 K_0（取 $K_0=4.5\sim5.5$），可增大叶轮进口有效面积，减小动压降，提高泵的抗汽蚀性能。

(2) 适当地增大叶片进口宽度 b_1。增大 b_1 常与增大 D_0 联合使用（见图 17-28）。

(3) 合理地选用叶轮前盖板的形状。适当地减小前盖板的曲率，可减弱转弯处离心力的影响且使速度均匀，实验结果表明，前盖板的曲率半径 r 与叶轮外径之比在下列范围内是合适的：

$$\frac{r}{D_2}=0.1\sim0.15$$

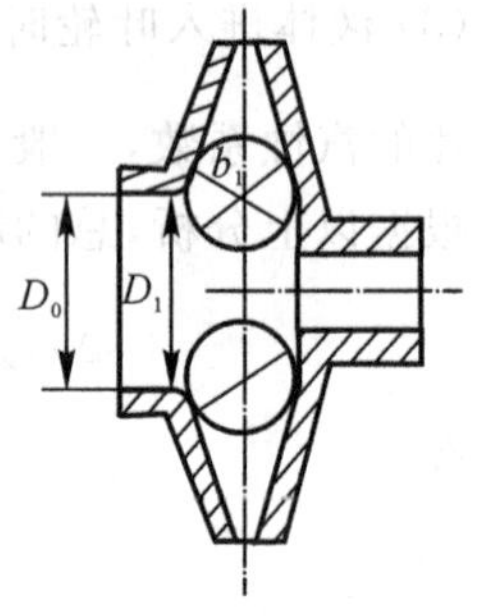

图 17-28　增加叶片进口宽度 b_1 和直径 D_0

(4) 合理地确定叶片进口冲角。叶片进口安装角 β_{1v} 通常大于液流角 β_1，即在设计流量下，液体以正冲角（$\beta_{1v}>\beta_1$）进入叶片，取冲角 $\Delta\beta=\beta_{1v}-\beta_1=3°\sim10°$，对效率没有显著影响，但却能提高泵的抗汽蚀性能。

(5) 叶片进口厚度。叶片进口厚度越薄，越接近流线型，泵的抗汽蚀性能越好。

2. 采用双吸泵或降低转速

3. 采用诱导轮

诱导轮通常采用小型轴流式叶轮，装在离心泵的入口。采用诱导轮可使泵的汽蚀比转数提高到 $C=3\,500\sim4\,000$。

17.7　涡轮的类型和主要参数

17.7.1　涡轮的形式

涡轮通常有两种主要形式：冲击式涡轮和反应式（反力式）涡轮。冲击式涡轮可以是单级的或多级的，反应式涡轮一般都是多级的。两种涡轮的主要区别是：冲击式涡轮中当燃气通过旋转叶片（工作叶片）通道时不发生静压降（没有膨胀），即工作叶片的进口压力等于出口压力（见图 17-29）。而在反应式涡轮的工作叶片通道中静压是降低的（有膨胀）。冲击式涡轮和反应式涡轮都是由燃气动量的变化来驱动的。目前液体火箭发动机中主要应用冲击式涡轮，因为它的结构简单，质量轻。

17.7.2　基本参数

1. 转速

当涡轮和泵同轴工作时，涡轮转速应由泵的设计决定，往往由于泵的汽蚀限制，转速不能太高，从而使涡轮不能在最有利的转速下工作。但当和泵不同轴工作时涡轮可在最有利的转速下工作，具有较高的效率。当然转速还要受到涡轮叶片、轮盘、轴承等强度的限制。

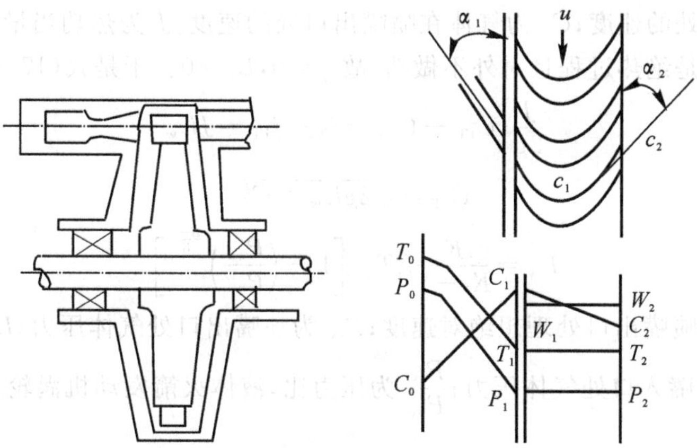

图 17-29　单机冲击式涡轮

2. 功率

涡轮在设计转速时发出的功率应由被带动部件所需要的总功率决定。但为了给以后调整时留有余地，往往要求涡轮发出的功率稍大一些。

3. 涡轮工质质量流量

在涡轮功率一定时，涡轮工质质量流量取决于涡轮效率 η_w 和绝热功 L_w，即

$$\dot{m}_w = \frac{N_w}{L_w \eta_w}$$

4. 涡轮效率

$$\eta_w = \eta_m \eta_\Sigma$$

式中：η_m 为机械效率；η_Σ 为涡轮内效率，由喷嘴效率和工作叶片效率决定。

5. 涡轮工质参数

涡轮工质参数一般包括：涡轮喷嘴入口处气体的温度 T_{0w}、涡轮喷嘴入口处气体的压力 P_{0w} 和涡轮喷嘴出口处气体的压力 P_{ew}。

17.8　涡轮喷嘴的工作原理

17.8.1　气体在喷嘴内的能量转换

燃气发生器产生的高温高压燃气，在涡轮喷嘴的作用下，气体的热焓转变成了气体的动能，气体经过喷嘴后，焓值降低，动能增加。

由于气体流过喷嘴没有从外界吸收热量，而且通过喷嘴的时间非常短，因此由喷嘴向外界散失的热量也是极微小的，所以气体在喷嘴中的流动过程可以看成是绝热过程。

当气体流过喷嘴通道时，其能量方程为

$$JL_i + q = (i_0 - i_1) + \frac{J}{2g}(C_0^2 - C_1^2) \tag{17-33}$$

式中：L_i 为气体在喷嘴中对外界做的功；A 为功热当量；q 为喷嘴工作时由外界传给气体或由

气体内部传给外界的热量；i_0 为气体在喷嘴入口处的热焓；i_1 为气体在喷嘴出口处的热焓；C_0 为气体在喷嘴入口处的速度；C_1 为气体在喷嘴出口处的速度；J 为热功当量。

因为在喷嘴中是绝热过程且对外不做功，故 $q=0, L_i=0$。于是式(17-33)变为

$$\frac{J}{2g}(C_{1T}^2-C_0^2)=i_0-i_{1T}=JL_w \tag{17-34}$$

则

$$C_{1T}=\sqrt{2gL_w+C_0^2}$$

而

$$L_w=\frac{K}{K-1}RT_{0w}\left[1-\left(\frac{P_{ew}}{P_{0w}}\right)^{\frac{K-1}{K}}\right]$$

式中：C_{1T} 为气体在喷嘴出口处理想绝对速度；P_{ew} 为喷嘴出口处气体压力；L_w 为喷嘴中气体绝热膨胀功；P_{0w} 为喷嘴入口处气体压力；$\frac{P_{ew}}{P_{0w}}$ 为压力比，液体火箭发动机涡轮通常小于临界压力比 $\beta_k=\left(\frac{2}{K+1}\right)^{\frac{K}{K-1}}$；$K$ 为绝热指数，由工质性质和温度决定。

17.8.2 气体在喷嘴中的实际流动过程

在气体流过喷嘴的实际流动过程中，存在着气体分子和壁面、分子之间的摩擦等现象，使气体流出喷嘴时的实际速度小于理想速度。设

$$C_1=\psi C_{1T}$$

式中：ψ 是喷嘴速度系数。ψ 和很多因素有关，如表面粗糙度、喷嘴形状、气体的绝对速度、Ma 数和 Re 数等。通常液体火箭发动机用的涡轮常采用圆形通道的喷嘴，其中 ψ=0.92 ～ 0.95。

喷嘴中的能量损失为

$$Z_C=\frac{C_{1T}^2-C_1^2}{2g}=(1-\varphi^2)\frac{C_{1T}^2}{2g}=\xi_C\frac{C_{1T}^2}{2g}$$

式中：$\xi_C=1-\varphi^2$ 称为喷嘴内的能量损失系数。

实际上气体在喷嘴中的工作过程不是绝热过程而是多变过程。

17.9 涡轮叶片的工作原理

从涡轮喷嘴流出的高速气流进入涡轮工作叶片通道中，气体在叶片通道几何因素的影响下，气流速度的大小和方向发生变化，即气流的动量发生改变，而这种动量的变化一定是外力作用的结果。

既然气体在叶片通道里的流动过程中受到了叶片的作用，则根据牛顿第三定律知，叶片通道也一定受到气体压力反作用，该力使涡轮旋转，在转动过程中，这个力一定要做功，这就是涡轮为什么会转动，为什么能输出功的原因。

17.9.1 反应度(反力度)

所谓涡轮级的反应度是工作叶片通道中气体的焓降与该级涡轮气体总的焓降之比，即

$$\rho=\frac{\Delta i_0}{\Delta i_\Sigma}$$

式中：Δi_0 为工作叶片中气体的焓降；Δi_Σ 为该级中总的焓降（喷嘴中和工作叶片中焓

值之和)。

对于冲击式涡轮,$\rho=0$(一般把$\rho=0.05\sim0.1$的涡轮也称为冲击式涡轮)。这种涡轮的特点是:在工作叶片通道中气体无焓降,或者焓降很小,即在工作叶片通道中气流压力的大小不变或变化很小。因此,叶片通道的流通截面保持不变。这种涡轮构造简单,制造方便,但是效率低,经济性差。因为导弹武器均为一次使用,所以目前的液体火箭发动机上广泛使用冲击式涡轮装置。

对于反应式涡轮,$\rho>0$。这种涡轮的工作叶片通道中有焓降,所以在工作叶片通道中气体的速度的大小和方向均发生变化。因此,工作叶片通道的流通截面积是变化的。这种涡轮叶片的设计和制造较复杂,但效率高,经济性好。

17.9.2　冲击式涡轮工作叶片进出口处的速度三角形

为了确定涡轮的功率和计算作用在涡轮上的力,就必须了解气体在工作叶片中的流动情况,这就必须研究工作叶片进出口的速度三角形。这个速度三角形就是由气流的三个速度矢量组成的三角形。

涡轮工作叶片进出口速度三角形如图 17-30 所示。

由喷嘴喷射出来的气流,以$\boldsymbol{C}_1$的速度(气流的绝对速度)沿着α_1角度离开喷嘴。又因工作叶片旋转,以$\boldsymbol{u}_m$表示工作叶片旋转的速度(牵连速度),则进入叶片的气流速度的大小和方向都不同于$\boldsymbol{C}_1$,而是气流相对于叶片的相对速度$\boldsymbol{W}_1$,这个$\boldsymbol{W}_1$应由$\boldsymbol{C}_1$减去$\boldsymbol{u}_m$(矢量相减)而求得。

绘制入口速度三角形时,首先按气流速度$\boldsymbol{C}_1$的方向和大小,依一定的比例画在图上。为了从$\boldsymbol{C}_1$中减去$\boldsymbol{u}_m$,而将叶片旋转的速度$\boldsymbol{u}_m$按其方向和大小,将箭头对顶在矢量$\boldsymbol{C}_1$的箭头上,然后连接$\boldsymbol{C}_1$和$\boldsymbol{u}_m$的箭尾,便得到$\boldsymbol{W}_1$的大小和方向,则

$$\boldsymbol{W}_1=\boldsymbol{C}_1-\boldsymbol{u}_m$$

$\boldsymbol{W}_1$与叶片边缘直线AB所成的角β_1,叫做“叶片入口角”。

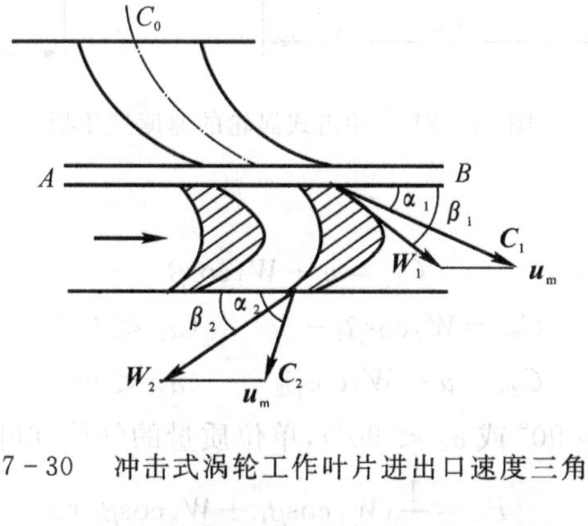

图 17-30　冲击式涡轮工作叶片进出口速度三角形

以相对速度$\boldsymbol{W}_1$进入叶片通道中的气流,在通道内改变方向,然后由通道流出。流出通道时的速度为$\boldsymbol{W}_2$,仍然是相对速度,在理想情况下$\rho=0$时,$\boldsymbol{W}_2=\boldsymbol{W}_1$。但实际上由于气流与通道发生摩擦等影响,使$\boldsymbol{W}_2$稍小于$\boldsymbol{W}_1$。$\boldsymbol{W}_2$的方向称为“叶片出口角”$\beta_2$。

绘制叶片出口速度三角形时的已知条件是由叶片出来的气流相对速度$\boldsymbol{W}_2$和叶片旋转速

度 $\boldsymbol{u}_m$。要求的是气流从叶片出来的绝对速度 $\boldsymbol{C}_2$。显然

$$\boldsymbol{C}_2 = \boldsymbol{W}_2 + \boldsymbol{u}_m$$

画叶片出口速度三角形的顺序是：首先将 $\boldsymbol{W}_2$ 画在图上，然后将矢量 $\boldsymbol{u}_m$ 的尾端与矢量 $\boldsymbol{W}_2$ 的箭头相接，最后由矢量 $\boldsymbol{W}_2$ 的尾部向矢量 $\boldsymbol{u}_m$ 的箭头连接，便得到了由工作叶片排出的气流绝对速度 $\boldsymbol{C}_2$，而 α_2 角可从图上量得。

17.9.3 气体在工作叶片上所做的功

从功的定义出发，对于气体经过喷嘴后，以高速流向工作叶片，气体在工作叶片上所做的功，就是作用在叶片上的圆周力和叶片的圆周速度的乘积。

作用在叶片上的圆周力是由气体的动量变化而产生的。当气体通过叶片间的弯曲通道时，气体动量就随之变更了，从而产生了圆周力，当流过涡轮的气体工质质量流量为 G 时，圆周力为

$$P_u = \frac{G}{g}(C_{1u} \pm C_{2u}) \tag{17-35}$$

当 $G=1$ 时，有

$$P_u = \frac{1}{g}(C_{1u} \pm C_{2u}) \tag{17-36}$$

速度 C_{1u} 和 C_{2u} 的方向可能相同，也可能相反，在相同时，应取负号，相反时应取正号。C_{2u} 的方向由 α_2 所决定(见图 17-31)，当 $\alpha_2 < 90^\circ$ 时，式(17-35)和式(17-36)中应取正号，当 $\alpha_2 > 90^\circ$ 时，则应取负号。

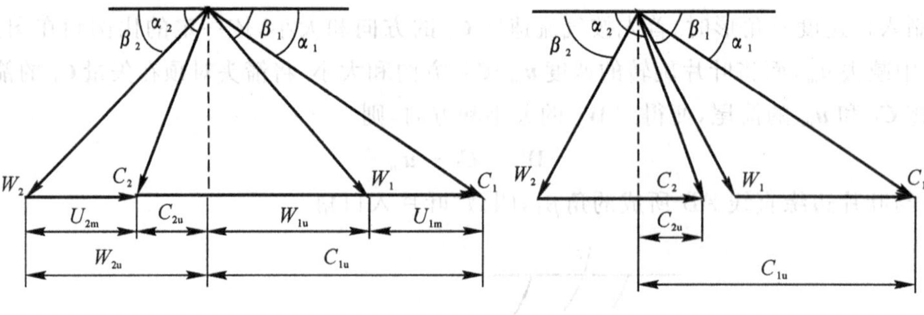

图 17-31 冲击式涡轮的速度三角形

由图 17-31 可见

$$C_{1u} = u + W_1\cos\beta_1$$

及

$$C_{2u} = W_2\cos\beta_2 - u \qquad (\alpha_2 < 90^\circ)$$

$$C_{2u} = u - W_2\cos\beta_2 \qquad (\alpha_2 < 90^\circ)$$

所以对于任何 α_2($\alpha_2 > 90^\circ$ 或 $\alpha_2 < 90^\circ$)，单位质量的气体在叶片上产生的圆周力为

$$P_u = \frac{1}{g}(W_1\cos\beta_1 + W_2\cos\beta_2) \tag{17-37}$$

该力在叶片上所做的功称为轮缘功 L_u，有

$$L_u = P_u u = \frac{u}{g}(C_{1u} \pm C_{2u}) = \frac{u}{g}(W_1\cos\beta_1 + W_2\cos\beta_2) \tag{17-38}$$

由图 17-31 可得

$$C_1^2 = W_1^2 + u^2 + 2uW_1\cos\beta_1$$
$$C_2^2 = W_2^2 + u^2 - 2uW_2\cos\beta_2$$

代入式(17－38)得

$$L_u = \frac{1}{2g}(C_1^2 - C_2^2 + W_2^2 - W_1^2) \tag{17-39}$$

对于冲击式涡轮在理想绝热流动时

$$W_1 = W_2,\quad C_1 = C_{1T}$$

$$L_u = \frac{1}{2g}(C_{1T}^2 - C_2^2) \tag{17-40}$$

当 $C_2 \ll C_1$ 时，得

$$L_u = \frac{C_{1T}^2}{2g} \tag{17-41}$$

17.10 涡轮的损失和效率

17.10.1 涡轮的损失

涡轮在理想工作状态时气体所做的功和实际所做的功之差，称为涡轮的损失。涡轮中的损失有以下几种。

(1) 气体在喷嘴中的损失；

(2) 气体在工作叶片中的损失；

(3) 余速损失(排气损失)；

(4) 轮盘摩擦损失和鼓风损失；

(5) 机械损失。

前 4 种损失均产生在轮缘上，故称为轮缘损失(对应的效率为轮缘效率)。它的数值较大，对总的损失起决定作用，因而对效率的影响也较大。除掉机械损失以外的各种损失均产生在涡轮壳体以内，故称为内损失(对应的效率为内效率)，这种损失转变成热能又部分增加了气体的热焓，直接影响了涡轮工质的气体状态。

气体在喷嘴中的损失已经介绍了，现在主要介绍气体在工作叶片中的损失和余速损失。

1. 气体在工作叶片中的损失

当高速气体在工作叶片通道中流动时，将产生下列损失：气体与壁面的摩擦损失，叶片出口厚度所造成的涡流损失，气体进入叶片时产生的冲击损失，气体沿叶片通道流动时产生的分离损失，等等。所有这些损失都将使出口气流速度 W_2 小于理想速度 W_{2T}。

用速度系数 ψ 表示，有

$$\psi = \frac{W_2}{W_{2T}}$$

对冲击式涡轮，有 $W_{2T} = W_1$

所以 $W_2 = \psi W_1$

则叶片上的能量损失为

$$Z_b=\frac{1}{2g}(W_{2T}^2-W_2^2)=(1-\psi^2)\frac{W_1^2}{2g}=\xi_b\frac{W_1^2}{2g}$$

式中，$\xi_b=1-\psi^2$ 称为叶片损失系数。

同样，气体在叶片通道中流动也是多变过程。由于有损失，气体从工作叶片通道流出时它的温度及焓都大于在绝热膨胀情况下所达到的数值。

2. 余速损失

余速损失是因为气体离开工作叶片时具有一定的速度 C_2 所造成的。为了减少余速损失，可采用多级涡轮。

由于 C_2 所损失掉的这部分动能称为余速损失，有

$$\Delta L_2=\frac{C_2^2}{2g}$$

则相应的损失系数为

$$\xi_2=\frac{\dfrac{C_2^2}{2g}}{\dfrac{C_1^2}{2g\varphi^2}}=\varphi^2\left(\frac{C_2}{C_1}\right)^2$$

如某发动机的涡轮叶片入口燃气速度 $C_1=1\ 471$ m/s。叶片出口燃气速度 $C_2=633.4$ m/s，喷嘴的速度系数 $\varphi^2=0.628$。于是可以求出该涡轮的余速损失系数为

$$\xi_2=\varphi^2\left(\frac{C_2}{C_1}\right)^2=0.628\left(\frac{633.4}{1\ 471}\right)^2=0.116$$

由此可知余速损失占绝热膨胀功的 11.6%。为了充分利用这部分能量，采用双级（或多级）涡轮，使气体进一步做功。

当出口速度 C_2 和涡轮轴平行时，即 $\alpha_2=90°$ 时，其速度 C_2 值最小，当然余速损失也就最小。从速度三角形可见：当 $\alpha_2=90°$ 且 $W_1=W_2$，$\beta_1=\beta_2$ 时，有

$$2u=C_1\cos\alpha_1$$

则

$$\frac{u}{C_1}=\frac{\cos\alpha_1}{2}$$

在冲击式涡轮中，$\alpha_1=12°\sim20°$，则可求得相应的最佳速度比的值为

$$\frac{u}{C_1}=0.42\sim0.45$$

这一点在后面还要用其他方法证明。

17.10.2 涡轮的效率

(1) 轮缘效率。轮缘效率指轮缘功（是指 1 kg 气体的绝热膨胀功除去喷嘴和叶片中的流体损失，以及余速损失后，气体对叶片所做的功）与气体的绝热膨胀功之比，即

$$\eta_u=\frac{L_u}{L_w}=\frac{u}{g}(W_1\cos_1\beta_1+W_2\cos\beta_2)/\frac{C_1^2}{2g\varphi^2}=2\varphi^2\frac{u}{C_1^2}W_1\cos\beta_1\left(1+\psi\frac{\cos\beta_2}{\cos\beta_1}\right)$$

令

$$X=\frac{u}{C_1}$$

且从速度三角形可知

$$W_1\cos\beta_1=C_1\cos\alpha_1-u$$

代入上式得

$$\eta_u = 2\varphi^2 X(\cos\alpha_1 - X)\left(1 + \psi\frac{\cos\beta_2}{\cos\beta_1}\right) \tag{17-42}$$

对于一个给定的涡轮，其工作状态的变化，可以通过改变作用在涡轮上的负荷，负荷的变化引起转速 n 的变化，因而圆周速度 u 变化。另外，也可以通过改变涡轮喷嘴出口气体参数，也就是改变叶片入口速度 C_1。这两种方法均使 $X=\frac{u}{C_1}$ 变化，而方程式(17-42) 中的其他量变化很小，可以认为是常数。因此，可把 η_u 看做是 X 的函数，即

$$\eta_u = \eta_u(X)$$

求最大的 $\eta_{u\max}$ 值。对式(17-42) 求导，并令其导数等于零，即

$$\frac{\partial\eta_u}{\partial X} = \left[2\varphi^2\left(1 + \psi\frac{\cos\beta_2}{\cos\beta_1}\right)(X\cos\alpha_1 - X^2)\right]' = 0$$

$$2\varphi^2\left(1 + \psi\frac{\cos\beta_2}{\cos\beta_1}\right)(\cos\alpha_1 - 2X) = 0$$

故

$$\cos\alpha_1 - 2X = 0$$

$$X = \frac{\cos\alpha_1}{2}$$

即当 $X=\frac{\cos\alpha_1}{2}$ 时，余速损失最小，轮缘效率最高。将 $X=\frac{\cos\alpha_1}{2}$ 代入式(17-42) 中得

$$\eta_{u\max} = \varphi^2\left(1 + \psi\frac{\cos\beta_2}{\cos\beta_1}\right)\frac{\cos^2\alpha_1}{2} \tag{17-43}$$

$\eta_u = f(X) = f\left(\frac{u}{C_1}\right)$ 曲线如图 17-32 所示。

(2) 内效率。从轮缘功减去鼓风损失和转盘损失得到涡轮的内部功 L_i，其对应的效率为内效率，则

$$\eta_i = \frac{L_i}{L_u}$$

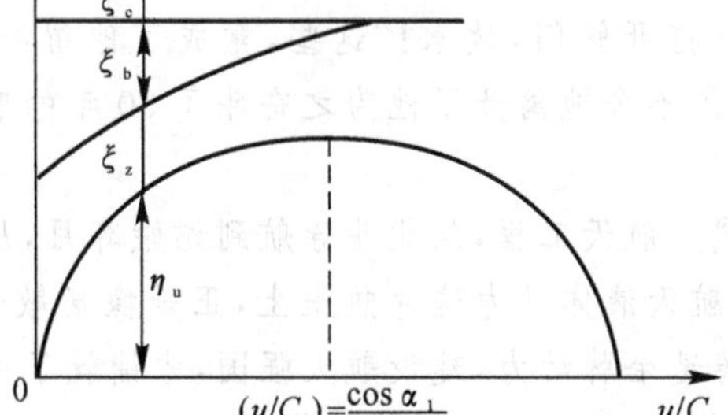

图 17-32 η_u 与 $\frac{u}{C_1}$ 的关系

(3) 机械效率。涡轮把功率传给泵还需要克服涡轮的轴承摩擦阻力所消耗的功率，即从

内部功 L_i 减掉机械损失以后，才能成为涡轮轴上的有效功 L_e，用机械效率来表示这部分损失，有

$$\eta_m = \frac{L_e}{L_i}$$

一般 $\eta_m = 0.97 \sim 0.99$。

(4) 涡轮的有效效率。涡轮的有效功与绝热膨胀功之比，即

$$\eta_\omega = \frac{L_e}{L_\omega}$$

涡轮的有效效率表示了涡轮的完善程度。一般液体火箭发动机的 η_ω 很低，当 $\frac{u}{C_1} = 0.10 \sim 0.15$ 时 $\eta_\omega = 0.3 \sim 0.5$。

因而涡轮的功率（有效功率）为

$$N_\omega = G_\omega L_e = G_\omega L_\omega \eta_\omega = \frac{1}{K_\omega} G_\omega$$

式中：$K_\omega = \frac{1}{L_\omega \eta_\omega}$ 称为涡轮工质的流量系数。对于给定的涡轮，可以查 $K_\omega - n$ 曲线得到 K_ω 值，K_ω 值越小越好。

杨敏达——扎根秦岭深处的“航天忠魂”

1960 年从北京航空学院毕业的杨敏达投身到祖国航天事业建设中。1967 年，三线建设刚刚拉开序幕，杨敏达便结束了新婚蜜月，同妻子双双报名来到了秦岭深山，投入到大型液体火箭发动机研制基地的建设中。

“201 洞”建成后，他便在这个山洞中奋战了 20 多年，参与和组织了数十种、数千台次液体火箭发动机泵的研究试验工作。1989 年，为了完成我国新一代航天型号长征二号捆绑火箭发动机的研制任务，他忍受着晚期癌症痛苦的折磨，带领职工加班加点地改造液流试验系统，不知疲倦地连续上了 28 个夜班，直到生命的最后一息。“天黑了，我要上班了……”当他那迷迷离离的目光游向病房里搭在暖气管上的一条白毛巾时，突然高声喊道：“谁……谁把毛巾搭在那儿？那是排气阀！……快打开阀门，放水！”这些，竟成了他留给人们的最后一句话。1989 年 7 月 1 日凌晨，杨敏达依依不舍地离开了他为之奋斗了 30 年的航天事业，走完了他 52 年的人生旅程。

从东方红一号卫星到载人航天工程，从北斗导航到嫦娥奔月，从长征系列运载火箭到新一代运载火箭的首飞，在中国航天液体动力这片热土上，正是像杨敏达这样的航天人挥洒汗水，顽强拼搏，用智慧和热血，铸造金牌动力，建设航天强国，才铺就了中华民族一条探索浩瀚宇宙的通天之路。

第 18 章　自动器的特性

18.1　概　　述

液体火箭发动机使用的自动器可分为三大类：①用来控制发动机工作过程的自动活门，如启动活门、关机活门等；②用来调节发动机的主要性能参数（如流量、压力等）的自动调节器，如减压器和汽蚀管等；③用来感受和稳定发动机某些参数的传感器，如温度传感器、液位传感器和压力信号计等。

自动活门的种类很多，按照它的功用可分为：启动活门、关机活门、保险活门、加泄活门、溢出活门、单向活门等类型，按照它的能源和动作原理可分为：气动活门、气动液压活门、电爆活门、电磁活门等类型。

自动调节器种类也很多，应用于液体火箭发动机的主要有：气体减压器和气体稳压器、压调器和稳定器、汽蚀文氏管等类型。它们可以自动感受并自动调节发动机的工作介质的压力，流量值按一定规律变化或稳定在某一个值的附近。

应用于液体火箭发动机的传感器，按照其功用可分为：温度传感器，用来测量发动机工作介质的温度值，如铂电阻温度传感器；压力传感器，用来测量发动机工作介质的压力值，如压力信号计；液位传感器，用来测量推进剂介质的液位高度，如干簧管式液位传感器、浮子式液位传感器、超声波液位传感器、电容式液位传感器等种类。

18.2　启动活门的性能计算

18.2.1　构造、功用与工作原理

1. 功用和构造

启动活门是一种膜片式常闭活门。它安装在泵前推进剂输送管路上。它的构造由上壳体、下壳体、活门盘、活门打开机构和闭锁装置组成（见图 18－1）。当导弹处于加注待发状态时，用来隔开发动机腔和贮箱的通路；发动机启动时，活门由电爆管控制打开，按预定的时间程序控制氧化剂和燃烧剂进入推力室燃烧。

2. 工作原理

启动活门是常闭式活门，其工作原理可参考图 18－2(a)进行分析。

导弹发射前将电爆管（电爆管将在后面章节专门讲述）安装于启动活门的电爆管安装座上。在发动机点火启动之前，活门盘的周边压在上、下壳体之间，这样活门将贮箱内推进剂与发动机系统内腔隔开，活门处于常闭状态。此时，限位销顶在止动轴外圆柱面上，小弹簧受压缩，如图 18－2 的剖视图所示。

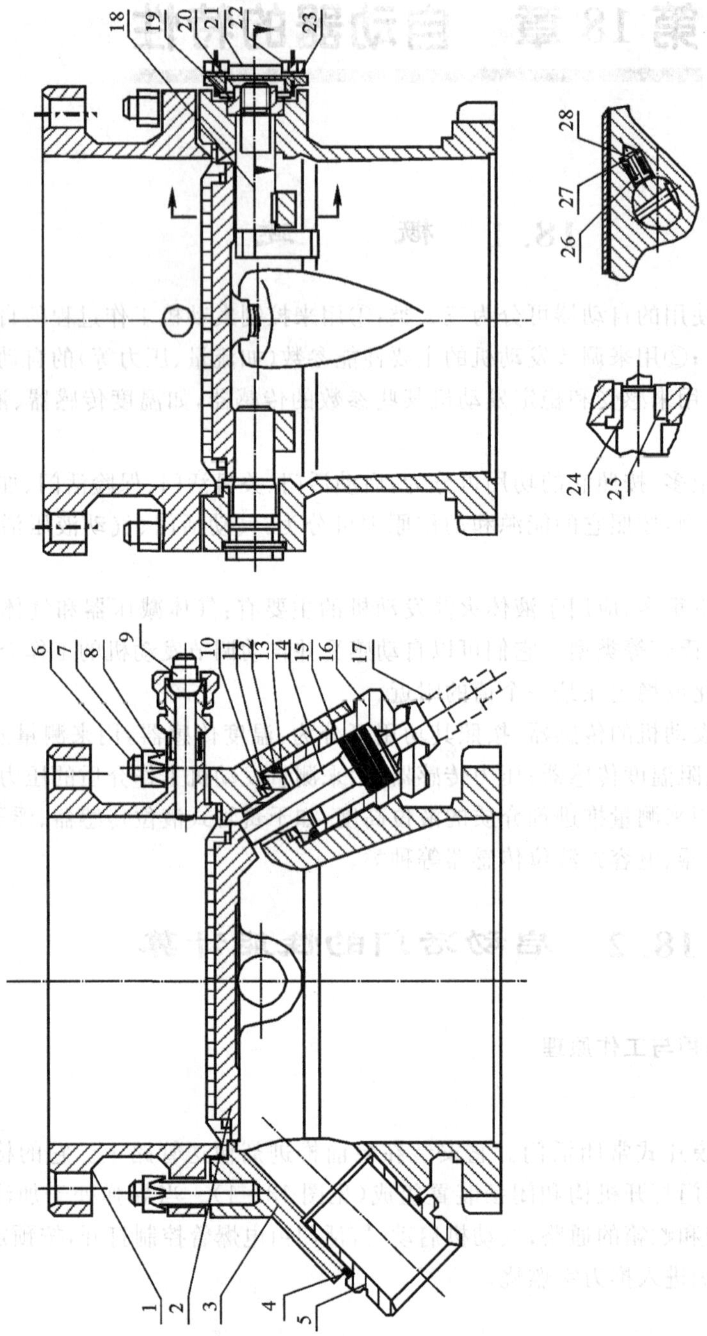

图18-1 启动活门

1—上壳体；2—活门盘；3—下壳体；4—接管嘴；5，12，19，29—密封圈；6—双头螺栓；7—六角螺母；8—止动垫圈；9—堵头；10—调整垫；11—弹簧垫圈；13—套筒；14—活塞；15—挡圈；16—电爆螺栓安装座（接头）；17—保护堵盖；18—止动轴；20—螺母；21—盖板；22—螺栓；23—弹簧垫圈；24—键；25—平键；26—限位销；27—弹簧；28—垫当发动机启动时，安装在电爆管安装座上的电爆管通电工作，瞬间产生的高压火药燃气作用在活塞上，活塞在高压火药燃气的作用下，迅猛地撞击在下活门盘的凸块上，使上活门盘从圆周一圈刻痕处(此处强度最差)撕开，于是整个活门盘在活塞撞击力作用下迅速打开，活门开启时转动方向如图 18-2 的剖视图所示。活门转到 90°位置被止动轴左右的凸块挡住，此时限位销也随活门盘转动，且恰好落入止动轴中部的限位槽内，从而将活门盘锁死，使活门盘不能来回摆动，也不能复原关闭，所以启动活门是一次使用的活门。活门一旦打开，聚集在活门盘前面的推进剂组元迅速充填发动机腔道。

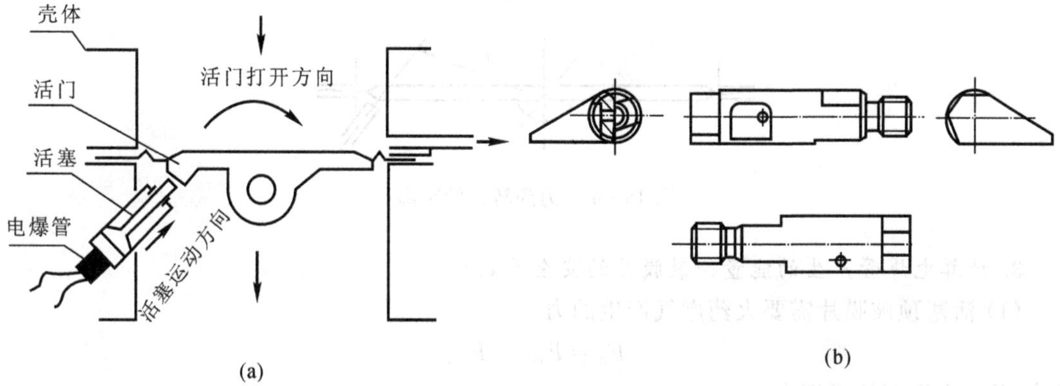

(a)　　(b)

图　18-2

(a)启动活门原理示意图；(b)启动活门止动轴

18.2.2　活门的性能计算

1. 计算活门膜片刻痕处的厚度

启动活门的膜片在发动机启动前上侧有推进剂的液柱静压和贮箱气体增压压力的作用，作用力为(见图 18-3)

$$F_j = \frac{\pi}{4} D_m^2 p_{j1}$$

式中：D_m 为膜片在刻痕处的直径；p_{j1} 为膜片上作用的液体压力。

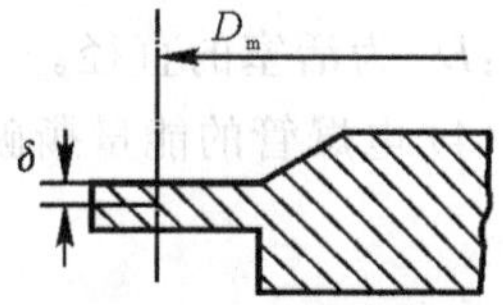

图 18-3　启动活门膜片

切破膜片时所需要的力为

$$F_g = \pi D_m \delta C_1 \sigma_{b\,min}$$

式中，δ 为膜片刻痕处的厚度；C_1 为剪切换算系数；$\sigma_{b\,min}$ 为膜片材料的强度极限，根据膜片的材料查有关手册。

令

$$F_j \leqslant F_g$$

即

$$\frac{\pi}{4} D_m^2 p_{j1} \leqslant \pi D_m \delta C_1 \sigma_{b\,min}$$

则

$$\delta \geqslant \frac{D_m p_{j1}}{4 C_1 \sigma_{b\,min}}$$

δ 的实际值可以由选择的安全系数的大小来决定。

2. 计算膜片的撕裂力矩和撕裂力

整个膜片圆周对活门转轴的撕裂力矩为

$$M_{ms}=\tau\delta D_m^2$$

式中：M_{ms} 为整个膜片对转轴的撕裂力矩；τ 为作用在膜片上的剪应力；D_m 为膜片刻痕处的直径。

设电爆管工作时通过活塞作用在膜片上力的作用线到活门转轴的距离为 A（见图 18－4），则膜片撕裂时需要活塞产生的撕裂力为 $F_{ms}=\dfrac{M_{ms}}{A}$。

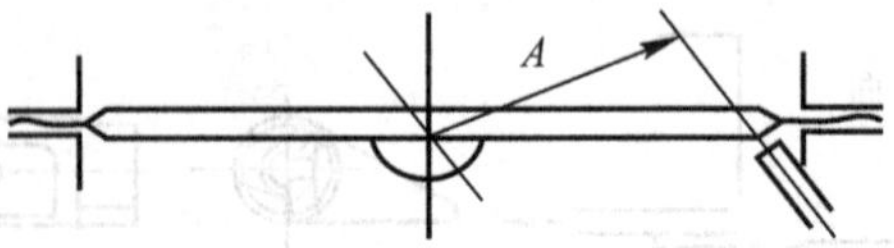

图 18－4　力到转轴的距离

3. 计算电爆管产生的能量撕裂膜片的安全系数

（1）活塞顶破膜片需要火药燃气产生的力

$$F_Z=F_{ms}+F_{Zm}$$

式中：F_{Zm} 为活塞的摩擦力。

（2）计算活塞腔燃气的压力

$$P_Z=\frac{V_D P_D}{V_Z}$$

式中：V_Z 为电爆管起爆后膜片破裂前活塞腔的燃气容积；P_D 是电爆管在容积 V_D 内起爆后所产生的压力，因为火药燃气推动活塞做功是瞬时的过程，可视为等温膨胀过程。

（3）燃气对活塞的作用力

$$F_{ZR}=\frac{\pi}{4}D_Z^2P_Z$$

式中：D_Z 为活塞的直径。

（4）电爆管的能量撕破膜片的安全系数为

$$n_Z=\frac{F_{ZR}}{F_Z}$$

4. 膜片密封计算

活门的密封是靠上壳体和下壳体将膜片周边压紧来实现的（见图 18－5），其密封可靠性计算如下：

（1）计算膜片的预紧力。金属膜片夹在上壳体之间是靠膜片屈服变形来保证密封的，所以必须具有一定的预紧力造成紧密连接，预紧力为（见图 18－5）

$$F_{YJ}=\pi D_{D_0}b_{D_S}q_{YJ}$$

式中：b_{D_S} 为垫片的挤压有效宽度，$b_{D_S}=\dfrac{b}{2}$；D_{D0} 为膜片挤压处的平均直径；q_{YJ} 为垫片的密封比压。

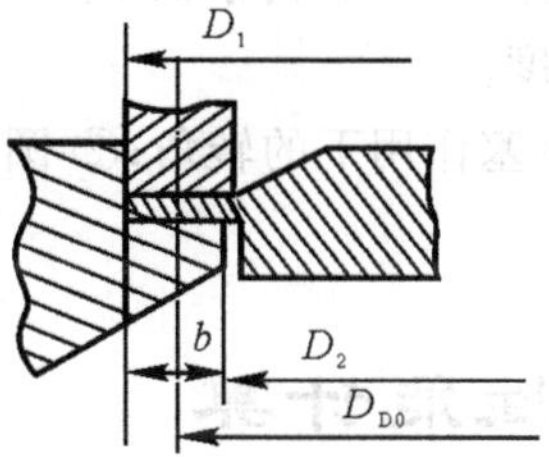

图 18-5　膜片密封面

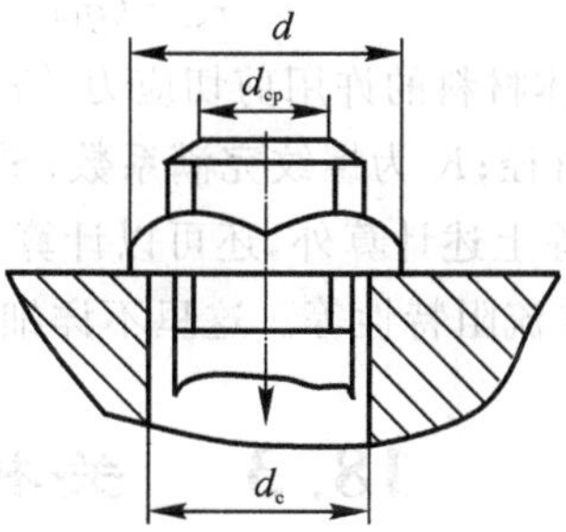

图 18-6　螺栓

(2) 每个螺栓的平均计算载荷 $q_{\tau D}$ 为

$$q_{\tau D}=Q_{YJ}/Z$$

式中：Z 为选用的螺栓数目。

(3) 每个螺栓的装配载荷 $q_{\tau s}$（见图 18-6）。每个螺栓的装配力矩为

$$M=M_0+M_m$$

式中：M_0 为产生 $q_{\tau s}$ 和克服螺纹间的摩擦力所需要的力矩；M_m 为螺母和接触表面之间的摩擦力矩，有

$$M_0=q_{\tau s}\frac{d_{cp}}{2}\tan(\psi+\rho)$$

式中：ψ 为螺纹导角，$\psi=\arctan\dfrac{t}{\pi d_{cp}}$；$\rho$ 为摩擦角；f 为摩擦因数；t 为螺距；d_{cp} 为螺栓的平均直径，有

$$M_m=q_{\tau s}f\frac{d^3-d_{cp}^3}{3(d^2-d_{cp}^2)}$$

如果给定装配力矩 M 后，就可以求出 $q_{\tau s}$，有

$$M=M_0+M_m=q_{\tau s}\frac{d_{cp}}{2}\tan(\psi+\rho)+q_{\tau s}f\frac{d^3-d_{cp}^3}{3(d^2-d_{cp}^2)}$$

$$q_{\tau s}=M/\left[\frac{d_{cp}}{2}\tan(\psi+\rho)+q_{\tau s}f\frac{d^3-d_{cp}^3}{3(d^2-d_{cp}^2)}\right]$$

(4) 螺栓-垫片密封载荷安全系数。$n_s=q_{\tau s}/q_{\tau q}>1$，即装配载荷应大于计算载荷。

5. 螺栓强度计算

$$\sigma_{b\tau}=\frac{q_{DJ}+q_{\tau s}}{F_\tau}$$

式中：$\sigma_{b\tau}$ 为螺栓的工作应力；F_τ 为螺栓的截面积，则

$$q_{DJ}=\frac{Q_{DJ}}{Z}=\left(\frac{\pi}{4}D_{DP}^2P_{JZ}\right)/Z$$

式中：q_{DJ} 为每个螺栓承受的介质压力；Z 为螺栓数目；P_{JZ} 为作用于膜片上的介质压力；D_{DP} 为膜片的直径。

设$[\sigma_b]$为螺栓材料的许用应力，$[\sigma_b]>\sigma_{b\tau}$，则螺栓的抗拉强度足够。

6. 壳体的螺孔螺纹强度计算

螺纹实际剪切应力 τ_s 为

$$\tau_s = (q_{DJ} + q_{\tau s})/m_1 \pi dKS < [\tau]$$

式中：$[\tau]$为壳体材料的许用剪切应力，$[\tau]=0.8[\sigma_b]$；m_1 为螺纹载荷系数 $m_1=5t/d$；t 为螺距；d 为螺纹公称直径；K 为螺纹完满系数；S 为螺纹旋入长度。

启动活门除上述计算外，还可以计算：① 活门盘在活塞作用下的转角；② 圆柱形螺旋弹簧的相关参数；③ 流阻特性等。这里不详细叙述。

18.3 关机活门的性能计算

关机活门的种类很多，本节以常用的蝶形活门为例进行讨论。

18.3.1 构造、功用与工作原理

1. 功用

蝶形活门(见图 18-7)是指活门为圆盘，围绕阀座内的轴旋转来达到开启与关闭的一种活门。它由活门本体、电爆组件、开启组件三部分组成。它位于泵后推进剂输送管中，平时常开，发动机关机时，用来切断推进剂的通路。

2. 构造

(1)活门本体。活门本体由活门 2、活门座 8、壳体 5、轴 6、齿条 15、弹簧 17、键 10、堵盖 11 等零件组成，如图 18-7(a)所示。

(2)电爆组件。电爆组件是用来控制活门关闭的机构。它由电爆组件壳体 3、柱塞 4、压套 1、外套螺母 2、压环 5、塑料碗 6 和 O 形圈 7 等组成，如图 18-7(b)所示。

(3)开启组件。电爆组件可使原来常开的氧化剂主活门关闭，开启组件可以使关闭后的主活门打开一个角度，以便泄出推进剂或清洗液。它由挡销、导筒、O 形圈 25 和 26、调整垫圈、接管嘴 31、密封圈等组成，如图 18-7(a)所示。

3. 工作原理

蝶形活门是一个常开式活门，其工作原理可结合图 18-7 来分析。

平时，活门处于开启状态，也就是出厂时的装配状态，如图 18-7(d)所示。此时齿条处在下死点位置，弹簧被压缩，获得预压力，齿条与轴的齿啮合。电爆组件的柱塞插入轴的右端半圆形槽内，将常开的活门锁死并保持弹簧有一定预紧力，不能释放。此时弹簧要伸张，而柱塞阻止它伸张，两者的对立统一使活门处于常开状态，同时活门的平面与壳体的轴线成 2°～5°的夹角。由于活门呈开启状态，可使氧化剂流经活门到推力室去。

当导弹的制导系统发出关闭发动机主系统指令时，装在电爆组件上的电爆管通电起爆，产生高压燃气，通过电爆组件壳体 3 上的小火药燃气孔，进入柱塞 4 和压环 5 之间的环形燃气腔。此燃气压力作用在柱塞 4 上，使柱塞 4 上的凸肩撕裂，随着柱塞向右迅速运动，从而柱塞 4 从轴 6 右端的半圆形槽内拔出，于是弹簧 17 解除了锁紧状态，弹簧 17 立即伸张，把齿条向上推动，直线运动的齿条带动轴和活门转动；加之活门与轴有偏心，活门预装有 2°～5°的初始角，在液体冲击力的作用下，使活门与活门座迅速贴合，活门关闭。活门关闭时的状态如图 18-7(d)中虚线所示。在活门关闭时，弹簧 17 仍有一定的预紧力，使活门关闭后不会发生自动打开现象，以确保活门可靠地关闭。

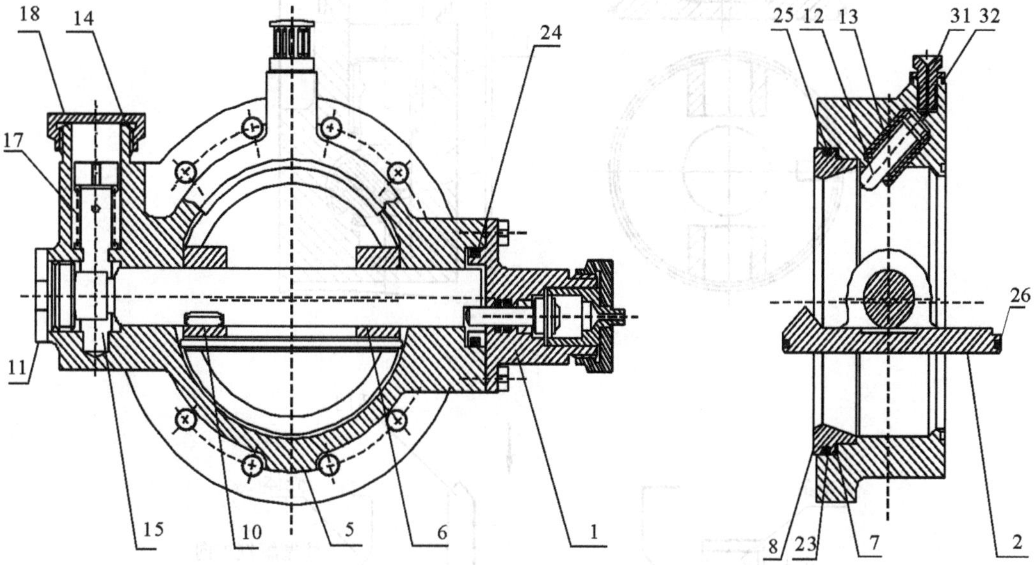

(a)

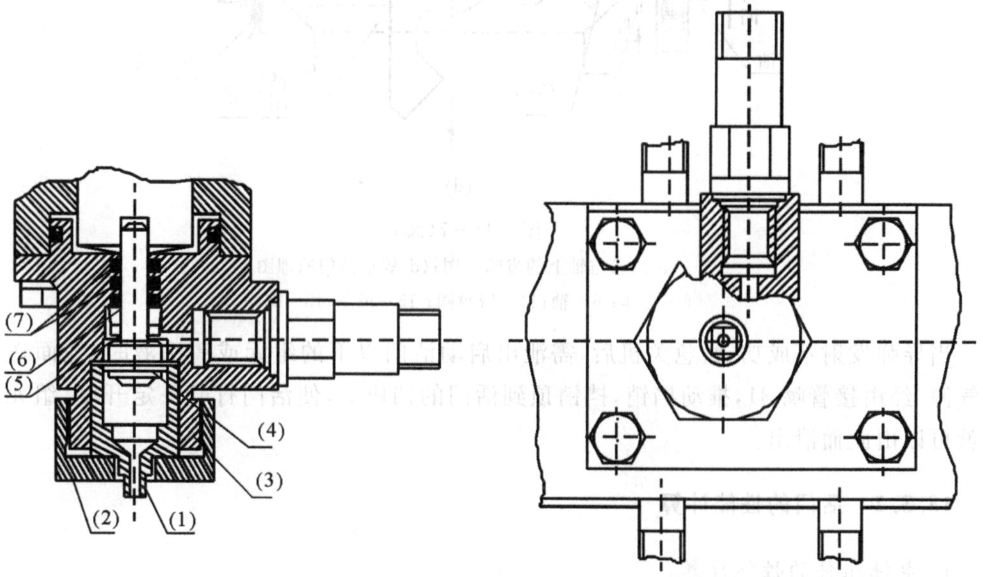

(b)

图　18－7

(a)蝶形活门；(b)电爆组件

1—电爆组件；2—活门；5—壳体；6—轴；7—调整垫；8—活门座；10—键；11—堵盖；12—挡销；13—导筒；14，32—密封圈；15—齿条；17—弹簧；18—螺帽；23，24，25，26—O 形圈；31—接管嘴

(1)压套；(2)外套螺母；(3)电爆组件壳体；(4)柱塞；(5)压环；(6)塑料碗；(7)O 形圈

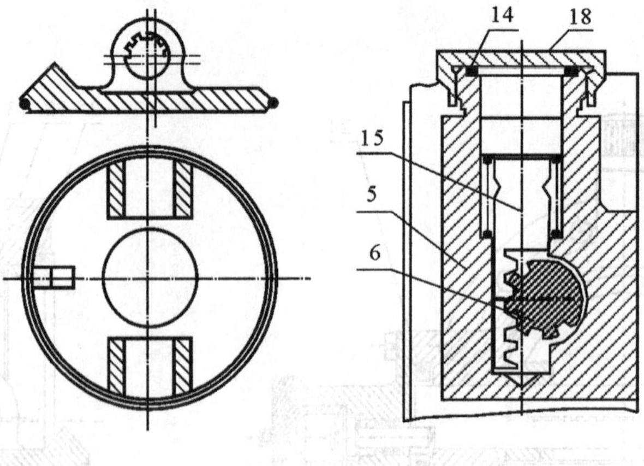

(c)

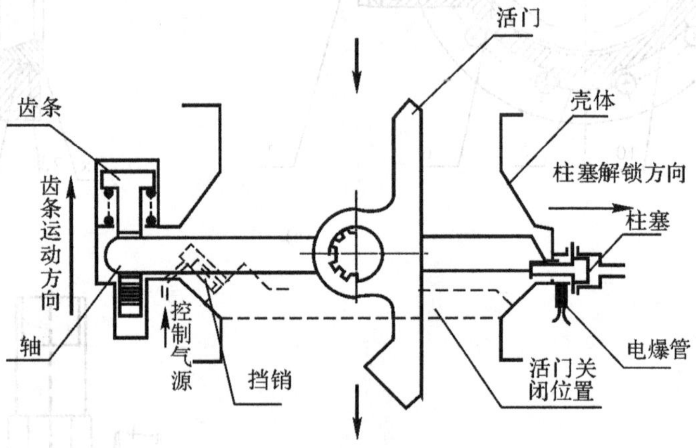

(d)

图 18-7(续)

(c)齿条与轴上的齿啮合图;(d)蝶形活门原理图

5—壳体; 6—轴;14—密封圈; 15—齿条;18—螺帽

当导弹发射不成功,紧急关机后,需泄出启动活门以下的组元或清洗液时,地面送来的控制气源,经由接管嘴 31,推动挡销,挡销顶到活门的挡块上,使活门打开一定开度,组元或清洗液就可以由此而泄出。

18.3.2 活门的性能计算

1. 电爆组件的性能计算

(1)电爆燃气腔容积的计算(见图 18-8)。电爆管工作初期燃气腔容积为

$$V_0 = V_D + V_1 + V_2 + V_3 + V_4 + V_5$$

电爆管工作终了燃气腔容积为

$$V_Z = V_0 + \Delta V$$

(2) 燃气腔压力的计算为

$$p_{0\max} = \frac{p_{D\max} V}{V_0}$$

$$p_{0\,min}=\frac{p_{D\,min}V}{V_0}$$

$$p_{z\,max}=\frac{p_{D\,max}V}{V_z}$$

$$p_{z\,min}=\frac{p_{D\,min}V}{V_z}$$

式中：p_{0min}，p_{0max} 是电爆管在 $V=50\ cm^3$ 的标准容积内起爆后，所产生的最小和最大压力。

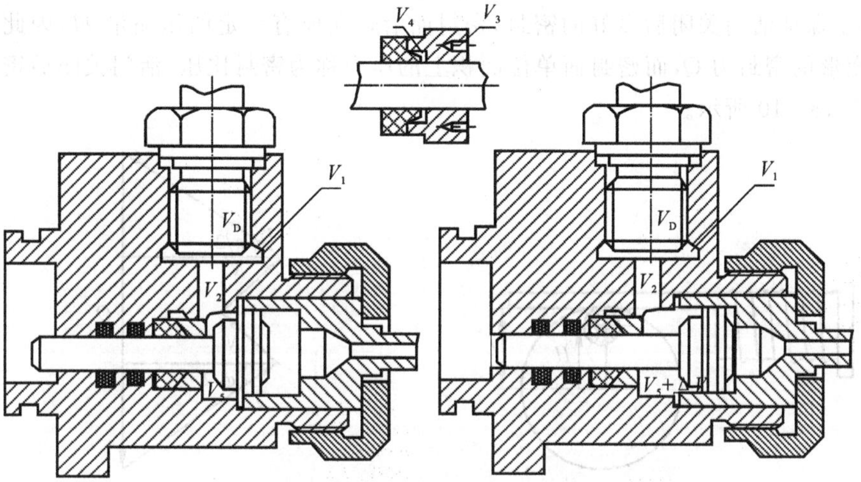

图 18－8　电爆组件燃气容腔图

(3) 计算标准凸肩的剪破裕度。设使凸肩切破的力为 $F_{c\,min}$(忽略摩擦阻力)，则

$$F_{c\,min}=p_{0\,min}S_c+p_{cr\,min}S_b$$

式中：$P_{cr\,min}$ 为发动机副系统停止工作时的泵后压力；S_c 为凸肩受燃气压力面积；S_b 为柱塞端部受介质压力面积。

利用试验的方法得到凸肩切破的最大力为 $F_{S\,max}$，可求出凸肩的剪破裕度为

$$n=F_{c\,min}/F_{S\,max}$$

(4) 柱塞凸肩的安全裕度。当电爆管未工作时，在其他诸力作用下凸肩工作的可靠性，其安全裕度 n' 为

$$n'=\frac{F_{S\,min}}{p_{cr\,max}S_b}$$

式中：$p_{cr\,max}$ 为发动机主级状态时的泵后压力；S_b 为柱塞端部介质作用面积；$F_{S\,min}$ 为用试验方法得到的切破凸肩的最小力。

(5) 柱塞杆安全系数 n''。柱塞杆受有转矩作用，即弹簧转矩和液压作用在活门上的不平衡转矩两部分之和。液压转矩是由于活门开度倾角 $\alpha=4°$ 所造成的。由转矩 M 所作用于柱塞上的势剪力为(见图 18－9)

$$F_a=\frac{M}{H}$$

式中：H 为力臂，即由柱塞中心到活门转轴中心的距离，有

$$\tau_a=\frac{F_a}{A_a}$$

则
$$n''=\frac{[\tau]}{\tau_a}$$
式中：A_a 为柱塞断面积；$[\tau]$ 为柱塞材料的许用剪应力；τ_a 为柱塞工作时的实际剪应力。

2. 活门主体的性能计算

活门主体的性能计算包含弹簧计算、水击增量的计算、密封比压的计算、锁紧力矩的计算、开启力矩的计算、流阻特性的计算等内容。前面两项计算方法已讲过，这里仅讨论后几项计算方法。

(1) 密封比压的计算。活门与活门座的密封是锥面形式，活门是软材料与活门座的金属配合的，为了保证活门关闭后良好的密封，密封面沿轴向要有一定的压缩量 H，因此要有一定的使材料变形的密封力 Q，而密封面单位面积上的压力称为密封比压，活门关闭后密封部位受力状态如图 18－10 所示。

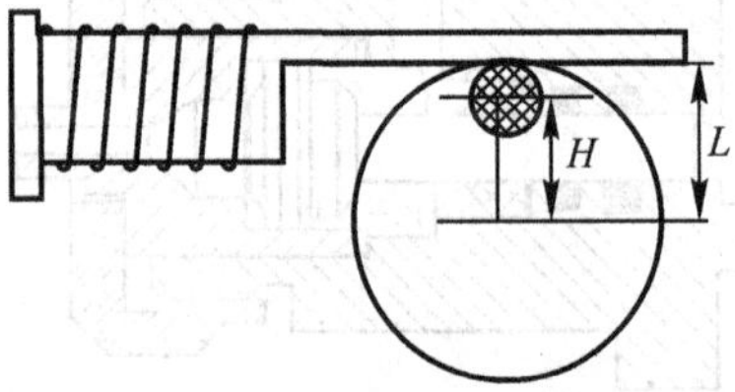

图 18－9　柱塞与转轴位置图

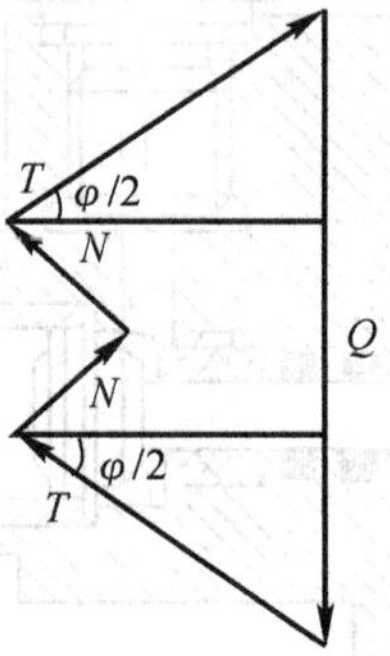

图 18－10　密封部位受力模型

设活门的密封比压为 q，则
$$q=Q/A_q\left(1+\frac{f_m}{\tan\frac{\varphi}{2}}\right)$$
式中：Q 为密封力，与密封材料和压缩量有关；A_q 为密封面在活门径向的投影面积，$A_q=\pi D_{cp}\overline{ab'}$，$D_{cp}$ 为密封面处活门的平均直径，$\overline{ab'}$ 为密封面在活门径向的投影宽度；f_m 为密封面摩擦因数，取 $f_m=0.1$；φ 为活门锥角。

活门所需要的密封比压
$$q_m=\frac{C+Kp_g}{\sqrt{b_m}}$$
式中：P_g 为活门关闭后泵前最低压力；b_m 为密封面宽度；C 为与密封面材料有关的系数；K 为在给定密封面材料条件下，考虑介质压力对比压值影响系数。

可见
$$q>q_m$$
即满足密封要求。

(2) 计算活门关闭后的锁紧力矩，有
$$M_B=M_n+M_m+M_t$$
式中：M_B 为锁紧力矩；M_n 为介质作用在活门上的不平衡力矩；M_m 为活门与座之间的摩擦力矩；M_t 为弹簧张力产生的力矩。

(3) 计算活门开启时所需力矩，有

$$M_{k\,max}=M_{n\,max}+M_{m\,max}+M_{t\,max}$$

设开启活门的力矩为 M'_k

$$M'_k=p_y A_y R$$

由于活门是用气体控制挡销将活门顶开(见图 18-11)，p_y 为气体控制压力，A_y 为气体作用于挡销上的面积，R 为挡销轴线到活门转轴的距离，则

$$M'_k \geqslant M_{kmax} \geqslant M_{kmax}$$

(4) 活门流阻特性曲线。用水力试验的方法，测出流量与活门流阻的数量值，然后绘出活门的流阻特性曲线，有

$$\Delta p_{水}=f(\dot{m}_{水})$$

然后再换算成介质的 $\Delta p_{介}=f(\dot{m}_{介})$ 曲线。

当 $\Delta p_{介}=\Delta p_{水}$ 时，有

$$\dot{m}_{介}=\sqrt{\frac{\gamma_{介}}{\gamma_{水}}}\dot{m}_{水}$$

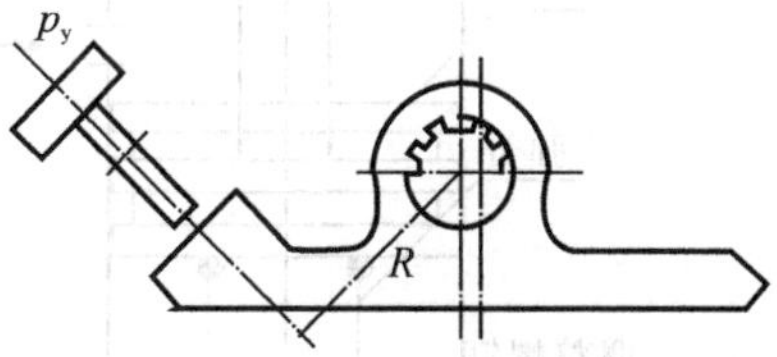

图 18-11 活门盘关闭位置示意图

式中：$\dot{m}_{介}$，$\dot{m}_{水}$ 是水和介质的流量；$\gamma_{水}$，$\gamma_{介}$ 是水和介质的密度；$\Delta p_{介}$ 和 $\Delta p_{水}$ 是水和介质的试验的流阻。

18.4 气体压力和流量调节器的特性

气体压力和流量调节器通常是将高压气体降为工作压力并稳定调压值，称为气体减压器，简称减压器。

18.4.1 减压器的分类

按照性能、用途、结构等的不同，减压器分类如下。

1. 按减压器的敏感元件分类

(1) 薄膜式减压器(见图 18-12)，适应于小流量。

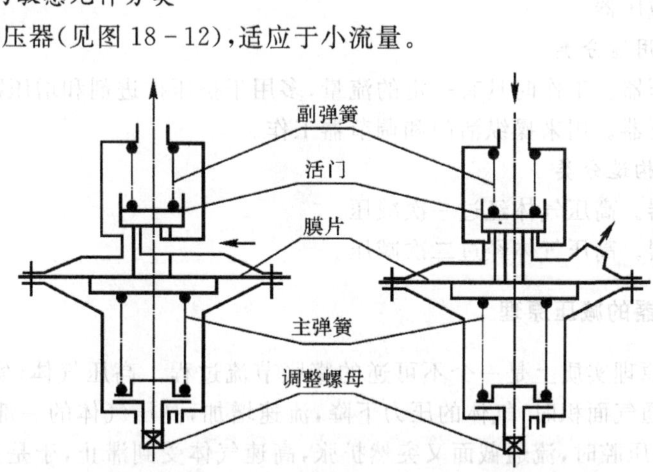

图 18-12 薄膜式减压器原理示意图

(a) 正向； (b) 逆向

(2) 柱塞式减压器(见图18-13)，适应于大流量、出口压力高的情况，例如用于挤压式输送

系统中的减压器。

(3) 膜盒式减压器(见图 18-14),适应于大流量、出口压力低的情况。

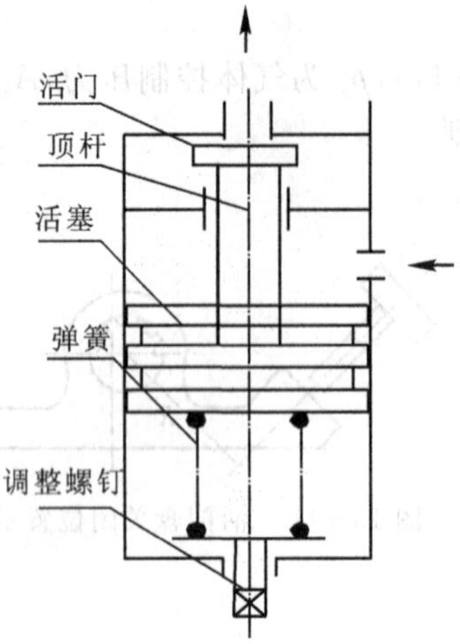

图 18-13　柱塞式减压器原理示意图

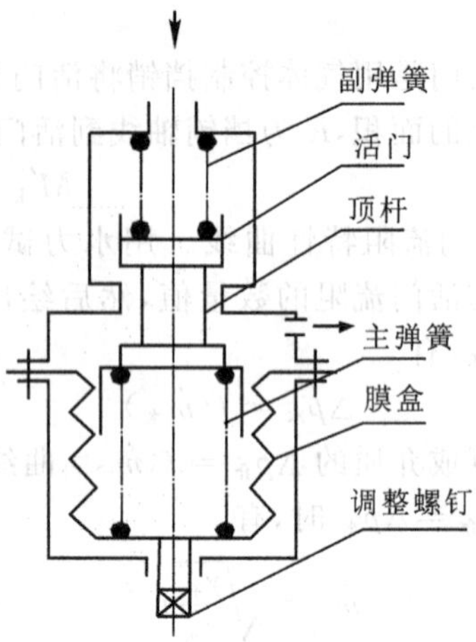

图 18-14　膜盒式减压器原理示意图

2. 按减压器的性能分类

(1) 不卸荷的正向减压器[见图 18-12(a)],这种减压器无高低压卸荷装置,其活动部分都受到静出口压力的影响,故出口压力的偏差较大。所谓正向,即指高压气体作用在活门上的力的方向和活门打开的方向一致。此种减压器适用于流量小、出口压力精度要求不高的情况下。

(2) 不卸荷的逆向减压器[见图 18-12(b)]。所谓逆向,是指高压空气作用在活门上的力和活门打开的方向相反。此种减压器也适用于流量小的情况下。

(3) 卸荷逆向减压器。这种减压器有高低压卸荷装置,这种减压器出口压力偏差小,灵敏度高。当用于挤压组元时其质量流量可大于 0.02 ～ 0.04 kg/s,用于贮箱增压时可大于0.01 ～ 0.02 kg/s。

(4) 卸荷正向减压器。

3. 按减压器的用途分类

(1) 流量式减压器。工作时具有一定的流量,多用于挤压推进剂和增压贮箱。

(2) 指挥式减压器。用来操纵活门和调节器工作。

4. 按减压器的构造分类

(1) 一级减压器。高压气体经过一次减压。

(2) 二级减压器。高压气体经过二次减压。

18.4.2　减压器的减压原理

减压器的减压原理实质上是一个不可逆的膨胀节流过程。高压气体(实际气体)从高压腔经过一个狭窄的通气面积时,气体的压力下降,流速增加,高压气体的一部分势能转变成了气流动能,当流到低压腔时,流通截面又突然扩张,高速气体受到滞止,于是发生了撞击、涡流和摩擦,气体的一部分动能转变成了热能,这些热能又被气体所吸收。同时,气体进入低压腔后体积发生了膨胀,其密度减小,分子之间的距离增大,分子之间的位能增加,故在滞止过程中只有一部分动能又转变成了压力能,从而使减压器出口的压力降低到需要的值。

从分子运动的观点来看,气体作用在器壁上的压力 p,决定于单位体积内的分子数 n 和分

子的平均动能$\left(\frac{1}{2}m\bar{v}^2\right)$，即

$$p=\frac{2}{3}n\left(\frac{1}{2}m\bar{v}^2\right)$$

式中：m 为每个分子的质量；$\bar{v}$ 为分子平动时的平均速度。

由于节流膨胀使得气体的密度下降，则单位体积内的分子数 n 减少。这样成正比地引起压力 p 的下降。但是，影响 p 的另外一项$\left(\frac{1}{2}m\bar{v}^2\right)$是如何变化呢？

气体的绝对温度是分子的平均动能的量度，即

$$T=\frac{2}{3K}\left(\frac{1}{2}m\bar{v}^2\right)$$

式中：T 为气体的绝对温度；K 为波耳兹曼常数，$K=R/N_0=1.38\times10^{-23}\,\mathrm{J/K}$，$N_0$ 称为阿伏伽德罗常数，它表示 1 mol 气体中的分子数，量值为 $N_0=6.025\times10^{23}/\mathrm{mol}$；$R$ 为气体普适恒量，$R=8.314\,5\ \mathrm{J/(k\cdot mol)}$。

可见气体的绝对温度只决定于分子的平均平动速度，与该速度的二次方成比例。

比较 p 和 T 的表达式可得

$$p=nKT$$

由该式可知，经过节流膨胀后的气体其绝对温度的变化(即分子平均平动动能的变化)也影响着气体压力的大小，而且两者成正比例。

在实际气体的内能中，不但包含有分子的平均平动动能，分子的转动动能，以及分子中原子的振动动能，而且包含分子之间的位能。

由于气体在节流时，其容积总是增大，所以其位能总是增加的。而在减压器工作时，气体节流的过程是一个绝热过程且对外无机械功的交换。那么气体位能的增加，肯定是气流流动的动能转换过去的。因此，经节流膨胀后，气流的动能一部分转换成了分子之间的位能，一部分转换成了分子的平均平动动能，从而使压力不能恢复到节流前的值，而使压力降低。节流前后压力的变化值称为节流时的压力损失。根据能量不灭观点，压力的损失实质上是压力能首先转换成了动能，经过高速气流的滞止使得一部分动能又转换成了分子之间的位能。这就是减压器减压的实质。

前面谈到，在节流时伴随着涡流、摩擦和撞击生成的热能，热能又被气体所吸收。这样节流后气体的温度应升高。可在实际操作中，对空气和氮气减压后会造成壳体结霜，即气体温度降低。这是怎么一回事呢？

实践证明，在常温下实际气体(理想气体温度是不变的)经过节流后，除了氢气等温度升高外，其他各种气体经过节流后温度均有下降。例如，在室温下压差为 1 atm 时，空气、氮气及氧气降低约 0.25℃，二氧化碳约降低 0.75℃；在同样条件下，氢气的温度升高约为 0.03℃。气体经过节流后本身温度是否变化是由气体的特性和当时的温度决定的，也就是说每一种气体都有一个“转变温度”。如果气体的起始温度恰好等于它的转变温度，气体节流前后温度无变化；如果气体的起始温度高于其转变温度，那么节流后的气体温度升高，例如氢气的转变温度是－80.5℃，在常温下节流后氢气是升温的；如果气体在节流时，其起始温度低于转变温度，那么节流后的气体则要降温，例如，大多数气体的转变温度均高于 600℃，所以，在常温下节流后气体要降温。

18.4.3 减压器的结构

减压器由基本元件-壳体 11，敏感元件-膜片组合件 12，执行元件-活门 10 与活门座 9，比较元件-主弹簧 16，过滤器 6 及卸荷装置 4 等组成，如图 18-15 所示。

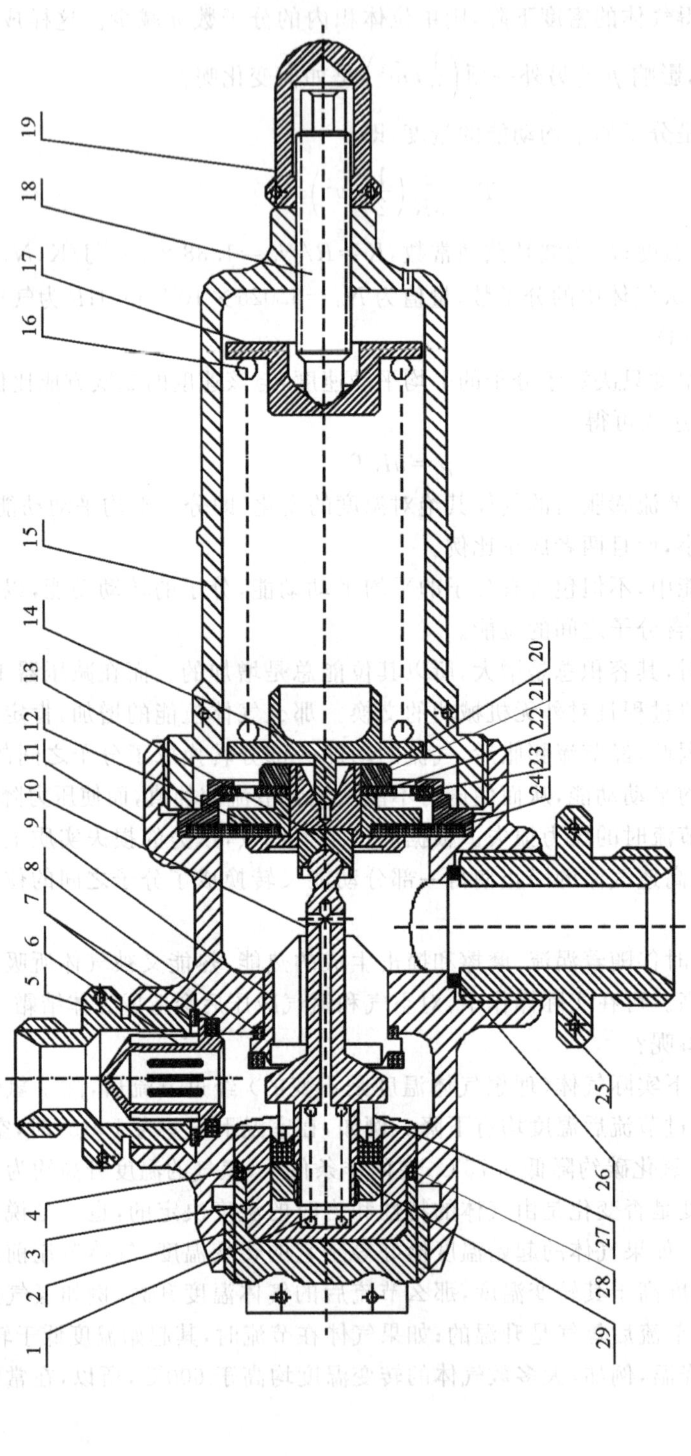

图18-15 减压器结构图

1—副弹簧；2，19—螺帽；3—衬套；4—卸荷开关；5—进口接管嘴；6—过滤器；7，8，26，28—垫片；9—活门座；10—活门；11—壳体；12—膜片组合件；13—垫块；14，17—弹簧座；15—弹簧罩；16—主弹簧；18—调整螺杆；20，29—螺母；21—安装盘；22—隔栅弹片；23—膜片壳；24—膜片；25—出口接管嘴；27—支承环减压器工作原理如图 18－16 所示。

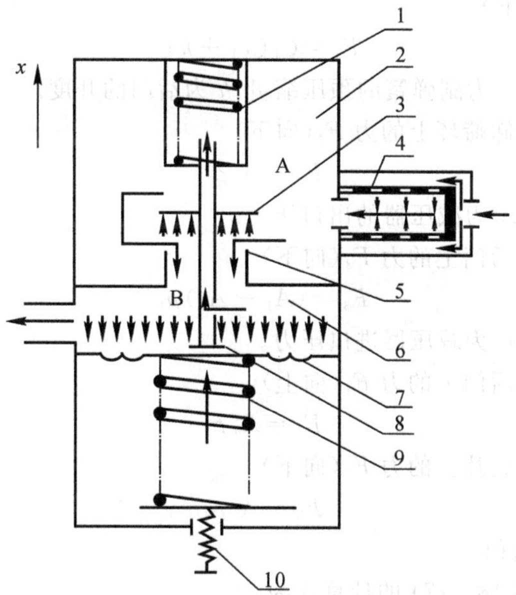

图 18－16　减压器工作原理示意图

1— 副弹簧；2— 高压腔；3— 活门；4— 过滤器；5— 活门座；6— 低压腔；7— 膜片；
8— 卸荷环；9— 主弹簧；10— 调整螺杆

平时减压器已调整好，活门处于打开状态。

高压气体从进口接管嘴进入减压器，经过滤器过滤后到高压腔 A，再经活门与活门座的间隙节流后进入低压腔 B，从出口流向贮箱增压。高压气体经过节流后，由于损失，使低压腔压力降低。而低压腔的压力大小取决于活门开度的大小。调整减压器就是根据出口压力的大小，调整活门的开度。

在减压器工作过程中，气瓶压力即减压器出口压力是不断降低的。而减压器能在气瓶一定压力的范围内，保持出口压力稳定。因为减压器调整好后，作用在膜片两边的力处于平衡状态，当低压腔的压力由于高压腔的压力降低而降低时，作用在膜片上的力减小，主弹簧伸张，使活门开度增大，低压腔压力升高，直到恢复到额定出口压力值。反之，由于某种因素干扰，使出口压力偏高时，作用在膜片上的压力增大，主弹簧压缩使活门开度减小，出口压力降低，直到恢复到额定出口压力值。因而减压器能在出口压力在一定范围变化时，保持出口压力在设计精度范围变化，由于减压器活门的开度是随着气瓶内压力的降低而不断增大的，当接近最大开度时，出口压力将随着入口压力的下降而显著下降，此时减压器已不能正常工作。

18.4.4　减压器的静态特性

减压器的静态特性就是指在静态平衡状态下，减压器出口压力 p_2 与进口压力 p_1 之间的关系，即 $p_2=f(p_1)$。

由于型号上多采用薄膜式反向作用卸荷式减压器，所以就以这种减压器为例，推导静态特性方程。如图18-16所示，取活门为分离体，略去活动部分的摩擦力和气体动力所产生的反作用力，则运动件上受到下列各力的作用：

(1) 副弹簧力 F_1(向下)

$$F_1 = C_1(x_1 + h)$$

式中：C_1 为副弹簧刚度；x_1 为副弹簧的预压缩量；h 为活门的开度。

(2) 低压气体作用在卸荷环上的力 F_2(向下)

$$F_2 = A_2 p_2$$

式中：A_2 为卸荷环面积；p_2 为减压器的出口压力。

(3) 高压气体作用在活门上的力 F_3(向下)

$$F_3 = (A_1 - A_2) p_1$$

式中：A_1 为活门座面积；p_1 为减压器进口压力。

(4) 低压气体作用在活门上的力 F_4(向上)

$$F_4 = A_1 p_2$$

(5) 低压气体作用在膜片上的力 F_5(向下)

$$F_5 = A_3 p_2$$

式中：A_3 为膜片的有效面积。

其有效面积 A_3(见图 18-17) 的计算式为

$$A_3 = 0.33\left[\frac{D_0}{D_m} + \left(\frac{D_0}{D_m}\right)^2\right]\frac{1}{4}\pi D_m^2 \tag{18-1}$$

式中：D_0 为刚度盘直径；D_m 为膜片直径。

(6) 主弹簧作用力 F_6(向上)

$$F_6 = C_2(x_2 - h)$$

式中：C_2 为主弹簧刚度；x_2 为主弹簧预压缩量。

(7) 大气作用在薄膜片上的力 F_7(向上)

$$F_7 = A_3 p_3$$

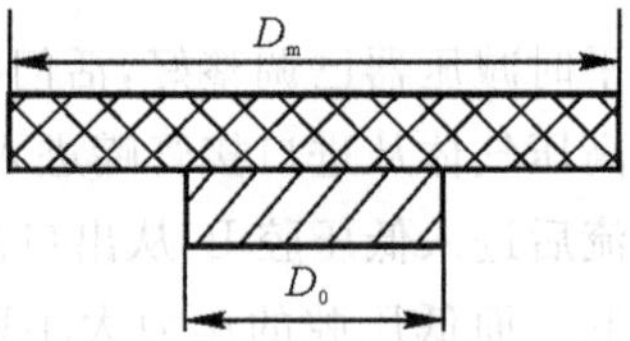

图 18-17　薄膜简图

式中：p_3 为大气压力。

(8) 薄膜的弹力 F_8(向下)

$$F_8 = C_m h$$

式中：C_m 为薄膜的刚度。

取向上方向为正，活门运动件上受上述各力作用的平衡方程式为

$$F_6 + F_7 + F_4 - F_1 - F_2 - F_3 - F_5 - F_8 = 0$$

即 $C_2(x_2 - h) + A_3 p_3 + A_1 p_2 - C_1(x_1 + h) - A_2 p_2 - (A_1 - A_2) p_1 - A_3 p_2 - C_m h = 0$

整理得

$$p_2 = \frac{1}{A_3 + A_2 - A_1}[C_2 X_2 - C_1 X_1 - C_\Sigma h - (A_1 - A_2) p_1 + A_3 p_3] \tag{18-2}$$

式中：$C_\Sigma = C_1 + C_2 + C_C$(弹性元件的总刚度)。

式(18-2)为薄膜式反向卸荷减压器静态特性方程的一般形式。

减压器工作时，进口压力 p_1 由于气瓶内气体不断消耗而不断下降，而活门的开度 h 则相应地由小变大，因此方程式中第三项与第四项有相互补偿的作用。如果能使这两项之和为一常数，即

$$C_{\Sigma}h+(A_1-A_2)p_1=\mathrm{const}$$

则减压器工作过程中,虽然 p_1 在不断下降,但由于 h 的相应的变化结果使 p_2 保持不变。可是实际上很难做到,为了尽量减小出口压力的偏差,可以使减压器工作开始时与终了时的出口压力相等,即 $p_{20}=p_{2f}$(p_{20} 为工作开始时的出口压力,p_{2f} 为工作终了时的出口压力),根据这点可以确定卸荷环的面积,有

$$C_{\Sigma}h_0+(A_1-A_2)p_{10}=C_{\Sigma}h_f+(A_1-A_2)p_{1f}$$

整理上式得卸荷环的面积为

$$A_2=A_1-C_{\Sigma}\frac{h_f-h_0}{p_{10}-p_{1f}} \tag{18-3}$$

因为 $$C_{\Sigma}\frac{h_f-h_0}{p_{10}-p_{1f}}>0$$

所以 $A_2>A_1$ 这种情况,减压器是属于部分卸荷反向作用式减压器。

为了方便地作出减压器的特性曲线,下面对方程式(18-2)作进一步分析。

减压器工作开始时出口压力 p_{20} 为

$$p_{20}=\frac{1}{A_3+A_2-A_1}[C_2X_2-C_1X_1-C_{\Sigma}h_0-(A_1-A_2)p_{10}+A_3p_3] \tag{18-4}$$

减压器工作时出口压力的偏差值 $\delta p_2=p_2-p_{20}$,用式(18-2)和式(18-4)代入则得

$$\delta p_2=\frac{1}{A_3+A_2-A_1}[(A_1-A_2)(p_{10}-p_1)-C_{\Sigma}(h-h_0)]=$$

$$\frac{1}{A_3+A_2-A_1}[(A_1-A_2)(-\delta p_1)-C_{\Sigma}\delta h] \tag{18-5}$$

式中:$\delta p_1=p_1-p_{10}$ 为进口压力的偏差值;$\delta h=h-h_0$ 为活门开度的偏差值。

式(18-5)中说明减压器出口压力的偏差决定于进口压力的偏差值与活门开度的偏差。从减压器工作原理中看出活门开度又是随进口压力改变而改变的,即开度是进口压力的函数 $h=f(p_1)$,下面来求此函数关系。

流过活门节流面积的流量 G 为

$$G=\mu_1\pi d_1 h\frac{p_1}{\sqrt{T_1}}A \tag{18-6}$$

在亚临界压力降时,即$\dfrac{p_2}{p_1}>\left(\dfrac{p_2}{p_1}\right)_{KP}$,$\left(\dfrac{p_2}{p_1}\right)_{KP}$ 为临界压力比,对空气:$\left(\dfrac{p_2}{p_1}\right)_{KP}=0.518$。

A 值用下式确定:

$$A=\sqrt{\frac{2g}{R}\frac{K}{K-1}\left[\left(\frac{p_2}{p_1}\right)^{\frac{2}{K}}-\left(\frac{p_2}{p_1}\right)^{\frac{K+1}{K}}\right]} \tag{18-7}$$

式中:g 为重力加速度;R 为通用气体常数;K 为气体的绝热指数。

在超临界压力降时,即$\dfrac{p_2}{p_1}<\left(\dfrac{p_2}{p_1}\right)_{KP}$,$A$ 值用下式确定:

$$A=\sqrt{\frac{2g}{R}\frac{K}{K-1}\left(\frac{2}{K+1}\right)^{\frac{2}{K-1}}} \tag{18-8}$$

这时,A 值与 p_2/p_1 的数值无关,只与气体性质有关。对于空气,$A=0.40$。

根据流量平衡原理

$$G=Q_2\frac{p_2}{RT_2} \tag{18-9}$$

式中：Q_2 为低压腔出口容积流量。

将式(18-9)代入式(18-6)，可得

$$h=Q_2\frac{p_2}{RT_2}\sqrt{T_1}\frac{1}{p_1\mu_1\pi d_1 A}$$

同样可得活门的初始开度

$$h_0=Q_2\frac{p_{20}}{RT_{20}}\sqrt{T_{10}}\frac{1}{p_{10}\mu_1\pi d_1 A_0}$$

减压器进、出口温度变化不大，可近似认为 $T_1=T_2$，另外进口变化时，出口压力变化不大，故在分析 h 时，近似认为 $p_2=p_{20}$，还认为流量系数 μ 在工作过程中不变。于是活门开度的增量为

$$\delta h=h_0\left(\frac{h}{h_0}-1\right)=h_0\left(\frac{p_{10}}{p_1}\sqrt{\frac{T_{10}}{T_1}}\frac{A_0}{A}-1\right)$$

因为减压器工作过程中，气瓶内气体是多变过程，则

$$\frac{T_{10}}{T_1}=\left(\frac{p_{10}}{p_1}\right)^{\frac{n-1}{n}}$$

于是

$$\delta h=h_0\left[\left(\frac{p_{10}}{p_1}\right)^{\frac{3n-1}{2n}}\frac{A_0}{A}-1\right] \tag{18-10}$$

将式(18-10)代入式(18-5)得(因为 $\delta p_2=p_2-p_{20}$)

$$p_2=p_{20}+\frac{1}{A_3+A_2-A_1}\left\{(A_1-A_2)(p_{10}-p_1)-C_\Sigma h_0\left[\left(\frac{p_{10}}{p_1}\right)^{\frac{3n-1}{2n}}\frac{A_0}{A}-1\right]\right\} \tag{18-11}$$

根据该方程可以作出部分卸荷反向作用减压器的静态特性曲线，如图 18-18 所示。

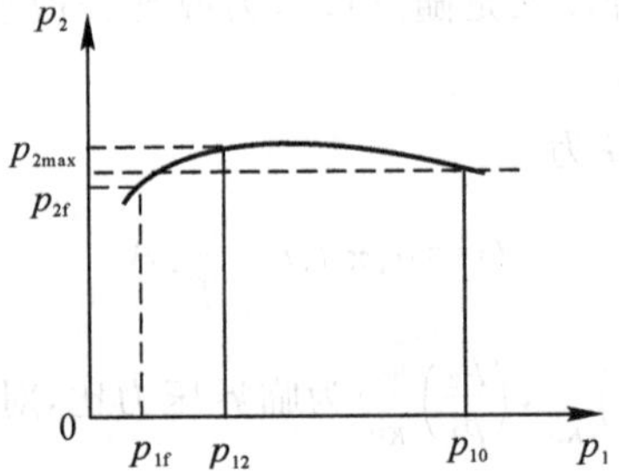

图 18-18　部分卸荷反向减压器的静态特性

由静态特性曲线可知，随着入口压力 p_1 的减小，其出口压力 p_2 是增加的。当入口压力降低到 p_{12} 时，出口压力达到最大值 p_{2max}；当入口压力降低到 p_{1f} 时，出口压力达到最小值 p_{2min}。故为了保证减压器压力的精度，其入口压力不得低于 p_{1f}，即气瓶中的末压不得低于 p_{1f} 值。

18.4.5　减压器的动态特性

观察减压器的工作过程时会发现：当被调参数 p_2 升高时，活门会自动关小使 p_2 降低，反之亦然。即当减压器压力偏离给定值时，就会产生使其恢复到给定值的动作。但在实际工作过程中，如果操作得当，这个调节过程是稳定的，被调参数可以恢复到给定值；但也可能是不稳

定的,恢复是不可能的。为此就要研究减压器的动态特性,要列出运动过程的微分方程。

如果在干扰作用下活门离开了原来的平衡位置,移到了一个新的位置,现在来研究这个过渡过程的运动情况。活门运动,是由于作用力不平衡而产生了惯性力和阻力。阻力一般是忽略不了的,有时为了使运动稳定性好,还必须装阻尼器。

为了叙述简单,以无卸荷环的减压器为例(即 $A_2=0$),令膜片没有刚度(即 $C_M=0$),大气压力为常数(即 $p_2=\text{const}$),则减压器的静态方程变成(在原来平衡位置时为 0—0 位置)

$$C_2(x_2-h_0)+A_3p_3-A_1p_{10}-C_1(x_1+h_0)+(A_1-A_3)p_{20}=0$$

或令

$$F_{20}=C_2(x_2-h_0)$$

$$F_{10}=C_1(x_1+h_0)$$

则

$$F_{20}-F_{10}+A_3p_3-A_1p_{10}+(A_1-A_3)p_{20}=0$$

当由平衡位置 0—0 运动到 1—1 位置时,有

$$(F_{20}-C_1\Delta h)-(F_{10}+C_2\Delta h)+p_2(A_1-A_2)-A_1p_1+A_2p_2+$$

$$m\frac{\mathrm{d}^2(\Delta h)}{\mathrm{d}t^2}+\beta\frac{\mathrm{d}(\Delta h)}{\mathrm{d}t}=0$$

上两式相减得

$$(A_1-A_3)(p_2-p_{20})+A_2(p_1-p_{10})=(C_1+C_2)\Delta h+\beta\frac{\mathrm{d}(\Delta h)}{\mathrm{d}t}+m\frac{\mathrm{d}^2(\Delta h)}{\mathrm{d}t^2}$$

式中:m 为运动件的质量;β 为阻尼系数。

令 $C_\Sigma=C_1+C_2$,$\Delta p_2=p_2-p_{20}$,$\Delta p_1=p_1-p_{10}$,且引入相对偏差量,令 $x=\dfrac{\Delta h}{h_0}$,$y_2=\dfrac{\Delta p_2}{p_{20}}$,$y_1=\dfrac{\Delta p_1}{p_{10}}$,则有方程:

$$m\frac{\mathrm{d}^2x}{\mathrm{d}t^2}+\beta\frac{\mathrm{d}x}{\mathrm{d}t}+C_\Sigma x=\frac{(A_1-A_2)p_{20}}{h_0}y_2+\frac{A_2p_{10}}{h_0}y_1$$

化成标准形式为

$$T^2\ddot{x}+2\xi T\dot{x}+x=K_2y_2+K_1y_1 \tag{18-12}$$

式中,T^2 称为时间常数,$T^2=\dfrac{m}{C_\Sigma}$;$\xi=\dfrac{\beta}{2}\sqrt{\dfrac{1}{C_\Sigma m}}$ 称为相对阻尼系数;$K_2=\dfrac{(A_1-A_2)p_{20}}{h_0C_\Sigma}$ 称为放大系数;$K_1=\dfrac{A_2p_{10}}{h_0C_\Sigma}$ 称为放大系数。

方程(18-12)就是减压器的运动方程,它是一个二阶的振荡方程。合理设计和使用的减压器,不但必须满足稳态特性的要求,而且动态特性也必须是稳定的。由于影响动态特性的因素很多,而且有些因素难以事先准确定量,如阻尼、气动力、惯性力等,致使计算法结果往往不够准确,因而工程上主要依靠实验方法,即通过减压器在实际工作条件下的动态实验来判断动态特性是否稳定。

18.4.6　减压器设计

根据给定的原始数据和设计要求,通过方案选择、结构设计、稳态特性计算,完成减压器的初步设计,然后通过试验全面考核设计和计算的正确性,以及是否满足使用要求。通过试验暴露问题,进行修改设计,再试验,直至满足使用要求为止。

1. *原始数据*

(1) 介质流量 $\dot{m}$。

(2) 减压器进口压力范围 $p_{\lambda\max} \sim p_{\lambda\min}$。进口压力最大值一般在 20 ~ 35 MPa 范围内，进口压力最小值一般小于出口压力的 2 倍。如果稳定精度要求不高，允许减压器在亚临界状态下工作，应满足 $p_{\lambda\min} \geqslant 1.25 p_{出}$。

(3) 减压器出口压力及其允许偏差 $p_{出} + \Delta p_{出}$。出口压力一般小于 0.5 ~ 0.8 倍的最小进口压力。出口压力稳态偏差一般在(2% ~ 5%)$p_{出}$ 范围内。

(4) 静态稳压差的最大允许值，一般不超过 10%$p_{出}$。

(5) 安全活门的工作压力，取决于系统的承压能力。

(6) 减压器的启动方式：手动开关启动，电动活门启动等。

(7) 要求的响应时间和冲值(或允许过调量)。

(8) 工作环境条件：包括温度、振动、过载、工作介质、环境压力等。

2. *方案选择*

根据对减压器的用途、使用条件和原始数据的分析，选择合适的减压器结构方案，以满足使用要求为前提，同时兼顾减压器的工艺性及成本。

3. *预选参数*

方案确定以后，在进行主要结构参数具体设计计算之前，要先选定一些结构参数：活门座口径，活门与座的密封形式、尺寸及材料，敏感元件的有效面积，弹性系统总刚度。

4. *活门行程计算*

活门及座结构形式及尺寸确定之后，活门的工作行程与减压器的气体流量 $\dot{m}$ 有关。以平板型活门为例，活门的行程 h 计算公式为

$$h = \frac{\dot{m}\sqrt{T_\lambda}}{A\mu\pi d p_\lambda}$$

式中：A 是与气体性质及流动状态有关的系数。当气体流经活门节流处为亚临界状态时，即

$$\frac{p_{出}}{p_\lambda} > \beta_K$$

则
$$A = \sqrt{\frac{2gK}{RT_\lambda(K-1)}\left[\left(\frac{p_{出}}{p_\lambda}\right)^{\frac{2}{K}} - \left(\frac{p_{出}}{p_\lambda}\right)^{\frac{K+1}{K}}\right]}$$

当气体流经活门节流处为超临界状态时，即

$$\frac{p_{出}}{p_\lambda} \leqslant \beta_K = \left(\frac{2}{K+1}\right)^{\frac{1}{K-1}}$$

则
$$A = \frac{gK}{R}\left(\frac{2}{K+1}\right)^{\frac{K+1}{K-1}}$$

对于双原子气体，$K = 1.4$，$\beta = 0.528$，则 $A = 0.396$，活门最大行程出现在减压器入口压力最小时，活门最小工作行程出现在减压器入口压力最大时。活门最大工作行程 $h_{\max}$ 应满足：$\frac{h_{\max}}{d_1} = \frac{1}{5} \sim \frac{1}{20}$($d_1$ 是活门座直径)。因为当 $h > d_1/5$ 时，则使得活门行程增加，流量增加很小；当 $h > d_1/4$ 时，行程再增加，活门流量也不会增加了，这样就降低了减压器的稳压精度。行程越大减压器稳压精度越低，行程过小会出现出口压力不稳定。

5. 稳态偏差最大值的计算

将算得的稳态偏差最大值 $\Delta p_{出\max}$ 与原始数据中给定的减压器出口压力稳态偏差最大允许值相比较，如不满足要求，用适当加大敏感元件有效面积的办法，减小 $\Delta p_{出\max}$ 来满足。如敏感元件面积太大时，则应重新选择弹性活动系统总刚度 C_{Σ}，再行计算，直至满足使用要求为止。

$$\Delta p_{出\max}=\frac{1}{A_3+A_2-A_1}\left\{(p_{\lambda1}-p_{\lambda2})-\frac{p_{\lambda1}-p_{\lambda2}}{\frac{A_1}{A_2}\left(\frac{p_{\lambda1}}{p_{\lambda3}}\right)-1}\left[\left(\frac{p_{\lambda1}}{p_{\lambda3}}\right)^{1.1}-1\right]\right\} \tag{18-13}$$

式中：A_3 为主膜片的有效面积；A_2 为卸荷环面积；A_1 为活门座面积；$p_{\lambda1}$ 为入口压力最大值；$p_{\lambda2}$ 为对应于减压器出口压力最大值的入口压力；$p_{\lambda3}$ 为入口压力最小值；A_1，A_3 为对应于 $p_{\lambda1}$，$p_{\lambda3}$ 状态下的系数。

6. 具体结构设计

稳态特性得到满足之后，就可进行包括给定值机构（如弹簧）、调节元件、卸荷元件、敏感元件、安全机构、过滤元件等零、组件的结构设计。

18.5　液体压力和流量调节器的特性

液体压力和流量调节器的种类很多，这里仅以通过调节副系统介质的压力和流量而达到调节燃烧室压力的调节器为例进行典型分析，该调节器称为燃烧室压力调节器。

18.5.1　燃烧室压力调节器的必要性和调节原理

作用在发动机系统上的所有干扰最终都引起燃烧室压力偏离设计值，并引起推力的偏差。同时过高的燃烧室压力振荡将影响推力室工作的可靠性。因此，对燃烧室压力进行调节，抑制干扰作用，保持 p_c 为额定值是十分必要的；另外，在某些导弹的飞行程序里，要求对发动机推力进行调节，而调节推力最常用的方法是调节燃烧室压力。

由公式

$$F=C_F p_c A_t$$

可见，对已确定的推力室，推力调节可采用调节燃烧室压力 p_c 的方法。

而燃烧室压力由公式

$$p_c=\frac{c^*\dot{m}}{gA_t}$$

知 p_c 与特征速度 $c^*=\sqrt{gvRT}/K\sqrt{\left(\frac{2}{K+1}\right)^{\frac{K+1}{K-1}}}$ 及推进剂流量 $\dot{m}$ 和推力室临界面积有关。

在推力室确定以后，可以通过调节进入推力室的流量而达到调节燃烧室压力的目的。

如何调节推力室的流量，对不同类型的发动机，有不同的方案。对泵压式系统，往往是通过调节进入燃气发生器的流量来实现的，由于涡轮的功率 N_w，有

$$N_w=N_y+N_r=\dot{m}_f L_{ag}\eta_w$$

式中：L_{ag} 是 1 kg 涡轮工质的绝热膨胀功；η_w 是涡轮效率。当改变涡轮工质流量（其他项不变）

时，涡轮的功率 N_w 也改变，而使泵的功率改变，则

$$N=\gamma\frac{HQ}{\eta}\quad 和 \quad \frac{N_1}{N_2}=\frac{n_1^2}{n_2^2}$$

式中：γ 是推进剂组元的密度；H 是泵的扬程；Q 是泵的容积流量；η 是泵的效率；n 为泵的转速。当泵的功率改变以后，泵的转速 n 也要改变，同时，泵的扬程 H 和泵的容积流量 Q 也要发生变化。这样就可以达到调节燃烧室压力和推力室推力的目的。

18.5.2 燃烧室压力调节器(简称压调器)的构造、功用和工作原理

在推力室推进剂质量混合比不变的情况下，发动机的推力与推力室的燃气压力成正比，燃气压力与推力室推进剂流量成正比，而推进剂流量与涡轮泵转速成正比。

在燃气发生器质量混合比不变的情况下，涡轮泵的转速与燃气发生器的推进剂流量成正比。所以只要调节进入燃气发生器的推进剂流量，就能达到调节发动机推力的目的。

1. 压调器的功用

压调器安装在燃气发生器的氧化剂供应管路上，它的作用是根据推力室燃气压力的变化，自动改变燃气发生器给氧化剂供应管路的流阻，调节进入燃气发生器的氧化剂流量，并控制稳定器相应地调节进入燃气发生器的燃烧剂流量，从而使推力室的燃气压力、发动机的推力为额定值。根据发动机工作程序要求，利用转级装置将发动机由主级工作状态转为末级工作状态。

2. 压调器结构

压调器由基本元件-壳体 1，敏感元件-柱塞 5，执行元件-顶杆 4、活门 48、活门座 3，比较元件-主弹簧 16，润滑装置油壶，过滤器及转级装置等组成，如图 18－19 所示。

基本元件-壳体为钢锻件，用于组装整个压调器。

敏感元件-柱塞 5 由钢棒制成，用于感应推力室燃气压力的变化，通过与主弹簧 16 比较，决定压调器是否调节。

执行元件-顶杆 4、活门 48 和活门座 3，根据敏感元件感受推力室燃气压力的变化与主弹簧的弹力进行比较的结果，改变活门与活门座的流通面积，从而改变管路的流阻。

比较元件-主弹簧 16 是钢丝绕成的，装入弹簧罩 14 内。主弹簧调整好后，赋予柱塞的力，基本可以认为是不变的，因柱塞的位移很小。故当推力室燃气压力 p_c 变化时，柱塞可敏感出压差，与比较元件进行比较，决定压调器是否调节。

过滤器用于过滤氧化剂中杂质，防止脏物堵塞压调器。

润滑装置-油壶，内装润滑油，压调器工作时，将润滑油送入壳体内，润滑顶杆和柱塞。

3. 压调器工作原理

压调器是液压和气压作用的自动调节元件，其工作原理如图 18－20 所示。

平时，压调器在主弹簧力的作用下，活门处于打开状态。

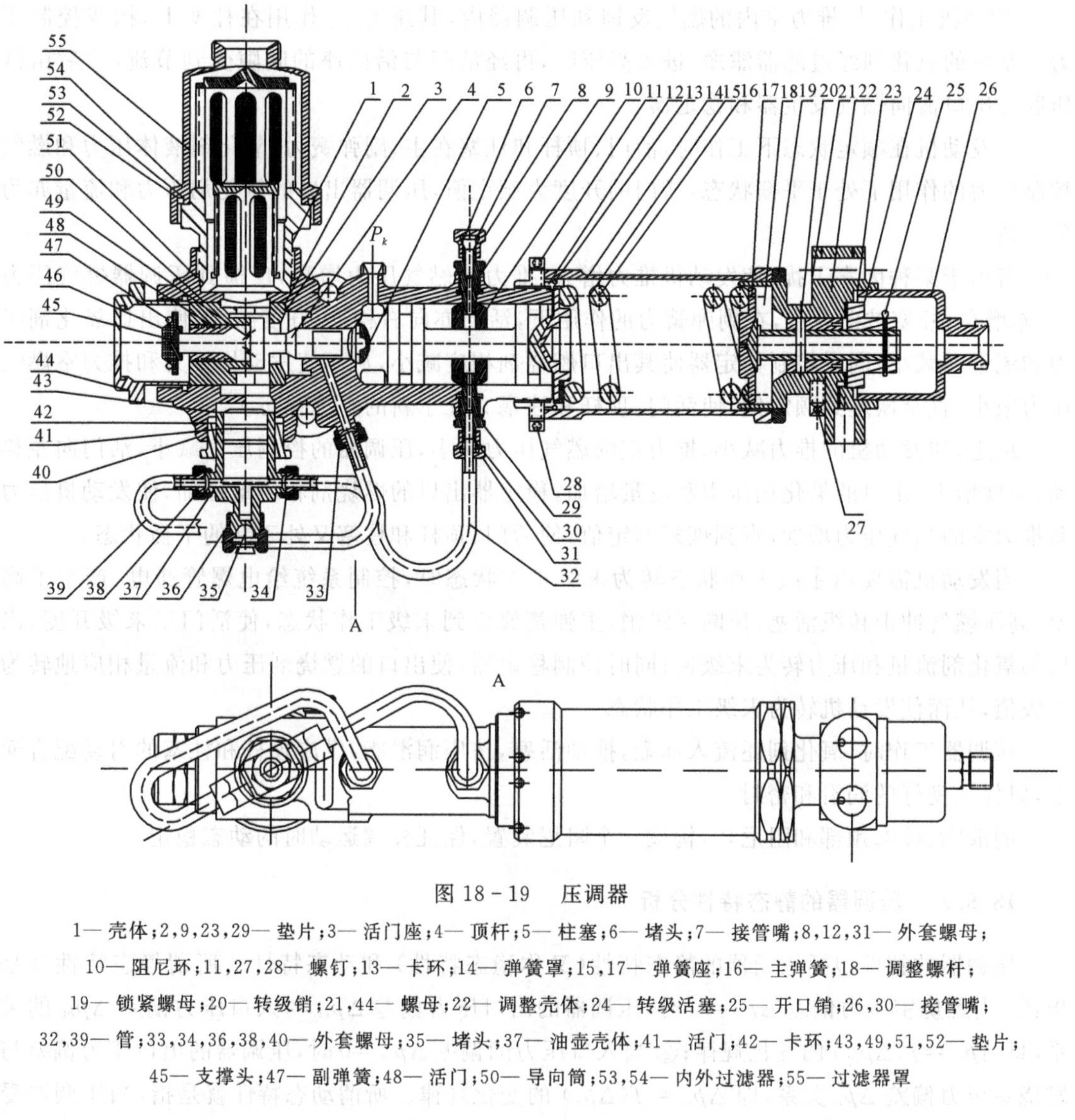

图 18-19　压调器

1— 壳体；2,9,23,29— 垫片；3— 活门座；4— 顶杆；5— 柱塞；6— 堵头；7— 接管嘴；8,12,31— 外套螺母；10— 阻尼环；11,27,28— 螺钉；13— 卡环；14— 弹簧罩；15,17— 弹簧座；16— 主弹簧；18— 调整螺杆；19— 锁紧螺母；20— 转级销；21,44— 螺母；22— 调整壳体；24— 转级活塞；25— 开口销；26,30— 接管嘴；32,39— 管；33,34,36,38,40— 外套螺母；35— 堵头；37— 油壶壳体；41— 活门；42— 卡环；43,49,51,52— 垫片；45— 支撑头；47— 副弹簧；48— 活门；50— 导向筒；53,54— 内外过滤器；55— 过滤器罩

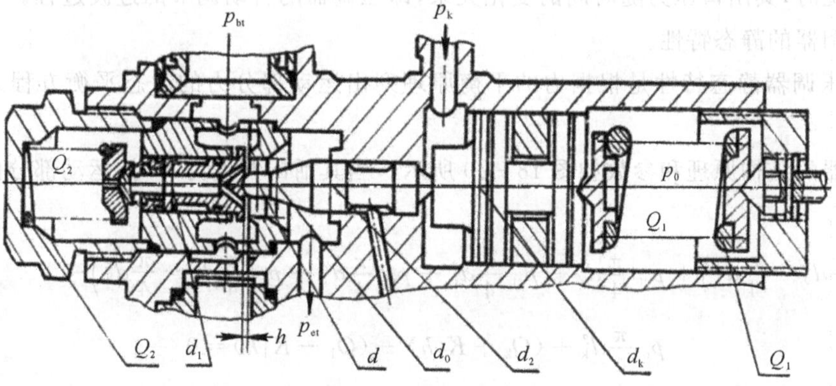

图 18-20　压调器工作原理图

发动机工作时，推力室内的燃气反馈到压调器内，其压力 p_c 作用在柱塞上，构成控制压力。泵后的氧化剂经过滤器滤净，进入高压腔，再经活门与活门座的间隙受到节流，然后由低压腔经出口流向燃气发生器和稳定器。

当发动机在额定状态下工作时，活门、顶杆和柱塞在主、副弹簧力、氧化剂液体压力和燃气控制压力的作用下处于平衡状态，活门的开度为额定值，压调器出口的氧化剂压力和流量亦为额定值。

若由于某种因素干扰，使发动机推力增大，推力室燃气压力增高，反馈到压调器燃气压力 p_K 亦增高，柱塞被向右推，在副弹簧力的作用下，活门亦向右移动，开度减少，使出口氧化剂压力和流量亦减小；同时控制稳定器使其出口燃烧剂相应减小，从而使发动机推力和推力室燃气压力减小，直至恢复到额定值，使活门、顶杆和柱塞又处于新的平衡状态。

反之，如发动机的推力减小，推力室的燃气压力减小，压调器的控制压力减小，活门向左移动，开度增大，出口的氧化剂压力和流量增加，稳定器出口的燃烧剂相应地增加，使发动机推力和推力室的燃气压力增加，直到恢复额定值，使活门、顶杆和柱塞又处于新的平衡状态。

当发动机需要由主级工作状态转为末级工作状态时，控制系统给电爆管通电，产生了高温、高压燃气冲击转级活塞，拉断转级销，主弹簧放松到末级工作状态，使活门呈末级开度，出口的氧化剂流量和压力转为末级值；同时控制稳定器，使出口的燃烧剂压力和流量相应地转为末级值，从而使发动机转为末级工作状态。

压调器工作时，氧化剂还流入油壶，推动活塞，挤压润滑脂，供应顶杆和柱塞的滑动配合面上，以保证良好的润滑和密封。

润滑脂、柱塞颈部和阻尼环，构成一个阻尼装置，保证柱塞运动时的动态稳定。

18.5.3 压调器的静态特性分析

压调器的特性包括压调器的静态特性（又称稳态特性）和动态特性。所谓静态特性就是指：① 当燃烧室压力偏差 $\Delta p_c=0$ 时，压调器的出口压力偏差 Δp_{et} 与入口压力偏差 Δp_{ot} 的关系，即 $\Delta p_{et}=f(\Delta p_{ot})$ 的变化规律；② 当入口压力的偏差 $\Delta p_{ot}=0$ 时，压调器的出口压力偏差与燃烧室压力偏差 Δp_c 关系，即 $\Delta p_{et}=f(\Delta p_c)$ 的变化规律。所谓动态特性就是指：当压调器受到外来干扰时，其出口压力随时间的变化关系，即压调器的自动调节的过渡过程。下面首先研究一下压调器的静态特性。

研究压调器静态特性是根据力的平衡原理列出运动部分力的静态平衡方程式来进行分析的。

压调器的结构原理和参数如图 18-20 所示。当其活门开度为 h 时，运动部分的静平衡方程式为

$$p_{ot}\left(\frac{\pi}{4}d_0^2-\frac{\pi}{4}d_1^2\right)+p_{et}\frac{\pi}{4}d_2^2-p_{et}\frac{\pi}{4}d_0^2+p_{et}\frac{\pi}{4}d_1^2+p_c\left(\frac{\pi}{4}d_k^2-\frac{\pi}{4}d_2^2\right)-$$

$$p_o\frac{\pi}{4}d_k^2+(Q_2+K_2h)-(Q_1-K_1h)=0$$

或写成

$$p_{ot}\Delta A_{ot}+p_{et}\Delta A_{et}+p_c\Delta A_k-p_oA_k-\Delta Q+K_{\Sigma}h=0 \qquad (18-14)$$

式中：p_{ot} 为压调器进口压力；p_{et} 为压调器出口压力；p_o 为大气压力；p_c 为控制压力（即燃烧室

反馈压力)；ΔA_{ot} 为进口压力作用的面积，有

$$\Delta A_{ot}=\frac{\pi}{4}(d_0^2-d_1^2)$$

ΔA_{et} 为出口压力作用的面积，有

$$\Delta A_{et}=\frac{\pi}{4}(d_2^2-d_0^2+d_1^2)$$

ΔA_k 为控制压力的作用面积，有

$$\Delta A_k=\frac{\pi}{4}(d_k^2-d_2^2)$$

A_k 为大气压力作用的面积，有

$$A_k=\frac{\pi}{4}d_k^2$$

ΔQ 为副、主弹簧预紧力之差，有

$$\Delta Q=Q_2-Q_1$$

K_Σ 为主、副弹簧的刚度之和，有

$$K_\Sigma=K_1+K_2$$

h 为活门开度。

由上述方程式解出出口压力 p_{et} 为

$$p_{et}=\frac{\Delta Q-K_\Sigma h-p_{ot}\Delta A_{ot}-p_c\Delta A_k+p_o A_k}{\Delta A_{et}} \tag{18-15}$$

令 p_{ot}，p_{et}，p_k，h 为任意工作点的压力和活门开度；p_{otH}，p_{etH}，p_{kH}，h_H 为额定工作状态下的参数。将这些额定参数代入式(18－15)后，并与式(18－15)式相减得

$$p_{et}-p_{etH}=\frac{\Delta Q-K_\Sigma h-p_{ot}\Delta A_{ot}-p_c\Delta A_k+p_o A_k}{\Delta A_{et}}-\frac{\Delta Q-K_\Sigma h_H-p_{otH}\Delta A_{ot}-p_{ch}\Delta A_k+p_o A_k}{\Delta A_{et}}$$

令

$$\begin{cases}\Delta p_{ot}=p_{ot}-p_{otH}\\ \Delta p_{et}=p_{et}-p_{etH}\\ \Delta p_c=p_c-p_{cH}\\ \Delta h=h-h_H\end{cases}$$

代入上式，便得压调器的增量方程为

$$\Delta p_{et}=\frac{-K_\Sigma\Delta h-\Delta p_{ot}\Delta A_{ot}-\Delta p_c\Delta A_k}{\Delta A_{et}} \tag{18-16}$$

燃烧室压力 p_c 是压调器的控制压力，压调器出口压力要根据 p_c 的变化而变化，所以为了计算方便，假定 $\Delta p_{ot}=0$ 就可以得到 $\Delta p_{et}=f(\Delta p_c)$ 的静特性表达式为

$$\Delta p_{et}=\frac{-K_\Sigma\Delta h-\Delta p_k\Delta A_k}{\Delta A_{et}} \tag{18-17}$$

为了计算方便，将式(18－17)改为

$$\Delta p_c=\frac{-K_\Sigma\Delta h-\Delta p_{et}\Delta A_{et}}{\Delta A_k} \tag{18-18}$$

如果设 $\Delta p_c=0$，可以得到 $\Delta p_{et}=f(\Delta p_{ot})$ 的静特性表达式为

$$\Delta p_{et} = \frac{-K_{\Sigma}\Delta h - \Delta p_{ot}\Delta A_{ot}}{\Delta A_{et}} \tag{18-19}$$

将系统给定的压调器的性能参数代入方程式(18－18)和式(18－19)中，进行计算，即得到压调器的静特性。特性曲线如图18－21和图18－22所示。

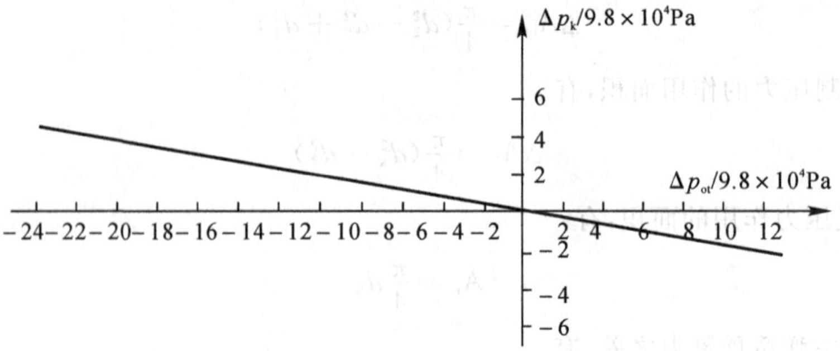

图18－21　当 $\Delta p_{ot}=0$ 时，$\Delta p_{et}=f(\Delta p_c)$ 的特性曲线

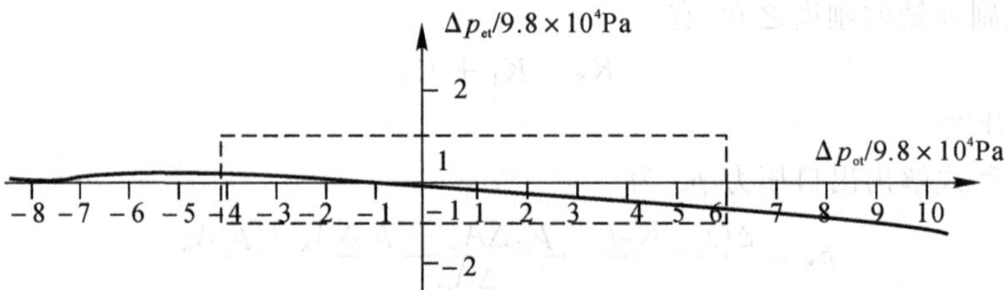

图18－22　当 $\Delta p_c=0$ 时，$\Delta p_{et}=f(\Delta p_{ot})$ 的特性曲线

在特性计算中活门的开度 h 表示为

$$h = \dot{m}_{yf}/\mu_y \pi d_0 \sqrt{2g\gamma_y \Delta p} \tag{18-20a}$$

式中：$\dot{m}_{yf}$ 为氧化剂流量；μ_y 为流量系数，试验得到 $\mu_y=0.75$；d_0 为活门座内孔的直径；γ_y 为氧化剂密度；Δp 为后门前后的压力差；g 为重力加速度。

令 $K=\mu_y \pi d_0 \sqrt{2g\gamma_y}$，则式(18－20a)变为

$$h = \dot{m}_{yf}/K\sqrt{\Delta p} \tag{18-20b}$$

当计算特性 $\Delta p_{et}=f(\Delta p_{ot})$ 时，流量变化很小，为方便计算，在用式(18－20b)求 h 时，假设流量为恒量值，即

$$\dot{m}_{yf} = \dot{m}_{yfH}$$

当计算特性 $\Delta p_{et}=f(\Delta p_c)$ 时，由于 p_{et} 变化较大，流量也会相应地发生变化，这个变化值的计算推导如下：

$$p_{et} = \Delta p_d + p_f \tag{18-21}$$

式中：Δp_d 为压调器出口至燃气发生器的压力损失；p_f 为燃气发生器中的压力。

设调压器出口压力 p_{et} 随着流量 $\dot{m}_{yf}$ 的变化关系如下：

$$p_{et} = A\dot{m}_{yf}^2 + B\dot{m}_{yf} \tag{18-22}$$

式中：A，B 为待定常数。

将式(18－22)微分得

$$\mathrm{d}p_{\mathrm{et}}=(2A\dot{m}_{\mathrm{yf}}+B)\mathrm{d}\dot{m}_{\mathrm{yf}}$$

或
$$\Delta p_{\mathrm{et}}=(2A\dot{m}_{\mathrm{yf}}+B)\Delta\dot{m}_{\mathrm{yf}}$$

则
$$\Delta\dot{m}_{\mathrm{yf}}=\Delta p_{\mathrm{et}}/(2A\dot{m}_{\mathrm{yf}}+B) \tag{18-23}$$

利用相应的方法求得常数 A 和 B。首先分析压调器出口至燃气发生器一段的管路特性，因为流动的连续性，管路上的流量就是经过压调器流量 $\dot{m}_{\mathrm{yf}}$，管路上的压力损失 Δp_{d} 与流量平方 $\dot{m}_{\mathrm{yf}}^2$ 成正比；其次燃气发生器中的燃气压力 p_{f} 则仅与流量 $\dot{m}_{\mathrm{yf}}$ 成比例。

这样比较式(18－21)和式(18－22)可以得到

$$\Delta p_{\mathrm{d}}=A\dot{m}_{\mathrm{yf}}^2$$

$$p_{\mathrm{f}}=B\dot{m}_{\mathrm{yf}}$$

则
$$A=\frac{\Delta p_{\mathrm{d}}}{\dot{m}_{\mathrm{yf}}^2}$$

$$B=\frac{p_{\mathrm{f}}}{\dot{m}_{\mathrm{yf}}}$$

由式(18－21)，有
$$\Delta p_{\mathrm{d}}=p_{\mathrm{et}}-p_{\mathrm{f}}$$

则
$$A=\frac{p_{\mathrm{et}}-p_{\mathrm{f}}}{\dot{m}_{\mathrm{yf}}^2}$$

将额定值代入 A，B 表达式得

$$A=\frac{p_{\mathrm{etH}}-p_{\mathrm{fH}}}{\dot{m}_{\mathrm{yfH}}^2}$$

$$B=\frac{p_{\mathrm{fH}}}{\dot{m}_{\mathrm{yfH}}}$$

将 A，B 和 $\dot{m}_{\mathrm{yfH}}$ 代入式(18－23)得

$$\Delta\dot{m}_{\mathrm{yf}}=\frac{\Delta p_{\mathrm{et}}}{2A\dot{m}_{\mathrm{yfH}}+B} \tag{18-24}$$

18.5.4　压调器的动态特性

在推导动态特性时，忽略运动件的摩擦力和液体运动所产生的反作用力及大气压力 p_{a} 的影响，调节运动元件受力如图 18－20 所示。

根据力的平衡原理，假设活门在某一种平衡状态下的开度为 h，则有

$$K_2(L_2+h_0)+p_{\mathrm{ot}}\Delta A_{\mathrm{ot}}+p_{\mathrm{et}}\Delta A_{\mathrm{et}}+p_{\mathrm{c}}\Delta A_{\mathrm{k}}-K_1(L_1-h_0)=0$$

设 $K_1+K_2=K_\Sigma$，$K_2L_2-K_1L_1=N$，则上式可写成

$$N+K_\Sigma h_0+p_{\mathrm{oto}}\Delta A_{\mathrm{ot}}+p_{\mathrm{eto}}\Delta A_{\mathrm{et}}+p_{\mathrm{c}}\Delta A_{\mathrm{k}}=0$$

如果运动件的总质量为 m，阻尼系数为 β，假设活门向打开的方向运动了 Δh 的距离，移动到 h 开度时，运动方程为

$$N+K_\Sigma h_0+p_{\mathrm{ot}}\Delta A_{\mathrm{ot}}+p_{\mathrm{et}}\Delta A_{\mathrm{et}}+p_{\mathrm{c}}\Delta A_{\mathrm{k}}+\beta\frac{\mathrm{d}(\Delta h)}{\mathrm{d}t}+m\frac{\mathrm{d}^2(\Delta h)}{\mathrm{d}t^2}=0$$

将上两式相减得

$$K_\Sigma\Delta h+\beta\frac{\mathrm{d}(\Delta h)}{\mathrm{d}t}+m\frac{\mathrm{d}^2(\Delta h)}{\mathrm{d}t^2}=-\Delta p_{\mathrm{ot}}\Delta A_{\mathrm{ot}}-\Delta p_{\mathrm{et}}\Delta A_{\mathrm{et}}-\Delta p_{\mathrm{c}}\Delta A_{\mathrm{k}}$$

将该式化成标准形式，则有

$$T^2\Delta\ddot{h}+2T\xi\Delta\dot{h}+\Delta h=-K_1\Delta p_{ot}-K_2\Delta p_{et}-K_3\Delta p_c \tag{18-25}$$

式中
$$T=\sqrt{\frac{m}{K_\Sigma}},\quad \xi=\frac{1}{2}\frac{\beta}{\sqrt{mK_\Sigma}},\quad K_1=\frac{\Delta A_{ot}}{K_\Sigma}$$

$$K_2=\frac{\Delta A_{et}}{K_\Sigma},\quad K_3=\frac{\Delta A_k}{K_\Sigma}$$

方程式(18-25)是二阶振荡环节，其右边各项都是干扰因素。在研究压调器稳定性时，是研究方程的齐次方程。对式(18-25)进行拉普拉斯变换，用微分方程解法时，就是研究它的自由运动，即求该方程式的齐次通解。因为自由运动决定于系统本身的固有性质，而强迫运动(特解部分)是与干扰有关的。

现在讨论一种特殊情况，假设没有阻尼器(运动部分没有阻尼力)，则齐次方程为

$$T^2\Delta\ddot{h}+2T\xi\Delta\dot{h}+\Delta h=0$$

由于$\xi=0$，上式则变成

$$T^2\Delta\ddot{h}+\Delta h=0$$

其解为

$$\Delta h(t)=a\cos\left(\frac{1}{T}t+\alpha\right) \tag{18-26}$$

式中：a，α为常数，决定于运动的初始条件。

由式(18-25)可知，在$\xi=0$(即$\beta=0$)的情况下，调节器运动部分将作等幅振荡，其振荡的频率为

$$f=\frac{1}{2\pi T}$$

显然以上这个系统的动态是不稳定的，否则活门作等幅振荡，将引起发动机系统中各参数相应的振荡。由此可见，设阻尼器对压调器来说是必要的。另外，从数学观点上看，微分方程如果缺项时，在研究稳定性时必须多加注意。

有阻尼作用的二阶方程为

$$T^2\Delta\ddot{h}+2T\xi\Delta\dot{h}+\Delta h=0$$

它是一个标准的振荡环节。当$\xi<1$时，是振荡环节；当$\xi>1$时，方程可化为两个惯性环节的串联。式(18-25)在单位阶跃作用下活门开度的过渡过程，即开度的变化瞬态过程符合一般振荡环节的规律。当ξ很小时，就有较大的超调量，而且衰减很慢；当ξ很大时，瞬态过程是非周期的，而且过渡过程也很慢。但总希望超调量小且调节过程又快。当$\xi=0.7\sim0.8$时，更确切地说，当$\xi=\sqrt{2}/2$时，有最佳的瞬态过程，它的调节时间最小，约为$t_s=3T$，最大超调量也不超过5%。因此压调器应满足这个要求。

压调器内的阻尼器(见图18-19)，是利用润滑油充满柱塞圆环之间的缝隙。圆环固定不动，当柱塞运动时，它的阻尼系数β计算式为

$$\beta=\frac{6\pi\eta lR^2}{\delta^3}$$

式中：η为润滑油的动力黏度；δ为阻尼器和柱塞导向面之间的间隙；l为阻尼器长度；R为柱塞

导向部分的半径。

根据调节器性能要求，阻尼系数 β 为

$$\beta = 2\xi\sqrt{mK_{\Sigma}}$$

这样便得到如下关系式：

$$\left(\frac{\delta}{R}\right)^3 = \frac{6\pi\eta l}{\beta} = \frac{3\pi\eta l}{\xi\sqrt{mK_{\Sigma}}}$$

根据构造选定 R,l，就可以求得缝隙 δ 的大小了。

18.6　汽蚀管的特性

文氏管就是一个先收敛后扩散的在其中流有液体的管子。一般文氏管中的液体流动在喉部不产生汽蚀。而汽蚀文氏管在工作时喉部截面产生汽蚀。所谓汽蚀，就是在一定温度下，当液体的压力低于该温度下液体的饱和蒸汽压时，液体中生成大量气泡的物理现象，所以，又称汽蚀文氏管，或称汽蚀管。

18.6.1　汽蚀管的工作原理

当液体在文氏管内流动时(见图 18－23)，根据能量方程，对 1—1,C—C 和 2—2 截面可写出：

$$H = Z_1 + \frac{p_1}{r} + \frac{v_1^2}{2g} = Z_c + \frac{p_c}{r} + \frac{v_c^2}{2g} + \xi_{1-C}\frac{v_c^2}{2g} = Z_2 + \frac{p_2}{r} + \frac{v_2^2}{2g} + \xi_{1-2}\frac{v_2^2}{2g} \quad (18-27)$$

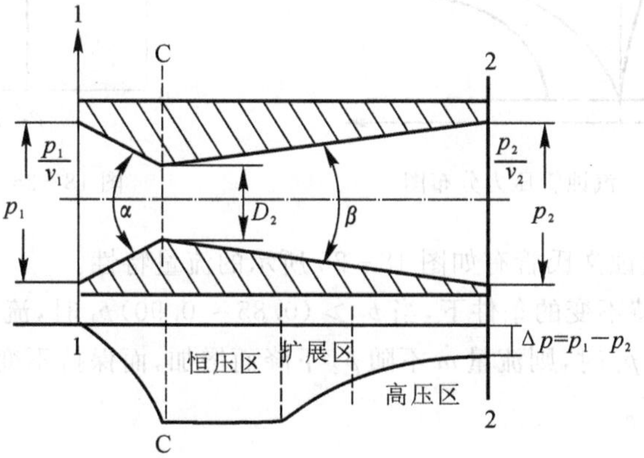

图 18－23　汽蚀管原理示意图

由于文氏管尺寸不大，一般可认为 $Z_1 = Z_2 = Z_c$，故式(18－27)可写成

$$H = \frac{p_1}{r} + \frac{v_1^2}{2g} = \frac{p_c}{r} + \frac{v_c^2}{2g} + \xi_{1-c}\frac{v_c^2}{2g} = \frac{p_2}{r} + \frac{v_2^2}{2g} + \xi_{1-2}\frac{v_2^2}{2g} \quad (18-28)$$

式中：p_1 为进口 1—1 截面上的静压；p_c 为喉部 C—C 截面上的静压；p_2 为出口 2—2 截面上的静压；v_1 为进口 1—1 截面上的液体的流速；v_c 为喉部 C—C 截面上液体的流速；g 为重力加速度；r 为流体的密度；H 为液体的总压头；ξ_{1-C} 为进口 1—1 截面到喉部 C—C 截面间的流阻损失

系数；ξ_{1-2} 为进口 1—1 截面到出口 2—2 截面间的流阻损失系数。

对给定的文氏管，当液体的总压头 H 一定时，降低出口压力 p_2（即增加 $\Delta p=p_1-p_2$ 值），从上述方程式可见，速度 v_2 就要增加。而出口截面积 A_2 是不变的，由连续方程可知通过文氏管液体流量应增加。又因文氏管的喉部截面积也不变，因此流量的增加必然导致喉部流速 v_c 的增大，这样就造成了 p_c 的下降，当 p_c 下降到等于液体的当时温度下的饱和蒸汽压力 p_s 时，喉部就发生汽蚀现象。这时如果 p_2 继续下降，p_c 也不再降低，且始终等于饱和蒸汽压力 p_s，只引起汽蚀区进一步扩大，使从喉部到出口的压力损失加大，而喉部流速 v_c 保持不变，所以流量保持定值。这时汽蚀文氏管内液体流动图相和压力分布特点如图 18－24 所示。在收敛段压力很快下降，从喉部后有一个较小的恒压核心区，该区压力始终等于初温下的饱和蒸汽压力。恒压核心区的大小，随 $\Delta p=p_1-p_2$ 的大小而变化，该区是液体和均匀气泡的混合物。恒压区后是扩压区，这个区内的压力开始上升，有气泡和小水珠的混合流动，但往往不均匀。通常会有冲击和分离现象。恒压区和扩压区一起称为汽蚀区。混合流动到汽蚀区末端进入高压区，压力很快上升。因发生急剧气泡凝结，伴随有强烈的冲击作用。上游压力的变化影响收敛段压力分布和恒压区的大小，下游压力的变化影响扩压区的压力分布和恒压区的大小。但这二者都不会改变恒压区压力的大小。同时，从方程式（18－28）中可见，对一定结构的汽蚀文氏管，在发生汽蚀的条件下，液体流量随入口压力 p_1 增加而增大，即 p_1 增加，v_c 增加；p_1 减小，v_c 减小。

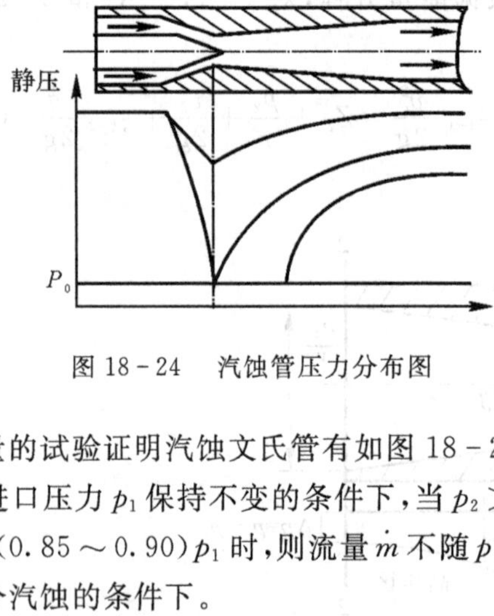

图 18－24　汽蚀管压力分布图

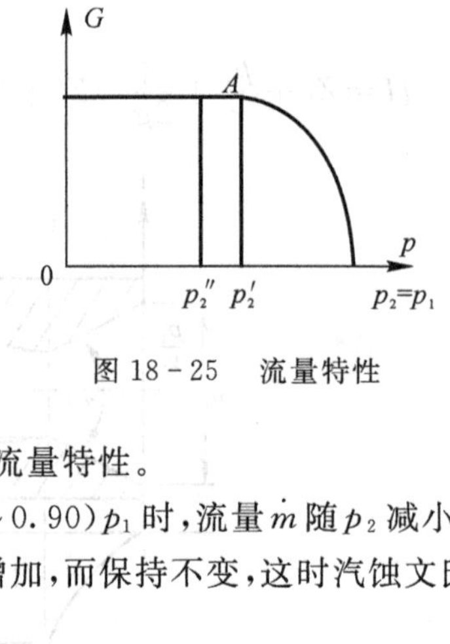

图 18－25　流量特性

大量的试验证明汽蚀文氏管有如图 18－25 所示的流量特性。

在进口压力 p_1 保持不变的条件下，当 $p_2>(0.85\sim0.90)p_1$ 时，流量 $\dot{m}$ 随 p_2 减小而增加；当 $p_2<(0.85\sim0.90)p_1$ 时，则流量 $\dot{m}$ 不随 p_2 下降而增加，而保持不变，这时汽蚀文氏管已工作在充分汽蚀的条件下。

18.6.2　固定流通截面的汽蚀文氏管

固定流通截面的汽蚀文氏管在设计时，一般经过汽蚀文氏管的流量 G 是给定的。汽蚀文氏管的出口压力 p_2 也是给定的，以主管路中的汽蚀管为例，p_2 应等于燃烧室压力 p_c，喷嘴压降 Δp_j、管路压力损失 Δp_1 之和，有

$$p_2=p_c+\Delta p_j+\Delta p_1 \tag{18-29}$$

汽蚀文氏管的进口压力 p_1 为

$$p_1=p_2/R$$

R 为汽蚀文氏管的压力恢复系数，一般为 0.85～0.9。

在已知上述 G, p_1, p_2 之后就可以确定汽蚀文氏管的几何参数。

1. 进、出口直径 D_1, D_2 的确定

为了减少收缩和扩散的损失，通常选取汽蚀文氏管的进出口直径和进出口管路直径相等。

2. 入口收敛角 α 和出口扩散角 β 的确定

收敛角 α 和扩散角 β 根据实验统计数据选取。进口损失主要是摩擦损失（沿程损失）和分离损失（局部损失），α 过小使进口锥面长度增加而增大了摩擦损失，α 过大造成进口液流分离损失加大。通常选取 $\alpha = 20° \sim 60°$，必要时可达 75°。进口损失较小，实验统计知为 $(1\% \sim 2\%)p_1$ 左右。

扩散角 β 对汽蚀文氏管相对于压力损失起主要作用。扩散段压力损失包括三部分：由汽蚀造成的损失、摩擦损失、旋涡损失。β 小则扩散段长度增大，摩擦损失增加；β 大则使旋涡损失增大。一般 $\beta = 6° \sim 8°$ 为宜，必要时可达 12°。

3. 喉部直径 D_c 的计算

喉部直径 D_c 是汽蚀文氏管唯一需用计算方法确定的几何参数。根据伯努利方程：

$$\frac{p_o}{\gamma} = \frac{p_s}{\gamma} + (1 + \xi_{1-c})\frac{v_c^2}{2g}$$

式中：p_o 为汽蚀文氏管入口的总压。

$$2g\left(\frac{p_o - p_s}{\gamma}\right) = (1 + \xi_{1-c})v_c^2$$

$$v_c^2 = 2g\left(\frac{p_o - p_s}{\gamma}\right)\frac{1}{1 + \xi_{1-c}}$$

$$v_c = \varphi\sqrt{\frac{2g(p_o - p_s)}{\gamma}} = \varphi u$$

式中：$\varphi = 1/\sqrt{1 + \xi_{1-c}}$ 称为流速系数；$u = \sqrt{\frac{2g(p_o - p_s)}{\gamma}}$ 称为理想速度。

可见考虑到流动损失，液体在管路中的实际流动速度比理想速度小 φ 倍。另外。液体在通过截面时还要发生收缩现象，即不是整个喉部面积都是有效流通面积 A'_c，而实际有效流通面积 A'_c 小于喉部面积 A_c，为此引入面积收缩系数

$$\varepsilon = A'_c / A_c$$

理想情况下通过汽蚀管的流量为

$$\dot{m}_T = A_c u \gamma$$

实际情况下通过汽蚀管的流量为

$$\dot{m} = A'_c u_c \gamma = (\varepsilon \dot{m}_c)(\varphi u)\gamma = \varphi\varepsilon A_c \gamma\sqrt{\frac{2g(p_o - p_s)}{\gamma}}$$

即
$$\dot{m} = \mu A_c \sqrt{2g(p_o - p_s)} \tag{18-30}$$

式中：μ 为流量系数，它是实际流量与理想流量之比，即

$$\mu = \frac{\dot{m}}{\dot{m}_T} = \frac{A'_c u_c \gamma}{A_c u_c \gamma} = \varphi\varepsilon = \varepsilon/\sqrt{1 + \xi_{1-c}}$$

由式(18-30)，在给定流量 $\dot{m}$、入口压力 p_o 以及饱和蒸汽压 p_s 后，选取流量系数 μ（一般都按统计数据选取 $\mu = 0.68 \sim 0.98$），则可求出喉部流通面积 A_c 为

$$A_c = \dot{m}/\mu\sqrt{2g\gamma(p_o - p_s)} \tag{18-31}$$

从而求出喉部直径为

$$D_c=\sqrt{\frac{4m}{\mu\pi\sqrt{2g\gamma(p_o-p_s)}}} \tag{18-32}$$

18.6.3 可调汽蚀文氏管

由于变推力液体火箭发动机需要调节推力和混合比，因而出现了流量可调汽蚀文氏管。

流量可调汽蚀文氏管，是由一个文氏管及在文氏管喉部中心同心安装的一个锥面或特定面的可调的锥针所组成的(见图 18-26)。

由流量公式 $\dot{m}=\mu A_c\sqrt{2g\gamma(p_o-p_s)}$ 知，在 p_o,p_s,γ,μ 一定的情况下，改变流通面积 A_c 就可以达到改变流量的目的，因此，可调汽蚀文氏管的流量变化，就是喉部流通截面的变化。当给定流量的变化范围时，就要找出流通面积的变化情况。下面讨论一下调节针锥轴向移动对流通面积的影响。假设可调汽蚀文氏管的最小节流面积是 $EDD'E'$ 圆台的侧表面积，其计算公式为

$$A_c=\pi l(R_1+R_2)=\pi l\left(\frac{d_1+d_2}{2}\right) \tag{18-33}$$

式中：A_c 为圆台侧表面积；l 为圆台侧表面回转母线长；R_1,d_1 为圆台上底之圆半径和直径；R_2,d_2 为圆台下底之圆半径和直径。

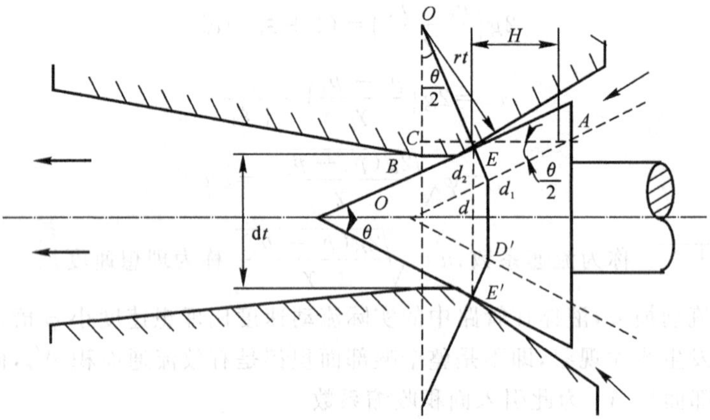

图 18-26　可调汽蚀文氏管

由图 18-26 可知

$$l=\overline{AD}=H\sin\frac{\theta}{2}$$

$$d_2=d_t+2\,\overline{BC}=d_t+2\gamma_t\left(1-\cos\frac{\theta}{2}\right)$$

式中：H 为中心调节锥轴向行程；θ 为中心调节锥全角；d_t 为文氏管喉部直径；γ_t 为文氏管喉部圆角半径。

又知 $$d_1=d_2-2l\cos\frac{\theta}{2}=d_t+2\gamma_t\left(1-\cos\frac{\theta}{2}\right)-2H\sin\frac{\theta}{2}\cos\frac{\theta}{2}$$

将 d_1,d_2,l 值代入式(18-33)，得

$$A_c=\pi l\left(\frac{d_1+d_2}{2}\right)=\pi\sin\frac{\theta}{2}\left[d_t+2\gamma_t\left(1-\cos\frac{\theta}{2}\right)\right]H-$$

$$\pi\sin^2\frac{\theta}{2}\cdot\cos\frac{\theta}{2}\cdot H^2=bH-aH^2 \tag{18-34}$$

式中：$a=\pi\sin^2\frac{\theta}{2}\cdot\cos\frac{\theta}{2}$；$b=\pi\sin\frac{\theta}{2}\left[d_t+2\gamma_t\left(1-\cos\frac{\theta}{2}\right)\right]$。

再将 A_c 代入流量公式

$$\dot{m}=\mu A_c\sqrt{2g\gamma(p_o-p_s)}=\mu(bH-aH^2)\sqrt{2g\gamma(p_o-p_s)}=$$
$$\mu bcH-\mu acH^2=xH-yH^2 \tag{18-35}$$

式中：$c=\sqrt{2g\gamma(p_o-p_s)}$。

对确定的推进剂，在一定的温度下，进口压力及饱和蒸汽压力不变时，c 为常数。当文氏管结构参数确定后，此时文氏管的秒流量只随调节锥轴向行程而变化。

由式(18-35)可得到调节锥轴向行程的计算公式

$$xH^2-yH+\dot{m}=0$$

其解为

$$H=\frac{y\pm\sqrt{y^2-4x\dot{m}}}{2x} \tag{18-36}$$

因为当 $H=0$ 时 $\dot{m}=0$ 才有意义，所以在式(18-36)中只有取负号才能满足，而另一正根对所研究的问题无意义，即

$$H=\frac{B-\sqrt{B^2-4A\dot{m}}}{2A} \tag{18-37}$$

对于一个确定了的可调汽蚀文氏管来说，A，B 均为常数，则就可以得到流量随开度 H 的变化曲线 $\dot{m}=f(H)$，控制 H 大小就控制了流量，从而可以实现变推力的要求。

18.6.4 汽蚀文氏管在液体火箭发动机上的应用及其主要优、缺点

1. 应用

根据汽蚀文氏管的特性，在液体火箭发动机上有以下用途。

(1) 作为流量控制元件，用来控制推进剂混合比。计算表明，加上文氏管的系统比不加文氏管的系统混合比偏差减小 0.03，而混合比偏差减少 0.01，相当于提高比推力 2 s，这样有效载荷可以增加 66 kg。

(2) 作为系统管路中的稳定元件，用来有效隔离燃烧室和推进剂供应系统的振荡。试验证明，汽蚀后汽蚀文氏管的恒压区和扩压区形成了气液两相流，因此具有可压缩流体的特性。两相流中，当气体的成分达到一定比例后(如水中有5%的气体)则使流体的声速大大下降，以致降到与喉部速度相近，亦即喉部速度达到了声速。由于压力波是以声速传播的，故下游压力的波动不能超过喉部而到达上游，这样燃烧室压力的波动传不到系统管路中去，提高了系统工作的可靠性。

(3) 用来改变流量而达到改变推力。

2. 主要优缺点

汽蚀管的优点是构造简单，工作稳定可靠，控制流量准确；缺点是压力损失大，所损失的压力可达(10% ～ 20%)p_1，甚至更大，这就加大了涡轮泵装置的负荷。

张贵田——坚守初心献航天

张贵田是我国液体火箭发动机专家，它潜心钻研，勇于攻关，参加并主持研制成功了我国中程、中远程战略导弹发动动机、第二代液体洲际导弹发动机、长征二号捆绑火箭发动机，突破高空点火、双向摇摆、二次启动等重大技术难关，开创了我国高空发动机和双组元姿控发动机新领域。

20 世纪 90 年代末期，液煤发动机整机研制开始进入全面攻坚阶段，发动机启动问题久攻不克，一试就炸，研制人员使出浑身解数也不能“唤醒”这头“沉睡”的“雄狮”，科研队伍的情绪一度很低落。又有一次试车失败，午餐时的气氛凝重压抑，张贵田逐个桌子逐个人地做动员：“失败是成功他娘，信心是成功他爹，别灰心丧气，能成功的！”

随着失败次数的增多，失落的表情几乎挂在每个设计员的脸上。关键时刻，还是张贵田的一番铿锵话语，给研制队伍带来了信心：“液氧煤油这种推进剂我们是第一次接触，补燃循环方案是第一次采用，自身起动方式更是第一次研究，这么多新技术哪能不交点学费？要坚信，最后解决问题的不是别人，是我们自己！”

在张贵田的激励之下，六院研制队伍热情更加饱满，斗志更加昂扬，以“不怕麻烦、不惧挫折、不留疑问”的态度，夜以继日地查找问题、改进思路、完善方案。终于跨过了起动的难关，从此液氧煤油高压补燃发动机研制迈开了大步。2015 年 9 月 20 日，液氧煤油发动机实现了太空完美首秀，推举我国新型三级液体运载火箭“长征六号”实现首飞，标志着中国航天液体动力迈入绿色环保新时代，使我国的运载火箭动力技术实现了质的飞跃，为实施载人航天二期工程和探月工程提供了坚实动力技术支撑！

投身航天，投身导弹事业就要有这种“不怕麻烦、不惧挫折、不留疑问”的精神态度，人生的路上会有很多挫折、麻烦、疑问，但更需要坚守初心，不断挑战自我和探索未来才能让我们不断进步。

第19章 液体火箭发动机的增压计算

发动机的增压系统是液体火箭推进剂供应系统的一个重要组成部分。这个系统的好坏与发动机工作的可靠性和火箭的质量特性有很大的关系。

在泵压式供应系统的火箭中,增压有下述意义。

(1)发动机启动时,保证贮箱中压力不下降;

(2)保证发动机很快进入正常工作状态,减少起飞前推进剂的消耗;

(3)在发动机的整个工作过程中,保证泵不发生汽蚀;

(4)增加贮箱的轴向承载能力。

对于挤压式供应系统而言,增压则是推进剂顺利进入推力室产生推力的基本保证。

对增压系统有以下基本要求。

(1)工作可靠并且要保证给定的增压精度要求;

(2)系统元件的尺寸要小而且质量要轻;

(3)增压气体与推进剂不能相互作用;

(4)操作方便,工作安全。

19.1 增压系统的计算

19.1.1 贮箱增压压力的选择

增压压力的大小和火箭的结构质量及发动机的工作性能有着密切的关系,因此选择这个压力值必须从以下几方面进行全面考虑。

1. 对发动机的影响

为了在发动机的整个工作过程中,保证泵不发生汽蚀,使发动机能够正常启动和工作,泵进口的液体压力必须始终大于该处液体的饱和蒸汽压。推进剂的流量愈大,泵的转速愈高,这个压力就应愈大。

泵进口的液体压力 p_{BX} 是由液柱压力 p_{CT} 和箱内增压压力 p_{Hag} 构成的。考虑到供应系统的压力损失 Δp_{Σ} 后,泵进口压力为

$$p_{BX}=p_{CT}+p_{Hag}-\Delta p_{\Sigma}$$

在火箭启动前

$$p_{CT}=h_0 g\rho$$

式中:h_0 是液柱初始高度;ρ 是液体密度;g 是重力加速度。

在弹道主动段,泵前的液柱压力是变化的。一方面由于组元液柱高度 h 在减小,另一方面火箭在加速运动,液柱上受轴向过载 n_{x1} 的作用。所以在每一瞬间泵进口处的静压力为

$$p_{\mathrm{CT}}=h\rho n_{x1}g$$

假如在泵的汽蚀计算中确定了泵进口的最小允许压力 p_{BXmin}，那么，就要按液柱压力最小时也能保证泵入口的压力要求来计算贮箱需要的增压压力，即

$$p_{\mathrm{Hagmcn}}=p_{\mathrm{BXmin}}-p_{\mathrm{CTmin}}+\Delta p_{\Sigma}$$

由上式可知，泵的进口压力要求愈高，则贮箱的增压压力也就愈高，这样涡轮泵的结构质量可以减轻。但是贮箱的结构质量就愈大。

2. 对箭体的影响

火箭在整个飞行过程中，由于惯性载荷的作用产生轴向压力，另外燃料箱内由内压作用的结果而产生纵向拉力，箱体壁的受力情况，实际上是决定于这两个主要因素作用的结果。如果箱体受压，按失稳条件来进行设计，则内压愈大，箱壁的厚度可愈小，结构质量也应愈轻。因为内压产生的拉力可以抵消很大部分压力。其结构质量的变化规律如图 19-1 所示。但从强度条件来看，增压压力愈大，则壁厚也愈大，因而结构质量也增加。这两条曲线可以相交于 a 点，a 点的意义是在增压压力 p'_{H2g} 作用下，贮箱的失稳破坏与强度破坏同时发生，若 $p_{\mathrm{H2g}}>p'_{\mathrm{H2g}}$，则从强度破坏条件所得之结构质量要大于按失稳条件决定之结构质量，若 $p_{\mathrm{H2g}}<p'_{\mathrm{H2g}}$，则情况刚好相反，因此从材料利用的观点来看，选取 a 点是最有利的，对应这一点的结构质量也最轻。但是这组曲线是对应于一个特定的外载荷求出来的。由于火箭在飞行过程中，外载荷是随时间不断变化的，因此在整个飞行过程中，可以得出许多相交的曲线组，如图 19-2 所示。很明显，增压压力要根据 c 点来选择，而其结构质量至少也应等于 G，这样才有可能保证燃料箱在整个飞行过程中不会被破坏。但是根据 c 点来选择增压压力的话，则燃料箱内的实际压力值必须严格地等于所选的 $p^{\mathrm{C}}_{\mathrm{H2g}}$ 值，否则燃料箱就可能被破坏。实际上这样严格的要求是难以实现的，因此设计燃料箱时，还应把厚度再加大一些，即结构质量也增大一些。这样可以保证增压压力在一定范围内变化也不致破坏。

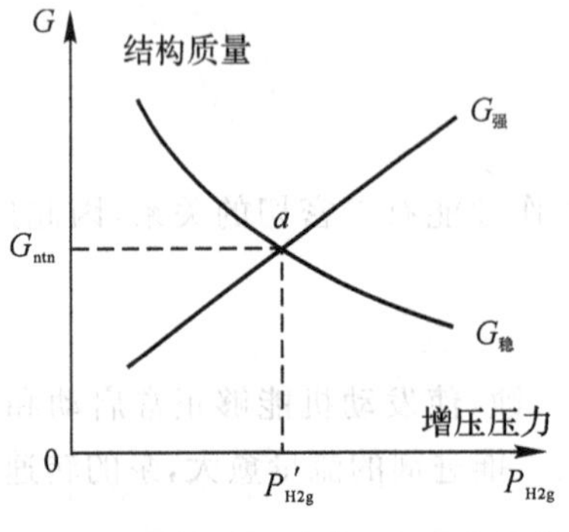

图 19-1　结构质量随增压压强变化关系

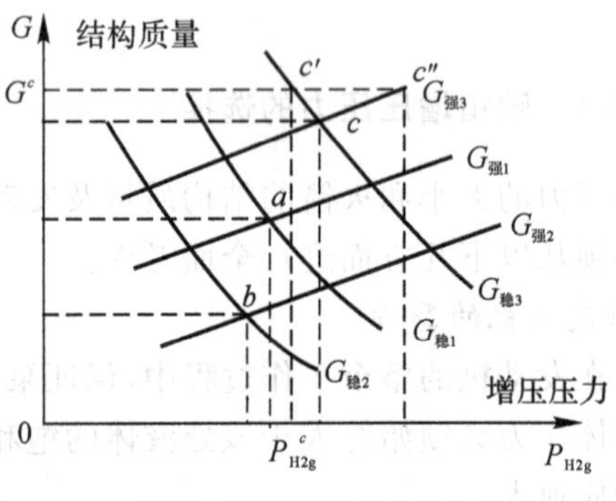

图 19-2　结构质量随增压压强变化关系组图

3. 对增压气瓶的影响

当容器的容积和温度一定时，容器内的压力愈高，则所需的气体质量就愈大。贮箱所需的增压气体质量可用气体状态方程式求出，即

$$m=\frac{pV}{RT}$$

由该式可知，所需的气体质量是与增压压力成正比关系的，但它除了影响到气体本身质量以外，由于贮存气体数量的增加，气瓶的尺寸也相应地要增大，因而质量也增加。

综合以上情况看,增压压力的提高将使贮箱及气路系统的质量增加,但却使涡轮泵系统的质量减轻,因此,增压压力的选择应根据以上几个部件的总质量为最轻的条件来确定才是合理的,当然这就要求对具体的火箭作质量分析才能决定。但实践证明,这三个质量中,影响最大的是贮箱的结构质量。因此,选择压力时,可首先按质量最轻的条件来确定,然后检验动力系统的工作条件是否满足,并根据动力系统及气路系统的质量变化情况作适当地调正。有时,增压压力的选择应首先满足涡轮泵出口压力的要求,然后再根据质量因素作适当的修正。

19.1.2　贮箱内增压气体质量的确定

(1) 如果系统的工作时间较短,或者由于挤压物质的温度接近推进剂的温度,那么热交换和质量交换的影响就可以忽略不计。所需的挤压物质的质量也就可以用理想气体定律来计算,有

$$m_g = \frac{p_T V_T}{R_g T_g}$$

式中:W_g 为贮箱中所需的挤压物质的质量;p_T 为推进剂贮箱压力;V_T 为空推进剂箱的总容积;R_g 为挤压物质的气体常数;T_g 为挤压物质的平均温度。

(2) 在系统工作时间较长和挤压物质温度较高的情况下,挤压物质的需要量用下面的程序来确定可能最好。对于一次启动工作(不要求滑行时间和多次启动)和忽略来自贮箱壁的热交换,从挤压气体到汽化了的推进剂总的热量传递可用方程表示为

$$Q = HAt(T_u - T_e)$$

式中:Q 为总的交换热量;H 为在气-液分界面上由实验确定的热交换系数;A 为气-液分界面的面积(对圆柱形贮箱的情况即为贮箱的横截面积);t 为工作持续时间;T_u 为停火点时的气体温度;T_e 为推进剂温度;T_u 和 T_e 两者在液-气之间的分界面上,认为是常数。

假设加热和汽化推进剂所需的热量为

$$Q = m_V[C_{pl}(T_V - T_e) + hv + C_{pv}(T_W - T_V)]$$

式中:W_V 为汽化推进剂的总质量;C_{pl} 为液体推进剂的比热;hv 为推进剂的汽化热;C_{pv} 为推进剂蒸汽的比热;T_V 为液体推进剂的汽化温度。

这样如果假设一个 T_0 值,联立两个方程就可以求得一个 m_v 值。于是被汽化了的 m_v 的推进剂所占据的那部分容积,可由下式得到:

$$V_V = \frac{m_v Z R_v T_u}{p_T}$$

式中:V_V 为汽化了的推进剂所占的总容积;Z 为停火时在气体混合物的总压力 p 和温度 T 下的压缩性系数;R_v 为推进剂蒸汽的气体常数。

忽略剩余的推进剂,在停火点时保持的贮箱容积可假设由挤压气体占据,即

$$V_g = V_T - V_V$$

式中:V_g 为停火点时挤压气体的容积。

这样,挤压气体的质量可由理想气体定律计算,有

$$m_g = \frac{p_r V_e}{R_g T_u}$$

由于推进剂汽化时吸收的热量应等于增压气体放出的热量,则

$$Q = m_g C_{pg}(T_g - T_u)$$

式中：C_{pg} 为挤压气体的定压比热。

这样由上述方程对所假设的 T_u 就可计算出 T_g 的要求值。这样就可以得到增压气体的质量 W_g 和温度 T_g。若挤压气体、推进剂和贮箱壁之间存有相当的温度差时，还必须考虑它们之间的总的传热量。

19.1.3 增压气瓶的容积和所贮存气体的质量计算

在知道了推进剂箱的容积及其增压压力的大小和确定了气瓶的初始工作压力值以后，就可以计算气瓶的容积和贮存的气体的质量。

气瓶的初始压力对气瓶的质量影响不大。初始压力愈高，则气瓶的外形尺寸可以小一些，这样在弹上占据的空间小些，但其压力要受压气机的限制。

因为增压气体是始终留在火箭内而不排入大气中，因此可列出气体质量平衡方程为

$$m_{bo}+m_{zo}+m_{ro}=m_{bk}+m_{zk}+m_{rk}$$

式中：m_{bo}，m_{bk} 为气瓶内初始和终了的气体质量；m_{zo}，m_{zk} 为推进剂箱内初始和终了的气体质量；m_{ro}，m_{rk} 分别为导管内初始和终了的气体质量。

因为 m_{zo} 和 m_{ro} 很少，可以忽略，于是上式变为

$$m_{bo}=m_{bk}+m_{zk}+m_{rk}$$

利用气体状态方程可以表示为

$$\frac{p_{bo}V_b}{RT_{bo}}=\frac{p_{bk}V_b}{RT_{bk}}+\frac{p_{zk}V_z}{RT_{zk}}+\frac{p_{rk}V_r}{RT_{zk}}$$

式中：p_{bo}，T_{bo} 为气瓶内初始压力和温度；p_{bk}，T_{bk} 为气瓶内终了压力和温度；V_b 为气瓶容积；p_{zk}，T_{zk} 为贮箱内终了压力和温度；V_z 为贮箱容积；V_r，T_{ru} 为管路终了时的气体的容积和温度；p_{rk} 为管路终了时的气体压力（$p_{rk}=p_{zk}$）。

由于气瓶内气体不断排出用于增压贮箱，气瓶内的压力不断下降，同时温度也相应下降，其温度下降有如下关系：

$$T_{bk}=T_{bo}C_1$$

$$T_{zk}=T_{bo}C_2$$

系数 C_1 和 C_2 的数值和气瓶的初始压力与最终压力之比值及所用的气体种类有关，即

$$C_1=\left(\frac{p_{bk}}{p_{bo}}\right)^{\frac{n-1}{n}}$$

$$C_2=\left(\frac{p_{zk}}{p_{zo}}\right)^{\frac{n-1}{n}}$$

式中：n 为膨胀过程的多变指数。

p_{bk} 的选择应根据减压器正常工作的要求来确定，为了保证减压器能正常工作，必须维持减压器入口与出口之间有一定的压力差 Δp，一般可取 $\Delta p=0.5\sim1$ MPa，于是

$$p_{bk}=p_{Hag}+\Delta p$$

式中：p_{Hag} 为减压器出口压力；Δp 为气瓶至减压器出口压力损失。

这样就可以较容易地求出气瓶的容积。求出了容积之后，就可以直接从气态方程式来求出所贮存的气体的质量（气瓶内初始气体质量 m_{bo}）为

$$m_{bo}=\frac{p_{bo}V_b}{RT_{bo}}$$

19.1.4　气瓶材料和壁厚的确定

气瓶的材料要选用比强度(比强度$=\frac{\sigma_b}{\gamma}$,σ_b 为材料的破坏强度,γ 为比重) 高的材料,目前大多数采用钛合金材料,以减轻气瓶的结构质量。

气瓶的壁厚根据内压来计算：

球形气瓶可用

$$\delta = p_1 Df/4\sigma_b$$

柱形气瓶的筒壁厚度可用

$$\delta = p_1 Df/2\sigma_b$$

环形气瓶可用

$$\delta = p_1 d(2D-d)f/4\sigma_b(D-d)$$

式中,p_1 为气瓶的初始压力;f 为安全系数;D 为气瓶的直径,环形气瓶则为平均直径;d 为环形气瓶环管的直径。

由于气瓶成形时,工艺变薄量很大,因此确定气瓶的厚度时,还应根据变薄量大小加以修正。

19.1.5　气瓶的试验

承压气瓶通常有以下试验。

1. 液压试验

试验压力 $p_s = f_s p_1$,其中 f_s 为安全系数,取 $f_{试} = 1.5p_1$ 为工作压力,介质用液体。

2. 气密试验

试验压力 $p_s = p_1$,充气保压 5 min,在水中检查渗漏情况。

3. 变形试验

设 V_0 为液压试验前的容积,V_k 为试压后降压为零的容积,V_M 为试压时的容积,则要求容积的相对变形为

$$\alpha = \frac{V_k - V_0}{V_M - V_0} \times 100\% \leqslant 10\%$$

4. 反复试验

试验压力 $p_{试} = p_1$,反复 100 次,加压频率为$(1 \sim 2)$ 次 / min,要求试验中和试验后不得有渗漏情况。

5. 爆破试验

以上试验合格的气瓶,再给气瓶充压直至破坏,其破坏压力应满足

$$p_{破} \geqslant fp_1 \quad (f\ 取\ 2)$$

19.2　气瓶式增压方案的增压计算

以发动机增压系统的推进剂贮箱采用氮气加温增压为例。在计算中忽略由于箱内推进剂蒸发而造成的对推进剂吸热和加给液面以上气体的能量,认为飞行过程中推进剂温度不变,箱内气体满足理想气体状态方程。箱内气体温度均匀一致,成分一致,均为氮气。

19.2.1 起飞前的增压计算

已知起飞前的气枕容积、增压氮气流量,由下式计算起飞前箱内压力,有

$$p_{xt}=p_{xN_{2t}}=\frac{\dot{m}_{N_2}\tau RT_{xt}}{V_{xt}}$$

式中:p_{xt} 为箱内压力;$p_{xN_{2t}}$ 为箱内氮气压力;$\dot{m}_{N_2}$ 为氮气流量;τ 为时间;R 为气体常数;T_{xt} 为箱内气体绝对温度,可视为环境温度(因为未加温),即

$$T_{xt}=T_{xN_{2t}}=288\ \mathrm{K}$$

V_{xt} 为箱内气枕容积。

$$V_{xt}=T_{xN_{2t}}$$

19.2.2 飞行过程中的增压计算

飞行过程中推进剂贮箱的增压计算是根据能量平衡原理进行的,因此应该考虑下面几部分能量。

1. 换热器出口增压气体的能量 $Q_{h出}$

换热器出口增压气体的能量是由气瓶提供的能量和换热器的加热量来决定的。对于某一时间间隔来说,即时间为 Δt,流量为增压氮气流量时,换热器出口增压气体参数可表示为

$$Q_{h出}=\dot{m}_{N_2}I_{h出}\Delta t$$

式中:$I_{h出}$ 为换热器出口增压气体的热熔(由氮气的温焓曲线查出);Δt 为间隔时间。

2. 能量损失

(1) 气体流过增压管时的散热量。增压氮气流过增压溢出导管时,其换热过程为:氮气对管壁的对流换热、管壁的热传导和管壁对外界大气的对流换热等 3 个过程。于是根据传热学的知识,可以写出氮气流过增压溢出管时对外界的传热系数为

$$K=\frac{1}{\frac{1}{\alpha_1}\frac{d_2}{d_1}+\frac{d_2}{2\lambda}\ln\frac{d_2}{d_1}+\frac{1}{\alpha_2}}$$

式中:d_1 为增压管内径;d_2 为增压管外径;α_1 为氮气对管壁的传热系数;α_2 为增压管外气体的传热系数;λ 为增压管壁的导热系数。对于铝或钢的增压管来说,壁厚相对管径很小,导热系数"λ"很高,故$\frac{d_1}{2\lambda}\ln\frac{d_2}{d_1}$ 项相对于$\frac{1}{\alpha_1}$ 和$\frac{1}{\alpha_2}$ 来说很小,可忽略不计。这样上式可简化为

$$K=\frac{1}{\frac{1}{\alpha_1}\frac{d_2}{d_1}+\frac{1}{\alpha_2}}$$

增压管内氮气的传热系数按强迫对流传热的计算公式求得,有

$$\alpha_1=\alpha_{N_2}=0.024\ 123\frac{\lambda}{d}Re^{0.8}Pr^{0.43}$$

式中:λ 为氮气的导热系数;d 为管外径;Re 为雷诺数;Pr 为普朗特数(对双原子气体$p_r=0.7$)。

按换热器出口氮气参数为增压管入口参数,计算出增压管内气体的传热系数 α_1。

增压管外空气的传热系数按自由对流传热可表示为

$$\alpha_2 = \alpha_h = a\Delta t^n d^{3n-1}$$

式中：d 为增压管外径；Δt 为管壁对空气的温差；n 为指数(由 $G_r p_r$ 之积查表得)；a 为根据定性温度(放热体和吸热体的平均温度)可查曲线得到。

因为 $G_r Pr = 3.64 \times 10^6$，则取，$n = \frac{1}{4}$，于是得到

$$\alpha_h = a\Delta t^{\frac{1}{4}} d^{-\frac{1}{4}} = a\sqrt[4]{\frac{\Delta t}{d}}$$

比较 α_1 和 α_2 的值可以发现，空气的传热系数 α_h 约为氮气的传热系数 α_{N_2} 的 4.5% ～ 2.3%。这样增压管内氮气向管外空气的传热系数可近似地认为

$$K_{N_2\text{-}h} = \alpha_h = a\sqrt[4]{\frac{\Delta t}{d}}$$

故可得到散热流和散热量计算式为

$$q_{s1} = K_{N_2\text{-}h} A_{gb} \Delta t_{N_2\text{-}h}/3\ 600$$

$$Q_{s1} = q_{s1}\Delta\tau/3\ 600$$

式中：A_{gb} 为散热面积；$\Delta\tau$ 为散热时间；脚注 N_2 - h 为“氮气对空气”，其他类同。

(2) 贮箱内氮气对箱壁和推进剂液体的散热量。由于箱壁的传热系数和推进剂液体的传热系数比箱内氮气的换热系数大很多，故箱内的氮气对箱壁和推进剂液体的传热系数近似地等于氮气的传热系数，即

$$K_{N_2\text{-}b} = \alpha_{N_2\text{-}b},\ K_{N_2\text{-}y} = \alpha_{N_2\text{-}y}$$

由传热学知，双原子气体的传热系数一般表达式为

$$\alpha = a\Delta t^n d^{3n-1}$$

则有

$$\alpha_{N_2\text{-}b} = \alpha_{N_2\text{-}b}\Delta t^n_{N_2\text{-}b} d^{3n-1} = \alpha_{N_2\text{-}y}\Delta t^n_{N_2\text{-}y} d^{3n-1}$$

d 为特征尺寸，这里是指圆筒壁(贮箱)的直径或圆面积的直径。

根据 $p_r G_r = 5.27 \times 10^3 \sim 7.37 \times 10^{11}$，可取 $n = \frac{1}{3}$。且令 $\alpha_{N_2\text{-}b} = \alpha_2$，$\alpha_{N_2\text{-}y} = m_2$，于是得

$$\alpha_{N_2\text{-}b} = \alpha_2 \Delta t^{\frac{1}{3}}_{N_2\text{-}b},\quad \alpha_{N_2\text{-}y} = \alpha_3 \Delta t^{\frac{1}{3}}_{N_2\text{-}y}$$

a_2，a_3 可根据定性温度查出。

进而可得散热流和散热量的计算式为

$$q_{s2} = K_{N_2\text{-}b} A_{gx} \Delta t^{\frac{4}{3}}_{N_2\text{-}b} \Big/ 3\ 600 = \frac{a_2}{3\ 600}\Delta t^{\frac{4}{3}}_{N_2\text{-}b} A_y$$

式中：A_{gx} 为贮箱气体段壁面积；A_y 为气液接触表面积。

(3) 箱内气体膨胀做功相当的能量损失。由于推进剂不断消耗，增压气体要不断充填空出的空间，因而要膨胀做功，膨胀功按下式计算：

$$Q_1 = A\bar{p}_x \Delta V = A\bar{p}_x \Delta t V_o$$

式中：Q_1 为 Δt 时间内箱内气体膨胀做功相当的热量；A 为功热当量；$A\bar{p}_x$ 为 Δt 时间内箱内气体的平均压力；Δt 为气体膨胀做功的时间；V_o 为组元的容积流量；ΔV 为组元在 Δt 时间内腾空的容积。

3. 起飞时箱内气体的初始能量

起飞零秒箱内气体的能量为

$$m_{xN_2o}I_{xN_2o}=(p_{xN_2o}V_{xN_2o}/RT_{xN_2o})I_{xN_2o}$$

式中：m_{xN_2o} 为箱内增压气体（N_2 气）初始质量；I_{xN_2o} 为初始热焓，据初始氮气温度 T_{xN_2o} 由氮气的温焓曲线查出；p_{xN_2o} 为箱内增压氮气的初始压力；V_{xN_2o} 为箱内增压氮气的初始容积；R 为氮气的气体常数。

4. 考虑上述各种加热和散热因素后的能量平衡方程式

$$m_{xN_2m}I_{xN_2m}=W_{xN_2m-1}I_{xN_2m-1}+Q_{h出m}-Q_{1m}-\sum Q_{sim}$$

式中：m 为第 m 个计算区间；$m-1$ 为第 $m-1$ 个计算区间；m_{xN_2m} 为箱内第 m 个计算区间内的增压氮气质量；I_{xN_2m} 为箱内第 m 个计算区间内氮气的热焓；m_{N_2m-1} 为箱内第 $m-1$ 个计算区间内氮气的质量；I_{xN_2m-1} 为箱内第 $m-1$ 个计算区间内氮气的热焓；$Q_{h出m}$ 为第 m 个计算区间内氮气加温器出口的氮气所具有的能量；Q_{1m} 为第 m 个计算区间内增压氮气在箱内做的膨胀功；$\sum Q_{sim}$ 为第 m 个计算区间内增压氮气从氮气加温器出口流过增压溢出管，在贮箱内对箱壁和推进剂液体的散热量的总和。

按该公式，用迭代法计算出方程等号右边的各项值，由于氮气流量是已知的，故可求出 I_{xN_2m}；然后根据氮气的温焓曲线查出箱内氮气的温度 T_{xN_2m}；再由气体状态方程即可算出贮箱压力 p_{xN_2m}。

5. 氧化剂箱自由膨胀段

箱内气体的压力和温度为

$$p_{xN_2m}=p_{xN_2m-1}\left(\frac{V_{xN_2m-1}}{V_{xN_2m}}\right)^n$$

$$T_{xN_2m}=T_{xN_2m-1}\left(\frac{p_{xN_2m}}{p_{xN_2m-1}}\right)^{\frac{n-1}{n}}$$

式中：m 为计算区间；n 为多变指数。

19.2.3 保险活门工作压力的计算

飞行中保险活门工作压力的计算公式为

$$p_{bgyR}=p_z+p_H+m\frac{n_x-1}{A}\quad(\mathrm{MPa})$$

式中：p_z 为真空中静止时打开压力；p_H 为随飞行高度变化的大气压力；m 为保险活门的活门和弹簧的质量；A 为活门排气道面积；$m\frac{n_x-1}{F}$ 为飞行中保险活门的活门和弹簧惯性力引起的附加压力；n_x 为过载系数。

19.2.4 飞行过程中的启动阀门入口压力的计算

$$p_{启_入}=p_{X2}+n_Xh\gamma-\Delta p$$

式中：$p_{启_入}$ 为启动活门入口压力；p_{a2} 为贮箱增压压力；h 为液压高度；γ 为组元比重；n_a 为过载

系数；Δp 为沿管路的压力损失。

19.3　自生增压方案的增压计算

自生增压系统方案的氧化剂系统是采用低沸点组元加热蒸发（如 N_2O_4 蒸发）成气体给该氧化剂箱增压；燃烧剂系统是用燃气发生器产生的涡轮工质（低 α 的富油燃气）降温后给该燃烧剂箱增压的。用有离解反应（$N_2O_4 \leftrightarrow N_2O_4 + NO_2$）的气体和成分复杂的燃气到贮箱中去增压，其增压过程是一个十分复杂的过程。因为在整个增压过程中伴随着传热和质量交换过程，传热过程包括高速气流的气动加温，增压气体和管壁、箱壁、液面的换热，增压气体冷凝成雾放出热，推进剂的晃动也导致气体和箱壁传热的增加。对于氧化剂箱来说，离解状态下的 N_2O_4 进入贮箱后，遇着箱内较冷的气体，箱壁和液面使之凝聚（刚启动不久和冬天发射时尤为严重），另外温度高的增压气体和沸点低的 N_2O_4 液面接触也会使推进剂蒸发。质量交换在某些时候使增压气体减少。对燃烧剂箱，由于燃气中含有 10% 左右的水蒸气，当蒸汽与低于饱和温度的壁面相接触时，也会使之冷凝。另外，燃气中含有 10% 以上的碳，而固体的介质是没有增压效果的。总之，增压过程是一个极其复杂的过程，影响增压压力的因素很多，全部加以考虑是困难的，而且也是不必要的，应抓住主要矛盾。为了简化计算作以下假设。

（1）从增压气体的燃气中去掉 10% 的含碳量。

（2）贮箱内的温度是均匀的。

（3）贮箱内的气体成分是均匀的。

（4）增压气体不溶解于推进剂。

（5）增压气体冷凝及推进剂蒸发所造成的质量交换和伴随着此过程的放热及吸热不加考虑。

（6）增压气体和增压管的换热按强迫对流换热考虑，增压气体和箱壁、液面的换热按自然对流换热考虑，大气与箱体换热按高速气流换热考虑，不考虑热辐射。管内和箱内换热计算只考虑燃气或 $N_2O_4 \Leftrightarrow N_2O_4 + NO_2$ 气体的物理性质（如 C_P, λ, μ, β 等）。

19.3.1　满足泵口压力要求所需贮箱增压压力的计算

$$p_{X2} = p_{bX} + \Delta p_{\Sigma} - n_X h\gamma + \Delta p_s$$

式中：p_{X2} 为贮箱增压压力；p_{bX} 为泵口压力要求；Δp_{Σ} 为贮箱到泵入口总压力损失，有

$$\Delta p_{\Sigma} = \left(\lambda \frac{l}{d} + \sum \xi + 1\right) \gamma \frac{V^2}{2g}$$

λ 为沿程阻力系数，有

$$\lambda = 0.003\,2 + 0.221Re - 0.237$$

雷诺数为

$$Re = \frac{Vd}{\nu}$$

l 为导管长度；d 为导管直径；ξ 为局部阻力系数；γ 为推进剂组元比重；V 为推进剂组元流动速度；n_x 为导弹飞行时的过载系数；h 为泵入口以上液柱高度；Δp_s 为推进剂组元饱和蒸汽压力差。

19.3.2 贮箱增压压力计算

由理想气体的状态方程

$$pV = mRT$$

两边同乘以一个定压比热 C_P 得

$$pVC_P = mRTC_P$$

则 $$p = \frac{mRTC_P}{VC_P} = \frac{R}{VC_P}[mTC_P]$$

式中：p 为任一时刻贮箱内增压气体的压力；R 为任一时刻贮箱内增压气体的气体常数；V 为任一时刻贮箱内增压气体的容积；C_P 为任一时刻贮箱内增压气体的比热；m 为任一时刻贮箱内增压气体质量；T 为任一时刻贮箱内增压气体的温度。

由于贮箱有初始增压的氮气和气瓶补压的氮气，还有自生增压的 N_2O_4 蒸汽或燃气，所以是一个成分复杂的气体。因而上述参数均为混合气体的参数，其计算方法如下。

(1) 混合气体的常数为

$$R = \left[R_0(m_0 + m_2) + \int_0^t G_1 R_1 \mathrm{d}t\right] / m_\Sigma$$

式中：R_0 为氮气的气体常数；m_0 为初始箱内增压氮气的质量；m_2 为补压气瓶给贮箱补压氮气的质量；m_1 为自生增压气体的质量；R_1 为自生增压气体常数，$R_1 = 9.217(1+\lambda)$，其中 $\lambda = f(pT)$；m_Σ 为混合气体的质量，$m_\Sigma = m_0 + m_1 + m_2$；$G_1$ 为自生增压气体的流量。

(2) 混合气体的比热为

$$C_P = \left[C_{P0}(m_0 + m_2) + \int_0^t G_1 C_{P1} \mathrm{d}t\right] / m_\Sigma$$

式中：C_{P0} 为氮气的比热；C_{P1} 为增压气体的比热，$C_{P1} = f(pT_1)$。

(3) 计算时刻箱内气体占据的容积为

$$V = V_0 + \int_0^t Q \mathrm{d}t$$

式中：V_0 为初始(气枕)容积；Q 为推进剂组元的容积流量。

(4) m_0，m_1，m_2 的计算为

$m_0 = p_0 V_0 / R_0 T_0$　　均为气枕初始参数

$m_1 = \int_0^t G_1 \mathrm{d}t$　　其中 G_1 是自生增压气体流量

$m_2 = \int_0^t G_2 \mathrm{d}t$　　其中 G_2 是气瓶补压气体的流量

(5) 在 $p = \frac{R}{VC_P}(mTC_P)$ 中，(mTC_P) 是增压气体(混合气体)所具有的热量。这个总热量包括以下几部分：

1) 初始(气枕)气体具有的热量

$$m_0 T_0 C_{P0}$$

2) 自生增压气体具有的热量

$$\int_0^t G_1 T_1 C_{P1} dt$$

3) 补压氮气具有的热量

$$\int_0^t G_2 T_2 C_{P2} dt$$

4) 混合气在箱内膨胀做功消耗的热量

$$-J\int_0^t p dV$$

式中：J 为功热当量。

5) 自生增压气体在箱内与推进剂和箱壁的换热损失

$$-\int_0^t (q_1+q_2) dt$$

式中，q_1 为气体与推进剂的换热；q_2 为气体与箱壁的换热。

于是贮箱增压压力的计算公式为

$$p=\frac{R}{VC_P}\left[m_0 T_0 C_{P0}+\int_0^t G_1 T_1 C_{P1} dt+\int_0^t G_2 T_2 C_{P2} dt-J\int_0^t p dV-\int_0^t (q_1+q_2) dt\right]$$

19.4　挤压式液体火箭发动机增压计算

19.4.1　挤压式系统的组成和分类

1. 挤压式系统的组成

挤压式系统必须具备以下组件：

(1) 推进剂组元贮箱；

(2) 用来建立供应压力的气源；

(3) 连通和断开液路和气路的阀门；

(4) 参数调节或校准元件，例如调节器、节流圈、汽蚀管；

(5) 导管和其他附件。

2. 挤压式系统的分类

按照挤压气体的来源，挤压系统分为以下 3 类。

(1) 贮气系统。贮气系统的气源是高压气瓶。气瓶贮气压力在 20 ～ 35 MPa。在火箭/导弹发射前，通过气瓶上的充气阀将压缩气体充入气瓶中，用压力表来监视气瓶中的压力。为了使气瓶和导管不因压力过高而破坏，在气瓶或导管上安装安全阀。在发动机工作时，用减压器将气瓶流出的气体控制在给定压力，以挤压贮箱中的推进剂。这一系统能够保持贮箱压力恒定，因而叫做恒压式贮气系统。

如果在发动机工作时允许推力逐步下降，则可取消气瓶和减压器。适当调整贮箱中初始气垫的容积，依靠初始气垫的自身膨胀去挤压贮箱中的推进剂。这种系统叫做落压式贮气系统。

恒压式贮气系统能够保持发动机推力恒定，但结构复杂；落压式贮气系统结构简单，但不能保持发动机推力恒定。

(2) 液体汽化系统。将容易汽化的推进剂组元或液化气体通过换热器加热、汽化后去挤压贮箱中推进剂的系统，称作液体汽化系统。汽化液体贮存在辅助贮箱中，用一套小型的贮气系统来挤压汽化液体。换热器的导管可缠绕在推力室喷管的延伸段上，利于推力室喷管给液体加热。

(3) 化学反应系统。利用化学反应产生挤压气体的系统，称做化学反应系统。化学反应产生挤压气体的方案有三种：固体推进剂燃气发生器、液体推进剂燃气发生器以及在贮箱中直接化学反应的系统。

固体推进剂燃气发生器系统由壳体、药柱、点火器、过滤器、热燃气调节器或节流圈等组成。调节器的作用是将多余的燃气排出，并保持贮箱压力恒定；若用节流圈，则贮箱压力随固体推进剂燃气发生器压力而变化。在一般情况下，这种系统还需要有冷却热燃气的装置。冷却热燃气的装置可采用以下 3 种。

1) 使热燃气通过固体冷却物质。该固体冷却物质容易分解或升华，例如将粒状草酸作为固体冷却物质，草酸吸热，当高于 120℃ 时便分解为一氧化碳、二氧化碳和水蒸气，这一冷却过程同时导致挤压气体的增加。调整固体推进剂和固体冷却物质的比例，达到需要的挤压气体温度。

2) 使热燃气通过叠氮冷却填料，叠氮基本上变为纯的氮气，但热燃气通过叠氮填料之后往往含有固体微粒，必须设置旋涡式分离器将固体微粒除去。

3) 使热燃气和贮气瓶中的常温气体混合，固体推进剂燃气发生器可以和贮气瓶做成一体，该装置的原理图如图 19-3 所示。

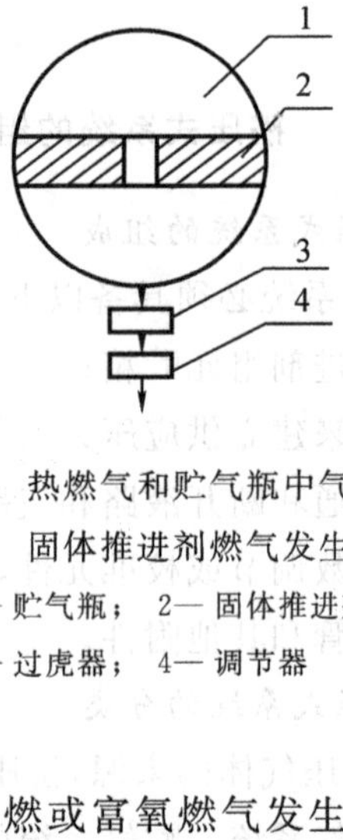

图 19-3　热燃气和贮气瓶中气体混合的固体推进剂燃气发生器系统

1—贮气瓶；　2—固体推进剂；
3—过虎器；　4—调节器

单组元和双组元液体推进剂燃气发生器系统由辅助贮箱、辅助气瓶、液体推进剂、燃气发生器以及其他附件组成。对单组元液体推进剂燃气发生器系统，其热燃气可与固体推进剂燃气发生器同样的降温方法来降温。对双组元液体推进剂燃气发生器系统，可用以下几种途径来满足挤压气体的温变要求：一是采用富燃或富氧燃气发生器；二是采用一定流量的不易燃烧的液体喷入热燃气中，该液体汽化时吸热；三是使热燃气和推进剂的一种组元在换热器中进行热交换。目前可供选择的几种液体推进剂燃气发生器系统方案为：① 喷注冷却的燃气发生器系统(见图 19-4)；② 燃气发生器-压缩气体系统(见图 19-5)；③ 喷注冷却的双燃气发生器系统(见图 19-6)。

在贮箱中直接化学反应的系统是将少量燃料喷注到氧化剂贮箱中，或将少量氧化剂喷注到燃料贮箱中，在贮箱中喷注组元与主推进剂组元发生化学反应，从而产生挤压气体，原理图如图 19-7 所示。

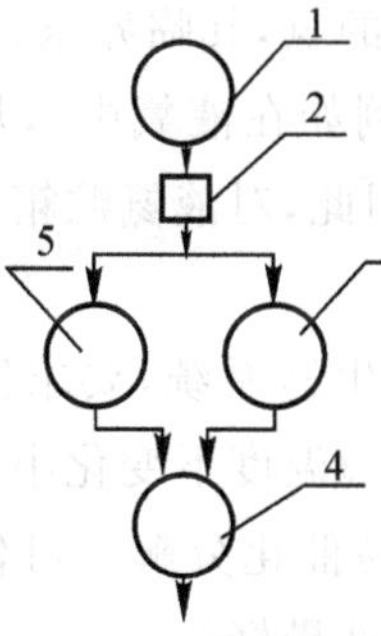

图 19－4　喷注冷却的燃气发生器系统

1— 贮气瓶；2— 减压器；3— 推进剂贮箱；4— 燃气发生器；5— 冷却剂贮箱

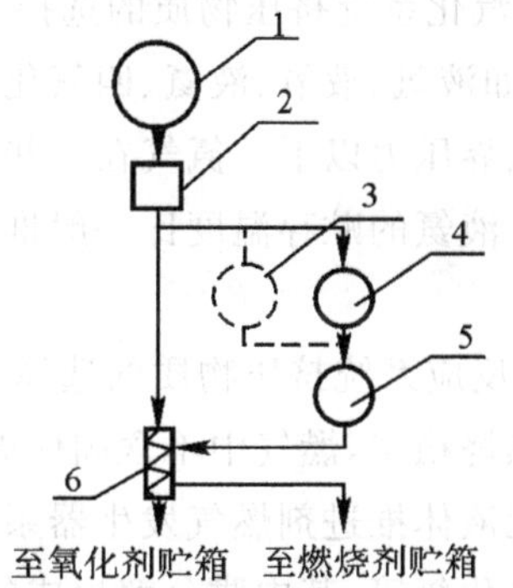

图 19－5　燃气发生器-压缩气体系统

1— 气瓶；2— 减压器；3— 推进剂贮箱；4— 推进剂贮箱；5— 燃气发生器；6— 换热器

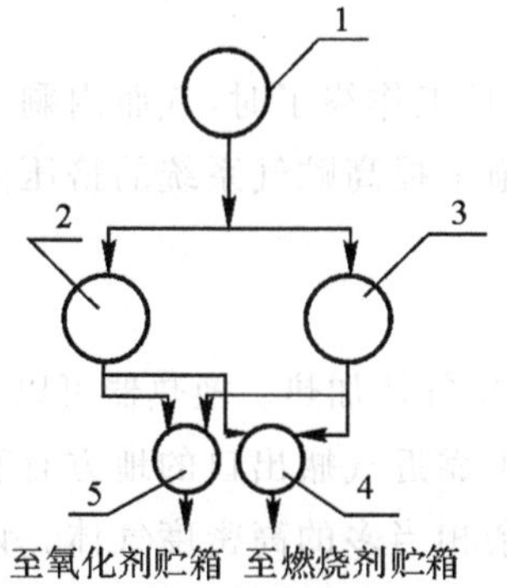

图 19－6　喷注冷却的双燃气发生器系统

1— 贮气瓶；2— 氧化剂贮箱；3— 燃烧剂贮箱；4— 富油燃气发生器；5— 富氧燃气发生器

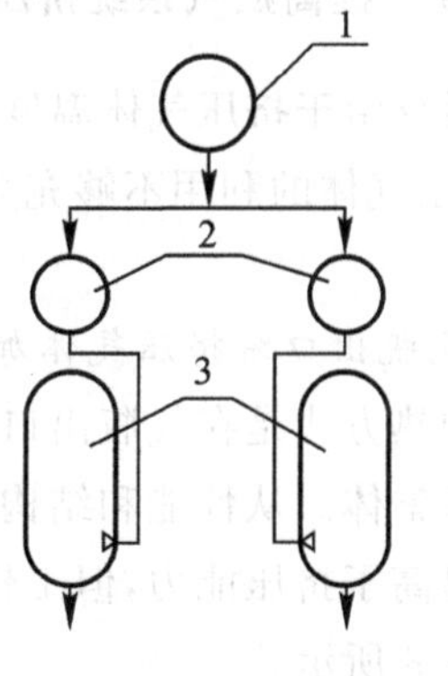

图 19－7　在贮箱中化学反应的系统

1— 贮气瓶；2— 喷注推进剂贮箱；3— 推进剂贮箱

19.4.2　挤压物质的选择

1. 挤压物质的选择原则

(1) 挤压物质与结构材料和推进剂有良好的相容性。

(2) 挤压物质的密度大，从而只需小的贮箱容积。

(3) 挤压气体的挤压能力大。挤压能力定义为贮箱压力和贮箱容积的乘积。由气体状态方程可知，挤压气体的分子量越小，温度越高，则一定质量气体的挤压能力就越大。

2. 各类挤压式系统挤压物质的选择

(1) 贮气系统挤压物质的选择。目前，对贮气系统可供选择的挤压物质有空气、氮气和氦气。空气价格便宜，挤压能力和氮气相当，当空气和推进剂能发生化学反应时，从安全角度出发，可选用氮气；对低温推进剂，空气和氮气遇冷后会发生凝结，这时应选用氦气。氦气分子量小，在相同条件下，其挤压能力约是空气和氮气的 7 倍。此外，氦气经过节流之后有温度升高的特点，这又提高了它的挤压能力，因而氦气是一种优良的挤压气体，但价格昂贵。

(2) 液体汽化系统挤压物质的选择。对液化气体系统，挤压物质应选用沸点低、热稳定性好的液体，例如液氢、液氧、液氦、四氧化二氮等。对分子量很小的氢，其临界压力较低，贮箱压力应保持在临界压力以下。氮气在某些推进剂中的溶解度大(例如在液氧中)，从而减弱了它的挤压能力。液氦的贮存温度比一般推进剂的贮存温度都低，因此，对液氦贮箱应采用有效的隔热措施。

(3) 化学反应系统挤压物质的选择。对固体推进剂燃气发生器系统，要求固体火药在低温和低压下燃烧稳定，燃气中不含固体微粒，燃烧速率在不同环境温度下变化小。

对单组元液体推进剂燃气发生器系统，要求单组元液体容易催化分解。可供选样的液体有肼、氨、过氧化氢等，其中肼分解生成的气体分子量小，化学特性最好。

对双组元液体推进剂燃气发生器和在贮箱中直接化学反应的系统，两种组元最好能自燃。从燃气与推进剂的相容性考虑，一般用富氧燃气挤压氧化剂贮箱，用富油燃气挤压燃料贮箱。

19.4.3 提高贮气系统挤压能力的措施

贮气系统由于挤压气体温度低，挤压能力较小，而且工作终了时，气瓶内剩余的气体相当多，因而挤压气体的利用不够充分。可以采取以下措施来提高贮气系统的挤压能力和挤压气体的利用率。

1. 在气瓶出口给挤压气体加热

这种加热方式是在气瓶出口位置设置换热器给挤压气体加热。换热器可以和推力室喷管延伸段做成整体。从性能和结构质量考虑，换热器置于靠近气瓶出口的地方有利。这一加热方式虽然提高了挤压能力，但工作终了时气瓶内仍剩余相当多的高密度气体。该系统的原理图如图 19-8 所示。

2. 在气瓶内给气体加热

在气瓶内安装电加热器或其他形式的加热器来给气体加热。这种加热方式不仅能提高气体的挤压能力，而且由于工作终了时气瓶内气体温度高、密度小，因而使剩余气体质量减少。该系统的原理图如图 19-9 所示。

3. 气瓶串联系统

气瓶串联系统的示意图如图 19-10 所示，该系统的 3 个气瓶是等压的，但尺寸逐渐增大，其中两个内部有柔性隔膜，每个气瓶的下游都有加热器。当系统工作时，气体从第一个气瓶经第一个加热器进入第二个气瓶，并通过第二个气瓶中的柔性隔膜去挤压其中的气体。依次类推，直至最后气瓶中的气体经过最后的加热器去挤压贮箱中的推进剂。工作终了时，仅第一个气瓶内存有低温、高密度气体，而下游气瓶中是经过加热的低密度气体，因而挤压气体得到了充分利用，但其结构复杂。

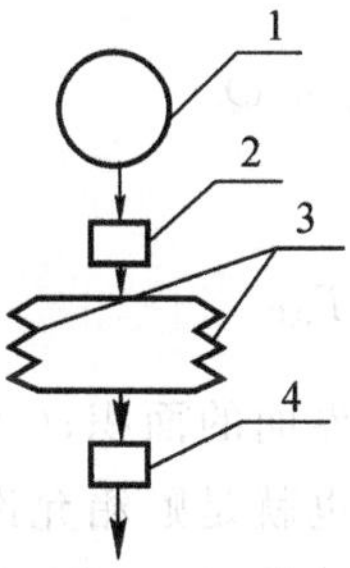

图 19－8　在气瓶出口给气体加热的系统

1— 贮气瓶；2— 阀门；

3— 换热器；4— 调节器

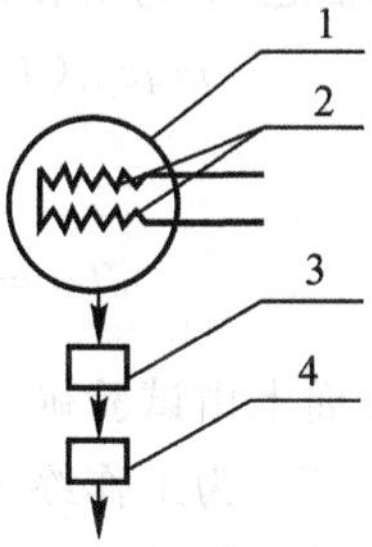

图 19－9　在气瓶内给气体加热的系统

1— 贮气瓶；2— 加热器；

3— 阀门；4— 调节器

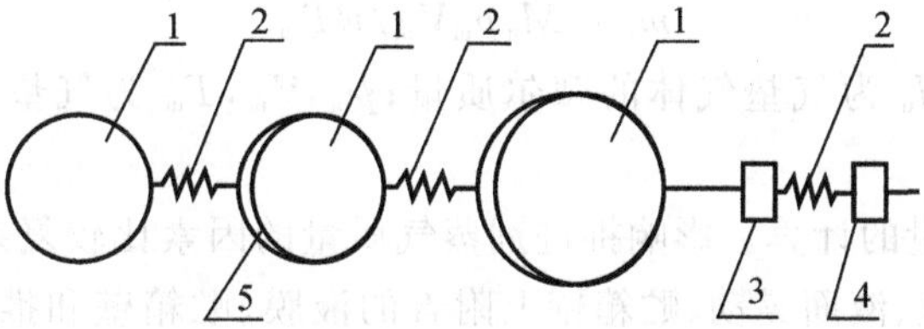

图 19－10　气瓶串联系统

1— 贮气瓶；2— 加热器；3— 阀门；4— 调节器；5— 柔性隔膜

19.4.4　挤压式系统的设计计算

挤压式系统的设计计算包括以下内容：

(1) 确定有加热的贮气系统、液体汽化系统和化学增压系统的气体温度；

(2) 确定进入贮箱中的挤压气体质量(简称有效气体质量)；

(3) 确定不加热贮气系统工作终了时贮箱内气体的温度；

(4) 确定工作终了时未进入贮箱中的挤压物质质量(简称残存质量) 和贮气系统气瓶的容积。

1. 计算所需的原始数据

(1) 推进剂和挤压物质的种类；

(2) 推进剂和挤压物质的使用温度；

(3) 贮箱容积和横截面积；

(4) 贮箱初始气垫容积；

(5) 工作终了时贮箱剩余推进剂的容积；

(6) 贮箱工作压力；

(7) 发动机工作时间；

(8) 贮箱允许的气体温度。

2. 确定有加热的贮气系统、液体汽化系统和化学增压系统的气体温度

根据热平衡方程，即有效气体放出的热量等于传给推进剂的热量，传给推进剂蒸气的热量

和传给贮箱壁的热量之和，可导出所需要的有效气体温度

$$m_{ef}c_{pef}(T_{ef}-T_{tkf})=kAt_t(T_{tkf}-T_p)+Q_{w_1}$$

整理后得

$$T_{ef}=\frac{kAt_t(T_{tkf}-T_p)+Q_{w_1}}{m_{ef}c_{pef}}+T_{tkf} \tag{19-1}$$

式中：k 为气液分界面上由试验确定的传热系数；A 为气液分界面的面积；t_t 为总任务时间，包括主动段和滑行段；T_{tkf} 为工作终了时贮箱中挤压气体温度，也就是贮箱允许的温度；T_p 为推进剂温度；Q_{w_1} 为有效气体传给贮箱壁的热量；m_{ef} 为有效气体质量，见下面有效气体质量计算；c_{pef} 为有效气体的定压比热容；T_{ef} 为有效气体温度。

3. 有效气体质量的计算

工作终了时贮箱内实际上是混合气体，其中包括初始气垫、推进剂蒸气和有效气体。

(1) 初始气垫质量的计算。初始气垫的质量由气垫的初始状态参数确定，即

$$m_u=M_u p_{ui}V_{ui}/RT_{ui} \tag{19-2}$$

式中：m_u 为气垫质量；M_u 为气垫气体的摩尔质量；p_{ui}，V_{ui}，T_{ui} 为气垫的初始压力、体积和温度；R 为摩尔气体常数。

(2) 推进剂蒸气质量的计算。影响推进剂蒸气质量的因素比较复杂。蒸气质量与推进剂的挥发性、挤压气体温度、液面晃动、贮箱壁上附着的液膜、贮箱壁和推进剂的温差、推进剂蒸气的溶解和凝结等有关。

现根据热平衡导出工作终了时贮箱中推进剂蒸气的计算公式。

挤压气体和贮箱传给推进剂及其蒸气的热量等于推进剂转化成温度为 T_{tkf} 的蒸气所需要的热量，即

$$kAt_t(T_{tkf}-T_p)+Q_{w_2}=m_v[c_{pp}(T_v-T_p)+q_v+c_{pv}(T_{tkf}-T_v)] \tag{19-3}$$

式中：Q_{w_2} 为贮箱壁传给推进剂和推进剂蒸气的热量；m_v 为推进剂蒸气的质量；c_{pp}，c_{pv} 为推进剂和推进剂蒸气的比热容；T_v 为推进剂的汽化温度；q_v 为推进剂的汽化潜热。

由式(19-3)得

$$m_v=\frac{c_{pp}(T_v-T_p)+q_v+c_{pv}(T_{tkf}-T_v)}{kAt_t(T_{tkf}-T_p)+Q_{w_2}} \tag{19-4}$$

(3) 有效气体质量的计算。由热力学知：工作终了时贮箱中混合气体的总体积等于各种气体分体积之和，即

$$V_g=V_u+V_v+V_{ef} \tag{19-5}$$

式中：V_g，V_u，V_v，V_{ef} 为工作终了时贮箱中混合气体的总体积和初始气垫，推进剂蒸气和有效气体的分体积。

由气态方程得

$$m_{ef}=M_{ef}p_{tk}V_{ef}/RT_{tkf} \tag{19-6}$$

将式(19-6)中的 V_{ef} 用式(19-5)代入，V_u 和 V_v 为

$$V_u=m_uRT_{tkf}/p_{tk}M_u$$

$$V_v=Zm_vRT_{tkf}/p_{tk}M_v$$

式中：M_v，Z 为推进剂蒸气的摩尔质量和压缩系数。

经整理，最后得到工作终了时有效气体质量的计算公式为

$$m_{ef}=\frac{M_{ef}p_{tk}V_g}{RT_{tkf}}-\frac{Zm_vM_{ef}}{M_v}-\frac{m_uM_{ef}}{M_u} \tag{19-7}$$

其中 m_v 和 m_u 用式(19－4) 和式(19－2) 计算。

4. 确定不加热贮气系统工作终了时贮箱内气体的温度

对不加热的贮气系统，工作终了时贮箱内气体的温度可根据能量守恒计算。若忽略热交换和质量交换，则有

$$m_{bi}c_vT_{bi}+m_uc_{vu}T_{ui}=m_{bf}c_vT_{bf}+m_{ef}c_vT_{tkf}+m_uc_{vu}T_{bi}+p_{tk}(V_{tkf}-V_{tki}) \tag{19-8}$$

式中：$m_{bi}c_vT_{bi}$ 为工作开始时气瓶中气体的内能；$m_uc_{vu}T_{ui}$ 为工作开始时贮箱中气垫的内能；$m_{bf}c_vT_{bf}$ 为工作终了时气瓶中气体的内能；$m_{ef}c_vT_{tkf}$ 为工作终了时贮箱中有效气体的内能；$m_uc_{vu}T_{bi}$ 为工作终了时贮箱气垫的内能；$p_{tk}(V_{tkf}-V_{tki})$ 为气体把推进剂挤出贮箱消耗的机械功。

假设气瓶内气体绝热膨胀，并遵循气体状态方程，则有下面两式：

$$T_{bf}=\left(\frac{p_{ef}}{p_{bi}}\right)^{\frac{\gamma_b-1}{\gamma_b}}T_{bi} \tag{19-9}$$

$$m_{bf}=\left(\frac{p_{ef}}{p_{bi}}\right)^{\frac{1}{\gamma_b}}m_{bi} \tag{19-10}$$

式中，γ_b 为气样内气体的比热比。

由质量守恒定律和式(19－10) 得

$$m_{ef}=m_{bi}-m_{bf}=\left[1-\left(\frac{p_{bf}}{p_{bi}}\right)^{\frac{1}{\gamma_b}}\right]m_{bi} \tag{19-11}$$

利用气态方程，并注意到工作终了时贮箱中混合气体的摩尔质量为

$$M_m=\frac{m_u+m_{ef}}{\dfrac{m_u}{M_u}+\dfrac{m_{ef}}{M_b}}$$

则有

$$p_{tk}(V_{tkf}-V_{tki})=\left(\frac{m_u}{M_u}+\frac{m_{ef}}{M_b}\right)RT_{tkf}-\frac{m_u}{M_u}RT_{ui}=$$
$$\frac{m_u}{M_u}R(T_{tkf}-T_{ui})+\frac{m_{ef}}{M_b}RT_{tkf} \tag{19-12}$$

将式(19－9) ～ 式(19－12) 代入式(19－8) 中，又 $c_v=R/(\gamma_b-1)$，整理后得

$$p_{tk}(V_{tkf}-V_{tki})=\left(\frac{m_u}{M_u}+\frac{m_{ef}}{M_b}\right)RT_{tkf}-\frac{m_u}{M_u}RT_{ui}=$$
$$\frac{m_u}{M_u}R(T_{tkf}-T_{ui})+\frac{m_{ef}}{M_b}RT_{tkf}$$

$$T_{tkf}=\frac{\dfrac{m_{bi}T_{bi}}{M_b}\left(1-\dfrac{p_{bt}}{p_{bi}}\right)\dfrac{1}{\gamma_b-1}+\dfrac{m_uT_{ui}}{M_u}\dfrac{\gamma_u}{\gamma_u-1}}{\dfrac{m_{bi}}{M_b}\left[1-\left(\dfrac{p_{bt}}{p_{bi}}\right)^{\frac{1}{\gamma_b}}\right]\dfrac{\gamma_b}{\gamma_b-1}+\dfrac{m_u}{M_u}\dfrac{\gamma_u}{\gamma_u-1}} \tag{19-13}$$

若贮箱气垫和气瓶中是同种气体，这时有 $M_u=M_b$，$\gamma_b=\gamma_u=\gamma$，则式(19－13) 简化为

$$T_{tkf}=\frac{m_{bi}T_{bi}\left(1-\dfrac{p_{bt}}{p_{bi}}\right)+\gamma m_uT_{ui}}{\gamma m_{bi}\left[1-\left(\dfrac{p_{bt}}{p_{bi}}\right)^{\frac{1}{\gamma_b}}\right]+m_u} \tag{19-14}$$

若忽略初始气垫,则式(19-14)可进一步简化为

$$T_{tkf}=\frac{T_{bi}\left(1-\frac{p_{bt}}{p_{bi}}\right)}{\gamma\left[1-\left(\frac{p_{bt}}{p_{bi}}\right)^{\frac{1}{\gamma_b}}\right]} \tag{19-15}$$

为了计算 T_{tkf} 尚须讨论气瓶工作开始时和工作终了时压力的选取。

气瓶工作开始时的压力取高一些有以下好处:

(1) 气瓶的容积和质量都可减小;

(2) 工作终了时气瓶中残存质量减小。

但压力上限受压气机的限制。若气瓶初始压力大于35 MPa,则压气机结构就很复杂。若用液态气体来充灌气瓶,初始压力可以提高些。但压力越高,费用越大。因此,气瓶内气体初始压力应在20～35 MPa的范围内选取。

工作终了时气瓶内的压力取决于系统能够正常工作的最小压力。对恒压式贮气系统,工作终了时气瓶内的压力等于贮箱压力与气瓶到贮箱的气路压降之和,其中减压器压降取减压器能够正常工作的最小压降。图19-11是确定工作终了时气瓶内压力的简图。

对落压式系统,假设允许的最大推力和最小推力为 F_{max} 和 F_{min},那么工作开始时和工作终了时贮箱中挤压气体压力可按以下步骤计算:

(1) 根据 F_{max},F_{min} 和对应的比冲算出相应的流量 $q_{m,max}$ 和 $q_{m,min}$;

(2) 根据系统特性算出工作开始时和工作终了时贮箱中的挤压气体压力。

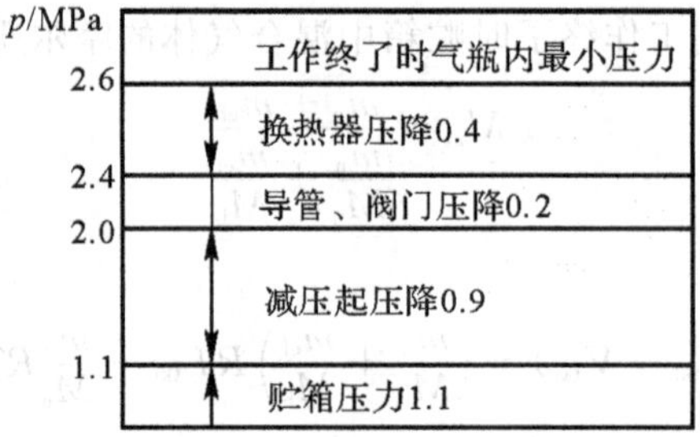

图19-11 确定工作终了时气瓶内压力的简图

若系统采用节流圈,则有

$$p_g=p_c+\Delta p \tag{19-16}$$

式中:p_g 为贮箱中挤压气体压力;p_c 为燃烧室压力;Δp 为从贮箱至推力室喷注器末端的压降。

认为燃烧室压力正比于流量,压降正比于流量二次方。若比例常数用 a,b 表示,则由式(19-16)可写出

$$p_g=aq_m+bq_m^2 \tag{19-17a}$$

将 $q_{m,max}$ 和 $q_{m,min}$ 代入式(19-17a),便得工作开始时和工作终了时的挤压气体压力 p_{gi},p_{gf}。

若系统采用汽蚀管,则贮箱中挤压气体压力等于汽蚀管入口压力与贮箱至汽蚀管入口的压降之和,计算公式简化为

$$p_g = c q_m^2 \tag{19-17b}$$

式中，c 为比例常数。

5. 确定残存质量和贮气系统气瓶的容积

工作终了时残存质量贮存在容器及管路中。对于贮气系统和固体燃气发生器系统，残存质量全是气体；对于其他系统，残存质量有液体也有气体。

(1) 贮气系统气瓶容积和残存质量的计算。气瓶内初始气体质量等于有效气体质量和残存质量（残存质量包括工作终了时气瓶中及其他腔道中的气体质量）之和，即

$$m_{bi} = m_{ef} + m_{bf} + m_r \tag{19-18}$$

式中：m_{bi}，m_{bf} 为工作开始和工作终了时气瓶内气体质量；m_{ef} 为有效气体质量，用式(19-7)计算；m_r 为工作终了时气瓶出口至贮箱入口腔道中的残存的气体质量，按此处的状态参数和体积由气态方程计算。

将 m_{bi} 和 m_{bf} 用气态方程代入，并假定气瓶内气体按绝热过程膨胀，则可将式(19-18)写成下面形式：

$$\frac{M_b p_{bi} V_b}{R T_{bi}} = m_{ef} + \frac{M_b p_{bf} V_b}{R T_{bi} \left(\frac{p_{bf}}{p_{bi}}\right)^{\frac{\gamma-1}{\gamma}}} + m_r$$

化简后得气瓶容积为

$$V_b = \frac{(m_{ef} + m_r) R T_{bi}}{M_b p_{bi} \left(1 - \left(\frac{p_{bf}}{p_{bi}}\right)^{\frac{\gamma-1}{\gamma}}\right)} \tag{19-19}$$

气瓶中残存气体质量为

$$m_{bf} = \frac{M_b p_{bf} V_b}{R T_{bi} \left(\frac{p_{bf}}{p_{bi}}\right)^{\frac{\gamma-1}{\gamma}}} = \frac{M_b p_{bf} V_b}{R T_{bi} \left(\frac{p_{bf}}{p_{bi}}\right)^{\frac{1}{v}}} \tag{19-20}$$

系统中的残存质量合计为

$$m_{bf} + m_r = \frac{M_b p_{bf} V_b}{R T_{bi} \left(\frac{p_{bf}}{p_{bi}}\right)^{\frac{1}{v}}} + m_r \tag{19-21}$$

对落压式贮气系统，贮箱中残存的气体质量就是充灌气体的质量，可按式(19-21)根据开始时或工作终了时的状态参数算出它的数值。

由

$$\frac{V_{gi}}{V_{gi} + V_p} = \left(\frac{p_{gf}}{p_{gi}}\right)^{\frac{1}{\gamma}}$$

解出

$$V_{gi} = \left[\left(\frac{p_{gf}}{p_{gi}}\right)^{\frac{1}{\gamma}} V_p\right] \Big/ \left[1 - \left(\frac{p_{gf}}{p_{gi}}\right)^{\frac{1}{\gamma}}\right] \tag{19-22}$$

于是残存气体质量（即挤压气体总质量）为

$$m_g = \frac{M_g p_{gi} V_{gi}}{R T_{bi}} \tag{19-23a}$$

$$V_{tk} = V_{gi} + V_p \tag{19-23b}$$

实际上气瓶内气体是按多变过程膨胀的。多变指数n在$1\sim\gamma$之间。实验表明:多变指数更接近1。若有准确的实验数据,可将以上各式中的绝热指数γ用多变指数n代替。

(2)其他挤压系统残存质量的计算。对液体汽化系统、液体燃气发生器系统和在贮箱中直接化学反应的系统,它们都有辅助贮箱和辅助气瓶,在计算中忽略管路中的残存物质质量。

1)辅助贮箱中的残存气体质量。假定工作终了时辅助贮箱中的液体全部用完,并且被辅助气瓶中的气体充满。

辅助贮箱的体积等于挤压主推进剂的有效气体质量除以辅助物质的密度。

辅助贮箱的压力由压力平衡确定。

辅助贮箱中工作终了时的温度由式(19-14)或式(19-15)得出。

辅助贮箱中的残存质量根据体积、压力、温度和摩尔质量由气态方程算出。

2)辅助气瓶中的残存质量。由式(19-19)计算辅助气瓶的体积,但应将式(19-19)中的有效气体质量用辅助贮箱中的残存质量代替。再由式(19-20)计算辅助气瓶中的残存质量。

对固体燃气发生器挤压系统,工作终了时固体推进剂已全部转化为燃气。残存燃气的质量根据容积、压力、温度和燃气的摩尔质量由气态方程算出。

6. 挤压物质总质量和挤压物质利用系数

挤压物质总质量等于有效气体质量和残存质量之和。定义有效气体质量与挤压物质总质量的比值为挤压物质利用系数。挤压物质利用系数越大,表示挤压物质的利用越充分。

贮气系统的挤压物质利用系数较小,其他系统的挤压物质利用系数较大。

19.4.5 挤压式系统的选择

在开始设计挤压式系统时,应该选用哪一种挤压式系统,这是首先需要解决的问题。在方案论证和方案选择阶段,可同时选取几个不同的方案进行全面分析比较。在挤压能力满足设计要求的条件下,应对以下项目进行分析比较:结构质量、零组件数目、可靠性、继承性、研制经费、生产和发射成本。鉴于挤压技术的不断发展,挤压式系统的选择是相当复杂的任务。现在叙述各种挤压式系统的优缺点、适用范围和挤压式系统的选择原则。

1. 各类挤压式系统的优缺点和适用范围

各类挤压式系统的优缺点和适用范围见表19-1。

表19-1 各类挤压式系统的优缺点和适用范围

系统类别	贮气系统	液体汽化系统	化学反应系统
优点	结构简单 技术成熟	辅助气瓶和辅助贮箱尺寸下,结构质量小	辅助气瓶和辅助贮箱尺寸小,结构质量小;固体推进剂系统结构简单
缺点	气瓶容积大 系统质量大	需要辅助气瓶、辅助贮箱和换热器,结构复杂	液体推进剂系统结构复杂;固体推进剂系统不能多次启动
适用范围	适用于总冲量比较小的发动机	适用于热稳定低沸点推进剂组元;若推进剂组元都不易汽化,可选用液化气做汽化物质	适用于常温推进剂

2. 挤压式系统的选择原则

挤压式系统必须满足以下4项指标。

(1)飞行任务要求。它包括贮存能力、启动次数、启动和关机特性、压力和流量的调节精度、不同环境和工作条件的适应能力。

(2)挤压物质、推进剂和结构材料具有良好的相容性，包括化学惰性、凝结、溶解以及允许的贮箱挤压气体温度等。

(3)可靠性。它包括工作可靠性、按时启动可靠性、自然贮存和加注可靠性。可靠性取决于系统的复杂程度、零组件数目、设计和工艺水平。

(4)系统性能。系统性能定义为有效气体质量与系统结构质量之比。系统性能越高，就意味着挤压能力越大，或者结构质量越小。

姜杰——火箭女神

从1994年长征三号甲系列火箭首飞成功开始，25年时间，这个金牌系列火箭不断发展，我国的导航、通信、探月、气象卫星等“火箭乘客”也不断成长。“长三甲”系列火箭总设计师、中国科学院院士、航天公益形象大使姜杰，为“长三甲”系列火箭发展做出了杰出贡献。2010年至今，姜杰带领团队圆满完成了以北斗导航、探月等为代表的国家重大工程项目近50枚火箭发射任务，成功率达100%，在世界航天史上创下了罕见纪录。

另辟蹊径，从医生世家走出的航天科研人。姜杰1962年出生在哈尔滨，父母都是医生。高考填报志愿时，父亲希望她做一名医生，她却执意报考了国防科技大学的自动控制系。大学毕业后，来到航天科技集团一院工作，开始正式接触“长三甲”系列型号。她从一开始就完全介入“长三甲”系列，进而参与了长三甲、长三乙、长三丙3个型号火箭的研制工作。1994年，历时8年研制的长三甲火箭首飞即告成功。

磨砺心志，成就稳如泰山的“火箭女神”。1996年2月15日，长三乙发射国外的一颗卫星，首飞失利，姜杰在现场经历了整个发射过程。从发射的喜悦到惨败的失落不过22秒，很快姜杰就调整状态，投入到疑点梳理和数据分析工作中，后来姜杰在这个火箭的可靠性上做了大量工作。“长三甲”系列现在被称为“金牌火箭”，具有非常高的发射成功率，这与那次失败的教训是紧密相关的。每次火箭发射，姜杰总要提前一个月来到发射中心，确保火箭里的上万个零部件运转正常。2010年“长三甲”遥十火箭控制系统在试验场第四次总检查时发现程序配电器软件方面有故障，发射在即，故障却迟迟未找到。重压之下，姜杰组织发射试验队员迅速定位问题，组织专家进行评审，开展软件修改和试验验证工作，终于在36小时之后解决了问题。最终“长三甲”遥十火箭精确地将卫星送入预定轨道。对此，姜杰说：“航天是一项高风险行业，我们的工作就是要把风险降到‘零’，不让火箭带一丝隐患上天。”

功勋卓越，航天领域首位女院士的笑傲人生。这些年姜杰还获得全国三八红旗手、全国“巾帼英模”称号，还连续当选全国政协委员。姜杰一年有三分之一的时间在试验场度过，火箭发射多在深夜，发射成功后，不管多晚，姜杰都要仔细分析火箭飞行参数，总结得与失，总是最后一个离开指挥大厅。试验场，也就是发射场的各项准备工作事关成败，容不得半点闪失。她说：“火箭就像接力赛中的第一棒，必须跑好，才能让探月工程、北斗导航卫星、通信卫星以及对地观测系统发挥作用。”

第20章　液体火箭发动机主要性能参数的调整计算

20.1　概　　述

每一台液体火箭发动机，由于设计计算和工艺制造的误差，其各部件实际工作特性不能满足设计性能要求，发动机的主要性能参数（如混合比和推力）不可能恰好等于设计值。为了使发动机的质量混合比和推力保持在设计规定的偏差范围内，就必须在试车的基础上对发动机的混合比和推力进行必要的调整计算，根据计算的结果对发动机系统进行调整。

对于混合比的调整，最简单的方法是：在推进剂主管路中安装一个孔径适当的节流圈。为了改善这种调节方法，通常还可采取：①将即将发射的火箭置于称重台上，对实际加注的推进剂进行称重，而实际加注量是由当时推进剂的温度来决定的；②采用直径可调节流圈，在火箭发射前按照贮箱内已加注的推进剂质量和温度，对节流圈的直径进行一次调整，这种方法可以使用在可贮存推进剂上。

关于推力的调整，推进剂供应系统类型不同的发动机，其调整的方法也不同。

气体挤压式发动机装置上的推力调整是靠改变减压器的主弹簧的弹力来实现的，这个减压器装在气瓶之后，用来调节挤压两个贮箱的压力。减压器弹簧力改变了，被调压力值就改变了，推进剂供应压力也就改变了，因此，可以改变推力。

涡轮工质采用单组元气体发生器的泵压式发动机装置，其副系统为挤压式，则推力调整是依靠调整气体减压器弹簧的弹力来实现的，这个减压器是调节挤压单组元贮箱气体的压力的。单组元的挤压压力改变了，则发生器压力改变，也就是改变了涡轮功率，涡轮泵转速也就改变了，因此，主推进剂供应压力和流量也就变了，从而达到调整推力的目的。

利用主推进剂双组元气体发生器产生涡轮工质的泵压式发动机装置，推力的调整是用改变副系统的管路特性来实现的，调整发生器前组元压力，改变涡轮入口压力，改变涡轮功率和泵的转速，改变主推进剂供应压力，从而改变推力。

20.2　发动机供应系统管路特性的调整方法

发动机供应系统的管路特性，是指供应系统中的压力损失与系统中推进剂组元流量之间的函数关系。它影响到发动机在额定点的工作，通常在进行管路特性及系统调整计算时，由于系统中压力损失的计算不十分准确，所以必须通过系统或组件的液流试验来获得压力损失的试验数据，用来对管路特性进行调整。

20.2.1　挤压式系统管路特性的调整方法

挤压式供应系统的管路特性是指推进剂贮箱内压力和容积流量之间的函数关系。

由流量方程

$$Q=\psi\sqrt{\frac{p_Z-p_C}{\gamma}}$$

可以得到系统压力损失(p_Z-p_C)与流量 Q 的函数关系,有

$$p_Z-p_C=\frac{\gamma}{\psi^2}Q^2$$

$$p_Z=\frac{\gamma}{\psi^2}Q^2+p_C$$

式中:p_C 为燃烧室压力;p_Z 为推进剂贮箱增压压力;γ 为推进剂组元的比重;ψ 为流量系数;Q 为推进剂组元的容积流量。

如果推进剂一定、系统一定,则流量系数 ψ 为一常数。用压头 H_Z 来表示与流量 Q 的关系方程,可写成

$$H_Z=\frac{1}{\psi^2}Q^2+\frac{p_C}{\gamma}$$

式中

$$H_Z=\frac{p_Z}{\gamma}$$

压头和流量的关系如图 20-1 所示。

由图 20-1 可以看出,当流量变化时,燃烧室压力与流量成正比变化,而系统的压降($\Sigma\Delta H$)与流量成二次方关系。称 $H_Z=f(Q)$ 为管路特性(或称系统水力特性)。在实际工作情况下,氧化剂管路和燃烧剂管路的特性是不相同的,为了分别得到氧化剂额定流量和燃烧剂额定流量,氧化剂贮箱和燃烧剂贮箱增压压力是不相同的。而为了在系统中使用同一个减压器后的气体来挤压两个贮箱内的推进剂组元,只能取较大的那个增压压力(设氧化剂箱压力高)为共同的挤压压力。此时燃烧剂实际流量超过了额定流量,因此,在燃烧剂管路中需要加入一个节流圈,使燃烧剂系统流阻加大,即增加 ΔH_Z(见图 20-2),则

$$\Delta H_Z=\frac{1}{\gamma_R}(p_{ZY}-p_{ZR})=H_{ZY}-H_{ZR}$$

式中:ΔH_Z 为压头调整值;γ_R 为燃烧剂比重;p_{ZY},H_{ZY} 为氧化剂箱增压压力和压头;P_{ZR},H_{ZR} 为燃烧剂箱增压压力和压头。

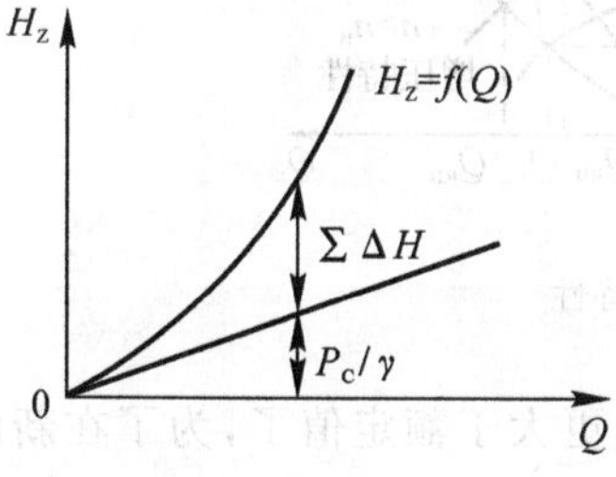

图 20-1　压头和流量的关系曲线

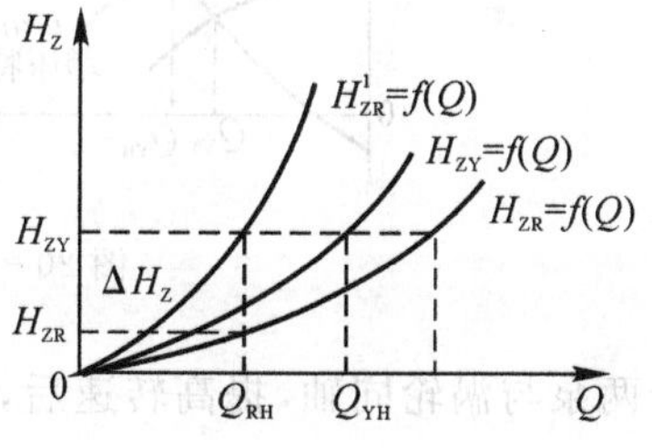

图 20-2　加节流圈的压头和流量的关系曲线

图 20-2 中，$H_{ZR}=f(Q)$ 为原燃烧剂管路特性曲线，$H_{ZY}=f(Q)$ 为氧化剂管路特性曲线，$H'_{ZR}=f(Q)$ 为在燃烧剂管路中加了节流圈后的管路特性曲线，Q_{RH} 为燃烧剂额定流量，Q_{YH} 为氧化剂额定流量，H_{ZR} 为对应额定流量时需要燃烧剂箱的增压压头，H_{ZY} 为对应氧化剂额定流量时需要增压的氧化剂箱压头。选定系统的增压压头为 H_{ZY}，即氧化剂箱增压压力和燃烧剂箱增压压力相等，即

$$p_{ZY}=\gamma_Y H_{ZY}=p_{ZR}$$

20.2.2 泵压式系统管路特性的调整方法

这里讲的是两泵与涡轮同轴的泵压式发动机的调整方法。泵压式供应系统的管路特性，就是指泵后压头和容积流量的关系。泵工作之前，由于泵前增压压力和液柱的静压作用，系统具有一定的初始流量（见图 20-3），由管路特性曲线在横坐标以下的部分标出。

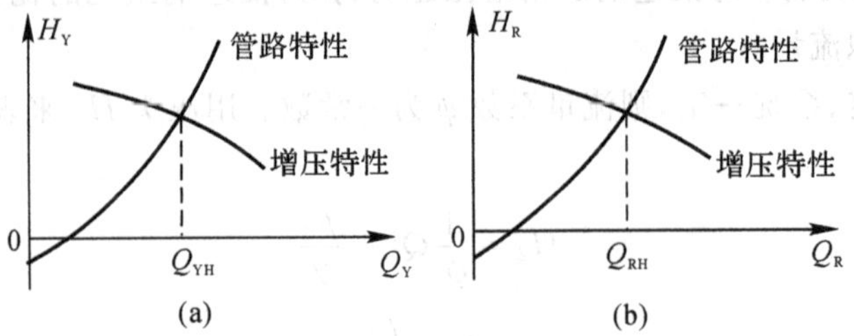

图 20-3 管路特性

(a) Y 泵；(b) R 泵

泵在额定转速 n_H 的情况下，管路特性曲线和泵特性曲线的交点所对应的流量应该是额定流量（理想情况），这时推进剂的混合比应为额定值，即

$$K_H=\frac{\gamma_Y Q_{YH}}{\gamma_R Q_{RH}}$$

但是，实际上由于各种生产和测量的偏差及两个系统的差别，当泵的转速为额定值 n_H 时，推进剂组元的流量也不会正好等于额定流量，混合比也不会恰好等于额定值。

如果此时氧化剂流量 $Q_{YA}<Q_{YH}$，而燃烧剂流量 $Q_{RA}\geqslant Q_{RH}$，则应提高转速，使氧化剂的流量满足 $Q_Y=Q_{YH}$（见图 20-4）。

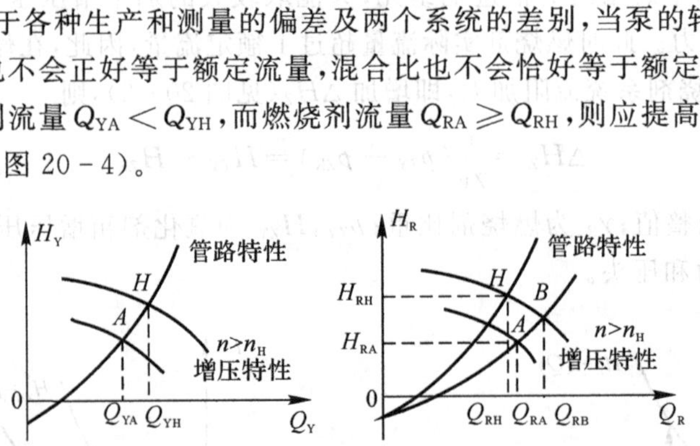

图 20-4 调整后的管路特性

由于两泵与涡轮同轴，提高转速后，燃烧剂流量必然更大于额定值了，为了在新的转速 n 下得到燃烧剂额定流量，可在燃烧剂管路上安装一个节流圈，调整燃烧剂管路特性，使其满足额定混合比的要求。

由图 20-4 可知，燃烧剂系统原工作点在 A 点，转速增加后，泵和系统的工作点到 B 点，流量增加了；但是，加了节流圈后，工作点在 H 点，其系统的流量也为额定值 Q_{RH}。

选择适当的节流圈直径，使其造成的压力损失为

$$\Delta H_R = H_{RH} - H_{RB}$$

就可以使燃烧剂流量在提高转速后得到额定值。由此可知，调整工作主要就是要计算出一个节流圈的直径，改变管路特性（由原管路特性线变为新管路特性线），从而使发动机在额定条件下工作。

20.3　发动机混合比的调整计算

对于双组元燃气发生器，两泵与涡轮同轴的发动机装置（见图 20-5），是以调整泵后节流圈的直径或汽蚀管的参数来调节进入推力室的推进剂组元的流量，从而保证混合比的。

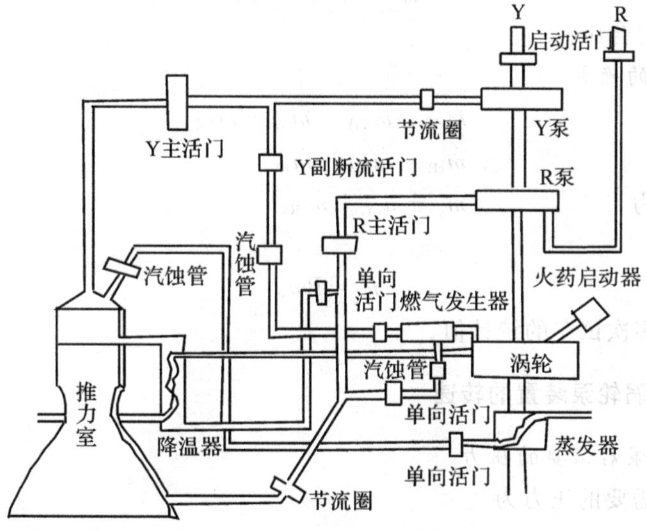

图 20-5　发动机系统简图

在推力室、离心泵、燃气发生器和燃气降温器的液流试验，以及发动机热试车的基础上，获得了必要的性能数据，就可以进行调整计算。下面以图 20-5 所示的系统方案为例来研究混合比和推力的调整计算方法。本节首先研究混合比的调整计算方法。

20.3.1　确定推进剂供应系统的参数

在已知调整状态的参数 —— 推力 F、混合比 K_F、比冲 I、氧化剂泵前压力 p_{oY} 和燃烧剂泵前压力 p_{oR} 后，进行下面计算。

1. 发动机的流量

总流量为　$$\dot{m} = \frac{F}{I}$$

燃烧剂总流量为　$$\dot{m}_{RH} = \frac{\dot{m}_\Sigma}{1+K_F},\quad Q_{RH} = \frac{\dot{m}_{RH}}{\rho_R}$$

氧化剂总流量为 $$\dot m_{YH}=K_F\dot m_R,\quad Q_{YH}=\frac{\dot m_{YH}}{\rho_Y}$$

式中：$\dot m_{YH}$ 和 Q_{YH} 为氧化剂的额定质量流量和容积流量；$\dot m_{RG}$ 和 Q_{RH} 为燃烧剂的额定质量流量和容积流量；ρ_Y 和 ρ_R 为氧化剂和燃烧剂的密度。

2. 涡轮工质供应系统的流量

$$\dot m_f=a_f\dot m_\Sigma$$

系数 a_f 为 n 次试车的统计值，为常数，则

$$a_f=\sum_{i=1}^{n}\dot m_{fi}\dot m_{\Sigma i}\Big/\sum_{i=1}^{n}\dot m_{\Sigma i}$$

式中：$\dot m_{fi}$ 为第 i 次试车副系统流量；$\dot m_{\Sigma i}$ 为第 i 次试车发动机总流量；$\dot m_i$ 为副系统总流量。

副系统氧化剂和燃烧剂的流量分别为

$$\dot m_{Yf}=K_f\dot m_{Rf}$$
$$\dot m_{Rf}=\dot m_f/(1+K_f)$$

式中，K_f 为副系统混合比。

3. 燃烧室流量的确定

氧化剂流量为 $$\dot m_{cY}=\dot m_{YH}-\dot m_{Yf}-\dot m_{YZ}$$

燃烧剂流量为 $$\dot m_{cR}=\dot m_{RH}-\dot m_{Rf}$$

燃烧室总流量为 $$\dot m_c=\dot m_{cY}+\dot m_{cR}$$

4. 燃烧室压力

$$p_c=B\dot m_c$$

式中，B 为常数，是多次试车的统计值。

20.3.2 确定涡轮泵装置的转速

1. 计算主系统泵后需要的压力

氧化剂泵出口需要的压力为

$$p_{ey}=p_c+\Delta p_{\phi Y}+\Delta p_{lY}+\Delta p_{\alpha Y}+\Delta p_{gY}$$

燃烧剂泵出口需要的压力为

$$p_{eR}=p_c+\Delta p_{\phi R}+\Delta p_{lR}+\Delta p_{\alpha R}+\Delta p_{gR}$$

式中：$\Delta p_{\phi Y}$，$\Delta p_{\phi R}$ 为氧化剂喷嘴和燃烧剂喷嘴压降；Δp_{lY}，Δp_{lR} 为氧化剂头腔和燃烧剂冷却套压降；$\Delta p_{\alpha R}$，$\Delta p_{\alpha Y}$ 为氧化剂和燃烧剂主活门压降；Δp_{gY}，Δp_{gR} 为氧化剂和燃烧剂主管路压降。

2. 泵需要的扬程（用压力表示）

氧化剂泵扬程： $$p_{YH}=p_{eY}-p_{oY}$$

燃烧剂泵扬程： $$p_{RH}=p_{eR}-p_{oR}$$

3. 涡轮泵转速的确定

（1）作泵的相似工况曲线。由泵的管路系统液流试验得到的泵的增压特性曲线和系统的管路特性曲线，画在同一个坐标图上（见图 20-6）。

根据泵的比例定律，可以写出氧化剂和燃烧剂泵的扬程和流量的关系式

$$H_Y=A_YQ_Y^2,\quad H_R=A_RQ_R^2$$

式中：H_Y，H_R 分别为氧化剂泵和燃烧剂泵扬程；Q_Y，Q_R 分别为氧化剂和燃烧剂泵的流量；A_Y，

A_R 为比例常数，由泵的额定流量 Q_{YH}，Q_{RH} 和所需要的扬程 H_{YH}，H_{RH} 求得。

$$A_Y = \frac{H_{YH}}{Q_{YH}^2}, \quad A_R = \frac{H_{RH}}{Q_{RH}^2}$$

在特性曲线上，过 B 点作泵的相似工况曲线 $H_Y = A_Y Q_Y^2$ 和 $H_R = A_R Q_R^2$，该曲线与泵的增压特性曲线相交于 A 点，其流量为 Q_{AY}，Q_{AR}。由于 A 点和 B 点位于同一条相似工况曲线上，所以两点为相似工况，于是可利用泵的比例定律求出工况 B 点的转速。

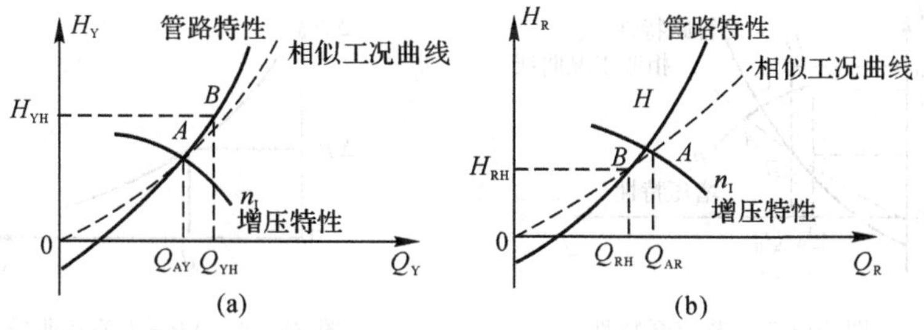

图 20-6　泵和管路的特性曲线

(a)Y 泵；(b)R 泵

(2) 求涡轮的转速。由泵的比例定律，有

$$\frac{Q_H}{Q_A} = \frac{n_H}{n_1}$$

得

$$n_H = \frac{Q_H}{Q_A} n_1$$

分别求出氧化剂泵和燃烧剂泵所需要的转速，有

$$n_{YH} = \frac{Q_{YH}}{Q_{AY}} n_1, \qquad n_{RH} = \frac{Q_{RH}}{Q_{AR}} n_1$$

由于两个泵与涡轮是同轴的，所以涡轮的转速 n_W 应取两泵中较高的那个转速。这样，要求较低速的泵，由于新的涡轮泵转速高于需要值，因此泵的扬程和流量也高于需要值。为了得到需要的扬程和流量，必须在该泵后管路中加一个节流圈，该泵称为节流泵。

4. 确定新的转速下节流泵的实际扬程

要求节流泵在新的转速下，且满足额定流量的扬程，可利用节流泵的增压特性和管路特性曲线分两步求出(见图 20-7)。

(1) 求节流泵在液流试验转速下与新转速 n_W 下相似工况的扬程 H_D。

由比例定律
$$\frac{Q_D}{Q_H} = \frac{n_1}{n_W}$$

因为 n_1，n_W 和 Q_H 为已知数，所以可以求出 $Q_D = \frac{n_1}{n_\omega} Q_H$。

在图 20-7 上找到 Q_D 点，作横坐标的垂线相交于 n_1 下泵增压特性曲线于 D 点，过 D 点作水平线，可得到 H_D。

(2) 求节流泵在新转速 n_W 下，满足额定流量下的实际扬程 H'_n，由离心泵的比例定律，有

$$\frac{H'_H}{H_D} = \left(\frac{n_W}{n_1}\right)^2$$

由于 n_W，n_1 和 H_D 已知，故得

$$H'_{\mathrm{H}}=\left(\frac{n_{\mathrm{W}}}{n_1}\right)^2 H_{\mathrm{D}}$$

5. 节流泵后系统中节流圈尺寸的确定

(1) 节流圈压降的确定。由图 20－7 可求得节流圈的压降为

$$\Delta p_{\mathrm{X}}=(H'_{\mathrm{H}}-H_{\mathrm{H}})\gamma_{\mathrm{X}}$$

式中：H_{H} 为原管中对应于额定流量的压力损失；γ_{X} 为介质的比重。

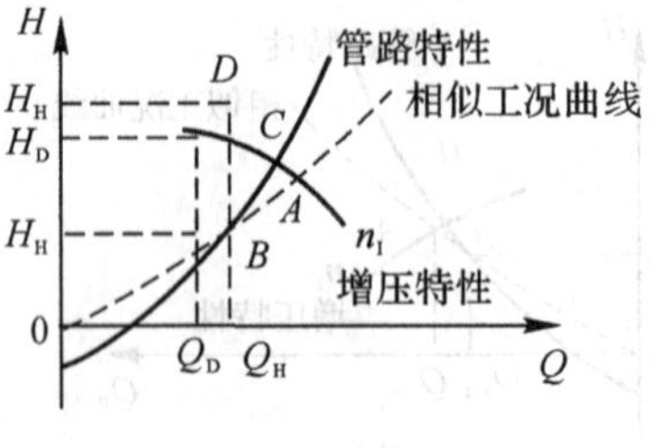

图 20－7　节流泵特性

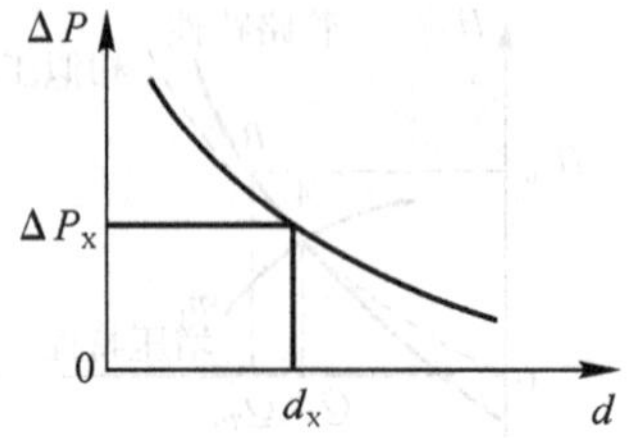

图 20－8　$\Delta P-d$ 关系曲线

(2) 根据 Δp_{X} 值，可查液流试验所得到的曲线(见图 20－8)，求得节流圈的直径 d，在节流泵后管路中安装一个孔径为 d_{X} 的节流圈后，当涡轮泵装置以新的转速 n_{W} 工作时，两个泵都能得到额定流量，这样发动机的混合比也就是额定值了。

20.4　发动机推力的调整计算

发动机推力的调整，是通过改变副系统的管路特性，从而改变副系统的流量而实现的。其具体办法是在副系统中根据需要加不同的节流圈或者汽蚀管。本节以图 20－5 所示的系统方案为例来介绍推力调整计算的步骤。

20.4.1　确定发动机副系统参数

1. 确定泵的效率

由液流试验作出泵在不同流量下的效率和效率修正曲线(见图 20－9 和图 20－10)。用液流试验转速 n_1 下的流量 Q_{A}(Q_{A} 是与 Q_{H} 相似工况下的值，如图 20－6 所示 Q_{AY}，Q_{AR})便可在 $\eta=f(n,Q)$，$\Delta\eta=f(n,Q)$ 曲线上分别查出氧化剂泵和燃烧剂泵的效率及其偏差值：η'_{Y}，$\Delta\eta_{\mathrm{Y}}$，η'_{R}，$\Delta\eta_{\mathrm{R}}$。

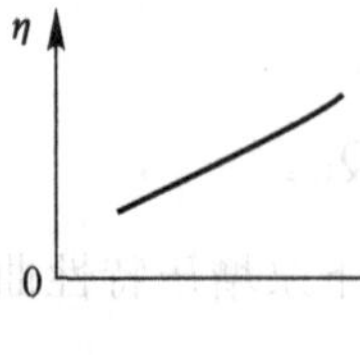

图 20－9　$\eta-Q$ 关系曲线

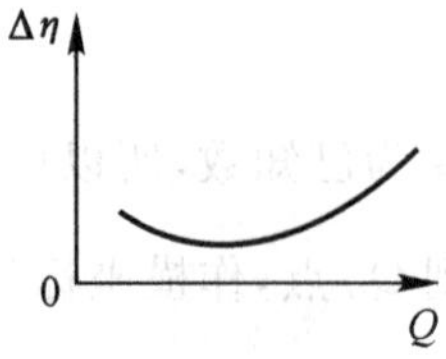

图 20－10　$\Delta\eta-Q$ 关系曲线

则

$$\eta_{\mathrm{Y}}=\eta'_{\mathrm{Y}}+\Delta\eta_{\mathrm{Y}}$$

$$n_{\mathrm{R}}=\eta'_{\mathrm{R}}+\Delta\eta_{\mathrm{R}}$$

2. 计算泵的功率(假定氧化剂为非节流泵,燃烧剂为节流泵)

$$N_Y = \frac{\gamma_Y H_{YH} Q_{YH}}{n_Y}$$

$$N_R = \frac{\gamma_R H_{RH} Q_{RH}}{n_R}$$

式中:H_{YH},γ_Y 分别为氧化剂泵所需扬程和氧化剂比重;H_{RH},γ_R 分别为燃烧剂泵实际扬程和燃烧剂比重;Q_{YH},Q_{RH} 分别为氧化剂和燃烧剂额定流量。

3. 涡轮所需要的功率

$$N_W = N_Y + N_R + N_u$$

式中:N_u 为涡轮带动其他辅助设备所需要的功率,如带动伺服机构油泵,完成发动机摇摆所消耗的功率。

4. 确定涡轮工质流量系数 K_1

涡轮的有效功率为

$$N_W = \dot{m}_W L_{ag} \eta_W$$

式中:$\dot{m}_W$ 为涡轮工质流量。L_{ag} 为 1 kg 涡轮工质所提供的绝热膨胀功,即

$$L_{ag} = \frac{K}{K-1} R T_{0W} \left[1 - \left(\frac{p_{epW}}{p_{0W}}\right)^{\frac{K-1}{K}}\right]$$

式中:K 为涡轮工质的绝热指数;R 为涡轮工质的气体常数;T_{0W} 为涡轮工质在喷嘴入口处的绝对温度;p_{epW} 为涡轮喷嘴出口处的压力;p_{0W} 为涡轮喷嘴入口处的压力。η_W 为涡轮的效率,可由试验得到的经验公式求出

$$\eta_W = A\left(\frac{u}{C_{1ag}}\right) - b\left(\frac{u}{C_{1ag}}\right)^2$$

式中,u 为涡轮叶片平均半径处的圆周速度为

$$u = \frac{\pi D_{cp} N}{60}$$

式中:D_{cp} 为涡轮转子在叶片平均半径处的直径;C_{1ag} 为涡轮喷嘴出口处燃气的绝对速度。故涡轮工质流量为

故
$$\dot{m}_W = \frac{N_W}{L_{ag}\eta_W} = K_1 N_W$$

式中,$K_1 = 1/L_{ag}\eta_W$ 称为涡轮工质的流量系数。

在涡轮工质和涡轮尺寸确定以后,对于不同的转速可以计算出不同的 K_1 值,从而作出曲线 $K_1 = f(n)$(见图 20-11)。这样,可根据涡轮泵的转速 η_W 查该图而得到 K_1 值。

5. 计算涡轮工质的流量

$$\dot{m}_W = K_1 N_W$$

6. 声速喷嘴燃气流量 $\dot{m}_g$

这部分燃气是用来给贮箱增压的。

$$\dot{m}_g = K_2 D_{JP}^2 \dot{m}_W$$

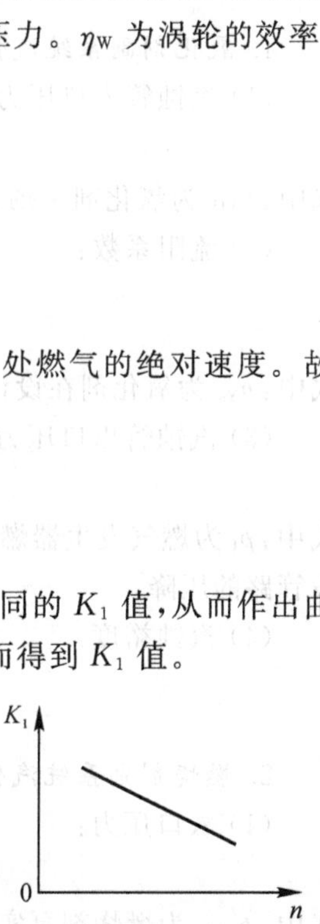

图 20-11　K_1-n 关系曲线

式中:K_2 为流量系数。$K_2 = \frac{\dot{m}_g}{D_{JD}^2 \dot{m}_W} = A_J / D_{JP}^2 A_W$,$D_{JP}$ 为声速喷嘴喉部直径,A_J 为声速喷嘴喉部面积,A_W 为涡轮喷嘴喉部总面积。

7. 燃气发生器参数的确定

(1) 燃气发生器流量： $\dot{m}_f = \dot{m}_W + \dot{m}_g$

(2) 燃气发生器组元流量：

$$\dot{m}_{Rf} = \dot{m}_f / (K_f + 1)$$

$$\dot{m}_{Yf} = K_f \cdot \dot{m}_{Rf}$$

式中：$\dot{m}_{Rf}$ 为副系统燃烧剂流量；$\dot{m}_{Yf}$ 为副系统氧化剂流量；K_f 为副系统混合比。

8. 燃气发生器燃气压力

$$p_f = D\dot{m}_f$$

式中，D 为常数，由试验得到。

9. 燃气发生器压降

这里指推进剂组元在冷却套、头腔、喷嘴中的压力损失。

氧化剂系统： $\Delta p_{Yf} = E_1 \dot{m}_{Yf}^2 \Delta p_{Yfl}$

燃烧剂系统： $\Delta p_{Rf} = E_2 \dot{m}_{Rf}^2 \Delta p_{Rfl}$

式中，E_1，E_2 为常数，由试验并经冷热修正后得到。

10. 副系统管路损失

Δp_{Rfg}，Δp_{Yfg} 可由试验得到。

20.4.2 计算汽蚀管流阻系数和汽蚀裕度

1. 氧化剂副系统汽蚀管

(1) 汽蚀管入口压力：

$$p_{oYvf} = p_{YH} + p_{oY} + \Delta p_{oY}$$

式中：p_{YH} 为氧化剂泵扬程；p_{oY} 为氧化剂泵的入口压力；Δp_{oY} 为汽蚀管前管路损失。

(2) 流阻系数：

$$A_Y = \frac{p_{oYvf} - p_{Ys}}{\dot{m}_{Yf}^2}$$

式中：p_{Ys} 为氧化剂在设计温度下的饱和蒸汽压力；$\dot{m}_{Yf}$ 为氧化剂副系统流量。

(3) 汽蚀管出口压力：

$$p_{eYvf} = p_f + \Delta p_{Yf} + \Delta p_{Yfg}$$

式中：p_f 为燃气发生器燃气压力；Δp_{Yf} 为燃气发生器压降；Δp_{Yfg} 为燃气发生器至汽蚀管出口一段管路的压降。

(4) 汽蚀裕度：

$$\delta_Y = \frac{p_{oYvf} - p_{eYvf}}{p_{oYvf}} \times 100\%$$

2. 燃烧剂副系统汽蚀管

(1) 入口压力：

$$p_{oRvf} = p'_{RH} + p_{oR} - \Delta p_{oR}$$

式中：p'_{RH} 为燃烧剂泵实际扬程；p_{oR} 为燃烧剂泵入口压力；Δp_{oR} 为汽蚀管前管路压力损失。

(2) 流阻系数：

$$A_R = \frac{p_{oRvf} - p_{Rs}}{\dot{m}_{Rf}^2}$$

式中：p_{Rs} 为燃烧剂在设计温度下的饱和蒸汽压力；$\dot{m}_{Rf}$ 为燃烧剂副系统流量。

(3) 出口压力：

$$p_{eRvf} = p_f + \Delta p_{Rf} + \Delta p_{Rfg}$$

式中：p_f 为燃气发生器燃气压力；Δp_{Rf} 为燃气发生器压降；Δp_{Rfg} 为燃气发生器至汽蚀管一段管路的压降。

(4) 汽蚀裕度：

$$\delta_R = \frac{p_{oRvf} - p_{eRvf}}{p_{oRvf}} \times 100\%$$

在实际选用汽蚀管时，流阻系数的偏差一般为 0.5%，汽蚀裕度 δ 应比计算值小 2%左右。

王希季——探空火箭之父

王希季，我国著名航天专家、中国科学院院士、国际宇航科学院院士。“两弹一星”元勋王希季主持研制了我国第一枚液体燃料探空火箭，并发射成功；他提出了我国第一颗卫星运载火箭“长征一号”的技术方案；他负责完成了我国第一颗返回式卫星的技术设计，使中国成为世界上迄今为止仅有的三个掌握返回式卫星技术的国家之一。

心系国家，义无反顾改行搞科研。1947 年怀着“多学知识、振兴民族工业，以此救国”的理念，王希季以优异成绩考入美国弗吉尼亚理工学院，就读动力与燃料专业。新中国成立时，正准备继续攻读博士学位的王希季得到消息，立即决定回国。当时美国政府为了留住人才，开出了特别优厚的学习和生活条件，但不管怎么劝，王希季都不为所动，铁了心要回祖国。回国潜心任教八年后的一天，有关领导找到王希季谈话：“毛泽东主席在党的八大第二次全体会议上，向全国科技工作者发出了‘我们也要搞卫星’的号令，组织上希望调你去专门负责研制发射人造卫星的运载火箭，现在想征求一下你的意见。”听完领导的话，王希季心里清楚，接受了任务，就意味着要面临各种想象不到的困难和压力，还将隐姓埋名，但他更清楚，将人造卫星送上天，对于新中国来说何等重要。想到此，王希季毫不犹豫地点头答应，从此以国家需要为己任，义无反顾地改了行。

攻坚克难，成就卓越硕果累累。王希季在美国攻读的是动力和燃料专业，并没接触过运载火箭方面的专业知识。20 世纪 50 年代，西方国家对我国实行全面封锁政策，面对这一严峻现实，王希季便向书本求教，千方百计搜集相关资料，边补理论边搞研究。研究工作有大量数据需要计算，王希季不等不靠，坚持土法上马，用手摇计算器，甚至用算盘进行计算，硬是靠这种人工方法计算出海量数据。就这样，在王希季主持带领下，他们研制总装出了我国第一枚探空火箭。谁知检测时因受当年国家工业能力限制，火箭不得不放弃发射，面对这严酷挫折，作为项目负责人的王希季并未气馁，在总结经验教训的基础上，针对国情大胆修改了技术方案，再次投入研制。就这样，王希季和同事们依靠中国知识分子特有的一种“有条件要上，没有条件创造条件也要上”的自力更生精神，终于在 1960 年将这枚完全由中国人自己设计研制的液体推进剂探空火箭发射成功。这在我国航天史上具有里程碑意义，标志着我国迈出了征服太空至关重要的第一步。

此后，王希季不断攻坚克难，带领课题组在 10 年时间里先后研制成功涵盖气象、生物试验、核爆取样与技术试验等不同类型的 15 个型号的探空火箭，王希季当之无愧成为中国这一领域的领军人物，被誉为“液体燃料探空火箭之父”。

附　录

附录1　Γ(k) 数值表

附表 1-1　Γ(k)

k	Γ(k)
1.14	0.636 6
1.15	0.638 6
1.16	0.640 7
1.17	0.642 6
1.18	0.644 6
1.19	0.646 6
1.20	0.648 5
1.21	0.650 5
1.22	0.652 4
1.23	0.654 3
1.24	0.656 2
1.25	0.658 1
1.26	0.659 9
1.27	0.661 8
1.28	0.663 6
1.29	0.665 5
1.30	0.667 4
1.31	0.669 1

附录 2　亚声速段和超声速段的 p/p_c 与 A/A_t 及 k 的关系表

附表 2-1　亚声速段 p/p_c 与 A/A_t，k 的关系表

d/d_t	A/A_t	p/p_c										
		k										
		1.20	1.21	1.22	1.23	1.24	1.25	1.26	1.27	1.28	1.29	1.30
5.0	25.00	1.000	1.000	1.000	1.000	1.000	1.000	1.000	1.000	1.000	1.000	1.000
4.5	20.25	0.999	0.999	0.999	0.999	0.999	0.999	0.999	0.999	0.999	0.999	0.999
4.3	16.00	0.999	0.999	0.999	0.999	0.999	0.999	0.999	0.999	0.999	0.999	0.999
3.5	12.25	0.999	0.999	0.999	0.999	0.999	0.999	0.999	0.999	0.999	0.999	0.999
3.0	9.00	0.997	0.997	0.997	0.997	0.997	0.997	0.997	0.997	0.997	0.997	0.997
2.9	8.41	0.997	0.997	0.997	0.997	0.997	0.997	0.997	0.997	0.997	0.997	0.997
2.8	7.84	0.997	0.997	0.997	0.997	0.996	0.996	0.996	0.996	0.996	0.996	0.996
2.7	7.29	0.996	0.996	0.996	0.996	0.996	0.996	0.996	0.996	0.996	0.996	0.996
2.6	6.76	0.995	0.995	0.995	0.995	0.995	0.995	0.995	0.995	0.995	0.995	0.995
2.5	6.25	0.995	0.995	0.995	0.994	0.994	0.994	0.994	0.994	0.994	0.994	0.994
2.4	5.76	0.994	0.994	0.994	0.993	0.993	0.993	0.993	0.993	0.993	0.993	0.993
2.3	5.29	0.992	0.992	0.992	0.992	0.992	0.992	0.992	0.992	0.992	0.992	0.992

续表

d/d_t	A/A_t	p/p_c										
		k										
		1.20	1.21	1.22	1.23	1.24	1.25	1.26	1.27	1.28	1.29	1.30
2.2	4.84	0.991	0.991	0.991	0.991	0.991	0.991	0.991	0.991	0.990	0.990	0.990
2.1	4.41	0.989	0.989	0.989	0.989	0.989	0.989	0.989	0.989	0.989	0.988	0.988
2.0	4.00	0.987	0.987	0.986	0.986	0.986	0.986	0.986	0.986	0.986	0.987	0.986
1.9	3.61	0.984	0.983	0.983	0.983	0.983	0.983	0.983	0.983	0.983	0.983	0.983
1.8	3.24	0.979	0.979	0.979	0.979	0.976	0.979	0.979	0.979	0.978	0.978	0.978
1.7	2.89	0.974	0.974	0.974	0.974	0.973	0.973	0.973	0.973	0.973	0.973	0.972
1.6	2.56	0.967	0.966	0.966	0.966	0.996	0.966	0.965	0.965	0.965	0.965	0.965
1.5	2.25	0.956	0.956	0.956	0.955	0.955	0.955	0.955	0.954	0.954	0.954	0.951
1.4	1.96	0.941	0.941	0.910	0.910	0.940	0.939	0.939	0.939	0.938	0.938	0.938
1.3	1.69	0.918	0.918	0.917	0.917	0.916	0.916	0.915	0.915	0.914	0.914	0.913
1.2	1.41	0.881	0.880	0.880	0.879	0.878	0.878	0.877	0.877	0.876	0.875	0.875
1.1	1.21	0.814	0.813	0.812	0.810	0.810	0.809	0.808	0.807	0.806	0.805	0.804

附表 2-2　超声速段 p/p_c 与 A/A_t，k 的关系表

d/d_t	A/A_t	p/p_c										
		k										
		1.20	1.21	1.22	1.23	1.24	1.25	1.26	1.27	1.28	1.29	1.30
1.0	1.00	0.564	0.563	0.561	0.559	0.557	0.555	0.553	0.551	0.549	0.548	0.546
1.1	1.21	0.293	0.291	0.289	0.287	0.285	0.283	0.281	0.279	0.277	0.275	0.273
1.2	1.44	0.209	0.207	0.205	0.203	0.201	0.199	0.197	0.196	0.194	0.192	0.190
1.3	1.69	0.159	0.157	0.155	0.153	0.152	0.150	0.148	0.147	0.145	0.143	0.142
1.4	1.96	0.125	0.123	0.122	0.120	0.119	0.117	0.116	0.114	0.113	0.111	0.110
1.5	2.25	1.101	0.099 2	0.097 8	0.096 4	0.095 1	0.093 8	0.092 5	0.091	0.090 0	0.088 7	0.087 5
1.6	2.56	0.082 8	0.081 5	0.080 3	0.079 1	0.077 9	0.076 7	0.075 6	0.074 4	0.073 3	0.072 2	0.071 2
1.7	2.89	0.069 2	0.068 1	0.067 0	0.065 9	0.064 8	0.063 8	0.062 8	0.061 8	0.060 8	0.059 8	0.058 9
1.8	3.24	0.058 6	0.057 6	0.056 6	0.055 7	0.054 7	0.053 8	0.052 8	0.051 9	0.051 1	0.050 2	0.049 3
1.9	3.61	0.050 2	0.049 3	0.048 4	0.047 5	0.046 7	0.045 8	0.045 0	0.044 2	0.043 4	0.042 6	0.041 9
2.0	4.00	0.043 5	0.042 6	0.041 8	0.041 0	0.040 2	0.039 5	0.038 7	0.038 0	0.037 3	0.036 6	0.035 9
2.1	4.41	0.037 9	0.037 2	0.036 4	0.035 7	0.035 0	0.031 3	0.033 6	0.032 9	0.032 3	0.031 6	0.031 0
2.2	4.84	0.033 3	0.032 6	0.031 9	0.031 3	0.030 6	0.030 0	0.029 4	0.028 8	0.028 2	0.027 6	0.027 0
2.3	5.29	0.029 5	0.028 8	0.028 2	0.027 6	0.027 0	0.026 4	0.025 9	0.025 3	0.024 8	0.024 2	0.023 7

续表

d/d_t	A/A_t	p/p_c										
		k										
		1.20	1.21	1.22	1.23	1.24	1.25	1.26	1.27	1.28	1.29	1.30
2.4	5.76	0.026 2	0.025 6	0.025 1	0.024 5	0.024 0	0.023 4	0.022 9	0.022 4	0.021 9	0.021 4	0.021 0
2.5	6.25	0.023 6	0.022 9	0.022 4	0.021 9	0.021 4	0.020 9	0.020 4	0.019 9	0.019 5	0.019 1	0.018 6
2.6	6.76	0.021 1	0.020 6	0.020 1	0.019 6	0.019 2	0.018 7	0.018 3	0.017 8	0.017 4	0.017 0	0.016 6
2.7	7.29	0.019 1	0.018 6	0.018 1	0.017 7	0.017 3	0.016 8	0.016 4	0.016 0	0.015 7	0.015 3	0.014 9
2.8	7.84	0.017 3	0.016 8	0.016 4	0.016 0	0.015 6	0.015 2	0.014 9	0.014 5	0.014 1	0.013 8	0.013 4
2.9	8.41	0.015 7	0.015 3	0.014 9	0.014 6	0.014 2	0.013 8	0.013 5	0.013 1	0.012 8	0.012 5	0.012 2
3.0	9.00	0.014 4	0.014 0	0.013 6	0.013 3	0.012 9	0.012 6	0.012 3	0.011 9	0.011 6	0.011 3	0.011 0
3.1	9.61	0.013 2	0.012 8	0.012 5	0.012 1	0.011 8	0.011 5	0.011 2	0.010 9	0.010 6	0.010 3	0.010 1
3.2	10.24	0.012 1	0.011 8	0.011 4	0.011 1	0.010 8	0.010 5	0.010 3	0.010 0	0.009 7	0.009 4	0.009 2
3.3	10.89	0.011 2	0.010 8	0.010 5	0.010 2	0.010 0	0.009 7	0.009 4	0.009 2	0.008 9	0.008 7	0.008 4
3.4	11.56	0.010 3	0.010 0	0.009 7	0.009 5	0.009 2	0.008 9	0.008 7	0.008 4	0.008 2	0.008 0	0.007 7
3.5	12.25	0.009 5	0.009 3	0.009 0	0.008 7	0.008 5	0.008 2	0.008 0	0.007 8	0.007 6	0.007 3	0.007 1
3.6	12.96	0.008 9	0.008 6	0.008 4	0.008 1	0.007 9	0.007 6	0.007 4	0.007 2	0.007 0	0.006 8	0.006 6
3.7	13.69	0.008 2	0.008 0	0.007 8	0.007 5	0.007 3	0.007 1	0.006 9	0.006 7	0.006 5	0.006 3	0.006 1

续表

d/d_t	A/A_t	p/p_c										
		k										
		1.20	1.21	1.22	1.23	1.24	1.25	1.26	1.27	1.28	1.29	1.30
3.8	14.44	0.007 7	0.007 5	0.007 2	0.007 0	0.006 8	0.006 6	0.006 4	0.006 2	0.006 0	0.005 8	0.005 7
3.9	15.21	0.007 2	0.007 0	0.006 8	0.006 5	0.006 3	0.006 1	0.006 0	0.005 8	0.005 6	0.005 4	0.005 3
4.0	16.00	0.006 7	0.006 5	0.006 3	0.006 1	0.005 9	0.005 7	0.005 6	0.005 4	0.005 2	0.005 1	0.004 9
4.1	16.81	0.006 3	0.006 1	0.005 9	0.005 7	0.005 5	0.005 4	0.005 2	0.005 0	0.004 9	0.004 7	0.004 6
4.2	17.64	0.005 9	0.005 7	0.005 5	0.005 4	0.005 2	0.005 0	0.004 9	0.004 7	0.004 6	0.004 4	0.004 3
4.3	18.49	0.005 6	0.005 4	0.005 2	0.005 0	0.004 9	0.004 7	0.004 6	0.004 4	0.004 3	0.004 1	0.004 0
4.4	19.36	0.005 2	0.005 1	0.004 9	0.004 7	0.004 6	0.004 4	0.004 3	0.004 1	0.004 0	0.003 9	0.003 8
4.5	20.25	0.004 9	0.004 8	0.004 6	0.004 5	0.004 3	0.004 2	0.004 0	0.003 9	0.003 8	0.003 6	0.003 5
4.6	21.16	0.004 7	0.004 5	0.004 4	0.004 2	0.004 1	0.003 9	0.003 8	0.003 7	0.003 5	0.003 4	0.003 3
4.7	22.09	0.004 4	0.004 3	0.004 1	0.004 0	0.003 8	0.003 7	0.003 6	0.003 5	0.003 3	0.003 2	0.003 1
4.8	23.04	0.004 2	0.004 0	0.003 9	0.003 8	0.003 6	0.003 5	0.003 4	0.003 3	0.003 2	0.003 0	0.002 9
4.9	24.01	0.004 0	0.003 8	0.003 7	0.003 6	0.003 4	0.003 3	0.003 2	0.003 1	0.003 0	0.002 9	0.002 8
5.0	25.00	0.003 8	0.003 6	0.003 5	0.003 4	0.003 3	0.003 1	0.003 0	0.002 9	0.002 8	0.002 7	0.002 6

附录 3 气体动力学函数表

附表 3-1 函数定义及其表达式

函 数	定 义	表达式	各函数间的关系
$\tau(\lambda)$	$\dfrac{T}{T_0}$	$1-\dfrac{k-1}{k+1}\lambda^2$	
$\varepsilon(\lambda)$	$\dfrac{\rho}{\rho_0}$	$\left(1-\dfrac{k-1}{k+1}\lambda^2\right)^{\frac{1}{k-1}}$	$\varepsilon(\lambda)=\dfrac{\pi(\lambda)}{\tau(\lambda)}$
$\pi(\lambda)$	$\dfrac{p}{p_0}$	$\left(1-\dfrac{k-1}{k+1}\lambda^2\right)^{\frac{k}{k-1}}$	$\pi(\lambda)=f(\lambda)\times r(\lambda)$
$q(\lambda)$	$\dfrac{\rho V}{\rho_0 V_0}$	$\left(\dfrac{k+1}{2}\right)^{\frac{1}{k-1}}\lambda\left(1-\dfrac{k-1}{k+1}\lambda^2\right)^{\frac{1}{k-1}}$	$q(\lambda)=y(\lambda)\times\pi(\lambda)$
$y(\lambda)$	$\dfrac{p_0 A_0}{pA}$	$\left(\dfrac{k+1}{2}\right)^{\frac{1}{k-1}}\lambda\left(1-\dfrac{k-1}{k+1}\lambda^2\right)^{-1}$	$y(\lambda)r(\lambda)z(\lambda)=[f(\lambda)]^{-2}$
$f(\lambda)$	$\dfrac{p+\rho V^2}{p_0}$	$(1+\lambda)^2\left(1-\dfrac{k-1}{k+1}\lambda^2\right)^{\frac{1}{k-1}}$	$f(\lambda)=q(\lambda)z(\lambda)\times f(1)$
$r(\lambda)$	$\dfrac{p}{p+\rho V^2}$	$(1+\lambda^2)^{-1}\left(1-\dfrac{k-1}{k+1}\lambda^2\right)$	$f(1)=2\left(\dfrac{2}{k+1}\right)^{\frac{1}{k-1}}$
$M(\lambda)$	$\dfrac{V}{a}$	$\left(\dfrac{2}{k+1}\right)^{\frac{1}{2}}\lambda\left(1-\dfrac{k-1}{k+1}\lambda^2\right)^{-\frac{1}{2}}$	
$z(\lambda)$	$\dfrac{(p+\rho V^2)A}{(p_0+\rho_0 V_0^2)A_0^2}$	$\dfrac{1}{2}\left(\lambda+\dfrac{1}{\lambda}\right)$	

附表 3－2　不同 *k* 值的函数值

$k=1.10$

λ	τ(λ)	ε(λ)	π(λ)	q(λ)	y(λ)	f(λ)	r(λ)	M(λ)
0.00	1.000 0	1.000 0	1.000 0	0.000 0	0.000 0	1.000 0	1.000 0	0.000 0
05	0.999 9	0.998 8	0.998 7	081 4	081 4	001 3	0.997 4	048 8
10	999 5	995 2	994 8	162 1	163 0	005 2	989 6	097 6
15	998 9	989 3	988 3	241 7	244 6	011 6	977 0	146 5
20	998 1	981 1	979 2	319 6	326 4	020 4	959 7	195 4
25	997 0	970 6	967 7	395 3	408 4	031 3	938 4	244 3
30	995 7	958 0	953 8	468 1	490 8	044 2	913 5	293 4
35	994 2	943 2	937 7	537 7	573 5	058 7	885 7	342 6
40	992 4	926 4	919 3	603 6	656 6	074 6	855 5	391 9
45	990 4	907 6	898 9	665 3	740 1	091 4	823 6	441 4
50	988 1	887 1	876 6	722 5	824 3	108 9	790 5	490 9
55	985 6	864 9	852 5	774 9	909 0	126 6	756 7	540 6
60	982 9	841 2	825 8	822 1	994 4	144 0	722 7	590 6
65	979 9	816 1	799 7	864 0	1.080 5	160 9	688 4	640 8
70	976 7	789 7	771 3	900 4	167 5	176 7	655 5	691 2
75	973 2	762 2	741 8	931 2	255 3	191 0	622 9	741 9
80	969 5	733 8	711 4	956 2	344 1	203 4	591 2	792 9
85	965 6	704 6	680 4	975 6	433 9	213 7	560 6	844 2
90	961 4	674 8	648 8	989 2	524 8	221 4	531 2	895 8
95	957 0	644 5	616 8	997 3	616 9	226 2	503 0	947 7
1.00	0.952 4	0.613 9	0.584 7	1.000 0	1.710 3	1.227 8	0.476 2	1.000 0
05	947 5	583 2	552 6	0.997 4	805 1	226 1	450 7	052 7
10	942 4	552 4	520 6	989 8	901 3	220 8	425 4	105 8
15	937 0	521 8	488 9	977 5	999 1	211 9	403 4	159 4
20	931 4	491 5	457 8	969 7	2.098 6	199 2	381 7	213 4
25	925 6	461 5	427 2	939 8	199 8	182 7	361 2	268 0
30	919 5	432 2	397 4	915 1	302 9	162 5	341 8	323 0
35	913 2	403 4	368 4	887 1	408 0	138 6	323 6	378 6
40	906 7	375 4	340 4	856 0	515 2	111 1	306 3	434 9
45	899 9	348 2	313 4	822 4	624 7	080 3	290 0	491 7
50	892 9	322 0	287 5	786 7	736 5	046 4	274 7	549 2
55	885 6	295 7	262 8	749 2	851 0	009 6	260 3	607 4
60	878 1	272 5	239 3	710 3	968 0	0.970 2	246 7	666 3
65	870 4	249 4	217 1	670 4	3.088 0	928 6	233 8	725 0
70	862 4	227 5	196 2	630 0	211 0	885 0	221 7	786 5
75	854 2	206 7	176 6	589 3	337 2	839 9	210 3	847 9
80	845 7	187 2	158 3	548 8	466 9	793 6	199 5	910 1
85	837 0	168 8	141 3	508 7	600 2	746 5	189 3	973 4
90	828 1	151 6	125 6	469 3	737 4	699 0	179 6	2.037 6
95	818 9	135 7	111 1	430 9	878 7	651 5	170 5	102 9

续表

$k=1.10$

λ	τ(λ)	ε(λ)	π(λ)	q(λ)	y(λ)	f(λ)	r(λ)	M(λ)
2.00	0.809 5	0.120 9	0.097 8	0.393 8	4.024 3	0.604 3	0.161 9	2.169 3
05	799 9	107 2	085 8	358 0	174 7	557 8	153 8	236 9
10	790 0	094 7	074 8	323 9	330 0	512 2	146 0	305 7
15	779 9	083 2	064 9	291 6	490 6	468 0	138 7	375 9
20	769 5	072 8	056 0	260 9	656 9	425 2	131 8	447 5
25	758 9	063 4	048 1	232 3	829 2	384 3	125 2	520 5
30	748 1	054 9	041 1	205 7	5.008 0	345 3	118 9	595 1
35	737 0	047 3	034 9	181 0	193 7	308 5	113 0	671 4
40	725 7	040 5	029 4	158 4	386 9	273 9	107 4	749 4
45	714 2	034 5	024 6	137 7	588 0	241 7	102 0	829 2
50	702 4	029 2	020 5	119 0	797 8	211 9	096 9	911 1
55	690 4	024 6	017 0	102 1	6.016 7	184 5	092 0	995 1
60	678 1	020 6	013 9	087 0	245 6	159 5	087 4	3.081 3
65	665 6	017 1	011 4	073 7	485 3	136 9	083 0	169 9
70	652 9	014 1	009 2	051 9	736 6	116 6	078 8	261 1
75	639 9	011 5	007 4	051 6	7.000 5	098 5	074 7	355 0

$k=1.12$

λ	τ(λ)	ε(λ)	π(λ)	q(λ)	y(λ)	f(λ)	r(λ)	M(λ)
0.00	1.000 0	1.000 0	1.000 0	0.000 0	0.000 0	1.000 0	1.000 0	0.000 0
05	0.999 9	0.998 8	0.998 7	081 2	081 3	001 3	0.997 4	048 6
10	999 4	995 3	994 7	161 8	162 6	005 2	989 5	097 2
15	998 7	989 4	988 2	241 2	244 1	011 7	976 8	145 8
20	997 7	981 3	979 1	318 9	325 8	020 5	959 4	194 5
25	996 5	970 9	967 5	394 4	407 7	031 6	937 8	243 2
30	994 9	958 3	953 4	467 2	490 0	044 6	912 8	292 1
35	993 1	943 7	937 1	536 7	572 8	059 3	884 7	341 1
40	990 9	927 0	918 6	602 6	656 0	075 3	854 3	390 3
45	988 5	908 4	898 0	664 3	739 8	092 4	822 1	439 6
50	985 8	888 0	875 4	721 6	824 2	110 0	788 7	489 1
55	982 9	866 0	851 1	774 0	909 4	127 9	754 6	538 8
60	979 6	842 4	825 2	821 3	995 4	145 6	720 3	588 8
65	976 1	817 3	797 8	863 4	1.082 2	162 6	686 2	639 0
70	972 3	791 0	769 1	899 9	170 0	178 7	652 5	689 5
75	968 2	763 6	739 3	930 8	258 9	193 2	619 6	740 4
80	963 8	735 3	708 6	955 9	349 0	205 9	587 7	791 5
85	959 1	706 1	677 2	975 4	440 2	216 3	556 8	843 0
90	954 2	676 3	645 3	989 2	532 9	224 1	527 2	894 9
95	948 9	646 0	613 0	997 3	627 0	229 0	498 8	947 2

续 表

$k = 1.12$

λ	τ(λ)	ε(λ)	π(λ)	q(λ)	y(λ)	f(λ)	r(λ)	M(λ)
1.00	0.943 4	0.615 3	0.580 5	1.000 0	1.722 6	1.230 7	0.471 7	1.000 0
05	937 6	584 5	548 0	0.997 4	819 9	228 9	445 9	053 2
10	931 5	553 6	515 7	989 7	919 1	223 5	421 5	107 0
15	925 1	522 9	483 7	977 2	2.020 1	214 4	398 3	161 3
20	918 5	492 4	452 2	960 2	123 2	201 4	376 4	216 2
25	911 6	462 2	421 4	939 0	228 5	184 5	355 7	271 6
30	904 3	432 6	391 2	914 0	336 1	163 7	336 2	327 8
35	896 8	403 6	362 0	885 5	446 2	139 2	317 8	384 6
40	889 1	375 3	333 7	853 9	559 1	111 0	300 4	442 2
45	881 0	347 9	306 5	819 7	674 7	079 3	284 0	500 5
50	872 6	321 3	280 4	783 3	793 4	044 4	268 5	559 6
55	864 0	295 8	255 6	745 1	915 4	006 4	253 9	619 6
60	855 1	271 3	232 0	705 4	3.040 8	0.965 8	240 2	680 6
65	845 9	247 9	209 7	664 8	169 9	922 9	227 2	742 5
70	836 4	225 7	188 8	623 5	303 0	877 9	215 0	805 4
75	826 6	204 6	169 2	582 0	440 3	831 4	203 5	869 5
80	816 6	184 8	150 9	540 6	582 2	783 8	192 6	934 7
85	806 3	166 2	134 0	499 7	728 8	735 1	182 3	2.001 1
90	795 7	148 8	118 4	459 6	880 7	686 2	172 6	068 9
95	784 8	132 7	104 1	420 5	4.038 1	637 2	163 4	138 0
2.00	0.773 6	0.117 7	0.091 1	0.382 7	4.201 5	0.588 7	0.154 7	2.208 6
05	762 1	104 0	079 2	346 4	371 3	540 0	146 5	280 8
10	750 4	091 3	068 5	311 7	548 0	494 2	138 7	354 6
15	738 4	079 8	058 9	278 9	732 2	448 9	131 3	430 3
20	726 0	069 4	050 4	248 1	924 3	405 3	124 3	507 8
25	7134	060 0	042 8	219 3	5.125 1	363 6	117 7	587 3
30	700 6	051 5	036 1	192 6	335 3	324 1	111 4	669 0
35	687 4	044 0	030 2	168 0	555 7	287 0	105 4	753 0
40	674 0	037 3	025 2	145 6	787 1	252 3	099 7	839 5
45	660 2	031 4	020 8	125 2	6.030 4	220 2	094 3	928 6
50	646 2	026 3	017 0	106 8	286 9	190 6	089 1	3.020 6
55	631 9	021 8	013 8	090 4	557 7	163 7	084 2	115 7
60	617 4	018 0	011 1	075 9	844 1	139 4	079 6	214 0
65	602 5	014 7	008 8	063 2	7.147 8	117 7	075 1	316 0
70	587 4	011 9	007 0	052 0	470 4	098 3	070 8	421 8
75	571 9	009 5	005 4	042 5	813 9	081 4	066 8	531 9

续 表

$k = 1.14$

λ	τ(λ)	ε(λ)	π(λ)	q(λ)	y(λ)	f(λ)	r(λ)	M(λ)
0.00	1.000 0	1.000 0	1.000 0	0.000 0	0.000 0	1.000 0	1.000 0	0.000 0
05	0.999 8	0.998 8	0.998 7	081 0	081 1	001 3	0.997 3	048 3
10	999 4	995 3	994 7	161 4	162 2	005 3	989 4	096 7
15	998 5	989 5	998 1	240 7	243 6	011 8	976 6	145 1
20	997 4	981 5	978 9	318 3	325 1	020 7	959 0	193 6
25	995 9	971 2	967 2	393 6	407 0	031 9	937 3	242 2
30	994 1	958 7	953 0	466 3	489 3	045 0	912 0	290 9
35	992 0	944 2	936 6	535 8	572 1	059 8	883 7	339 7
40	989 5	927 6	917 9	601 6	655 4	076 0	853 0	388 7
45	986 8	909 1	897 1	663 3	739 4	093 2	820 6	437 9
50	983 6	888 9	874 4	720 6	824 2	111 1	786 9	487 4
55	980 2	867 0	849 8	773 1	909 8	129 2	752 6	537 0
60	976 4	843 5	823 6	820 6	996 3	147 1	718 0	587 0
65	972 4	818 6	795 9	862 7	1.083 8	164 4	683 6	637 2
70	967 9	792 4	767 0	899 3	172 6	180 6	649 6	687 8
75	963 2	765 0	736 9	930 3	262 5	195 4	606 4	738 8
80	958 3	736 8	705 9	955 6	353 8	208 3	584 2	790 1
85	952 7	707 6	674 2	975 2	446 5	218 9	553 1	841 9
90	947 0	677 8	641 9	989 1	540 9	225 8	323 2	894 1
95	941 0	647 5	609 2	997 3	637 0	231 8	194 6	946 8
1.00	0.934 6	0.616 8	0.576 4	1.000 0	1.734 9	1.233 5	0.467 3	1.000 0
05	927 9	585 8	543 6	0.997 4	834 8	231 7	441 3	053 8
10	920 8	554 8	510 9	989 6	936 8	226 2	416 7	108 2
15	913 5	523 9	478 6	976 9	2.041 2	216 9	393 3	163 2
20	905 8	493 2	446 8	959 7	148 0	203 5	371 2	218 9
25	897 8	462 9	415 6	938 2	257 5	186 2	350 4	275 4
30	889 4	433 1	385 2	912 8	369 8	164 9	330 6	332 6
35	880 8	403 8	355 6	883 9	485 2	139 7	312 0	390 6
40	871 8	375 2	327 1	851 8	603 8	110 7	291 5	449 6
45	862 1	347 5	299 7	817 0	725 9	078 2	278 0	509 4
50	852 8	320 7	273 5	779 9	851 8	042 2	262 4	570 3
55	842 8	294 8	248 5	740 9	981 8	003 1	247 7	632 2
60	832 5	270 0	224 8	700 5	3.116 1	0.961 3	233 8	695 2
65	821 9	246 3	202 5	659 0	255 0	917 0	220 8	759 5
70	810 9	223 8	181 5	616 9	399 0	870 7	208 5	825 0
75	799 6	202 5	161 9	574 6	548 3	822 7	196 8	891 9
80	788 0	182 4	143 8	532 4	703 5	773 4	185 9	960 2
85	776 1	163 6	126 9	490 6	864 9	723 4	175 5	2.030 1
90	763 8	146 0	111 5	449 7	4.033 1	672 9	165 7	1017
95	751 2	129 6	097 4	409 8	208 6	622 5	156 4	175 0

续表

$k=1.14$

λ	$\tau(\lambda)$	$\varepsilon(\lambda)$	$\pi(\lambda)$	$q(\lambda)$	$y(\lambda)$	$f(\lambda)$	$r(\lambda)$	$M(\lambda)$
2.00	0.738 3	0.114 5	0.084 6	0.371 4	4.392 1	0.572 6	0.147 7	2.250 2
05	725 1	100 6	073 0	334 5	584 1	523 5	139 4	327 4
10	711 5	087 9	062 6	299 4	785 5	475 6	131 5	406 8
15	697 6	076 4	053 3	266 2	997 1	429 3	124 1	488 5
20	683 4	065 9	045 0	235 1	5.219 8	384 9	117 0	572 8
25	668 8	056 5	037 8	206 2	454 6	342 6	110 3	659 7
30	653 9	048 1	031 5	179 4	702 7	302 7	104 0	749 6
35	638 7	040 7	026 0	155 0	965 5	265 3	097 9	842 6
40	623 2	034 1	021 3	132 8	6.244 3	230 6	092 2	939 3
45	607 3	028 4	017 2	112 7	540 9	198 7	086 7	3.039 8
50	591 1	023 4	013 8	094 8	857 2	169 6	081 5	143 5
55	574 6	019 1	011 0	079 0	7.195 4	143 4	076 5	252 1
60	557 8	015 4	008 6	065 1	558 1	119 9	071 9	365 6
65	540 6	012 4	006 7	053 1	948 2	099 1	067 4	484 4
70	523 1	009 8	005 1	042 8	8.369 0	081 0	063 1	609 0
75	505 3	007 6	003 8	034 0	824 8	065 3	059 0	740 1

$k=1.16$

λ	$\tau(\lambda)$	$\varepsilon(\lambda)$	$\pi(\lambda)$	$q(\lambda)$	$y(\lambda)$	$f(\lambda)$	$r(\lambda)$	$M(\lambda)$
0.00	1.000 0	1.000 0	1.000 0	0.000 0	0.000 0	1.000 0	1.000 0	0.000 0
05	0.999 8	0.998 8	0.998 7	080 8	080 9	001 3	0.997 3	048 1
10	999 3	995 4	994 6	161 0	161 9	005 3	989 4	096 3
15	998 3	989 6	983 0	240 1	243 1	011 9	976 4	144 5
20	997 0	981 6	978 7	317 6	324 5	020 9	958 7	192 7
25	995 4	971 4	966 9	392 9	406 3	032 1	936 8	241 1
30	993 3	959 1	952 7	465 4	488 6	045 4	911 3	289 6
35	990 9	944 6	936 0	534 8	571 4	060 3	882 8	338 3
40	988 2	928 2	917 2	600 6	654 8	076 7	851 8	387 2
45	985 0	909 9	896 2	662 4	739 0	094 1	819 1	436 3
50	981 5	889 7	873 3	719 7	824 1	112 2	785 2	485 6
55	977 6	867 9	848 5	772 2	910 1	130 5	750 6	535 3
60	973 3	884 6	822 0	819 8	997 2	148 6	715 7	585 2
65	968 7	819 8	794 1	862 0	1.085 5	166 1	681 0	635 5
70	963 7	793 7	764 9	898 8	175 0	182 6	646 8	686 1
75	958 3	766 4	734 5	929 9	266 0	197 6	613 3	737 2
80	952 6	738 2	703 2	955 3	358 6	210 6	580 8	788 7
85	946 5	709 1	671 1	975 0	452 8	221 4	549 5	840 7
90	940 0	679 3	638 5	989 0	548 9	229 5	519 3	893 2
95	933 2	648 9	605 5	997 3	646 9	234 6	490 5	946 2

续 表

$k=1.16$

λ	$\tau(\lambda)$	$\varepsilon(\lambda)$	$\pi(\lambda)$	$q(\lambda)$	$y(\lambda)$	$f(\lambda)$	$r(\lambda)$	$M(\lambda)$
1.00	0.925 9	0.618 2	0.572 4	1.000 0	1.747 1	1.236 3	0.463 0	1.000 0
05	918 3	587 2	539 2	0.997 3	849 6	234 5	436 8	054 3
10	910 4	556 0	506 2	989 5	954 7	228 9	411 9	109 4
15	902 0	525 0	473 6	976 7	2.062 4	219 3	388 4	165 1
20	893 3	494 1	441 4	959 2	173 0	205 3	366 1	223 7
25	884 3	463 6	409 9	937 4	286 8	187 9	345 1	279 1
30	874 8	433 5	379 2	911 6	404 0	166 1	325 2	337 4
35	865 0	404 0	349 4	882 2	524 7	140 2	306 5	396 7
40	854 8	375 2	320 7	849 6	649 4	110 4	288 8	457 1
45	844 3	347 1	293 1	814 3	778 4	076 9	272 1	518 5
50	833 3	320 0	266 6	776 4	911 9	039 9	256 4	581 1
55	822 0	293 8	241 5	736 7	3.050 3	0.999 7	241 6	645 0
60	810 4	268 7	217 8	695 5	3.194 0	956 6	227 6	710 3
65	798 3	244 7	195 4	653 2	343 5	910 9	214 5	777 0
70	785 9	221 9	174 4	610 2	499 2	863 2	202 0	845 2
75	773 2	200 3	154 8	567 0	661 6	813 6	190 3	915 1
80	760 0	179 9	136 7	523 9	831 4	762 9	179 2	986 3
85	746 5	160 8	120 1	461 3	4.009 1	711 3	168 8	2.060 4
90	762 6	143 0	104 8	439 6	195 6	659 3	158 9	136 0
95	718 3	126 5	090 9	399 0	391 4	607 4	149 6	213 9
2.00	0.703 7	0.113 2	0.078 3	0.359 8	4.597 7	0.556 1	0.140 7	2.294 2
05	688 7	097 2	067 0	322 4	815 3	505 7	132 4	377 0
10	673 3	084 4	056 8	286 8	5.045 3	456 7	124 5	462 6
15	657 6	072 8	047 9	253 3	289 1	409 4	117 0	551 2
20	641 5	062 4	040 0	221 9	548 0	364 2	109 8	643 1
25	625 0	053 0	033 1	192 9	823 7	321 3	103 1	738 6
30	608 2	044 7	027 2	166 2	6.118 1	281 0	096 7	838 0
35	590 9	037 3	022 1	141 9	433 3	243 5	090 6	941 6
40	573 3	030 9	017 7	120 0	771 8	208 9	084 6	3.050 0
45	555 4	025 3	014 1	100 4	7.136 4	177 4	079 3	163 5
50	537 0	020 5	011 0	083 0	530 7	148 9	074 1	232 7
55	518 3	016 5	008 5	067 9	958 5	123 5	069 1	408 2
60	499 3	013 0	006 5	054 8	8.424 5	101 0	064 3	540 3
65	479 8	010 2	004 9	043 5	934 5	081 5	059 8	921 3
70	460 0	007 8	003 6	034 1	9.495 2	064 7	055 5	830 6
75	439 8	005 9	002 6	026 2	10.114 9	050 5	0514	990 1

续表

$k=1.18$

λ	$\tau(\lambda)$	$\varepsilon(\lambda)$	$\pi(\lambda)$	$q(\lambda)$	$y(\lambda)$	$f(\lambda)$	$r(\lambda)$	$M(\lambda)$
0.00	1.000 0	1.000 0	1.000 0	0.000 0	0.000 0	1.000 0	1.000 0	0.000 0
05	0.999 8	0.998 8	0.998 6	080 6	080 7	001 4	0.997 3	047 9
10	999 2	995 4	994 6	160 7	161 5	005 4	989 3	095 8
15	998 1	989 7	987 9	239 6	242 6	012 0	976 2	143 8
20	996 7	981 8	978 6	316 9	323 9	021 1	958 4	191 9
25	994 8	971 7	966 6	392 1	405 6	032 4	936 3	240 1
30	992 6	959 4	952 3	464 6	487 8	045 8	910 6	288 4
35	989 9	945 1	935 5	533 9	570 7	060 9	881 9	337 0
40	986 8	928 8	916 5	599 6	654 3	077 4	850 7	385 7
45	983 3	910 6	895 4	661 4	738 7	095 0	817 7	434 7
50	979 4	890 6	872 2	718 7	824 0	113 2	783 5	483 9
55	975 0	868 9	847 2	771 4	910 5	131 8	748 6	533 5
60	970 3	845 7	820 5	819 0	998 1	150 1	713 4	583 4
65	965 1	821 0	792 3	861 3	1.087 1	167 8	678 5	633 7
70	959 5	795 0	762 8	898 2	177 5	184 5	644 0	684 5
75	953 6	767 8	732 2	929 5	269 5	199 7	610 3	735 7
80	947 2	739 6	700 5	955 0	363 3	213 0	545 9	839 8
85	940 3	710 6	668 2	974 8	459 0	223 9	545 9	839 8
90	933 1	680 7	635 2	988 9	556 8	232 2	515 5	892 4
95	925 5	650 4	601 9	997 2	656 8	237 3	486 5	945 9
1.00	0.917 4	0.619 6	0.568 4	1.000 0	1.759 4	1.239 1	0.458 7	1.000 0
05	909 0	588 5	534 9	0.997 3	864 5	237 2	432 3	054 9
10	900 1	557 2	501 6	989 4	972 6	231 5	407 3	110 5
15	890 2	528 0	468 6	976 4	2.083 7	221 7	383 6	167 1
20	881 1	495 0	436 1	958 7	198 3	207 8	361 1	224 5
25	871 0	464 2	404 3	936 6	316 4	189 6	339 9	282 9
30	860 5	433 9	373 4	910 4	438 6	167 2	319 9	342 4
35	849 5	404 1	343 3	880 6	565 0	140 6	301 0	402 9
40	838 2	375 0	314 3	847 4	696 0	110 1	283 2	464 7
45	826 4	346 7	286 5	811 4	832 1	075 6	266 4	527 8
50	814 2	319 2	259 9	772 9	973 5	037 5	250 5	592 2
55	801 6	292 8	234 7	732 4	3.120 9	0.996 1	233 6	658 2
60	788 6	267 3	210 8	690 4	274 7	951 7	221 5	725 7
65	776 2	243 0	188 4	647 2	435 5	904 7	208 2	795 0
70	761 4	219 9	167 4	603 4	603 9	855 4	195 7	866 1
75	747 1	198 0	147 9	559 3	780 6	804 4	183 9	939 2
80	932 5	177 4	129 9	515 3	966 5	752 0	172 8	2.014 5
85	717 4	158 0	113 4	471 8	4.162 3	698 8	162 2	092 1
90	701 9	140 0	098 3	429 3	369 0	645 3	152 3	172 2
95	686 0	123 2	084 6	387 9	587 9	591 9	142 8	255 0

续 表

$k = 1.18$

λ	τ(λ)	ε(λ)	π(λ)	q(λ)	y(λ)	f(λ)	r(λ)	M(λ)
2.00	0.669 7	0.107 8	0.072 2	0.348 1	4.820 1	0.539 2	0.133 9	2.340 8
05	653 0	093 7	061 2	310 0	5.067 1	487 5	125 5	429 9
10	635 9	080 8	051 4	274 0	330 6	437 3	117 5	522 4
15	618 3	069 2	042 8	240 1	612 4	389 1	110 0	618 9
20	600 4	058 8	035 3	208 6	914 7	343 1	102 8	719 6
25	582 0	049 4	028 8	179 5	6.240 0	299 7	096 0	824 9
30	563 2	041 2	023 2	152 9	591 5	259 1	089 5	935 5
35	544 0	034 0	018 5	128 9	972 4	221 6	083 4	3.051 8
40	524 4	027 7	014 5	107 3	7.387 0	187 3	077 6	174 4
45	504 4	022 3	011 3	088 3	840 3	156 3	072 0	304 3
50	483 9	017 7	008 6	071 6	8.338 1	128 6	066 8	442 1
55	463 1	013 9	006 4	057 2	887 8	104 2	061 7	589 2
60	441 8	010 7	004 7	044 9	9.498 1	083 0	056 9	746 5
65	420 2	008 1	003 4	034 6	10.180 2	064 9	052 4	915 8
70	398 1	006 0	002 4	026 1	10.947 8	049 7	048 0	4.098 9
75	375 6	004 3	001 6	019 2	11.818 5	037 1	043 9	298 1

$k = 1.20$

λ	τ(λ)	ε(λ)	π(λ)	q(λ)	y(λ)	f(λ)	r(λ)	M(λ)
0.00	1.000 0	1.000 0	1.000 0	0.000 0	0.000 0	1.000 0	1.000 0	0.000 0
05	0.999 8	0.998 9	0.998 6	080 4	080 5	001 4	0.997 3	047 7
10	999 1	995 5	994 6	160 3	161 2	005 4	989 2	095 4
15	998 0	989 8	987 8	239 1	242 1	012 1	976 0	143 2
20	996 4	982 0	978 4	316 3	323 3	021 2	958 0	191 0
25	994 3	971 9	966 4	391 3	404 9	032 7	935 8	239 0
30	991 8	959 8	951 9	463 7	487 1	046 1	909 9	287 2
35	988 9	945 5	935 0	533 0	570 0	061 4	881 0	335 6
40	985 4	929 4	915 8	598 7	653 7	078 1	849 5	384 2
45	981 6	911 3	894 5	660 4	738 3	095 8	816 3	433 1
50	977 3	891 4	871 2	717 8	824 0	114 3	781 8	482 2
55	972 5	869 9	845 9	770 5	910 8	133 0	746 6	531 8
60	967 3	846 7	819 0	818 2	999 0	151 6	711 2	581 7
65	961 6	822 2	790 6	860 6	1.088 6	169 5	676 0	632 0
70	955 4	796 2	760 8	897 7	179 9	186 4	641 2	682 8
75	948 9	769 2	729 8	929 1	273 0	201 8	607 3	734 1
80	941 8	741 0	697 9	954 8	368 0	215 3	574 3	786 0
85	934 3	712 0	665 2	974 7	465 2	226 4	542 4	838 4
90	926 4	682 2	632 0	988 8	564 7	234 8	511 8	891 6
95	918 0	651 8	598 3	997 2	666 7	240 0	482 5	945 4

续表

$k=1.20$

λ	$\tau(\lambda)$	$\varepsilon(\lambda)$	$\pi(\lambda)$	$q(\lambda)$	$y(\lambda)$	$f(\lambda)$	$r(\lambda)$	$M(\lambda)$
1.00	0.909 1	0.620 9	0.564 5	1.000 0	1.771 6	1.241 8	0.454 6	1.000 0
05	899 8	589 7	530 6	0.997 3	879 4	239 9	428 0	055 4
10	890 0	558 4	497 0	989 2	990 5	234 1	402 7	111 7
15	879 8	527 0	463 7	976 1	2.105 2	224 1	378 8	169 0
20	869 1	495 8	430 9	958 2	223 7	209 8	356 2	227 3
25	858 0	464 9	398 8	935 8	346 4	191 2	334 8	286 7
30	846 4	434 3	367 6	909 3	473 7	168 2	314 6	347 3
35	834 3	404 3	337 3	878 9	606 0	141 0	295 6	409 2
40	821 8	374 9	308 1	845 2	743 6	109 6	277 6	472 5
45	808 9	346 2	280 1	808 6	887 1	074 2	260 7	537 2
50	795 4	318 5	253 3	769 4	3.037 0	035 0	244 8	603 6
55	781 6	291 7	228 0	728 1	193 9	0.992 4	229 7	671 6
60	767 3	265 9	204 0	685 2	358 4	946 7	215 5	741 6
65	752 5	241 3	181 6	641 2	531 4	898 2	202 2	813 6
70	737 3	217 8	160 6	596 4	713 5	847 4	189 5	887 7
75	721 6	195 6	141 2	551 4	905 8	794 8	177 6	964 2
80	705 4	174 7	123 3	506 5	4.109 3	740 8	166 4	2.043 3
85	688 9	155 1	103 9	462 2	325 2	686 0	155 8	125 2
90	671 8	136 8	091 9	418 8	554 8	630 9	145 7	210 2
95	654 3	119 9	078 5	376 6	799 6	576 0	136 2	298 5
2.00	0.636 4	0.104 4	0.066 4	0.336 1	5.061 6	0.521 8	0.127 3	2.390 5
05	618 0	000 1	055 7	207 5	342 7	468 8	118 8	486 4
10	599 1	077 2	046 2	261 0	645 3	417 5	110 7	586 9
15	579 8	065 5	038 0	226 8	972 3	368 3	103 1	692 2
20	360 0	055 1	030 8	195 1	6.327 0	321 6	095 9	803 1
25	539 8	045 8	024 7	166 0	713 3	277 8	089 0	920 0
30	519 1	037 7	019 6	139 6	7.133 9	237 1	082 5	3.043 8
35	498 0	030 6	015 2	115 9	600 5	199 7	076 3	175 2
40	476 4	024 5	011 7	094 8	8.114 0	165 8	070 5	315 5
45	454 3	019 4	008 8	076 4	685 0	135 5	064 9	465 7
50	431 8	015 0	006 5	060 4	9.324 0	108 8	059 6	627 4
55	408 9	011 4	004 7	046 9	10.044 4	085 7	054 5	802 4
60	385 4	008 5	003 3	035 0	10.863 4	066 0	049 7	992 9
65	361 6	006 2	002 2	026 4	11.803 0	049 6	045 1	4.201 8
70	337 3	004 4	001 6	019 0	12.892 8	036 2	040 7	432 8
75	312 5	003 0	000 9	013 2	14.172 5	025 5	036 5	690 4

续 表

$k = 1.22$

λ	$\tau(\lambda)$	$\varepsilon(\lambda)$	$\pi(\lambda)$	$q(\lambda)$	$y(\lambda)$	$f(\lambda)$	$r(\lambda)$	$M(\lambda)$
0.00	1.000 0	1.000 0	1.000 0	0.000 0	0.000 0	1.000 0	1.000 0	0.000 0
05	0.999 8	0.998 9	0.998 6	080 3	080 4	001 4	0.997 3	047 5
10	999 0	995 5	994 5	160 0	160 9	005 5	989 1	095 0
15	997 8	989 9	987 7	238 6	241 6	012 2	975 8	142 5
20	996 0	982 1	978 2	315 6	322 7	021 4	957 7	190 2
25	993 8	972 2	966 1	390 6	404 2	032 9	935 4	238 0
30	991 1	960 1	951 5	462 9	486 4	046 5	909 2	286 0
35	987 9	946 0	934 5	532 1	569 4	061 9	880 0	334 2
40	984 1	929 9	915 2	597 8	653 2	078 7	848 4	382 7
45	979 9	912 0	893 7	659 5	738 0	096 6	814 9	431 5
50	975 2	892 2	870 1	716 9	823 9	115 3	780 2	480 6
55	970 0	870 8	844 7	769 6	911 2	134 2	744 7	530 0
60	964 3	847 8	817 5	817 4	999 9	153 0	709 1	579 9
65	958 1	823 3	788 8	860 0	1.090 2	171 2	673 6	630 3
70	951 4	797 5	758 8	897 1	182 3	188 3	638 6	681 2
75	944 6	770 5	727 6	928 6	276 4	203 9	604 3	732 6
80	936 6	742 4	695 3	954 4	372 6	217 6	571 1	784 6
85	928 4	713 4	662 3	974 5	471 3	228 9	539 0	837 3
90	919 7	683 6	628 8	988 7	572 5	237 4	508 1	890 7
95	910 6	653 2	594 8	997 2	676 6	242 7	478 6	945 0
1.00	0.900 9	0.622 3	0.560 6	1.000 0	1.783 8	1.244 6	0.450 4	1.000 0
05	890 7	591 0	526 4	0.997 2	894 3	242 6	423 7	056 0
10	880 1	559 6	492 5	989 1	2.008 5	236 6	398 2	112 9
15	868 9	528 1	458 8	975 9	126 8	226 4	374 1	171 0
20	857 3	496 6	425 8	957 7	249 4	211 8	351 4	230 1
25	845 2	465 5	393 4	935 0	376 8	192 8	329 8	290 6
30	832 5	434 7	361 9	908 1	509 4	169 3	309 5	352 3
35	819 4	404 4	331 3	877 3	647 6	141 3	290 3	415 6
40	805 8	374 7	301 9	843 0	792 1	109 1	272 2	480 3
45	791 6	345 8	273 7	805 7	943 4	072 7	255 2	540 8
50	777 0	317 7	246 8	765 8	3.102 2	032 4	239 1	615 2
55	761 9	290 5	221 4	723 7	269 2	0.988 6	223 9	685 4
60	746 3	264 4	197 4	680 0	445 2	941 5	209 6	757 9
65	730 2	239 5	174 9	635 0	631 2	891 5	196 2	832 7
70	713 6	215 7	153 9	589 3	828 3	839 2	183 4	910 1
75	696 6	193 2	134 6	543 4	4.037 6	784 9	171 4	990 3
80	678 9	172 0	116 8	497 5	260 6	729 3	160 1	2.073 5
85	660 8	152 1	100 5	452 3	498 8	672 8	149 4	160 0
90	642 2	133 6	085 8	408 0	754 0	616 1	139 3	250 3
95	623 2	116 5	072 6	365 1	5.028 5	559 6	129 8	344 6

续表

$k=1.22$

λ	$\tau(\lambda)$	$\varepsilon(\lambda)$	$\pi(\lambda)$	$q(\lambda)$	$y(\lambda)$	$f(\lambda)$	$r(\lambda)$	$M(\lambda)$
2.00	0.603 6	0.100 8	0.060 8	0.323 9	5.324 7	0.504 0	0.120 7	2.443 4
05	583 5	086 4	050 4	284 7	645 5	449 7	112 2	547 2
10	563 0	073 4	041 3	247 8	994 4	397 2	104 1	656 5
15	541 9	061 7	033 5	213 3	6.375 6	347 2	096 4	772 1
20	520 4	051 3	026 7	181 5	794 1	299 8	089 1	894 7
25	498 3	042 2	021 0	152 5	7.256 0	255 6	082 2	3.025 3
30	475 8	034 2	016 3	126 3	768 7	214 9	075 6	165 0
35	452 7	027 3	012 3	103 0	8.341 6	177 8	069 4	315 0
40	429 2	021 4	009 2	082 5	986 2	144 6	063 5	477 2
45	405 2	016 5	006 7	064 8	9.717 5	115 3	057 9	653 4
50	380 6	012 4	004 7	049 8	10.554 8	089 8	052 5	846 2
55	355 6	009 1	003 2	037 3	11.523 4	068 3	047 4	4.058 8
60	330 1	006 5	002 1	027 1	12.657 7	050 3	042 5	295 3
65	304 1	004 5	001 4	019 0	14.004 8	035 8	037 9	561 3
70	277 6	003 0	000 8	012 8	15.631 8	024 5	033 5	864 3
75	250 6	001 8	000 5	008 2	17.637 2	015 9	029 3	5.214 5

$k=1.24$

λ	$\tau(\lambda)$	$\varepsilon(\lambda)$	$\pi(\lambda)$	$q(\lambda)$	$y(\lambda)$	$f(\lambda)$	$r(\lambda)$	$M(\lambda)$
0.00	1.000 0	1.000 0	1.000 0	0.000 0	0.000 0	1.000 0	1.000 0	0.000 0
05	0.999 7	0.998 9	0.998 6	080 1	080 2	001 4	0.997 2	047 2
10	998 9	995 5	994 5	159 6	160 5	005 5	989 0	094 5
15	997 6	990 0	987 6	238 1	241 1	012 3	975 6	141 9
20	995 7	982 3	978 0	315 0	322 1	021 6	957 4	189 4
25	993 3	972 4	965 9	389 8	403 6	033 2	934 9	237 0
30	990 4	960 4	951 2	462 0	485 7	046 9	908 6	284 8
35	986 9	946 4	934 0	531 2	568 7	062 4	879 2	332 9
40	982 9	930 5	914 5	596 8	652 6	079 4	847 3	381 2
45	978 3	912 7	892 8	658 6	737 6	097 5	813 6	429 9
50	973 2	893 0	869 1	716 0	823 8	116 3	778 6	478 9
55	967 6	871 7	843 5	768 8	911 5	135 4	742 9	528 3
60	961 4	848 8	816 1	816 7	1.000 7	154 4	706 9	578 2
65	954 7	824 5	787 1	859 3	091 7	172 8	671 2	628 6
70	947 5	798 8	756 8	896 6	184 7	190 1	635 9	679 5
75	939 7	771 8	725 3	928 2	279 8	206 0	601 4	731 1
80	931 4	743 8	692 8	954 2	377 3	219 8	567 9	783 3
85	926 6	714 8	659 5	974 3	477 4	231 3	535 6	836 2
90	913 2	685 0	625 6	988 6	580 3	239 9	504 5	889 9
95	903 3	654 6	591 3	997 2	686 4	245 4	474 8	944 5

续 表

$k=1.24$

λ	τ(λ)	ε(λ)	π(λ)	q(λ)	y(λ)	f(λ)	r(λ)	M(λ)
1.00	0.392 9	0.623 6	0.556 8	1.000 0	1.796 0	1.247 2	0.445 4	1.000 0
05	881 9	592 3	522 3	0.997 2	909 2	245 3	419 4	056 5
10	870 4	560 7	488 0	989 0	2.026 6	239 2	393 8	114 1
15	853 3	529 1	454 1	975 6	148 5	228 7	369 6	172 9
20	845 7	497 5	420 7	957 2	275 3	213 8	346 6	233 0
25	832 6	466 1	388 0	934 2	407 4	194 3	324 9	294 4
30	818 9	435 0	356 3	906 9	545 5	170 2	304 4	357 4
35	804 7	404 5	325 5	875 6	690 0	141 6	285 1	422 0
40	790 0	374 5	295 8	840 7	841 7	108 5	266 9	488 4
45	774 7	345 2	267 5	802 7	3.001 2	071 1	249 7	556 6
50	758 9	316 8	240 5	752 1	169 3	029 7	233 5	627 0
55	742 6	289 4	214 9	719 2	347 0	0.984 6	218 2	699 6
60	725 7	262 9	190 8	674 6	535 3	936 1	203 3	774 7
65	708 3	237 6	168 3	628 7	735 4	884 6	190 3	832 5
70	690 4	213 5	147 4	582 1	948 7	830 7	177 5	922 3
75	671 9	196 7	123 1	535 2	4.175 6	774 6	165 4	2.017 4
80	652 9	169 2	110 5	488 4	421 1	717 4	154 0	105 0
85	633 3	149 1	094 4	442 2	684 2	659 2	143 2	196 6
90	613 2	130 3	079 9	397 1	968 4	600 8	133 6	292 6
95	592 5	113 0	067 0	353 4	5.276 6	542 8	123 4	393 6
2.00	0.571 4	0.097 1	0.055 5	0.311 5	5.612 3	0.483 6	0.114 3	2.500 0
05	549 7	082 7	045 4	271 7	979 7	430 0	105 7	612 6
10	527 5	069 6	036 7	234 4	6.383 7	376 5	097 5	732 1
15	504 7	057 9	029 2	199 6	830 5	325 6	089 8	859 6
20	481 4	047 6	022 9	167 8	7.327 7	277 7	082 4	996 0
25	457 6	038 5	017 6	138 9	884 6	233 3	075 5	3.142 9
30	433 2	030 6	013 3	113 0	8.513 3	192 7	068 9	301 9
35	408 3	023 9	009 8	090 2	9.229 1	156 1	062 6	475 1
40	382 9	018 3	007 0	070 5	10.051 9	123 8	056 6	663 1
45	356 8	013 7	004 9	053 7	11.008 4	095 7	051 0	875 2
50	330 4	009 9	003 3	039 7	12.134 8	071 8	045 6	4.110 0
55	303 3	006 9	002 1	028 4	13.481 5	052 0	040 4	373 1
60	275 7	004 7	001 3	019 4	15.121 3	036 2	035 5	678 8
65	247 6	003 0	000 7	012 6	17.162 8	023 9	030 9	5.032 4
70	218 9	001 8	000 4	007 7	19.775 9	014 8	026 4	452 6
75	189 7	001 0	000 2	004 3	23.241 6	008 4	022 2	965 6

续 表

$k = 1.26$

λ	τ(λ)	ε(λ)	π(λ)	q(λ)	y(λ)	f(λ)	r(λ)	M(λ)
0.00	1.000 0	1.000 0	1.000 0	0.000 0	0.000 0	1.000 0	1.000 0	0.000 0
05	0.999 7	0.998 9	0.998 6	079 9	080 0	001 4	0.997 2	047 0
10	998 8	995 6	994 4	159 3	160 2	005 5	989 0	094 1
15	997 4	990 1	987 5	237 6	240 6	012 4	975 5	141 3
20	995 4	982 4	977 9	314 4	321 5	021 7	957 1	188 6
25	992 8	972 6	965 6	389 1	402 9	033 4	934 4	236 0
30	989 6	960 8	950 8	461 2	485 0	047 2	907 9	283 7
35	985 9	946 9	933 5	530 3	568 0	062 9	878 3	331 6
40	981 6	931 0	913 9	595 9	652 0	080 0	846 2	379 8
45	976 7	913 3	892 0	657 6	737 2	098 3	812 2	428 3
50	971 2	893 8	868 1	715 1	823 7	117 3	777 0	477 3
55	965 2	872 6	842 3	768 0	911 8	136 6	741 0	526 6
60	958 6	449 9	814 7	815 9	1.001 5	155 8	704 8	576 5
65	951 4	825 6	785 5	858 7	093 2	174 4	668 8	626 9
70	943 6	800 0	754 9	896 0	187 0	192 0	633 3	677 9
75	935 3	773 1	723 1	927 8	283 1	208 0	598 6	729 5
80	926 4	745 2	690 3	953 9	381 8	222 1	564 9	781 9
85	916 9	716 2	656 7	974 1	483 4	233 7	532 3	835 1
90	906 8	686 4	622 5	988 6	588 1	242 5	501 0	889 1
95	896 2	656 0	587 9	997 2	696 2	248 0	471 0	944 0
1.00	0.885 0	0.625 0	0.553 1	1.000 0	1.808 1	1.249 9	0.442 5	1.000 0
05	873 2	593 5	518 2	0.997 2	924 2	247 9	415 3	057 1
10	860 8	561 8	483 6	988 9	2.044 8	241 7	389 5	115 3
15	847 8	530 0	449 4	975 3	170 3	231 0	365 1	174 9
20	834 3	498 3	415 7	956 7	301 4	215 8	341 9	235 9
25	820 2	466 7	382 8	933 4	438 5	195 8	320 1	298 4
30	805 6	435 4	350 7	905 6	582 2	171 2	299 5	362 6
35	790 3	404 5	319 7	873 9	733 2	141 8	280 0	428 5
40	774 5	374 3	289 9	838 4	892 3	107 8	261 7	496 5
45	758 1	344 7	261 3	799 8	3.060 4	069 5	244 4	566 6
50	741 2	316 0	234 2	758 4	238 4	026 9	228 0	639 1
55	723 6	288 2	208 5	714 7	427 5	0.980 4	212 7	714 1
60	705 5	261 4	184 4	669 2	628 9	930 5	198 2	792 0
65	686 8	235 7	161 9	622 4	844 2	877 5	184 5	873 0
70	667 5	211 3	141 0	574 7	4.075 0	821 9	171 6	957 4
75	647 7	188 1	121 8	526 8	323 4	764 3	159 4	2.045 6
80	627 3	166 3	104 3	479 0	591 7	705 2	147 9	138 0
85	606 3	145 9	088 5	431 9	882 7	645 3	137 1	235 1
90	584 7	126 9	074 2	385 9	5.199 7	585 1	126 8	337 5
95	562 5	109 4	061 6	341 4	546 6	525 4	117 1	445 8

续表

$k=1.28$

λ	$\tau(\lambda)$	$\varepsilon(\lambda)$	$\pi(\lambda)$	$q(\lambda)$	$y(\lambda)$	$f(\lambda)$	$r(\lambda)$	$M(\lambda)$
1.00	0.877 2	0.626 3	0.549 4	1.000 0	1.820 3	1.252 6	0.438 6	1.000 0
05	864 6	594 8	514 2	0.997 2	939 1	250 5	411 2	057 6
10	851 4	563 0	479 3	988 8	2.063 0	244 2	385 2	116 5
15	837 6	531 0	444 8	975 1	192 3	233 3	360 6	176 9
20	823 2	499 1	410 8	956 2	327 7	217 7	337 4	238 8
25	808 1	467 2	377 6	932 6	469 8	197 3	315 4	302 3
30	792 5	435 7	345 3	904 4	619 4	172 1	294 6	367 7
35	776 2	404 6	314 0	872 1	777 2	142 0	275 0	435 2
40	759 3	374 0	284 0	836 1	944 1	107 1	256 5	504 8
45	741 8	344 1	255 3	796 8	3.121 1	067 7	239 1	576 8
50	723 7	315 1	228 0	754 6	309 6	023 9	222 7	651 4
55	705 0	286 9	202 2	710 0	510 8	0.976 2	207 2	729 0
60	685 6	259 8	178 1	663 6	726 2	924 7	192 6	809 8
65	665 7	233 8	155 6	615 8	957 9	870 1	178 8	894 1
70	645 1	209 0	134 8	567 2	4.207 9	812 9	165 3	982 4
75	623 9	185 5	115 7	518 3	478 7	753 5	153 6	2.075 0
80	602 1	163 4	098 4	469 5	773 4	692 6	142 0	172 6
85	579 7	142 6	082 7	421 4	5.095 7	630 9	131 1	275 7
90	556 7	123 4	068 7	374 4	449 9	569 0	120 8	385 1
95	533 0	105 7	056 3	329 1	841 4	507 7	111 0	501 5
2.00	0.508 8	0.089 5	0.045 5	0.285 8	6.276 8	0.447 6	0.101 8	2.626 1
05	483 9	074 8	036 2	245 0	764 4	389 4	093 0	760 1
10	458 4	061 7	028 3	206 9	7.314 5	333 8	084 7	904 9
15	432 3	050 0	021 6	171 8	940 7	281 4	076 9	3.062 5
20	405 6	039 8	016 2	140 0	8.660 5	232 7	069 4	235 3
25	378 3	031 1	011 8	111 6	9.497 1	188 3	062 4	426 2
30	350 4	023 6	008 3	086 7	10.482 3	148 6	055 7	639 4
35	321 8	017 4	005 6	065 4	11.660 5	113 7	049 3	879 9
40	292 6	012 4	003 6	047 6	13.095 5	083 9	043 3	4.155 3
45	262 8	008 5	002 2	033 1	14.882 9	053 9	037 5	475 7
50	232 5	005 5	001 3	021 8	17.172 4	039 6	032 1	856 4
55	201 4	003 3	000 7	013 3	20.212 0	024 6	026 8	5.321 2
60	169 8	001 8	000 3	007 4	24.445 8	013 8	021 9	909 1
65	137 6	000 8	000 1	003 6	30.753 7	006 7	017 2	6.691 2
70	104 7	000 3	000 0	001 4	41.162 0	002 6	012 6	7.813 8
75	071 3	000 1	000 0	000 4	61.609 2	000 7	008 3	9.647 6

续表

$k = 1.30$

λ	τ(λ)	ε(λ)	π(λ)	q(λ)	y(λ)	f(λ)	r(λ)	M(λ)
0.00	1.000 0	1.000 0	1.000 0	1.000 0	0.000 0	1.000 0	1.000 0	0.000 0
05	0.999 7	0.998 9	0.998 6	079 6	079 7	001 4	0.997 2	046 6
10	998 7	995 7	994 4	158 6	159 6	005 6	988 8	093 3
15	997 1	990 2	987 3	236 7	239 7	012 5	975 1	140 1
20	994 8	982 7	977 6	313 2	320 4	022 0	956 5	187 0
25	991 8	973 1	965 2	387 6	401 6	033 9	933 5	234 1
30	988 3	961 4	950 1	459 5	483 7	047 9	906 7	281 4
35	984 0	947 7	932 6	528 5	565 8	063 8	876 6	329 0
40	979 1	932 1	912 7	594 1	651 0	081 2	844 1	377 0
45	973 6	914 6	890 5	655 8	736 5	099 8	809 6	425 3
50	967 4	895 4	866 2	713 4	823 6	119 2	773 9	474 0
55	960 5	874 4	839 9	766 3	912 4	138 9	737 5	523 3
60	953 0	851 9	811 9	814 4	1.003 2	158 6	700 8	573 1
65	944 9	827 8	782 2	857 4	096 1	177 6	664 2	623 6
70	936 1	802 4	751 1	895 0	191 5	195 6	628 2	674 7
75	926 6	775 7	718 8	927 0	289 7	212 0	593 0	720 5
80	916 5	747 8	685 4	953 3	390 8	226 5	558 8	779 2
85	905 8	719 0	651 2	973 8	495 3	238 4	525 8	832 8
90	894 4	689 2	616 4	988 4	603 5	247 5	494 1	887 4
95	882 3	558 7	581 2	997 1	715 7	253 2	463 8	943 1
1.00	0.869 6	0.627 6	0.545 7	1.000 0	1.832 4	1.255 2	0.434 8	1.000 0
05	856 2	596 0	510 3	0.997 2	954 1	253 1	407 2	058 2
10	842 2	564 1	475 0	988 7	2.081 2	246 6	381 1	117 8
15	827 5	532 0	440 2	974 8	214 4	235 5	356 3	178 5
20	812 2	499 8	406 0	955 7	354 3	219 6	332 9	241 7
25	796 2	467 8	372 5	931 8	501 6	198 8	310 7	306 3
30	779 6	436 0	339 9	903 2	657 2	172 9	289 8	373 0
35	762 3	404 6	308 4	870 4	821 9	142 1	270 1	441 9
40	744 4	373 8	278 2	833 8	996 9	106 3	251 5	513 2
45	725 8	343 5	249 3	793 7	3.183 5	065 8	233 9	587 2
50	706 5	314 1	221 9	750 8	382 9	020 9	217 4	664 1
55	686 6	285 6	196 1	705 3	597 0	0.971 7	201 8	744 3
60	666 1	258 1	171 9	658 0	827 5	918 8	187 1	828 1
65	644 9	231 7	149 4	609 2	4.076 8	862 6	173 2	916 0
70	623 0	206 6	128 7	559 6	347 7	803 6	160 2	2.008 4
75	600 5	182 7	109 7	509 5	643 2	742 4	147 8	105 8
80	577 4	160 3	092 6	459 7	967 4	679 6	136 2	209 0
85	553 6	139 3	077 1	410 6	5.324 9	616 1	125 2	318 6
90	529 1	119 8	063 4	362 8	721 6	552 4	114 8	435 7
95	504 0	101 9	051 4	316 6	6.164 7	489 4	105 0	561 3

续 表

$k=1.30$

λ	$\tau(\lambda)$	$\varepsilon(\lambda)$	$\pi(\lambda)$	$q(\lambda)$	$y(\lambda)$	$f(\lambda)$	$r(\lambda)$	$M(\lambda)$
2.00	0.478 3	0.085 6	0.040 9	0.272 6	6.663 3	0.427 8	0.095 6	2.696 8
05	451 8	070 8	032 0	231 2	7.229 2	368 3	086 8	843 9
10	424 8	057 6	024 5	192 8	877 3	311 7	078 5	3.004 6
15	397 1	046 0	018 3	157 6	8.627 8	258 7	070 6	181 7
20	368 7	035 9	013 2	126 0	9.507 8	209 9	063 1	378 6
25	339 7	027 3	009 3	098 0	10.554 7	165 8	056 0	600 0
30	310 0	020 2	006 2	073 9	11.822 0	126 8	049 3	852 1
35	279 7	014 3	004 0	053 6	13.388 8	093 3	042 9	4.143 7
40	248 7	009 7	002 4	037 0	15.376 9	065 4	036 8	487 8
45	217 1	006 2	001 3	024 0	17.984 6	043 0	031 0	903 7
50	184 8	003 6	000 7	014 3	21.557 8	026 0	025 5	5.423 3
55	151 8	001 9	000 3	007 6	26.758 2	014 0	020 2	6.102 2
60	118 3	000 8	000 1	003 4	35.031 5	006 3	015 2	7.050 2
65	084 0	000 3	000 0	001 1	50.255 1	002 1	010 5	8.525 1
70	049 1	000 0	000 0	000 2	87.566 8	000 4	005 9	11.359 0
75	013 6	000 0	000 0	000 0	322.505 1	000 0	001 6	22.000 0

附录 4　大气性质表

附表 4-1　大气性质表

H/m	T/K	$\zeta/(\mathrm{m\cdot s^{-1}})$	$p/(\mathrm{N\cdot m^{-2}})$	$\rho/(\mathrm{kg\cdot m^{-3}})$	$\mu/10^5(\mathrm{N\cdot s\cdot m^{-2}})^{-1}$
0	288.2	340.3	$1.013\,3\times10^5$	1.225	1.789
500	284.9	338.4	0.954 61	1.167	1.774
1 000	281.7	336.4	0.898 76	1.111	1.758
1 500	278.4	334.5	0.845 60	1.058	1.742
2 000	275.2	332.5	0.765 01	1.007	1.726
2 500	271.9	330.5	0.540 48	0.736 4	1.628
3 000	268.7	328.6	0.701 21	0.909 3	1.694
4 000	262.2	324.6	0.616 60	0.819 4	1.661
4 500	258.9	322.6	0.577 53	0.777 0	1.645
5 000	255.7	320.5	0.540 48	0.736 4	1.628
5 500	252.1	318.5	0.505 39	0.697 5	1.612
6 000	245.2	316.5	0.472 18	0.660 1	1.595

续 表

H/m	T/K	ζ/(m·s^{-1})	p/(N·m^{-2})	ρ/(kg·m^{-3})	μ/ 10^5·(N·s·m^{-2})$^{-1}$
6 500	245.9	314.4	0.440 75	0.624 3	1.578
7 000	242.7	312.3	0.411 05	0.590 0	1.561
7 500	239.5	310.2	0.383 00	0.557 2	1.544
8 000	236.2	308.1	0.356 52	0.525 8	1.527
8 500	233.0	306.0	0.331 54	0.495 8	1.510
9 000	229.7	303.8	0.308 01	0.467 1	1.493
9 500	226.5	301.7	0.285 85	0.439 7	1.475
10 000	223.3	299.5	0.265 00	0.413 5	1.458
11 000	216.7	295.1	0.227 00	0.364 8	1.422
12 000	216.7	295.1	0.193 99	0.311 9	1.422
13 000	216.7	295.1	0.165 80	0.266 6	1.422
14 000	216.7	295.1	0.141 70	0.227 9	1.422
15 000	216.7	295.1	0.121 12	0.194 8	1.422
16 000	216.7	295.1	0.103 53	0.166 5	1.422
17 000	216.7	295.1	$8.849\ 7\times10^3$	0.142 3	1.422
18 000	216.7	295.1	7.502 5	0.121 7	1.422
19 000	216.7	295.1	6.467 5	0.101 0	1.422
20 000	216.7	295.1	5.529 3	0.088 91	1.422
25 000	221.5	298.4	2.549 2	0.040 08	1.448
30 000	226.5	301.7	1.197 0	0.018 41	1.475
35 000	236.5	308.3	0.574 59	0.008 463	1.529
40 000	250.4	317.2	0.287 14	0.003 996	1.601
45 000	254.2	325.8	0.419 10	0.001 966	1.671
50 000	270.7	329.8	$7.977\ 9\times10^1$	0.001 027	1.704
55 000	265.6	320.7	4.275 16	0.005 608	1.678
60 000	255.8	320.6	2.246 1	0.000 305 9	1.629
65 000	239.3	310.1	1.144 6	0.000 166 7	1.543
70 000	219.7	297.1	$5.520\ 5\times10^0$	0.000 087 54	1.438
75 000	200.2	283.6	2.490 4	0.000 043 35	1.329
80 000	180.7	269.4	1.036 6	0.000 019 99	1.216

附录 5　特征推力系数 C_F^0 表和真空推力系数 C_{FV} 表

附表 5－1　特征推力系数 C_F^0 表

d/d_t	A/A_t	C_F^0										
		k										
		1.20	1.21	1.22	1.23	1.24	1.25	1.26	1.27	1.28	1.29	1.30
1.0	1.00	0.677 3	0.680 6	0.683 9	0.687 2	0.690 4	0.693 6	0.696 8	0.700 0	0.703 1	0.706 3	0.709 4
1.1	1.21	0.965 9	0.969 5	0.973 0	0.976 4	0.979 9	0.983 3	0.986 6	0.990 0	0.993 3	0.996 6	0.999 9
1.2	1.44	1.076 5	1.079 8	1.083 1	1.086 3	1.089 5	1.092 6	1.095 7	1.098 8	1.101 9	1.104 9	1.107 9
1.3	1.69	1.155 0	1.158 0	1.160 9	1.163 8	1.166 6	1.169 4	1.172 2	1.175 0	1.177 7	1.180 4	1.183 1
1.4	1.96	1.216 4	1.219 0	1.221 6	1.224 1	1.226 6	1.229 1	1.231 5	1.233 9	1.236 3	1.238 7	1.241 0
1.5	2.25	1.266 8	1.269 0	1.271 3	1.273 4	1.275 6	1.277 7	1.279 8	1.281 9	1.283 9	1.285 9	1.287 9
1.6	2.56	1.309 5	1.311 3	1.313 2	1.315 0	1.316 8	1.318 6	1.320 3	1.322 1	1.323 8	1.325 5	1.327 1
1.7	2.89	1.346 3	1.347 8	1.349 3	1.350 8	1.352 3	1.353 7	1.355 1	1.356 5	1.357 9	1.359 3	1.360 6
1.8	3.24	1.378 6	1.379 8	1.381 0	1.382 1	1.383 2	1.384 4	1.385 5	1.386 5	1.387 6	1.388 6	1.389 7
1.9	3.61	1.407 3	1.408 2	1.409 0	1.409 8	1.410 7	1.411 4	1.412 2	1.413 0	1.413 8	1.414 5	1.415 2
2.0	4.00	1.433 1	1.433 6	1.434 1	1.434 6	1.435 1	1.435 6	1.436 1	1.436 6	1.437 0	1.437 5	1.437 9
2.1	4.41	1.456 4	1.456 6	1.456 8	1.457 0	1.457 2	1.457 4	1.457 6	1.457 8	1.458 0	1.458 1	1.458 3
2.2	4.84	1.477 6	1.477 5	1.477 4	1.477 3	1.477 3	1.477 2	1.477 1	1.477 0	1.476 9	1.476 8	1.476 7
2.3	5.29	1.497 0	1.496 6	1.496 3	1.495 9	1.495 6	1.495 2	1.494 8	1.494 5	1.494 1	1.493 8	1.493 4
2.4	5.75	1.514 9	1.514 3	1.513 6	1.513 0	1.512 4	1.511 7	1.511 1	1.510 5	1.509 9	1.509 3	1.508 7
2.5	6.25	1.531 5	1.530 6	1.529 6	1.528 7	1.527 9	1.527 0	1.526 1	1.525 3	1.524 4	1.523 6	1.522 8
2.6	6.76	1.546 9	1.545 7	1.544 5	1.548 4	1.542 2	1.541 1	1.540 0	1.538 9	1.537 8	1.536 8	1.535 7
2.7	7.29	1.561 2	1.559 8	1.558 4	1.557 0	1.555 6	1.554 2	1.552 9	1.551 6	1.550 3	1.549 0	1.547 7
2.8	7.84	1.574 6	1.572 9	1.571 3	1.569 7	1.568 0	1.566 5	1.564 9	1.563 4	1.561 8	1.560 3	1.558 9
2.9	8.41	1.587 2	1.585 3	1.583 4	1.581 5	1.579 7	1.577 9	1.576 1	1.574 4	1.572 6	1.570 9	1.569 3

续表

d/d_t	A/A_t	C_F^0										
		k										
		1.20	1.21	1.22	1.23	1.24	1.25	1.26	1.27	1.28	1.29	1.30
3.0	9.00	1.599 1	1.596 9	1.594 8	1.592 7	1.590 7	1.588 6	1.586 7	1.584 7	1.582 8	1.580 9	1.579 0
3.1	9.61	1.612 0	1.607 9	1.605 5	1.603 2	1.601 0	1.598 7	1.596 5	1.594 4	1.592 3	1.590 2	1.588 1
3.2	10.24	1.620 8	1.618 2	1.615 7	1.613 2	1.610 7	1.608 3	1.605 9	1.603 5	1.601 2	1.599 0	1.596 7
3.3	10.89	1.630 8	1.628 0	1.625 3	1.622 5	1.619 9	1.617 3	1.614 7	1.612 1	1.609 7	1.607 2	1.604 7
3.4	11.56	1.640 3	1.637 3	1.634 3	1.631 4	1.628 6	1.625 8	1.623 0	1.620 3	1.617 6	1.615 0	1.612 4
3.5	12.25	1.649 3	1.646 1	1.643 0	1.639 9	1.636 8	1.633 9	1.630 9	1.628 0	1.625 2	1.622 4	1.619 7
3.6	12.96	1.658 0	1.654 5	1.651 2	1.647 9	1.644 7	1.641 5	1.638 4	1.635 4	1.632 4	1.629 4	1.626 5
3.7	13.69	1.666 2	1.662 6	1.659 0	1.655 6	1.652 2	1.648 8	1.645 6	1.642 3	1.639 2	1.636 1	1.633 8
3.8	14.44	1.674 0	1.670 2	1.666 5	1.662 9	1.659 3	1.655 8	1.652 4	1.649 0	1.645 7	1.642 4	1.639 2
3.9	15.21	1.681 5	1.677 6	1.673 7	1.669 9	1.666 1	1.662 5	1.658 9	1.655 3	1.651 9	1.648 5	1.645 1
4.0	16.00	1.688 7	1.684 6	1.680 5	1.676 5	1.672 6	1.668 8	1.665 1	1.661 4	1.657 8	1.654 2	1.650 7
4.1	16.81	1.695 6	1.691 3	1.687 1	1.682 9	1.678 9	1.674 9	1.671 0	1.667 2	1.663 4	1.659 7	1.656 1
4.2	17.64	1.702 2	1.697 8	1.693 4	1.689 1	1.684 9	1.680 7	1.676 7	1.672 7	1.668 8	1.665 0	1.661 2
4.3	18.49	1.708 6	1.704 0	1.699 4	1.695 0	1.690 6	1.686 3	1.682 1	1.678 0	1.674 0	1.670 0	1.666 2
4.4	19.36	1.714 7	1.709 9	1.705 2	1.700 6	1.696 1	1.691 7	1.687 4	1.683 1	1.679 0	1.674 9	1.670 9
4.5	20.25	1.720 6	1.715 9	1.710 8	1.706 1	1.701 4	1.696 9	1.692 4	1.688 0	1.683 7	1.679 5	1.675 4
4.6	21.16	1.726 3	1.721 2	1.716 2	1.711 3	1.706 5	1.701 8	1.697 2	1.692 7	1.688 3	1.684 0	1.679 7
4.7	22.09	1.731 8	1.726 6	1.721 4	1.716 4	1.711 5	1.706 6	1.701 9	1.697 3	1.692 7	1.688 3	1.683 9
4.8	23.04	1.737 1	1.731 7	1.726 5	1.721 3	1.716 2	1.711 3	1.706 4	1.701 6	1.697 0	1.692 4	1.687 9
4.9	24.01	1.742 3	1.736 7	1.731 3	1.726 0	1.720 8	1.715 7	1.710 7	1.705 9	1.701 1	1.696 4	1.691 8
5.0	25.00	1.747 2	1.741 6	1.736 0	1.730 6	1.725 2	1.720 0	1.714 9	1.709 9	1.705 0	1.700 2	1.695 6

附表 5－2　真空推力系数 C_{FV} 表

d/d_t	A/A_t	C_F^0										
		k										
		1.20	1.21	1.22	1.23	1.24	1.25	1.26	1.27	1.28	1.29	1.30
1.0	1.00	1.241 8	1.243 2	1.244 5	1.245 9	1.247 2	1.248 5	1.249 9	1.251 2	1.252 5	1.253 8	1.255 2
1.1	1.21	1.320 8	1.321 7	1.322 5	1.323 5	1.324 4	1.325 3	1.326 2	1.327 1	1.328 0	1.328 9	1.329 8
1.2	1.44	1.377 5	1.377 9	1.378 4	1.378 8	1.379 2	1.379 7	1.380 1	1.380 6	1.381 0	1.381 4	1.381 9
1.3	1.69	1.422 9	1.422 8	1.422 8	1.422 8	1.422 8	1.422 8	1.422 8	1.422 8	1.422 8	1.422 9	1.422 9
1.4	1.96	1.460 8	1.460 3	1.459 6	1.459 4	1.458 9	1.458 5	1.458 1	1.457 7	1.457 3	1.456 9	1.456 6
1.5	2.25	1.493 2	1.492 3	1.491 4	1.490 5	1.489 7	1.488 8	1.488 0	1.487 2	1.486 5	1.485 7	1.485 0
1.6	2.56	1.521 5	1.520 2	1.518 9	1.517 6	1.516 4	1.515 1	1.513 9	1.512 8	1.511 7	1.510 5	1.509 5
1.7	2.89	1.546 5	1.544 8	1.543 1	1.541 4	1.539 8	1.538 2	1.536 7	1.535 2	1.533 7	1.532 2	1.530 8
1.8	3.24	1.568 8	1.566 7	1.564 6	1.562 6	1.560 7	1.558 7	1.556 8	1.555 0	1.553 2	1.551 4	1.549 7
1.9	3.61	1.588 9	1.586 4	1.584 0	1.581 7	1.579 4	1.577 1	1.574 9	1.572 7	1.570 6	1.568 5	1.566 5
2.0	4.00	1.607 1	1.604 3	1.599 9	1.598 9	1.596 3	1.593 7	1.591 2	1.588 7	1.586 3	1.584 0	1.581 6
2.1	4.41	1.623 8	1.620 7	1.617 6	1.614 6	1.611 7	1.608 8	1.606 0	1.603 2	1.600 5	1.597 9	1.595 3
2.2	4.84	1.639 1	1.635 6	1.632 3	1.629 0	1.632 4	1.622 6	1.619 5	1.616 5	1.613 5	1.610 6	1.607 8
2.3	5.29	1.653 2	1.649 5	1.645 8	1.642 2	1.638 7	1.635 3	1.631 9	1.628 7	1.625 4	1.622 3	1.619 2
2.4	5.75	1.666 3	1.662 3	1.658 3	1.654 5	1.650 7	1.647 0	1.643 4	1.639 9	1.636 4	1.633 0	1.629 7
2.5	6.25	1.678 5	1.674 2	1.670 0	1.665 8	1.661 8	1.657 9	1.654 0	1.650 2	1.646 6	1.643 0	1.639 4
2.6	6.76	1.689 8	1.685 3	1.680 8	1.676 4	1.672 2	1.668 0	1.663 9	1.659 9	1.656 0	1.652 2	1.648 4
2.7	7.29	1.700 5	1.695 7	1.690 9	1.686 3	1.681 8	1.677 4	1.673 1	1.668 9	1.664 8	1.660 7	1.656 8
2.8	7.84	1.710 5	1.705 4	1.700 5	1.695 6	1.690 9	1.686 2	1.681 7	1.677 3	1.673 0	1.668 7	1.664 6
2.9	8.41	1.719 9	1.714 6	1.709 4	1.702 3	1.699 4	1.694 5	1.689 8	1.685 2	1.680 7	1.676 2	1.671 9

续表

d/d_t	A/A_t	C_F^0										
		k										
		1.20	1.21	1.22	1.23	1.24	1.25	1.26	1.27	1.28	1.29	1.30
3.0	9.00	1.728 8	1.723 3	1.717 9	1.712 6	1.707 4	1.702 1	1.697 4	1.692 6	1.687 9	1.683 3	1.678 8
3.1	9.61	1.737 2	1.731 5	1.715 8	1.720 3	1.715 0	1.709 7	1.704 5	1.699 6	1.694 7	1.689 9	1.685 2
3.2	10.24	1.745 2	1.739 2	1.733 4	1.727 7	1.722 1	1.716 7	1.711 4	1.706 2	1.701 1	1.696 2	1.691 3
3.3	10.89	1.752 8	1.746 6	1.740 6	1.734 7	1.728 9	1.723 3	1.717 8	1.712 4	1.707 2	1.702 1	1.697 1
3.4	11.56	1.760 0	1.753 6	1.747 4	1.741 3	1.735 4	1.729 5	1.723 9	1.718 3	1.712 9	1.707 7	1.702 5
3.5	12.25	1.766 9	1.760 3	1.753 9	1.747 6	1.741 5	1.735 5	1.729 7	1.724 0	1.718 4	1.713 0	1.707 7
3.6	12.96	1.773 5	1.766 7	1.760 1	1.753 6	1.747 3	1.741 2	1.735 2	1.729 3	1.723 6	1.718 0	1.712 6
3.7	13.69	1.779 7	1.772 8	1.766 0	1.759 4	1.752 9	1.746 6	1.740 4	1.734 4	1.728 5	1.722 8	1.717 2
3.8	14.44	1.785 7	1.778 6	1.771 6	1.764 8	1.758 2	1.751 7	1.745 4	1.739 3	1.733 3	1.727 4	1.721 7
3.9	15.21	1.791 5	1.784 2	1.777 1	1.770 1	1.763 3	1.756 7	1.750 2	1.743 9	1.737 8	1.731 8	1.725 9
4.0	16.00	1.797 0	1.789 5	1.782 2	1.775 1	1.768 2	1.761 4	1.754 8	1.748 4	1.742 1	1.736 0	1.730 0
4.1	16.81	1.802 3	1.794 7	1.787 2	1.780 0	1.772 9	1.766 0	1.759 2	1.752 6	1.746 2	1.740 0	1.733 8
4.2	17.64	1.807 4	1.799 6	1.792 0	1.784 6	1.777 4	1.770 3	1.763 4	1.756 7	1.750 2	1.743 8	1.737 6
4.3	18.49	1.812 4	1.804 4	1.796 2	1.789 1	1.781 7	1.774 5	1.767 5	1.760 6	1.754 0	1.747 6	1.741 1
4.4	19.36	1.817 1	1.809 0	1.801 1	1.793 4	1.785 8	1.778 5	1.771 4	1.764 4	1.757 6	1.751 0	1.744 5
4.5	20.25	1.821 7	1.813 4	1.805 3	1.797 5	1.789 8	1.782 4	1.775 1	1.768 0	1.761 1	1.754 4	1.747 8
4.6	21.16	1.826 1	1.817 7	1.809 5	1.801 5	1.793 7	1.786 1	1.778 7	1.771 5	1.764 5	1.757 6	1.751 0
4.7	22.09	1.830 4	1.821 8	1.813 5	1.805 3	1.797 4	1.789 7	1.782 2	1.774 9	1.767 7	1.760 8	1.754 0
4.8	23.04	1.834 5	1.825 8	1.817 3	1.809 1	1.801 0	1.793 2	1.785 6	1.778 1	1.770 9	1.763 8	1.756 9
4.9	24.01	1.838 5	1.829 6	1.821 0	1.812 6	1.804 5	1.796 5	1.788 8	1.781 3	1.773 9	1.766 7	1.759 8
5.0	25.00	1.842 3	1.833 4	1.824 6	1.816 1	1.807 8	1.799 8	1.791 9	1.784 3	1.776 8	1.769 6	1.762 5

参考文献

[1] 李宜敏,张中钦,赵元修. 固体火箭发动机原理[M]. 北京:国防工业出版社,1985.
[2] 董师颜,孙思诚,张兆良,等. 固体火箭发动机原理[M]. 北京:国防工业出版社,1983.
[3] 叶万举,常显奇,曹泰岳. 固体火箭发动机工作过程理论基础[M]. 长沙:国防科技大学出版社,1985.
[4] 眭英,胡克娴. 固体火箭发动机[M]. 北京:北京理工大学出版社,1990.
[5] 张平,孙维申,眭英. 固体火箭发动机原理[M]. 北京:北京理工大学出版社,1992.
[6] 希什科夫. 固体火箭发动机气体动力学[M]. 耳玲姗,译. 北京:国防工业出版社,1979.
[7] 莱兹别格. 固体火箭系统工作过程的理论基础[M]. 刘光宇,梅其志,译. 北京:国防工业出版社,1984.
[8] 王元有. 固体火箭发动机设计[M]. 北京:国防工业出版社,1984.
[9] 威廉斯. 固体推进剂火箭发动机的基本问题[M]. 京固群,译. 北京:国防工业出版社,1976.
[10] 李宜敏,吴心平. 固体火箭发动机燃烧[M]. 航空专业教材编审组,1986.
[11] KUO K K,SUMMERFIELD M. Fundamentals of Solid-Propellant Combustion[M]. Progress in Astronautics and Aeronautics, 1984.
[12] 孙维申. 固体火箭发动机不稳定燃烧[M]. 北京:北京工业学院出版社,1988.
[13] 华自强,张中进. 工程热力学[M]. 北京:高等教育出版社,1999.
[14] 苗瑞生,居贤铭. 火箭气体动力学[M]. 北京:国防工业出版社,1985.
[15] 李宜敏,张中钦,张远君. 固体火箭发动机原理[M]. 北京:北京航空航天大学出版社,1992.
[16] 萨顿. 火箭发动机基础[M]. 北京:科学出版社,2003.
[17] 余超志. 导弹概论[M]. 北京:北京工业学院出版社,1986.
[18] 王守范. 固体火箭发动机燃烧与流动[M]. 北京:北京工业学院出版社,1987.
[19] 周起槐,任务正. 火药物理化学性能[M]. 北京:国防工业出版社,1983.
[20] 张平. 燃烧诊断学[M]. 北京:兵器工业出版社,1988.
[21] 方丁酉. 两相流动力学[M]. 长沙:国防科技大学出版社,1988.
[22] 傅维标,张永廉,王清安. 燃烧学[M]. 北京:高等教育出版社,1984.
[23] 钱滨江. 简明传热手册[M]. 北京:高等教育出版社,1984.
[24] 叶罗辛. 固体火箭发动机设计的理论基础[M]. 张中钦,冯文澜,译. 北京:国防工业出版社,1987.
[25] 何洪庆,张振鹏. 固体火箭发动机气体动力学[M]. 西安:西北工业大学出版社,1988.
[26] 宁晃,高歌. 燃烧室气动力学[M]. 2 版. 北京:科学出版社,1987.

[27] 唐金兰,刘佩进. 固体火箭发动机原理[M]. 北京:国防工业出版社,2013.
[28] 侯林法. 复合固体推进剂[M]. 北京:宇航出版社,1994.
[29] 吴世康. 固体火箭推进剂译文集[M]. 北京:国防工业出版社,1976.
[30] 彭培根,刘培谅,张仁. 固体推进剂性能及原理[D]. 长沙:中国人民解放军国防科学技术大学,1987.
[31] 李凤生,SINGH H,郭效德,等. 固体推进剂技术及纳米材料的应用[M]. 北京:国防工业出版社,2008.
[32] 张炜,鲍桐,周星. 火箭推进剂[M]. 北京:国防工业出版社,2014.
[33] 董师颜,张兆良. 固体火箭发动机原理[M]. 北京:北京理工大学出版社,1996.
[34] 关英姿. 火箭发动机教程[M]. 哈尔滨:哈尔滨工业大学出版社,2006.
[35] 陈汝训. 固体火箭发动机设计与研究:上[M]. 北京:宇航出版社,1991.
[36] 陈汝训. 固体火箭发动机设计与研究:下[M]. 北京:宇航出版社,1991.
[37] 刘国球. 液体火箭发动机原理[M]. 北京:宇航出版社,1994.
[38] 蔡国飙,李家文,田爱梅. 液体火箭发动机设计[M]. 北京:北京航空航天大学出版社,2011.
[39] 王治军,常新龙,田干. 液体火箭发动机推力室设计[M]. 北京:国防工业出版社,2014.
[40] 洪流. 未来运载器液体火箭发动机推力室技术研究[J]. 火箭推进,2003(3):59-64.
[41] 张国球. 高压补燃液氧煤油发动机[M]. 北京:国防工业出版社,2005.
[42] 贺芳,方涛. 新型绿色推进剂研究进展[J]. 火炸药学报,2009(4):54-57.
[43] 朱宁昌. 液体火箭发动机设计[M]. 北京:宇航出版社,1994.
[44] 高思秘. 液体推进剂[M]. 北京:宇航出版社,1989.
[45] 休泽尔. 液体火箭发动机现代工程设计[M]. 朱宁昌,等译. 北京:宇航出版社,2003.
[46] 蔡国飙,汪小卫. 液体火箭发动机气气燃烧及气气喷注器技术[M]. 北京:国防工业出版社,2012.
[47] 张远君,王普光. 液体火箭发动机涡轮泵设计[M]. 北京:北京航空航天大学出版社,2005.
[48] 庄毓男,张国舟. 液体火箭发动机高效率反力式涡轮的设计[J]. 北京航空航天大学学报,1999,25(6):696-699
[49] 格列科曼. 液体火箭发动机自动调节[M]. 顾明初,等译. 北京:宇航出版社,1995.
[50] 张贵田. 高压补燃液氧煤油发动机[M]. 北京:国防工业出版社,2005.
[51] 张黎辉,凌贵龙. 基于遗传算法的液体火箭发动机参数优化[J]. 航空动力学报,2008(5):916-920.
[52] 翁春生,王浩. 计算内弹道学[M]. 北京:国防工业出版社,2006.
[53] 金志明. 高速推进内弹道学[M]. 北京:国防工业出版社,2001.
[54] 陈军,封峰,余陵. 固体火箭发动机一维两相内弹道研究[J]. 弹道学报,2010,22(3):16-20.
[55] 陈玲玲. 推力矢量喷管设计与气动特性分析研究[J]. 科学技术与工程. 2012,12(6):

1304 - 1307.
[56] 徐学文. 固体火箭发动机喷管瞬态流场特性分析[J]. 火箭推进,2015,41(5):49 - 53.
[57] 王栋. 拉瓦尔喷管推偏特性的理论与实验研究[D]. 南京:南京理工大学,2012.
[58] 谢侃. 固体火箭发动机流体喉部喷管技术[M]. 北京:国防工业出版社,2015.
[59] 徐德彬. 固体火箭发动机燃烧产物参数理论预估[D]. 南京:南京理工大学,2010.
[60] 鲍福廷. 固体火箭发动机设计[M]. 北京:中国宇航出版社,2015.
[61] 汪斌. 变截面组合式固体火箭发动机内流场计算[D]. 哈尔滨:哈尔滨工程大学,2005.